射频识别技术与应用

赵军辉　编著

机械工业出版社

本书较为全面地介绍了射频识别（RFID）技术的基本原理、关键技术与应用案例。全书内容包括：RFID 标准和标准化、电子标签的原理、读写器的原理以及 RFID 中间件和系统框架，同时也给出了 RFID 系统中的安全和隐私、防碰撞、定位以及数据挖掘、应用中的实施、测试和故障分析等技术的原理，最后介绍了在供应链物流管理和公共管理中的应用。

本书理论和实际紧密结合，既可作为从事射频识别工作的工程技术人员参考书，也可以作为高等院校自动识别、物流、电子工程等专业高年级本科生和研究生的教学参考书。

图书在版编目（CIP）数据

射频识别技术与应用/赵军辉编著．—北京：机械工业出版社，2008.5（2015.1 重印）

ISBN 978-7-111-24014-3

Ⅰ．射…　Ⅱ．赵…　Ⅲ．无线电信号-射频-信号识别　Ⅳ．TN911.23

中国版本图书馆 CIP 数据核字（2008）第 059583 号

机械工业出版社（北京市百万庄大街 22 号　邮政编码 100037）
责任编辑：朱　林　版式设计：霍永明　责任校对：陈延翔
封面设计：王奕文　责任印制：乔　宇
北京机工印刷厂印刷（三河市南杨庄国丰装订厂装订）
2015 年 1 月第 1 版第 3 次印刷
184mm×260mm · 22 印张 · 544 千字
5 001—6 000 册
标准书号：ISBN 978-7-111-24014-3
定价：44.00 元

凡购本书，如有缺页、倒页、脱页，由本社发行部调换

电话服务
社服务中心：（010）88361066
销 售 一 部：（010）68326294
销 售 二 部：（010）88379649
读者购书热线：（010）88379203

网络服务
门户网：http：//www.cmpbook.com
教材网：http：//www.cmpedu.com
封面无防伪标均为盗版

前　言

近十几年来，无线通信技术得到了迅猛发展和广泛应用，极大地推动了社会的发展和进步。RFID（Radia Frequency Identification，射频识别）技术，又称为电子标签或者无线标签，是一种利用无线通信实现的非接触式自动识别技术。RFID 作为无线通信和自动识别技术的一种完美结合，被认为是 21 世纪最有前途的 IT 技术之一。从此，RFID 开始成为全球学术界、工业界和有关标准化组织所关心的一个新热点。目前我国拥有产品门类最为齐全的装备制造业，又是全球最重要的生产加工基地和消费市场，即将成为世界第二大贸易国。这些都为我国 RFID 产业与应用的发展提供了巨大的市场空间、带来了难得的发展机遇，RFID 技术与应用必将成为我国信息产业发展和信息化建设的一个新机遇，并成为国民经济新的增长点。

今天被公认为 21 世纪最有前途的 RFID，并不是一项新技术。最初，RFID 技术在第二次世界大战时期，在空中作战行动中用于进行敌我识别，但是由于技术和成本的原因，RFID 技术一直没有得到广泛应用。从军事领域转向市场更为广阔的医疗、零售、海关等民用领域，RFID 技术经历了一个循序渐进的过程。而大规模集成电路、网络通信、信息安全等技术近年来在迅速发展，则为 RFID 技术进入商用阶段提供了重要的推动力。20 世纪 40 年代，雷达的改进和应用催生了 RFID 技术，其理论基础于 1948 年奠定；50 年代是早期 RFID 技术的探索阶段，主要进行了实验室的试验和研究工作；60 年代，RFID 技术的理论得到了发展，并开始了一些应用尝试；70 年代，RFID 技术与产品研发处于一个大发展时期，各种 RFID 技术测试快速发展，市场上出现了一些较早的 RFID 应用；RFID 技术及产品进入商用阶段是在 80 年代，当时各种封闭系统应用开始出现；90 年代，RFID 技术进入了广泛的行业应用阶段，RFID 技术的标准化也日益得到重视；此后，RFID 技术开始稳步发展，其产品种类也更加丰富，应用成本开始不断下降，RFID 技术开辟出发展的全新局面。

由 RFID 技术引发的变革，催生了 RFID 这一朝阳产业。来自全球多家市场咨询公司的数据均对 RFID 产业的未来给予了肯定：国际知名咨询公司埃森哲的一份调查报告称，对 RFID 技术的投资会带来高额回报。2015 年全球 RFID 市场规模将达到 900 亿美元，与现在的手机市场规模不相上下；In-Stat 公司也在其研究报告中预测，到 2009 年，全球电子标签的销售收入将从 2004 年的 3 亿美元增长到 28 亿美元。在新兴的、有着广阔发展前景的 RFID 产业面前，相信任何一家企业都无法坐视不理，RFID 技术引发的变革必将影响每个人的生活，从而成为继 3G 技术之后最有影响力的无线通信技术之一。

编写此书的目的是希望能够较为全面地介绍 RFID 的原理、关键技术和应用，可供从事 RFID 技术的工程技术人员参考，也可以作为高等院校自动识别、物流、电子工程等专业高年级学生和研究生的教学参考书。本书力图与其他的 RFID 相关书籍相互补充，共同为推进我国的 RFID 技术发展尽绵薄之力。

本书是在很多人的帮助下才得以完成的。首先感谢我的学生罗竣友、廖健雄、郑才目、王海霞、任坚、岳海翎、聂波、周迪、陈静辉、张禹强、谢胜眉、叶梦杰、万梅君等在资料的收集、部分内容的研究和部分章节的校对方面给予的帮助。其次感谢李秀萍副教授、沈月林博士对本书部分章节的审阅。特别感谢安捷伦公司、泰克公司、深圳远望谷信息技术有限公司、NEC 中国有限公司、北京火眼科技公司、Rifidi 开放源代码组织提供的有关技术资料。

本书所有参考和引用的资料，在参考文献中都有提及，再次感谢所有提供资料的公司和作者。本书部分研究内容得到澳门科技发展基金 005/A/2005 和 087/A2/2005 的资助，同时澳门科技大学唐泽圣副校长、丁利亚院长对于本书的撰写也给予了大力支持，在此表示诚挚感谢。

RFID 技术正在日新月异地飞速发展，其深度和广度已经达到了前所未有的水平，本书只是根据个人的理解对现有的技术内容加以整理和总结。由于 RFID 技术还在不断发展中，各种标准还在研究和讨论中，大规模普及应用还有很长的路要走，加上作者水平有限，欢迎专家和读者对于书中的错误之处给予批评指正。

谨以此书献给我的父母和两个姐姐全家，家人的支持是我不断努力工作的动力。

赵军辉

于澳门凼仔

目　录

第 1 章　RFID 技术概述

射频识别（RFID）技术是众多自动识别技术中的一种。本章首先介绍自动识别技术，接着对 RFID 技术的历史加以简要回顾，然后介绍 RFID 系统的组成、标准和规范，以及 RFID 技术在各行各业中的应用，并讨论 RFID 技术与其他一些新兴技术的结合以及 RFID 技术未来的发展，最后给出本书的组织和结构。

1.1　自动识别技术

自动识别技术是一种自动收集数据的技术，用来收集相关的人或物的信息或数据。自动识别技术几乎涵盖了所有领域，它无需人为干涉，可对字符、影像、条码、声音等记录数据的载体进行自动识别，自动获取被识别物品的相关信息，并提供给后台的计算机处理系统来完成相关的后续处理。它是一种高度自动化的信息或数据采集技术，包含自动识别、数据采集和移动计算三个方面的技术应用。自动识别技术发挥重要作用的一个工作就是回答一些诸如“是什么”、“在哪里”、“怎么样”的重要问题，主要指物体（货箱、人、动物等）的识别和跟踪。与人工识别相比，自动识别技术的识别和跟踪更快更准，整体花费也更小。RFID 技术只是众多自动识别技术中的一种，其他的自动识别技术还包括磁性墨迹识别（MICR）、磁条识别、语音识别、生物识别和条形码识别等。

磁性墨迹识别可以阅读磁性墨水打印的字符，比如说常在私人支票底部出现的那些文字，支票必须放置正确，一次一张地通过 MICR 阅读器。磁条常用在信用卡和借记卡上，它也需要正确的放置方向以及卡与读卡器之间的物理接触。条形码由一系列不同宽度的黑色条纹和白色条纹组成，当前人们正在使用的条形码有数百种，最常见的是通用产品代码（UPC），它在零售商业界被广泛使用。条形码识别需要视距（LOS），并且要求扫描仪与条形码之间的相对方位要合适。在订单拣选中，语音识别比条形码识别有更大的优势，因此语音识别常用于配送中心的订单拣选中。利用语音识别，人们不用手和眼就可以进行订单拣选，并且也无需结合标签与读写器。生物识别中的指纹和视网膜扫描，通常被用来鉴别人，许多最新的计算机使用指纹来鉴别使用者，在许多安全性要求高的地方，要通过视网膜扫描来获得进入许可。此外，视网膜扫描也常被用来识别家畜。

RFID 技术最常见的应用就是通过一个识别号码（类似姓名）来惟一地识别一个物体、地点、动物或者人。这个号码存储在附属于天线的集成电路（IC）中，IC 和天线一起被称为电子标签，电子标签附属于要识别的物体、地点、动物或人。RFID 读写器从电子标签中读取鉴别号码，将其读取的号码传送给一个信息系统，信息系统将号码存储在自己的数据库中，或者在合适的数据库中找出与这个号码对应的物体、地点、动物或人的信息。以上众多自动识别技术之间的主要差异在于如何存储和找回这个识别号码。表 1-1 列出了常用的自动识别技术的特性比较。

表 1-1 常用自动识别技术的特性比较

系统参数	条形码	OCR	生物识别	IC 卡	RFID
典型数据量	1～100B	1～100B	—	16～64KB	16～64KB
数据密度	低	低	高	很高	很高
数据载体	纸、塑料或金属表面	物体表面	生物本身	EEPROM	EEPROM
读取方式	CCD 或激光扫描	光电转换	机器识读	电擦写	无线方式
人工读取	受限	简单	不可	不可	不可
遮盖的影响	完全失效	完全失效	依赖于具体的实现技术	—	不影响
方向和位置的影响	很小	很小	—	单向	不影响
退化和磨损	有限	有限	—	有(接触)	不影响
购买成本	很低	中	很高	低	中
运行成本	低	低	无	中(接触式)	无
安全性能	无	无	好	好	好
阅读/读取速度	慢,约 4s	慢,约 3s	较慢	较慢	快,约 0.5s
阅读器/读写器/扫描器和载体之间最大距离	0～50cm	小于 1cm	0～50cm	直接接触	0～5m,微波频段更远
多对象同时识别	不能	不能	不能	不能	能

注：OCR—光学字符识别；CCD—电荷耦合器件；EEPROM—电可擦可编程只读存储器。

1.2 RFID 技术

1.2.1 RFID 技术简史

RFID 被称作是一种新的技术，但实际上它比条形码还要古老。1840 年，法拉第发现了电磁能；19 世纪，麦克斯韦就建立了电磁辐射传播理论，提出了麦克斯韦方程组；20 世纪初，人类利用无线电波发明了雷达，通过无线电波的反射来检测和锁定目标（位置和速度）。RFID 就是无线电技术与雷达技术的结合。奠定 RFID 基础的技术最先在第二次世界大战中得到发展，当时是为了鉴别飞机，又被称作“敌友”识别技术，该技术的后续版本至今仍在飞机识别中使用。但是，由哈里·斯托克曼（Harry Stockman）于 1948 年开展的用反射能量进行通信的项目可能是最早的对 RFID 的研究。

条形码技术产生于 20 世纪 40 年代后期，但直到 60 年代后期及 70 年代前期，这项技术才变得比较实用。由于需要识别飞机的情况并不多，加之成本比 RFID 低廉，条形码技术成为自动识别技术的首选。但随着 RFID 技术的成本逐渐降低，工业界开始用它来做更多的事情，RFID 技术在 50 年代得到了进一步的开发。60 年代，RFID 开始被用于身份识别和监测有害物质。1979 年，RFID 开始被用来鉴别和跟踪动物；1991 年美国俄克拉何马州的电子公路收费系统第一次批量使用 RFID 技术；1994 年美国所有的轨道车都用电子标签来进行鉴别。近年来，由于半导体制造业和无线技术的发展，RFID 的成本得以进一步降低，特别是在多目标识别、高速运动物体识别和非接触识别方面，RFID 技术显示出其在各个领域的巨大发展潜力，这掀起了 RFID 技术研究、制造和应用的浪潮。RFID 技术已经成为 21 世纪最有发展潜力的技术之一，表 1-2 列举了 RFID 技术历史上一些重要事件。

表 1-2 RFID 技术历史上的重要事件

年份	事 件
1948	Harry Stockman 所写的《通过能量反射进行通信》发表于无线电工程师协会学报
1950	Harris Patent——使用可调制被动应答器的无线传输系统
1973	Cardullo 获得被动 RFID 专利
1975	Los Alamos 科学实验室向公众发布 RFID 研究
1979	RFID 用于标记动物
1987	挪威应用 RFID 技术实行机动车辆自动收费
1991	美国铁路标准协会成立
1994	美国所有的轨道车采用 RFID 技术
1999	麻省理工学院(MIT)的自动识别技术中心成立
2003	发布 EPCglobal 系统 1.0 版本
2005	美国国防部和沃尔玛公司开始应用 RFID 技术

过去的 RFID 系统没有世界范围的开放通用标准，使用的是专有协议和标准。不同 RFID 供应商的产品之间没有或很少存在兼容性，每个供应商都有自己的读写器、电子标签、信令、协议以及设备标准。由于缺乏兼容性，采用 RFID 技术变得十分具有挑战性，同时也限制了在全局供应链上对 RFID 技术进行优化配置。然而，新标准的出现逐渐解决了这个问题，自 2006 年以来，许多国际工业组织创建了开放的标准。RFID 设备制造商也开始销售支持这些新标准的电子标签和读写器，这导致供应的增加以及 RFID 设备价格的降低，这反过来又促进了 RFID 技术的使用。

1.2.2 RFID 系统组成

RFID 系统可以只由电子标签和读写器组成，也可以结合许多其他组件，例如计算机、网络、无线设备和软件系统。所有这些组件和电子标签以及读写器共同工作，组成了完整的解决方案。典型 RFID 系统由以下两部分组成：

1）电子标签，即携带数据的发射器（如标签）。位于要识别的目标表面或内部，一般由两个部件（如线圈或微波天线）和一个电子芯片组成。标签、电子标签和 RFID 标签在本书中不加区别，含义相同。标签根据使用的电源分为主动标签、半被动标签和被动标签，还可以根据其编码的数据进一步分为只读、读/写及读/写/重写。大多数标签比一粒砂子还小（即宽度小于 3mm），一般内部封有一个玻璃或塑料的模块。第 3 章将对电子标签作详细介绍。

2）读写器，即读取电子标签的数据和写入数据到电子标签的收发器（或阅读器），例如装在或嵌入墙上的一个设备。无论是只读取还是读/写，本书中统一称为读写器。许多读写器都有额外的接口，可以把收到的数据传送给另一个系统，如个人计算机或自动控制系统。与标签相比，读写器体积比较大，价格较贵，消耗能量也较多。本书第 4 章将对读写器作详细介绍。

在采用被动标签的系统中，读写器发射一个低功率的射频信号，激活被动标签。然后，标签选择性地把能量/数据反射回读写器，告知自己的身份和其他相关信息。大多数的标签只有在读写器的覆盖范围内才会被激活，超出这个范围，标签处于休眠状态。读写器可以附着于含有相关数据库的计算机上，这个数据库可以同公司的内部网相连接，也可以和全球互联网相连接。图 1-1 给出了 RFID 系统的示意图。

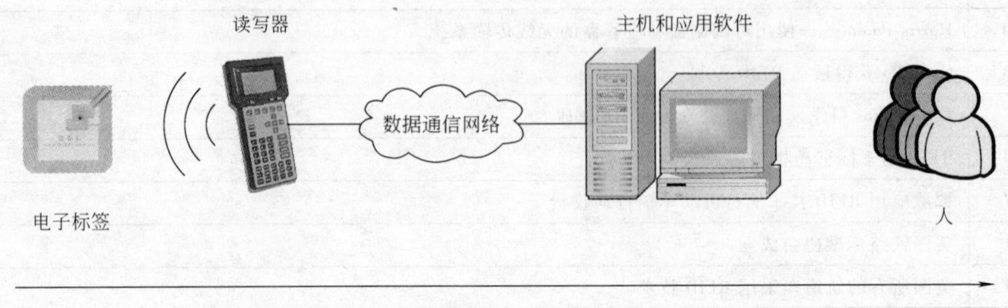

图 1-1 RFID 系统示意图

一个典型的 RFID 系统也可以按照如下方式分为两部分：物理部分和信息技术部分。物理部分包括以下 4 个组件：一个或多个电子标签、一个或多个读写器、一个或多个读写器天线以及实施环境。信息技术部分包括以下 5 个组件：与读写器相连的主机、设备驱动程序、RFID 中间件、数据库以及各种软件。

图 1-2 是 RFID 系统物理部分的示意图，表示了电子标签、读写器、网络、安装了软件应用程序的计算机以及与商业跟踪过程相互作用的设备。RFID 系统中许多部分数据的流向是双向的，在商业过程中，可以从标签中读取数据，也可以将数据写入标签。例如，一箱货物通过装卸码头时，可以读取货物电子标签内的数字；然而在制造过程中，对于从一个工作场所移动到另外一个工作场所的货物，可以向货物的电子标签写入数据。

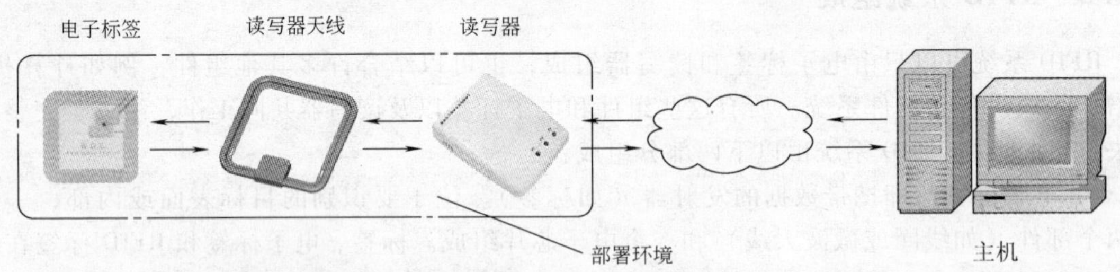

图 1-2 RFID 系统的物理层

图 1-2 还给出了 RFID 系统的物理部分：标签、天线、读写器和部署环境。部署环境由读写区域（读写器天线发射使标签信息能够传播的无线电波的区域）和读写区域内的物体组成。部署环境之所以被包括在硬件子系统中，是因为它的许多特性对 RFID 读写器和标签的性能影响非常大。读写空间中的无线电频率干扰，以及开发环境中分布的物体的种类、尺寸和形状，都会影响标签的读取性能。

信息技术部分在所有 RFID 系统中都需要，它由各种计算机系统、网络、数据库以及各种软件组成。RFID 软件一般分为 3 类：前端软件（设备驱动程序）、中间件和后端软件（企业应用软件）。中间件直接与 RFID 物理部分相互作用，从读写器收集数据，将商业过程信息关联到数据上，存储数据，并且以本地格式给企业应用软件提供数据。此外，中间件还负责硬件的管理、监测和配置。中间件为用于管理商业过程和硬件组成的企业应用软件架起了桥梁。后端软件或企业应用软件，也被称为商业应用软件，使用中间件从 RFID 读写器搜集数据，并将收集到的数据用于管理商业活动。如在装卸码头，从 RFID 读写器接收的数据可用来生成发货单，从而方便地给客户提供账单。

当前市场上可用的电子标签、读写器和天线种类非常多。电子标签具有不同的形状和尺寸，工作在不同的工作频率，使用不同的协议，从不同的源获得功率，允许一次或多次写入，并且造价不一。目前来看，从几美分到几美元的都有。RFID 读写器同样可以通过设计，工作在不同的频率、协议和功率级别上。RFID 天线也有不同的尺寸、形状、频率和辐射模式。RFID 系统设计者可以根据被贴标签的物体、标签读取距离、读取过程中的商业过程、读写区内物体的移动速度和读写区内物体的数目等众多需求来选择这些可用组件。

1.2.3 RFID 技术标准和规范

为了能够被广泛接受，任何技术都需要某种标准和规范，以提供设计、制造和使用这项技术的方针。标准由行业机构，比如 EPCglobal，或者标准化组织，比如国际标准化组织（ISO）制定。标准能在供应商的产品中提供互用性，从而提高产品的需求量，降低成本。规范由政府机构制定，以帮助提高技术的安全性，创造一个有序的发展和部署环境。在这个环境中，满足一致性要求的技术可以同时运作。

制定标准能够促进技术、数据结构和具体应用的兼容与互换。任何技术的广泛应用都需要国际上的协调，包括标准的制定。因为没有国际标准，RFID 的全球大规模推广会受到限制，缺少标准也最终会迫使企业付出高成本去保证与多种读写器和标签的兼容。除了电子编码外，现在也只有一些地区性的标准。

现在正在制定的有两类 RFID 标准。第一类是用于读写器和标签通信的频率与协议标准，通常由国际组织制定；第二类是标签上数据格式的标准化（如电子产品编码），一般由行业组织制定。

EPCglobal 和 ISO 是两个非盈利的制定 RFID 标准的组织，EPCglobal 开发的一些标准包括 Gen 2（第二代）和 ALE（应用层事件）标准。Gen 2 标准定义了标签与读写器之间通信的规则，而 ALE 标准定义了数据收集和过滤以及读写器管理和监测的规则。ISO 已经采纳 Gen 2 标准为 ISO 18000-6C。EPCglobal 目前正在研究 EPC（Electronic Product Code，电子产品代码）网络的发展，这将为在供应链的不同环节中收集、存储和分发数据提供一个标准化的方法。该部分内容将会在第 2 章中详细讨论。

1.2.4 RFID 技术的应用

RFID 系统的最大优点就是减少了人工干预，可以在商业活动进行过程中自动收集数据，且收集数据不需要特别的动作。这种自动操作提高了数据质量，减少了数据采集的时间，具有可以实时地获取数据以及降低在低质量数据上的花销的特点。因为无需打开物品包装盒就可以扫描货品来收集数据，RFID 还有节约时间和降低成本的好处。此外，它还可以实时获取详细的目录信息和实时监测货物清单。RFID也可以用来校验某个货品的来源，从而帮助检测出伪造的产品。由于降低了收集数据的成本，可以在商业过程中更多的地方来收集数据；提供了可视化管理的途径，有助于协调商业过程，以及得知由于行窃和毁坏而导致的存货损失。电子标签中的数据伴随货物一起流动，从而为下游的商业过程提供有用信息。即使在恶劣的环境下，也可以惟一确定货品，并且以较快的速度一次扫描多个货品。

RFID技术可以在跟踪和识别物体、人或动物的多个行业中使用。下面对RFID技术在不同领域和行业的应用做简单介绍（见图1-3），如供应链物流管理、公共管理、人员管理门禁控制、交通领域、生产领域、政府应用和消费者应用等。其中RFID技术在供应链物流管理和公共管理中的应用分别将在本书第10章和第11章中详细介绍。

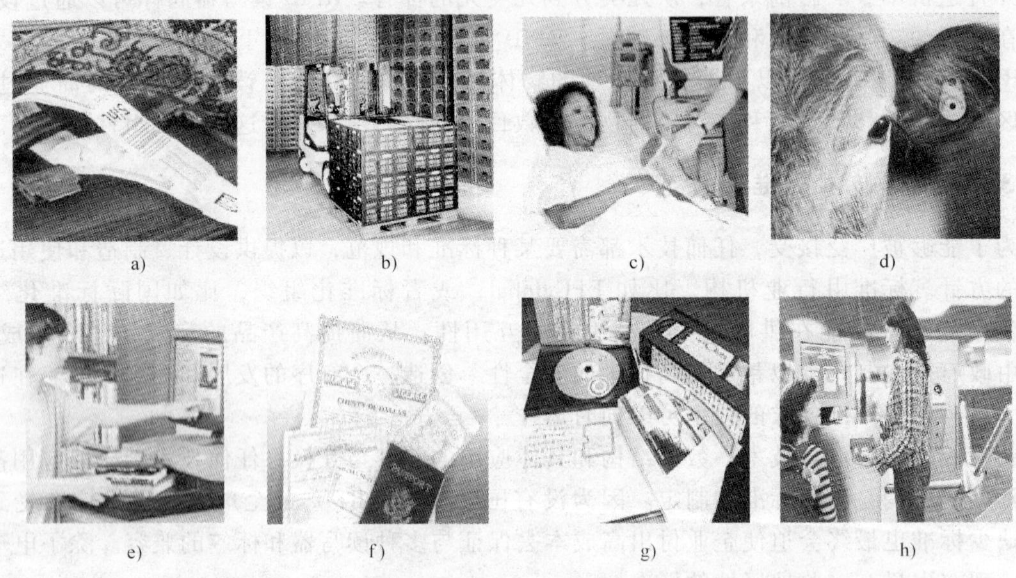

图1-3　RFID技术的应用领域

a）民航行李跟踪管理　b）物料自动仓储管理　c）病人追踪管理　d）畜牧动物跟踪监控管理　e）图书馆文物文件查找　f）证件防伪　g）图书馆管理　h）门票管理

1. 供应链物流管理

RFID技术与无线网络和智能软件相结合，将来可能使供应链物流管理发生革命性的变化。超级市场现在正在货盘、包装袋和其他可回收利用的包装物（如放新鲜食品的塑料筐）上装标签。可写RFID能输入货品种类、到期日、制造厂商和产地的信息，这样RFID就能提高运输和交付的准确度。另外，RFID还能了解产品损失和失窃的情况。从RFID发出的电子产品编码可以确定供应链上所有节点上产品的抵达和离开情况，因此可以根据最后的报告找到给定产品的位置，此外电子标签还可以装在员工制服上以跟踪其位置。许多企业把RFID看做是理顺业务流、降低成本的主要手段。

除了供应链物流管理，包裹和邮件运输也开始使用RFID技术。RFID技术能对整个邮政系统进行改造，更快速安全地进行邮件的发送和接收，大量的个人信件和包裹可以采用这项无需接触的技术，来查找物品和传输信息。IDTechEx预测，到2016年，美国将占据全球30亿美元邮政服务RFID市场的25%，欧洲为25%，中国大陆为50%。电子标签价格的下降促进该技术被广泛的采纳。预计2020年邮政服务每年需要1万亿个包裹和信件标签，这使得邮政服务有可能成为继供应链物流之外的第二大 RFID 应用市场。此外，航空公司也正在积极开发 RFID 行李标签。香港国际机场是世界上最繁忙的机场之一，年旅客流量为3500万人次，2004 年 5 月，香港国际机场宣布在行李处理设施中安装 RFID 读写器。行李传送带、仓储等机场的各个环节都将安装 RFID 读写系统，可以对旅客行李的电子标签进行读/写操作，手持读写器也可用于处理移动中的行李。

2. 公共管理

（1）医药业中的应用

医药业是 RFID 应用的又一个重要领域。电子标签能装在人体上、衣服上、床单上和非金属材料上，全自动地传递病人的信息，这样可以减少人为误差，提高效率。通过与安全的无线网络连接，嵌入药品和病人手镯中的标签就能快速发送病人的病历和其他信息，还可以使用电子标签来取代条形码，以提高供血者向病人输血的准确度。RFID 还可以跟踪运往填埋场的医疗废料，IBM 公司和日本的 Kureha 环境工程公司最近试验了在废品集装箱上采用 RFID 技术。RFID 还可用于产品鉴别和食品及药物管理局的认证。医药业若能运用 RFID 技术，将会解决许多生产和销售方面的问题。制药者可以准确掌握产品现状，提高生产效率，减少人力成本，缩短产品质量保证时间，实时监控产品制造过程的所有情况，快速应对市场，减少过期产品的数量损失。药品上的电子标签也能防范假药、增加销售收入、降低处方误差和减少退货。RFID 技术还可用于护理方面，例如用于跟踪病人、设备和服务，帮助健康护理工作。

（2）人员管理和门禁管理

RFID 技术现在越来越多地用于限制某些区域的进出，提高实验室、学校、机场等地方的安全程度。许多雇员身份卡已经使用了 RFID 技术，作为办公大楼的出入证，持卡者进入受保护区域时，要将卡放在门附近的 RFID 读写器上，读写器从身份卡上读取号码并传送给计算机系统。计算机系统将读取的号码与已存储的信息进行比较，并决定持卡者是否有这个区域的出入权。RFID 也可以用来防止欺诈，我国铁道部和教育部已采用 RFID 技术来鉴别学生证的真伪问题，防止非学生购买学生票。2003 年发出了 1000 万个智能标签和微型芯片，每个芯片含有 2kbit 的数据，可以在 1.5m 的距离上进行读取，当前芯片存储有学生的身份数据，将来还可能会包含文凭和学位信息。

（3）交通领域

RFID 技术最早应用于交通领域，使用 RFID 技术的电子收费管理系统可以降低运输公司的管理费用，增加持通勤票的旅客流量。同时，RFID 与车牌识别技术的有效结合能够对所有车辆实现高度自动化的不停车稽查，也可以解决车辆盗抢、假套牌、非法运营等车辆管理问题。一般情况下，这些系统使用的是非接触式的智能卡，寿命可达 10 年，且不易被液体、尘埃和温度变化所损坏。近几年，欧洲和美国都开始在交通运输领域广泛应用 RFID 技术。韩国在 1997 年就开始使用电子标签车票，泰国曼谷也使用了地铁无接触智能卡系统。在东京，甚至出租汽车司机也开始使用电子标签卡。1996 年底，北京首都高速公路发展有限公司进行了为期三个月的不停车收费（ETC）系统试验，该系统于第二年投入运行。2007 年底，包括京通快速路在内的全市 11 条高速路将全部联网收费，除在主要收费站开通不停车收费系统外，所有收费口还将同步开通 IC 卡收费功能，普通公交一卡通也能轻松刷卡缴费。

3. 生产领域

生产领域对计算机控制和信息技术的依赖越来越强，使用电子标签，再加上传感器和触发器，可以全面提高生产、制造和加工产业的精细化管理程度及效率。

（1）制造业

RFID 技术能够跟踪进行中的工作，确定和消除瓶颈，跟踪成品存货水平和位置，提高经济效益。通过在工厂车间级别逐步采用 RFID 技术，制造商可以无缝且不间断地集成从 RFID 捕获的信息并链接到现有的、已验证和工业加强的控制系统基础结构，与配置 RFID 功能的供应链物流其他环节协调。这样不需要更新已有的制造执行系统（MES）和制造信息系统（MIS），就可以发送准确、可靠的实时信息流，从而创造附加值、提高生产率和节省投资。RFID 技术在制造业中的影响是广泛的，包括：信息管理、制造执行、质量控制、标准一致性、跟踪和追溯、资产管理、仓储量可视化以及生产率等。

（2）汽车业

RFID 技术在汽车业中的应用 20 年前就开始了，从电子熄火器到胎压监测器，从装配线到供应链，RFID 在汽车行业已经无处不在。以制造流程来说，RFID 从车辆本身到生产与流通流程处处都显示出其重要性。目前 RFID 在汽车业应用得最多的是车辆出入管理与安全系统（Vehicle Entry and Security System），主要是电子熄火器（Immobilizer）。使用者发出的信息和设置在启动装置上的信息匹配时，汽车才可以启动，否则 RFID 电子熄火器禁止车辆启动。汽车业中 RFID 技术最大的成长点是生产过程自动化，与其他大批量生产的企业一样，RFID 在汽车生产流程管理合理化方面可以发挥明显的作用，如通用汽车公司和大众汽车公司都采用了 RFID 技术，以使生产流程更加合理。

（3）农业

RFID 技术在农产品方面的广泛应用可以提高农产品的物流管理能力、质量监督能力和可跟踪能力，同时也有利于规范和净化农产品市场。近年来，食品安全问题（疯牛病、口蹄疫和禽流感等畜禽疾病以及农产品严重残药导致的食物中毒等危机）频繁发生，严重影响了人们的身体健康，引起了世界各国特别是欧洲各国的高度重视。为此，各国政府迅速制定政策和采取各种措施，加强对农产品安全生产的管理，其中采用 RFID 技术可使对农产品的识别与跟踪更为实时可靠。如：2003 年在我国 863 计划的数字农业项目中首次列入了数字养殖研究课题。目前，一套基于远距离系统的 RFID 牛个体识别系统已经进入实用阶段。2004 年 11 月，RFID 被用于跟踪从纳米比亚运输到英国的冻牛肉集装箱，目的是保证牛肉的质量。RFID 能检查和记录运输途中集装箱的封口是否被窜改和破坏，并检查运输是否超时。用于温室的 RFID 比传统的条形码要好得多，条形码必须清洁干燥才能扫描，而电子标签不怕水，不怕尘土，可以更快地读取数据。装在温室苗床上、带有天线的 RFID 传感器能跟踪作物生长，精确地掌握产量。美国的一些农场已开始使用电子标签跟踪农产品生产，例如密执安州的一个农场把电子标签安装在蓝莓的包装箱上，并同其他的一些公司如医药公司和教育机构一起试验这个系统。

4. 政府应用

不仅私人企业在使用 RFID 技术改进业务流程，在当前政治因素不稳定、恐怖事件频频发生的环境中，政府部门也开始采用这一技术。下面介绍几个政府部门的 RFID 技术应用范例。

（1）电子政务

许多公共部门在考虑用RFID使电子政府服务更为灵活、有效和安全。例如，美国打算把电子标签用在驾驶执照上，但争议颇多。使用这种技术的主要目的是防止造假，许多隐私权的维护者对此持不赞同的态度，他们认为远程读取标签可能使政府机构窃取公民的私人信息。美国弗吉尼亚州是第一个考虑把RFID用于驾照的州。未来RFID可能会与生物数据（例如指纹）结合在一起使用。2005年2月，美国众议院通过决议，强制各州在2008年重新设计驾照，使之符合联邦反恐标准。

RFID能用于所谓的物联网，进而可能用于对人的跟踪。美国食品与药品管理局已批准把RFID芯片植入人体，而普通公民和隐私权拥护者担心美国政府会采用欺骗的手法在所有无家可归者的身上植入电子标签。2001年以来，欧洲一直在考虑把RFID置入欧洲银行货币中，以防止伪币、欺诈和洗钱。欧洲中央银行已经同许多技术公司如飞利浦半导体公司和日立公司讨论了在欧洲货币中加入标签的课题。

（2）国防与安全

RFID可以在政府增强国防和安全体系方面发挥重要的作用，特别是在恐怖主义日益嚣张的环境中。2001年911事件之后，美国已经在所有的美国护照中加入了生物数据，如指纹。美国对那些无需签证就可以进入美国的国家也提出了这样的要求。最近，美国政府要求把RFID与生物数据一起用在护照上。这一措施引起了一些技术专家和民权主义者的担忧。他们担心芯片上的数据可能被远距离读取，致使个人信息和照片落在坏人手里。目前，香港特别行政区和深圳之间的海关已经安装了RFID系统，以加快旅客和货物通过边境，并防止走私。

5. 消费者应用

虽然消费者意识不到，但实际上已经处在RFID的环境之中，包括收费公路，办公室和图书馆。未来几年，从体育运动到零售商店，这些小标签将使人们的生活更为方便。下面介绍RFID目前的一些有趣的应用及其发展前景。

（1）图书馆和影视出租商店

图书馆可以使用RFID技术管理借书和控制借出的书籍，通过加密和防破坏手段保持标签上信息的安全，自动管理图书馆资料的出借和归还。过去一般使用的是条形码，借还书只能单本在扫描器上识别。使用了RFID技术后，图书馆在借还资料时，通过安装在书架上的读写器或者手持读写器来实现借还图书，这样就能减少工作人员，提高库存管理准确度，防止丢失。如：Touch Automation是业界领先的电影、音乐及电子游戏自动化配送解决方案提供商，他提供RFID技术来管理商店里供自助租赁的CD/DVD。条形码很容易受到损害，而且有时只能使用一次。通过安装在CD和DVD上的电子标签，零售商可以更加准确地进行光盘的监控、确认租借、归还和购买、库存评估，进而调整存货流程，提高总体收益。此外，图书市场也使用了类似的RFID管理系统，其工作原理和录音带或者CD、DVD上的应用基本相同。目前，美国共有1000多家超市或零售商店在使用Touch Automation的RFID管理系统跟踪出租的CD和DVD，起到了优化供应链和客户端流程的作用，既方便了消费者又能有效降低失窃和货品损耗等风险。预计到2009年，该市场的年收入将突破30亿美元。

（2）个人福利与安全

RFID在医学方面的应用（例如在医院里的应用）前面已经介绍，它能填补病人治疗和福利方面的空白。由于电子标签能感知位置，所以能用来增强个人安全。不仅学校可以用RFID跟踪学生，公园也能用这种技术来吸引那些关心孩子和老人安全的家庭。

（3）体育与休闲

在体育方面，RFID已用于马拉松运动来跟踪长跑运动员，也用于汽车赛中准确确定获胜车辆冲过终点线的时间。20世纪90年代，把滑雪者运往高处的牵引车上就用上了非接触式的RFID系统。例如，安装有读写器的遥控门能识别合格的滑雪通行证，并自动开门，这样可以缩短排队时间，更有效地为顾客服务。信用卡大小的RFID滑雪通行证可以方便地插在上衣口袋里，能现场扫描，免除了很多麻烦。滑雪通行证还可以用来定位滑雪者，特别是受伤者和孩子的位置。在旅行和休闲时，RFID还能用于防止财物失窃。例如，在德国，飞利浦半导体公司用电子标签系统保护游船失窃（德国有66万艘游船）。过去，船只只是简单地漆上号码，很容易被偷窃和修改。由于装在船上的电子标签可以被遥感读取，有关部门就能根据船只失窃与注册数据库检查船只的状况。此外，RFID技术还能改善对顾客的服务。英国的曼彻斯特足球俱乐部是欧洲第一个采用RFID技术的足球俱乐部，采用这种技术，球迷不用票就可以进入球场，这样就大大缩短了观众的入场时间。

（4）购物与餐饮

沃尔玛公司首先使用电子标签来改善供应链，还有很多大型零售商店在商品上使用了这种新标签技术。下面从顾客的角度来观察零售业中的RFID应用。很明显，在零售商店中推广RFID能使顾客更快地结账付款。如果顾客购物筐中的每一件商品都有电子标签，而且已经安装了必需的读写器，那就无需把每件商品都放到传送带上去人工扫描，然后再打出账单了。要是顾客身上带有非接触式的付款卡，那么繁琐拖拉的付款程序就可以取消了。购物车中所有的商品都能自动从顾客在商店的账户中扣除。这方面的应用实例已经有很多，不仅零售商店可以从RFID的应用中获得益处，饭店也可以通过物品电子标签改进对顾客的服务，简化结账程序。

（5）智能家居

智能家庭系统可以通过收集固定在家庭物品上的微小电子标签的数据，检查、监控和记录居住者的日常生活，从而保证居住者的独立，减少照顾人员的负担。与电子标签一样，读写器的尺寸也更小了，移动也更加方便，更适应这种不易觉察的技术环境。如：2004年3月，韩国政府在首尔设立了一个博物馆，展示了一个名为无处不在之梦的智能家庭。在这个设计中，通过冰箱联网的实现，可自动订购食品；智能洗衣机可以根据衣料的纤维决定洗涤方式。美国华盛顿大学与英特尔公司开发了一种RFID智能手表系统，它能提醒人们在离开家和公共场所时带上重要的物品。SkyeTek公司开发的一种新的RFID读写器，直径只有1in㊀，厚度只有0.1in㊀。微型读写器可以装在手套或手机里，读取药品等物品的电子标签，并向任何不符合要求的用户发出警告；还能保证安全地进入家门，接入娱乐系统和设备。未来衣服上也能装上传感器、读写器和标签，把采集到的数据无线传输到其他设备，如手表、移动电话或个人数字助理上。

㊀ 1in = 0.2504m。

1.3 RFID 技术和其他技术的结合

1.3.1 RFID 技术与传感器技术

当电子标签具有感知能力时，RFID 和无线传感器网络的界限就变得模糊不清了。很多主动式和半主动式电子标签结合传感器进行设计，使得传感器可以发送数据给读写器，而这些电子标签并不完全是无线传感器网络的节点，因为它们之间缺乏通过相互协同构成的自组织（Ad-Hoc）网络进行通信，但是它们超越了一般的电子标签。按照这个方式，RFID 技术将同无线传感器网络技术相结合。另一方面，一些传感器节点正使用 RFID 读写器作为它们感知能力的一部分。虽然电子标签已经在一些行业中进行了试验和推广，但传感器技术还处于早期开发阶段。温度标签、振动传感器、化学传感器等能大大提高 RFID 技术的功能。

这些智能传感器将在数据获取方面开创出另一种机制。智能传感器与准确的时间和位置感应电子标签结合在一起，就能记录给定物体的状态和其被处理的情况。例如，人们正在研究开发易腐食品是否过期的生物传感器，这种传感器十分微小，能检测出任何生物或化学制剂。这种传感器由发射器和计算机芯片组成，它能嵌入电子标签，能在水瓶里，甚至肉品包装袋的积水底部工作。RFID 生物传感器的研制还需要几年时间，但有些公司，包括麦当劳最大的牛肉供应商金州食品公司，自 2002 年以来一直在试验 RFID 生物传感器。由 RFID 传感器构成的系统最终将跟踪和监测所有的食品供应，防止污染和生物恐怖主义。

由于 RFID 抗干扰性较差，而且有效距离一般小于 10m，这对 RFID 的应用是个限制。如果将 ZigBee 的无线传感器网络同 RFID 结合起来，利用前者高达 100m 的有效半径，形成 WSID（Wireless Sensor ID. 无线传感器识别）网络，将具有更光明的应用前景。ZigBee 无线电可以看成是主动电子标签，利用了更多的传感器和更少的网关，可以大大降低主动 RFID 系统的成本。

HP 公司在 2004 年 10 月开放了位于美国的 HP 实验室 RFID 演示中心，有两个主要的研究原型，分别是智能机架（Smart Rack）和智能 Locus（Smart Locus）。两种原型都结合了 RFID 和其他类型的传感器，比如视频摄像头或者热量感应器，连接上多模传感器网络。该多模传感器网络使用不止一种类型的传感器。智能机架利用热量传感器和高频 RFID 读写器来识别和监控位于大型金属服务器柜子中的服务器的温度。这些传感器和读写器是联网的，它们收集数据用于实时显示这些柜子的详细目录和每个柜子的温度情况。美国海军同乔治亚州技术学院合作开发了一个 RFID 传感器网络用来监视存

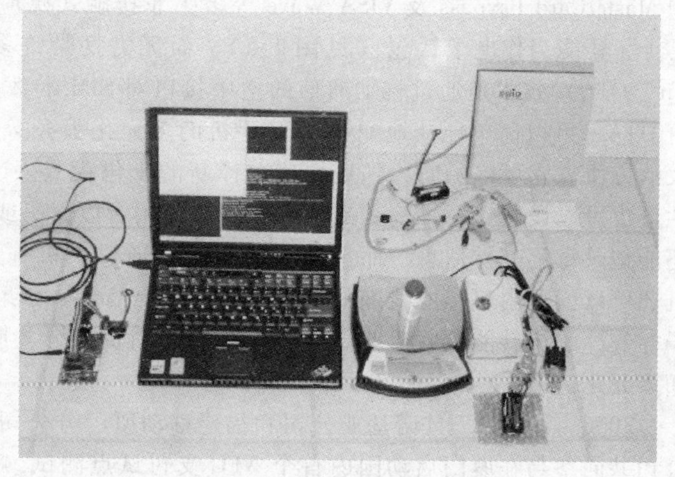

图 1-4 基于 RFID 和传感器技术的药品监控系统原型

储有航空器部件容器的温度、湿度和大气压强。BP 石油公司利用 RFID 和传感器网络来监视资产和迅速对周围环境情况的变化做出反应。将高频 RFID（低成本）、超高频 RFID（高成本）以及传感器网络用于卫生医疗监控系统，如图 1-4 所示，高频 RFID 系统用于药品，而超高频 RFID 系统用于患者警报。这个系统可以监控老年人所需要的大部分药品并帮助选择正确和适量的药品。

1.3.2 RFID 技术与 NFC

NFC（Near Field Communication，近距离无线通信）技术是由飞利浦公司发起，由诺基亚公司、索尼公司等著名厂商联合主推的一项无线通信技术。NFC 工作在 13.56MHz 频段，其数据传输速率取决于工作距离，可为 106kbit/s、212kbit/s 或 424kbit/s。其最长通信距离为 20cm，在大多数应用中，实际工作距离不会超过 10cm。NFC 符合 ISO 18092 和 ECMA 340 定义的标准，并兼容于 ISO 14443 标准，也就是兼容于 NXP 公司的 MIFARE 和 Sony 公司的 FeliCa 两种技术。NFC 技术的出现将在很大程度上改变人们使用某些电子设备的方式，甚至改变信用卡、现金和钥匙的使用方式，它可以应用在手机等便携型设备上，实现安全的移动支付和交易、简便的端对端通信、在移动中轻松接入信息等功能。

NFC 与 RFID 技术所针对的行业不同，NFC 技术针对的是消费类电子产品，而 RFID 技术针对的是所有行业，包括物流、交通等诸多行业。从某种意义上讲，NFC 也是 RFID 的一种应用，也可以把 NFC 看成是 RFID 的升级。RFID 与 NFC 是相互促进的，一方面，RFID 应用的普及需要无处不在的读写器；另一方面，NFC 是与手机紧密结合的技术，NFC 的普及将解决 RFID 读写器缺乏的难题，为 RFID 的进一步发展助力。此外，RFID 市场的存在和扩大，也给 NFC 技术的推广普及提供了基础环境。从通信角度来看，近距离内工作的 RFID 技术也是近距离无线通信技术的一种。RFID 技术的下一个应用热点将是手机、个人数字助理（PDA）和汽车电子产品等消费性的电子产品领域，它们的表现形式将是基于 NFC 等技术的非接触式移动支付等，诸如以手机取代和统一电子钱包、信用卡、积分卡、银行卡和交通卡等。

NFC 手机与用户识别模块（SIM）卡整合，让手机拥有小额付费功能，并同时可以兼容如 MasterCard Paypass 及 VISA Wave 等多张非接触式感应信用卡，以一部手机就可乘地铁、巴士，还能当作电子钱包（见图 1-5），而无需携带许多张卡出门。空中下载（Over-The-Air，OTA）技术是通过移动通信的空中接口对 SIM 卡数据及应用进行远程管理的技术。藉由 OTA，可以简单便捷地配置 NFC 手机的多元化服务。这种移动支付模式将带给消费者极大的方便，它可以随时、随地快速选择新的支付模式。NFC 手机将会内建密钥以增加安全性，也可以设定让每一笔交易都必须经过使用者以密码或其他生物特征确认，在系统支持下还能记录每笔交易信息，而客户也可以随时通过手机查询每次充值或交易的记录。NFC 手机还可以读取内建感应线圈的海报提供的优惠信息。如果主要路标也布有内建感应线圈的电子标签，手机就能接收道路、旅游、环境、消费与公共服务等相关信息，使 NFC 的应用更加多元化。

2006 年 6 月 27 日诺基亚公司和福建移动厦门分公司、厦门易通卡公司、飞利浦半导体公司共同参与在厦门启动国内首个 NFC 支付试点测试，同年 8 月 1 日诺基亚公司与银联商务公司在上海启动国内第二个 NFC 测试，也是全球范围首次进行 NFC 空中下载试验。2007

底，我国银联支持 NFC 技术的手机支付测试将在上海的浦东商业区展开，其中包括八佰伴和正大广场的购物中心。由于能够非常好地为实时支付和现场支付（面对面支付）提供解决方案，NFC 具有极为广阔的应用前景。

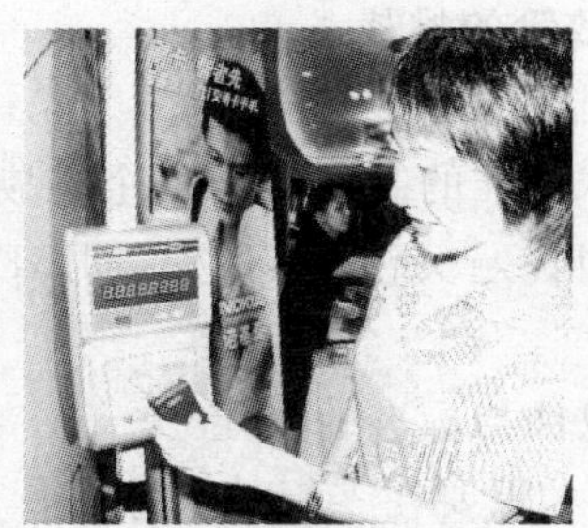
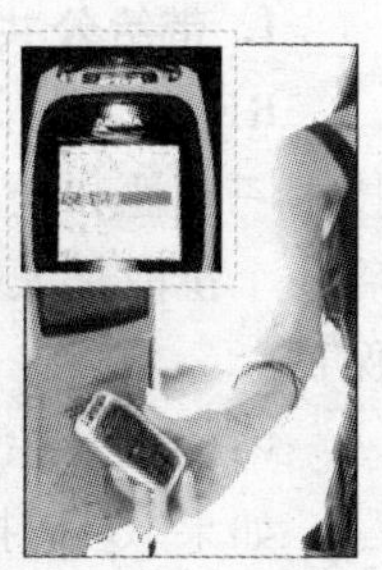

图 1-5 内置 NFC 功能的手机可以实现电子钱包功能

1.3.3 RFID 技术与 3G

RFID 技术在当前的移动通信领域中已经有所应用，但是大部分还处于试验阶段，从 RFID“标记”、“地址号码”和“传感功能”这三个最本质的特点来看，RFID 在 3G 产业中的应用前景非常广阔。移动通信技术发展到 3G 的直接结果是一个结构更加复杂和功能更加强大的通信系统，除了传统的人与人之间的通信外，设备与设备之间的通信业务（M2M）也将得到迅速发展，而 RFID 将在其中扮演关键的角色，因为 RFID 所具有的“标记”、“地址号码”和“传感功能”能够解决 M2M 中很多实际的问题。虽然设备或物品本身并不具备感知的功能，但可以利用支持 RFID 技术的 3G 终端了解设备或物品所处的外界环境，从而更好地实现对设备或物品的数据读取、状态监测和远程管理控制等诸多业务。新融合的需求对移动设备提出了前所未有的挑战，如果需要手持设备支持丰富的融合业务，除了强大的处理器之外，还需要支持无线局域网（WLAN）、超宽带（UWB）、Bluetooth、ZigBee、DVB-H、通用移动电话业务（UMTS）等诸多无线协议，用以支持移动通信、娱乐体验、计算机应用的需求。

3G 手机加上 RFID 技术可以实时传递信息及上传或下载多媒体影音档案，提供数据的读取与更新、存储用于对象识别与获取信息的功能。该研究表明，通过 3G 系统结合日常生活中各项物品，如家电用品、日常用品、大众运输、餐厅、电影及卖场等内含的电子标签，各项物品的服务经 3G 手机上的读写器读取之后，产品的具体信息将显示于 3G 手机屏幕，从而达到服务数字化，并且无所不在，无所不用，大大提高了人们数字生活的方便程度。若 RFID 的相关设备成本可以降低的话，未来日常生活中的各项物品均有可能内嵌电子标签，那样 RFID 技术和 3G 系统结合的研究就可为人类未来的生活带来极大的方便。

1.4 RFID 的发展

1.4.1 RFID 技术面临的问题

作为未来物联网的核心，RFID 技术有可能无处不在地感知一切，从而给公共政策的制定带来一系列重大的挑战。RFID 不仅会对未来通信和计算机产业的发展产生影响，而且将会与移动电话一样引起社会结构和人类行为的重大影响。但是，目前其发展还面临以下几个问题。

1. 带给公共政策的挑战

RFID 给政策制定者带来三个挑战。第一个挑战是从技术角度看，物联网的建立取决于技术一致性和全球标准的制定。第二个挑战是，对物联网的管理必须是均衡的、公正的。最后一个挑战是人们普遍关注的问题，即 RFID 技术应用中个人信息的控制和用户隐私权的保护。

（1）技术一致性与标准的制定

如果 RFID 技术想要在零售、医疗等行业甚至在政府部门等应用领域得到普及，各厂商产品之间的标准化问题必须得到相应解决。目前行业标准以及相关产品标准还不统一，电子标签迄今为止也还没有正式形成一个全球统一（包括各个频段）的国际标准。标准（特别是关于数据格式定义的标准）的不统一是制约 RFID 发展的重要因素，而数据格式的标准问题又涉及到各个国家自身的利益和安全；标准的不统一也使当前各个厂家推出的 RFID 产品互不兼容，这势必阻碍了未来 RFID 产品的互通和发展。因此，如何使这些标准相互兼容，让一个 RFID 产品能顺利地在民用范围中流通是当前重要而紧迫的问题。

（2）资源管理

全球互联网的管理应该是多边、透明和民主的，这一点人们已有了普遍的共识。私人企业和公共部门都应该为实现资源的平等分配、方便接入、网络稳定和安全的目标而努力。随着全球互联网内容的不断增加和接入方便性的不断增强，对网络管理的需求也越来越强。网络管理从商业上讲是具有战略性意义的，例如域名就不能靠简单的 URL（Uniform Resource Locator，统一资源定位器）来管理了。全球域名管理机构 VeriSign（威瑞信）一定程度上垄断了这一领域，它管理着核心域名服务器（Domain Name Servicer，DNS），以 . com 和 . net 结尾的网站。在国际物品编码协会（ENA）和美国统一代码委员会（UCC）管理的 EPCglobal 授权 VeriSign 管理其电子标签的电子产品编码之后，这种对数字内容的垄断进一步增强了，它最终可能定位几十亿件产品（甚至人）。EPCGlobal 之所以选择 VeriSign，是因为它拥有广泛的基础。因此，各个国家需要考虑目前对 DNS 的垄断是否会转移到未来的物联网。

（3）数据保护与用户隐私

当前广泛使用的无源 RFID 系统还没有非常可靠的安全机制，无法对数据进行很好的保密，RFID 数据较容易受到攻击。原因在于 RFID 芯片本身，以及芯片在读取或者写入数据的过程中都很容易被黑客所利用。强烈反对推广电子标签的人是隐私权维护者，反对的主要理由是 RFID 具有跟踪物品和人并记录大量信息的能力。RFID 的反对者认为，商店、公司和政府部门可以使用 RFID 技术监视个人。由于电子标签在产品售出之后仍然可以工作，那么第三方的读写器就可以对其扫描，并编辑这些标签发出的数据，从而判定消费者购买了哪些产品，什么时候购买的，甚至了解这些产品的去向。把这些数据整合在一起，就能全面了解消费者本人，包括他的收入、健康状况、生活方式、购物习惯、甚至他所处的位置。此后这些信息可能被出售给政府机构、政府雇员或其他公司，用于市场营销的目的或构建 CRM（Customer Relationship Management，客户关系管理）数据库。虽然有些隐私权问题被夸大了，但保护顾客免受非法跟踪毕竟是一个需要研究人员和政策制定者阐述的法律问题。

2. 对社会和人类的影响

多种多样的遍及各行各业的RFID应用将会改变世界，同时给人们带来极大的便利。RFID的推广可能对生活质量产生重大影响，RFID也会影响人类对时间和空间的控制。RFID不仅仅是一种技术，它还可以使管理更加高效，更加精细。未来的RFID技术将扮演影响我们生活的重要角色。例如，在保健方面，RFID技术有助于照顾孩子、老人和病人。它不仅能帮助延长人们的寿命，而且能使人们生活得更舒适。无处不在的网络环境（例如使用RFID）将使工作时间更灵活，减少上班的交通时间。任何人、任何物品在任何地点、任何时间都能相互通信的技术可为人们带来方便，使人们享受大量的创新和服务，这是不可否认的。但这些也会给人类的生活带来负面影响。

现在工业化国家中的大多数人在从事日常工作时都留下了大量的电子数据痕迹。过去几年里，人们所处的位置和行为已经越来越多地被监视摄像机录了下来。在英国，平均每人每天被闭路电视摄像机录下300多次。物联网的到来使这类数据的采集更为廉价和有效，大量推广RFID服务也会带来许多人们关注的问题。RFID的应用使公司和政府调查人员能通过读取嵌入在人们衣服和其他个人物品中的电子标签上的信息，很容易地掌握人们所处的位置和情况。现在，民事案件和刑事案件的调查人员定期调用RFID道路自动收费设备的记录，了解给定时间目标车辆的位置。公司可以用电子标签了解客户，并能与政府和其他部门分享这些信息。使用这些信息要严加控制并限定在一定的范围内，否则会对人权产生重大影响。RFID数据、生物数据等的使用必须对公民有益，并遵循透明的原则，尊重个人选择，而不能做专制式的监视。而随着RFID技术的普及，这些数据流会随处出现，难以检查和平衡，甚至无法控制，这样就可能使公民受到监视。近些年来，工业化国家对这些问题越来越关注了，但贫穷国家对隐私权问题还没有给予足够的重视，没有把它列入到经济发展的政策议程。总之，RFID技术可能造成新的隐私权问题应该引起人们的关注和重视。

3. 成本和技术

目前，美国一个电子标签的最低价格是几十美分左右，还是无法应用于价值较低的单件商品上。只有电子标签的单价下降到10美分以下，才可能大规模地应用于整箱整包的商品上。随着技术的不断提升和推广范围的日益扩大，RFID的各个组成部分，包括电子标签、读写器和天线等的制造成本都有望大幅度降低。另外，虽然RFID电子标签的单项技术已经趋于成熟，但总体产品技术还不够完善，仍存在较高的差错率。加之液体和金属制品等对无线电信号的干扰很大，电子标签的准确识别率目前还只有80%左右，离大规模实际应用的要求还有一定差距。在集成应用中，人们还需要攻克大量的技术难题。

1.4.2　RFID技术的发展

RFID技术的发展，一方面受到应用需求的驱动，另一方面其成功的应用又反过来极大地促进了应用需求的扩展。从应用角度来说，RFID技术的发展目的在于不断满足日益增长的应用需求。从技术角度说，RFID技术的发展体现在若干关键技术的突破及多项技术的综合发展上，所涉及的关键技术大致包括：无线通信、芯片设计与制造、天线的设计与制造、标签封装、系统集成、信息安全等。

随着技术的不断进步，RFID产品的种类将越来越丰富，应用也将越来越广泛。可以预计，在未来的几年中，RFID 技术将保持高速发展的势头。RFID 技术的发展将会在电子标签、读写器、系统种类等方面取得新进展。

在电子标签方面，电子标签芯片所需的功耗更低，无源标签、半无源标签技术更趋成熟。标签的作用距离将更长，无线可读写性能也将更加完善，并能够完成高速移动物品的识别，识别速度也将更快，且具有快速多标签读写功能。与此同时，在强场强下的自保护功能也会更加完善，智能性更强，成本更低。在读写器方面，多功能读写器，包括与条形码识别集成、无线数据传输、脱机工作等功能将被更多地应用。同时，多种数据接口包括 RS232、RS422/485、USB、红外和以太网接口也将得到应用。而读写器将实现多制式多频段兼容，能够兼容读写多种标签类型和多个频段标签。读写器会朝着小型化、便携式、嵌入式、模块化方向发展，成本将更加低廉，应用范围更加广泛。在系统方面，低频近距离系统将具有更高的智能和安全特性；高频远距离系统性能将更加优越，成本更低。而 2.45GHz 和 5.8GHz 系统也将更加完善，同时，无芯片系统也将逐渐得到应用。

1.4.3 RFID 市场和行业发展趋势

据 ABI Research 市场研究公司最近发布的市场数据显示，到 2012 年，RFID 应用的市场结构将发生重大变化。RFID 在门禁控制、动物身份、汽车引擎防盗和电子公路收费方面应用的收入在全球 RFID 系统收入中也将继续占较大比重。目前这四项应用约占整体市场的 59%，但在五年内，它们的比例预计会下降到 45% 左右。以下四项发展迅速的新兴应用将会浮现：基于安全的解决方案、非接触支付、供应链物流管理及垂直市场中的数据追踪和管理应用。

上述研究显示，身份文件（电子护照和身份证）等以安全为中心的应用及货物追踪预计在所有的市场中都将强劲成长。这些市场明显受到政府政策、法规以及美国、英国、日本、韩国和中国等国家市场支出情况的影响。非接触支付解决方案也正在许多地区成长（到 2012 年比例将上升近 5%），信用卡发行商、金融机构和零售商继续在展开测试点、部署、教育项目和营销活动。

被动式极高频（UHF）compliance 市场在过去 18 个月逐渐减缓，但中长期仍将保持正增长。未来预计沃尔玛公司和国防部的项目将继续推进，而预期中的 Non-Compliance 货盘和病例标签试点及部署，以及从时装、消费电子产品到药品的新兴计划，将会促使供应链物流管理所占比例在未来五年内上升 3%。

RFID 技术将应用于许多垂直市场中的数据追踪和管理，包括制造（例如备件与工具追踪）、保健（医疗设备、人员和病人追踪）、运输/物流（可重复使用的运输器材）以及企业的 IT 环境（如笔记本计算机、服务器）。

专业调查机构 IDTechEx 公司汇总调研了 2000 多份 RFID 技术应用案例，通过海量数据分析，预测了几个主要 RFID 应用行业的发展趋势。

1. 托盘级和货箱级行业

这两大行业应用电子标签技术是 RFID 技术最为显著的应用方向，单品级 RFID 应用紧随其后。还有十类 RFID 应用方向，根据案例性质差异，按照应用数量由多到少的顺序为：RFID 智能卡（智能钥匙）、车辆管理、电子门票、物流运输、联运集装箱、电子护照、汽车遥控与防盗装置、行李追踪、个人识别和牲畜安全管理。

2. 当前还处在"卡"时代

如果把各种各样的智能卡、智能钥匙、电子护照归为一类的话，这个卡系列的数量几乎与托盘级、货箱级RFID应用量旗鼓相当。从价值上说，智能卡、智能钥匙和电子护照里面电子标签的价值总量是用于供应链环节中超高频电子标签的10倍左右。虽然根据电子标签的价格和系统特点来说，目前全球RFID的发展主要集中在智能卡领域，不过随着其他应用方向的逐渐铺开和拓展，卡时代即将结束，智能卡将逐步向更加快捷、便利、可靠和更合适价位的RFID技术发展。

3. RFID电子护照业务蓬勃发展

目前，已有50多个国家加入到了RFID电子护照的行列，RFID电子护照已经成为"无所不在的全球市场"。全球大约有9亿张电子护照，预计每年新发放或者更换的护照数量在1.25亿张左右。

4. 产品电子代码国际化

IDTechEx公司看好EPC技术的发展，EPC在全球范围内取得了成功，势必将占据未来RFID市场三分之一的份额。同时，ISO的Gen 2标准也将进一步推动EPC的发展。

5. RFID应用更加全球化

目前，IDTechEx公司的调研对象已经由最开始的49个国家或地区扩充到76个。按照RFID应用程度从高到低的顺序排列：美国、英国、日本、德国、中国、法国、荷兰、韩国、加拿大和澳大利亚。

1.4.4　RFID产业发展

RFID技术的发展建立在RFID整个产业链发展的基础之上（见图1-6），任何一个环节的落后都会影响到整个产业的发展。RFID产业链主要由以下几个环节组成：RFID标准的制定，芯片的设计、制造及封装，读写器的设计和制造，RFID中间件，系统集成和管理软件，应用系统开发。下面逐一分析。

1. RFID标准的制定

RFID技术的标准体系主要包括空中接口规范、物理特性、读写协议、编码体系、应用规范、测试规范、数据安全和应用管理等。RFID技术领先的国家和地区都在积极制定自己的标准。目前，ISO/IEC 18000、美国的EPC Global、日本的泛在中心的三个标准正在制定中。这三个标准之间存在一定差异性，主要体现在通信方式、防碰撞协议和数据格式三个方面，在技术上差异并不是很大。目前，EPC标准在案例和企业支持力度方面具有一定的优势，已经成功地实现了从Gen 1到Gen 2的演进，许多符合Gen 2的产品已经面世。ISO标准则秉持标准的基本理念，少了一些商业利益，更侧重标准的中立性，因此对于加速RFID产业的发展来说，似乎更具弹性和发展前景。

2006年6月9日，我国发布了全国乃至全球RFID行业期待的《中国RFID技术政策白皮书》。从此，我国RFID产业发展的步伐正式加速。参照ISO 18000系列的我国RFID标准越来越被看好。目前，我国的标准参与企业已经达到100余家，包括了我国RFID行业的所有知名企业。而来自国外的一些知名企业，包括微软等都有参与我国RFID标准制定的意愿。过去，由于ISO和EPC的RFID频率与我国的GSM等网络相冲突，我国的RFID工作频率长期没有着落。不过，2007年4月20日，中国信息产业部正式发布800/900MHz频段射

标准的制定	芯片的设计、制造及封装	读写器的设计和制造	RFID中间件	系统集成和管理软件	应用系统开发
RFID技术标准体系	RFID芯片的设计、制造、装配及天线的制作	扫描读取标签中的射频信号	标签信息和消息的传递、分发与处理	将系统中的信息进行融合	供应链管理、企业资源管理与库存管理等系统
EPC ISO/IEC AIM UID IP-X VeriSign	Infineon Hitachi Paxar Philips Printronix TI Zebra Alien Impinj Matrics Savi Tren Star	Checkpoint Intermec Psion Teckiogix Symbol ACC System Matrics Savi Paratek TrenStar	BEA IBM Microsoft Oracle SAP SUN Savi Tren Star OAT System	BEA IBM TIBCO WebMethods Microsoft Intermec Symbol Zebra	12科技 Manhattan Manugistics MatrixOne Microsoft Oracle SAP 用友 远望谷 维深等

图 1-6　RFID 技术的产业链与其中的主导企业

频识别（RFID）技术应用试行规定的通知，划定 840～845MHz 和 920～925MHz 为 800/900MHz 频段 RFID 技术的具体使用频率。

在全球化的背景下，各大标准不可能一直保持对抗局面，最终在利益的平衡下，各个主要的标准将会相互融合。同时，市场的大小而非技术的高低是制定标准的惟一准则，因此，我国将在未来的 RFID 标准之争中具有较大的发言权。

2. 芯片的设计、制造及封装

RFID 技术的发展开始于 125kHz 和 13.56MHz，因此这两个频段的芯片种类较多、技术成熟且价格便宜。目前，发达国家在多种频段都实现了电子标签芯片的批量生产，模拟前端多采用了低功耗技术，无源微波电子标签的工作距离可以超过 1m，无源超高频电子标签的工作距离可以达到 5m 以上，功耗可以做到几个微瓦，批量成本接近十美分。我国在 LF 和 HF 频段电子标签芯片设计方面的技术比较成熟，HF 频段方面的设计技术接近国际先进水平，已经自主开发出符合 ISO/IEC 14443-2-2001 型、B 型和 ISO 15693 标准的 RFID 芯片，并成功地应用于交通一卡通和我国第二代身份证等项目。与国际主要的差距存在于片上天线与芯片的集成上，目前国内还没有相应的产品应用。国内在 UHF 和微波频段的标签芯片设计方面起步较晚，目前已经掌握 UHF 频段电子标签芯片的设计技术，部分公司和研究机构已经研发出标签芯片的样片，但尚未实现量产。国内在 UHF 频段读写器 RF 芯片和系统芯片（SoC）的设计方面也具有一定的基础，但目前产品仍主要依赖于进口。在微波频段（2.45GHz 及 5.8GHz）国内在公路不停车收费项目中有部分应用，相对于国外在这两个频段的技术水平，国内的研究还处于起步阶段，尚无相应产品。

现阶段我国企业在标签芯片环节上，基本是对国外产品的封装加工，国内的芯片只有高频和很少量的超高频产品，而且还不能进行商业化推广。未来我国政府及企业，为保证利益，一定会加大研发方面的力度，芯片制造能力是其中非常重要的一个方向。RFID芯片在RFID的产品链中占据着举足轻重的位置，其成本占到整个标签的1/3左右。对于广泛用于各种智能卡的低频和高频频段的芯片而言，以复旦微电子、上海华虹、清华同方等为代表的我国集成电路厂商已经攻克了相关技术，打破了国外厂商的统治地位。不过，在UHF频段，情况则不怎么乐观。很多人并不太理解，认为在UHF频段，覆盖了移动通信，而在工业、科学和医疗（ISM）频段，也覆盖了大量的无线网络设备，因而RFID芯片不应该有什么技术难度。然而，实际情况绝非如此。其面临的设计困难很多，主要包括：苛刻的功耗限制、片上天线技术、后续封装问题与天线的适配技术。正是由于这么多的设计困难，目前该频段的芯片生产基本上都被国外厂商所垄断。

相对于上述国外大公司，我国半导体公司正在奋起直追。复旦微电子和上海华虹等公司都在致力于早日推出我国具有自主产权的UHF频段的RFID芯片。目前，该频段的芯片设计虽然有了突破，但还有较长的路要走。一些目前广泛采用的RFID标准中包含了国外的技术要求及专利，在实现这些标准过程中有可能触及一些国外已有的技术及专利。尽管已有数家公司声称已经成功开发出UHF频段的RFID芯片，但实际上真正出了样片的厂家还是寥寥无几。

从另一个角度出发，我国RFID芯片的研发还面临着标准不确定以及应用缺乏的困扰。其中，数据编码标准、频率标准以及防碰撞标准出台时间的早晚，都会直接影响到研发的进展。另外，发达国家已经开始采用标准互补金属氧化物半导体（CMOS）工艺设计非挥发存储器，使得电子标签芯片的所有模块都有可能在标准CMOS工艺下制作完成，以降低生产成本；而国内目前仍主要采用传统的一次可编程（OTP）工艺或EEPROM工艺，关于标准CMOS工艺下的非挥发存储器的研究才刚刚开始。电子标签的芯片设计需要在模拟电路和数模混合电路设计方面具有丰富经验的专业人才，而目前国内在超低功耗模拟电路方面研究较少，这将直接影响到芯片的阅读距离和整体性能。此外，我国缺乏有实力的RFID应用实施企业，缺乏大的行业用户的带动作用和示范效应。还有，电子标签芯片设计的人才较少，技术力量相对薄弱。这些都是我国RFID芯片行业所必须面对的问题。

标签的封装包括芯片的装配和天线的制作两部分。电子标签的工作频率高、芯片微小超薄，采用将芯片与天线基板的键合封装分为两个模块分别完成是目前发展的趋势。国外目前已有多种封装技术，如把芯片做成特殊形状通过液体流动或振动完成芯片自动装配；通过多个芯片并行操作提高封装速度、降低成本等方法。国内虽然已经有了比较成熟的卡片形式的封装技术，但是与国外先进的封装技术相比，还是有一定的差距。

降低成本是电子标签封装的主要目标之一。为此，应尽可能减少工序，选择低成本材料。减少工艺时间并开发高性能低成本的RFID制造装备一直是业界关注的焦点问题。国内拥有自主知识产权的倒装封装设备较少，而国外厂商的设备非常昂贵，一般需要上百万美元。如果直接购买进口设备，势必大大增加生产成本。特别需要指出的是，目前RFID封装设备的技术工艺还在不断的发展中，现有的国外制造设备的技术水平依然无法满足人们对RFID产品低成本制造的要求。目前国内一些研究机构正在从事电子制造设备与技术的研发工作，并在RFID制造的相关技术上取得了突破。充分利用国内现有的基础以及RFID发展的契机，鼓励发展具有自主知识产权的RFID封装设备对实现RFID的低成本和电子制造设备产业都是非常有意义的。

3. RFID 中间件

参见第 5 章 5.2.7 节 RFID 中间件的发展。

4. 读写器的设计、制造

RFID 读写器的任务是控制射频模块向标签发射读取信号，并接收标签的应答，对标签的对象标识信息进行解码，将对象标识信息连带标签上其他相关信息传输到主机以供处理。根据应用不同，读写器可以是手持式或固定式。读写器在 RFID 系统中起到举足轻重的作用：首先，读写器的频率决定了 RFID 系统的工作频段；其次，读写器的功率直接影响射频识别的距离。

在极低能量供给的工作条件下，协议级和电路级的优化都已几近极限，所以进一步的优化应该把这两者联系起来，结合电路实现来考查协议的功耗。RFID 系统中电子标签所获能量微弱，无力再向周围发射无线电波，只能反射来自读写器的电磁波；不同电子标签对来自读写器的辐射波的反射具有相同的频谱特征，读写器不能区分；电子标签的电路设计不能太复杂，电子标签和电子标签之间无法互相联络来协调数据回送（反射）的过程。这样碰撞问题的解决只能依靠读写器利用发射出去的数据来控制电子标签的响应，并分析来自电子标签的响应，通过反复询问，调整控制，最终使某一时刻只有一个电子标签响应读写器，并且每一个电子标签都有响应机会。解决碰撞问题有以下几种方法：空分多路法使不同的电子标签分别进入读写器的有效工作空间；频分多路法使不同的电子标签分别使用不同的工作频率；时分多路法使不同的电子标签分别占有不同的通信时间。相对于 RFID 芯片和标签来说，我国在 RFID 系统方案提供和读写器研发方面与国外的差距不大，已经基本掌握了读写器的核心技术，形成了完备的读写器产业链。

5. 系统集成和管理软件

系统集成和管理软件也是关系到 RFID 能否顺利推广的关键环节。只有把 RFID 系统提供的功能和用户的实际需求很好地结合，并通过数据管理软件处理和分析由 RFID 系统产生的海量数据，才能为用户提供真正有用的信息，让用户体会到 RFID 技术带来的好处。国外的许多大公司，如：微软、IBM、易腾迈、讯宝、斑马和 BEA 都是 RFID 系统方案提供商。微软公司将以其 RFID 服务平台为各种符合标准的 RFID 设备提供设备适配接口，并协助开发商务解决方案——该平台将通过编码器和解码器插件实现对业界标准的支持，并确保全球范围内企业对企业（B2B）数据交换所带来的全部利益；易腾迈公司正在打造麦德龙的未来商店；斑马公司承建了香港机场的行李信息管理系统；IBM 公司构建了灵活的中远公司集装箱电子数据交换（Electronic Data Interchange，EDI）平台。在国内，系统集成商具有一定的大型系统的集成能力，但主要还是使用国外的产品。国内的企业资源规划（ERP）软件开发商也开始进行 RFID 软件系统的开发，但与国外相比仍有较大差距。我国的信息化基础比较薄弱，真正发挥 RFID 优势的应用还比较少。软件在简单的 RFID 应用中，基本是提供给用户的附赠品，集成费用也比较低，平均费用不超过整体 RFID 项目的 15%。随着大规模物流应用及开环方式应用的发展，软件将是 RFID 项目支出中相当重要的部分，在某些应用中，甚至会超过硬件的费用。

6. 应用系统开发

在国外，低频和高频的 RFID 已经在畜牧业、交通、门禁、制造、物品管理等方面得到了广泛应用。现在零售巨头沃尔玛和美国国防部也开始使用 UHF 频段的远距离产品。国内则还以低频（如门禁）为主。因为第二代身份证的促进作用，高频也进入了一个非常的历史时期，以平均每年约 2 亿张的速度发展，直至全部应用第二代身份证，这种应用会保持五年的稳定出货量。还有，远望谷公司开发的具有国际先进水平的铁路车号自动识别信息采集系统，具有完全自主知识产权，是目前我国最大的 RFID 应用系统。该系统在机车底部装上标签，标签上标有该列车的车种、车型、车号及所载货物等信息，铁路沿线有读写器，列车在行驶过程中，即可实现信息的自动采集，采集的数据传送到国家铁道部的中央服务器。此系统的应用，极大地提高了铁路统计调度水平。以市场应用为先导来带动技术的发展，是国内公司的共同成长模式。

目前我国 RFID 产业链已经基本搭建起来，并呈现了上海和深圳遥相呼应且快速发展的态势。上海地区以前端（芯片）为龙头，而深圳企业则以中后端（绑定与封装）和应用为先导，两地互为补充。据悉，我国已有企业正在构建全套标签生产线，来避开国外企业处于垄断地位的先进技术，通过降低成本来拓展市场。同时，也有企业在加速研究印制天线和研发价格高昂的标签封装设备。总体而言，我国 RFID 技术应用还处于初级阶段，市场前景非常广阔。不久的将来，我国 RFID 技术应用将在生产线自动化、仓储管理、电子物品监视系统、货运集装箱的识别以及畜牧管理等方面有所突破。实现 RFID 技术在我国成熟、全面的应用将是一个长期的过程，需要业内人士共同的努力。

1.5　本书的体系结构

本书由四部分组成。第 1 部分就是第 1 章，给出了全书的导论，并对 RFID 技术及应用、行业发展等做了概述，使读者了解 RFID 技术的目的、思路与基本概念。第 2 部分包括第 2～5 章，给出了 RFID 技术的基本原理，包括：RFID 的标准和标准化、电子标签的原理、读写器的原理以及 RFID 中间件和系统框架。第 3 部分给出了 RFID 系统中需要研究的共性关键技术，包括：RFID 系统射频技术基础；RFID 系统中的安全和隐私、防碰撞、定位以及数据挖掘等技术；应用中的实施、测试和故障分析技术的原理和应用。第 4 部分给出了 RFID 技术得到最广泛应用的两个领域，其中第 10 章介绍了供应链物流管理中的应用，第 11 章介绍了公共管理中的应用，包括公共医疗卫生、人员管理和交通管理方面的应用。图 1-7 给出了本书的体系结构。

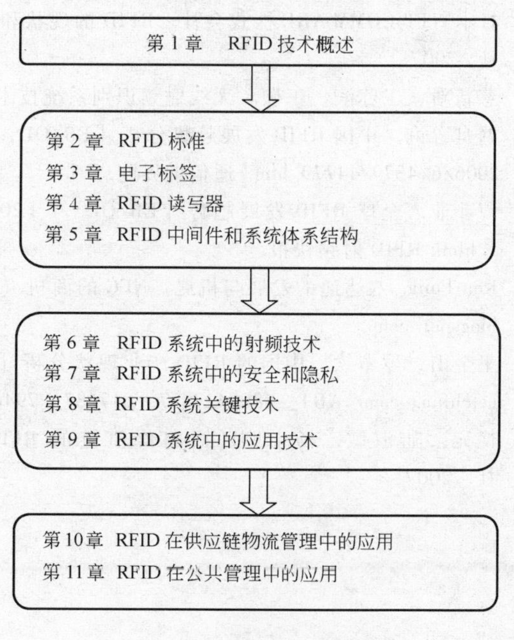

图 1-7　全书结构框架

参考文献

[1] Klaus Finkenzeller. 射频识别（RFID）技术［M］. 3版. 吴晓峰，陈大才，译. 北京：电子工业出版社，2006.

[2] 谭民，刘禹，曾隽芳，等. RFID技术系统工程及应用指南［M］. 北京：机械工业出版社，2007.

[3] 米卡·曼纳玛. 无处不在的网络时代［EB/OL］.［2007-10-01］http：//www. irfid. cn/html/15/n-61615. html.

[4] 劳拉 斯里瓦斯塔瓦. 无处不在的网络社会：RFID现状［EB/OL］. 张进京，译. http：//www. cesi. ac. cn/datumview. aspx？sort = 10&id = 5571.

[5] 游占清，等. 无线射频识别技术（RFID）理论与应用［M］. 北京：电子工业出版社，2004.

[6] 水木清华研究中心. 2006年中国RFID市场与产业研究报告［R］. 2006.

[7] 蒋皓石，张成，林嘉宇. 无线射频识别技术及其应用和发展趋势［J］. 电子技术应用. 2005，31（5）：1-4.

[8] Loc Ho，Melody Moh，Zachary Walker，et al. A prototype on RFID and sensor networks for elder healthcare：progress report［C］. In Proceeding of the 2005 ACM SIGCOMM workshop on Experimental approaches to wireless network design and analysis.

[9] Roberti，M. Vendor to Foxhole Tracking［EB/OL］.［2004-3］RFID Journal. http：//www. rfidjournal. com/article/articleview/847.

[10] Roberti，M. BP leads the way on sensors［EB/OL］.［2004-11-1］. http：//www. rfidjournal. Com/article/articleview/1216/1/2/.

[11] 李帅. RFID与3G优势互补，结合应用前景广阔［EB/OL］.［2006-8-23］. 通信产业报. http：//telecom. chinabyte. com/484/2542984. shtml.

[12] 林春宏，詹淑轸，等. 3G手机结合无线射频识别在生活上的应用［EB/OL］.［2007-2-14］. www. csistaiwan. org/km-master/ezcatfiles.

[13] 日本NTT COMWARE株式会社. RFID的现状和发展趋势［M］. 郑维强，译. 北京：人民邮电出版社，2007.

[14] 慈新新，王苏滨，王硕. 无线射频识别系统技术与应用［M］. 北京：人民邮电出版社，2007.

[15] 网舟咨询. 中国RFID发展趋势分析［EB/OL］.［2006-6-9］http：//www. cww. net. cn/article/html/2006/6/4379/44779. htm. 通信世界网.

[16] 卢菲菲. 全球RFID发展趋势［EB/OL］.［2006-7-24］http：//www. rfidinfo. com. cn/Info/n2963_1. html. RFID射频快报.

[17] Ken Fong. 八达通的发展与机遇：NFC的商机（上/下）［EB/OL］.［2007-10-11］http：//kencept. blogspot. com.

[18] 王金山，罗翠钦. 中国的RFID产业现状分析［J/OL］. 电子工程专辑.［2006-8-3］http：//www. eetchina. com/ ART_ 8800427857_ 617687_ 794eb831200608. htm.

[19] 饶元，陆淑敏，杨宝刚. 面向价值链的RFID体系架构与企业应用［M］. 北京：科学出版社. 2007.

第 2 章　RFID 标准

2.1　RFID 标准概述

2.1.1　RFID 标准简介

国家标准 GB/T 3935.1—1996 标准化基本术语第一部分对标准作如下定义："标准是对重复性事物和概念所做的统一规定。它以科学、技术和实践经验的综合成果为基础，经有关方面协商一致，由主管机构批准，以特定形式发布，作为共同遵守的准则和依据。"GB/T 3935.1—1996 对标准化的定义是"在经济、技术、科学及管理等社会实践中，对重复性事物和概念通过制定、发布和实施标准，达到统一，以获得最佳秩序和社会效益"。RFID 技术的发展离不开标准和标准化工作，如果不遵循从各个不同技术层面研究归结而成的标准，将无法获得广泛的应用。标准能够确保协同工作的进行、规模经济的实现、工作实施的安全性以及其他许多方面。RFID 标准化的主要目的在于通过制定、发布和实施标准，解决编码、通信、空中接口和数据共享等问题，最大程度地促进 RFID 技术及相关系统的应用。标准化的原因在于：设计和实现可靠且稳定工作的 RFID 系统的需要；设计和实现 RFID 开放系统的需要；设计和实现 RFID 兼容系统的需要。

RFID 标准可以处理以下几个问题：

1）技术——如接口和转送技术。比如，中间件技术——RFID 中间件扮演着 RFID 标签和应用程序之间的中介角色，从应用程序端使用中间件所提供的一组通用的应用程序接口，就可以连接到 RFID 读写器，读取电子标签数据。RFID 中间件采用程序逻辑及存储转发的功能来提供顺序的消息流，具有数据流设计与管理的能力。

2）一致性。主要指其能够支持多种编码格式，比如支持 EPC、DOD 等规定的编码格式，也包括 EPCglobal 所规定的标签数据格式标准。

3）性能主要是指数据结构和内容，即数据编码格式及其内存分配。

4）与传感器的融合。目前，RFID 技术与传感器系统逐步融合，物品定位采用 RFID 三角定位法及更多复杂的技术，还有一些 RFID 技术中采用传感器代替芯片。例如：实现温度和应变传感器的声表面波标签已经和 RFID 技术相结合。

由于 RFID 系统主要由数据采集和后台数据库网络应用系统两大部分组成，因此目前无论是已经发布或是正在制定中的标准都主要是与数据采集相关的，包括电子标签与读写器之间的空中接口、读写器与计算机之间的数据交换协议、RFID 电子标签与读写器的性能、一致性测试规范以及 RFID 电子标签的数据内容编码标准等。为构建全球范围的商品流通管理系统，需要对各种规范和技术要求进行研究，开展标准化工作。

2.1.2　RFID 标准的分类

目前和 RFID 技术领域相关的标准可分为以下四大类：技术标准、数据内容标准、一致性标准和应用标准。

1）技术标准（如符号、射频识别技术、IC 卡标准等）。定义不同种类的硬件和软件应该如何设计。这些标准提供了读写器和电子标签之间通信的细节、模拟信号的调制、数字数据的编码、读写器的命令以及标签的响应；定义读写器和主机系统之间的接口；定义数据的语法、结构和内容。

2）数据内容标准（如编码格式、语法标准等）。定义从电子标签输出的数据流的含义，提供数据如何在应用系统中表达的指导方法；详细说明应用系统和标签传输数据的指令；提供数据标识符、应用标识符和数据语法的细节。

3）一致性标准（如印刷质量、测试规范等标准）。定义电子标签和读写器是否遵循某个特定标准的测试方法。

4）应用标准（如船运标签、产品包装标准等）。定义实现某个特定应用的技术方法。例如，集装箱装箱识别系统定义 RFID 标签应该所处的位置和如何附着到箱体上；提供标签、产品封装和编号方式的详细资料。

2.1.3 常用 RFID 标准

常用的 RFID 标准如下所示：

1）技术标准。ISO 18000：定义了询问者与标签在不同频率上的空中接口；EPC Gen 2：定义了频率在 860～890MHz 之间的空中接口标准。

2）数据内容标准。ISO/IEC 15424：数据载波和特征标识符；ISO/IEC 15418：EAN/UCC 应用标识符以及柔性电路数据标识符和保护；ISO/IEC 15434：高容量 ADC 媒体传输语法；ISO/IEC 15459：物品管理的惟一 ID；ISO/IEC 24721：惟一 ID 规范；ISO/IEC 15961：数据协议的应用接口；ISO/IEC 15962：数据协议的数据编码方案和逻辑内存功能；ISO/IEC 15963：射频标签的惟一 ID。

3）一致性标准。ISO/IEC 18046：RFID 设备性能测试方法；ISO/IEC 18047：RFID 设备一致性测试方法：Part 2：125～150MHz、Part 3：13.56MHz、Part 4：2450MHz、Part 6：860～960MHz、Part 7：433.92MHz（主动）。

4）应用标准。ISO 10374：货运集装箱标准（自动识别）；ISO 18185：货运集装箱的电子封条的射频通信协议；ISO 11784：动物的无线射频识别——编码结构；ISO 11785：动物的无线射频识别——技术准则；ISO 14223-1：动物的无线射频识别——高级标签第一部分的空中接口；ANSI MH 10.8.4：可回收容器的 RFID 标准；AIAG B-11：轮胎电子标签标准（汽车工业行动组）；ISO 122/104 JWG：RFID 的供应链应用。

2.1.4 RFID 标准化组织

许多国际的、地区的、国家的组织以及一些产业协会都在开发 RFID 标准。目前影响全球 RFID 标准的五大标准化组织分别是：GS1/EPCglobal，GS1/EPCglobal 以欧美跨国列强为阵营，是当今世界最大的 RFID 标准组织，该组织前身为北美 UCC 产品统一编码组织和欧洲 EAN 产品标准组织，合并后称之为 EPCglobal，GS1/EPCglobal 全球核心成员包括美国沃尔玛、德国麦德龙、硅谷思科、欧洲吉列公司等世界五百强；AIMGlobal 组织，即全球自动识别组织，AIM 在全球有 13 个国家与地区性的分支，且目前其全球会员数已快速累积至 1000

多个，该组织是全球产品编码组织，每年向全球包括我国企业收取条形码使用费；ISO，全球非盈利工业标准化组织；UID（Ubiquitous ID，泛在ID），日本泛在技术核心组织；IP-X，IP-X主要在南非南美、澳大利亚、瑞士等国家推行，为中性主权国的第三世界标准组织。

地区性的组织有欧洲标准化委员会（European Committee for Normalization and Standardization，CEN）。地区标准化机构有：美国国家标准化组织（American National Standards Institute，ANSI）、英国标准化组织（British Standards Institution，BSI）、加拿大标准化协会（Standards Council of Canada，SCC）、法国工业标准化协会（French industrial standards authority，AFNOR）和DIN。产业联盟有：汽车工业行动组（Automotive Industry Action Group，AIAG）、美国统一代码协会/欧洲条形码协会（Uniform Code Council/European Article Numbering，UCC/EAN）、ATA和EIA。这些机构均在制定与RFID相关的区域、国家或产业联盟标准，并希望通过不同的渠道提升为国际标准。

2.1.5 RFID频段规范

本节将讨论RFID频段规范，这些规范详细定义了射频技术如何被使用以及使用的目的。

1. 美国RFID频段规范

联邦通信委员会（Federal Communications Commission，FCC）是一家独立的政府机构，直接对美国国会负责，于1934年由Communications Act建立。FCC由总统指派的5名委员（commissioner）指挥并由参议院确认。总统指派其中一名委员为总负责人，5名委员管理所有的FCC活动，分配任务到员工单元。FCC通过控制无线电广播、电视、电信、卫星和电缆来协调国内和国际的通信；承担了各州之间以及国际间的无线电、电视、广播、卫星和电缆通信的规范化工作。为确保与生命财产有关的无线电和有线通信产品的安全性，FCC的工程技术部（Office of Engineering and Technology）负责委员会的技术支持和设备认可方面的事务。许多无线电应用产品、通信产品和数字产品要进入美国市场，都要先得到FCC的认可。FCC委员会调查和研究产品安全性的各个阶段以找出解决问题的最好方法，同时FCC也负责无线电装置、航空器的检测等。FCC通过美国的法律来规范射频技术的使用。所有射频技术的使用都必须符合这些规范。

FCC第15部分条款15.247规定了UHF频段的RFID设备可以工作在工业、科学和医学频段上。条款15.247定义了在902~928MHz、2400.2~2483.5MHz和5725~5850MHz频段内的操作，902~928MHz带宽提供了优化的工作频段范围并优先给供应链使用。符合第15部分的RFID系统采用跳频扩频调制技术从读写器功率的最大动态范围获益。符合第15部分的UHF读写器在跳变信道超过50个时，可以有最大1W的发射功率，或者在有向天线的情况下达到4W的功率。

FCC15.247条款有9个细则，提供了射频设备的详细说明，见表2-1。其中FCC 15.247a给出了902~928MHz跳频的规范：

1）如果跳变信道的20dB带宽小于250kHz，系统至少采用50个跳变的频率，同时任何频率在20s的时间周期中占据的平均时间不能超过0.4s；

2）如果跳变信道的20dB带宽大于或者等于250kHz，系统应该用至少25个跳变的频率，任何频率在10s的时间周期中占据的平均时间不能超过0.4s；

表 2-1 FCC 15.247 细则的说明

细 则	说 明 主 题
a	传统和数字调制发射机跳频的兼容
b	专用发射机最大输出功率
c	功率增益大于 6dBi 的定向天线的操作
d	超过频带的射频功率的限制
e	数字调制系统的功率谱密度
f	混合系统
g	跳频扩频和信道跳变
h	跳频扩频的智能融合
i	射频能量的发射限制

3）最大允许的跳变信道的 20dB 带宽是 500kHz。

FCC 15.247b 给出了发射机的最大传导输出功率的峰值规定：

1）由于使用天线有向增益不超过 6dBi，限制了不同频带的传导输出功率；

2）如果传输天线的定向增益大于 6dBi（见 FCC 第 15.247c)，那么发射机的传导输出功率必须低到指定的功率值，适当时候，天线的定向增益可以超过 6dBi；

3）数字调制系统在 902 ~ 928MHz、2400.2 ~ 2483.5MHz 和 5725 ~ 5850MHz 频段内，发射机的最大峰值传导输出功率是 1W；

4）作为峰值功率测量的另一个选择，也可以基于最大传导输出功率的测量来判断是否符合 1W 的限制。

2. 欧洲 RFID 频段规范

ETSI 是由欧共体委员会 1988 年批准建立的一个非盈利性的电信标准化组织，总部设在法国南部的尼斯。ETSI 的标准化领域主要是电信业，并涉及与其他组织合作的信息及广播技术领域。ETSI 作为一个被 CEN（欧洲标准化协会）和 CEPT（欧洲邮电主管部门会议）认可的电信标准协会，其制定的推荐性标准常被欧共体作为欧洲法规的技术基础而采用并被要求执行。2004 年 9 月 ETSI 就发布了 EN 302-208 标准，规定了 865 ~ 868MHz 波段中 UHF 段（欧洲 RFID 所用超高频段）RFID 设备的“技术要求和测量方法”。2005 年 3 月第一次 RFID Plugtests™ 测试在 ETSI 总部进行，测试关注的焦点是码头仓库库门环境下的多个读写器同时读取。

（1）ETSI EN 300-220

这个标准应用于短距离设备（Short Region Devices，SRD）的无线发射机和接收机，覆盖了从 25 ~ 1000MHz 的频段，功率可达 500mW 的发射机和此频段内的接收机。它定义了射频设备的技术特性，以及全部或部分被特定标准在特定应用领域所代替的产品系列信息。可应用于射频输出连接和/或整合天线、报警、身份识别、遥控指令、遥感勘测等。

当为新的 SRD 选择参数时，可能给人们生活造成内在的安全问题，供应商与用户需要特别注意在相同或相邻频段上使用的射频产品之间的干扰问题。它包括了固定基站、移动台、可携带设备和不同的频段、信道划分、调制和其他参数下的不同要求。例如：参数可以是频段在 869.4 ~ 869.65MHz 之间、带宽为 0.25MHz、允许的最大有效辐射功率为 0.5W、单信道、10%的工作周期。

（2）ETS-EN 302-208

该规范的主要特征如下：在865～868MHz频段之间，发射机的有效辐射功率可以达到2W；强制先听后说（LBT）通信机制；工作的子频带为200kHz；有效辐射功率为100mW、500mW和2W；每次传输之前的监听时间必须大于5ms；最长连续传输时间为4s；同一子频带上的重复传输间隔为100ms，或者读写器立即移动到其他可用的子频带上。

这个规范使得欧洲在UHF频段工作的读写器和美国在FCC规范下的UHF读写器有同样好的性能。与EN 302-200相比，读写器还可以工作在865～868MHz频段。读写器能够广播的信道数量从1增加到15，新的带宽被划分为3个子带，在EN 300-220的规范中，UHF读写器有效辐射功率被限制在0.5W。EN 302-208的规范允许它在865～865.5MHz之间有效辐射功率为0.1W，在865.6～867.6MHz之间为2W，在867.6～868MHz之间为0.5W。

工作周期的限制已经被LBT算法取代。读写器在所选信道上工作达4s，然后必须暂停0.1s，供其他设备去使用信道。读写器也能够立即切换到其他可用的信道来传输数据。没有采用LBT算法的读写器被限制在0.1%的工作周期。这个规范的数据传输速率比美国要低，原因在于欧洲的RFID只有3MHz的带宽，而美国却分配了26MHz。

3. 日本RFID频段规范

日本内务通信部（MIC，原总务省，2004年9月10日易名）对无线电波的使用采取了放松的策略，该组织负责规范所有与通信有关的政策，包括制定日本的RFID标准。通过对各种工业应用的调查，MIC认为130kHz、13.5MHz和2.4GHz频段对RFID标记的使用是安全的。除此之外，950MHz频段及其相邻频率也可在新的频谱分配中加以考虑。MIC已经同意开启952～954MHz的UHF频谱供RFID使用。天线功率在10mW～1W之间的高功率被动标签系统和增益为6dBi的天线，可以传输的最大功率相当于4W的等效全向辐射功率。用户使用该系统需要获得许可，对于在10mW以内的低功率系统，无需许可。目前为止，日本的规范还没有完全建立。

4. 我国RFID频段规范

在过去的几年里，我国已经和世界同步发展并建立起自己的RFID标准。我国信息产业部于2007年5月11日公布了800/900MHz频段射频识别（RFID）技术应用规定（试行）。800/900MHz频段RFID技术具体使用的频率为840～845MHz和920～925MHz。频率范围在840～845MHz之间和920～924.5MHz之间的有效发射功率不超过100mW。其中，在840.5～844.5MHz之间和920.5～924.5MHz之间的有效发射功率不超过2W。工作模式为跳频扩频方式，每跳频信道最大驻留时间为2s。该频段的RFID技术无线电发射设备按短距离无线电设备进行管理。设备投入使用前，须获得信息产业部核发的无线电发射设备型号核准证。国家制定的双频段UHF标准，800MHz贴近欧洲等地区标准，900MHz贴近美国等地区标准，这样就可以兼容世界上绝大多数国家和地区的RFID标准，还有自己的特色。另外，这两个频段也是我国目前能找出的比较接近国际标准的频段。

5. 印度RFID频段规范

印度的无线频率管理局（WPC，属于通信与信息技术部）是印度规范射频应用的无线电部门。WPC采用865～867MHz做为RFID UHF频段，并免除了RFID设备在该频段上的使用许可。只要满足1W最大发射功率、4W有效辐射功率和200kHz载波带宽的要求，同时对其他无线设备没有干扰，任何人无需许可就可以使用这个频段。印度的软件业准备为欧美RFID系统的解决方案提供配套软件，现在他们可以更好地在国内测试和开发RFID系统。另外，芯片开发商也准备在印度开发RFID芯片。频谱确定以后，印度的厂商就可以随时从事有关RFID的技术工作，而不必再向WPC提出申请。

6. 加拿大RFID频段规范

在902～908MHz的UHF频段，加拿大的规范和美国的规范类似。加拿大牛标识机构（CCIA），最近命名为加拿大牲畜标识机构（CLIA），建议所有的牲畜标签应该被RFID标签所替换。由于可以通过RFID技术有效地进行追踪和动物年龄的验证，从而满足国内和国际上关于动物健康和食品安全的要求，加拿大的养牛工业大力支持这一建议。在加拿大移除CCIA标签是一种严重的犯罪，所有被CCIA认可的RFID标签颜色都是黄色。

7. 新加坡RFID频段规范

新加坡信息通信发展局（IDA）正在扩展RFID频率分配，相关产业也做出回应来迎合RFID应用需求的增长。现有带宽分配是866～869MHz以及923～925MHz，两个频段的功率限制都是0.5W。IDA将原来的923～925MHz扩展至920～925MHz，是现有带宽的两倍多，输出功率的限制保持不变。IDA认为随着RFID频率分配的扩展，RFID使用者、系统集成者和设备经销商在读取电子标签时发生的错误能够更少，因为他们的系统将能够以更少的冲突选择通道。这将使得他们能够在仓库和分销中心里配置更加紧密的RFID读写器来形成更加完备的覆盖，消除盲点。在地区性频率协调方面，Asean（东盟）已经达成原则性共识，协调RFID频谱分配在860～960MHz范围内。IDA同时在为关于UHF RFID频谱的亚太电信建议书草案而奋力争取，以期获得支持。这份建议书鼓励成员国将他们的RFID频谱分配到同一范围内，获得RFID在亚洲的通用性。物流公司期望能够在国际间及时追踪他们的货物，从而提高商业效率并使新加坡成为物流中枢。

2.2 ISO/IEC相关标准

2.2.1 ISO/IEC标准概述

ISO是公认的全球非盈利工业标准组织，与EPCglobal只专注于860～960MHz频段不同，ISO/IEC对各个频段的RFID都颁布了标准。ISO/IEC组织下有多个分技术委员会从事RFID标准研究。ISO/IEC JTC1/SC31，即AIDC自动识别和数据采集分技术委员会，正在制定或已颁布的标准中有不同频率下自动识别和数据采集通信接口的参数标准，即ISO/IEC 18000系列标准。ISO/IEC JTC1/SC17是识别卡与身份识别技术委员会，正在制定或者已经颁布的标准主要有ISO/IEC 14443系列，我国的第二代身份证采用的就是该标准。此外，ISO TC104/SC4识别和通信分技术委员会制定了集装箱电子封装标准等。

目前我国常用的RFID标准主要为用于非接触智能卡的两个ISO标准：ISO 14443和ISO 15693。ISO 14443和ISO 15693标准1995年开始实行，其完成则是在2000年之后，两者皆以13.56MHz交变信号为载波频率。ISO 15693读写距离较远，而ISO 14443读写距离稍近，但应用较广泛。目前的第二代电子身份证采用的标准是ISO 14443 TYPE B协议。ISO 14443

定义了 TYPE A、TYPE B 两种类型协议，通信速率为 106kbit/s，其不同之处在于载波的调制深度及位的编码方式。TYPE A 采用开关键控（On-Off keying）的曼彻斯特编码，TYPE B 采用 NRZ-L 的 BPSK 编码。TYPE B 与 TYPE A 相比，具有传输能量不中断、速率更高、抗干扰能力较强的优点。RFID 的核心是防碰撞技术，这也是 RFID 和接触式 IC 卡的主要区别。ISO 14443-3 规定了 TYPE A 和 TYPE B 的防碰撞机制。两者防冲撞机制的原理不同，前者基于位冲撞检测协议，而 TYPE B 通过通信系列命令序列完成防冲撞。ISO 15693 则采用轮询机制、分时查询的方式完成防冲撞机制。防冲撞机制使得同时处于读写区内的多张卡的正确操作成为可能，既方便了操作，也提高了操作的速度。ISO 技术委员会及联合工作组 TC104/SC4 主要处理有关 ISO/IEC 贸易应用方面的问题，如针对货运集装箱及包装，制定了 RFID 电子封条（ISO 18185）、集装箱标签（ISO 10374）和供应链标签（ISO 17363）等标准。ISO 17363 ~ ISO 17364 是一系列物流容器识别的规范，它们还未被认定为标准。该系列内的每种规范都用于不同的包装等级，比如货盘、货箱、纸盒与个别物品。

ISO/IEC 已出台的 RFID 标准（见图 2-1）主要关注基本的模块构建、空中接口和涉及到的数据结构及其实施问题。具体可以分为技术标准、数据结构标准、性能标准及应用标准 4 个方面。

RFID 频率由 ISO 18000 RFID 空中接口标准系列统一管理。2004 年 9 月份 ISO 出台了一

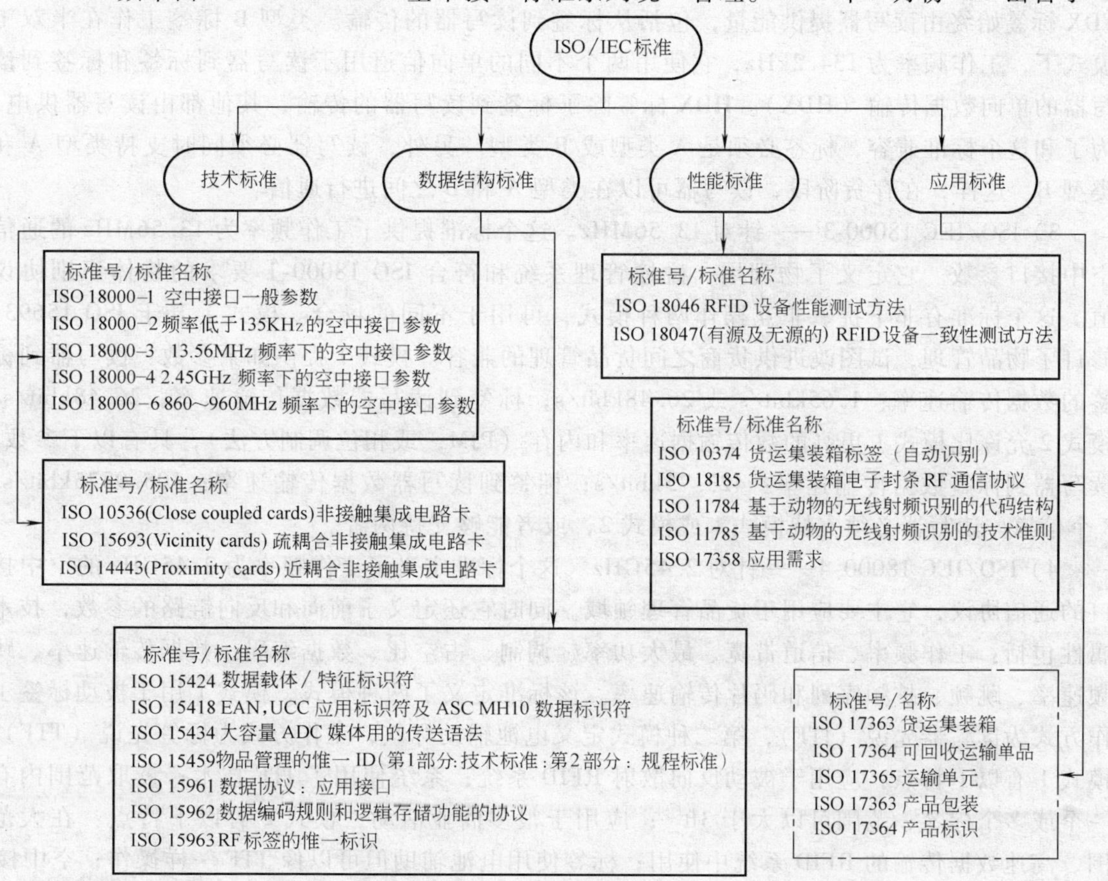

图 2-1 ISO/IEC 已制定的 RFID 相关标准

套完整的相关标准。其中，ISO 18000 系列包括了有源和无源的 RFID 技术标准，主要是基于物品管理的 RFID 空中接口参数。它包括 7 个部分，仅处理空中接口。这些标准不关心标签和读写器的数据的内容或者物理实现，因为不同频率的射频波会被不同材料所反射、折射和吸收，标准定义读写器和标签之间的通信采用 5 个频段。标签天线的类型和尺寸随着频率而变化，最大的读取距离则随着频率和频率分配的不同而变化。

2.2.2 ISO/IEC 18000 介绍

1）ISO/IEC 18000-1——全球认可频率空中接口的一般参量。这是 18000 系列标准中第一部分，提供了 RFID 全球可用频率的通用通信的框架，同时也给出了 ISO 18000 系列中空中接口定义的一般参数。所有频率的空中接口定义参数的定义值将在后续部分中给出。这个标准建立了一个通用系统管理、控制和信息交换的框架，可以用于不同频率。

2）ISO/IEC 18000-2——针对频率低于 135kHz。第二部分定义了工作频率在 135kHz 以下的读写器和标签之间通信空中接口参数，这部分定义了协议、命令以及在多个标签中某一个标签的检测和通信的方法（防碰撞），防碰撞方法可选。此标准中的标签分为两个类型，类型 A 和类型 B，它们在物理层上不同，但是支持同样的协议和防碰撞机制。类型 A 标签工作在 125kHz 双工模式下，它使用同一个信道进行读写器和标签之间的双向传输（FDX）。FDX 标签始终由读写器提供能量，包括从标签到读写器的传输。类型 B 标签工作在半双工模式下，工作频率为 134.2kHz，它使用两个不同的单向信道用于读写器到标签和标签到读写器的单向数据传输（HDX）。HDX 标签除了标签到读写器的传输，其他都由读写器供电。为了和这个标准兼容，标签必须是 A 类型或 B 类型。另外，读写器必须同时支持类型 A 和类型 B。这样，在存货阶段，读写器可以在类型 A 和 B 之间进行通信。

3）ISO/IEC 18000-3——针对 13.56MHz。这个标准提供了工作频率为 13.56MHz 的通信空中接口参数。它定义了物理层、碰撞管理系统和符合 ISO 18000-1 要求的物体识别协议值。这个标准有非干扰、非互操作两种模式，可用于不同的场合。模式 1 基于 ISO 15693，修订了物品管理，试图改进供货商之间货品管理的兼容。模式 1 提供如下参数：读写器到标签的数据传输速率：1.65kbit/s 或 26.48kbit/s；标签到读写器数据传输速率：26.48kbit/s。模式 2 允许比模式 1 更高的数传输据速率和内存（PJM，或相位调制方法），具有以下参数：读写器到标签数据传输速率：423.75kbit/s；标签到读写器数据传输速率：105.9375kbit/s，8 个信道。读写器必须支持模式 1 或模式 2，或者能够支持两者。

4）ISO/IEC 18000-4——针对 2.45GHz。这个标准定义了工作频率为 2.45GHz 的空中接口的通信协议，它主要应用于货品管理领域。同时它还定义了前向和反向链路的参数，技术属性包括：工作频率、信道带宽、最大功率、调制、占空比、数据编码、数据传输速率、跳频速率、跳频、扩频序列和码片传输速率。该标准定义了两种模式，模式 1 用于被动标签工作方式为读写器先说（ITF），第二种模式定义电池辅助标签，工作方式为标签先说（TTF）。模式 1 有以下特点：应用于被动反向散射 RFID 系统；系统使用了 ITF 技术；读取范围内有一个或多个标签；范围可以大于 3ft㊀；应用于很多商业活动；模式 2 有以下特点：在大范围、高速数据传输的 RFID 系统中使用；标签使用电池辅助但可以像 TTF 一样操作；空中接

㊀ 1ft = 0.3048m。

口描述对标签的电池辅助没有做明确说明；范围大于 300ft；可读写标签在空中接口的总数据传输速率达 284kbit/s，只读标签的传输速率为 76.8kbit/s。

5）ISO/IEC 18000-5——该标准定义了 RFID 设备的空中接口工作在 5.8GHz 频率下的通信协议，用于单品管理应用。由于该频段缺乏商业应用前景，这个标准已经中止。

6）ISO 18000-6——针对 860～960MHz。类型 A 的特点如下：在前链接使用脉冲间隔编码（Pulse Interval Encoding，PIE）；读写器先工作方式；Aloha 防碰撞算法；在反向链路使用双相间隔码编码（Bi-Phase Space Encoding）；数据传输速率为 33/40kbit/s；频宽：860～930MHz。类型 B 特点如下：在前向链路使用双向线路编码模式和 Manchester 加密；读写器首先工作；二叉树防碰撞算法；数据传输速率为 8/40kbit/s；频宽 860～930MHz。类型 C 和 EPC Class1 Gen2 Standard 相同。

7）ISO 18000-7——针对 433.92MHz。该标准定义了工作在 433MHz 频率下的有源 RFID 设备的空中接口通信协议，用于单品管理应用方面，典型的读取距离超过 1m。它规定了时序参数、标签与读写器之间通信的物理层协议、多标签同时读取时的防碰撞、数据编码、工作周期等，可用于开发能获得 FCC 许可的读/写有源电子标签。这些标签被美国国防部和万国邮政联盟使用，读写范围超过 300ft，约合 90m。ISO 18000-7 有可能成为远洋运输集装箱追踪管理的全球性"事实标准"。

图 2-2 给出了 ISO/IEC 18000 系列标准内容，表 2-2 给出了 ISO/IEC 18000 的主要空中接口技术指标。

图 2-2　ISO/IEC 18000 系列标准内容

表 2-2　ISO/IEC 18000 的主要空中接口技术指标

技术指标 / 工作模式		RF 工作场频率	调制方式	数据编码	数据传输速率/(kbit/s)	UID 长度/bit	差错检测	标签识读数目
ISO/IEC 18000-2	Type A	125kHz ± 4kHz	ASK	PIE, Manchester	4.2	64	CRC-16	2^{64}
	Type B	134.2kHz ± 8kHz	ASK, FSK	PIE, NRZ	8.2, 7.7	64	CRC-16	2^{64}
ISO/IEC 18000-3	Mod 1	13.56kHz ± 7kHz	ASK, PPM	Manchester	1.65, 26.48, 6.62, 26.48	64	CRC-16	2^{64}
	Mod 2	13.56kHz ± 7kHz	PJM, BPSK	MFM	105.94	64	CRC-16 CRC-32	>32000

（续）

工作模式 \ 技术指标		RF 工作场频率	调制方式	数据编码	数据传输速率 /kbit/s	UID 长度 /bit	差错检测	标签识读数目
ISO/IEC 18000-4	Mod 1	2400 ~ 2483.5MHz	ASK	Manchester，FMO	30 ~ 40	64	CRC-16	≥250
	Mod 2	2400 ~ 2483.5MHz	GMSK，CW，differential BPSK	Shortened Fire，Manchester	76.8，384	32	用不同的 CRC 检测	由系统安装配置确定
ISO/IEC 18000-6	Type A	860 ~ 960MHz	ASK	PIE，FMO	33	64	CRC-16	≥250
	Type B	860 ~ 960MHz	ASK	Manchester Bi-phase，FMO	10，40	64	CRC-16	≥250
ISO/IEC 18000-7		433.92MHz	FSK	Manchester	27.7	32	CRC-16	3000

2.3 EPC 相关标准

2.3.1 EPCglobal 概述

EPCglobal（全球产品电子代码管理中心）是目前全球实力最强的 RFID 标准组织，其前身是北美 UCC（统一编码组织）和欧洲 EAN 产品标准组织，合并后称为 EPCglobal。EPCglobal 是一个产业联盟，以推广 RFID 电子标签的网络化应用为宗旨，不但发布了 EPC 电子标签和读写器方面的技术标准，还推广 RFID 在物流管理领域的网络化管理和应用，此外还负责 EPCgobal 号码注册管理。可以简单地将 EPCglobal 的研究范围归结为：电子标签（含电子标签和读写器的技术特性）、EPC、对象名称解析服务（ONS，类似于互联网的域名服务器系统，使物流环节能够共享 EPC 产品的产地信息等）和描述物品信息的物理标识语言（Physical Markup Language，PML）。EPCglobal 的标准化结构框架如图 2-3 所示。

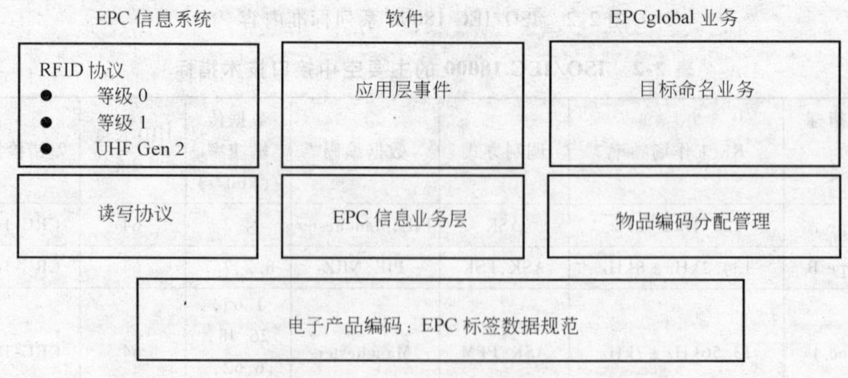

图 2-3 EPC global 定义的 RFID 标准总体结构

可以看到，EPCglobal 体系的标准化工作分为 4 个方面：电子标签和读写器承载物品编码信息的技术要求；EPC 电子标签信息规范，即物品编码的规则；EPCglobal 提供业务方面，分为物品编码分配管理和目标命名业务；软件方面的标准，分为应用层事件（与物流管理相关的数据采集和刷新等）和 EPC 信息业务层面（与物品信息对应的信息描述）。与 ISO 相比，EPCglobal 标准在电子标签和读写器的空中接口技术要求上略有差异；在 EPC 电子标签信息规范方面要求只能接受 EPCglobal 承认的代码；在软件标准化方面进展比 ISO 快一些；同时制定了 EPC 物品编码分配管理规则以及采取提供目标命名业务的措施来推广 EPCglobal 业务。

EPCglobal 在全球大部分国家和地区都设有分支或者代理机构，这些组织负责对该国或地区内的市场开发和支持 EPCglobal 的网络系统的引进推广，具体开展以下活动：市场开拓；EPCglobal 的全球市场开发以及信息传输模式的应用和市场推广；通过总部 EPC 数据库确认电子标签的信息；提供引进 EPCglobal 网络系统的技术支持。EPC 具有如下特点：

1）开放的结构体系。EPC 系统采用全球最大的公用的互联网网络系统。这就避免了系统的复杂性，同时也大大降低了系统的成本，并且还有利于系统的增值。

2）独立的平台与高度的互动性。EPC 系统识别的对象是一个十分广泛的实体对象，不可能有哪一种技术适用于所有的识别对象。同时，不同地区、不同国家的射频识别技术标准也不相同。因此开放的结构体系必须具有独立的平台和高度的互操作性。EPC 系统网络建立在互联网网络系统上，并且可以与互联网网络所有可能的组成部分协同工作。

3）灵活的可持续发展体系。EPC 系统是一个灵活的开放的可持续发展的体系，可在不替换原有体系的情况下完成系统升级。

EPC 系统是一个全球的大系统，供应链的各个环节、各个节点、各个方面都可受益，但对低价值的识别对象，如食品、消费品等来说，它们对 EPC 系统引起的附加开销十分敏感。EPC 系统正在考虑通过本身技术的进步，进一步降低成本，同时通过系统的整体改进使供应链管理得到更好的应用，提高效益，以抵消和降低附加成本。

2.3.2 EPCglobal 的组织网络结构概要

EPCglobal 网络利用写有 EPC 的电子标签和读写器提供全球供应链的体系。EPCglobal 的组织网络为每个流通路径上的商品和包装箱以及运输过程中使用的运货托盘设置 EPC 电子标签，并通过这些电子标签对商品进行跟踪管理。通过设置在仓库的出入口等场所的读写器（EPCglobal 称之为 EPC 读写器），可读取电子标签（EPCglobal 称之为 EPC 电子标签）的信息，从而对流通过程中的商品进行跟踪。通过这种方式可自动进行货物的出入库管理，提高物流的效率。在 EPC 电子标签中仅存储了 ID 码信息，其他信息（如商品信息和跟踪信息等）则保存在服务器端，可通过 Web 应用层终端（Web Application，Web AP）获取并利用。EPCglobal 网络系统在 EPC 读写器读取的 EPC 电子标签中的 EPC 上增加出入库信息及时间信息后，存储到服务器，再由 Web AP 获取并利用这些信息。

存储信息过程包括以下三个步骤：EPC 读写器通过射频读取 EPC 电子标签；把 EPC 读写器读取的信息通知给 EPC 中间件；EPC 中间件和在中间件上工作的由 EPCIS 确定的应用（Capturing AP），在 EPC 读写器读取的信息上增加附加信息（出入库处理内容以及时间、场所等）后，存储到服务器（EPCIS）。

获取 EPC 关联信息包括以下两个步骤：Web 应用层终端等设备为了获取 EPC 关联信息，向 ONS 检索管理 EPC 关联信息的 EPCIS 路由；根据从 ONS 得到的检索结果（EPS 路由）与相应的 EPCIS 建立联系，获取目的 EPC 的关联信息（包括商品信息和流通轨迹等）。

2.3.3 EPC 码制标准

EPC 是新一代的与 EAN/UPC 码兼容的编码标准，在 EPC 系统中 EPC 与现行 GTIN（Global Trde Item Number，全球贸易项目代码）相结合，因而 EPC 并非取代现行的条码标准，而是由现行的条码标准逐渐过渡到 EPC 标准或者是在未来的供应链中 EPC 和 EAN. UCC 系统共存。EPC 码段的分配是由 EAN. UCC 来管理的。EPC 是在作为编码 ID 的条码内容（厂家编码 + 商品分类编码）的基础上增加顺序编号形成的码制，可实现对个体商品的管理。

根据关于 EPC 标准化的提案 <EPC Tag Data Standard Version 1.1 Rev. 1.26>（2004 年 9 月 19 日），EPC 支持各行业的以下码制：

1）DIG（General Identifier）不限定特定对象的一般 ID 体系；

2）GTIN（EAN. UCC）使用条码等编码的世界通用商品 ID 体系；

3）SSCC（Serial Shipping Container Code，货运集装代码）识别集装箱，运货托盘的 ID 体系；

4）GLN（Global Location Number，全球位置码）识别场所的 ID 体系；

5）GRAI（Global Returnable Asset Identifier，全球可回收资产标识）标准化的企业内部资产管理 ID 体系。

EPCglobal 提出将以上码制连续化（附加顺序变化，使编码能够对个体物品进行管理）的编码作为 EPC 的标准。EPC 的编码体系基本由以下 4 个部分组成，即编码头（Header）码段；行业管理（Domain Manager）码段；商品分类（Object Class）码段；顺序编号（Serial Number）码段。如图 2-4 所示。

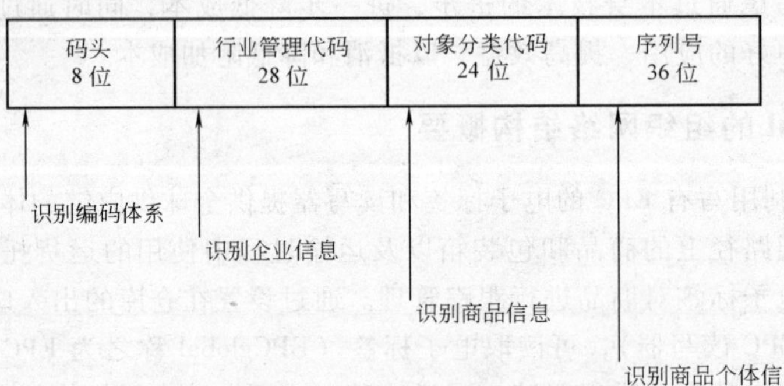

图 2-4 96 位 EPC 的基本构成

其中编码头码段（见表 2-3）用于识别码制（如 GTIN 和 GLN 等）；行业管理码段用于识别企业信息；商品分类码段用于实现商品信息；顺序编号码段用于识别个体商品。

表 2-3 EPC 头信息

编码头		码制
二进制	十进制	右边的数字表示编码的位长
10	2	SGTIN-64
00110000	48	SGTIN-96
00001000	8	SSCC-64

（续）

编码头		码制
二进制	十进制	右边的数字表示编码的位长
00110001	49	SSCC-96
00001001	9	SGLN-64
00110010	50	SGLN-96
00001010	10	GRAI-64
00110011	51	GRAI-96
00001011	11	GIAI-64
00110100	52	GIAI-96
00110101	53	GID-96

2.3.4　EPC 电子标签

EPC 电子标签是电子产品代码的信息载体，主要由天线和芯片组成。96 位或 64 位 EPC 是存储在电子标签中的惟一信息。EPCglobal 规定 EPC 电子标签分为 6 种类型，按照实现的功能分为只读式、带附加功能的被动式、半主动式、宽带点对点通信主动式以及可以和不同级别电子标签进行通信的无源标签等 6 类，见表 2-4 所示。EPCglobal 主要对其中使用 UHF 频段的 0 类和 1 类电子标签的标准进行研究，并将重点放在相对开放的 UHF 频段 1 类 RFID 电子标签上（Gen2）。

表 2-4　EPC 电子标签的分类

分类	有源/无源	说明
0 类	无源电子标签	只读电子标签，制造时将 EPC 写入 EPC 电子标签，在使用时读取，适用于物流和供应链领域；还包括 24 位自毁代码以及 CRC 代码；可以自毁、不能写入
1 类	无源电子标签	具备 0 类标签所有特征，为一次性写入标签，又称身份标签，出厂后可以写入一次 EPC，之后只读；还有可选的访问控制密码保护和可选的用户内存等特性
2 类	无源电子标签	具备 1 类标签所有功能，可以重写，包括扩展的标签识别符号、扩展的用户内存、识读的可选性、身份认证机制及其他附加功能
3 类	半无源电子标签	除具备 2 类标签所有特征之外，附带电池，还具备完整的电源系统和综合的传感功能
4 类	有源电子标签	具备 3 类标签所有特征，还具有标签之间的通信功能、主动式通信功能和组网功能
5 类	有源电子标签 +无源读写器	具备第 4 类标签所有特征，具无源读取功能，可以与其他级别的标签及或其他设备匹配

2004 年 12 月 16 日，EPCglobal 批准了新标准 EPC Gen2，用于 900MHz 左右的超高频的 RFID 技术规范。全球各大公司也开展了 EPC Gen2 相关产品的研制，而且目前已有符合该标准的产品推出。Gen2 具有如下特点：可实现高速通信，读写器到电子标签传输速率可以达到 40～160kbit/s，电子标签到读写器的传输速率可以达到 5～640kbit/s；可大量同时读取数据，理论上可以每秒读取 1500 个电子标签；可通过利用 kill 命令和密码限制对存储器的存取来实现隐私保护措施。该标准已于 2006 年 7 月作为国际标准 ISO/IEC 18000-6 的 C 类型。

2.3.5 EPC 中间件

EPC 中间件是一种面向消息的中间件，是 EPCglobal 网络系统的重要组成部分，具备过滤 EPC 读写器所收集的 EPC 信息、把从 EPC 电子标签中读取的信息作为“事件”通知到 EPCIS 及各应用终端及控制 EPC 读写器等功能。EPC 中间件曾被称为“专家（Savant）”单元，具有一系列特定属性的“程序模块”或“服务”，可被用户集成以满足特定需求。EPC 中间件是加工和处理来自读写器的所有信息和事件流的软件，是连接读写器和企业应用程序的纽带，其主要任务是在将数据送往企业应用程序之前进行标签数据校对、读写器协调、数据传送、数据存储和任务管理。EPC 中间件屏蔽了 RFID 设备的多样性和复杂性，能够为后台业务系统提供强大的支撑。EPC 中间件及其应用程序通信模块如图 2-5 所示。

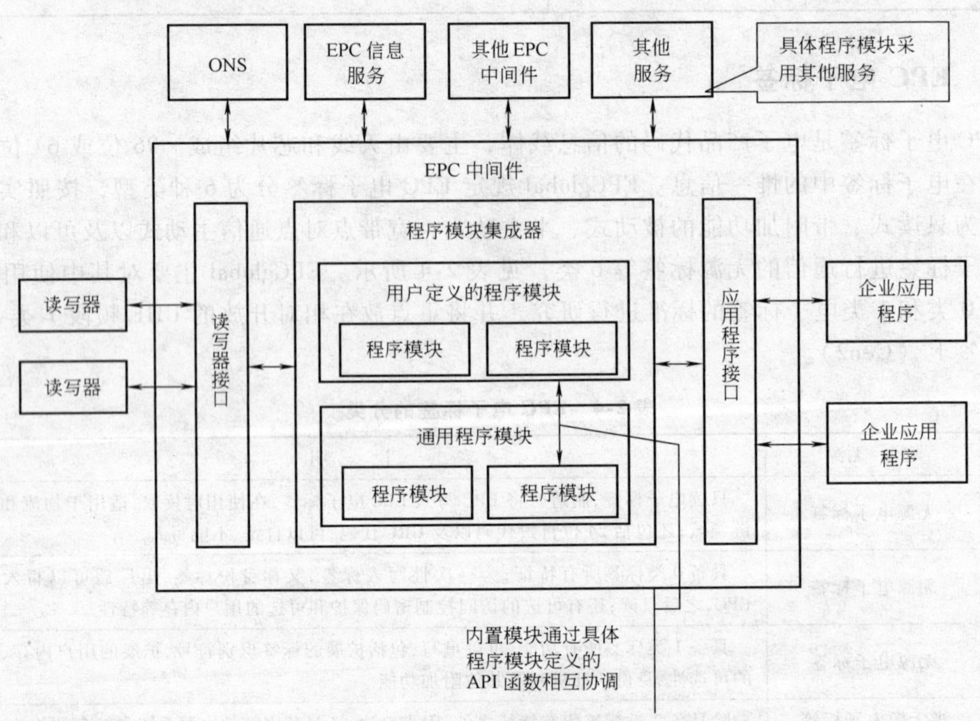

图 2-5 EPC 中间件及其应用程序通信

2.4 UID 相关标准

2.4.1 UID 中心简介

泛在 ID（Ubiquitous ID，UID）中心成立于 2003 年 3 月 4 日，其主要任务是在 T-Engine 论坛内开展 UID 技术的研究开发、标准化以及普及活动。UID 中心的主要活动包括：研究开发用于自动识别“物品”和“场所”的核心技术，以及开展作为 UID 技术基础的系统应用的相关活动。UID 中心还研究用于识别“物品”和“场所”的码制（uCode）的标准化和编码配置，UID 中心让条码与 RFID 共存，根据出发点不同等特性在两者中选择使用，此外，也进行 uCode 服务器的应用和为在泛在环境下实现安全通信的 eTRON 认证机构（entity and economy TRON Certificate Authority）的运营。日本泛在技术核心组织目前已经公布了电子标签超微芯片的部分规格，但正式标准尚未推出。支持这一 RFID 标准的有索尼、三菱、日立、东芝、夏普、富士通、NTT DoCoMo、KDDI 等 300 多家日本 IT 企业。

2.4.2 T-engine 论坛

为了普及以东京大学坂村健教授为中心建立的一体化实时系统，同时促进一体化中间件的应用，于 2002 年 6 月成立了 T-engine 论坛。T-engine 是日本在 RFID 方面的核心体系结构，全体会员大约 500 人。在我国也建立了惟一的 UID 中心，负责对 T-engine 论坛开发的 UID 技术进行测试等。T-engine 论坛的会员包括：干事会员，与 T-engine 论坛活动密切相关的企业；A 会员，进行 T-engine、T-kernel 自身研发和泛在识别技术研发的会员；B 会员，推动与 T-engine 的普及相关的标准化的企业，即利用 T-engine 和 T-kernel 技术进行产品开发的用户会员；e 会员，推广泛在识别技术中心相关标准的会员，负责开展与泛在识别技术的应用和实验相关的活动。其构成如图 2-6 所示。

T-engine 论坛由工作组（负责编制标准和指导方针草案）和部门会议（负责报告和批准工作组的研究内容及操作过程）构成，负责一体化系统的硬件标准化，以及确定在 T-engine 论坛上应用的标准实时操作系统（T-kernal）和中间件的标准。同时，T-engine 论坛作为开放的信息源积极开展相关技术的推广和普及活动。工作组根据自身的工作目标和活动范围独立展开工作。

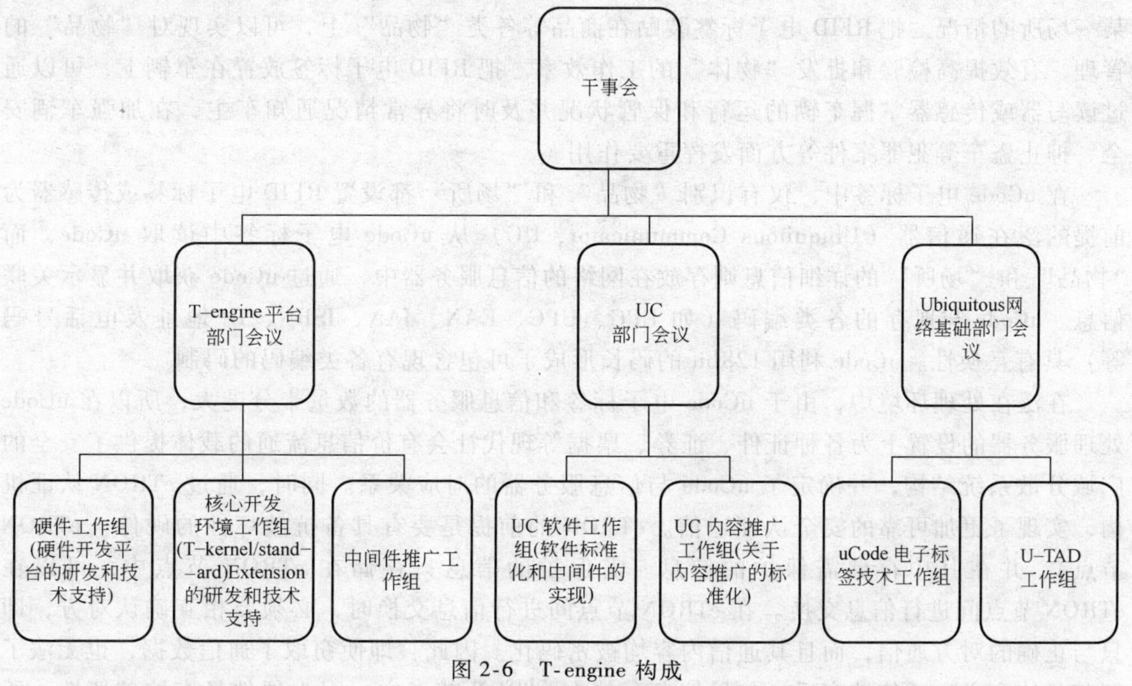

图 2-6 T-engine 构成

2.4.3 泛在 ID

随着各种无线技术的融合发展，网络以及应用广泛的“泛在网络”时代正在逐渐实现。

在这种信息无处不在的网络中，所有的“物品”和“场所”都会被赋予写有被称为泛在编码（uCode）的电子标签——uCode 电子标签，进而人也都将持有这种标签。系统可以根据从这些 uCode 电子标签中读取的 uCode，通过网络向人们提供各种服务。泛在 ID（Ubiquitous ID）概要如图 2-7 所示。

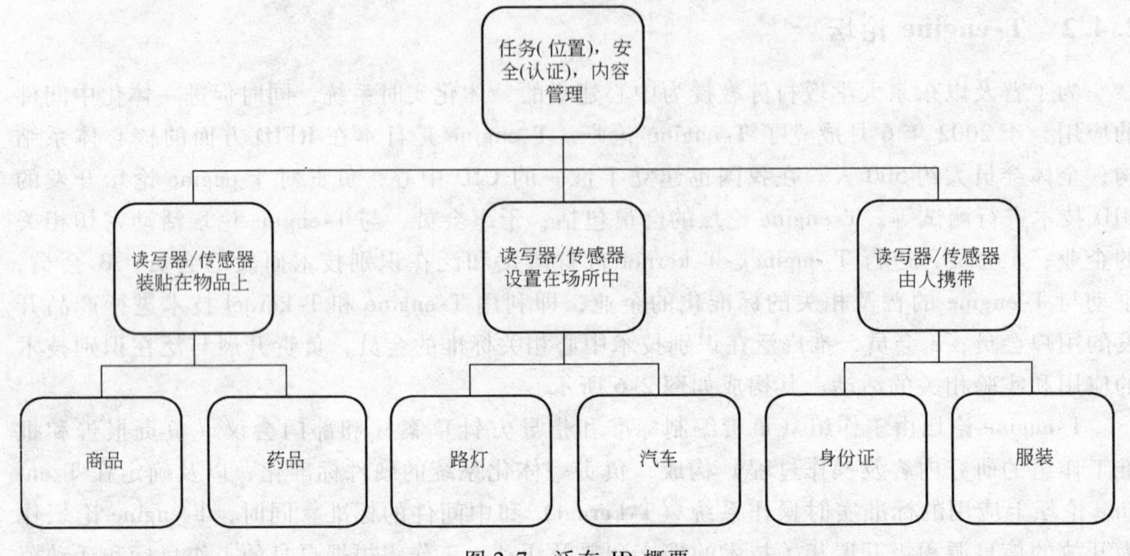

图 2-7 泛在 ID 概要

在泛在环境中，把电子标签置于人们随身携带的身份证或服装上，就能够掌握人们出入某一场所的情况。把 RFID 电子标签装贴在商品等各类“物品”上，可以实现对“物品”的管理，有效提高检验和批发“物体”的工作效率。把 RFID 电子标签放置在车辆上，可以通过读写器或传感器掌握车辆的运行和保管状况并及时将异常情况通知车主，在加强车辆安全、抑止盗车等犯罪案件等方面发挥重要作用。

在 uCode 电子标签中，仅有识别“物品”和“场所”都设置 RFID 电子标签或传感器为前提的泛在通信器（Ubiquitous Communicator，UC）从 uCode 电子标签中读取 uCode，而“物品”和“场所”的详细信息则存放在网络的信息服务器中，通过 uCode 获取并显示关联信息。uCode 与现存的各类编码（如 EPC、UPC、EAN、JAN、ISBN、IP 地址及电话号码等）具有互换性。uCode 利用 128bit 的码长形成了可包含现有各类编码的码制。

在泛在处理环境中，由于 uCode 电子标签和信息服务器的数量十分庞大，所以在 uCode 处理服务器的设置上为各种证件、证券、票据等现代社会有价信息流通的载体提供了安全的广域分散系统结构，并确定了 uCode 与信息服务器的对应关系。同时，通过 eTRON 认证机构，实现了更加可靠的安全认证通信。eTRON 的前提是要有具备抗破坏性的硬件（eTRON 节点），并在其中存储需保护的信息。需保护的信息只存储在 eTRON 节点中，可以在 eTRON 节点间进行信息交换。在 eTRON 节点间进行信息交换时，必须要相互确认对方，即只与正确的对方通信，而且其通信内容均被密码化。因此，即使窃取了通信数据，也无法了解其具体含义。通信结束后，如果信息存储在 eTRON 节点中，因为硬件具有抗破坏性，所以不能任意从中窃取信息。UC、产品信息数据库、uCode 解决服务器等必须支持此 eTRON。因此，如有必要，数据库检索等方面的通信可与进行了所有认证的正规用户通过密码通信，以保证个人信息的安全。此外，通过使附在“物品”上的数据承载设备成为安装有 eTRON

的智能芯片，可以保护存储在芯片中的信息。泛在ID的整体结构被划分为若干个安全区，其特点在于即使体系中的某一部分遭到破坏，危害也不会波及到其他部分，所以这是一种可靠性很高的体系结构。由于泛在处理环境在不断发展的过程中已逐渐成为社会信息化的基础，对其安全和隐私方面的考虑也是必不可少的。用户在外出时能够通过网络摄像机监视自家的状况，能够控制家用电器，而不允许外人做这些事。用户在家里能够上网购买电子票据，但不允许他人复制电子票据或窥视自己购买了哪种票据及购买的过程。在泛在环境中为了保证服务器或其他设备接入权以及电子票据等重要权力信息和经济信息的安全，需要建立相应的系统结构。

eTRON是一种能够使这些权力信息和经济信息在开放网络上安全传递的系统结构。eTRON包括存储经济信息的eTRON器件以及传递经济信息的网络设施的各个部分。eTRON器件具有抗解密性（防止机密数据被非法读取的功能）。eTRON器件中导出的经济信息有可能传送存储到其他eTRON器件，但不会传送存储到非eTRON器件中。目前，存在两种eTRON器件，即用于具有ISO/IEC7816接触式和ISO/IEC 14443非接触式两种接口的8bit卡和16bit微控制器的eTRON/16。eTRON器件之间的通信通过VPN（Virtue Private Nerwork，虚拟个人网）连接，采用PKI（Public Key Infrustructure，公开密钥基础设施）密码认证标准，即eTRON专用的通信协议（Entity Transfer Protocol，ETP），能够防止通信信道中的窃听、复制和篡改等非法活动。为了适应使用公开键密码的PKI，设置了eTRON认证机构（eTRON CA），进行有关证书的发放和管理。

泛在ID结构在将uCode电子标签中的uCode变换为信息服务器中的信息的实现过程中起了桥梁作用，是“泛在网络”的重要基础结构，如图2-8所示。

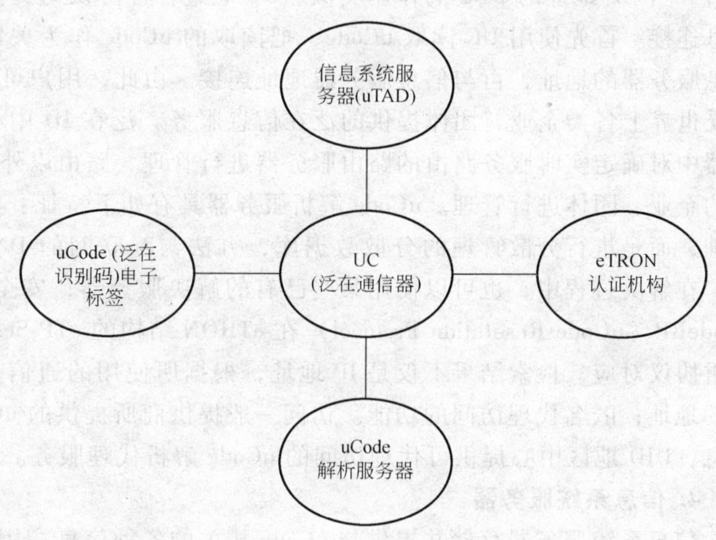

图2-8　泛在识别技术体系

1. uCode

uCode是统一识别“物品”和“场所”的ID，是在大规模泛在网络中识别对象的一种手段。uCode的基本码长是128bit，也可根据需要以128bit为单位进行扩充。在使用时，将uCode赋予各个“物品”或“场所”，计算机通过读取信息对每个“物品”和“场所”进行识别。目前，设置在“物品”上的编码包括条码使用的JAN，书刊上使用的ISBN等，但需要注意的是这些编码是针对不同类型的物品，并不是识别每个“物品”的通用编码。

uCode是能够包含各种现存码制的编码体系。现存的编码中包括条码中使用的JAN、EAN和UPC；书刊上使用的ISBN和ISSN；以及互联网的IP地址等。条码又分为国际标准化组织管理的 EAN 编码和由北美及加拿大的编码管理中心管理的 UPC。ISBN 是用于书籍管理的 ID，ISSN 则用于期刊管理。上述这些现有的编码都可以包含在 128bit 码长的 uCode 中。

2. 泛在通信器

泛在通信器（UC）由电子标签、读写器和无线网络等部分构成，用于将读取到的 uCode 码信息传送到 uCode 解析服务器，并从信息系统服务器获取有关服务。UC 使泛在网络能够实现在任何时间、任何地点的通信。UC 可以实现两种通信功能：第一种通信功能是与周围的 uCode 电子标签进行通信的局部功能，UC 可以通过这一功能实现 uCode 的读写；第二种通信功能是 UC 与通信网之间的广域通信功能，可实现 UC 与公众电话网、互联网、W-LAN、蓝牙等网络的广域通信。利用自身的多种通信功能，UC 能够根据使用环境和使用者的身体特征、个人爱好等来选择合适功能，以达到在“任何时间”、“任何地点”、从“任何网络或终端”获取所需信息的目的。

3. uCode 解析服务器

uCode 解析服务器在泛在识别技术体系中是以 uCode 为主要线索、对为该泛在 ID 提供相关信息服务的系统地址进行检索的、分散型的索引服务系统，与互联网中连接主机名和 TCP/IP 中 IP 地址的 DNS 的作用类似。UC 通过各种协议与提供内容的各个信息服务器进行信息连接。首先使用 UC 读取 uCode，把读取的 uCode 作为关键字向 uCode 解析服务器询问信息服务器的地址，再与信息服务器地址连接。由此，用户可以通过安全、统一的介入方法享受世界上各类企业、团体提供的泛在信息服务。泛在 ID 中心在分散管理的 uCode 处理服务器中对确定实时服务路由的路由服务器进行管理，路由以外的 uCode 处理服务器则委托一般的企业、团体进行管理。uCode 解析服务器具有如下特征：分散管理，不是单一组织进行管理，而是进行分散管理的分散数据库，方法与互联网的 DNS 相近；与已有的 ID 服务统一，在解决过程中，也可以使用某些已有的解决服务器；安全协议，关于 uCode 解析协议，uCodeRP（uCode Resolution Protocol）在 eTRON 结构的 eTP Session 上进行密码认证通信；与多重协议对应。检索结果不仅是 IP 地址，根据所使用的通信基础设施的不同，会有不同种类的地址；匿名代理访问的功能。访问一般提供商所提供的 uCode 解析协议，则可获取访问信息，UID 地区中心提供可代理访问的 uCode 解析代理服务。

4. 信息系统服务器

信息系统服务器存储并提供与 uCode 相关的各种信息。用户通过 UC 读取的 uCode 作为关键字，向 uCode 解析服务器查询信息系统服务器的地址，可以连接到各种信息服务器。信息系统服务器具有一定的抗破坏性，使用基于 PKI 技术的虚拟专用网，具有只允许数据移动而无法复制等特点。通过设备自带的 eTRON ID，信息系统服务器能够接入到多种网络建立通信。用户终端在读取表示“场所”的 uCode 时，连接到提供“场所”信息的服务器；在读取食品上的 uCode 时，连接到提供食品追溯信息的服务器。但是，在信息系统服务器向网络传送数据时，应使用下文中的数据格式。

在 UID 结构中，从信息系统服务器获取的内容是以被称为 uTAD（ubiquitous TRON Application Databus）的以 XML 为基础的数据形式来表述的，这一数据形式不受信息系统服务器的数据格式所限。也就是说，在信息系统服务器中存储的数据格式可以是 uTAD，也可以是其他格式，但其他格式的数据在从信息系统服务器向网络传送时，应变换为 uTAD 数据格式。除此之外，还有存储在 RFID 电子标签或非接触型 IC 卡中的二进制压缩码等形式。

图 2-9 给出了不同等级的泛在标签和泛在通信器的实物图。

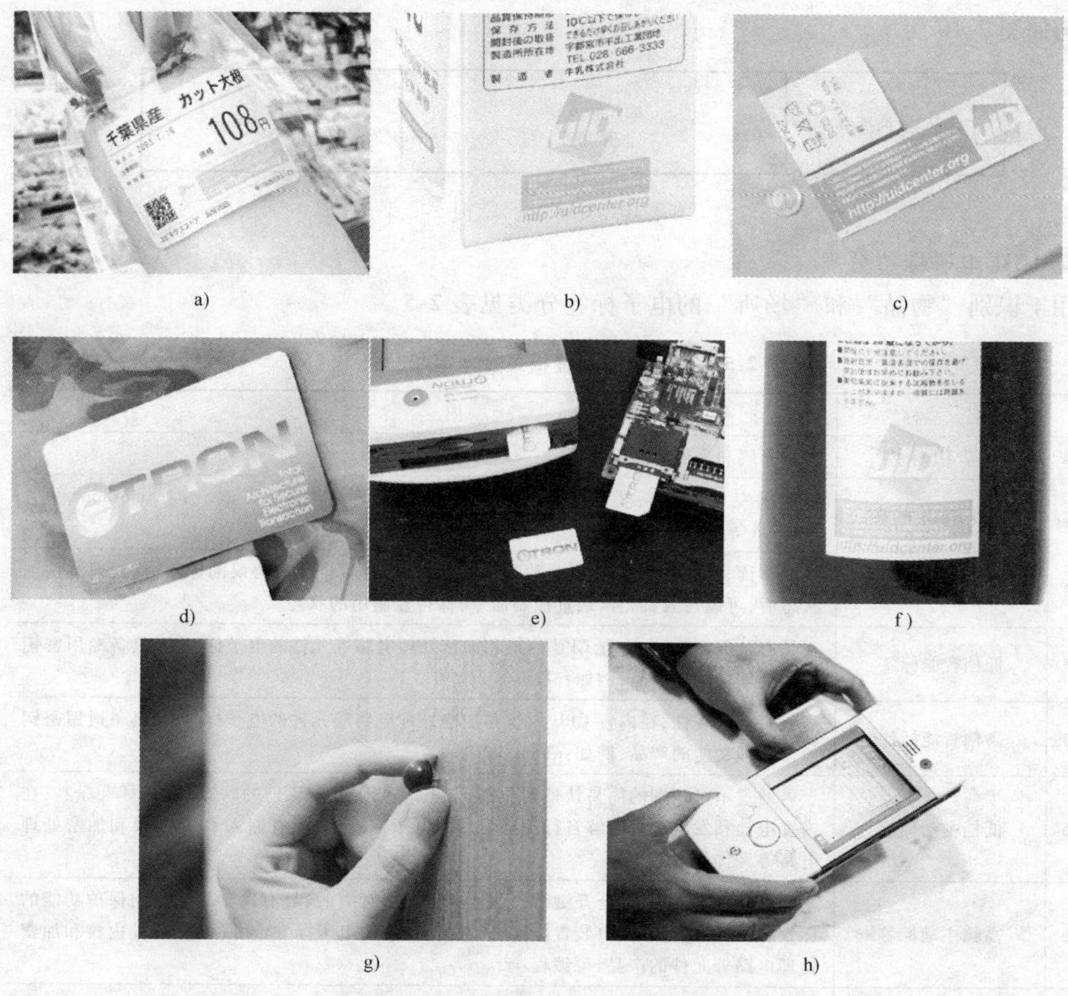

图 2-9　不同等级的泛在标签和泛在通信器

a）Class 0（光学性 ID 标签）　b）Class 1（低级 RFID 标签）　c）Class 2（高级 RFID）
d）Class 3（低级智能标签）　e）Class 4（高级智能标签）　f）Class 5
（低级主动性标签）　g）Class 6（高级主动性标签）　h）泛在通信器

2.4.4　UID 电子标签体系

1. UID 编码体系

在泛在 ID 技术中，泛在环境的各种物品都有 uCode，包含 uCode 的设备就是 UID 电子标签。uCode 的基本代码长度为 128 位，根据需要能够扩展为 256 位、384 位或 512 位。UID 编码由三个字段组成：其中编码类别标识用于兼容现有的编码标准，如 EAN、UPC、ISBN 等；某种编码标准的编码内容主要用于识别某类商品；惟一标识则用于标识某类商品的具体个体。若有 128 位的数字，则具有 3.4×10^{38} 个的号码。uCode 的最大特长是其为可吸收已有各种 ID 代码的 meta 代码体系。例如，通过使用 uCode 的 128 位这样一个庞大的号码空间，可将使用条形码的 JAN 代码、UPC 代码、EAN 代码、书刊的 ISBN 和 ISSN、在互联网上使用的 IP 地址、分配在电话终端上的电话号码等各种号码或 ID，均包含在其中。UID 编码结构如图 2-10 所示。

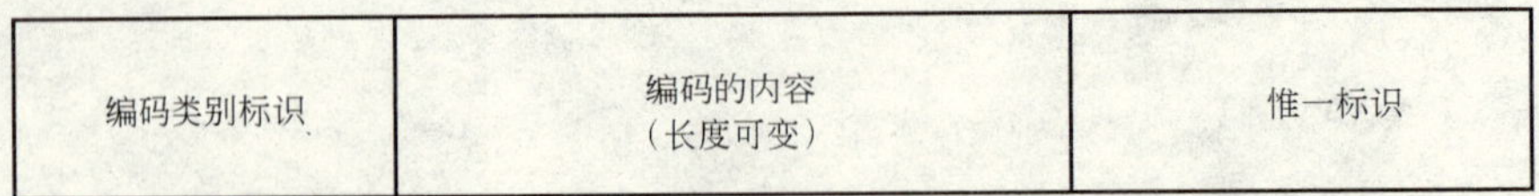

图 2-10 UID 编码结构

2. UID 电子标签分类

用于识别“物品”和“场所”的电子标签分类见表 2-5。

表 2-5 UID 电子标签相关技术等级分类

等级	名称	内容
Class0	光学 ID 标签	条形码和平面条形码等
Class1	低档 RFID 标签	读取专用电子标签，代码已在工厂烧制在商品上，不可改变，如 muChip 和 T-Junction 等
Class2	高档 RFID 标签	能够读、写的电子标签，通过简易认证方式，具有防止识别协议的标签；代码通过认证状态后，可以写入；而且，通过控制命令，保持控制用的状态
Class3	低档智能标签	具有抗破坏性，在内置 CPU 内核和加密处理电路等元件的电子标签中，具备专用密钥加密处理功能的产品，例如：eTron/8
Class4	高档智能标签	具有抗破坏性，在内置 CPU 内核和加密处理电路等元件的电子标签中，具备通用密钥加密处理功能的产品，例如：eTron/16
Class5	低档主动标签	可通过不可识别的简易认证通信访问，其代码通过了认证的状态，是可写入标签；在内置电池和发电装置能够自行发送信息的电子标签中，没有嵌入 CPU 内核和加密处理电路等元件的产品
Class6	高档主动标签	具有抗破坏性，是与公开键密码认证通信网络对应的、具有端到端的访问保护功能的标签；在内置电池和发电装置能够自行发送信息的电子标签中，嵌入了 CPU 内核和加密处理电路等元件的产品，可编程
Class7	安全盒	能够保存大容量信息的服务器等。具备防篡改功能的架构、有线通信功能和支持 eTRON 规格的安全处理功能等
Class8	安全服务器	除 Class7 中的安全功能外，还具有根据保安手续运行的服务器等

UID 中心没有将 uCode 电子标签规定为惟一的认定基准，而是设置了 uCode 电子标签技术规范的认证标准，通过对电子标签生产厂家提出的评价申请进行适用性的评价以及认定，对各类电子标签的应用进行指导。例如：对于青菜一类的廉价商品，由于其价格几乎没有下限，若使用 RFID 电子标签在成本上就很不合算，建议使用较为便宜的条码。但是，条码是利用光学原理工作的，且污损后就变得不易读取，同时条码可以大量复制。此外，由于 2.45GHz 的无线电波易被水分吸收，造成电子标签读取困难，所以工作在此频段的电子标签不适合使用在含水分较多的商品上。在此情况下 13.5MHz 频段等较低频率的电子标签比较实用，而 2.45GHz 频段的电子标签在小型化方面较有优势，在不沾水的情况下比较实用。

2.4.5 EPC 标准和 UID 标准的比较

EPC 标准主要使用于使用替代条形码的无源电子标签的流通领域，同时也在研究医疗领域的应用。今后 EPC 标准还将适用于物流领域、海上及航空运输业、汽车行业等领域的需求。另外 EPCglobal 也在考虑国际物流等领域的有源电子标签和装有传感器的 RFID 电子标签实施标准化。相比之下，UID 标准除了无源电子标签之外，也适用于红外线、有源电子标签、蓝牙、W-LAN 及 GPS 等技术。UID 中心能够实现食品和药品的追溯，也在推进自律移动支援项目。UID 中心今后将考虑将其标准适用于物流领域，并进行有关的验证实验。

日本 UID 标准和欧美的 EPC 标准主要涉及产品电子编码、射频识别系统及信息网络部分，其思路在多数层面上都是一致的。但是在使用的无线频段、信息位数及应用领域等方面有许多不同点：日本的电子标签采用的频段为 2.45GHz 和 13.56MHz，欧美的 EPC 标准采用 UHF 频段；日本的电子标签的信息位数为 128bit，EPC 标准的位数为 96bit；日本的 UID 电子标签标准可用于库存管理、信息发送和接收以及产品和零部件的跟踪管理等，而 EPC 标准侧重于物流管理、库存管理等；在 RFID 技术的普及战略方面，EPCglobal 将应用范围限定在物流领域，着重于成功的大规模应用；而 UID 中心则致力于 RFID 技术在人们生产和生活的各个领域中的应用，通过丰富的应用案例来推进 RFID 技术的普及。EPCglobal 和 UID 中心编码体系的比较见表 2-6。

表 2-6　EPCglobal 和 UID 中心编码体系比较

		EPCglobal	UID 中心
编码体系		EPC 编码通常为 64bit 或 96bit，也可扩展到 256bit，对不同的应用，规定有不同的编码格式，主要存放企业代码、商品代码和序列号等，最新的 Gen 2 标准的 EPC 编码可兼容多种编码	uCode 编码，码长为 128bit，并可以用 128bit 位单元进一步扩展至 256bit、384bit 或 512bit。uCode 的最大优势是能包容现有编码体系的元编码体系，可兼容多种编码
技术支撑体系	对象名解析服务	ONS	uCode 编码
	中间件	EPC 中间件	泛在通信
	网络信息共享	PML 服务器	信息系统服务器
	安全认证	基于互联网的安全认证	提出了可用于多种网络的安全认证体系 eTRON

2.5　我国相关标准的现状和存在的问题

1. 现状

在 RFID 技术发展的前 10 年中，有关 RFID 技术的国际标准的研讨空前热烈，国际标准化组织 ISO/IEC JTCl SC31 下级委员会成立了 RFID 标准化研究工作组（WG4）。而我国与 RFID 有关的标准化活动，由国家物流信息管理标准化委员会自动识别与数据采集分委会对口国际 ISO/IEC JTC1 SC31、负责条码与射频部分国家标准的统一归口管理。条码与物品编码领域国家标准主管部门是国家标准化管理委员会，射频领域国家标准主管部门是信息产业部和国家标准化管理委员会，该领域的技术归口由国家物流信息管理标准化委员会自动识别与数据采集技术分委会负责。我国 ISO/IEC JTC1 SC31 秘书处设在中国物品编码中心。

近年来，我国在 RFID 技术与应用的标准化研究工作上已有了一定的基础，从多个方面开展了相关标准的研究制定工作，制定了《集成电路卡模块技术规范》、《建设事业 IC 卡应用技术》等应用标准，并得到了广泛应用。在技术标准方面，依据 ISO/IEC 15693 系列标准已经完成国家标准的起草工作，参照 ISO/IEC 18000 系列标准制定国家标准的工作正在进行中。2007 年 4 月 20 日，信息产业部公布了《800/900MHz 频段射频识别（RFID）技术应用规定（试行）》，我国 800/900MHz 频段射频识别技术的具体使用频率为 840 ~ 845MHz 和 920 ~ 925MHz，发射功率为 2W。我国 800/900MHz 试行频段的出台将对 EPC Gen 2 标准产生一定影响，也使我国 RFID 技术应用步入新的进程，满足我国企业对 800/900MHz 频段 RFID 技术研发和应用需求，并与国际相关标准衔接。

2. 存在问题

建立 RFID 中国标准目前还存在如下问题：

1）缺乏相应的标准规范。生产 RFID 产品的公司采用的标准也不尽相同。同一频段下的空中接口协议应趋于一致，以降低电子标签成本并满足电子标签与读写器之间互操作性的要求。

2）RFID 产业发展的滞后。芯片的设计与制造、天线的设计与制造、标签封装及封装设备制造、读写设备的开发、数据管理软件的设计等生产环节构成了一条完整的 RFID 产业链。目前，已有基于 13.56MHz 频段的芯片，而国际上应用最广的 UHF 芯片已完成开发。已基本具有 HF 频段和 UHF 频段以上读写器的设计和制造能力。国内基本具有了 RFID 天线的设计和研发能力，但还不具备应用于金属材料、液体环境上的可靠性 RFID 标签天线设计能力。HF 频段的标签封装技术和生产条件已经成熟，但还不能进行 UHF 频段的标签封装，封装设备还依靠进口。产业发展滞后尤其是核心技术的缺失成了制定我国 RFID 标准难以逾越的高墙，而 RFID 中国标准的缺位又反过来制约了产业的发展。

3）应用的落后。我国的 RFID 应用前景还很不明晰，许多企业还处于观望状态。甚至 RFID 应用的强力推动者沃尔玛也采取了相当谨慎的态度，还没有在中国区域实施 RFID 项目。大部分我国企业目前还没有兴趣采用 RFID 技术来跟踪他们的商品，部分企业不懂或者不太熟悉 RFID。RFID 已经在我国部分企业实现了制造过程的管理和监控及高效的供应链。在企业内部的闭环应用中，并不能完全表现出 RFID 技术的优势来。要真正发挥 RFID 的潜力，需要实现开环应用。

我国作为世界的制造业中心，也是最大的消费国之一，毫无疑问将成为 RFID 技术应用的大国。RFID 我国国家标准的制定，将最终影响在全球销售的我国产品在生产、物流配送、仓储、零售、消费者、废置整个生命周期内的活动。当前 RFID 技术发展迅速，但尚未成熟，我国有必要抓住这一时机，集中开展 RFID 核心技术研发，制定符合我国国情的技术标准，促进具有竞争力的产业链形成，使我国在该领域占有一席之地。

2.6 RFID 标准化存在的问题和发展趋势

在 RFID 标准化过程中，要解决和规范的一般问题是硬件或与硬件相关的问题。这包含物理特性（电磁特性、频谱要求与机械特性）、测试方法与要求、硬件接口、传输协议（工作模式、同步方式、编码与调制方式、文件格式、字符集选定等）、加密与安全、硬件扩展等几个方面的问题。各国、各地区和各大 RFID 供应商与应用商都在加快各自标准的制定进程，随着 RFID 技术的普及，标准化是其广泛获得市场接受的必要措施，同时也是各国企业发展与国际化的一个良好契机。国际标准化组织（ISO）和EPCglobal在RFID的空中接口方面形成了多个标准；现有的RFID技术工作在多个无线频率范围内，在相同的频率下也有多种RFID技术标准共存，比如13.56MHz就有ISO 14443 TypeA、TypeB、ISO 15693、ISO 18000-3等标准存在，不同的标准采用的无线调制方式、基带编码格式、传输协议和传输距离各有差异，不同标准的RFID电子标签和识读器无法互通。RFID标准化过程中存在如下问题：

1）现有的RFID标准。无论是欧美体系还是日本体系，或者是其他地区或国家制定的标准，更多的是表达硬件的基本要求与软件的简单规范，在体系的平衡性、扩展性、加密与安全方面还只是初步的考虑，并没有完善的解决方案。

2）RFID和条形码技术不同之处在于，它更多的是一种信息收集与交互的技术。RFID的信息载体是可以具有极大容量的电子媒体，交互方式是无线数据交互。技术基础是整个信息学与通信学。因此，潜在的应用能力与应用领域极大，应用的深度与广度将远远超过条形码技术所能达到的程度。RFID标准需要关注与解决的问题会多得多，同时也复杂得多。如果在RFID标准化中不考虑这些因素，将很快面临标准滞后与重大修改的窘迫。同时也会给RFID供应商和使用商造成混乱与损失。甚至破坏好不容易建立起来的RFID国际统一标准联盟成员之间的互信与协作关系。

3）从RFID的技术和应用角度来说，目前的ISO/IEC 18000系列标准仍存在着一些不足。如标准中定义的基于概率的防碰撞机制是在确定时间内，依靠一定的概率分辨出所有在读写器工作范围内的标签。如果在识别区内的标签数目相对开始识别命令中制定的初始时隙数较多时，防碰撞的过程就会比较长，识别效率不高，不能适应同时识别很大数量标签的应用。此外，若数据指令和识别过程比较复杂，则无法适应一些需要高速识别的应用；以及对一些社会问题如个人隐私保护等考虑不周等，这些都有待进一步改进。

4）UHF的RFID系统在供应链管理中的应用是当前关注的一个重点。目前ISO/IEC 18000系列标准只规定了各频段下的空中接口协议，而标签的物理特性如：形状尺寸、紫外线、X射线、交变磁场、交变电场、静电、静磁场、工作温度等指标都没有进行相应定义，也需要开展这方面的研究来制定相应的标准。同时也没有规定相应频段读写器的具体工作频率、发射功率、频道占有带宽、信道数量、杂散发射、跳频速率等技术指标。以上取决于各国无线电管制政策，因此需要在进行全面电磁兼容测试的基础上深入地研究和分析。

RFID标准化发展如同“条形码”标准的制定，RFID标准必将在各国或地区标准的基础上，形成国际统一的主流标准，同时修改与兼容主要国家或地区的标准。RFID技术不断延伸的应用领域会催生出基于不同应用的主流标准，随着成本不断降低和市场的扩大，RFID技术的应用带来的巨大效益与潜在的市场需求均会促进统一的主流标准的产生。统一的国际标准会更多地将指导性定义或法则集中到体制、协议、接口与应用层面。

RFID标准化中几点可能的发展趋势如下：

1. RFID物理特性

在RFID物理特性方面，应该要求频谱是一个复合的范围而不是单一的频点，这可以增加电子标签的灵活性，降低其生产成本。同时读写器可以使用频率扫描的方式进行工作，提高频率方面的兼容性。在电磁强度方面，可以采用分级的方式规定不同用途的RFID的最大与最小电磁强度要求，把它作为一个发射机来看待。作为零售业使用的 RFID 与作为动物追踪应用的 RFID 可使用不同频率和不同的电磁强度。主动式 RFID 的电源要求、传输距离与其应用分级相适应。在机械特性方面，要求在一定范围的温度、湿度、光电环境、辐射环境下 RFID 的可靠性、抗弯曲、抗变形、抗摩擦的能力和耐水、热、轻度酸碱的性能，还有抗突发式机械挤压与碰撞的要求。这些要求针对不同的应用，重点侧重于适应各自的应用环境，并在信息结构中留下分级应用要求的说明性代码。

2. RFID 的测试内容

RFID 的测试要求可以单独作为标准的附件或正文的一节存在，这部分内容应该对应分级模式按“必要”与“可选择要求”的参数来执行。在硬件测试的基础上，应对其所有功能进行检查，重点是接口参数和传输协议。接口参数对天线的性能按分级模式要求，对读写器接收前端匹配特性作分级要求，在接口参数中与软件接口的兼容性应当作重要测试。保证读写器硬件可以在多种软件平台上工作，当然对软件的要求是可以在多种硬件平台上正常运行。对传输协议的检验，重点针对纠错与防“碰撞（多个电子标签的信号同时到达接收端，导致无法分辨出需要的信息源）”能力进行测试。对碰撞的处理，可以采用扫描启动或相关检测的技术，通过一定的算法结合标准规定的体制来共同完成，提高识别的效率。另外，对被动式 RFID 建议采用同时多通道接收与处理的技术，对主动式 RFID 采用扫描接收与处理的技术，或者根据读取数据的目的，选择读写器工作的方式。

3. RFID 的传输协议

在传输协议部分，应该确定分级应用的体制。在构建信息结构时，可以借鉴“条形码”的经验。区分 RFID 的国家或地区代码、行业或商品的应用种类代码、分级要求代码、纠错段、读写操作种类与记录、分级数据内容、保密措施结构、权限设置、厂商信息等，同时对信息重发模式进行规范。多种操作行为控制（写入、覆盖、自毁、可重启式自毁或锁定等）与高级标准版本兼容信息，用于帮助读写器进行兼容处理。文件格式应该允许多种格式由软件来处理，字符集应选用通用信息字符集，与现有 IT 行业或计算机操作系统所用的字符集相同。对加密与安全，主要从软件数据加解密体制和权限验证来考虑，特别对批量改写的权限进行严格审查，在主控系统中应保留原有数据一段时间，这些要求由软件与应用商来协商决定。分级模式按从上到下的顺序逐级兼容，应用不同，成本不同，要求不同，价格也不同。

4. 硬件扩展方面

硬件扩展主要指读写器，采用插卡式或模块式集成，来保证硬件的各个功能模块部分可以根据不同的需求替换或升级，甚至直接与计算机进行数据传输，可以是无线（红外或蓝牙）连接，也可以是有线的连接。

2.7 本章小结

本章首先介绍了标准的重要性和制定 RFID 标准的相关组织，接着介绍了传统的三大标准体系——ISO、EPCglobal 和 UID，并对其中的体系结构和标准系列作了详细介绍，然后给出了我国 RFID 标准化现状和存在问题，最后给出了 RFID 标准化存在的问题和发展趋势。

参考文献

[1] 中华人民共和国科学技术部等十五部委．中国RFID技术政策白皮书［R］．2006．

[2] 日本NTT COMWARE株式会社．RFID的现状和发展趋势［M］．郑维强，译．北京：人民邮电出版社，2007．

[3] Mark Brown，Sam Patadia，Sanjiv Dua，et al. Mike Meyers' Comptia RFID + Certification Passport［M］. McGraw-Hill Osborne Media. 2007.

[4] 国际电工委员会（IEC）［OL］．http：//www. iec. org.

[5] EPCglobal组织．［OL］．http：//www. epcglobalinc. org.

[6] 李锦涛，郭俊波，罗海勇，等．射频识别（RFID）技术及其应用［J/OL］．信息技术快报，2004（11）．http：//lib. ict. ac. cn/ITL/data/2004/11/射频识别．doc.

[7] Sandip Lahiri. RFID Sourcebook［M］．USA：Pearson Education，2005.

[8] 郎为民，杨宗凯．EPCglobal组织的RFID标准体系研究［J］．数据通信，2006（3）：15-17.

[9] ISO/IEC 18000标准．［OL］．http：//www. iso. org.

[10] 韩金容，张国虎．RFID标准化中的问题与建议［J］．今日印刷，2006（9）：79-81.

[11] 苏冠群．RFID相关标准总览［J］．中国包装工业，2006（7）：52-54.

[12] 施建忠．RFID要逾越标准高山［J］，信息系统工程，2006（5）：26-28.

[13] 郎为民，等．泛在ID中心的RFID标准化进展［J］．物流技术，2007（1）：33-36.

[14] 武岳山．浅谈RFID空中接口标准ISO 18000系列总纲——ISO 18000-1的地位与作用［J］．电子技术应用，2006（1）：3-6.

[15] 张有光，杜万，张秀春，等．全球三大RFID标准体系比较分析［J］．中国标准化，2006（3）：61-63.

[16] 姚建永，郎为民，王建秋，等．EPCglobal组织的RFID标准［J］．物流技术，2006（7）：27-32.

[17] 泛在ID（UID）中国中心［OL］．http：//www. uidcenterchina. net.

[18] RFID世界网［OL］．http：//www. rfidworld. com. cn.

第3章 电子标签

3.1 电子标签的分类

电子标签（简称标签）是RFID系统中存储可识别数据的电子装置，通常安装在被识别对象上面，存储被识别对象的相关信息，标签存储器中的信息可由读写器进行非接触式读写。电子标签具有多种不同的设计、形状、大小和工作频率，这取决于标签所附着物体的材料属性以及特定的应用。标签的读取范围也因为工作频率的不同而有很大的变化。标签作为一种电子设备，需要能量才能工作，因此，标签的设计要考虑这些能量的来源。标签的内存也有可能受到限制，这取决于标签写入数据的频率，即多久写入一次。有些标签因为考虑到安全因素，数据一旦写入，就不能被改变。一些应用中要求标签的尺寸具有固定的大小。例如：嵌入到衣服内部的标签不能够比纽扣大；嵌入到轮胎内部的标签在其设计的时候必须考虑到能够承受高温以及在轮胎生产过程中的高压这些因素；安装在金属物体上的标签更需要有考虑特别的设计和安装方式。

电子标签可以根据以下5种不同的方式进行分类：标签获取能量的方式；标签的工作频率；标签内部使用的存储器的类型；标签中存储器的存储数据能力；标签所实现的功能。其中标签所实现的功能是指根据以下因素来分类：写入性能、能量来源、内存容量和通信性能等，本书2.3.5节对EPC电子标签的等级作了详细介绍，将电子标签分成6个不同的等级，在此不再赘述。下面详细给出依据前4种方式的分类。

3.1.1 能量来源

电子标签需要能量来处理从读写器接收到的信号并且发送编码后的信号返回给读写器。根据标签获取能量的方式，标签可以分为有源标签和无源标签两种；根据使用能量的方式，标签又可以分为：被动式标签、半被动式标签和主动式标签。

1. 有源标签和无源标签

根据电子标签的供电方式，标签可分为有源标签和无源标签。有源标签是指内部有电池提供电源的电子标签，其作用距离较远，可达到几十米甚至上百米，但是其寿命有限，成本较高，并不适合在恶劣环境下工作。由于标签自带电池，因而有源标签的体积相对较大，不能制作成薄卡片（如信用卡标签）。

无源标签是指内部没有电池提供电源的电子标签。无源标签通过耦合读写器发射的电磁场能量作为自己的能量。无源标签的作用距离相对于有源标签要近，但是重量轻、体积小，寿命可以非常长，成本低，可以制作成各种各样的体积和形状。有源标签和无源标签的特点对比见表3-1。

2. 被动式、半被动式和主动式电子标签

根据使用能量的方式，电子标签可以分为被动式、半被动式和主动式电子标签。通常无

表3-1 有源标签和无源标签的特点对比

对比项	有源标签	无源标签
频率	高	低
距离	长	短
成本	高	低
体积	大	小
主要用途	追踪	物流、认证

源系统为被动式，有源系统为主动式或半被动式。主动式标签利用自身的射频能量主动发送数据给读写器的电子标签，比被动式标签的识别距离要远。为了防止电池消耗在不必要的负载上，当电子标签离开读写器的场区时，数字芯片将自动进入省电的“低功耗”模式，直到电子标签从读写器接收到一个足够强的信号，使芯片重新被激活，并开始正常工作。由于有源电子标签采用了电池供电的有源工作模式，可大大减小读写器发射射频查询信号的强度，增强系统抗电磁干扰的能力，同时也提高了适应高速移动物体的无接触识别能力。

被动式标签是在读写器发出查询信号后才进入通信状态的电子标签。它使用调制散射方式发射数据，必须利用读写器的载波来调制自己的信号，适用于门禁考勤或者交通管理领域。被动式电子标签一般可做到免维护，也可集成在集成电路卡中。相比主动式标签，被动式标签在读取距离及适应物体运动速度方面略有限制。

半被动式标签类似于被动式，不过它多了一个小型电池，电力恰好可以驱动标签芯片，使得芯片处于工作的状态。这样的好处在于，天线可以不用负责接收电磁波的任务，充分用于回传信号。比起被动式，半被动式有更快的反应速度，更高的效率。

主动式标签内部自带电池进行供电，它的电能充足、工作可靠性高、信号传送距离远。主动式标签的缺点主要是标签的使用寿命受到限制，而且随着标签内部电能的消耗，数据传输的距离会越来越短，从而影响系统的正常工作。

被动式标签内部不含电池，需要外界提供能量才能正常工作。被动式标签产生电能的典型装置是天线和线圈。当标签进入系统的工作区域时，天线接收到特定的电磁波，线圈就会产生感应电流，在经过整流电路时，激活电路上的卫星开关，给标签供电。被动式标签几乎具有永久的使用期，常常用于在标签信息需要每天读写或频繁读写的地方，而且被动式标签支持长时间的数据传输和永久性的数据存储。被动式标签的主要缺点是数据传输距离比主动式标签短，因为被动式标签依靠外部的电磁感应供电，它的电能就比较缺乏，数据传输的距离和信号的强度就受到了限制，因此需要敏感性比较高的信号读写器才能识别。主动式标签与被动式标签的特点对比见表3-2。

表3-2 主动式标签与被动式标签的特点对比

规格	主动式标签	被动式标签
能量来源	电池供电，可持续供电	外在电磁感应提供
工作距离	可达到100m	可达3~5m，一般为20~40cm
存储容量	16KB以上	通常小于128B
信号强度要求	低	高
价格	高	低
工作寿命	2~7年	更长

（1）被动式标签

被动式标签本身没有电源，或者说没有电池，如图 3-1 所示。这种标签从读写器接收到的电磁波上获取能量。所获取的能量非常有限，仅仅足够驱动芯片。因此，被动式标签在功能上受到了很大的限制。由于缺乏足够的能量，被动式标签不能够支持发射器主动发送信号与读写器进行通信。但是，被动式标签没有发射器也有一个好处就是不会产生无线电噪声。被动式标签工作在低频和高频上，采用电感耦合方式，而其他工作在更高频率范围上的标签采用的是电磁耦合方式。电感耦合标签的读取范围大约只有 0.5m，而电磁耦合标签的工作范围则可达到6m。

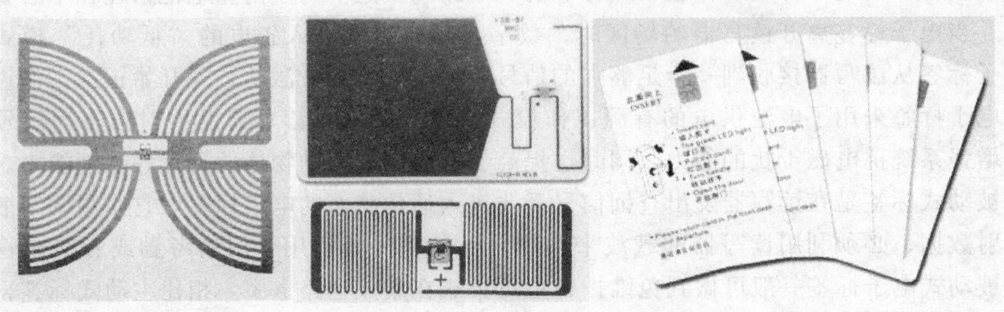

图 3-1 被动式标签

标签的大多数时刻都位于读取区外。当被动式标签位于读取区外时，它不具有能量，什么事情也不做。基于此，被动式标签内部不能够包含那些需要持续电源的传感器，比如温度传感器和压强传感器。被动式标签通常功能有限，只存储和发送很少的数据。同主动式和半被动式标签相比，被动式标签比较简单，价格便宜。

在 RFID 应用中，常常使用被动式电子标签。由于成本低，被动式标签非常适合那种无需把标签回收循环利用的场合。被动式标签黏附在物品上成为物品的一部分，它们具有相同的寿命。当该物品过期时，它们无需被回收循环利用。比如，在供应链中，被动式标签可能贴在货物箱上，当取出货品丢弃箱子的时候，标签也同时被丢弃了。这当然是由于被动式标签低成本的经济因素。

表 3-3 列出了被动式标签的一些优点和缺点。

表 3-3 被动式标签的优缺点

优 点	缺 点
尺寸小	需要读写器才能工作
重量轻	数据存储容量少
价格便宜(取决于数量)	需要高功率的读写器
不会增加无线电噪声	读取范围小(0.5～6m)
寿命长(长达 20 多年)	
苛刻环境下可靠性高	

（2）半被动式标签

半被动式标签也称为半主动式标签或者是电池辅助无源标签，如图 3-2 所示。这种标签

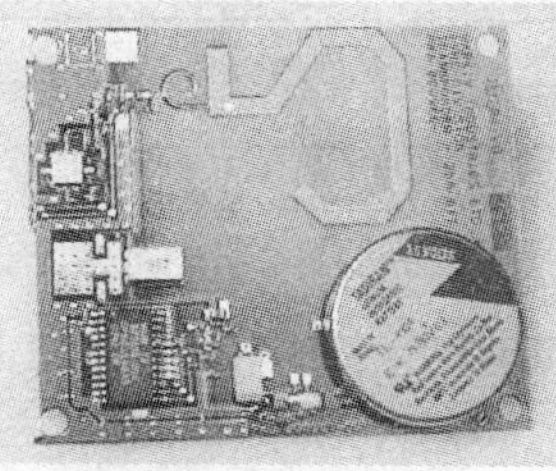

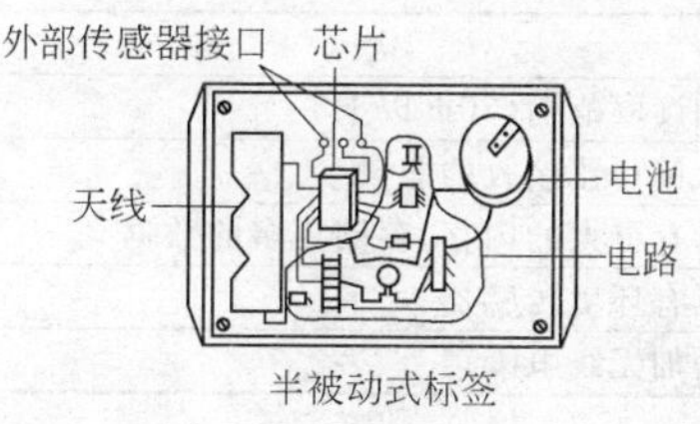

图 3-2　半被动式标签

在内部有块电池来给芯片供电。但是，如同被动式标签一样，半被动式标签也没有主动发射器。它采用反向散射的方式与读写器进行通信，读写器发送数据，半被动式标签调制从读写器发射的电磁波。由于没有发射器，半被动式标签也不会增加无线电噪声。这种类型的标签能够提供比被动式标签更大的工作范围并能够在标签内部安置环境传感器。标签上的传感器有助于记录标签所黏附上的物体周围的环境数据。

半被动式标签需要电池的第一个原因在于电池能够提供电能给芯片，这样标签就不需要读写器来驱动。这意味着限制标签读取范围的因素是离读写器的天线多远标签还能够驱动，而不是离天线多远信号还能够被编码。基于这种思想，如果给被动式标签提供电池用来驱动芯片，它的读取范围将大大增加。因此，只要稍微对被动式标签加以改进，将电池集成到其内部，就能够增加它的读取范围。

把电池添加到标签内的第二个原因是为了添加环境传感器到标签上。环境传感器需要持续不断的电能供应，还需要比标签芯片更高的电能水平。被动式标签不能提供持续不断的能量，因为被动式标签只在读取区内才能够获得能量，而标签大部分时间是在读取区外的。而且，当被动式标签处于读取区内时，它所获得的能量十分有限，不足于驱动标签内的传感器。因此，添加电池到标签上，传感器和芯片就能够使用其提供的持续不断的电能。标签上的传感器收集数据，在标签被感应到时发送数据以及识别码到读写器上。这是个颇有价值的前景，比如，在物品的使用周期中，它能够自动地收集温度资料。一个瓶子装着对温度敏感的药品，在运输过程中，就能够收集数据：通过一段时间瓶子受到温度影响超出了一系列限制，并能够动态地计算出它的过期日期或者有效期。使用这种类型的标签也能够轻松监视冷冻食品的贮藏情况。温度、压力、相对湿度、加速度、振动、运动、海拔和化学传感器都能够安装在标签内。

但是，标签集成电池带来额外功能的同时会使得成本上升。电池也会产生很多问题，比如额外重量、体积增大、成本增加、寿命减短以及对温度敏感等。集成电池意味着当电池耗尽时标签也就失去作用了，并且要使电池可更换就需要标签有更大的体积和重量。但是如何知道电池已经耗尽了呢？标签不响应时读写器是无法检测到标签存在的。如果集成标签的物体在室外温度为零下的环境中，电池将会失效，标签就不会有响应。标签内的电池寿命通常在 2 ~ 7 年，但是，如果标签频繁使用，电池寿命将极大地缩短。表 3-4 列出了半被动式标签的一些优点和缺点。

不在半被动式标签上集成主动发射器的原因在于主动发射器需要更多的电能和更高的功率。这会使得标签更大、更重，成本更高。在一些情况下，仅仅需要标签在处于读取区内时能够获取数据即可，无需其他额外的功能。

表 3-4 半被动式标签的一些优点和缺点

优　　点	缺　　点
更长的读取范围(30m 以上)	需要读写器才能工作
减少从读写器接收的能量	更大的尺寸和重量
能够具有更大的内存,存储更多的数据	同被动式标签相比成本增加
可能具有环境传感器	电池寿命有限(2~7 年)
不会增加无线电噪声	电池对苛刻环境敏感

(3) 主动式标签

主动式标签内部有能量源和主动发射器，能量源通常是一块电池，如图 3-3 所示。主动式标签的芯片处理功率更高，可用来完成一些附加的功能，比如数据处理。主动式标签使用电池给芯片和发射器供电，不需要读写器的无线电信号就能够发送数据。某些情况下，主动式标签工作时甚至不需要读写器。主动式标签广播它的数据，可能被设置成在某一预定时刻广播，或者是周期性地广播，或者是在某一特定事件发生的时候广播。主动式标签读取范围的大小取决于电池的功率以及标签的发射器的类型，通常为 100~250m。主动式标签和半被动式标签一样，可以内置或外连传感器。有了更高的功率，主动式标签就能够收集传感器的数据并在传输之前进行处理。主动式标签常常应用在实时位置系统上。

图 3-3 主动式标签

无论是否存在读写器，主动式标签都能够同其他主动式标签进行通信，但不能与被动式标签或者是半被动式标签进行通信。在设计上，主动式标签采用宽带或扩频技术来传输数据，以达到增强数据传输性能的目的。主动式标签可以被设置为睡眠模式，在这个模式下，所需要的能量很少，但是不能传输数据。当接收到一个指定的信号时，主动式标签被唤醒，这时就能够发送数据。这样降低了电池的消耗，延长了电池的使用寿命。一些主动式标签还可以工作在两个不同的频率上，其中较低的频率仅用于接收模式，标签负责接收附近发射器发射的信号。当标签被唤醒后，工作在其中较高的频率上来传输数据。这种标签通常应用在大型集装箱码头，用来追踪一个集装箱从一个区域运转到另外一个区域。主动式标签也可以发射周期性的信号让读写器感应到它的存在，或者在移动的过程中发射信号，甚至还能发出电池电量不足警报。主动式标签的优点和缺点同半被动式标签相似，见表 3-5。

表 3-5 主动式标签的优点和缺点

优　　点	缺　　点
更大的读取范围(30m 以上)	会增加无线电噪声
减少从读写器接收的能量	更大的尺寸和重量
能够具有更大的内存,存储更多的数据	同被动式标签相比成本增加
可能具有环境传感器	电池寿命有限(2~7 年)
某些情况无需读写器就可以工作	电池对苛刻环境敏感

3.1.2 电子标签频率

电子标签还能够根据工作频率进行分类，其工作时使用的频率基本上可以分为4个主要范围：低频（Low frequency，30～300kHz）、高频（High frequency，3～30MHz）、超高频（Ultra high frequency，300MHz～3GHz）和微波（Microwave frequency，2.45GHz以上）。工作在不同频段上的标签相应地称为低频标签、高频标签、超高频标签和微波标签。典型的工作频率有125kHz、133kHz、13.56MHz、27.12MHz、433MHz、860～930MHz、2.45GHz和5.8GHz。

以上这些频谱范围都是ISM频段的一部分，电子标签可以设计为工作在其中任何一个频段上。电子标签所黏附的物体的材料和读取范围大小是选择频率的主要考虑因素。装有液体的容器能够吸收某一频段上的电磁波但是对其他频段的电磁波并无影响。

1. 低频标签

低频段电子标签，简称低频标签，其工作频率范围为30～300kHz，典型的工作频率有125kHz和134kHz（实际上是134.2kHz）。从1979年开始，这一频段的电子标签已经应用于动物追踪，并且是当前最为成熟的使用频段。全世界范围内的RFID应用都可以使用这个频段。低频标签一般为无源标签，通过近场电感耦合方式获取能量并与读写器进行通信。其工作能量通过电感耦合方式从读写器耦合线圈的辐射近场中获得。低频标签与读写器之间传送数据时，需要位于读写器天线辐射的近场区内。低频标签又是被动式标签（标签内没有电池和发射器），其读取范围较小，一般情况下读写距离小于1m。低频标签的典型应用有：动物识别、酒店门锁系统的应用、容器识别、自动加油系统的应用、工具识别、汽车防盗（内置电子标签的汽车钥匙）、无钥匙开门系统的应用、马拉松赛跑的应用、门禁和安全管理系统、自动停车场收费和车辆管理系统等。

低频标签的主要优势体现在：标签芯片一般采用普通的CMOS工艺，具有省电、廉价的特点；工作频率不受无线电频率管制约束；可以穿透水、有机组织、木材等；非常适合近距离的、低速度的、数据量要求较少的识别应用（例如动物识别）等。低频标签的劣势主要体现在：标签存储数据量较少；只能适合低速、近距离识别应用；与高频标签相比这种标签的天线通常是由铜线圈缠绕铁心数百圈构成。这种天线制作成本高，并且使用这种天线的标签比使用更高频率的天线的标签更加厚，标签天线匝数更多，成本更高一些。在所有的RFID频率中，低频标签的数据传输速率最低，通常存储数据量也很少。低频标签没有防碰撞能力，或者是防碰撞能力相当有限。因此，在读取区内同时读取多个标签是不可能的，或者说是非常困难的。但低频标签黏附在装有水、动物组织、金属、木材和液体的容器上时能够被轻易的读取到。

其中汽车工业是低频标签的最大用户，嵌入到汽车钥匙内的低频标签如图3-4所示。如在一个汽车点火系统中，低频标签被嵌入到启动钥匙内部。当那个钥匙启动汽车时，安装在钥匙槽旁的RFID读写器就会读取标签ID。如果标签ID时正确的，汽车就能够启动；如果标签ID是错误的或者标签不存在，汽车就不能启动。

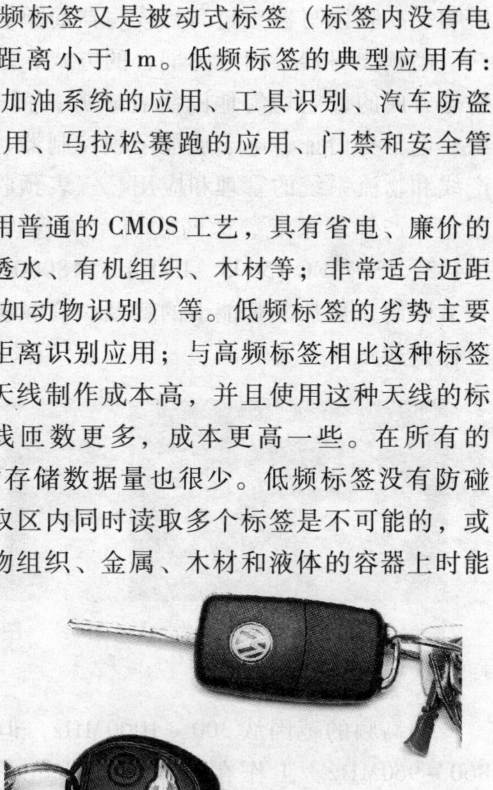

图3-4 嵌入到钥匙内的低频标签

2. 高频标签

高频段电子标签的工作频率范围一般为 3～30MHz。典型工作频率为 13.56MHz。高频标签的工作原理与低频标签完全相同，采用近场电感耦合方式工作，其工作频段又称为高频，所以也常将使用 13.56MHz 频率的标签和读写器一般称为高频标签和高频读写器。

高频标签一般也采用无源方式，其工作能量来源也是通过电感耦合方式从读写器耦合线圈的辐射近场中获得。标签与读写器进行数据交换时，必须位于读写器天线辐射的近场区内。高频标签也是被动式标签，一般情况下读取距离在 1m 之内（最大读取距离为 1.5m）。高频标准的基本特点与低频标准相似，由于其工作频率的提高，可以选用较高的数据传输速率。其天线的设计相对简单，一般制成标准卡片形状。高频标签的数据传输速率比超高频标签低，但是比低频标签要高。高频标签可以具有防碰撞能力，多个标签能够同时在读取区内读取。但因为高频标签和读写器的读取区很小，高频标签通常无需实现防碰撞功能，这样可以降低复杂度和成本。一些高频标签可以存储高达 4kbit 的数据。高频标签比超高频标签更加成熟，而且很多标准正在制定中。

高频标签天线通常采用铜、铝、或银线圈缠绕 3～7 圈制成。这种天线制作简单，使得高频标签通常都很薄，基本都是二维的。高频标签由于天线设计比低频标签更简单，所以成本更低。高频标签能够制成各种大小，有些标签直径小于 1.25cm。黏附在装有水、组织、金属、木柴和液体的物体上的高频标签能够被轻易地读取到，但是却会受到附近金属物质的影响。高频读写器比超高频读写器简单，成本也较低。

高频读写器采用电感耦合的方式，运用磁通量变化产生能量并与标签进行通信。磁通量是全方向的，它均匀地围绕着磁源，覆盖着整个区域。高频标签典型的应用包括：电子车票、电子身份证、电子遥控门锁控制器、图书管理系统的应用、瓦斯瓶的管理应用、服装生产线和物流系统的管理和应用、三表预收费系统、酒店门锁系统、大型会议人员通道系统、固定资产管理系统、医药物流系统管理、智能货架管理等。相关的国际标准有：ISO/IEC 14443、ISO/IEC 15693、ISO/IEC 18000-3（13.56MHz）等。由于高频频段在使用上并没有什么限制，再加上智能卡的普及，高频标签成为目前世界上使用范围最广的标签。典型的高频标签如图 3-5 所示。

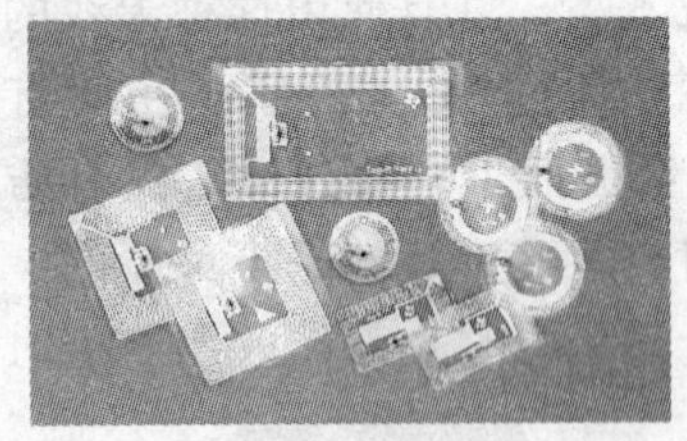

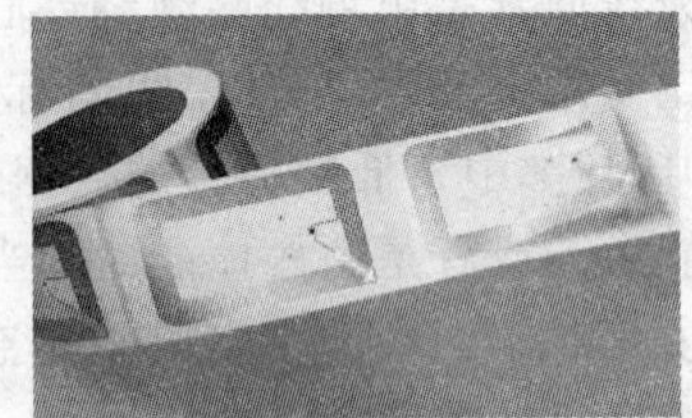

图 3-5 高频标签

3. 超高频标签

超高频的范围从 300～1000MHz，但只有两个频段为 RFID 所使用，分别是 433MHz 和 860～960MHz。工作在超高频段的电子标签，简称为超高频标签，其典型工作频率为：433.92MHz，862（902）～928MHz。

433MHz 频率用于主动式标签，而 860～960MHz 频段大部分用于被动式标签和一些半被动式标签。860～960MHz 这一频段常常可认为是一个单独的频率 900MHz 或者 915MHz。工作在这一频段的标签和读写器称为超高频标签和超高频读写器。虽然超高频读写器的成本通常比高频读写器高很多，但超高频标签正变得越来越经济。以目前技术水平来说，无源微波电子标签比较成功的产品相对集中在 902 ~ 928MHz 工作频段上。图 3-6 显示了一些超高频标签。

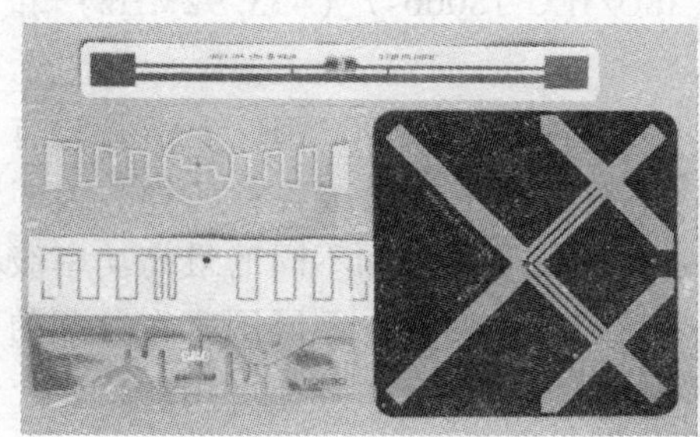

图 3-6 超高频标签

超高频标签可分为有源标签与无源标签两类。工作时，电子标签位于读写器天线辐射场的远场区内，标签与读写器之间的耦合方式为电磁耦合方式。读写器天线辐射场为无源标签提供射频能量，将有源标签唤醒。相应的 RFID 系统读取距离一般大于 1m，典型情况为 4 ~ 7m，最大可达 10m 以上。读写器天线一般均为定向天线，只有在读写器天线定向波束范围内的电子标签可被读/写。由于读取距离的增加，应用中有可能在读取区域中同时出现多个电子标签发生碰撞的情况，所有工作在超高频段的协议都具有某种类型的防碰撞能力，允许多个标签同时在读取区被读取。为超高频标签所设计的新 Gen 2 协议每秒钟能够读取数百个标签。

超高频标签的典型特点主要集中在是否无源、无线读写距离、是否支持多标签读写、是否适合高速识别应用、读写器的发射功率容限、电子标签及读写器的价格等方面。对于可无线读写的电子标签而言，通常情况下，写入距离要小于识别距离，其原因在于写入时要求更大的能量。

超高频标签的天线通常由铜、铝、或银冲压到基板上制成。它的有效长度为 16.5cm 左右，大约是 900MHz 电磁波波长的一半。虽然经过适当的设计，超高频天线的长度可以缩短，但最合适的天线的长度应该是载波波长的一半。超高频天线很细，容易制造，这使得超高频标签非常薄，少于 100μm，几乎是二维的。黏附在装有水和动物组织的物体上的超高频标签不能够被轻易地读取到，因为水会吸收超高频电磁波。当超高频标签附在金属物体上时会产生失谐。将超高频标签与金属材质或者液体物质分离将增强其性能。在读写器天线和超高频标签之间若有水或其他传导性的材料存在，超高频标签将无法读取。

超高频读写器采用电磁耦合方式与标签进行通信，当电磁波通过多个路径到达接收器时，电磁波的发射、衍射和折射将产生多径效应。一些从多径到达的信号削弱了原始的信号。这将在读取区内产生多变的信号强度。超高频标签在低信号点可能无法读取，这会导致随机的标签无法读取问题。超高频天线是方向性的，将会产生一个具有明确边界的读取区，尽管这个区域可能含有盲区。

超高频标签的数据存储容量一般限定在 2kbit 以内，再大的存储容量似乎没有太大的意义，从技术及应用的角度来说，微波电子标签并不适合作为大量数据的载体，其主要功能在于标识物品并完成无接触的识别过程。典型的数据容量指标有：1kbit、128bit、64bit 等，EPC 的容量为 90bit。

超高频标签的典型应用包括：集装箱运输管理、铁路包裹管理、制造自动化管理、航空包裹管理、仓储物流管理、移动车辆识别、电子身份证和电子防盗等。相关的国际标准有：ISO 10374—1994、ISO/IEC 18000-6（860 ~ 930MHz）、ISO/IEC 18000-7（433.92MHz）和 ANSI NCITS256-1999 等。

世界上不同地区的超高频频率和高频频段的规范并不是统一的，在 900MHz 上下并没有一个共同的频率为 RFID 所使用，这导致了允许的最高功率级别和工作负载各种各样。为了解决这个问题，Gen 2 协议被设计工作在 860 ~ 960MHz 之间的任何频段和不同的最高功率级别。一般将分配的频段分成几个更窄的频带，这些窄的频带被称为信道。不同国家在分配的频带内有不同数量的可用信道，规范要求读写器不能始终使用一个信道而是在可用的信道上伪随机地跳跃。

表 3-6 显示了分配的带宽大小、可允许的最高功率和在一些国家分配的信道的数量。有些国家使用有效等向辐射功率来衡量最高功率（EIRP），而其他国家则使用有效辐射功率（ERP）。

表 3-6 频率、功率和信道分配

地　区	频段大小/MHz	最高功率	信道数量
北美	902 ~ 928	4W EIRP	50
欧洲（302 ~ 208）	865 ~ 868	2W ERP	20
日本	950 ~ 956	4W EIRP	12
新加坡	866 ~ 869 923 ~ 925	0.5W ERP 2W ERP	10
韩国	908.5 ~ 914	2W ERP	20
澳大利亚	918 ~ 928	4W EIRP	16
阿根廷、巴西、秘鲁	902 ~ 928	4W EIRP	50
新西兰	864 ~ 929	0.5 ~ 4W EIRP	不定

4. 微波标签

微波频段从 1 ~ 10GHz，但 RFID 应用仅使用其中的两个频段：2.45GHz 和 5.8GHz。微波标签可以是被动式类型、半被动式的，还可以是主动式的类型。被动式和半被动式标签采用反向散射的方式与读写器进行通信，而主动式标签使用它本身的发射器进行通信。被动式微波标签通常比被动式超高频标签要小，它们具有相同的读取范围，大约为 5m。半被动式微波标签的读取范围为 30m 左右，但是主动式微波标签的读取范围可达 100m。被动式微波标签由于需求量不大，比被动式超高频标签价格要高，只有很少的制造商生产这种标签。目前，2.45GHz 和 5.8GHz 射频识别系统多以半无源微波电子标签产品面世。半无源标签一般采用钮扣电池供电，具有较远的读取距离。相关的国际标准有：ISO/IEC 18000-4（2.45GHz）、ISO/IEC 18000-5（5.8GHz）。

微波标签的天线是方向性的，有助于确定被动式和半被动式标签的读取区。由于微波波长更短，微波天线更容易设计成和金属物体一起发挥作用的形式。微波频段上的带宽更宽，同时跳频信道也更多。但是，在微波频段存在较多的干扰，原因在于很多家用设备，如无绳电话和微波炉，也使用这个频率。政府尚未就 RFID 微波频段的应用进行分配。半被动式 RFID 微波标签应用于车辆大范围的访问控制、舰艇识别和高速公路收费机，主动式微波标签应用于实时定位系统。图 3-7 给出了一个微波标签。

图 3-7 微波标签

不同频段电子标签的优缺点见表 3-7。

5. 标签通信方式

读写器和电子标签的通信可采用很多方式，这取决于标签的设计参数，比如工作频率和能量来源。被动式和半被动式超高频标签以及微波标签采用电磁耦合，被动式低频和高频标签采用电感耦合方式进行通信，主动式超高频和微波标签自身含有发射器。通信方式会影响标签的性能，决定最大的读取范围和在这个范围内的稳定性。

表 3-7 不同频段电子标签的优缺点

工作频段	优 点	缺 点
低频	标准的 CMOS 工艺，技术简单，可靠成熟，无频率限制	通信速率低，工作距离短（<10cm），天线尺寸大
高频	与标准 CMOS 工艺兼容，与 125kHz 频段相比有较高的通信速度和较远的工作距离	距离不够远（最大 75cm），天线尺寸大，受金属材料等的影响较大
超高频	工作距离长（大于 1m），天线尺寸小，可绕开障碍物，无需视距（LOS）通信，可定向识别	各国都有不同的频段的管制，对人体有伤害，发射功率受限制，受某些材料影响较大
微波	除具有超高频标签的特点外，还具有更高的带宽、更高的通信速率、更长的工作距离和更小的天线尺寸	共享此频段产品多，易受干扰，技术相对复杂，对人体有伤害，发射功率受限制

采用电感耦合方式的低频和高频标签利用磁通量变化给被动式标签提供能量并与它们通信，电感耦合的电磁通量强度与标签和天线的距离的六次方成反比，这使得电感耦合标签的读取范围都非常短。采用电磁耦合方式的超高频和微波标签利用电磁波提供电量给被动式标签并同它们进行通信，电磁耦合能提供比电感耦合更大的读取范围，这是因为电磁波的强度与天线和标签的距离的二次方成反比。电磁耦合标签在下行链路通信中采用调制反向散射方式。主动式标签利用指定频率上的无线电来发送数据，无论读写器存在与否，通常频率为 433MHz 或者 2.4GHz。主动式标签能够在它们的射频范围内发送/接收数据给/从其他的主动式标签。

3.1.3 只读标签与可读写标签

根据内部使用存储器类型的不同，电子标签可以分成只读标签与可读写标签。只读标签内部只有只读存储器（ROM）和随机存储器（RAM）。ROM 用于存储发射器操作系统说明和安全性要求较高的数据，它与内部的处理器或逻辑处理单元完成内部的操作控制功能，如响应延迟时间控制、数据流控制、电源开关控制等。

此外，只读标签的 ROM 中还存储有标签的标识信息，这些信息可以在标签制造过程中由制造商写入 ROM 中，也可以在标签开始使用时由使用者根据特定的应用目的写入特殊的编码信息。这种信息可以只简单地代表二进制中的“0”或者“1”，也可以像二维条码那样，包含复杂的相当丰富的信息。但这种信息只能是一次写入，多次读出。只读标签中的 RAM 用于存储标签响应和数据传输过程中临时产生的数据。另外，只读标签中除了 ROM 和 RAM 外，一般还有缓冲存储器，用于暂时存储调制后送往天线发送出去的信息。

可读写标签内部的存储器除了 ROM、RAM 和缓冲存储器之外，还有非活动可编程记忆存储器。这种存储器除了存储数据的功能外，还具有在适当的条件下允许多次写入数据的功能。非活动可编程记忆存储器有许多种，EEPROM（电可擦除可编程只读存储器）是比较常见的一种，这种存储器在加电的情况下，可以实现对原有数据的擦除以及数据的重新写入。

3.1.4 标识标签与便携式数据文件

根据标签中存储器数据存储能力的不同，可以把标签分成仅用于标识目的的标识标签与便携式数据文件两种。对于标识标签来说，一个数字或者多个数字字母字符串存储在标签中，为了识别的目的或者是进入信息管理系统中数据库的钥匙。条码技术中标准码制的号码，如：EAN/UPC 码或混合编码或使用者按照特别的方法编的号码，都可以存储在标识标签中。标识标签中存储的只是标识号码，用于对特定的标识项目，如人、物、地点进行标识，关于被标识项目的详细的特定的信息，只能在与系统相连接的数据库中进行查找。

便携式数据文件指标签中存储的数据非常大，可以看作是一个数据文件。这种标签一般都是用户可编程的，标签中除了存储标识码外，还存储有大量的被标识项目其他的相关信息，如包装说明、工艺过程说明等。在实际应用中，关于被标识项目所有的信息都是存储在标签中的，读标签就可以得到关于被标识项目的所有信息，而不用再连接到数据库进行信息读取。另外，随着标签存储能力的提高，在读取标签的过程中，可以根据特定的应用目的控制数据的读出，实现在不同的情况下读出不同的数据。

3.2 电子标签协议

1. 标签协议的概念

电子标签协议就是标签同读写器之间相互通信所采用语言的定义和语法，读写器和标签必须使用相同的协议才能进行通信。读写器可能具有多协议的能力，但在某一时刻只能使用一种协议，通常一个多协议的读写器被设置成单个协议，或者在几个协议之间循环使用。协议可能是由制造商或者是标准化组织设计的。制造商设计的协议一般都是私有的，对其他制造商来说并不可用；标准化组织设计的协议称为开放性协议，对所有的制造商来说都是可用的。因此，最好购买那些使用开放和通用协议的设备，从而增加设备的实用性和兼容性。电子标签协议定义了空中接口层——标签和读写器是如何使用电磁波进行通信的，它包括了工作的频率、发射功率级别、数据传输速率、信号调制、编码、数据结构、指令结构以及防碰撞算法。

2. 协议的种类

目前，电子标签协议主要分为私有协议和开放性协议。一些私有协议包括 Philips I-

Code、TI Tag-It、Alien EPC 等级 1、Matrics EPC 等级 0 以及 Intermec IntelliTag。开放性协议有 ISO/IEC 14443（A/B）、ISO/IEC 15693、ISO/IEC 18000-6（A/B）以及 EPCglobal 等级 1 Generation 2（Gen 2）。

3. Gen 2 协议

由 EPCglobal 开发，于 2004 年 12 月公布的 Gen 2 协议的全称为等级 1 Generation 2 超高频 RFID 协议，简称为 Gen 2、C1G2 或者是 Generation 2 协议。2005 年 3 月被递交到国际标准化组织（ISO）申请作为一个国际标准，2006 年 7 月，Gen 2 被正式批准为 ISO/IEC 18000-6C 标准。

Gen 2 协议的开发过程中涉及到超过 50 家来自不同国家的公司，该协议被设计成一个世界性标准而不考虑当地的超高频规范。Gen 2 协议被设计成为工作在频率 860～960MHz 频段和不同的功率级别和工作负载上。依照某国的超高频射频规范，人们设计了能够在该国使用的符合 Gen 2 标准的读写器。符合 Gen 2 标准的标签被设计成工作在 860～960MHz 的任何一个频率上，能够被任何一个国家的任何一个 Gen 2 读写器所读取。

Gen 2 是个开放性协议，使得在世界任何地方不同制造商设计制造的标签和读写器均具有互操作性。由于这个开放的全球性应用协议的实用性，目前大部分制造商都能生产满足 Gen 2 标准的读写器和电子标签。Gen 2 协议比原来协议的读写速率更快，在北美是每分钟 1600 个，在欧洲，由于其功率和频率受到限制，每分钟读取 600 个标签，同时也增加了安全措施。EPCglobal 提供了一个 Gen 2 标准一致性认证的规程，制造商们可以利用这个规程来判断产品是否符合 Gen 2 标准，通过认证的读写器能够读取具有 Gen 2 证书的其他制造商生产的电子标签。

3.3 电子标签和条形码

3.3.1 条形码介绍

条形码技术至今已有 50 多年的历史。从 20 世纪 40 年代由美国发起，70～80 年代在国际上得到了广泛的应用。条形码是由一组按一定编码规则排列的条、空符号，用以表示一定的字符、数字及符号组成的信息。条码系统是由条码符号设计、制作及扫描读取组成的自动识别系统，两种主要类型分别是线性条形码和二维条形码（矩阵式条形码），如图 3-8 所示。线性条形码用不同宽度的黑白条纹来对数字进行编码，而二维条形码使用黑白小块的二维数组来编码信息。扫描器用激光器读取编码在条形码中的信息并将信息提供给信息系统。条形码种类很多，常见的大概有二十多种码制，其中包括：Code39 条形码（标准 39 码）、Codebar 码（库德巴码）、Code25 条形码（标准 25 码）、ITF25 条码（交叉 25 码）、Matrix25 条码（矩阵 25 码）、UPC-A 条形码、UPC-E 条形码、EAN-13 条形码（EAN-13 国际商品条码）、EAN-8 条形码（EAN-8 国际商品条码）、中国邮政条形码（矩阵 25 码的一种变体）、Code-B 条形码、

图 3-8 一维条形码（左）和二维条形码（右）

MSI 条形码、、Code11 条形码、Code93 条形码、ISBN 条形码（非连续书刊用条码）、ISSN（连续刊物用条码）条形码、Code128 条形码（Code128 条形码包括 EAN128 码）Code39EMS（EMS 专用的 39 码）等一维条形码和 PDF417 二维条形码、QR 二维条形码、AZTEC 二维条形码等二维条形码。

一维条形码所携带的信息量有限，如商品上的条形码仅能容纳 13 位（EAN-13 码）阿拉伯数字，更多的信息只能依赖商品数据库的支持，离开了预先建立的数据库，这种条形码就没有意义了，因此在一定程度上也限制了条形码的应用范围。基于这个原因，在 20 世纪 90 年代发明了二维条形码。二维条形码除了具有一维条形码的优点外，同时还有信息量大、可靠性高、保密、防伪性强等优点。

二维条形码主要分为堆积或层排式和棋盘或矩阵式两大类。作为一种新的信息存储和传递技术，二维条形码从诞生之时就受到了国际社会的广泛关注。经过几年的努力，现已应用在国防、公共安全、交通运输、医疗保健、工业、商业、金融、海关及政府管理等多个领域。二维条形码依靠其庞大的信息携带量，能够把过去使用一维条形码时存储于后台数据库中的信息包含在条形码中，可以直接通过读取条形码得到相应的信息，并且二维条形码还有错误修正技术及防伪功能，增加了数据的安全性。二维条形码可把照片、指纹编制于其中，可有效地解决证件的可机读和防伪问题。

条形码可广泛应用于护照、身份证、行车证、军人证、健康证、保险卡等。美国亚利桑纳州等十多个州的驾驶证、美国军人证、军人医疗证等在几年前就已采用了 PDF417 技术。将证件上的个人信息及照片编在二维条形码中，不但可以实现身份证的自动识读，而且可以有效地防止伪冒证件事件发生。菲律宾、埃及、巴林等许多国家也已在身份证或驾驶证上采用了二维条形码，我国香港特区护照上也采用了二维条形码技术。另外在海关报关单、长途货运单、税务报表、保险登记表上也都有使用二维条形码技术来解决数据输入及防止伪造、删改表格的例子。在我国的烟草行业管理以及汽车合格证上也采用了 PDF417 二维和 QR 二维条形码。表 3-8 给出了条形码的组成部分及其说明。

表 3-8 条形码的组成部分及其说明

条	条码中对光的反射率低的部分，一般为黑色
空	条码中对光的反射率高的部分，一般为白色
空白区域	为保证条码正常识读而在条码两端保留的与空同色的区域
起始符	位于条码起始位置，表示条码开始的一个特殊的条码字符
终止符	位于条码终止位置，表示条码结束的一个特殊的条码字符
校验位	用于检验条码准确性的一个条码字符，根据条码所表示的字符信息按一定的校验规则生成，一般位于终止符前
单元	条码符中一个颜色相同的宽度范围。一个单元由一个或多个模块组成
模块	组成条码的最基本的单位

3.3.2 两者对比

第 1 章中提及的所有自动识别技术中，条形码和电子标签是最接近的。下面对这两项技术进行比较，以帮助理解其相对优缺点。

条形码是迄今为止最经济、实用的一种自动识别技术。条形码技术具有以下几个方面的优点：

1）输入速度快：与键盘输入相比，条形码输入的速度是键盘输入的5倍，并且能实现即时数据输入。

2）可靠性高：键盘输入数据出错率为1/300，利用光学字符识别技术出错率为1/10000，而采用条形码技术误码率低于百万分之一。

3）采集信息量大：利用传统的一维条形码一次可采集几十位字符的信息，二维条形码更可以携带数千个字符的信息，并有一定的自动纠错能力。

4）灵活实用：条形码标识既可以作为一种识别手段单独使用，也可以和有关识别设备组成一个系统实现自动化识别，还可以和其他控制设备联接起来实现自动化管理。

5）另外，条形码标签易于制作，对设备和材料没有特殊要求，识别设备操作容易，不需要特殊培训，且设备也相对便宜。

从概念上来说，电子标签和条形码很相似，目的都是快速准确地确认追踪目标物体。与传统条形码识别技术相比，电子标签具有以下优势：

1）快速扫描：条形码一次只能有一个条形码受到扫描，RFID读写器能够同时识别多个电子标签。

2）体积小型化、形状多样化：电子标签在读取上并不受到尺寸大小与形状的限制，不需要为了读取精确度而配合纸张的固定尺寸和印刷品质。此外，电子标签更适宜于往小型化与多样形态发展，以应用于不同产品。

3）抗污染能力和耐久性：传统条形码的载体是纸张，因此容易受到污染，但电子标签对水、油和化学药品等物质有很强的抵抗性。此外，由于条形码是附在塑料袋或外包装纸箱上，所以特别容易受到折损；电子标签是将数据存在芯片中，因此可以避免受污损。

4）可重复使用：现今的条形码印刷上去之后就无法更改，电子标签则可以重复地新增、修改、删除电子标签内存储的数据，方便信息的更新。

5）穿透性和无障碍读取：在被覆盖的情况下，电子标签能够透过纸张、木材和塑料等非金属或非透明的材质，并能够进行穿透性通信。而条形码扫描机必须在近距离而且没有物体阻挡的情况下，才可以辨识条形码。

6）数据的记忆容量大：一维条形码的容量是50B，二维条形码最大的容量可储存3000B，而电子标签能够达到MB级别。随着记忆载体的发展，数据容量也有不断扩大的趋势。

7）安全性：由于电子标签所承载的是电子信息，其数据内容可经由密码保护，使其内容不易被伪造及变造。相对而言电子标签的数据保密要安全得多。

电子标签和条形码技术是两个不同的技术，尽管有时候也会存在重叠，但具有不同的应用领域。两者之间最大的区别在于：条形码需要视距，但是RFID不需要。所谓视距是特定传输系统的一个特性，例如激光、微波和红外系统等，在发送者和接受者之间的直接路径上不存在障碍物。条形码的扫描器必须“看到”条形码读取信息，但是RFID读写器尽管看不到电子标签也可以对其进行信息的读取。为正确读取信息，条形码还要求与读写器之间有合适的方向。电子标签则不要求其具体方向，只要在读写器的作用范围内都可以被读取。条形码还有其他的缺点。如果标签被撕掉或者弄脏，货物就无法被扫描了。标准的条形码只能识别制造商和产品，而无法识别单独的货物。比如说，一个果汁盒上的条形码与其他任何同种类的果汁盒上的条形码相同，这样就无法鉴别哪一盒会最先过保质期。很多人认为电子标签会取代条形码，但是还需要花上几年的时间，因为条形码是一项成熟的技术，并且就目前而言，相对于电子标签，实现条形码的花费是相当低廉的。表 3-9 总结了电子标签和条形码的优点和缺点。

表 3-9 电子标签和条形码的优缺点比较

电子标签	条形码
无需视距	需要视距
惟一识别货物、箱子、托盘等	只能识别货物的种类
货物与读写器之间的方向不重要	需要合适的方向
同步一次性识别	一次只能扫描一个货物
动态的读写容量	没有写的能力，静态信息
在恶劣环境下亦可使用	弄脏了就难以读取
更大的数据存储容量	较小的数据储存容量
世界范围的标准仍在制定中	世界范围的标准已经制定好
较昂贵：0.1 美元，还有贴标签的花费	生产较廉价：0.001 美元或以下
需要两步操作：标签的创建和标签的粘贴	只需一步操作：生产时可以很容易地打印在盒子上

3.4 电子标签的组成和制造

电子标签通常由三个部分组成：芯片（IC）、天线和底层，如图 3-9 所示。标签制造商并没有能力制造所有的部分，IC 通常由半导体制造商设计和完成，而天线一般是由标签制造商设计和完成的。标签通常有很多不同的大小和设计，并能够根据实际应用进行定制。因为定制标签成本较高，一般情况下最好采用传统的标签，除非需要的标签数量非常巨大。

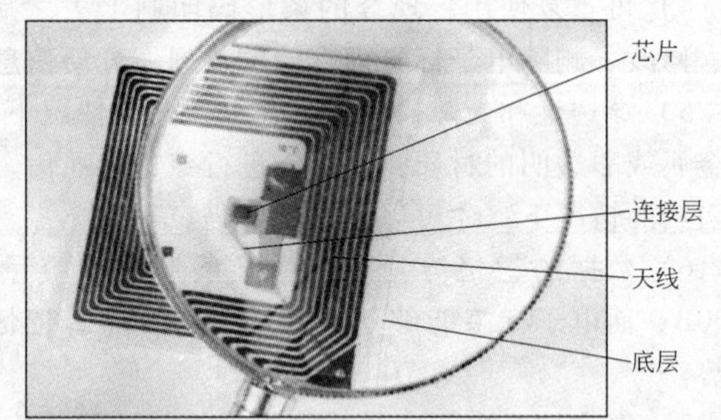

图 3-9 电子标签的组成和结构

典型的电子标签电路如图 3-10 所示，由以下几部分组成：天线、模拟电路、数字电路及存储器（数字芯片）组成。

电子标签中的天线用于接收读写器的射频能量和相关的指令信息，发射携带有标签信息的反射信号。电子标签中的模拟电路主要包括检波电路和调制电路。检波电路可将标签天线接收到的高频电磁能量转换为可以供其他电路工作所需的直流电源。有时检波电路之前要加匹配网络，以保证标签天线与检波电路之间的良好匹配。电子标签中的调制电路可以把存储在电子标签内部的被识别物体的相关数据信息调制到反射的电磁波上，从而实现电子标签到读写器的数据传输。

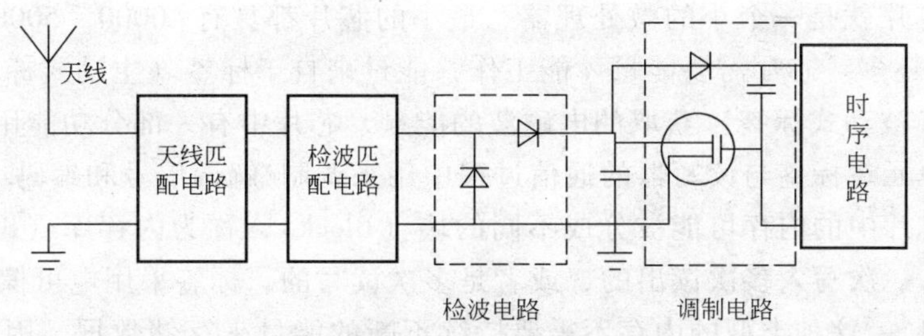

图 3-10 电子标签的基本组成

电子标签内的数字芯片由数字电路及存储器组成。这一部分被称作电子标签的大脑中枢，用于存储被识别物体的信息内容，并可在外部供电的情况下，通过对读写器发出的相关指令信息的判断，做出必要的数据处理及输出相关的数据信息。

3.4.1 芯片及其设计

1. RFID 芯片

电子标签一般所使用的主要芯片分为通用芯片和专用芯片两大类。所谓通用芯片，就是普通的集成电路芯片。其出厂时就有两种供货形式，一是封装成集成电路直接提供给最终用户使用，二是以裸芯片的形式提供给电子标签生产厂商封装成电子标签。裸芯片几乎没有安全性设计，也不完全符合目前电子标签的国际标准，但因其开发使用简单、价格便宜，比较适合于初期的对安全性要求不高的电子标签应用。所谓专用芯片，就是专为电子标签而设计、制造的芯片，这种芯片符合目前 IC 卡的 ISO 国际标准，具有较高的安全性。

电子标签所使用的专用芯片一般分为存储器芯片和微处理器芯片两大类。存储卡使用存储器芯片作为卡芯；智能卡则使用微处理器芯片作为卡芯。电子标签常用的存储器芯片种类及特性见表 3-10，微处理器芯片种类及特性见表 3-11。

表 3-10 电子标签的存储器芯片种类及特性

存储器类型	特 征
只读存储器(ROM)	只读存储器，一次写入后不可更改或删除，一般由芯片制造商进行掩膜写入信息，价格便宜，适合于大量的应用
随机存储器(RAM)	随机存取存储器，掉电后信息丢失，卡片上需电源，一般和其他种类的存储器共同使用，作为信息处理时的临时存储
可编程存储器(Programmable ROM)	一次编程多次读出存储器，可由用户编程写入应用信息，价格较便宜适合于较大量的应用
可擦写可编程存储器(Erasable PROM)	可在紫外线擦除之后写入信息。目前，在电子标签中已经很少应用
电可擦写可编程存储器(Electronically EPROM)	目前在 IC 卡上应用得最多

表 3-11 电子标签的微控器芯片种类及特性

微控制器芯片类型	特 性
带加密运算的微控制器(MPU + CAU)	逻辑控制、管理功能、加密和解密等运算功能
不带加密运算的微控制器(MPU)	逻辑控制、管理等功能

实际上，芯片就是一个小的微处理器。最小的芯片都具有40000~50000个晶体管，比早期的IBM PC还多。芯片需要能量才能工作，能量来自于标签（主动式标签）上的电池或者是通过天线（被动式标签）获取的电磁波的能量，芯片中有一部分功能用于控制能量。

处理逻辑单元在标签与读写器的通信过程中用来调制/解调信号和编码/解码数字位，完成通信协议。芯片中的内存可能被分成不同的块（Block），称为内存库（Bank）。块的类型可能是只读的，一次写入多次读出的，或者是多次读写的。标签采用电可擦写可编程只读存储器（EEPROM）。这种类型的内存不需要持续不断的能量来存储数据。因此，数据在标签中能够存储相当长的时间（几年），甚至在这段时间中标签不需要任何能量。芯片中存储着标签ID、物品标识符、密码和校验码。

芯片是在晶圆的基础上制造的，其主要成分是石英砂。最初晶圆的直径只有1in，现在晶圆的直径已经可以到达12in。晶圆直径越大，一次在其上可以制成的芯片越多，意味着芯片的成本越低。芯片的制造需要无尘环境，生产出来的芯片还要经过独立的测试以保证功能上的可靠性。随着半导体技术不断进步，芯片变得越来越小，芯片越小，成本就越低，所需要的能量就越少，使得被动式标签的读取范围大大增加。

晶圆上的芯片需要进行切割分离，然后附上天线。随着芯片尺寸的减小就需要更精确的设备用来连接芯片和天线，这使得封装标签的成本增加了。考虑到电子标签和计算机的紧密相关性及低电压技术用于电子标签上的可靠性等问题，目前市场上推出的电子标签芯片还没有低电压芯片。由于低电压、低功耗芯片非常适合于电子标签应用，随着半导体技术的发展和电子标签应用领域的逐步扩大，低电压芯片必将成为电子标签的主要芯片。

由于电子标签的应用要求有较高的安全性，用于电子标签的芯片比普通芯片在安全方面有较多的考虑。例如，防止用扫描高频电子显微镜对存储器进行读取，防止用户再次激活测试功能等。此外，用于电子标签的芯片还具有较高的抗干扰能力。目前，国际上许多较有影响的IC芯片制造商致力于电子标签芯片的制造，主要公司有：美国TI、Catalyst、MOTOROLA、ATMEL等公司；日本NEC、OKI、Toshiba、Hitachi等公司；欧洲Philips、Siemens、SGS等公司。

2. 芯片设计

不同频段标签芯片的基本结构类似，一般都包含射频前端、模拟前端、数字基带和存储器单元等模块。其中，射频前端模块主要用于对射频信号进行整流和反射调制；模拟前端模块主要用于产生芯片内所需的基准电源和系统时钟，进行上电复位等；数字基带模块主要用于对数字信号进行编解码以及进行防碰撞协议的处理等；存储器单元模块用于信息存储。

目前，发达国家在多种频段都实现了电子标签芯片的批量生产，模拟前端多采用了低功耗技术，无源微波电子标签的工作距离可以超过1m，无源超高频电子标签的工作距离可以达到5m以上，功耗可以做到几个微瓦，批量成本大约十美分。

电子标签的通信标准是标签芯片设计的依据，目前国际标准出现了融合的趋势，ISO/IEC 15693标准已经成为ISO/IEC 18000-3标准的一部分，EPC GEN2标准也已经启动向ISO/IEC 18000-6 Part C标准的转化。

我国在LF和HF频段电子标签芯片设计方面的技术比较成熟，HF频段方面的设计技术接近国际先进水平，已经能够自主开发出符合ISO/IEC 14443 Type A、Type B和ISO/IEC 15693标准的RFID芯片，并成功地应用于交通一卡通和我国第二代身份证等项目，与国际主要的差距存在于片上天线与芯片的集成上，目前国内还没有相应的产品应用。国内在UHF和微波频段的标签芯片设计方面起步较晚，目前已经掌握UHF频段电子标签芯片的设计技术，部分公司和研究机构已经研发出标签芯片的样片，但尚未实现量产。国内在UHF频段读写器RF芯片和系统芯片（SOC）的设计方面也具有一定的基础，但产品仍主要依赖进口。在微波频段，国内在公路不停车收费项目中有部分应用，相对于国外的技术水平，这个频段国内的研究还处于起步阶段，尚无相应产品。

与国际先进水平相比，我国在RFID芯片设计方面的主要差距如下：

1）国外在RFID芯片设计方面起步较早，并申请了许多技术专利，而国内起步相对较晚，尤其在UHF及微波频段的RFID芯片设计方面的基础比较薄弱，取得的自主知识产权较少；同时，一些目前广泛采用的RFID标准中包含了国外的技术要求及专利，在实现这些标准过程中有可能触及一些国外已有的技术及专利；

2）在存储器方面，发达国家已经开始采用标准CMOS工艺设计非挥发存储器，使得电子标签芯片的所有模块有可能在标准CMOS工艺下制作完成，以降低生产成本，而国内目前仍主要采用传统的OTP工艺或EEPROM工艺，关于标准CMOS工艺下的非挥发存储器的研究刚刚开始；

3）在超低功耗模拟电路研究方面，国内研究较少，而这方面的设计将直接影响到芯片的读取距离和整体性能；

4）电子标签对成本比较敏感，芯片设计需要在模拟电路和数模混合电路设计方面具有丰富经验的专业人才，而国内目前从事射频识别芯片设计的人才较少，技术力量相对薄弱。

3.4.2 标签天线的选择与配置

本节讨论的天线类型是标签上的天线而非读写器上的天线。天线连接在芯片上，是标签中最大的一个部分。天线的几何形状决定了标签工作的频率。尽管标签可能使用独一无二的芯片，但是天线的多样性使得标签能够具有不同的属性和特性。天线能够被铸造成螺旋形线圈、单偶极子、双偶极子或者折叠偶极子。这些基本的类型在天线的形状设计中变化是非常大的，这取决于应用中的指定需求以及设计者的能力。天线被设计成一个指定的工作频率，然后根据封装金属的属性进行调谐。指定的工作频率决定了天线的长度，但是实际上天线的长度能够因为采用创造性的天线设计而减短。就如上文所提到的，天线是标签中最大的组成成分，它决定了标签的物理参数。

天线是一种能将接收到的电磁波转换为电流信号，或者将电流信号转换为电磁波的装置。读写器必须通过天线来发射能量，形成电磁场，通过电磁场来对标签进行识别。因此，天线所形成的电磁场的范围就是RFID系统的可读区域。任一射频系统至少应包含一根天线（不管是内置还是外置）以发射和接收射频信号，有些射频系统是由一根天线来同时完成发射和接收的；而另一些则由一根天线来完成发射而另一根天线来承担接收，所采用的天线形式和数量应视具体情况而定。

天线是电子标签和读写器的空中接口，不管是何种电子标签读写设备均少不了天线或耦合线圈。根据RFID系统的基本工作原理，电子标签与读写器之间的天线耦合分为两种模式，即电感耦合模式（变压器模型）和反向散射耦合模式（雷达模型），分别适用于低频与微波频段的RFID应用，如图3-11所示。

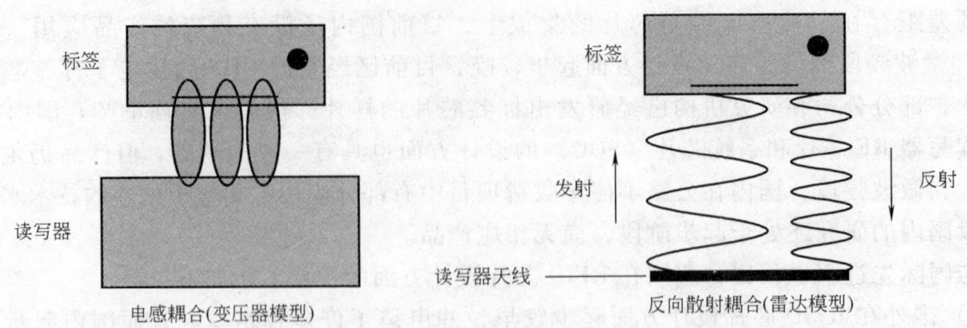

图 3-11　电子标签天线耦合模式

在 RFID 系统中，工作频率到微波波段的时候，天线与标签芯片之间的匹配问题变得更加严峻。采用天线的目标是传输最大的能量进入标签芯片。这需要仔细设计天线与自由空间以及和其相连的标签芯片的匹配。在 435MHz、2.45GHz 和 5.8GHz 频段，电子标签的天线必须满足以下的条件：体积足够小，可以嵌入到本来就很小的电子标签上；有全向或半球覆盖的方向性；给标签提供能量，并能够提供最大可能的信号给标签的芯片；无论标签处于什么方向上，天线的极化都能与读写器的查询信号相匹配；具有鲁棒性；作为损耗部件的一部分，天线的价格必须非常便宜。

天线有两种使用方式，第一种方式是贴有电子标签的物品被放在仓库中，通过便携装置，可能是手持式设备，查询所有的物品，并且需要电子标签给予反馈信息；第二种方式是在仓库的门口安装 RFID 读写设备，查询并记录进出物品。在选择天线时，主要考虑的是：天线的类型、天线的阻抗、应用到物品上的 RF 性能、在有其他的物品围绕被贴标签物品时的射频性能。具体来说，天线的选择需要考虑如下因素：

1. 可选的天线

在使用 435MHz、2.45GHz 和 5.8GHz 频率的 RFID 系统时，可选的天线有几种。这样的天线增益是有限的，增益大小影响天线的作用距离，取决于辐射模式的类型，全向天线具有峰值增益 0～2dBi；方向性天线的增益可以达到 6dBi。

2. 阻抗问题

为了实现最大功率传输，天线之后的芯片输入阻抗必须与天线的输出阻抗相匹配。几十年来，设计的天线都要求与 50Ω 或 75Ω 的阻抗相匹配，但是设计的天线可能具有其他的特性阻抗。例如，一个缝隙天线可以设计成为具有几百欧的阻抗。一个折叠偶极子的阻抗可以是一个标准半波偶极子阻抗的 20 倍。印刷贴片天线的引出点能够提供一个很宽范围的阻抗（通常是 40～100Ω）。

需要选择合适的天线类型，以便天线的阻抗能够与自由空间和标签芯片的输入阻抗相匹配。另一个问题是其他的与天线接近的物体可以改变天线的返回损耗。这个影响对于全向天线，如双偶极子天线是显著的。物体的介电常数会改变谐振频率，可以调整天线的设计，使它与接近物体的情况相匹配。但是天线周围的参数对于不同的物体和不同的距离不同。应该避免在电子标签中使用全向天线，选用具有更少辐射模式并且返回损耗的干扰小的方向性天线。

3. 辐射模式

在一个无反射的环境中测试天线的模式，包括了各种需要贴标签的物体，在使用全向天线的时候性能严重下降。圆柱金属所引起的性能下降是最严重的，在它与天线距离50mm的时候，返回的信号下降大于20dB。天线与物体的中心距离达到100~150mm的时候，返回信号下降约10~12dB。在与天线距离100mm的情况下，测量水（塑料和玻璃）产生的影响，返回信号衰减大于10dB。

4. 局部结构的影响

在使用手持设备的时候，附近的其他物体将会使得读写器天线和标签天线的辐射模式严重失真。如在一个典型RFID应用环境下，2.45GHz的工作频率下，相比较自由空间，返回信号衰减了10dB。在仓库的使用环境下，几个标签贴在一个盒子上可以确保任何时候都有一个标签是可以看见的。

5. 距离

RFID天线的增益和是否使用有源的标签芯片将影响系统的使用距离。在电磁场的辐射强度符合相关标准时，工作于2.45GHz的无源情况下，全波整流，驱动电压不大于3V，优化的RFID天线阻抗环境（阻抗200或300Ω），使用距离大约是1m，作用距离随着频率升高而下降。如果使用有源芯片，作用距离可以达到5~110m。

6. 方向性

由于RFID系统中电子标签的方向性是不可控的，一般读写器的天线必须是圆极化的。相应的可选的标签天线有偶极子、折合阵子、阵子、微带天线和对数螺旋等。前三类天线是线极化的，微带天线可以是圆极化的，对数螺旋天线只能是圆极化的，见表3-12。

表3-12 几种可选的电子标签天线

天　　线	模式类型	自由空间带宽(%)	尺寸/波长	阻抗/Ω
偶极子	全向	10~15	0.5	50~80
折合阵子	全向	15~20	0.5×0.5	100~300
阵子	方向性	10~15	0.5×0.5×0.1	50~100
微带天线	方向性	2~3	0.5×0.5	30~100
对数螺旋	方向性	100	0.3(高)×0.25(底半径)	50~100

考虑到天线的阻抗、辐射模式、局部结构、作用距离等因素的影响，为了以最大功率传输，电子标签芯片的输入阻抗必须与天线的输出阻抗相匹配。因此，在电子标签中不应该使用全向天线，而应该使用方向性天线，因为它具有更少的辐射模式和更少的返回损耗干扰。

3.4.3 连接层

在标签内的天线是与芯片连接在一起的，这个连接通常是标签中“最弱的连接”。这个连接层的好坏对标签的质量和耐久性影响非常大，就算连接层没有损坏，也有可能因老化而降低标签可用的能量或者降低返回标签信号的强度。不断的热量循环或者腐蚀的环境都能够降低连接层的质量，而劣质的连接层意味着标签性能不佳。在标签的制作或者使用过程中不断地弯曲标签则会使连接层变得脆弱甚至断裂。为了减少标签弯曲所带来的损害，标签制造商通常都会规定一个最小的标签弯曲角度。

3.4.4 底层

底层将标签与其他所有的部件结合在一起。先将天线冲压或印刷在底层上，然后将芯片附在天线上。底层通常是由柔软的材料制成，如纤薄的塑料，但有时候也用一些刚硬的材料。大部分被动式标签使用的底层是由柔软材料制成的，厚度为100~200μm。底层材料必须能够承受复杂多变的周围环境的考验，有些底层的使用材料是聚合体、聚氯乙烯、聚对苯二甲酸乙二醇酯（PET）、酚醛塑料、聚酯、苯乙烯甚至是纸。底层材料需要提供平滑的印刷表面用于天线设计以及复杂多变的工作环境下的耐久性和稳定性，并且还需要保护天线、芯片以及连接层。热量、潮湿、振动、化学物质、阳光直晒、磨损和腐蚀这些都是影响底层的环境因素。底层材料可能还会影响到天线的设计频率，因此，在天线的调谐过程中要考虑到底层材料的影响。

底层的一面通常涂上粘性材料以用来把标签贴到物体上，这种粘性材料必须能够承受适当的环境。有些时候，在标签的表面会覆盖一层保护性的膜，用来减少环境的影响。

3.4.5 电子标签的封装

为了保护标签芯片与天线，也为了方便用户使用，电子标签需要使用某种材料进行封装。根据应用的不同特点和使用环境，电子标签往往采用不同的封装形式和封装材质。标签制造的过程包括：半导体的设计和制造、射频电路的设计、印制电路的制造以及商标的印刷和制造。

1. 术语介绍

下面介绍芯片贴、Inlay和智能标签这三个标签封装中常用的术语。

（1）芯片贴

制造标签的时候，芯片是和天线连接在一起的。芯片非常小，大约0.25mm²，它有2个连接点，在连接到天线的时候必须放置精准。由于芯片的尺寸太小，将其连接到天线是十分困难的，需要使用精确且昂贵的设备，同时还需要高速操作细小组件的专业技术。大多数标签制造商不具备这种技术和设备，为了克服这个困难，芯片制造商将导电薄膜垫粘在芯片的每个连接点上。这些薄膜垫比芯片更大，提供了更大的区域用于连接天线。这个部件包括导电薄膜垫和芯片一起称为“芯片贴”，如图3-12所示。

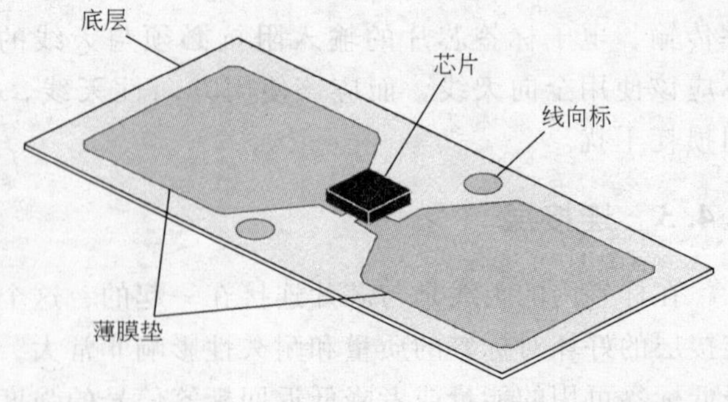

图3-12 “芯片贴”部件

（2）Inlay

Inlay（嵌体）是一种电子装置，其中的核心是IC芯片封装成“模块”后，由铜线绕制成天线再与模块导通脚连结成的一个闭合电路，并且嵌入在PVC材料中。这个由模块、铜线完成的闭合电路，对应于ISO/IEC 14443的13.56MHz频率，主要用于制成PVC卡片。Inlay本质上是一个完整的标签，通常被嵌入到商标里。Inlay包括芯片、天线和基板。通常基板上没有粘合剂。Inlay 常常被供应给商标生产商，用于加入 RFID 功能到商标上。Inlay 连续性的形状有助于高速的设备装配标签，如图 3-13 所示。

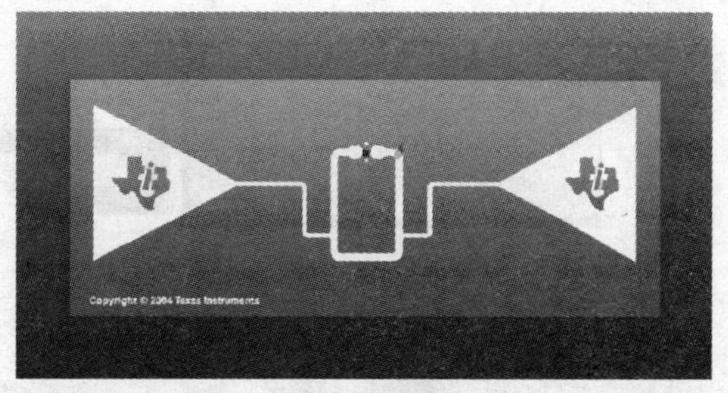

图 3-13　Inlay 模型

如同任何其他电子装置一样，它也会因为不正确的装配、机械损伤或者静电放电等而导致不合格。在 Inlay 和智能标签的制作过程中，Inlay 的转轴在高速下不停地开口和闭合，这样将产生静电放电，会严重损害 Inlay 内的芯片。静电的放电量取决于线圈的速度和张力。Inlay 制造商推荐在 Inlay 的高速操作中使用静电放电消电离设备。

（3）智能标签

智能标签由不同类型材料的几个薄片层构成，其中 Inlay 就是嵌入到这些层当中，如图 3-14 所示。条形码和一些文本信息通常会打印在智能标签表面，用来识别已经编码到 Inlay 内的数字信息。

智能标签有不同的大小，主要取决于封装的材料以及不同类型的标签封装到里面。智能标签提供逻辑信息用于供应链上货物的装卸。它允许在存储有当前条形码和人工识别的同时进行射频识别。智能标签提供了一种简单的方式来完成供应链中的 RFID 系统，可以同时满足 RFID 技术需求者和条形码技术需求者。

图 3-14　智能标签

虽然这些年来智能标签的质量和性能大大提升了，但是当中也会存在着一些有缺陷的标签。智能标签同样受到在运输、存储和使用中产生的静电放电的影响。在智能标签的编码和使用过程中，有缺陷的标签必须被标识出来并丢弃，不然会导致在一些应用中出现问题。

2. 标签封装形式

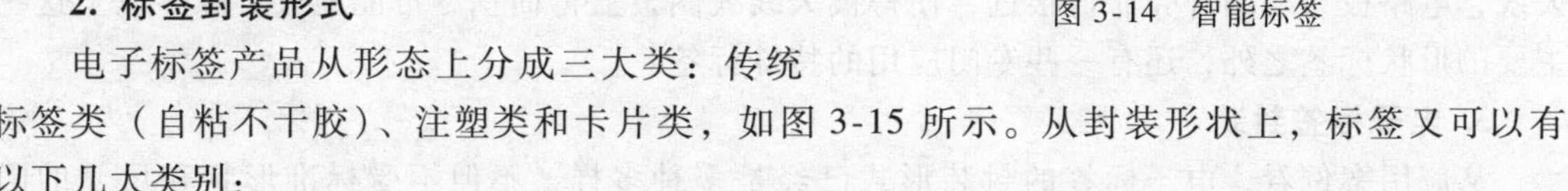

电子标签产品从形态上分成三大类：传统标签类（自粘不干胶）、注塑类和卡片类，如图 3-15 所示。从封装形状上，标签又可以有以下几大类别：

1）信用卡标签。信用卡标签是电子标签的常见形式，其大小等同于信用卡，厚度一般不超过 3mm。

2）线形标签。常见的线形标签包括物流线形标签和车辆用线形标签。物流线形标签主要应用于供应链管理、配送中心、产品仓库、集装箱运输、货物跟踪等领域。车辆用线形标签主要是为了加强车辆在高速行驶中的识别能力，提高识别距离和准确度，其主要是将电子标签封装成特殊的车用电子标签，固定在车架上。这种标签适用于集装箱等大型货车的识别。

3）盘形标签。盘形标签是最常见的电子标签。标签放置在一个圆形的丙烯脂丁二烯苯乙烯喷铸的外壳里，直径从几 mm 到 10cm。在中心处大多有一个用于固定螺钉的圆孔。

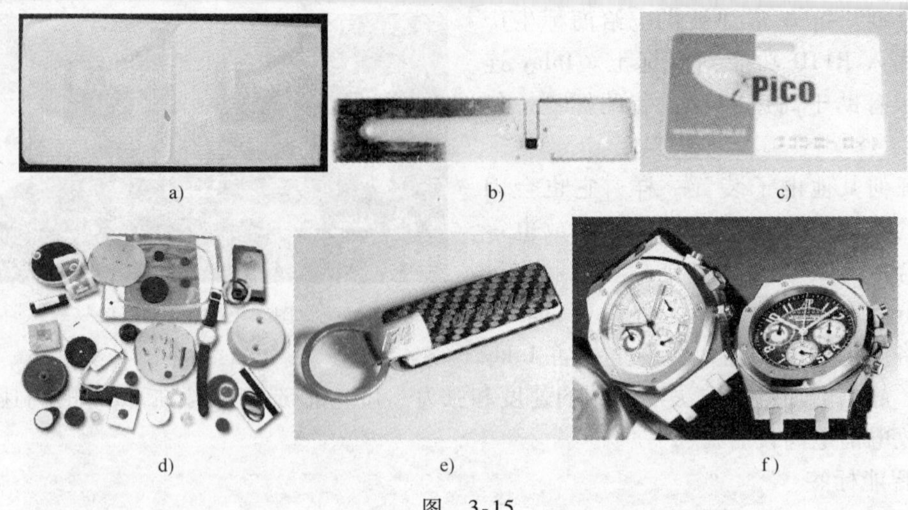

图 3-15
a）纸标签 b）玻璃标签 c）信用卡标签 d）圆形标签
e）钥匙扣形标签 f）手表形标签

也可以使用聚苯乙烯或者环氧树脂代替丙烯脂丁二烯苯乙烯，前者适用于更大的温度范围。

4）自粘标签。自粘标签既薄又灵活，可被理解为一种薄膜型构造的标签，通过丝网印刷或蚀刻技术将标签安放在只有0.1mm厚的塑料薄膜上。这种薄膜往往与一层纸胶粘合在一起，并在背后涂上粘结剂。具有自粘能力的电子标签可以方便地附着在需识别的物品上，可以做成具有一次性粘贴或者可以多次粘贴的形式，这主要取决于具体应用的不同需求。

5）钥匙扣形标签。标签也可以集成到用于自动停车的号码器或安全要求很高的门锁系统的机械钥匙种。这些应用通常都是塑料外壳的，它们被浇注或嵌入到钥匙扣里。

6）手表形标签。手表形标签具有携带方便、美观实用的特点，一般用于门禁、娱乐等射频识别系统中。其一般的形式是：手表内有一个印在一块薄电路板上并有少量匝数的框形天线，电路板与线圈外壳靠得很近，使得被天线线圈覆盖得面积尽可能地大。除了以上这些主要的形状标签之外，还有一些专门应用的特殊标签。

3. 电子标签封装

从应用案例看，电子标签的封装形式已经是多种多样，不但不受标准形状和尺寸的限制，而且其构成也是千差万别，甚至需要根据各种不同要求进行特殊的设计。电子标签所标识的对象是人、动物和物品，其构成当然就会千差万别。目前小的甚至使用颗粒级芯片制成、包括天线在内也只有0.4mm×0.4mm的大小；存储容量从64~200bit的只读ID号的小容量型到可存储数万bit数据的大容量型（例如EEPROM 32kbit）；封装材质从不干胶到开模具注塑成型的塑料。根据实际要求来设计电子标签时要发挥想象力和创造力，灵活地采用切合实际的方案。

封装环节主要包括三个方面：天线基板的制作，Inlay的制作（一次封装）和基板上涂覆绝缘膜、冲裁（二次封装）。

（1）天线基板的制作

天线通常是用细小的金属条制成，如铜、铝、银。这些金属条以很高的速度冲压到基板，然后再把芯片附在天线上。可以采用三种不同的方法：铜蚀刻、箔冲压，丝网印刷。丝网印刷是这三种方法中最快也是最便宜的，但是用这种方法制作的天线比用其他两种方法制作的天线更低效。由于很多电子标签是嵌入到商标上的，而商标制作的专门技术是印刷，因此采用内含铜、镍或碳的传导墨的丝网印刷天线将降低电子标签制造过程中的成本，同时还能够与商标的制造过程相结合。

（2） Inlay 的制作

一次封装是将带有天线的基板和芯片通过点胶的方式制成 Inlay 的过程。RFID 标签的封装环节主要体现在天线基板与芯片的互连上。因 RFID 标签芯片微小超薄，采用的方法是倒装芯片（Flip Chip）技术，自动化的流水线均选用从卷到卷的生产方式，工艺过程包括基板进料、上胶、芯片翻转贴装、热压固化、测试、基板收料等流程。具有高性能、低成本、微型化、高可靠性的特点。但是工艺设备昂贵，一般需要借助国外厂商的设备才能进行。为了适应更小尺寸的 RFID 芯片，有效降低生产成本，将芯片与天线基板的键合封装分为两个模块完成是目前发展的趋势。其中一种具体做法是：大尺寸的天线基板和连接芯片的小块基板分别制造，在小块基板上完成芯片贴装和互连后，再与大尺寸天线基板通过大焊盘的粘连完成电路导通。该方法由独立的可精密定位的芯片转移设备将芯片置于载带构成芯片模块，再将芯片模块转移至天线基板上，其优点是两次转移可独立并行执行。另一种与上述将封装过程分两个模块类似的方法是将芯片先转移至可等间距承载芯片的载带上，再将载带上的芯片倒装贴在天线基板。该方法中，芯片的倒装是靠载带翻卷的方式来实现的，简化了芯片的拾取操作，提高了生产效率。

（3） 基板上涂覆绝缘膜、冲裁（二次封装）

传统的自粘不干胶电子标签用标签复合设备完成封装加工过程。标签结构由面层、Inlay 层、胶层、底层组成。面层可以用纸、PP、PET 作覆盖材料（印刷或不印刷）等多种材质作为产品表面，应用涂布设备将冷凝胶涂到 Inlay 层上，再加上塑料材质的底层，就形成电路带保护的标签，再刷上胶，与离型纸相结合，就形成了成卷不干胶电子标签，再经过膜切等工序，就形成了单个不干胶电子标签。

注塑类和卡片类标签相似于传统的制卡工艺即成卷 Inlay 表面涂光油，通过与印刷好的上下底料相结合，形成大张的成品标签卡，再通过印刷、层压、冲切等形成符合 ISO-7810 卡片标准尺寸，也可按需加工成其他形状。

无论采用哪种形态的电子标签，其在一次封装的工艺是基本类似的，所不同的外在形态主要是在二次封装的环节上，采用不同的封装工艺，用户可以根据不同的用途和各自项目的要求进行相应的封装工艺选择。图 3-16 显示了一些封装好的电子标签的模型。

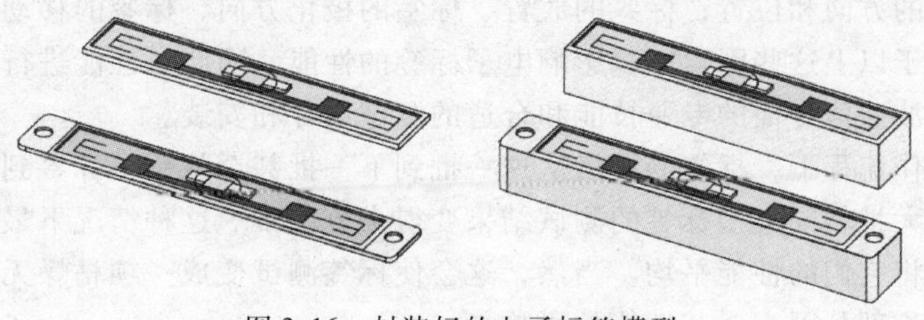

图 3-16　封装好的电子标签模型

3.4.6 电子标签的写入

电子标签读写装置的基本功能是无接触读取电子标签中的数据信息。从功能角度来说，单纯实现无接触读取电子标签信息的设备称为读写器、读出装置、扫描器等。单纯实现向电子标签内存中写入信息的设备称为编程器、写入器等。综合具有无接触读取与写入电子标签内存信息的设备称为读写器、通信器等。电子标签信息的写入方式大致可以分为以下三种类型：

1）电子标签在出厂时，即已将完整的标签信息写入标签。这种情况下，应用过程中，电子标签一般具有只读功能。只读标签信息的写入，在更多的情况下是在电子标签芯片的生产过程中将标签信息写入芯片，使得每一个电子标签都拥有一个惟一的标识 ID（如 64bit）。应用中，需再建立标签惟一 ID 与待识别物品的标识信息之间的对应关系（如车牌号）。只读标签信息的写入也有在应用之前，由专用的初始化设备将完整的标签信息写入。

2）电子标签信息的写入采用有线接触方式来实现，一般称这种标签信息写入装置为编程器。这种接触式的电子标签信息写入方式通常具有多次改写的能力。例如，目前在用的铁路货车电子标签信息的写入即为这种方式。标签在完成信息写入后，通常需将写入口密闭起来，以满足应用中对其防潮、防水、防污等要求。

3）电子标签在出厂后，允许用户通过专用设备以无接触的方式向电子标签中写入数据信息。这种专用写入功能通常与电子标签读取功能结合在一起形成电子标签读写器。具有无线写入功能的电子标签通常也具有其惟一的不可改写的 ID。这种功能的电子标签趋向于一种通用电子标签，应用中可根据实际需要仅对其 ID 进行读取或仅对指定的电子标签内存单元（一次读写的最小单位）进行读写。

应用中，还广泛存在着一次写入多次读出（Write Once Read Many，WORM）的电子标签。这种 WORM 的概念既包括接触式改写的电子标签，也包括无接触式改写的电子标签。WORM 标签一般大量用在一次性使用的场合，如航空行李标签、特殊身份证件标签等。无论是怎样的情况，对电子标签的写操作均应在一定的授权控制之下进行。否则，将失去电子标签标识物品的意义。

3.5 电子标签的性能

电子标签性能的测量使用许多不同的指标，包括读取速率、读取距离、读取一致性。这些指标受到以下因素的影响：标签的设计、标签制作过程中的质量控制、封装的材质、能量来源。电子标签的方向和位置；标签的放置、标签的极化方向、标签的移动速度。读取区的环境因素等。由于以上这些因素可以影响电子标签的性能，因此对性能进行衡量是十分困难的，需要有电磁波通信方面的专业技能和合适的测试设计和安装。

在当前的制作流程下，标签的质量从这一批到下一批甚至从一个标签到下一个都会发生变化，这使得一大批相同类型标签的测试结果变得十分困难。这种情况下最好的方式是测试多个标签，然后将它们的性能平均。当然，这会使标签测试变成一项枯燥无聊的资源密集型活动。下面将讨论部分因素对其性能的影响。

1. 能量来源

电子标签的供电来自于板载电池或者是外部的能量来源。外部的能量通常是通过磁通势或者无线电波释放的。磁通势产生出一个均衡的密度区域，使得标签能够在这个区域内持续不断地获得能量。超高频标签和微波标签使用无线电波产生一个射频信号区域，该区域内的射频信号会受到周边物体的反射波的影响。在这个区域场密度的变化是无法预测的，因此，根据标签在这个区域内的位置，标签有可能接收不到足够强的电磁波来驱动它本身。拥有板载电池的主动式标签发射的无线电波强度是固定的，除非电池电量降低。由于正常的电量消耗或者是由于低温，电池的功率也会下降。在零度以下的气温中，电池的效率会大大降低，这将导致主动式标签发射的信号强度偏低，而读写器可能接收不到足够强的信号使得标签无法读取。

2. 电子标签的方向和位置

电子标签相对于读写器天线的方向会影响到标签的性能。最好的标签方向是标签平面同读写器天线平面互相平行。在这个方向上标签能够吸收到最强的能量。当标签旋转一定角度后，对无线电波而言标签的有效区域面积就减少了，吸收的能量也就减少了。吸收的能量减少，标签的读取范围也就相应缩小了。

大多数被动式超高频标签都有单偶极子天线，沿着天线的南、北极点会有零点。当连接天线两极点的轴线与读写器天线的平面垂直时，这种类型的标签就不能够被读取。这种情况下可以采用以下两种措施来弥补：第一种方法是安装两个两者互相垂直的读写器天线，这样标签的天线轴线至少与读写器其中一个天线的平面不垂直；第二种方法是使用两个偶极子天线（双偶极子标签），两个天线相互垂直。这样，标签的两个天线中至少有一个的轴线不会与读写器天线平面垂直。

标签在读取区中的位置也会影响标签的性能。当标签背离读写器移动时，它接收到的能量越来越弱，反射的信号与原始信号互相干扰进一步减弱了标签可用的能量。在读取区的外部边缘，信号强度减弱到很低的程度以至于标签无法被驱动。

3. 标签的放置

标签放置在物体中的位置会影响到标签的性能。那些装有液体的产品，比如酒瓶、洗发水瓶、液态药品和绝大多数食物，当被动式超高频标签和微波标签用在这些产品上时，如何放置绝对是个很重要的考虑因素。超高频和微波频段上的电磁波会被液体吸收，为了能够读取到装有液体瓶子上的超高频标签，标签的放置就必须使得标签和液体之间留有气隙。可以设计标签的天线始终指向背离液体的方向，可以将液体包装起来，这样标签就能够远离液体。将被动式超高频标签附于物体上，最好的地方是在最远离内部液体的地方。标签的放置需要非常精确，精确度在几个毫米。当然，决定标签最佳放置位置的最好方式就是对各种各样的位置进行试验。

4. 标签堆跺

标签堆跺（Tag Stacking）情况发生在几个标签非常靠近，几乎位于同一方向的时候。比如当很多细小的物品贴上标签，然后共同装到箱子里的时候。在这种情况下，箱子前部的标签，离读写器天线比较近，吸收和反射了绝大多数的射频能量，这样箱子中间的标签接收的信号非常微弱，无法驱动标签，就无法被读取。为了避免这个问题，可以改变包裹的方式或者把箱子放置在许多与箱子成不同角度的天线中，然后翻转箱子。

5. 标签的极化方向

读写器天线被设计成线性极化或圆极化。线性极化天线能够安装在一个水平极化或垂直极化位置上，圆极化天线可以是右旋圆极化或者是左旋圆极化。对于一个线性极化天线来说，它的极化方向必须和标签的方向相吻合。处于水平位置的标签不能够被垂直极化天线读取，反之亦然。圆极化天线可以在任何方向上读取标签，但是前提是要消耗大量标签能量。圆极化天线将发射的能量分解成两个相互垂直的平面。因此，标签接收到圆极化天线的能量相对于接收到来自线性极化天线的能量来说只有一半，这样降低了标签的读取范围。获得标签方向性的同时也就损失了一些读取范围。

6. 标签的移动速度

标签通过读取区的速度会影响在一个特定时间段内（通常以秒衡量）读取标签的数量。一个标签在读取区消耗的时间称为停留时间，知道了读取区的大小以及标签通过的方向和速度，就可以计算出停留时间。读写器需要说明在一秒钟它能够读取的标签的数量。但是在使用中这个数量通常都不够准确，因为制造商并没有提供细节说明这个数量是如何计算出的。单独一个标签在读取区内假设每秒钟读取 1000 次，但是当大批的标签同时放到读取区内时，这个数量是无法衡量的。当超过一个标签在读取区内时，读写器在读取它们之前会使用防碰撞算法进行区分，防碰撞算法所需要的时间会随着区域内标签数量的增加而增加。因此，假设单独一个标签在读取区内每秒钟能读取 1000 次，而 200 个标签在区域内就不能够在 0.2s 内读取完，则需要更长的时间来读取这些数量的标签。决定一个读写器能够同时读取多少数量标签的最好方式是在工作环境下进行试验，这种试验必须是定义明确并可控制的。一旦对这个数字有了合理的估计并知道了停留时间和标签能够在区域内同时读取的最大数量，就能够判断是否能够读取所有的标签。

7. 环境因素

环境因素比如无线电干扰和湿气都会影响标签的性能。无线电干扰可能是持续的，也可能是随机的，其来源可能是内部也可能是外部。外部干扰常是因为设备的地理位置以及设备附近的众多其他无线电设备的影响。这种干扰是可以预测的但是不容易控制。可以围绕读取区内安装无线电能量屏蔽材料。内部干扰常因为装置不合理，或者是一些无线电设备的运转，或者因为附近物体的反射，合理的装置再加上调整有助于消除或减少这些内部干扰。随机发生的干扰是最不容易解决的，这需要仔细的研究，在消除它们之前需要多试验，错误在所难免。

空气中的湿气可能不会直接对电子标签的性能有影响。但是，当电子标签粘附到会吸收湿气的物体上时，标签的性能就可能会因为湿度而发生变化。冰冷的电子标签通过湿度高的区域时会产生水汽凝结，这会降低标签的性能。

8. 读取和写入

所有的标签在写入数据时都会比读取数据时需要更多的能量，有时候可能需要两倍的能量，这将缩小标签的写入区域范围。如果设置最大的读取范围为读取区的边界，在这个距离是无法写入标签的。必须设计写入数据的读写区，而这个区域与读取区域不同。读写器在写入数据到标签所需要的时间也比读取标签的时间要长。一个读写器每秒钟可能能够读取 1000 个标签，但是可能每秒钟只能写入 10 个标签。而且，当数据写入标签的时候可能正拿着标签贴着读写器，读写器可能每秒钟只能处理一个或两个标签。因此，标签写入设备在设计时需要特别考虑到读写速度的不同。

3.6　电子标签的发展趋势

在电子标签方面，芯片所需的功耗将更低，无源标签、半无源标签技术更趋于成熟。电子标签可能具有的发展趋势如下：

1）体积更小，在实际应用中，电子标签的体积一般都比被标记的商品小。这样可以用于体积非常小的商品以及其他一些特殊的应用场合。

2）作用距离更远，由于无源射频识别系统的距离限制主要是在电磁波束给标签能量的供应上，随着低功耗 IC 设计技术的发展，电子标签工作电压进一步降低，所需功耗可以小到小于 5μW 甚至更低的程度，这样使得无源系统的作用距离进一步加大。

3）标签存储容量更大，在一些需要存储大量数据的应用中，对电子标签的存储容量提出了更高的要求。不仅要求存储序列号等基本信息，还要能够存储被标识物品的相关信息。

4）标签成本更低，从电子标签的发展来看，电子标签特别是高频远距离电子标签在未来几年内将逐渐成熟，将具有广阔的市场前景。

5）处理时间缩短，目前的电子标签处理时间较长，还不能满足一些需要快速处理的环节。进一步缩短处理时间将是未来发展的趋势之一。

6）更适合于高速移动物体识别，对于高速移动的物体，需要提高电子标签和读写器之间的传输速率，以便高速物体的识别能在短时间内完成。

7）标签将具有自毁功能，为了保护隐私，在标签的设计寿命到期或者需要中止标签的使用时，读写器发送毁灭命令或者标签启动自毁功能。

8）标签将具有传感器功能，将标签和传感器相连，将大大扩展电子标签的功能和应用领域。

9）更高的智能性，更完善的加密功能。在对安全性要求较高的应用领域，需要对标签的数据进行严格的加密，对通信过程进行加密。这样，就需要智能性更强、加密特性更为完善的标签，使电子标签能够更好地隐藏自己的信息，防止数据未经授权就被获取。

10）更强的一致性。由于目前电子标签加工工艺的限制，电子标签制造的成品率和一致性并不令人满意。随着加工工艺的提高，电子标签的一致性将得到更大的提高。

11）无线可读写性能更加完善。为适应需要多次改写电子标签数据的场合，需要进一步完善电子标签的读写能力，使误码率进一步降低，使抗干扰性能达到指标要求。

12）生产工艺不断提高。为了降低标签天线的生产成本，人们开始研制新的天线印刷技术。其中，导电墨水的研制使一个新的发展方向，利用导电墨水，可以将 RFID 的天线以接近零的成本印刷到产品包装上。这种射频天线比传统的金属天线成本低、印刷速度快、节省空间，并利于环保。

13）快速多标签读写能力。在物流领域，经常会出现大量物品需要同时进行识别的情况，这就需要采用适合于多标签快速同时读写的系统通信协议，以便实现多标签快速读写。

14）强场强下的自我保护更完善。在读写器发射的电磁场范围内，电子标签离读写器有时候近，有时候远。在距离读写器近的情况下，电子标签就会处于非常强的能量场中，接收的电磁能量就会很强，会在电子标签上产生很大的电压。为了保护电子标签的芯片不受损害，就要加强电子标签在强场强中的自我保护能力。

3.7 本章小结

本章首先介绍了电子标签的概念，然后根据电子标签获取能量的方式、工作频率、内部使用的存储器的类型、标签中存储器的存储数据能力、标签所实现的功能详细介绍了电子标签的分类。其次，介绍了电子标签与条形码的不同点、电子标签的组成和制造以及电子标签的性能，最后介绍了电子标签的发展趋势。

参考文献

[1] 周小光，王小华. 射频识别（RFID）技术原理与应用实例［M］. 北京：人民邮电出版社，2006.

[2] 谭民，等. RFID技术系统工程及应用指南［M］. 北京：机械工业出版社，2007.

[3] 郎为民. 射频识别（RFID）技术原理与应用［M］. 北京：机械工业出版社，2006.

[4] Mark Brown, Sam Patadia, Sanjiv Dua, et al. Mike Meyers' Comptia RFID + Certification Passport［M］. McGraw-Hill Osborne Media, May 11, 2007.

[5] 佚名. RFID电子标签［OL］.［2007-7-9］http://blog.eccn.com/u/107545/archives/2007/1234.htm.

[6] 李澎. 不同用途电子标签封装工艺选择［J］. 中国自动识别技术，2006（02）：66-69.

[7] 饶元，陆淑敏，杨宝刚. 面向价值链的RFID体系架构与企业应用［M］. 北京：科学出版社. 2007.

第4章 RFID读写器

4.1 读写器概述

读写器是负责读取或写入电子标签信息的设备，可以是单独的个体，也可以嵌入到其他系统之中。读写器通过其天线与电子标签进行无线通信，可以实现对标签识别码和内存数据的读出或写入操作。读写器有时也称为阅读器（Reader）、查询器（Interrogator）、通信器（Communicator）、扫描器（Scanner）、编程器（Programmer）、读出装置（Reading Device）、便携式读出器（Portable Readout Device）、AEI设备（Automatic Equipment Identification Device）、识读器、读头等。以上名称起源于不同的功能或者应用场合以角度，本书为了简单起见，通称为读写器。

4.1.1 读写器的工作原理

读写器将要发送的信息，经编码后加载在某一频率的载波信号上经天线向外发送，进入读写器工作区域的电子标签接收此脉冲信号，有关电路对此信号进行解调、解码、解密，然后对命令请求、密码、权限等进行判断。若为读命令，控制逻辑电路则从存储器中读取有关信息，经加密、编码、调制后通过卡内天线再发送给读写器，读写器对接收到的信号进行解调、解码、解密后送至中央信息系统进行有关数据处理；若为修改信息的写命令，有关控制逻辑引起的内部电荷泵提升工作电压，对EEPROM中的内容进行改写，若经判断其对应的密码和权限不符，则返回出错信息。

读写器与电子标签之间的通信方式是通过无接触耦合，根据时序关系，实现能量传递和数据交换，见图3-10电子标签天线耦合模式，有以下两种通信方式：

1）电感耦合。变压器模型，通过空间高频交变磁场实现耦合，依据的是电磁感应定律。电感耦合方式一般适合于中、低频工作的近距离RFID系统。典型的工作频率有：125kHz、225kHz和13.56MHz。识别作用距离小于1m，典型作用距离为10～20cm。

2）电磁反向散射耦合。雷达原理模型，发射出去的电磁波碰到目标后反射，同时返回目标信息，依据的是电磁波的空间传播规律。电磁反向散射耦合方式一般适合于高频、微波工作的远距离RFID系统。典型的工作频率有：433MHz、915MHz、2.45GHz和5.8GHz。识别作用距离大于1m，典型作用距离为3～10m。

RFID读写器提供各电子标签和终端跟踪与管理系统之间的连接，它虽然可以采用各种不同尺寸的封装，但通常都很小，以便安装在三角架或墙上。另外根据不同的应用和工作条件可以使用多个读写器，以便完全覆盖规定的区域。例如在仓库中只有完全覆盖的读写器网络才能保证当所有货物在任意两点之间移动时，能够有100%的查询和记录。

在存在多个读写器和标签的情况下会发生碰撞，因为多个读写器发出查询也会有多个标签同时应答，有许多方法可以避免这个问题，最常用的方法就是采用某种时分复用算法。读写器可以设置在不同的时间查询，而标签也可以设置为经过一个随机的时间间隔后应答，也就是说要采用防碰撞算法。关于防碰撞算法在第 8 章中有详细介绍。读写器的接收范围受到很多因素的影响，如：电波频率、标签的尺寸形状、读写器的能量、金属物体的干扰和其他射频装置等。总的说来，低频被动式标签的接收距离在 30cm 以内，高频被动式标签的接收距离在 100cm 左右，超高频标签的接收距离在 250 ~ 610cm。对于使用电池的半主动式和主动式标签，读写器可以接收到 10m 甚至更远的信号。对于低频和高频射频，只要天线直径在 30cm 以内，如果标签和读写器天线的尺寸一样，接收距离就可以用天线的直径乘以 1.4 来计算。

4.1.2 读写器的功能和分类

1. 读写器的功能

读写器可将主机的读写命令传送到电子标签，再把从主机发往电子标签的数据加密，电子标签返回的数据经解密后送到主机。主机的数据交换与管理系统主要完成数据信息的存储及管理、对电子标签进行读写控制等。具体说来，读写器具有以下功能：

1）读写器与电子标签的通信功能。在规定的技术条件下读写器可与电子标签进行通信。

2）读写器与主机的通信功能。读写器可以通过标准接口如 RS232 等与主机网络连接。提供下列信息以实现多个读写器在系统网络中的运行：本读写器的识别码、本读写器读出电子标签信息的日期和时间、本读写器读出的电子标签的信息。

3）读写器能在读取区内查询多个标签，并能正确区分各个标签。

4）读写器可以对固定对象和移动对象进行识别。

5）读写器能够提示读写过程中发生了错误，并显示错误的相关信息。

6）对于有源标签，读写器能够读出有源标签的电池信息，如电池的总电量、剩余电量等。

综上所述，读写器的功能包括三个主要部分：第一部分是发送和接收功能，用来与标签和分离的单个物品进行通信；第二部分是对接收信息进行初始化处理；第三部分是连接服务器用来将信息传送到主机的数据交换与管理系统。

2. 读写器的分类

根据应用的不同，各种读写器在结构及制造形式上也是千差万别的。大致可以将读写器划分为以下几类：小型读写器、手持型读写器、面板型读写器、隧道型读写器以及出入通道型读写器和大型通道型读写器。

1）小型读写器。小型读写器的天线尺寸较小，其主要特征是通信距离短。因此适合应用在零售店等不能设置较大天线的场所用于逐件读取商品标签的地方。另外，专用集成基片是读写器的基本模块，也可用于与其他设备进行组合。

2）手持型读写器。手持型读写器是由操作人员手工读取 RFID 电子标签信息的设备。手持型读写器可在内部文件系统中记录所读取的电子标签信息，并在读取 RFID 电子标签信息的同时通过无线局域网等手段将接收到的信息发送给主机。手持型读写器中装有用于发射射频信号的电池，电池寿命也是使用中经常遇到的问题，为了延长使用寿命，此类设备的输出功率较低，通信距离也比较短。

3）平板型读写器。由于平板型读写器的天线大于小型读写器，因此通信距离比小型读写器长。此类读写器多用于运货托盘管理、工程管理等需要自动读取RFID电子标签的场合。

4）隧道型读写器。一般情况下，当RFID电子标签与读写器成90°时会出现读写困难。通道型读写器在内壁的不同方向设置了多个天线，从各个方向发射电波，因此能够正确读取通道内处于各种角度的电子标签。

5）出入通道型读写器和大型通道型读写器。当持有RFID电子标签的人员通过时，出入通道型读写器可以自动读取电子标签的信息。出入通道型读写器多用于考勤管理和防盗等用途。大型通道型读写器多用于自动读取贴有RFID电子标签的车辆或货物的信息。

以上是根据应用得到的读写器的分类，根据天线与读写器模块的分离与否，可以分为如下两种：分离式的读写器，如固定式读写器；集成式读写器，如便携式读写器。

（1）固定式读写器

固定式读写器是最常见的一种读写器。它是将射频控制器和高频接口封装在一个固定的外壳中构成的。有时，为了减小设备尺寸，降低设备制造成本，便于运输，也可以将天线和射频模块封装在一个外壳单元中，这样就构成了集成式读写器或者一体化读写器。包括：如前所述的标准架构的标准读写器；自带数据库的读写器内置了嵌入式的数据库管理系统；多天线的读写器连接了多个天线，可以通过空间方位配置，覆盖整个读取区域。

（2）便携式读写器

便携式读写器是适合于用户手持使用的RFID读写器，工作原理与其他读写器一样，一般由RFID读写器模块、天线和掌上电脑集成，并且采用可充电的电池来进行供电，其操作系统可采用Win CE或其他操作系统。根据使用环境的不同，可以具有其他一些特征，如防水、防尘等。一般附带有液晶显示屏，并配有键盘来进行操作和写入/读取数据，可以通过RS232接口或者其他无线接口实现与主机系统的通信，本身需要一定的数据存储能力。便携式读写器一般具有如下特点：自带电源、可在无供电设施的场合使用；内置天线；方便移动使用；远距离、全方位识别；操作简便，上电后即可工作。

（3）OEM模块

读写器在很多情况下，并不需要封装外壳，而作为其他设备的一个组成单元，只需要标准读写器前端的射频单元，后端的控制处理、输入输出模块可以适当简化，作为整个系统中的一个嵌入单元。为了将读写器集成到用户自己的数据操作终端、BDE终端、出入控制系统、收款系统及自动装置等，需要采用OEM读写器。OEM读写器是装在一个屏蔽的铁皮外壳中向用户供货的，或者也可以是以无外壳的插件板的方式供货。电子连接的形式大致有焊接端子、插接端子或螺钉旋接端子等。OEM读写器典型的技术指标如：供电电压为12V；天线是外部天线；天线连接采用BNC插孔，螺钉旋接端子连接或焊点连接；通信接口为RS232、RS485；通信协议有X-on/X-off、3964、ASCII；环境温度为0～50℃。

4.1.3 读写器的组成结构

一般来说，RFID读写器从物理上可以划分成硬件和软件两个部分，另外读写器也可以从功能上划分成四个逻辑组件，下面分别介绍。RFID读写器示意图如图4-1所示。

图 4-1 RFID 读写器示意图

1. 硬件部分

硬件的基本结构一般包括以下几个部分：控制模块、射频处理模块、天线及外围接口电路等，如图 4-2 所示。

(1) 控制模块

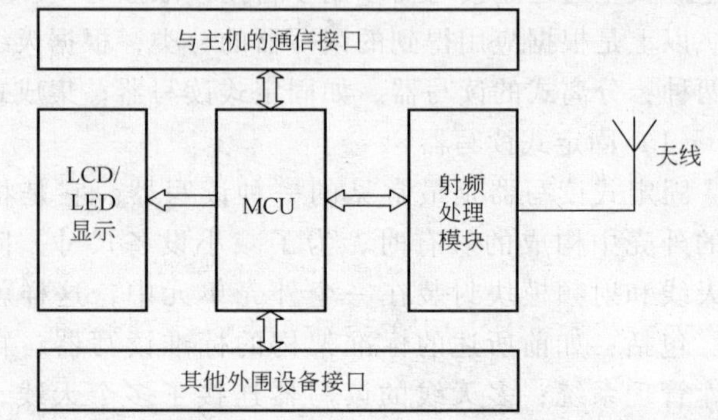

图 4-2 RFID 读写器基本结构图

控制模块或微控制器（Micro Controller Unit，MCU）的主要功能是：与应用系统软件进行通信；执行从应用系统软件发来的动作指令；控制与标签的通信过程；基带信号的编码与解码；执行防碰撞算法；对读写器和标签之间传送的数据进行加密和解密；进行读写器和电子标签之间的身份验证；对键盘、显示设备等其他外部设备的控制。其中最重要的是对射频读写芯片的控制操作，这种控制操作体现在以下三个方面：

1) 对射频读写芯片的电源控制。通过对射频读写部分的独立电源控制，用户可以在 MCU 中根据自己的需要选择或关闭射频读写功能。当应用系统有低功耗要求，不需要射频读写芯片一直工作时，这种控制方式是必不可少的。而且，通过 MCU 的供电控制，可以用软件方式实现射频读写芯片的上电复位。

2) MCU 通过数据线、地址线、控制线等并行控制接口与射频读写芯片连接，控制射频读写芯片的正常工作，实现与电子标签的通信。

3) 另外，主控 MCU 通过串行通信接口与 PC 方进行通信，方便用户将开发的应用程序载入到 MCU 中。同时，将主控 MCU 的剩余 I/O 口及中断引脚引出，供用户扩展使用。

(2) 射频处理模块

射频处理模块的主要功能是产生高频发射能量、激活电子标签并为其提供能量；对发射信号进行调制，用于将数据传输给电子标签；接收并解调来自电子标签的射频信号。射频处理模块负责射频信号的处理和数据的传输，完成对电子标签的读写。射频处理模块可以采用厂商提供的专用模块或射频读写芯片。射频读写芯片负责接收主控 MCU 的控制信息并完成与电子标签的通信操作，为了正常工作，射频读写芯片须选用合适的并行接口与 MCU 连接，而为了发送、接收稳定的高频信号，射频读写芯片要通过高频滤波电路与天线部分连接。

(3) 天线

天线是发射和接收射频载波信号的设备。在确定的工作频率和带宽条件下，天线发射由射频处理模块产生的射频载波，并接收从标签发射或反射回来的射频载波。天线的作用就是产生磁通量，为标签（无源）提供电源，在读写设备和标签之间传送信息。天线的有效电磁场范围就是系统的工作区域。天线包括线圈及匹配电路，这是读写模块实现射频通信必不可少的一部分。读写模块要依靠天线产生的磁通量为电子标签提供电源、在读写模块与电子标签之间传送信息。为使天线正常工作，天线的线圈要通过无源的匹配电路连接射频读写芯片的天线引脚。

（4）MCU与主机的通信接口以及键盘、LED/LCD显示等其他外部设备。

2. 软件部分

软件部分通常都是生产厂家在产品出厂时固化在读写器模块之中，负责对读写器接收到的指令进行响应和对电子标签发出相应的动作指令。在系统结构中，软件作为主动方对读写器发出各种指令，而读写器则作为从动方对软件的各种指令做出响应。读写器接收到软件的指令以后，根据指令的不同，对电子标签做出不同的动作，并与之建立通信关系。电子标签接收到读写器的指令，也对指令进行响应。在这个过程中，读写器变成了主动方，而电子标签则成为从动方。按照功能划分，软件部分一般包括以下三类。

1）控制软件：负责系统的控制和通信，控制天线发射的开、关，控制读写器的工作模式，完成与主机之间的数据传输和命令交换等功能。

2）导入软件：主要负责系统启动时导入相应的程序到指定的存储空间，然后执行导入程序。

3）解码器（软件）：负责将指令系统翻译成机器可以识别的命令，从而控制发送的信息，或者将收到的电磁波模拟信号解码成数字信号，进行数据解码、反碰撞处理等。

软件部分的主要功能是：通过对主控MCU的编程，控制射频读写芯片根据各种协议与电子标签进行通信，完成对电子标签的各种操作，并将有关操作以函数形式合理封装，供二次开发的用户调用。

3. 逻辑组件

RFID读写器可以从逻辑上划分成四个组件，分别用以完成不同的任务，如图4-3所示。

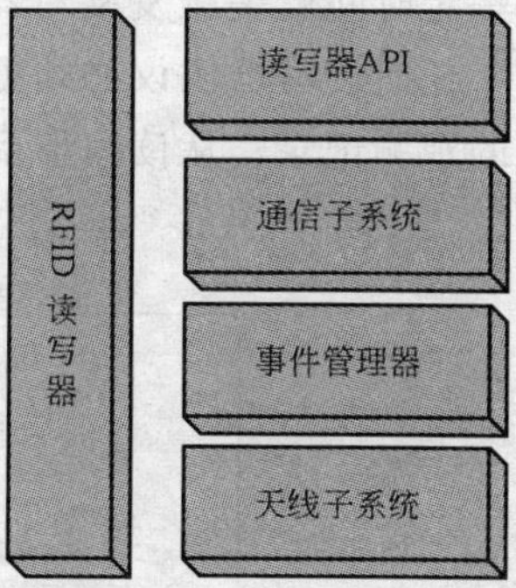

1）读写器API。每个读写器都提供了API（Application Program Interface，应用程序接口），允许应用程序查询电子标签的清单，监测读写器状态或控制功率级别和当前时间等参数的设置。这个组件的主要工作是向RFID中间件发送消息，并处理来自中间件的任何消息。

图4-3 读写器逻辑组件

2）通信子系统。通信子系统处理读写器与中间件通信时所采用的传输协议，实现蓝牙、以太网或用于发送和接收通过API消息的专用协议。

3）事件管理器。读写器感知到一个标签，称为一个观测结果，与过去的观测结果有区别的观测结果称为一个事件。事件管理器定义了哪种观测结果可以认为是事件，报告中应该包含哪种事件，或者立刻发送给网络中的应用程序，这个工作称为“事件过滤”。随着读写器的不断智能化，能够进行复杂的处理以减小网络流量。中间件中的事件管理器的某些组件正在和读写器中的事件管理组件相融合。

4）天线子系统。天线子系统由使用RFID读写器查询电子标签的接口和逻辑组件部分组成，并控制物理天线。这个组件用来实现电子标签协议，并与读写器上的射频电路一起实现空中接口。

4.1.4 读写器协议

读写器不仅要同电子标签进行通信，还必须同整个网络、应用程序、中间件进行通信。早期的标准化工作大多关注于标签和标签协议，现在则将重点转移到了读写器协议。随着采用 RFID 的企业越来越多，基于标准的 RFID 接口的巨大需求将不断推动着读写器的发展。理解这些协议将有助于配置中间件和应用程序，以及调试读写器和网络上的中间件或应用程序之间的通信。

1. 协议的组成部分

当前任何读写器协议都必须提供一定的功能，这些功能的集合表示了一种通用的结构，这种结构是所有读写器协议都必须遵循的。下面介绍和这些功能以及读写器协议基本结构相关的几个概念。

1）告警（Alert）。读写器发送给主机，表示读写器完好状态可能发生变化，或根据预先设定来更新发送包含一个读写器完好状态的信息。

2）命令（Command）。主机发送给读写器，引起读写器内部状态的变化或引起读写器的响应。

3）主机（Host）。与读写器通信的一个应用程序或中间件。

4）观测记录（Observation）。记录在某时、某地的某些值。例如，某个时刻冰箱内的温度，或某个仓库的货运站台号，在某年某月某日某时刻出现某个标志等。

5）传输（Transport）。一种通信机制，用于读写器与主机之间的通信。

6）触发（Trigger）。根据某种准则或依据进行判断，引起某种动作的发生。例如，每隔一定时间就去触发读写器进行读取，查看是否在读取范围内存在标签。

任何读写器协议必须处理 3 种主要的通信类型：从主机到读写器的命令；从读写器到主机的观测记录；从读写器到主机的告警，如图 4-4 所示。

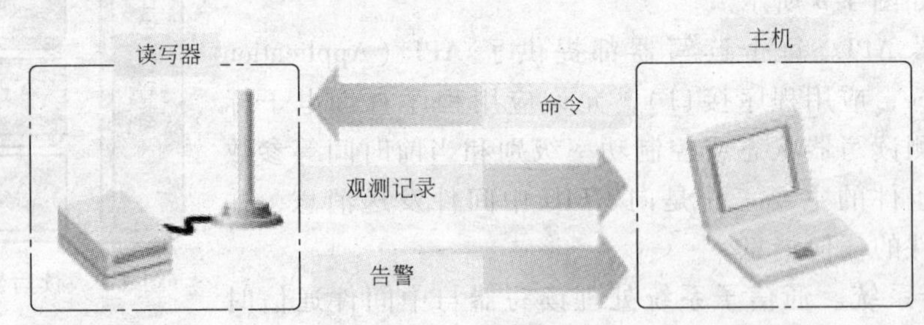

图 4-4 读写器与主机间的信息流向

虽然图 4-4 中只有一个读写器和一个主机，但理论上支持可以有多个读写器与多个主机通信，但是读写器协议仍趋向于限制一个读写器能与之通信的主机的数量，即只能与有限个主机通信，以提高网络的效率，简化协议的实现。反之，在这些协议中，主机都可以与任意数量的读写器通信。一般采用以下两种方式：

1）命令。主机向读写器发命令改变读写器的状态或使读写器做出反应。这些命令可分为以下3类：配置（Configuration）命令用于配置、设置读写器；观测（Observation）命令用于使读写器读取、写入或修改标签信息；触发（Trigger）命令用于为事件设置触发器，比如事件发生时进行读写或发出通知。

2）通知。一旦读写器得到一个观测记录或产生一个告警，它就必须向主机发出关于这些观测记录或告警的通知。这种通信可以是由读写器发起（异步通信）或是由主机的查询请求发起（同步通信）。

异步方式指读写器立即将观测记录和告警信息通知主机或者在触发器触发时才将通知发送给主机。如果让大量读写器向一个主机发送通知，可以是一个非常有效率并且容易扩大规模的方法，但是这种方法一旦遇到主机发生故障，就要解决如何处理故障的问题。在异步的方式下，有时候使用一种“存活（Keepalive）”特性，就是在读写器没有收到观测记录和无告警信息时，也会发出一个空的通知，表示读写器工作正常，这种空通知的频率比同步方式的查询频率低得多。

同步方式（查询）是指主机发送命令给读写器，请求进行读写，读写器将已经准备好的观测记录和告警信息发送给主机。读写器有一个准备发给主机的信息的列表用于响应主机的查询。这个过程是：由主机反复发出请求，读写器随着请求发出响应，这就是查询。查询方法容易实现，但也可能造成主机和读写器之间无用的开销。例如查询通知，很可能得到的是一个空表。而对于异步通信，只有在新的观测记录到达后才会产生通信。

2. 制造商协议

不同的RFID制造商开发了不同的读写器协议，但它们都有相同的基本功能。以下举2个简单的例子。

1）Alien Tech用交互模式和自治模式来称呼异步和同步通信这两种通信类型，但实际上，读写器和主机的工作步骤还是相同的。Alien读写器使用串口或Telnet会话（TCP）接收命令，某些配置命令也可以通过Web接口使用HTTP Get和Post命令提供（作为Web GUI用户接口实现）。Alien用电子邮件支持通知观测记录和告警信息（使用STMP），也可以使用串口。

中间件的实现还要考虑监视、管理、配置和替换读写器，以及读写器软件升级等问题。Alien为它们的读写器提供了管理控制台，但是不能管理其他制造商的读写器或其他类型的传感器。

2）Symbol Tech的读写器通过HTTP/TCP或串口接收命令，它支持制造商自己的字节流协议进行TCP或串口连接。同步方式传送通知成为“询问模式”，异步方式这里成为“预定/发布模式”。读写器支持简单网络管理协议（Simple Network Management Protocol，SNMP）用于告警和配置，支持以太网和串口传输。

3. SLRRP

SLRRP（Simple Lightweight RFID Reader Protocol，简单轻型RFID阅读器协议），又称“简单轻量级”的RFID读写器协议，是由Internat工程任务组提出的一个读写器协议草案。在SLRRP中有一个RFID读写器网络控制器（Reader Network Controller，RNC），它实现协议的主机部分功能并提供客户端接口用于连接客户端应用程序和中间件。该协议的目的是实现与ISO/IEC 18000和EPC读写器的互操作。如图4-5所示。

当前读写器协议的标准化方向是读写标签、配置读写器并监视读写器状态。未来的协议应该具有更多功能：如一个读写器出现故障时如何扩大其他有效读写器的读取范围，以使之仍旧覆盖整个区域；怎样集成其他周边设备，包括其他类型的传感器，以捕获更复杂的观测记录。未来协议最重要的特征是读写器可向网络自动注册，中间件能发现新的读写器，并配置它，而不需要知道加入网络的读写器的型号的厂商。该协议标准将更关注于由于读写器的大量部署产生的管理和操作问题。

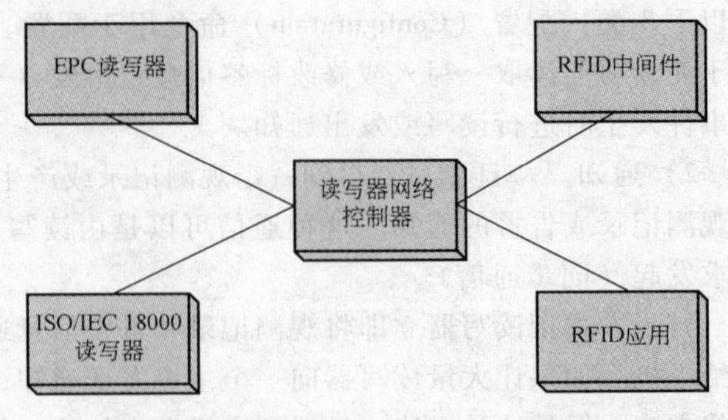

图 4-5 RNC 连接读写器和中间件

4.1.5 读写器的发展趋势

随着 RFID 技术的发展，RFID 系统的结构和性能也会不断提高，越来越多的应用对 RFID 系统的读写器提出了更高的要求。未来 RFID 读写器将会有以下特点。

1. 多功能

为了适应市场对 RFID 系统多样性和多功能的要求，读写器将集成更多更加方便实用的功能。另外，为了适应某些应用的方便，读写器将具有更多的智能性，具有一定的数据处理能力，可以按照一定的规则将应用系统处理程序下载到读写器中。这样，读写器就可以脱离中央处理计算机，做到脱机工作，完成门禁、报警等功能。

2. 小型化、便携式、嵌入式、模块化

小型化、便携式、嵌入式、接口模块化是读写器市场发展的一个必然趋势。随着 RFID 技术的应用不断增多，人们对读写器使用是否方便提出了更高的要求，这就要求不断采用新的技术来减小读写器的体积，使读写器携带方便，使用方便，易于与其他的系统进行连接，从而使得接口模块化。

3. 成本更低

相对来说，目前大规模的 RFID 应用的成本还是比较高的，随着市场的普及以及技术的发展，读写器以及整个 RFID 系统的应用成本将会越来越低，最终会实现所有需要识别和跟踪的物品都使用电子标签，未来读写器的价格将大幅降低。

4. 智能多天线端口

为了进一步满足市场需求和降低系统成本，读写器将会具有智能的多天线接口。这样，同一个读写器将按照一定的处理顺序，智能地打开和关闭不同的天线，使系统能够感知不同天线覆盖区域内的电子标签，增大系统覆盖范围。在某些特殊应用领域，未来也可能采用智能天线相位控制技术，使 RFID 系统具有空间感应能力。

5. 多种数据接口

由于 RFID 技术应用的不断扩展和应用领域的增加，需要系统能够提供多种不同形式的接口，如 RS232、RS422/RS485、USB、红外、以太网、韦根、无线网络接口以及其他各种自定义接口。

6. 多制式兼容

由于目前全球没有统一的 RFID 技术标准，各个厂家的系统互相不兼容，但是随着 RFID 技术的逐渐融合，以及市场竞争的需要，只要这些标签协议是公开的，或者是经过许可的，某些厂家的读写器将兼容多种不同制式的电子标签，以提高产品的应用适应能力和市场竞争力。

7. 多频段兼容

由于目前缺乏一个全球统一的 RFID 频率，不同国家和地区的 RFID 产品具有不同的频率。为了适应不同国家和地区的需要，读写器将朝着兼容多个频段，输出功率数字可控等方向发展。未来读写器将会支持多个频率点，能自动识别不同频率的标签信息。

8. 更多新技术的应用

RFID 系统的广泛应用和发展，必然会带来新技术的不断应用，使系统功能进一步完善。例如，为了适应目前频谱资源紧张的情况，将会采用智能信道分配技术、扩频技术、码分多址等新的技术手段。

4.2 读写器的设计

4.2.1 设计目标

通常情况下，RFID 读写器应根据电子标签的读写要求以及应用需求情况来设计。随着 RFID 技术的发展，读写器也形成了一些典型的系统实现模式。目前国际推动和制定 RFID 标准的各组织对于各频段的利用都有了基本相应的标准，以及这些频段的建议利用场合。因此，一个 RFID 系统应该根据使用的目的、使用的环境以及各种条件来进行设计。

读写频率是系统设计所要考虑的极其重要的目标之一，电子标签的工作频率很大程度上可以决定系统读写器的研制。此外，在 RFID 应用系统中，通过读写器实现的对电子标签数据的无接触收集或由读写器向电子标签中写入的标签信息均要返回到应用系统中或来自应用系统，这就形成了电子标签读写设备与应用系统程序之间的接口——API。一般情况下，要求读写器能够接收来自应用系统的命令，并且能够根据应用系统的命令或约定的协议做出相应的响应（返回收集到的标签数据等）。

读写器本身从电路实现角度来说，又可划分为两大部分，即：射频模块（射频通道）与基带模块。射频模块实现的功能主要有两项：第一项是将读写器欲发往电子标签的命令调制（装载）到射频信号（也称为读写器/电子标签的射频工作频率）上，经由发射天线发送出去。发送出去的射频信号（可能包含有传向标签的命令信息）经过空间传送（照射）到电子标签上，电子标签对照射到其上的射频信号做出响应，形成返回读写器天线的反射回波信号。射频模块的第二项功能即是实现将电子标签返回到读写器的回波信号进行必要的加工处理，并从中解调（卸载）提取出电子标签返回的数据。

基带模块实现的功能也包含两项：第一项是将读写器智能单元（通常为计算机单元 CPU 或 MCU）发出的命令编码（加工）实现为便于调制（装载）到射频信号上的编码调制信号。第二项任务即是实现对经过射频模块解调处理过的标签返回数据信号进行必要的处理（包含解码），并将处理后的结果送入读写器智能单元。

一般情况下，读写器的智能单元也划归基带模块部分。智能单元从原理上来说，是读写器的控制核心单元。从实现角度来说，通常采用嵌入式 MCU，并通过编制相应的 MCU 控制程序实现对收发信号的智能处理。

射频模块与基带模块的接口为调制（装载）/解调（卸载）。在系统实现中，通常射频模块包括调制/解调部分，并且也包括解调之后对回波信号的必要加工处理（如放大、整形）等。射频模块的收发分离是采用单天线系统时射频模块必须处理好的一个关键问题。

RFID 读写器在设计中也会面临一些难点，主要包括：

1）标准和频率较多，选择较为困难。每一个标准都对应一定的技术和产品，用户可以根据特定的应用和使用环境进行选择。例如：433MHz、860～930MHz 一般用于供应链管理，包括仓库管理、资产跟踪和存货清单控制，而微波 2.45GHz 和 5.8GHz 一般用于工业自动化和道路桥梁电子收费，以上这两个频段在金属和潮湿的环境中应用性能不是很好。而 135kHz 则在这种环境下应用较好，可用于动物识别和接入控制。

2）超高频段产品设计复杂，容易受环境影响，造价高。随着 RFID 技术不断普及和国际标准日趋完善，RFID 在物流上的应用越来越广泛。目前这种应用主要是托盘级，对应频段是 UHF，该频段对于环境中的一些因素比较敏感，例如：潮湿和金属。目前在低频和高频，半导体厂家都有对应的读写器芯片将标准和射频部分集成，客户可以比较轻松地进行个性化的读写器设计。但是在 UHF 频段，由于标准制定相对较晚，目前尚未有集成化的读写器芯片解决方案。主要的读写器都是由分立元件构成，读写器的稳定性还不够完善。

3）读写器的开发目前仍然是国外公司处于前列，国内的读写器开发厂商还比较落后。现在的读写器普遍要求具有部分计算机的功能，因此读写器中加入嵌入式操作系统已经成为技术发展的必然，读写器设计包含了射频技术、单片机软件技术、嵌入式操作系统技术和软件开发技术等，对设计研究人员的技术要求也较高。

4.2.2 硬件选择

在系统组成确定后，就需要考虑具体的硬件选择。如前所述，读写模块的硬件核心是射频读写芯片以及主控 MCU。读写器与电子标签的通信是通过读写器的射频模块进行，射频模块主要是一些滤波放大电路和天线，现在的射频模块都是集成在一块芯片模块上面。

1. 射频读写芯片

对于不同类型的电子标签，由于采用的通信协议不同，相应的射频读写芯片也不同。目前在我国的市场上，RFID 射频读写芯片主要的厂商有：我国的华虹、复旦微电子、荷兰 Philips、瑞士 LEGIC、法国意法半导体（ST）、日本索尼等公司，其中基于 Philips 公司 MIFARE 芯片的产品在市场上占有绝对的优势。

对于电子标签采用的不同工作频率，在不同的应用场合都有相应的标准，特别是中、低频段，读写器应该根据电子标签的工作频率对应的标准来进行设计。除非要开发新的系列的产品，读写器的射频模块一般直接采用市场上已有的技术成熟的芯片来实现，因此读写器的设计工作则变成了集中在控制模块设计上面，控制模块则主要是根据应用选择适合的微处理器（或微控制器），然后根据这些微处理器的功能以及系统的要求，结合射频模块的技术手册设计 RFID 读写器。

2. 嵌入式微处理器

不同的微处理器面向不同的应用领域，对于微处理器的选择应该参考 RFID 系统所要实现的功能来进行。微处理器的选择有 3 种：

1）嵌入式微处理器就是和通用计算机的微处理器对应的 CPU。在应用中，一般是将微处理器装配在专门设计的电路板上，在母板上只保留和嵌入式相关的功能即可，这样可以满足嵌入式系统体积小和功耗低的要求。目前的嵌入式处理器主要包括：PowerPC、Motorola 68000、ARM 系列等。

2）嵌入式微控制器又称为单片机，它将 CPU、存储器（少量的 RAM、ROM 或两者都有）和其他接口 I/O 封装在同一片集成电路里。常见的有 HOLTEK MCU 系列、Microchip MCU 系列及 8051 等。

3）嵌入式 DSP，专门用来处理对离散时间信号进行极快的计算，提高编译效率和执行速度。在数字滤波、快速傅里叶变换（Fast Fourier Transform，FFT）、频谱分析、图像处理的分析等领域。

4.2.3　软件选择

硬件的选择和连接是读写器设计的基础，软件才是真正控制整个读写器如何工作的核心。运行在读写器里面的软件不同于运行在上位机上的应用软件，这些软件基本上都是采用低层语言进行编写，比如 C 语言或者汇编语言，不过现在有不少很好的集成开发环境（Integrated Development，IDE），比如 Keil C51 等，采用这些 IDE 能提高软件的实现速度。运行于上位机上面的应用软件的设计和实现都相对较为简单，因为基本上都是采用高级语言进行编写。部分读写器厂商也提供了一些 RFID 读写器参考设计和开发套件用于支持客户的二次开发，这样可以加快进度并熟悉开发过程，如图 4-6 所示。

图 4-6　RFID 读写器开发套件

以下 3 节将从不同的微处理器出发，分别介绍基于 MCS 51 的读写器、基于 ARM 的读写器以及基于 DSP 的读写器。

4.3　基于 C51 读写器

C51 是指由美国 Intel 公司生产的一系列单片机的总称。这一系列单片机包括了很多类型，如 8031、8051、8751、8032、8052、8752 等。其中 8051 是最早最典型的产品，该系列其他单片机都是在 8051 的基础上进行功能的增、减、改变而来的，所以又称为 MCS 51

系列。

ATMEL 公司的 AT89S51 目前已经成为了实际应用市场上占有率第一的单片机，AT89S51 在工艺上进行了改进，采用 0.35μm 新工艺，成本降低，而且将功能提升，增加了竞争力。AT89S××可以向下兼容 AT89C××等 51 系列芯片。下面介绍基于 AT89S51 单片机和 MF RC500 射频读写芯片的 RFID 读写器。

4.3.1 AT89S51 单片机

AT89S51 是一款低功耗、高性能的 8 位单片机，片内含 4KB ISP（In-System Programmable，在系统可编程）的可反复擦写 1000 次的 Flash 存储器，器件采用 ATMEL 公司的高密度、非易失性存储技术制造，兼容标准 MCS 51 指令系统及 AT80C51 引脚结构。芯片内集成了通用 8 位中央处理器和 ISP Flash 存储单元，功能强大的微型计算机的 AT89S51 可为许多嵌入式控制应用系统提供高性价比的解决方案。AT89S51 芯片如图 4-7 所示。

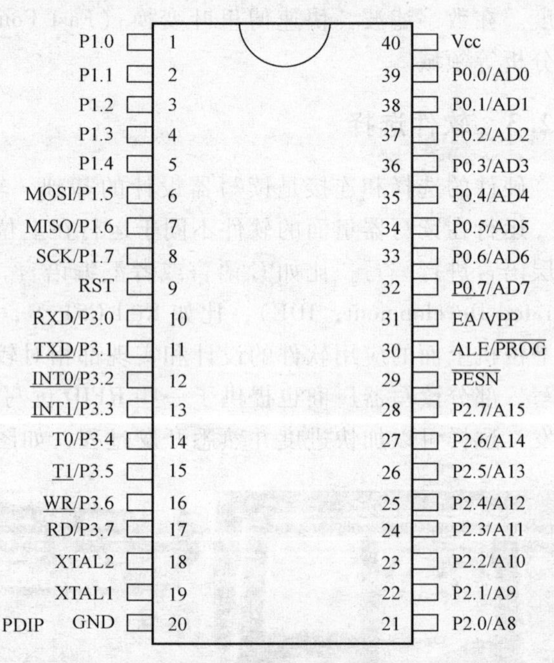

图 4-7 AT89S51 芯片

AT89S51 具有如下特点：40 个引脚，4KB Flash 片内程序存储器，128B 的随机存取数据存储器（RAM），32 个外部双向输入/输出（I/O）口，5 个中断优先级 2 层中断嵌套中断，2 个 16 位可编程定时计数器，2 个全双工串行通信口，看门狗电路，片内时钟振荡器。AT89S51 相对于 AT89C51 增加了很多功能，性能有了较大提升，价格却基本不变。新增加的新功能包括：

1）ISP 在线编程功能，这个功能的优势在于改写单片机存储器内的程序不需要把芯片从工作环境中剥离，是一个强大易用的功能。

2）工作频率为 33MHz，AT89C51 的极限工作频率 24MHz，而 AT89S51 具有更高工作频率，从而具有了更快的计算速度。

3）具有双工 UART 串行通道。内部集成看门狗计时器，不再需要像 AT89C51 那样外接看门狗计时器单元电路，双数据指示器和电源关闭标识。

4）全新的加密算法，这使得对于 AT89S51 的解密变为不可能，程序的保密性大大加强，这样就可以有效地保护知识产权不被侵犯；

5）兼容性方面：向下完全兼容 51 全部子系列产品，例如：8051、AT89C51 等早期 MCS 51 兼容产品。

4.3.2 MF RC500 射频读写芯片

Philips 公司的 MIFARE 非接触智能标签在非接触标签应用领域占有全球 80% 的市场份额，是目前非接触智能标签的工业标准，也成为 ISO/IEC 14443-2-2001 的工作草案。在

MIFARE这一作为工业标准的技术平台基础上生产出来的 3000 万张智能标签及 10 亿多次交易覆盖全球众多领域。随着其应用范围的不断扩大，如公共交通、路桥收费、电子机票、身份证、付费电话、付费电视等，再加上应用装置的增加，与 MIFARE 相关的行业得到了长足的发展。

Philips 公司的 MF RC500 是一款高度集成的读写器芯片，工作于 13.56MHz。该读卡 IC 系列利用先进的调制和解调概念，完全集成了在 13.56MHz 下所有类型的被动非接触式通信方式和协议。内部的发送器部分不需要增加有源电路就能够直接驱动近距离工作的天线（可达 100mm），接收器部分提供一个坚固而有效的解调和解码电路，用于 ISO/IEC 14443 兼容的应答器信号；数字部分处理 ISO/IEC 14443-2-2001 帧和错误检测（奇偶校验和 CRC）。此外，还支持快速 CRYPTO1 加密算法用于验证 MIFARE 系列产品。方便的并行接口可直接连接到任何 8 位微处理器，给读写器的设计提供了极大的灵活性。MF RC500 可方便地用于各种基于 ISO/IEC 14443-1 标准并且要求低成本、小尺寸、高性能以及单电源的非接触式通信的应用场合。MF RC500 的功能框图如图 4-8 所示。

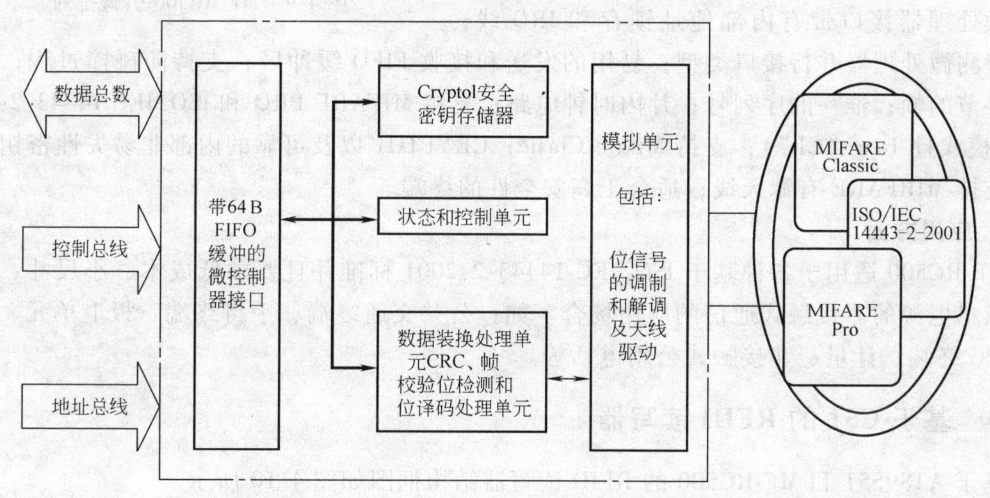

图 4-8　MF RC500 功能框图

由图可知，MF RC500 内部包括并行微控制器接口、双向 FIFO 缓冲区、中断、数据处理单元、状态和控制单元、安全和密码控制单元、模拟电路接口及天线接口。MF RC500 的外部接口包括数据总线、地址总线、控制总线（包含读写信号和中断等）和电源等。MF RC500 的并行微控制器接口自动检测连接的 8 位并行接口的类型，它包含一个易用的双向 FIFO 缓冲区和一个可配置的中断输出，为连接各种 MCU 提供了很大的灵活性，即使采用成本非常低的器件也能满足高速非接触式通信的要求。数据处理部分执行数据的串/并行转换。支持的校验包括 CRC 和奇偶校验。MF RC500 以完全透明的模式进行操作，因而支持 ISO/IEC 14443-2-2001 的所有层。状态和控制部分允许对器件进行配置以适应环境的影响，并将性能调节到最佳状态。当与 MIFARE Standard 和 MIFARE 通信时，使用高速 CRYPTO1 流密码单元和一个可靠的非易失性密钥存储器。模拟电路包含一个具有阻抗非常低的桥驱动器输出的发送部分，这使得最大操作距离可达 100mm。接收器可以检测到并解码非常弱的应答信号。

MF RC500 引脚排列如图 4-9 所示。

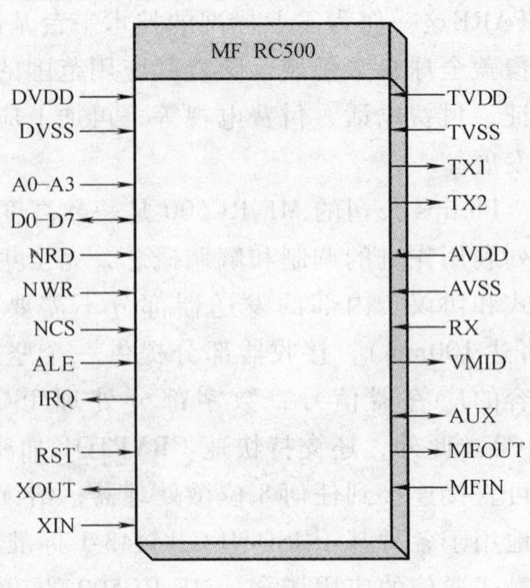

图 4-9 MF RC500 引脚排列

该器件为 32 引脚小外形封装（Small Outline Package，SOP）。器件使用了 3 个独立的电源以实现在 EMC 特性和信号解耦方面达到最佳性能。MF RC500 具有出色的 RF 性能并且模拟和数字部分可适应不同的操作电压。

1. MF RC500 的特性

MF RC500 的特性具有如下特征：高集成度模拟电路用于电子标签应答的解调和解码；缓冲输出驱动器使用最少数目的外部元件连接到天线；近距离操作（可达 100mm）；用于连接 13.56MHz 石英晶体的快速内部振荡器缓冲区；时钟频率监视；带低功耗的硬件复位；软件实现掉电模式；并行微处理器接口带有内部地址锁存和 IRQ 线；自动检测微处理器并行接口类型；易用的发送和接收 FIFO 缓冲区；支持防碰撞过程；面向位和字节的帧；惟一的序列号；片内时钟电路；支持 MIFARE PRO 和 ISO/IEC 14443-2-2001（透明模式且 T = "CL"）；支持 Mifare Clasic；CRYPTO1 以及可靠的内部非易失性密钥存储器；支持 MIRFARE 有源天线；适合于高安全性的终端。

2. 应用方面

MF RC500 适用于各种基于 ISO/IEC 14443-2-2001 标准并且要求低成本、小尺寸、高性能以及单电源的非接触式通信的应用场合。如：公共交通终端、手持终端、板上单元、非接触式 PC 终端、计量、非接触式公用电话等。

4.3.3 基于 C51 的 RFID 读写器

基于 AT89S51 和 MF RC500 的 RFID 读写器结构框图如图 4-10 所示。

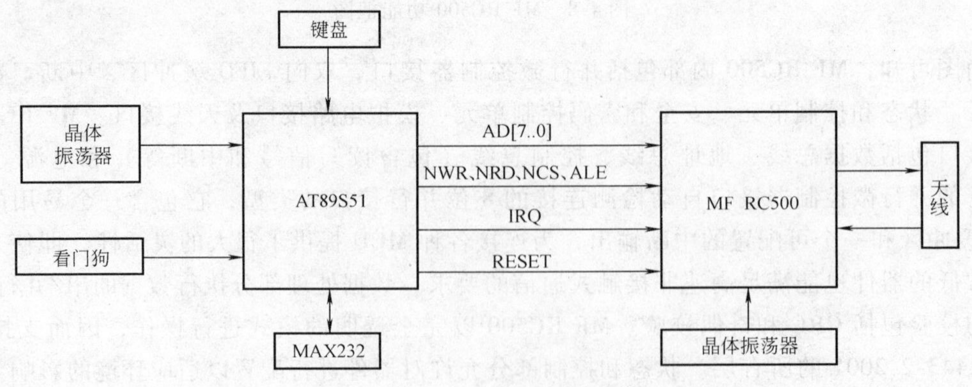

图 4-10 基于 AT89S51 和 MF RC500 的 RFID 读写器结构框图

系统主要由 AT89S51、MF RC500、时钟电路、看门狗、MAX232 和矩阵键盘等组成。系统的工作方式是先由 MCU 控制 MF RC500 驱动天线对 MIFARE 标签，也就是对应答器

（PICC）进行读写操作。然后与 PC 通信，把数据传给上位机。主控电路采用 AT89S51，采用 ATMEL 公司的 AT24C256 型，I^2C 总线 EEPROM 存储系统的数据。为了防止系统“死机”，主控电路使用 MAX813 作为看门狗来实现系统上电复位、按键的热重启及电压检测等。主控电路与上位机的通信采用 RS232 方式，整个系统由 9V 电源供电，再由稳压模块 7805 稳压成 5V 的电源。

MF RC500 和单片机 AT89S51 都是采用标准 TTL 电平，不需电平转换。由于单片机 AT89S51 与 PC 串口电平不匹配，使用 MAX232 型电平转换器进行电平转换。系统硬件设计中的关键接口部分连接如下：

1）MF RC500 的 AD0 ~ AD7（13 ~ 20 引脚）为带施密特触发器的双向数据和地址复用总线，接单片机 AT89C51 的 AD0 ~ AD7（39 ~ 32 引脚）。

2）MF RC500 的 NWR/RNW（10 引脚）为带施密特触发器的写禁止/只读信号，接单片机的写信号 WR（16 引脚）。

3）MF RC500 的 NRD/NDS（11 引脚）为带施密特触发器的读禁止，数据选通禁止信号，接单片机的读信号 RD（17 引脚）。

4）MF RC500 的 NCS（19 引脚）为带施密特触发器的片选禁止信号，接单片机的 I/O 口线 P2.7（28 引脚）。

5）MF RC500 的 ALE（21 引脚）为带施密特触发器的地址锁存使能信号，接单片机的地址锁存信号（30 引脚）。

6）MF RC500 的 IRQ（2 引脚）为带施密特触发器的中断请求信号，接单片机的中断 0（12 引脚）。

为了驱动 MF RC500 的天线，MF RC500 通过 TXl 和 TX2 提供 13.56MHz 的能量载波。根据寄存器的设定对发送数据进行调制来得到发送的信号，采用菲利浦 S50 芯片的电子标签通过 RF 场的负载调制进行响应。天线拾取的信号经过天线匹配电路送到 RX 引脚，MF RC500 的内部接收器对信号进行检测和解调并根据寄存器的设定进行处理，然后将数据发送到并行接口，由微控制器进行读取。MF RC500 对驱动部分使用单独电源供电。

1. 工作原理

读写器功能包括调制、解调、产生射频信号、安全管理和防碰撞机制。内部结构分为射频区和接口区：射频区内含调制解调器和电源供电电路，直接与天线连接；接口区有与单片机相连的端口，还具有与射频区相连的收/发器、64B 的数据缓冲器、存放 3 套寄存器初始化文件的 EEPROM、存放 16 套密钥的只写存储器以及进行 3 次证实和数据加密的密码机、具防碰撞处理功能的防碰撞模块和控制单元。这是与电子标签实现无线通信的核心模块，也是读写器读写 MIFARE 标签的关键接口芯片。

读写器工作时，与 MIFARE 标签专用的标签读写芯片（MF RC500）相连的天线线圈不断地向外发出一组固定频率的电磁波（13.56MHz）。当标签靠近时，标签片内有一个 LC 串联谐振电路，其频率与读写器的发射频率相同。这样在电磁波的激励下，LC 谐振电路产生共振，从而使电容充电有了电荷。在这个电容另一端，接有一个单向导电的电子泵，将电容内的电荷送到另一个电容内存储。当电容充电达到 2V 时，此电容就作为电源为标签上的其他电路提供工作电压，将标签内的数据发射出去或接收读写器发来的数据与保存。

2. 标签读写程序设计

标签读写过程是一个很复杂的程序执行过程，要执行一系列的操作指令，调用多个C51函数，包括装载密码、标签查询、防碰撞、标签选取、验证密码、标签读写和读写停止，这一系列的操作必须按固定的顺序进行。在没有MIFARE标签进入射频天线有效范围时，低5位显示当前时钟；当有MIFARE标签进入到射频天线的有效范围，标签读写程序验证标签及密码成功后，将标签ID和标签读取时间及相关数据作为一条记录存入EEPROM存储器中。

程序设计采用单片机汇编语言和Keil C51混合编程。看门狗定时器中断服务程序采用汇编语言编写，其他程序采用C语言编写。程序的每一部分按模块化设计成一个文件，单独调试通过后，再在Keil C51环境下加入到工程文件中汇编生成HEX文件，用仿真器进行仿真通过后，写入AT89S51芯片中脱离仿真器运行。

3. 系统工作流程

除了复位以外，对MF RC500的绝大多数控制是通过读写MF RC500的寄存器来实现的。MFRC500共有64个寄存器，分为8个寄存器页，每页8个，每个寄存器都是8位。单片机将这些寄存器作为片外RAM进行操作，最常用的是数据堆栈（FIFODATA）、命令（COMMAND）、堆栈长度（FIFOLENGTH）和标记（PRIMARYSTATUS）等。要实现某个操作，只需将该操作对应的代码写入对应地址即可。例如MF RC500休眠模式对应的控制寄存器名为Contr01，地址为09H的bit4且为1有效，那么让MF RC500进入休眠模式的指令为：mov RO，#OgH；mov @ RO，#Oxxxx lxxxb。

当对应的电子标签S50进入读写器的有效范围时，天线的能量使电子标签耦合出自身工作的能量，并建立通信。MF RC500对标签的操作主要是通过写通信命令、参数和数据到FIFODATA，再通过写命令到COMMAND，实现与电子标签的通信。系统工作流程如图4-11所示。

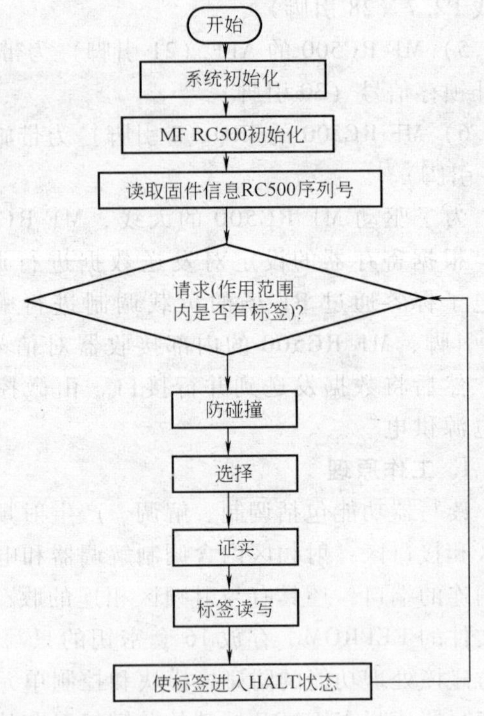

图4-11 基于AT89S51和MF RC500的RFID读写器工作流程

以上介绍了基于Philips公司MF RC500型读卡器和AT89S51型单片机的RFID读写器的低成本软硬件设计。经实践验证，该系统可成功实现对符合ISO/IEC 14443协议的MIFARE S50卡的读写，并且能对范围内的多个电子标签准确无误地读写，读写距离达到8cm。如果对天线系统进行优化还可以达到9~10cm。本系统成本低廉，可靠性高，操作便利，可以方便地和包括PC在内的有串口的设备连接。

4.4　基于 ARM 处理器的读写器

4.4.1　ARM 技术

ARM（Advanced RISC Machines），既可以认为是一个公司的名字，也可以认为是对一类微处理器的通称，还可以认为是一种技术的名字。1991 年 ARM 公司成立于英国剑桥，主要出售芯片设计技术的授权。目前，采用 ARM 技术知识产权（IP）核的微处理器，即通常所说的 ARM 微处理器，已遍及工业控制、消费类电子产品、通信系统、网络系统、无线系统等各类产品市场。基于 ARM 技术的微处理器约占据了 32 位 RISC 微处理器 75% 以上的市场份额，ARM 技术正在逐步渗入到我们生活的各个方面。

鉴于 ARM 微处理器的众多优点，随着国内外嵌入式应用领域的逐步发展，ARM 微处理器必然会获得广泛的重视和应用。但是，由于 ARM 微处理器有多达十几种的内核结构，几十个芯片生产厂家，以及千变万化的内部功能配置组合，在选择方案时会带来一定的困难，所以，对 ARM 芯片做一些对比研究是十分必要的。以下从应用的角度出发，给出了选择 ARM 微处理器时应考虑的主要问题。

1. 微处理器内核的选择

从前面所介绍的内容可知，ARM 微处理器包含一系列的内核结构，以适应不同的应用领域。用户如果希望使用 Windows CE 或标准 Linux 等操作系统以减少软件开发时间，就需要选择 ARM720T 以上带有 MMU（Memory Management Unit）功能的 ARM 芯片，ARM720T、ARM920T、ARM922T、ARM946T、Strong-ARM 都带有 MMU 功能。而 ARM7TDMI 则没有 MMU，不支持 Windows CE 和标准 Linux，但目前有 uCLinux 等不需要 MMU 支持的操作系统可运行于 ARM7TDMI 硬件平台之上。事实上，uCLinux 已经成功移植到多种不带 MMU 的微处理器平台上，并在稳定性和其他方面都有上佳表现。

2. 系统的工作频率

系统的工作频率在很大程度上决定了 ARM 微处理器的处理能力。ARM7 系列微处理器的典型处理速度为 0.9MIPS/MHz，常见的 ARM7 芯片系统主时钟为 20～133MHz，ARM9 系列微处理器的典型处理速度为 1.1MIPS/MHz，常见的 ARM9 的系统主时钟频率为 100～233MHz。ARM10 最高可以达到 700MHz。不同芯片对时钟的处理不同，有的芯片只需要一个主时钟频率，有的芯片内部时钟控制器可以分别为 ARM 核和 USB、UART、DSP、音频等功能部件提供不同频率的时钟。

3. 芯片内存储器的容量

一般的 ARM 微处理器片内存储器的容量都不会太大，需要用户在设计系统时外扩存储器，但也有部分芯片具有相对较大的片内存储空间，如 ATMEL 公司的 AT91F40162 就具有高达 2MB 的片内程序存储空间，用户在设计时可考虑选用这种类型，这样就可以简化系统的设计。

4. 芯片的 GPIO 数量

在某些芯片供应商提供的说明书中往往给出的是最大可能的 GPIO 数量，但是有很多的引脚是和地址线、数据线、串口线等引脚复用的，所以我们在进行系统设计时需要计算实际可以使用的 GPIO 的数量。

5. 中断控制器

ARM 内核只提供快速中断和标准中断的两个中断向量。但是各个半导体厂家在设计芯片的时候加入了自己不同的中断控制器，以便支持串口、外部中断、时钟中断等硬件中断。而外部中断控制是选择芯片必须要考虑的重要因素，合理的外部中断设计可以很大地减少任务调度的工作量。

6. 芯片内外围电路的选择

除 ARM 微处理器核以外，几乎所有的 ARM 芯片均根据各自不同的应用领域，扩展了相关功能模块，并集成在芯片之中，我们称之为片内外围电路，如 USB 接口、IIS 接口、LCD 控制器、键盘接口、RTC、A/D 转换器和 D/A 转换器、DSP 协处理器等。在设计的时候应仔细分析系统的需求，尽可能采用片内外围电路完成所需的功能，这样既可简化系统的设计以减少成本，同时又提高了系统的可靠性。

4.4.2 基于 ARM 处理器的 RFID 读写器开发

本节以 Samsung 公司 S3C44B0X 型号的 ARM 内核为例，介绍基于 ARM 的读写器的开发。标签读写系统由读写模块、单片机部分、LCD 显示单元、通信接口单元、键盘单元构成，框图如图 4-12 所示。

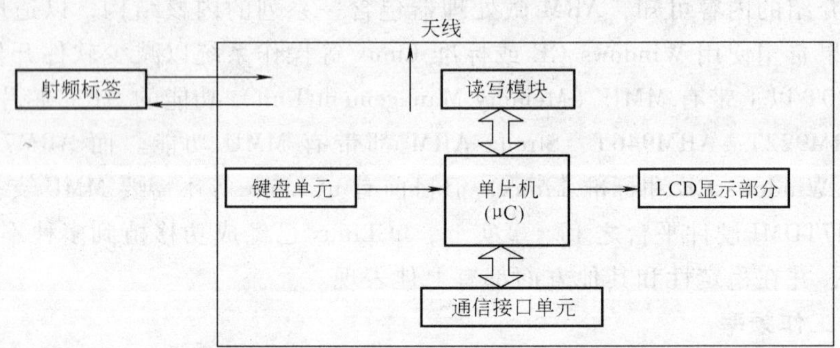

图 4-12 基于 S3C44B0X 处理器的 RFID 读写器系统结构图

1. 以 S3C44B0X 为核心的 MCU 设计

S3C44B0X 属于 ARM7TDMI 的核，是一款不带 MMU 的 ARM7 微处理器，可在其上运行 uCLinux 操作系统。ARM7TDMI 是目前使用最广泛的 32 位嵌入式 RISC 处理器，属低端 ARM 处理器核，价格便宜。TDMI 的基本含义为：T 代表支持 16 位压缩指令集 Thumb；D 代表支持片上 Debug；M 代表内嵌硬件乘法器（Multiplier）；I 代表嵌入式 ICE，支持片上断点和调试点。Samsung 公司的 S3C44B0X 是 16/32 位 RISC 处理器，它为手持设备等提供一个低成本高性能的方案。

S3C44B0X 内部存储器控制器的作用，是为外部存储器操作提供两套必要的存储器控制信号。S3C44B0X 具有以下特性：小/大端（通过外部引脚选择）；地址空间：32MB 每 bank（总共 256MB：8bank）；所有 bank 都具有可编程的总线宽度（8/16/32 位）；总共 8 个存储器 bank，其中有 6 个可用作 ROM 和 SRAM 映射空间的存储器 bank，2 个可用 FP/EDO/SDRAM 等映射空间的存储器 bank；7 个起始地址固定、大小可编程的存储器 bank；1 个具有灵活起始地址、大小可编程的存储器 bank；对所有的存储器 bank 都具有可编程的操作周期；采用外部等待来扩展总线周期；专用 DRAM/SDRAM 接口支持自刷新模式；支持异步和同步 DRAM。

操作系统采用的是 uCLinux，为了系统能运行 uCLinux，至少要用的最低配置为 1～32MB 的 Flash 或 ROM 或 EPROM 和 2～64MB RAM。系统采用了 1MB 的 Flash 和 16MB 的 SDRAM 存储器。

2. 读写模块的设计

读写模块采用 RI-R6C-001A，是 TI 公司开发的 S6700 系列芯片，针对便携和固定式 IC 卡读写器的多协议收发器。提供给用户数字接口，所以应用非常方便。内部 ASIC（专用集成电路）能够支持的通信协议包括：TI TAGIT 协议、ISO/IEC 15693-2-2000、ISO/IEC 14443-2-2001（TYPE A）、直接模式用合适的调制触发和命令结构可以将数据直接传输给电子标签。

RI-R6C-001A 采用 SSOP20 封装、5V 供电，内部封装有发送调制器和接收解调器，采用曼彻斯特编码方式，典型发送功率 200mW，其 ESD 保护符合 MILSTD-883 标准，有空闲、电源中断、全功率 3 种电源管理功能。这里运用 RI-R6C-001A 组建读写模块，采用 ISO/IEC 15693-2-2000 协议来读取 RI-I02-112B 电子标签的数据。

RI-R6C-001A 的内部原理框图如图 4-13 所示，收发器内部的输出晶体管是一个低阻场效应晶体管，电耗直接在 TX-OUT 引脚消耗，推荐用 5V 电源供电，以驱动 50Ω 天线。在输出端连接一个简单的谐振电路或者匹配网络可以降低谐波抑制，用选通方波驱动输出晶体管能达到 100% 的调制度。调整连接输出晶体管的电阻能获得 10% 的调制度，增大这个电阻，调制度也随之增加。通过发射编码器变换的数据可按照事先选择好的射频协议进行传输，通信速率应为 5～120kbit/s，而且至少要有一个速率满足已选择感应器协议的要求。接收器通过外部电阻连接到天线后可将来自电子标签的调制信号通过二极管包络检波进行解调，接收解码器输出到控制器的数据是二进制数据格式，通信速率和射频协议由已选择的模式确定。在输出数据时，接收的数据串中已检测并标志了启动、停止、错误位。

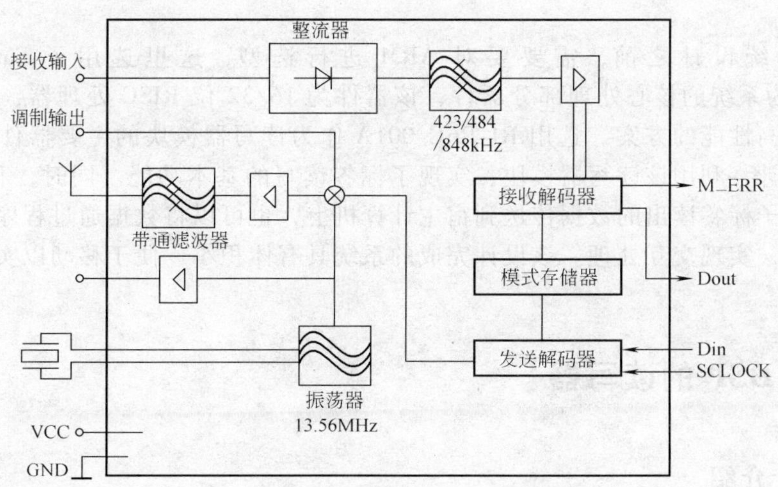

图 4-13 RI-R6C-001A 的内部原理框图

这里利用 RI-R6C-001A 结合 MCU 完整地实现了 ISO/IEC 15693-3 所规定的对 VICC 操作上层协议。ISO/IEC 15693-2-2000 所规定的 VCD 与 VICC 通信物理层协议由收发器内部 ASIC 实现，MCU 和收发器的通信接口有 3 根线：SCLOCK、DIN、DOUT，分别代表时钟线、数据输入线、数据输出线。时钟线是双向的，发送数据时由 MCU 控制，接收数据时由收发器内部 ASIC 控制，在时钟的上升沿 ASIC 锁存数据。DOUT 除了有在接收数据期间的数据输出功能外，还用来表征 ASIC 内部 FIFO 的情况。DOUT 内部平时下拉为低电平，输入数据过程中，当 ASIC 的 16 位 FIFO 寄存器满时，DOUT 线会自动跳变为高电平，直到 FIFO 寄存器空出，DOUT 线又会跳变为低电平。在 DOUT 为高电平期间，输入数据无效。除了通信线外，M_ ERR 线用来在同时读多张标签的时候表征数据的冲突情况。同样，M_ ERR 线内部平时下拉为低电平，冲突时此线会升为高电平。

3. 软件设计

在整个系统中，软件设计也是系统的一个重要部分，硬件设计的完成只是相当于完成这个设计的一半。软件体系工作过程大体上是这样的：系统上电和复位后从 Flash 处开始执行程序，进行系统的初始化后执行 SDRAM 处的程序，再运行标签读写的应用程序，如图 4-14 所示。

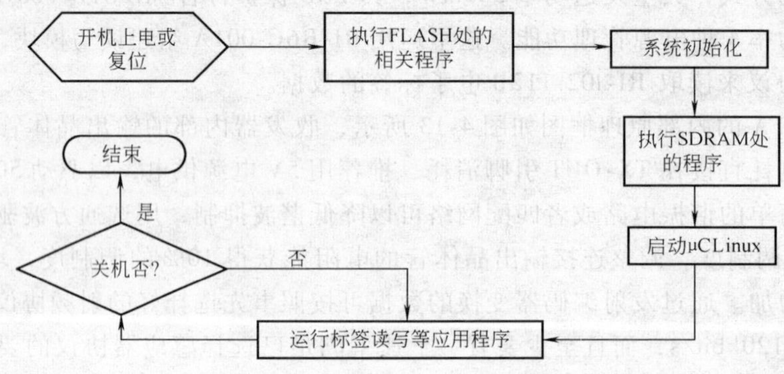

图 4-14 系统的软件工作流程图

读写电子标签的软件通过 MCU 向 S6700 系列的芯片 RI-R6C-001A 芯片发送命令序列和接收数据，发送和接收中必须要符合内部 ASIC 的通信协议和 ISO/IEC 15693-3-2001 的规范。

4. 结语

在进行系统设计之前，需要要对 ARM 进行选型，这里选用了 Samsung 公司的 S3C44B0X 作为系统的核心处理部分器件，该器件为 16/32 位 RISC 处理器，提供了一个手持设备低成本高性能的方案。选用 RI-R6C-001A 作为读写器模块的主要器件，详细地给出了软、硬件设计，利用该读写器模块，实现了标签读写的基本功能。同时，利用 ARM 的网络功能将从电子标签读出的数据传送到宿主计算机上，也可以将数据通过程序从计算机上写入电子标签中，实现交互处理。该设计完成的系统具有体积小、便于移动以实现手持读写电子标签的功能。

4.5 基于 DSP 的读写器

4.5.1 DSP 介绍

数字信号处理器（DSP）是在模拟信号变换成数字信号以后进行高速实时处理的专用处

理器，其处理速度比最快的CPU还快10~50倍。在当今的数字化时代背景下，DSP已成为通信、计算机、消费类电子产品等领域的基础器件。业内人士预言，DSP将是未来集成电路中发展最快的电子产品，并成为电子产品更新换代的决定因素。DSP的主要供应商有TI、ADI、Motorola、Lucent和Zilog公司等，其中TI占有最大的市场份额。DSP的特点如下：

1）DSP芯片采用改进的哈佛结构（Havard Structure）。其主要特点是程序和数据具有独立的存储空间，有着各自独立的程序总线和数据总线，由于可以同时对数据和程序进行寻址，这样大大地提高了数据处理能力，非常适合于实时的数字信号处理。

2）DSP指令系统是流水线操作。在流水线操作中，一个任务被分解为若干个子任务，各个子任务可以在执行时相互重叠。DSP指令系统的流水线操作是与哈佛结构相配合的，增加了处理器的处理能力，把指令周期减小到最小值，同时也就增加了信号处理器的吞吐量。

3）采用专用的硬件乘法器。在一般的计算机上，算术逻辑单元（Arithmetic Logic Unit，ALU）只能完成两个操作数的加、减及逻辑运算，而乘法（或除法）则由加法和移位来实现。因此，在这样的计算机的汇编语言中虽然有乘法指令，但在机器内部实际上还是由加法和移位来实现的，因此它们实现乘法运算就比较慢。与一般的计算机不同的是，DSP都有硬件乘法器，使乘法运算可以在一个指令周期内完成。

4）特殊的DSP指令和快速的指令周期。DSP芯片的另一个重要特征是有一套专门为数字信号处理而设计的指令系统。CMOS技术、先进的工艺、集成电路的优化设计及工作电压的下降由（5~3.3V，再到1.5V），使得DSP芯片的主频不断提高。

5）良好的多机并行运行特性。在一定的技术条件下，DSP芯片的单机处理能力是有限的，系统的数据处理容量还是经常会超出单个DSP的处理能力。随着DSP芯片的广泛使用和价格的不断降低，多个DSP芯片的并行处理已经成为近年来的研究热点，并逐渐在应用中崭露头角。多机并行类似于高性能的MPU巨型机。

6）大电流和低电压。高速信号处理芯片全速运行时电流经常在1A以上，为在大电流下减少系统功耗，系统的工作电压从标准的5V降到3.3V、2.5V、1.8V，甚至0.9V。

7）高度集成和多种并行结构。芯片的集成度在数十到数百万门量级，同时为提高运行速度而采用多种并行的体系结构。

由于DSP的优越性，自20世纪60年代以来，迅速得到广泛的应用。DSP应用几乎遍及整个电子领域，典型应用有通信、语音处理、图形/图像处理、自动控制、仪器仪表及医学电子等。

选择DSP微处理器可以根据以下几方面决定：

1）速度：DSP速度一般用MIPS（每秒百万条指令）或FLOPS（每秒所执行的浮点运算次数）表示，即百万次指令/秒。根据对处理速度的要求选择适合的器件。一般选择处理速度不要过高，速度高的DSP，系统实现也较困难。

2）精度：DSP芯片分为定点、浮点处理器，对于运算精度要求很高的，可选择浮点处理器。定点处理器也可完成浮点运算，但精度和速度会有影响。

3）寻址空间：不同系列DSP程序、数据、I/O空间大小不一，与普通MCU不同，DSP在一个指令周期内能完成多个操作，所以DSP的指令效率很高，程序空间一般不会有问题，关键是数据空间是否满足。数据空间的大小可以通过DMA的帮助，借助程序空间扩大。

4）成本：一般定点DSP的成本比浮点DSP的要低，速度也较快。要获得低成本的DSP

系统，尽量用定点算法，用定点 DSP。

5）实现方便：浮点 DSP 的结构实现 DSP 系统较容易，不用考虑寻址空间的问题，指令对 C 语言支持的效率也较高。

6）内部部件：根据应用要求，选择具有特殊部件的 DSP。如：C2000 适合于电机控制；OMAP 适合于多媒体等。

4.5.2 基于 DSP 的 RFID 读写器开发

1. 系统结构和工作原理

基于 DSP 的 RFID 系统由基带模块、射频模块、上位机和电子标签组成，其中基带模块和射频模块组成了读写器。系统工作在一定的频率范围，以半双工方式在读写器与电子标签之间双向传递数据，其结构如图 4-15 所示。

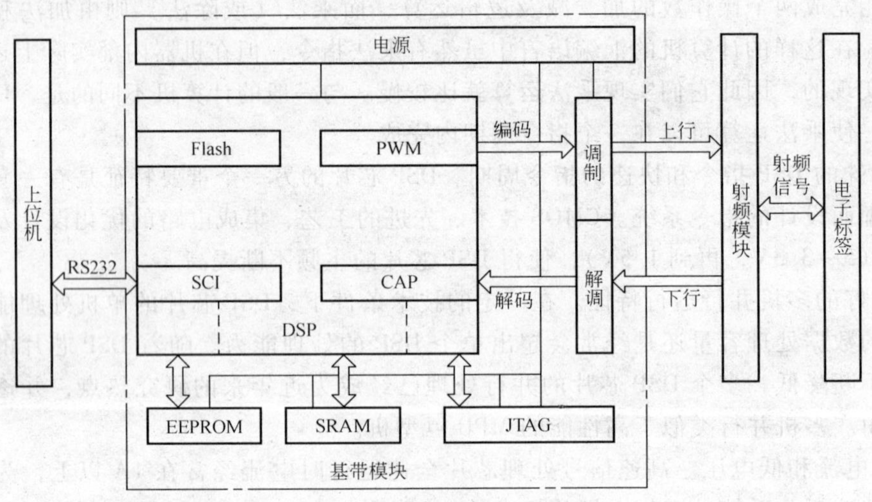

图 4-15 DSP 系统结构图

在进行射频识别时，读写器首先将搜寻命令调制到载波上通过天线发送，在天线读取范围内的电子标签通过载波获得电源和搜寻信息，经解调和信息匹配后把自身相关信息发送给读写器，读写器对接收到的信号进行解调、解码及其他处理后送到上位计算机以满足用户相关需求。

从结构图和工作原理可见，RFID 的基带模块是整个系统的核心部分，它的功能和特性直接影响到系统性能。

2. DSP 微处理器特性和接口

这里采用 TI 公司 C2000 系列的数字信号处理器 TMS320F2812 作为主控芯片，该芯片采用高性能静态 CMOS 技术，具有低功耗、高速度的特点。其内核采用 1.8V 供电，I/O 口采用 3.3V 供电。TMS320F2812 采用经典的哈佛总线结构，利用多总线在存储器、外围模块和 CPU 之间转换数据，这种多总线结构使其可以在一个周期内并行完成取指令、读数据和写数据，同时它采用了指令流水线技术，保证信号处理的快速性和实时性。主频高达 150MHz，单一指令周期仅为 6.67ns，从根本上满足了基带模块的编解码和多标签防碰撞功能对 CPU 处理速度的苛刻要求。该芯片提供了 8KB（16 位）的 Flash，总容量达 18KB（16

位）的单口随机存储器（SRAM）和多达 1MB 的外部存储接口，该芯片扩展了 SPI；具有 2 个高速事件管理器，其中包含脉冲宽度调制（Pulse Width Modulation，PWM）和事件捕获器（CAP）接口；支持 JTAG 边界扫描，极大地方便了代码开发。

TMS320F2812 芯片内核的供电电压为 1.8V，I/O 口供电电压为 3.3 V，而外部提供的工作电压为 5V，因此系统使用 TI 公司的 TPS767D318 作为电压转换芯片，可同时为 DSP 提供 3.3V 和 1.8V 的电压。TMS320F2812 芯片提供了大容量的 Flash 和 SRAM，但考虑到了开发阶段一般都把程序装载到 RAM，故选用了一片 3.3V 的低电压 SRAM 作为开发阶段的程序存储。本系统还选用了一片 SPI 的 EEPROM 来保存初始化所需的重要参数。系统的通信模块采用 TMS320F2812 自带的异步串行通信接口，它具有双向缓冲功能，独立的中断位和控制位。为保证数据的完整性，本系统的串口通信采用对传输数据求异或和进行校验。

3. 上行信息编码与调制

上行信号是指从读写器发送到目标电子标签的信号，其编码方式采用脉冲宽度调制编码，编码格式为在周期为 14μs 的时钟频率上，占空比为 1/8 的脉冲信号表示“0”，占空比为 3/8 的脉冲信号表示“1”。经过编码后的上行信号由射频模块通过二进制振幅键控的方法调制到超高频的载波上通过天线发射。

该调制方式的实现需要基带模块提供摆幅为 0～5V，精度要求达到 10 位的可控 D/A 输出作为调制参数对读写器输出功率和载波调制深度进行控制。对该参数的产生，本系统采用定时器控制 I/O 口的输出占空比进行输出，由于 TMS320F2812 没有专门的 D/A 接口，因此使用 PWM 口输出信号经滤波后实现 D/A 功能。

TMS320SF2812 芯片提供的 PWM 输出，是一种周期和占空比均可变、幅值为 3.3V、单边脉宽调制信号，因此需要将输出通过同相缓冲器把摆幅变到 0～5V。而只要改变 PWM 信号的占空比就能实现电压范围 0～5V 的 D/A 转换输出。

4. 下行信号解码

下行信号是指电子标签发给读写器的信号，其通信速率为上行速率的 2 倍。用等脉宽的“1010”表示“1”，“1100”表示“0”。因此下行信号编码也可以视为一种特殊的脉宽调制编码。对下行信号的解码，是利用事件管理其中的捕获单元的捕获功能结合定时器来实现。在捕获单元使能后，其引脚上的指定上升沿跳变触发定时器，在下一次上升沿来到时触发捕获中断和停止定时器，在中断程序中通过相邻两个上升沿的间隔时间来判别是数据“0”还是数据“1”。

5. DSP 程序设计

主程序首先进行 DSP 系统初始化，即对 DSP 内部一些寄存器进行初始化设置，然后是射频模块初始化，射频模块即 RFID 读写器。读写器初始化所需要的参数是通过 I/O 口模拟 SPI 协议从 EEPROM 中读取。初始化后程序通过射频模块发送搜索电子标签的命令，然后在规定的时间内等待标签的应答，若没有应答则循环发送。收到应答信息后，程序根据信息的完整性校验结果来判断是单卡应答还是多卡碰撞，如果没有碰撞则将信息解码并从串口传给上位机。如果出现碰撞则调用防碰撞算法，将多张标签的信息分别解码并上传上位机。主程序的流程图如图 4-16 所示。

以上介绍了基于 TMS320SF2812 微处理器的 RFID 读写器基带模块的设计与实现，结合射频模块，就能构成一个简单和完整的 RFID 读写器。

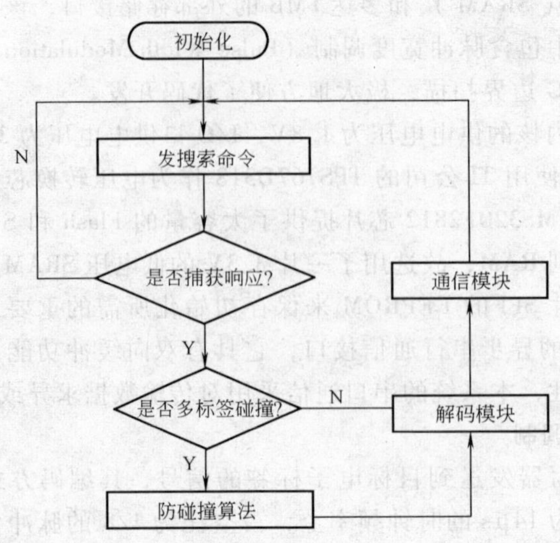

图 4-16 DSP 程序流程

4.6 本章小结

读写器是 RFID 系统的重要组成部分，用于对电子标签的存储信息完成读或写的操作，通过射频信号采集数据，并将采集到的数据传输到主机系统中再进行处理。本章首先介绍了读写器的工作原理、功能、分类、组成和协议。然后介绍了读写器的设计目标和硬件选择，最后介绍了基于 MCS51、ARM 和 DSP 的读写器开发。

参考文献

[1] RFID 世界网. 基于 MF RC500 型读卡器的无源 RFID 系统设计［EB/OL］. ［2006-12-5］. http://tech. rfidworld. com. cn/200612584115829. htm.

[2] 徐守伟. 基于 ARM 的 RFID 读写器的研制［D］. 成都：电子科技大学光电信息学院，2006.

[3] 周伟，李宏生，朱懿，等. 基于 DSP 的 RFID 基带模块设计［J］. 仪表技术，2006（5）：16-19.

[4] 杰迅电子. MF RC500 中文数据手册［EB/OL］. http://www. jiexunlw. net.

[5] 李建军. MIFARE 系列射频卡读写器的研制［D］. 长沙：湖南工学院电气与信息工程系，2006.

[6] 宇华电子. DSP 入门教程［EB/OL］. http://www. gzyuhua. cn.

[7] RFID 世界网，电子标签天线及读写器设计制造［BB/OL］. ［2005-12-28］http://tech. rfidworld. com. cn/2005122822936629. htm.

[8] 纪震，李慧慧，姜来. 电子标签原理与应用［M］. 西安：西安电子科技大学出版社，2006.

[9] Himanshu Bhatt，Bill Glover. RFID Essentials［M］. O'Reilly. 2006.

[10] 游战清，等. 无线射频识别技术（RFID）理论与应用［M］. 北京：电子工业出版社，2004.

[11] 火眼科技. http://www. ehuoyan. com/.

第5章 RFID中间件和系统体系结构

RFID系统主要由以下几部分组成：电子标签、RFID读写器及其协议和各种软件。其中电子标签和RFID读写器已经在第3章和第4章做了介绍，本章将介绍RFID软件部分和当中最重要的RFID中间件，最后对这些组成部分进行总结，并对RFID系统体系结构进行讨论。

5.1 RFID软件部分

RFID软件系统可以分成如下4类：

1）前端软件：设备供应商提供的系统演示软件、驱动软件、接口软件、集成商或者客户自身开发的RFID前端操作软件等，将在5.1.1节加以介绍；

2）中间件软件：为实现采集的信息的传递与分发而开发的中间件，将在5.1.2节详细介绍；

3）后端软件：处理这些采集的信息的后台应用软件和管理信息系统（Management Information System，MIS）软件，将在5.1.3节介绍；

4）其他软件：开发平台或者为模拟其系统性能而开发的仿真软件等，将在5.1.4节介绍。

5.1.1 RFID前端软件

集成商或者客户自身开发的RFID前端操作软件主要是提供给RFID设备操作人员使用的，如手持读写设备上使用的RFID识别系统、超市收银台使用的结算系统和门禁系统使用的监控软件等，此外还应当包括将RFID读写器采集到的信息向软件系统传送的接口软件。

前端软件最重要的功能是保障电子标签和读写器之间正常通信，通过驱动硬件设备的运行和接受高层的后端软件控制来处理和管理电子标签和读写器之间的数据通信。前端软件完成的基本功能如下：

1）读/写功能：读功能就是从电子标签中读取数据。根据读写器的指令，电子标签查询其内部存储器的数据，将数据发送给读写器，读写器再将数据发送给后端软件，这样就完成了整个读功能。写功能就是将数据写入电子标签，读写器将后端软件需要写入的数据发送给电子标签，电子标签将数据存入内部存储器。这中间涉及到编码和调制技术的使用，例如采用FSK还是ASK方式发送数据。

2）防碰撞功能：很多时候不可避免地会有多个电子标签同时进入读写器的读取区域，要求同时识别和传输数据时，就需要前端软件中具有防碰撞功能。例如超市中的多个物品堆积时由于相互干扰而造成读写器的识别率降低，防碰撞功能就可以解决这个问题。具有防碰撞功能的RFID系统可以同时识别进入识别范围内的所有电子标签，其并行工作方式大大提高了系统的效率。

3）安全功能：确保电子标签和读写器双向数据交换通信的安全。在前端软件设计中可以利用密码限制读取标签内信息、使用“KILL 指令”等使电子标签永久性无法使用、读/写一定范围内的标签数据以及对传输的数据进行加密等措施来实现安全功能。软件设计中也可以结合硬件来实现安全功能。标签不仅提供了密码保护，而且能对数据从标签传输到读取器的过程进行加密，而不仅是对标签上的数据进行加密。

4）检/纠错功能：由于使用无线方式传输数据很容易被干扰，使得接收到的数据产生畸变，从而导致传输出错。前端软件可以采用校验和的方法，如：CRC（Cyclic Redundance Check，循环冗余校验）、LRC（Longitudinal Redundance Check，纵向冗余校验）、奇偶校验等检测错误。可以结合 ARQ（Automatic Repeatre Quest，自动重传请求）技术重传有错误的数据来纠正错误，以上功能也可以通过硬件来实现。

5.1.2 RFID 中间件

RFID 中间件是一种面向消息的中间件。信息是以消息的形式从一个程序传送到另一个或多个程序，信息可以以异步的方式传送，不必等待即时回应。面向消息的中间件包含的功能不仅是传递信息，还必须包括解译数据、安全性、数据广播、错误恢复、定位网络资源、找出符合成本的路径、消息与要求的优先次序以及延伸的除错工具等服务。

面对各种 RFID 的应用，用户的首要问题是如何将现有的系统与新的 RFID 读写器连接，这个问题的本质是用户应用系统与硬件接口的问题。在 RFID 应用中，通透性是整个应用的关键，正确获取数据、确保数据读取的可靠性以及有效地将数据传送到后端系统都是必须考虑的问题。传统的应用程序之间的数据通透是通过中间件架构来解决的，并由此发展出各种服务器应用软件。

RFID 中间件扮演着 RFID 硬件和应用程序之间的中介角色，应用程序端使用中间件所提供的一组通用应用程序接口（API），就能够实现与 RFID 读写器的连接。因此，即使存储电子标签数据的数据库软件或后端应用程序增加或改由其他软件取代，或者 RFID 读写器种类增加等情况发生时，应用端不需修改也能处理，这解决了多对多连接的维护复杂性问题。

RFID 中间件技术包括：并发访问技术、目录服务及定位技术、数据及设备监控技术、远程数据访问、安全和集成技术、进程及会话管理技术等。RFID 中间件屏蔽了 RFID 设备的多样性和复杂性，能够为后台业务系统提供强大的支撑。

RFID 中间件一般具有以下特征：

1）基于标准。中间件必须基于标准。ISO、EPC global 正在研究为各种产品的全球惟一识别号码提出通用标准，我国也在积极研究自己的相关标准。目前，在中间件的各个环节，EPC global 出台了相关标准和规范。包括读写器和中间件之间的读写器访问协议和管理接口；中间件和 EPCIS（EPC 信息服务）捕获应用之间的 RFID 事件过滤和采集接口（ALE，应用层事件接口）；EPCIS 捕获应用和 EPCIS 存储系统之间的 EPCIS 信息捕获接口；还有 EPCIS 存储系统和 EPCIS 信息访问系统之间的 EPCIS 信息查询接口以及关于跨企业信息交互的规范和接口，譬如 ONS（Object Name Service，对象名称解析服务）接口等。

2）独立于架构。RFID 中间件独立并介于 RFID 读写器前端系统与后端应用程序之间，并且能够与多个 RFID 读写器以及多个后端应用程序连接。

3）数据流处理。RFID 的主要目的在于将实体对象转换为信息环境下的虚拟对象，因此数据处理是 RFID 最重要的功能。RFID 中间件采用程序逻辑及存储再转送的功能来提供顺序的消息流，具有数据流设计与管理的能力。

因此，RFID 中间件在系统中非常重要，如果没有中间件，管理系统将不得不直接面对来自大量的读写器和传感器的事件信息，而应用管理系统需要逐个提取并处理大量的初始事件，从而浪费大量的系统资源。

5.1.3　RFID 后端软件

RFID 前端软件（前台软件）和中间件的主要作用，是对数据进行收集和整理，最终将数据进行记录，而实现企业管理功能的是后端的应用软件（后台软件或应用软件）。由于信息是为生产决策服务的，因此 RFID 系统所采集的信息最终要向后端软件传送，后端软件系统需要具备相应的处理 RFID 数据的功能。后端软件的具体数据处理功能需要根据客户的具体需求和决策的支持度来进行软件的结构与功能设计。

就目前的应用而言，RFID 后端软件既有针对高端市场的，也有为中小型企业开发的。大致可以分成以下两类：用于实现最基本记录分析功能的软件和企业资源规划应用中的应用软件。前者的主要应用如门禁管理软件、小区停车管理软件等，由于功能较少，成本较低，很多都是作为硬件设备的附赠品供公司用户使用。后者主要是在 ERP（Enterprise Resource Planning，企业资源计划）系统的概念软件上，外加了 RFID 功能或进行一些改造后的 ERP 软件，所以价格很难固定，主要取决于企业的规模和软件模块数量。

采用 RFID 技术的后端管理软件大致可以分为以下 3 种情况：

1）采用 RFID 技术之前，企业或公司内部都有自己的软件管理系统，这些系统的数据可能是手工输入或者通过条形码识别系统输入的。如果该程序的数据接口定义良好，那么 RFID 中间件的设计将会非常简单，这样数据对于后端软件将会变得透明。

2）如果后端软件的数据接口定义得不够完美，那么就需要重新修改才能接受 RFID 中间件提供的规格化数据。

3）大多数情况下，RFID 的数据模式在过去的企业系统中尚未有过，因此需要重新开发或购买。

后端管理软件由中心数据服务器和管理终端组成，是系统的数据中心，它负责与读写器通信，将读写器经过中间件转换之后的数据，插入到后台业务仓储管理系统的数据库中，对电子标签管理信息、发行电子标签和采集的电子标签信息集中进行存储和处理。一般说来，后端软件系统需要完成以下功能：

1）RFID 系统管理：系统设置以及系统用户信息和权限。

2）电子标签管理：在数据库中管理电子标签序列号和每个物品对应的序号及产品名称、型号规格，芯片内记录的详细信息等，完成数据库内所有电子标签的信息更新。

3）数据分析和存储：对整个系统内的数据进行统计分析，生成相关报表，对采集到的数据进行存储和管理。

5.1.4　RFID 其他软件

RFID 软件还包括开发平台、测试软件、评估软件、演示软件或者为模拟其系统性能而开发的仿真软件等。在 RFID 设备供应商向用户提供的演示软件中，包括需要连接设备和无需连接设备两种情况。需要连接设备的演示系统必须将 RFID 系统设备和计算机系统（软件）相连才能启动演示软件基本界面，而无需连接设备的软件系统则可以脱机启动，但此时无法演示设备运行情况。由于 RFID 系统是一个非常复杂的电磁系统，对其性能测试涉及到很多方面：电磁的、环境的和空间的等，因此有必要建立一个 RFID 仿真环境来对其基本运行规律进行仿真。同时，HFSS、ADS 等开发软件可以用来设计 RFID 系统中的各种天线。MATLAB、NS2 和 OPNET 等仿真软件可以对 RFID 空中接口技术中调制、防碰撞、编码和解调及组网技术等加以研究。下面将介绍 RFID 系统仿真软件。

在 RFID 仿真系统中，应该能够设定仿真环境参数，主要参数包括仿真时间和仿真系统频率等。此外，还应该能够仿真不同标签运动方向和速度下的系统运行情况，可以设定投入仿真的标签组数、每组的标签个数以及标签通过电磁场（读写区域）的方向等参数。RFID 仿真系统的设计必须保证仿真结果能够最大限度地模拟 RFID 系统的实际工作情况。

在 RFID 系统的规划、设计、运行、分析及改造的各个阶段，仿真技术都可以发挥重要作用。随着 RFID 系统规模的日益庞大，结构日益复杂，仅仅依靠人的经验及传统的技术已难以满足越来越高的要求。基于现代计算机及其网络的 RFID 仿真软件，不但能提高效率，缩短研究开发周期，减少训练时间，而且不受环境及气候限制，对保证安全、节约开支、提高质量尤其具有突出的功效。

同时，由于 RFID 仿真技术的使用是建立在实验性的概念上，当一个企业要决定使用 RFID 技术时，往往由于时间和资金的限制，没有办法承受失败所带来的风险，因此可以通过仿真软件减轻失败的风险。通过计算机虚拟实际的情况，RFID 实施方和决策者可以知道概念或设计的可行性，从而作出明智的决定。

目前已有一些开放源代码的软件可以提供 RFID 仿真功能，如 Rifidi 模拟软件，可以提

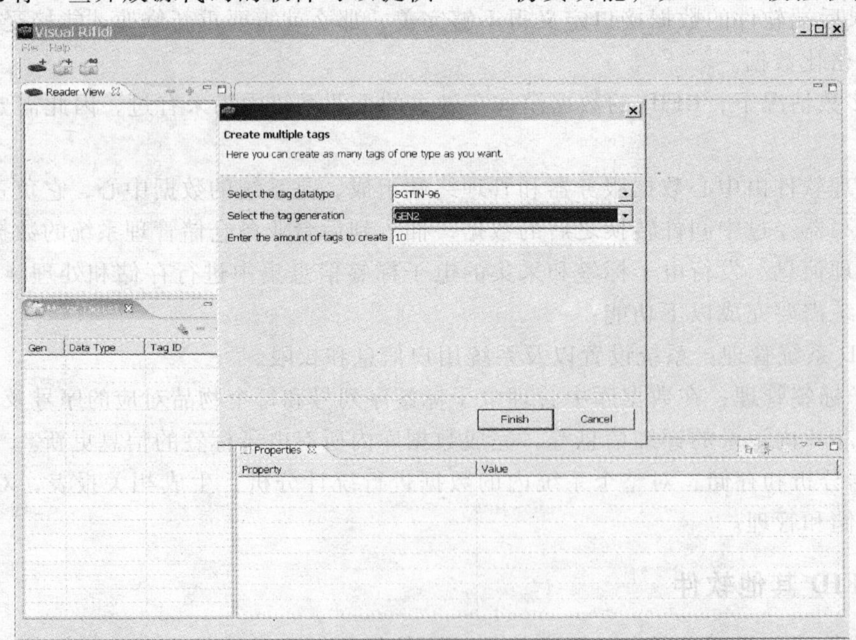

图 5-1 Rifidi 仿真软件界面

供一个 RFID 测试的平台。研究和开发人员可以使用 Rifidi 模拟 RFID 读写器，然后可以像控制真实的读写器一样控制它们，Rifidi 使得开发者可以在没有 RFID 硬件的情况下设计和开发出复杂的 RFID 应用程序，Rifidi 开放源代码项目的主要目的是让 RFID 开发更加容易，更加方便。过去 RFID 技术的封闭性使得没有昂贵且复杂的硬件就难以完成设计和开发，Rifidi 的目标就是让 RFID 的研发人员专注于 RFID 技术本身。

Rifidi 可以创建读写器和电子标签，并提供了图形化的方式来控制它们。例如：图 5-1 给出了创建一个 RFID 系统环境的设置，可以选择电子标签的数据类型，选择电子标签属于 Gen 1 还是 Gen 2，可以输入需要创建的电子标签的数量。详细情况可以参见：http：//www. rifidi. org/index. html. 。

随着 RFID 技术应用得越来越广泛，企业对软件管理功能需求的增加，RFID 软件市场规模会逐步增大。同时，随着技术的进步，市场应用规模的增大，电子标签和读写器的成本也会降低，因此未来电子标签和读写器等硬件在整体产业链中的比重会有所降低，软件的比重也将会不断增加。

5.2 RFID 中间件

对于较大规模的 RFID 应用系统来讲，读写器数量较多，系统采集的数据量较大，又需要将系统所采集的数据进行过滤和向后端软件分发或者进行远程传输，因此，就要用到 RFID 中间件，中间件包括软件和硬件。目前，硬件供应商也开始把中间件的功能直接内置到硬件设备之中，大型软件供应商也开始在自己的系统解决方案中增添 RFID 中间件功能。

5.2.1 使用 RFID 中间件的目的

使用 RFID 中间件有 3 个主要目的：

1）隔离应用层和设备接口；

2）处理读写器和传感器捕获的原始数据，使应用层看到的都是有意义的、高层的事件，大大减少所需处理的信息；

3）提供应用层接口用于管理读写器和查询 RFID 观测数据，目前，大多数可用的 RFID 中间件都有这些特性。

图 5-2 显示了 RFID 中间件的主要组成。

下面分别阐述这些组件：

1. 读写器适配器

考虑应用层是如何与下层物理组件的读写器和其他传感器协同工作这个问题时，解决方法之一是对每一种类型的读写器都编写一个相应的 API（应用程序接口），对一个典型的企业 RFID 应用，至少要支持多个供应商的多种读写器，这种方法将会非常麻烦。RFID 专业软件开发商将会提供读写器 API、设备驱动程序或读写器接口，而读写

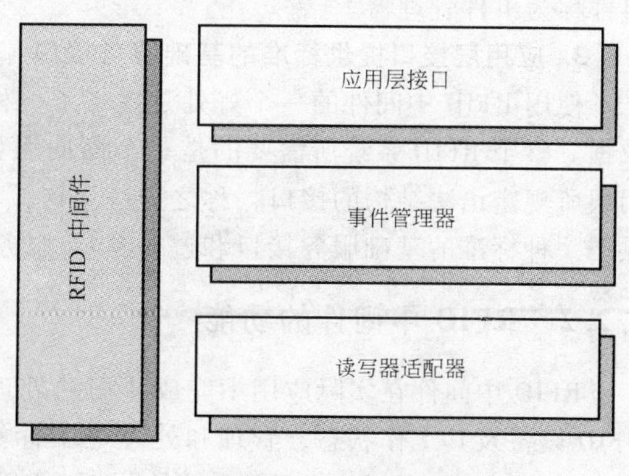

图 5-2　RFID 中间件组件

器适配器可以提供一个抽象的应用接口，来消除不同的读写器和API之间的差异。

2. 事件管理器（事件过滤）

一个拥有几百个或更多商场的零售商，当采用RFID技术之后，即使没有成千也有上百个读写器。每个读写器为了读它们周围的RFID标签需要每秒钟响应很多次，这将产生数百万条读取的RFID资料。

此外，这些大量的原始资料需要经过进一步处理对企业应用才有意义。由于物理层采用无线通信技术，目前在商业环境中电子标签的读取准确度只有80%~99%，这就意味着如果有100个标签在某个读写器旁，读写器每个读写周期记录的标签个数大概是80~99个。因为读取率不是100%准确，所以某条记录可能在这个读取周期被检测到，但下个读取周期可能就会错过。即使在使用智能货架技术的库存控制系统中，也需要将每条原始数据都从智能货架系统传送到库存系统。这种情况下，由于需要不断地更新从智能货架读写器传来的数据，库存控制系统将会陷入困境。

如图5-3所示，RFID读写器和传感器收集到的原始数据缺乏应用层相关性，需要经过许多处理把这些原始数据映射到对应用层有意义的事件。例如，一个订单管理应用可能想知道什么时候某个货物的库存将会降到它的极限，它感兴趣的只是商店里是否有RFID读写器跟踪这个货物，而不会在意每个商店有多少个读写器及其分布位置。未经数据过滤，将每个读写器读取到的结果直接传给订单管理系统是没有必要的，也达不到预期的效果。因此，中间件不仅需要加强、聚集及过滤读写器及感应器传来的原始数据，还要应用层提供所需要的数据。

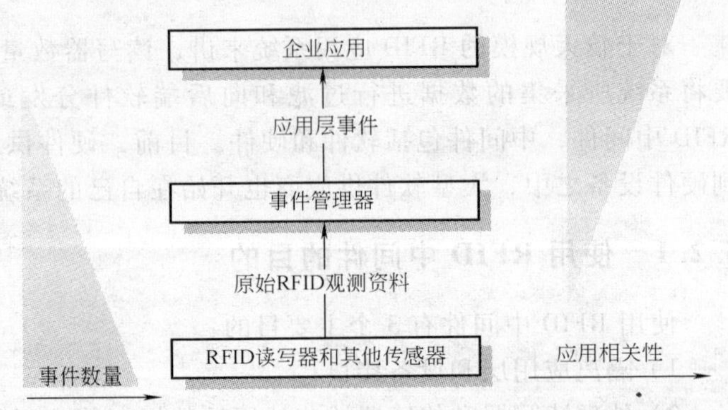

图5-3 事件通过RFID系统的不同层

如图5-3所示，原始资料在传送给应用程序前需要做一些处理。这种平滑读写器和感应器或其他的RFID原始资料使得数据对于企业应用更有意义的处理过程称为事件过滤，提供事件过滤的组件称为事件管理器。

3. 应用层接口提供标准的基础服务接口

使用RFID中间件的一个好处是提供了一种标准化的方式来处理电子标签所产生的大量数据。整个RFID系统所需要的是一个面向服务的，一种能将收集到的RFID数据转化成应用层所规定语法结构的接口，称之为应用层接口。基于面向服务的体系结构，应用层接口提供了一种标准的基础服务接口和遵循Web服务标准的异步的、松散的连接。

5.2.2 RFID中间件的功能

RFID中间件在实际应用中完成数据的处理、传递和对读写器的管理等功能，用来监测RFID设备及其工作状态，管理和处理电子标签和读写器之间的数据流以及提供RFID设备和主机的接口。通过对RFID系统的分析，RFID中间件应具备以下几个功能。

1. 标签数据的读写

RFID 中间件的一个重要功能就是提供透明的标签读写功能。目前市场上的电子标签，不但可以存储标识数据，而且有的还提供用户自定义读写存储操作的功能。当网络发生故障时，通过读取标签存储器的内容仍能够获得必要的信息。RFID 中间件应提供统一的 API，完成数据的读出和写入工作。中间件应提供对不同厂家读写设备的支持、不同协议的设备的支持，实现应用对设备的透明操作。

对于应用程序来讲，通过中间件从电子标签中读写数据，应该就像从硬盘读写数据一样简单和方便。这样，RFID 中间件应主要解决两方面的问题，第一是要兼容不同读写器的接口，第二是要识别不同的标签存储器的结构以进行有效的读写操作。

每一种读写器都有自己的 API，根据功能的差异，其控制指令也是各不相同的。RFID 中间件定义一组通用的 API，对应用系统提供统一的界面，屏蔽各类设备之间的差异。

标签存储器分为只读和读写两种类型，存储空间也可分为不同的数据块，每个数据块均存储定义不同的内容，可读写的存储器还可以由用户来定义存储的内容和方式。进行写入操作时如果只针对指定的数据块进行而不是全部读写，则可以提高读写性能并降低带宽需求。为了实现这样的功能，中间件应该设计虚拟的标签存储服务。标签存储服务设计虚拟的存储空间与实际的标签存储空间一一对应（见图 5-4），RFID 中间件接收用户提供的数据（单个数据或一组结构数据），先写入虚拟存储空间，再由专用的驱动程序通过读写器写入电子标签。如果写入操作成功，则中间件向应用系统返回信息并按照规则将已经写入的数据暂存在 RFID 中间件系统中；如果标签的存储器损坏而写入失败，则可由中间件系统在虚拟存储空间中保存应写入的数据，之后应用程序发出的读出请求均由中间件将虚拟存储空间中数据返回到应用程序，同时在电子标签即将离开中间件部署范围之前，更新该电子标签即可。类似这样的操作同样适用于标签能源不足、数据溢出等情况。实现虚拟存储空间的一个重要前提是虚拟存储空间应该是分布式的架构，所有的 RFID 中间件实例均能够访问虚拟存储空间。

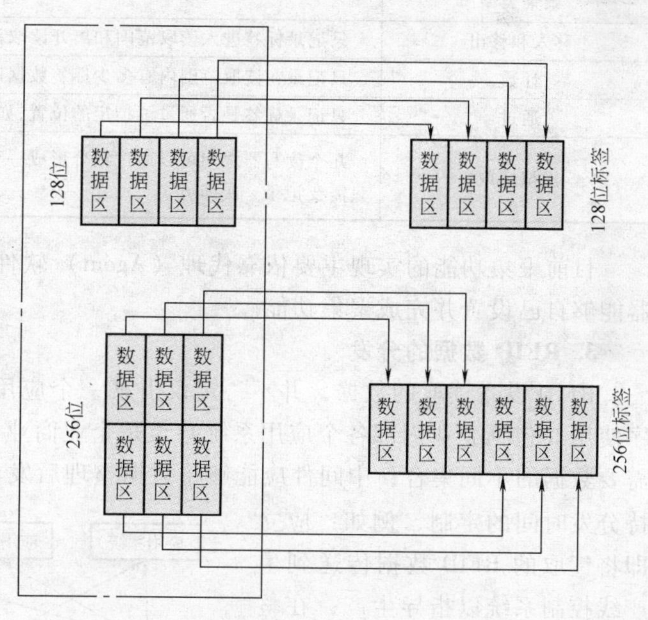

图 5-4　虚拟标签与实际标签的对应图

2. 数据的过滤和聚集

读写器不断地从电子标签中读取大量未经处理的数据，一般来说应用系统并不需要大量的重复数据，因此数据必须进行去重和过滤。而不同的应用需要取得不同的数据子集，例如：装卸部门的应用关心包装箱的数据而不关心包装箱内物品的数据。RFID 中间件应能够聚合汇总上层应用系统定制的数据集合。

过滤就是按照规则取得指定的数据，过滤有两种类型：基于读写器的过滤、基于标签和数据的过滤。表5-1描述了这两种过滤类型。

表5-1 过滤类型表

过滤类型	描述
基于读写器	仅从指定的读写器中读取数据
基于标签和数据	仅关心指定标签的集合，例如在同一个托盘内的标签

过滤功能的设计最初主要是用于解决读写器与电子标签之间进行无线传输时带宽不足的问题，但是否真正解决还不能够下定论，至少可以优化数据传输的效率问题。

聚集的含义是将读入的原始数据按照规则进行合并，例如重复读入的数据只记录第一次读入的数据和最后一次读入的数据。聚集的类型可以分为4种：移入和移出、计数、通过及虚拟读取。详细描述见表5-2。

表5-2 聚集类型表

聚集类型	描述
移入和移出	只记录标签进入读取范围和离开读取范围的数据
计数	只记录在读取范围内有多少标签数据而不关心具体的数据内容
通过	只记录标签是否通过了指定的位置，如门口
虚拟读取	几个读写器之间可以通过组合形成一个虚拟的读写器，几个读写器均读入标签数据，但只需要记录一次即可

目前聚集功能的实现主要依靠代理（Agent）软件来实现，但也有一些功能较强的读写器能够自己设置并完成聚集功能。

3. RFID数据的分发

RFID设备读取的数据，并不一定仅由某一个应用程序来使用，它也可能被多个应用程序使用（包括企业内部各个应用系统甚至是企业商业伙伴的应用系统），每个应用系统可能需要数据的不同集合，中间件应能够将数据整理后发送到相关的应用系统。数据分发还应支持分发时间的定制，例如：应立即将读取的RFID数据传送到生产线控制系统以指导生产，在整批货物处理完成后再将完整的数据传送到企业合作伙伴的应用系统中，每天业务处理完成后再将当天的全部数据传送到决策支持系统等。

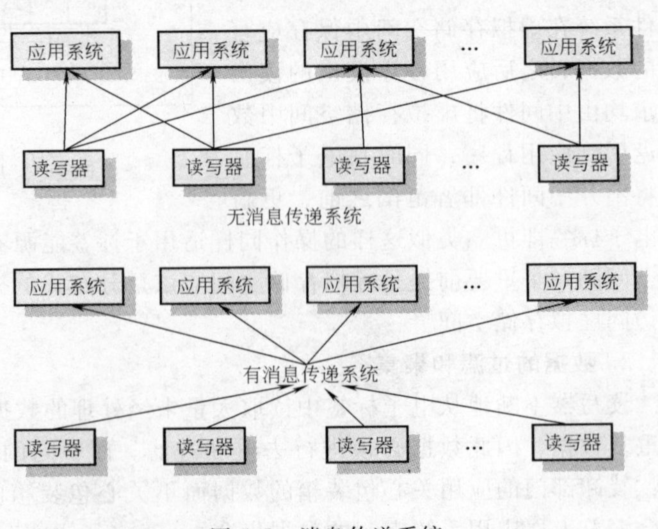

图5-5 消息传递系统

在RFID系统中，一方面是各种应用程序以不同的方式频繁地从RFID系统中取得数据，另一方面却是有限的网络带宽，其中的矛盾使得设计一套消息传递系统成为自然而然的事情。消息传递系统的示意图如图 5-5 所示。

读写器产生事件，并将事件传递到消息系统中，由消息系统决定如何将事件数据传递到相关的应用系统。在这种模式下，读写器不必关心哪个应用系统需要什么数据，同时，应用程序也不需要维护与各个读写器之间的网络通道，仅需要将需求发送到消息系统中即可。由此，设计出的消息系统应该有如下功能：

1）基于内容的路由功能。对于读写器获取的全部原始数据，在大多数情况下仅仅需要其中的一部分，例如设置在仓库门口的读写器读取了货物消息和托盘消息，但是由于业务管理系统只需要货物消息，固定资产管理系统需要托盘消息，这就需要中间件必须提供通过事件消息的内容来决定消息的传递方向的功能。否则将导致消息系统不得不将全部信息都传递给应用程序，而应用程序不得不自己实现部分的过滤工作。

2）反馈机制。消息系统的设计初衷之一就是降低 RFID 读写器与应用系统之间的通信量，其中比较有效的方式就是使 RFID 系统能够明白应用系统对哪些 RFID 数据感兴趣，而不是需要获得全部的 RFID 数据，这样就可以将部分数据过滤的工作安排在 RFID 读写器而不在 RFID 中间件上进行。目前市场上的 RFID 读写器，有些已经具备了进行数据过滤等高级功能，RFID 中间件应该能够自动配置这些读写器将数据处理的规则反馈到读写器，从而有效降低对网络带宽的需求。

3）数据分类存储功能。有些应用（如物流分拣系统或销售系统）需要实时得到标签信息，所以消息传递系统几乎不需要存储这些标签数据。而有些系统则需要得到批量 RFID 标签数据，并从中选取有价值的 RFID 事件信息，这就要求消息传递系统应该提供数据存储功能，直到用户成功接收数据为止。

4. 数据安全

RFID 往往使用在不为人所知的地方，在家用电器上、服装上甚至是食品包装盒上也许都嵌入了 RFID 芯片。因为在芯片的内部保存着标识信息，也许还有其他的附加信息，一些别有用心的人也许就能够通过收集这些数据而窥探到个人隐私。RFID 中间件应该考虑到用户的这些顾虑，并在法律法规的指导下进行数据收集和处理工作。

5.2.3　RFID 中间件的逻辑结构

RFID 和其他远程感知技术提供了一定程度上的自动化，与过去的标签技术（如条形码则需要人为干涉）有所不同。这种自动化需要远程监测和管理读写器及感应器，网络边缘操作的中间件解决方案是最适合监控和管理边缘设备的。因此，除了 5.2.2 节讨论的 4 种功能之外，中间件还应该能够提供管理和监测接口。

更多的数据和事务处理给网络、服务器及存储结构带来更大的负载，让处在数据中心的企业应用程序直接面临 RFID 观测数据，不仅使得应用程序过度疲劳，也会造成处理滞后及网络通信负载过大。因此，除了小型的应用及概念试验，一般都需要考虑在边缘设备和应用程序中使用 RFID 中间件。中间件可以将应用软件和读写器的类型隔离开，以使后端应用软件能够专注于有意义的应用层事件，而不会疲于应付读写器传来的原始数据。如前所述，中间件也需要具备远程监控和管理的功能。

图 5-6 显示了一个 RFID 的概念模型。RFID 中间件从一个或多个数据源接收原始资料。一个数据源可以是任何能够收集物理世界数据的感应器，如一个 RFID 读写器或温度计。收

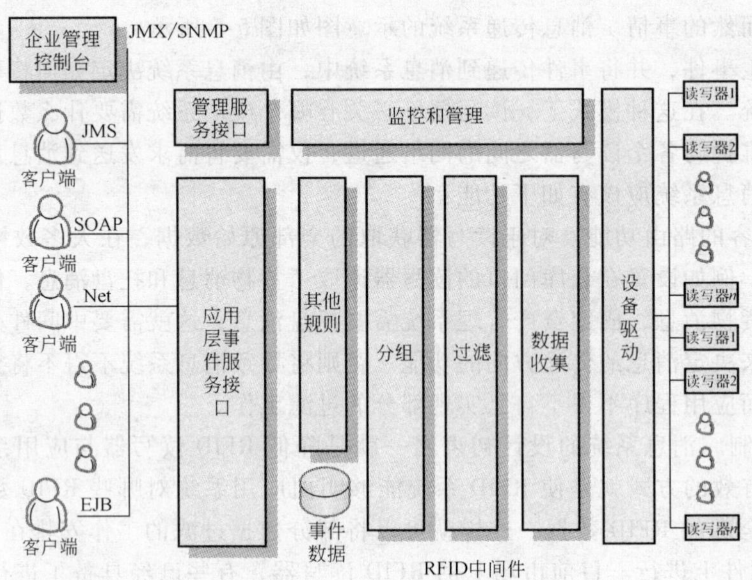

图 5-6 RFID 产品的概念体系结构

到观测资料后，中间件的事件管理组件对它们进行聚集、转换或过滤以供应用程序使用。这样除了使 RFID 观测资料和应用程序更加相关，事件管理器还减少了应用程序需要处理的数据量。

如图 5-6 所示，RFID 中间件支持读写器的发现、控制、监控及管理；同时也提供数据收集、转换、汇集（聚集）、过滤及分组机制；支持使用 Java、J2EE、. net 及 Web 服务标准的面向服务的接口；提供远程控制，监控和管理的能力。

这种逻辑结构的执行方法有多种，下面将讨论最常见的 EPCglobal 的应用层事件（Application Layer Event，ALE）规范。ALE 规范定义了一个通用的接口从读写器接收事件、过滤及分组。EPCgloble 发布的 ALE1. 0 规范对于不同的商家，实现方式不一样，每个都有相应的扩充。规范的完整文档可参见 http：//www. epcglobalinc. org。

5. 2. 4 应用层事件规范

1. ALE 规范简介

在 ALE 提出前，Auto-ID 实验室给出了一个称为 Savant 的组件，Savant 表示任何位于一组数据源（读写器或传感器）和企业应用软件之间的中间件的明确目标是过滤数据。Savant 规范是提供 RFID 事件处理标准的最初尝试，更多关注于事件管理的实现而不是所提供的服务。

ALE 规范是 EPCgloble 提出的标准应用层接口，使客户可以从一大堆来源中获取经过过滤和整理的 EPC 观测资料。ALE 接口允许客户设置事件处理方式及要求以报告的形式发送过滤后的事件。与 Savant 类似，ALE 规范提供一种方法使得 EPC 数据处理接近数据源。通过在 ALE 客户端和 ALE 服务端之间定义一种服务接口及交互模式来实现 ALE 规范，与 Savant 规范不同之处在于，ALE 规范没有规定服务接口的实现方式和部署位置。ALE 服务器可以部署在自己所处的位置、读写器处或应用软件服务器上。此外，ALE 规范提供让开发人员选择实现技术的方式，只要符合 ALE 接口规范的要求，该服务就被认为符合 EPCglobal ALE 规范，EPCglobal 已经计划提供一种方法来验证软件是否符合 ALE 规范。ALE 规范的优点在于：

（1）事件管理标准

为了可以从 RFID 读写器接收、过滤及分组事件，ALE 规范提供了一个读写器接口。使用兼容 ALE 的中间件的应用程序不需要为每个读写器都安装单独的驱动程序，也无需使用每个读写器的专有编程接口。

（2）扩展性

ALE 标准具有高度扩展性。虽然 ALE 规范的目标是处理 EPC 事件源，但也可以创建一些应用扩展以连接到非 EPC 标签或非 RFID 读写器设备的接口。

（3）接口和实现的分离

ALE 规范在客户端和 RFID 中间件中提供一个接口，把实现细节留给开发人员，开发人员可以根据技术平台、部署选项、附加特性等来选择实现技术的细节。软件提供的 ALE 服务可以在应用系统的边缘或内部作为一个独立的模块存在，也可以驻留在 RFID 读写器中。

应用层事件规范为访问应用层事件服务提供了 Web 服务兼容的绑定接口（Binding Interface)，使得 ALE 接口的实现方式可以适应不同的电信协议（如 SOAP/HTTP）和 API。

2. 关键概念及术语

为了更好地介绍 ALE 服务接口，下面介绍一些关键的概念及术语：事件侦测器、读取周期和事件周期。

（1）事件侦测器

事件侦测器（Event Originator）是任何能捕获到 RFID 标签的出现及其他来自物理世界观察资料的设备，RFID 读写器和感应器就是事件侦测器的例子。ALE 规范将物理设备和读写器区分开来。在 ALE 规范内容中，一个物理设备可能是拥有一个或多个天线的 RFID 读写器、一个符合 EPC 的条形码扫描仪、或类似设备。ALE 规范定义的读写器是一个抽象概念，本质上，一个读写器是一个提供 EPC 原始事件（或观测资料）数据源。一个读写器可以有以下 3 种表现形式：一个读写器映射一个物理设备，即一个读写器可以由单个物理设备实现，例如：一个单根天线的 RFID 读写器、一个符合 EPC 标准的条形码扫描仪或一个每根天线都可以收集数据的多天线读写器；几个读写器映射到相同的物理设备。一个读写器也可以由几个物理设备实现，例如：一个有多根天线的读写器，每根天线都是一个独立的数据源；一个读写器映射到多个物理设备。多个读写器可以协同工作来获取综合的观测资料，如两个或更多个读写器可以用于三角测量以获取位置信息。

ALE 规范也支持逻辑读写器的概念，即一个或更多个读写器的标志或名字。本质上，这是 ALE 规范提出的一个分组机制，适用于特定区域需要安装多个读写器来获取数据的情况。例如，假如拥有 10 个码头的某仓库，每个码头都有几个读写器，可以将它们分成一个或多个逻辑读写器，这样应用程序查询商品信息时就只需查询少量的逻辑读写器而不要单独收集每一个读写器。

逻辑读写器的概念使应用程序得以从读写器的具体部署中脱离出来，当读写器的具体分布发生改变时，只需更改实际读写器和逻辑读写器之间的映射关系，而无需重新编写应用程序。

(2) 读取周期

一个读写器可以定时或在需要时扫描电子标签得到观测数据，扫描在单位时间内按照设定的次数完成，每次扫描叫一个周期。

一个读取周期是读写器的交互周期，每个读取周期结束，读写器都会返回一组观测数据，ALE 规范的上下文中，每个观测数据都是电子产品编码（EPC）。ALE 规范中并没有严格规定读写器必须支持的周期时间，读取周期可以基于持续时间、数据量或其他感应器输入等，图 5-7 描述了单个读写器的读取周期。

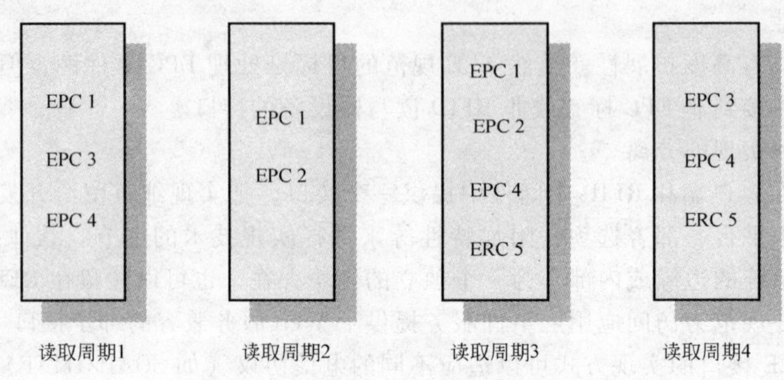

图 5-7 读写周期举例

将一个读取周期内读到的 EPC 集合用 S 表示，图 5-7 给出的 4 个读取周期的 EPC 集合表示如下。

S1 = {EPC1, EPC3, EPC4}

S2 = {EPC1, EPC2}

S3 = {EPC1, EPC2, EPC4, EPC5}

S4 = {EPC3, EPC4, EPC5}

这意味着第一个读取周期（S1）返回如下观测数据 EPC1、EPC3 和 EPC4。

(3) 事件周期

有时一个应用程序会需要几个读取周期收集的信息，例如，一个库存管理系统需要每隔一个小时更新一次库存清单，将多个读取周期聚合起来就构成了一个更高层次的抽象，这就是事件周期的由来。

事件周期是 ALE 服务器与客户机进行交互的一个单位，它与读取周期的映射关系有很大的灵活性。例如，一个事件周期可能跨越几个读取周期，一个给定的读取周期也可以对应于多个事件周期，一个事件周期也可以跨越多个读写器的读取周期。有了这种灵活性，客户端便可以关注于事件周期而忽视组成事件周期的读取周期。

如图 5-8 所示，客户端 1 的事件周期 1 跨越了前三个读取周期：读取周期 1，读取周期 2 和读取周期 3。既然事件周期是客户端和 ALE 服务器之间交互的一个时间单位，客户端可能无需理会每个读取周期单独收集的 EPC 数据。这种情况下，所有客户端需要事件周期中收集的所有 EPC 数据的集合，因此事件周期（E1）返回的结果应该是 S1 U S2 U S3（读取周期 S1，S2，S3 的并集），并报告如下的观测数据：E1 = S1 U S2 U S3 = {EPC1, EPC2, EPC3, EPC4}。

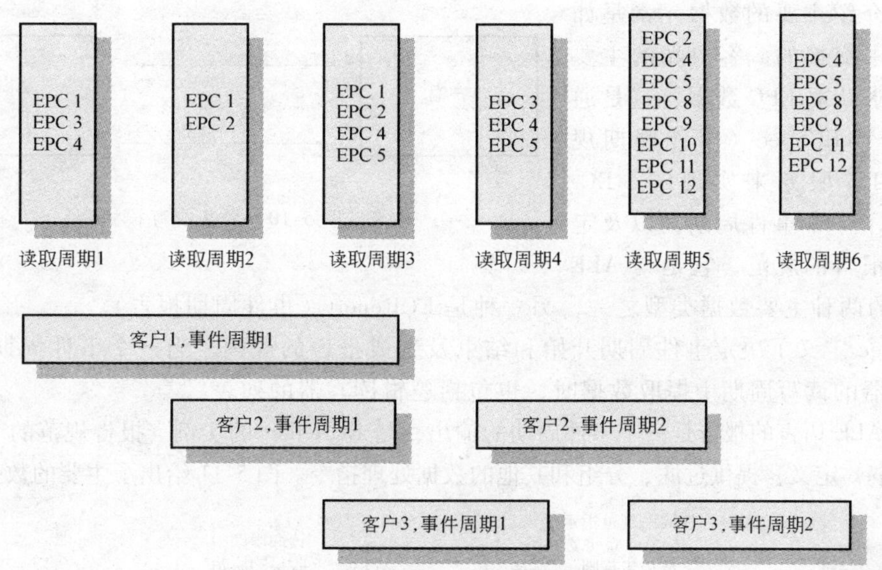

图 5-8　事件周期到读取周期的映射

同一时刻可以激活多个事件周期，而不同的事件周期可以有不同开始和结束的读取周期。当客户端可以发起多个同步请求时，单独的客户端可以有多个事件周期。类似的，多台客户机发起同步请求时，多个事件周期也可以同时出现。

事件周期和读取周期是很重要的概念，对应于应用程序为捕获事件指定的时间间隔或事件窗口。由于事件周期可以跨越多个读取周期，使应用程序可以建立逻辑的、更有意义的观测窗口。

3. 交互模式

可以通过客户机和 ALE 服务器间可用的交互模式来认识 ALE 规范的机动性。客户机可以在需要时请求服务（同步模式）或在某种特定情况下登记信息发送到服务器（异步模式）。

（1）同步模式

主要的交互模式是请求/答应模式，这种模式下所有调用 ALE 服务的方法都同步执行，图 5-9 显示了同步交互模式。ALE 规范的同步模式支持即时和轮询这两种交互方式。

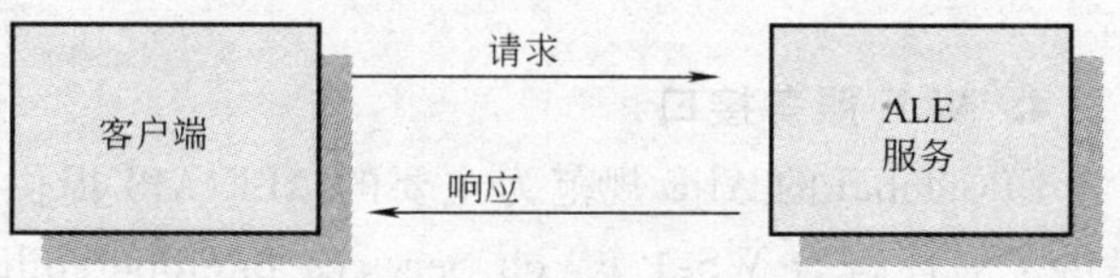

图 5-9　同步交互模式

（2）异步模式

ALE 接口也支持异步模式，这种模式下客户端可以预定事件，当事件发生时，ALE 服务器异步地传送数据到客户机。异步模式可以选择不同的技术来实现，包括 JMS、TIBCO、MQ-Series、email、SOAP。客户端使用通告 URI（Uniform Resource Identifier，统一资源标识）来预定事件，通告 URI 可以基于 HTTP、TCP 或简单文件类型。基于 HTTP 的通告 URI 设定了事件周期报告通过 HTTP 传送，使用 POST 操作；TCP 通告 URI 允许事件周期报告使用原始 TCP 连接来传送；文件类型通告 URI 允许将事件周期报告写入文件中。图 5-10 给出了异步交互模式。

（3）数据元素

下面介绍主要的数据元素是如何在组件中交换的。客户端的主要目的是请求获取 EPC 数据，这是通过提供一个 ECSpec（事件周期规范）给 ALE 服务来实现的。ECSpec 描述了一个事件周期，以及定义了生成报告的规范，它是与 ALE API 关联的两种主要数据类型之一，另一种是 ECReport（事件周期报告）。

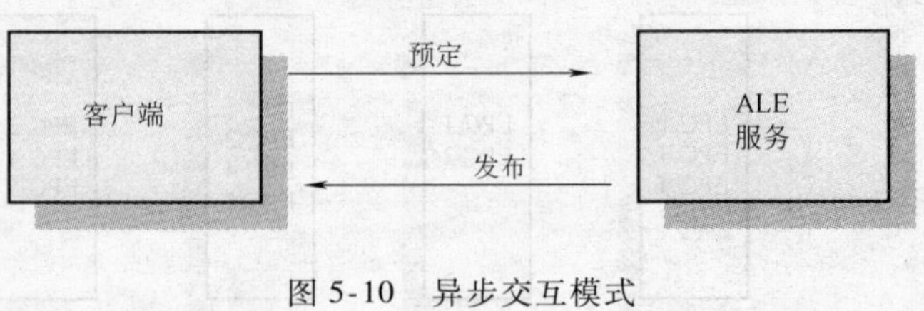

图 5-10 异步交互模式

ECSpec 定义了决定事件周期开始和结束及生成报告的规则。当一个事件周期从一个或多个读写器的读写周期中提取数据时，也包括逻辑读写器的列表。

使用 ALE 语言的报告是一个事件周期的输出，是 ECReport 的实例。报告规范的表达形式由 ECReportSpec 定义，提供过滤、分组和其他的数据处理指令。图 5-11 给出了主要的数据元素。

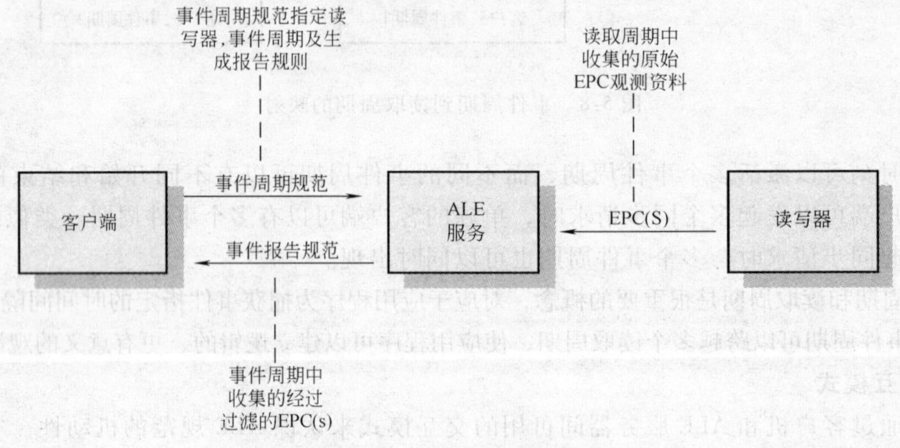

图 5-11 主要的数据单元

4. ALE 服务接口

EPCglobal 的 ALE 规范为主要的 ALE API 提供了一个抽象定义，这个规范也为 ALE API 提供了一种符合 WS-I（Web Services Interoperability Organization，Web 服务互操作性组织）的 SOAP 绑定。主要的 ALE 服务接口见表 5-3。

表 5-3 主要的 ALE 服务接口

ALE 服务接口	
+ define(String:specName, ECSpec:spec):void	定义(ECSpec)
+ undefine(String:specName):void	取消定义
+ getECSpec(String:specName):ECSpec	取得 ECSpec
+ getECSpec():String[]	取得 ECSpec 名
+ subscribe(String:specName, String: notificationURI):void	预定(ECSpec 名)
+ unsubscribe(String:specName, String:notificationURI):void	取消预定
+ poll(String:specName):ECReports	查询(得到 ECReport)
+ immediate(ECSpec: spec):ECReports	立即(得到 ECReport)
+ getSubscribers(String:specName, String:notificationURI):notificationURI[]	取得预定者
+ getStandardVersion():String	取得标准版本
+ getVendorVersion():String	取得开发商版本

5. 工作模式

如前所述，ALE 规范支持客户机和 ALE 服务器之间的同步交互模式和异步交互模式。在了解了 ALE 接口 API 和一些基本概念之后，下面更深入地来了解这些交互模式的工作。

（1）同步模式

以客户机发出请求到收到读写器响应的事件流程为例，说明原始观测资料是如何被过滤及分组的。ALE 规范称这种交互模式为“即时模式”。

1）即时模式：即时模式是访问 ALE 服务的两种同步模式中的一种。客户端首先创建及配置一个事件周期规范（ECSpec），然后调用 ALE 服务器的即时服务，ALE 规范将 ECSpec 看成传递给即时服务的一个参数。ECSpec 定义了读写器的列表，客户端正是从这些读写器中接收事件。即时模式定义了事件周期边界（在边界上的物件）和对读写器收集到的原始观测资料的过滤及分组机制。ECSpec 也可以包含多个报告规范，这样可以让客户机对同一组原始观测资料有多种的过滤和分组方式。

图 5-12 给出了当客户端调用即时服务时的流程，给出了 ECSpec 如何从读写器上取得原始 EPC 数据，经过过滤和分组后，最后将数据封装成报告形式的处理过程。ALE 服务支持客户端的请求，服务器端登记必要的读写器组及从读写器中取得的事件数据。ALE 服务处理这些数据并在处理完请求后返回结果。

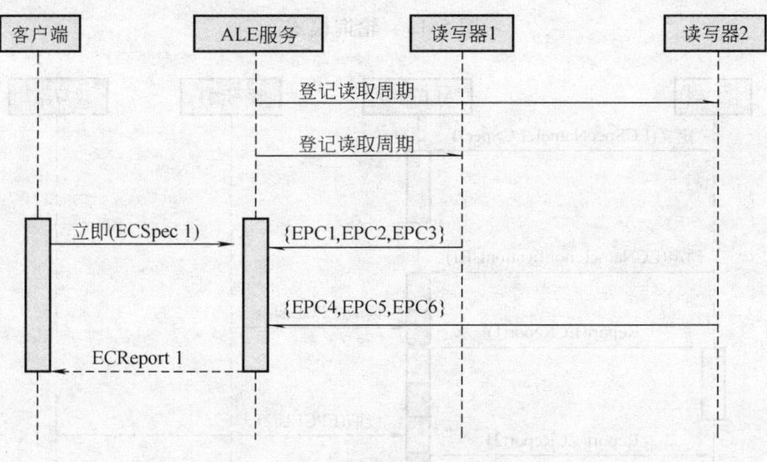

图 5-12　即时模式

2）轮询模式：一个客户端想获得定期更新的 EPC 事件数据而不是一次性的报告，将会使用 ALE 服务器的轮询接口。轮询属于同步处理过程，如图 5-13 所示，客户端先创建一个 ECSpec，然后调用 ALE 服务定义的方法指派一个逻辑名称。一旦 ECSpec 被定义，客户端就可以调用轮询方法。ALE 服务处理轮询方式、审核 ECSpec、决定事件边界、逻辑读写器等（类似于解释立即模式的过程）。在事件周期完成后，ALE 服务返回包含所请求的 EPC 数据的报告。

（2）异步模式

ALE 服务的异步交互模式跟其他异步信息结构相似，采用典型的发布/订阅机制，如图 5-14 所示。在定义一个事件规范之后，客户端可以预定获取定期的更新，将会定期收到经过 ALE 服务器过滤和分组的数据。当不需要接受数据时，客户端可以退订。

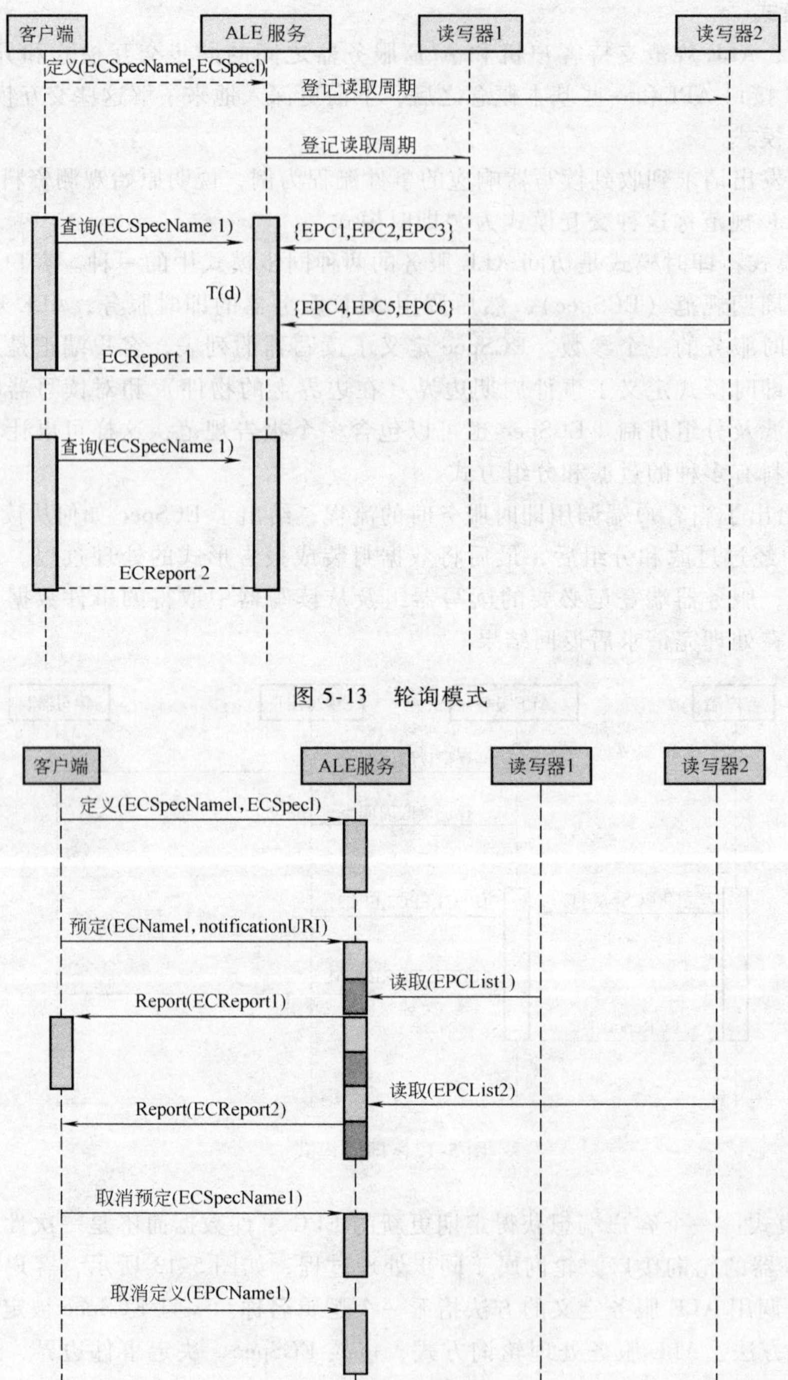

图 5-13 轮询模式

图 5-14 异步模式

6. 过滤及分组

客户端可以说明应该如何处理原始 EPC 观测数据，然后记录到报告中。ALE 规范提供了两种不同的事件处理机制：过滤和分组。过滤提供了在事件数据中挑选特定数据的能力，分组提供了对不同读写器和不同事件周期收集的数据进行分组的能力。事件周期过滤规范和事件周期分组规范分别被用来过滤和分组数据。一个事件周期规范可以包含多个报告说明，客户端能在每一个报告说明（ECReportSpec）中提供一个分组说明（ERPepostSpec）和一个过滤器说明（ECFilterSpec）。

5.2.5 RFID中间件产品

1. Sun公司的RFID中间件

Sun公司根据市场需求，利用Java在企业中的应用优势，开发了一个基于Java的RFID中间件平台，可以为EPC网络提供高层次的可靠性和扩展性，同时可以结合多种现有后端企业系统来简化任务。Sun公司的RFID中间件是Java企业系统的一部分，支持主流企业集成服务的标准集成，包括Sun公司Java企业集成服务。

Sun公司开发的RFID中间件产品从1.0版本开始，经历了较长时间的测试，随着产品不断完善，已经完全达到了设计要求。随着RFID标准Gen 2.0的推出，目前Sun公司的RFID中间件也推出了2.0版本，实现了RFID中间件对Gen 2.0版本的全面支持和中央系统管理。

该中间件产品包括4个组件：RFID事件管理器、RFID管理控制台、RFID信息服务器及创建适配器和应用软件的开发工具包（SDK）。其中RFID管理控制台和RFID信息服务器都得到了Oracle和PostgreSQL等数据库厂商的认证。

（1）RFID事件管理器

RFID事件管理器用来帮助处理通过RFID系统收集的信息或依照客户的需求筛选信息。事件管理器集成了Jini网络工具，当有新的RFID设备接入网络时，立刻能被系统自动发现并集成到网络中，实现新设备数据的自动收集，比较容易捕获和过滤最后存储所连接网络中的RFID读写器产生的EPC事件。其主要目的是与各读写器顺利合作，收集EPC事件，过滤冗余信息，以及发送有关事件给RFID信息服务器或其他ERP软件做进一步处理。

（2）RFID管理控制台

RFID管理控制台是一个基于浏览器的图形界面，用于管理和监听RFID事件管理：允许用户查看及修改RFID属性和事件管理的组件，如过滤器和连接器：将RFID读写器和RFID事件管理器组件以表格的形式显示给用户，读写器和组件的属性可以修改以适应运行系统的工作。RFID管理控制台允许用户为了方便查看将读写器分组，及显示一组的状态，也实现了读写器及其属性的警报表格。每个读写器都分组显示并且可选的，一旦选中，将显示读写器的属性。管理工具为显示读写器和RFID事件管理系统的健康状态实现了一个警报显示架构，当警报被触发，用户将会收到一封邮件通知。RFID管理控制台使用一个JDBC兼容的关系数据库来保持读写器分组信息、警报和系统设定，如操作权限和Email配置。

（3）RFID信息服务器

RFID信息服务器用来得到和存储使用RFID技术生成的信息，并将这些信息提供给后端管理软件系统的软件系统。它基于J2EE应用，为捕获和查询EPC相关数据提供服务接口，其中EPC相关数据包含来自事件管理器的标签观测资料，也包含EPCs映射到高层商业数据的信息。应用程序与信息服务器的相互作用是通过XML信息交换的，信息服务器提供一个XML信息接口，通过HTTP和JMS信息传送器，并将所有数据保存在JDBC兼容的相关数据库。

(4) SDK

Sun 公司的 RFID 中间件提供了具有完整文档的 SDK，并允许开发人员扩展该产品。开发人员可以选择 SDK 创建一个专门应用，而不使用组件。软件的 3.0 版本增加支持最新的读写器和打印机，被设计成最大程度的支持各种平台，包括 Solaris、Linux、Windows XP 和 ALE 执行的 J2ME CDC（嵌入式设备）。图 5-15 显示了 Sun 公司的 RFID 中间件的结构。

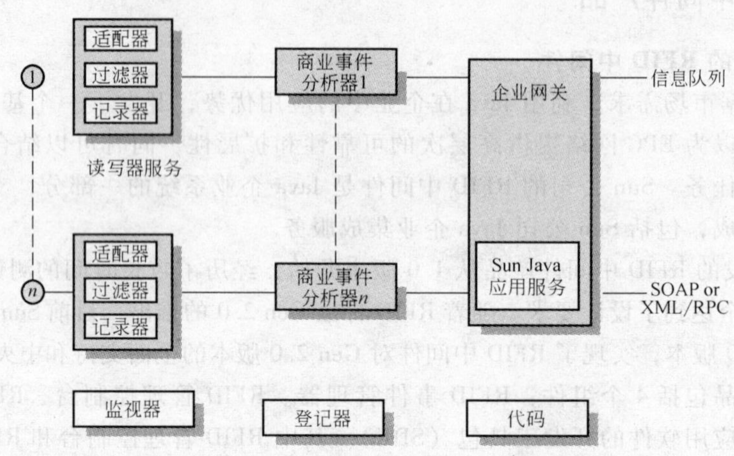

图 5-15 Sun 公司的 RFID 中间件

为了进一步扩大 Sun 公司的 RFID 中间件产品的影响力，Sun 公司已经与 SAP 等几家厂商组建了 RFID 中间件联盟，将各个厂家的 RFID 中间件产品整合到一起，利用各自的企业资源，进行 RFID 中间件产品推广工作。

2. BEA 公司的 RFID 中间件

BEA 公司的 RFID 中间件通过收购 ConnecTerra 公司（EPCglobal 架构复审委员会三家技术厂商之一，负责和领导 RFID 诸多软件层面的标准制定工作），将其中间件整合进 BEA 中间件产品之中。BEA 公司可以向企业提供完整的产品解决方案，帮助企业方便地实施 RFID 项目，帮助客户处理从供应链上获取日益庞大的 RFID 数据。BEA 公司的 RFID 解决方案由 4 个部分构成：

(1) BEA WebLogic RFID Edition

先进的 EPC 中间件支持多达 12 个读写器提供商的主流读写器，支持 EPC Class0、0+、1、ISO 15693、ISO 18000-6Bv1.19EPC、Gen 2 等规格的电子标签。

(2) BEA WebLogic Enterprise Platform

专门为构建面向服务型企业解决方案而设计的统一的、可扩展的应用基础架构。

(3) BEA RFID 解决方案工具箱

实施 RFID 解决方案的加速器，包含快速配置和部署 RFID 应用系统所必需的代码、文档和最佳实践路线。主要内容包括事件模型体系结构、消息总线架构、预置的 Portlet（Portlet 是一种 Web 组件，就像 servlets 是专为将合成页面里的内容聚集在一起而设计的）等。

(4) 为开发、配置和部署该解决方案提供帮助的咨询服务

该解决方案可以为客户实施 RFID 应用提供完整的基础架构，用户可以围绕 RFID 进行业务流程创新，开发新的应用，从而提高 RFID 项目投资的回报率。

目前，BEA 公司已成为基于标准的端到端 RFID 基础设施——从获取原始的 RFID 事件直到把这些事件转换成重要的商业数据的厂家。

BEA 公司和 RFID 硬件提供商和行业应用提供商合作，可以为不同行业提供全面的 RFID 端到端解决方案。针对邮政行业的应用特点，BEA 公司推出了邮政行业 RFID 解决方案，包括以下几部分：

1）BEA 公司的应用、服务基础件产品线，其中包括 RFID 相关软件产品；

2）针对邮政行业推出的 RFID 解决方案工具包；

3）针对邮政行业 RFID 应用实施提供的定制专业服务。

图 5-16 描述的邮政行业 RFID 解决方案逻辑架构分 5 层实现：RFID 硬件层（包括电子标签和读写器）、RFID 边缘服务器层、RFID 企业服务器层、集成层和门户层。

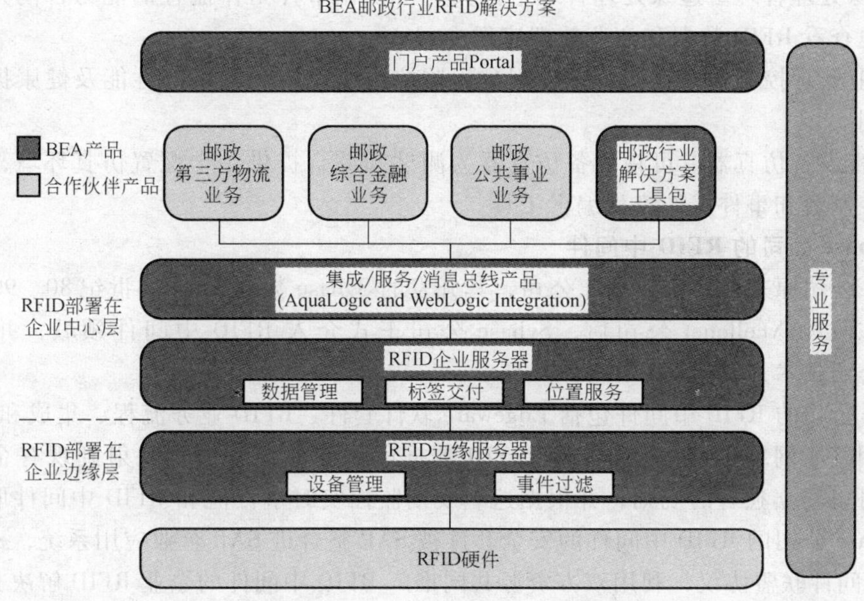

图 5-16　BEA 邮政行业 RFID 解决方案

1）RFID 硬件层位于架构的最底层，其读写器由触发器控制，每秒可读取标签上百次。

2）RFID 边缘服务器层边缘服务器定期轮询读写器（例如，每秒两次），以消除重复操作，并执行过滤和设备管理。边缘服务器还产生 ALE 并将事件发送到上层应用，在发送消息时，通常需要“一次成功”的消息语义来保证消息传且只传一次。任何时候，可设定 IP 地址的读写器都由一个且只能由一个边缘服务器控制，以避免出现与网络分区相关的问题。

3）RFID 企业服务器层丰富并存储电子标签事件，同时提供对边缘服务器的集中管理。

4）集成层集成现有的业务系统，并支持新业务流程的定制开发。通过使用控件或服务组件技术，最大化已有的业务处理资源，通过抽取、处理、分析不同业务数据，进行数据和业务的聚合。

5）门户层提供人机交互界面，实现对业务的操作和管理。

RFID 控制信息通过操作门户流入集成层，然后流入企业服务器层、边缘层，最后流入读写器；而读写器获取的 RFID 数据则在过滤后顺着这个链向上传送。

BEA 公司的邮政行业 RFID 解决方案是基于面向服务架构（Service Oriented Architecture，SOA）的体系结构构建，结合对邮政的业务理解，专门为邮政行业定制的 RFID 解决方案，适合多样化的硬件部署环境，适应多样化的邮政业务。

3. GlobeRanger 公司的 RFID 中间件

GlobeRanger 是早期专门从事 RFID 中间件的公司之一，集中于为 RFID、传感器和其他边缘设备提供名为 iMotion 的软件平台。iMotion 软件平台合并了可视化工具，简化了解决方案的开发、配置和管理。该平台建立在微软的 .NET 体系结构上，并且遵循多种成形的标准，包括 ALE 和 EPCIS 规范。iMotion 平台由 4 个系统组件组成：

1）边缘设备管理。边缘设备管理组件为管理 RFID，移动和感应设备提供了全面的可以即用的功能性。数据管理传递通过 ALE 给灵活的互用性提供了一个符合 ALE 的应用程序。

2）边缘处理管理。边缘处理管理组件具有可视化事件工作流程的能力，使方法设计者可很直观地查看 RFID 数据和商业处理流程。

3）企业管理控制台。企业管理控制台为监控边缘设备和网络的性能及健康提供一种中央集权机制。

4）可视设备仿真器。可视设备仿真器为测试和综合提供一个配置仿真环境，也提供了边缘管理控制台和事件工作流程编辑工具。

4. Sybase 公司的 RFID 中间件

Sybase 公司原来是一家数据库公司，其开发的 Sybase 数据库在 20 世纪 80、90 年代曾辉煌一时。在收购 Xcellenet 公司后，Sybase 公司正式介入 RFID 中间件领域，并开始使用 Xcellenet 公司技术开发 RFID 中间件产品。

Sybase 公司的 RFID 中间件包括 Edgeware 软件套件、RFID 业务流程、集成和监控工具。该工具采用基于网络的程序界面，将 RFID 数据所需要的业务流程映射到现有企业的系统中。客户可以建立独有的规则，并根据这些规则监控实时事件流和 RFID 中间件取得的信息数据。Sybase 公司的 RFID 中间件的安全套件被 SAP 整合进 SAP 企业应用系统，双方还签订了 RFID 中间件联盟协议，利用双方资源共同推广 RFID 中间件的企业 RFID 解决方案。

5. Microsoft 公司的 RFID 中间件

微软公司以微软 SQL 数据库和 Windows 操作系统为依托，着手进行 RFID 中间件和 RFID 平台的开发，向大、中、小型企业提供 RFID 中间件企业解决方案。与其他软件厂商运行的 Java 平台不同，Microsoft 公司的 RFID 中间件产品主要运行于微软公司的 Windows 系列操作平台。企业在选用中间件技术时，一定要考虑 RFID 中间件产品与自己现有的企业管理软件的运行平台是否兼容。

根据微软公司的 RFID 中间件计划，微软公司准备将 RFID 中间件产品集成为 Windows 平台的一部分，并专门为 RFID 中间件产品的数据传输进行系统级的网络优化。依据 Windows 占据的的全球市场份额及 Windows 平台的优势，微软公司的 RFID 中间件产品将会拥有较大的竞争优势。

6. Oracle 公司的 RFID 中间件

Oracle 公司的 RFID 中间件是甲骨文公司着眼于未来 RFID 的巨大市场而开发的一套基于 Java 遵循 J2EE 企业架构的中间件产品。Oracle 公司的 RFID 中间件依托 Oracle 数据库，充分发挥 Oracle 数据库的数据处理优势，满足企业对海量 RFID 数据存储和分析处理的要求。Oracle 公司的 RFID 中间件除最基本的数据功能外，还向用户提供了智能化的手工配置界面，实施 RFID 项目的企业可根据业务的实际需求，手工设定 RFID 读写器的数据扫描周期、相同数据的过滤周期，并指定 RFID 中间件将电子数据导入指定的服务数据库，并且企业还可以利用 Oracle 公司提供的各种数据库工具对 RFID 中间件导入的货物数据进行各种指标数据分析，并做出准确的预测。

7. IBM 公司的 RFID 中间件

IBM 公司的 RFID 中间件是一套基于 Java 并遵循 J2EE 企业架构开发的一套开放式 RFID 中间件产品，可以帮助企业简化实施 RFID 项目的步骤，能满足企业处理海量货物数据的要求。IBM 公司的 RFID 中间件产品基于高度标准化的开发方式，可以与企业信息管理系统无缝连接，有效缩短企业的项目实施周期，降低了 RFID 项目实施出错率和企业实施成本。

目前 IBM 公司的 RFID 中间件产品已经成功应用于全球第四大零售商 Metro 公司的供应链之中，不仅提高了整个供应链商品的流转速度，减少了产品差错率，还提高了整个供应链的服务水平，降低了整个供应链的运营成本。此外，还有约 80 多家供应商表示将与 IBM 公司签订采用这项新的 IBM WebSphere RFID 中间件解决方案。为了进一步提高 RFID 解决方案的竞争力，目前 IBM 公司与 Intermec 公司进行合作，将 IBM 公司的 RFID 中间件成功地嵌入到 Intermec 的 IF5 RFID 读写器中，共同向企业提供一整套 RFID 企业或供应链解决方案。

8. Sunrise RFID 中间件

Sunrise RFID 中间件是我国晨光电子科技有限公司自主研发的面向应用的中间件产品。Sunrise 2.0 RFID 中间件屏蔽了 RFID 设备的多样性和复杂性，能够为后台业务系统提供强大的支撑，从而驱动更广泛、更丰富的 RFID 应用。Sunrise 2.0 RFID 中间件产品是基于开放式架构设计的、模块化的、可升级的数据处理系统。主要用来加工和处理来自读写器的所有信息和事件流的软件，是连接读写器和企业应用的纽带。可以提供标签数据过滤、分组、计数防错读和防漏读等功能。

Sunrise 2.0 RFID 中间件由以下 4 个主要的模块构成：

1）控制中心。控制中心负责配置管理 Sunrise Reader Server、ALE Server 以及管理控制物理识读设备。系统采用 B/S 结构，管理员使用浏览器登录上控制中心，即可对中间件进行管理。该模块功能包括系统管理及系统配置管理两个。系统管理模块提供系统登入、退出系统、增、删、改、查等操作，系统配置管理模块提供配置 Sunrise Reader Server、Reader 及事件处理系统 Server 等操作。

2）事件处理系统。该模块主要对物理识读设备进行集中管理和配置。主要包括启动和停止识读设备、保存所有相关识读设备的配置信息、向控制中心发送识读设备配置信息、响应 ALE 的命令并做相应处理和将 PC 信息经过简单处理后发送到 ALE 等功能。该模块具备良好的可扩展性，具有分布式处理功能，对不同的识读设备实现统一的接口层，简化了上层处理。

3）读写器系统。该模块主要是对从读写器 Server 传送的数据进行合成整理，以及把标签数据封装成标准的数据格式，为上层的应用系统提供服务。主要包括将逻辑识读设备与物理读写设备建立映射、接收读写器 Server 传送的数据和根据上层应用的定制信息对服务进行定制等。该模块具备良好的可扩展性，具有分布式处理功能，采用高效处理算法和特殊数据结构，使总体性能比较高。

4）Sunrise 网关。该模块主要实现管理服务和数据服务协议的转换，具有较高的安全性和可扩展性。外部传输协议采用 HTTP，具有防火墙穿透功能，在互联网上很好地实现了远程服务请求功能。

5.2.6 RFID 中间件的设计

按不同功能和性能，中间件可分为可重构中间件、嵌入式中间件、移动中间件、实时中间件、分布式中间件等；按不同应用领域，可分为面向工业应用的中间件、面向物流的中间件等；按不同技术层次，可分为设备接口中间件、数据管理与集成中间件和应用集成中间件。

RFID 中间件的设计从概念上可以分为以下两种：第一种是以应用程序为中心；第二种是以架构为中心。在 RFID 中间件设计过程中需要考虑如下问题：

1）客观条件限制下怎样有效地利用 RFID 系统进行数据的过滤和聚集；

2）明确聚集类型将减少和降低标签检测事件对系统的冲击；

3）RFID 中间件中消息组件的功能特点；

4）怎样支持不同的 RFID 读写器；

5）怎样支持不同的 RFID 标签内存结构；

6）如何将 RFID 系统集成到客户的信息管理系统中。

RFID 中间件的设计要研究中间件共性技术，突出通用性，开发适合不同应用需求的中间件。中间件的范围很广，小到一个中间件插件，大到功能强大的中间件平台。因此，中间件的设计需要注意以下几点：

1）要强调中间件产品组件化，分别开发各中间件组件，如嵌入式系统中间件、可重构中间件和实时处理中间件等，通过配置工具快速复合，结合应用推出一系列中间件产品，以及区别不同行业的 RFID 解决方案。RFID 中间件系统应具有自配置能力，对于分布式中间件，应提供统一的“容器”支持多中间件协同工作，中间件之间采用标准的接口。

2）RFID 技术是应用驱动的，应从典型应用场景出发分析软件的共性需求。对于大型企业，应开发中间件平台；对于中小企业，宜开发“轻量级”低成本中间件产品。

3）数据管理与集成，关键在于处理海量数据，实现上下游共享信息，保证数据来源、可信度及安全性，提供数据的存储与备份，与不同应用系统接入。RFID 数据描述采用标准格式（如基于 XML、RDF 等）。在面向工业应用的中间件的开发中，实时数据管理技术很有必要，可以解决多读写器 RFID 数据的实时准确采集、存储与查询，RFID 动态属性管理，实时/历史数据压缩与高速查询，实时消息通信，实时事务调度与并发控制等。

4）建立中间件开发标准，遵循标准开发，普遍适配，强调模块化，提供二次开发接口，满足不同 RFID 应用需求；针对 RFID 特点，定义 RFID 数据模型，加入 RFID 接口，接入企业应用系统。RFID 采集的数据不能都过滤掉，历史数据很重要，中间件过滤器要建立数据过滤规则，可为公共信息服务所用。中间件的开发中不仅强调 RFID 数据“读”，还应强调“写”，即追加信息（保留原字段增加新字段或更改原字段），因为信息的读写控制都很重要，是信息安全的重要部分。

5.2.7　RFID 中间件的发展

1. 发展阶段

从发展趋势看，RFID 中间件的发展阶段（见图 5-17）如下：

1）应用中间件（Application Middleware）发展阶段。RFID 初期的发展多以整合、串接 RFID 读写器为目的，本阶段多为 RFID 读写器厂商主动提供简单的 API，以供企业将后端系统与 RFID 读写器串接。以整体发展架构来看，此时企业的导入须自行花费许多成本去处理前后端系统连接的问题，通常企业在本阶段会通过 Pilot Project 方式来评估成本效益与导入的关键议题。

2）架构中间件（Infrastructure Middleware）发展阶段。本阶段是 RFID 中间件成长的关键阶段。由于 RFID 的强大应用，Wal Mart 与美国国防部等关键使用者相继进行 RFID 技术的规划并进行导入的 Pilot Project，促使各国际大厂商持续关注 RFID 相关市场的发展。本阶段 RFID 中间件的发展不但已经具备基本数据的搜集、过滤等功能，同时也满足企业多对多的连接需求，并具备平台的管理与维护功能。

3）解决方案中间件（Solution Middleware）发展阶段。未来在电子标签、读写器与中间件发展成熟过程中，各厂商针对不同领域提出了各项创新应用解决方案，例如 Manhattan Associates 提出“RFID in a Box”，企业不需再为前端 RFID 硬件与后端应用系统的连接而烦恼，该公司与 Alien Technology Corp 在 RFID 硬件端合作，发展以 Microsoft. Net 平台为基础的中间件，针对该公司 900 家的已有供应链客户群发展（Supply Chain Execution，SCE）方案，原本使用 Manhattan Associates SCE 方案的企业只需通过“RFID in a Box”，就可以在原有应用系统上快速利用 RFID 来加强供应链管理的透明度。

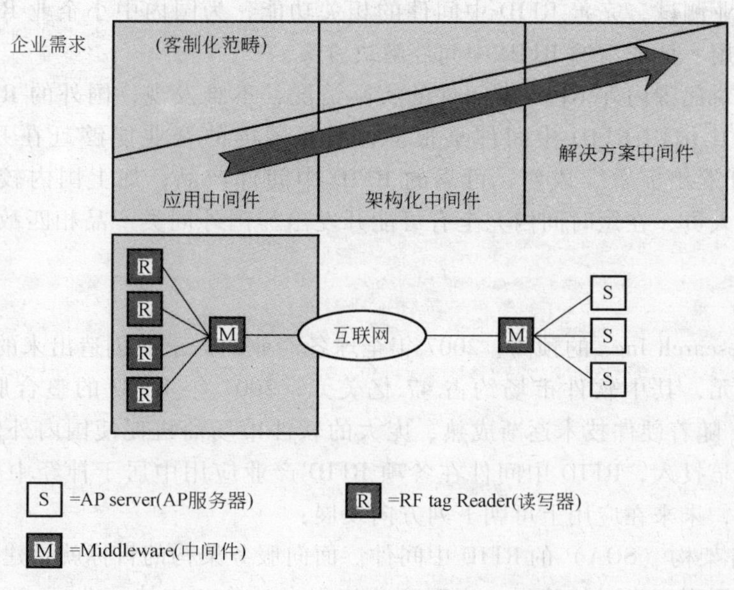

图 5-17　RFID 中间件的发展阶段

2. 国际发展现状

最先提出 RFID 中间件概念的是美国，美国企业在实施 RFID 项目改造期间，发现最耗时、耗力、复杂度和难度最高的问题是如何保证 RFID 数据正确导入企业的管理系统，为此企业做了大量的工作用于保证 RFID 数据的正确性。经企业和研究机构的多方研究、论证、实验，最终找到了一个比较好的解决方法，这就是 RFID 中间件。

在国际上，目前比较知名的 RFID 中间件厂商有 IBM、Oracle、Microsoft、SAP、Sun、Sybase、BEA 等国际知名企业。由于这些软件厂商自身都具有比较雄厚的技术储备，其开发的 RFID 中间件产品又经过多次的实验和企业实地测试，RFID 中间件产品的稳定性、先进性、海量数据的处理能力都比较完善，已经得到了企业的认同。

3. 我国的发展现状

RFID 技术进入我国的时间比较短，各方面的工作还处于起始阶段。虽然我国政府在国家十一五规划和 863 计划中，对 RFID 应用提供了政策、项目和资金的支持，并且 RFID 在国内的发展也较为迅速，但与国际技术的发展相比，在很多方面还存在明显的差距。目前我国做中间件的企业很多，但专门开发 RFID 中间件的企业却很少。

国内在 RFID 中间件和公共服务方面已经开展了一些工作。依托国家 863 计划“无线射频关键技术研究与开发”课题，中科院自动化所开发了 RFID 公共服务体系基础架构软件和血液、食品、药品可追溯管理中间件。华中科技大学开发了支持多通信平台的 RFID 中间件产品 Smarti，上海交通大学开发了面向商业物流的数据管理与集成中间件平台。此外，国内产品还包括东方励格科技有限公司的 LYNKO-ALE 中间件，清华同方的 ezRFID 中间件、ezONEezFramework 基础应用套件等。

虽然国内目前已经有了一些初具规模的 RFID 中间件产品，但大多没有在企业进行实际应用测试，与国外的 RFID 中间件产品相比，还处于实验室阶段。与国外经历了很长时间企业实际测试的 RFID 中间件产品相比，还有较大的距离。国内的相关厂家应尽快完成 RFID 中间件产品的企业测试，完善 RFID 中间件的相关功能，为国内中小企业 RFID 项目的实施提供了方便、实用、低成本的 RFID 中间件解决方案。

另外，通过对比国内外 RFID 中间件的实际情况，不难发现，国外的 RFID 中间件产品发展的时间并不比国内 RFID 中间件早很多；只要国内的企业能够赶在开始大规模实施 RFID 项目之前开发出完善、成熟、可靠的 RFID 中间件产品，加上国内较低的成本优势、众多优秀的技术人员，在短时间内完全有可能开发出与国外同类产品相匹敌的 RFID 中间件产品。

4. 发展趋势

根据 ABI Research Inc. 的预测，2007 年全球各产业的需求所创造出来的 RFID 市场规模可达到 200 亿美元，其中软件市场约占 47 亿美元，2007 年 RFID 的整合服务收入将超越 RFID 产品收入。随着硬件技术逐渐成熟，庞大的软件市场商机促使国内外信息服务厂商无不持续注意与提早投入，RFID 中间件在各项 RFID 产业应用中居于神经中枢，特别受到国际大厂商的关注，未来在应用上可朝下列方向发展：

1）面向服务架构（SOA）的 RFID 中间件。面向服务架构的目标就是建立沟通标准，突破应用程序与应用程序沟通的障碍，实现商业流程自动化，支持商业模式的创新，让 IT 变得更灵活，从而更快地响应需求。因此，RFID 中间件在未来发展上，将会以面向服务架构为基础的趋势，提供给企业更灵活的服务。

2）安全体系结构。RFID 应用最让外界质疑的是 RFID 后端系统所连接的大量厂商数据库可能引发的商业信息安全问题，尤其是消费者的信息隐私权。通过大量 RFID 读写器的布置，人类的生活与行为将因 RFID 而容易被追踪，Wal Mart、Tesco（英国最大零售商）初期的 RFID Pilot Project 都因为用户隐私权问题而遭受过抵制与抗议。为此，飞利浦公司等厂商已经开始在批量生产的 RFID 芯片上加入“屏蔽”功能。RSA Security 也发布了能成功干扰 RFID 信号的“RSA Blocker 标签”，通过发射无线射频扰乱 RFID 读写器，让 RFID 读写器误以为搜集到的是垃圾信息而错失数据，达到保护消费者隐私权的目的。因此安全机制将是 RFID 中间件未来发展的重点之一。

5.3　RFID 系统体系结构

本节将综合第 3 章、第 4 章以及本章前述内容，从另外一个角度，对 RFID 体系结构进行讨论，主要包括：电子标签、RFID 读写器、协议以及它们各自的功能。早期的 RFID 系统通常在单一地点或机构中使用，读写器数量较少，它们之间的通信是通过专用线路连接到一个或几个服务器，如图 5-18a 所示。在示范项目和验证原型系统中可以很好的工作，但不适用于读写器数量较多、使用地点分散的大规模应用。

随着物联网概念的不断延伸，RFID 读写器的分布将会越来越密集，未来 10 年内，可能会有数亿的读写器部署在世界各地。在未来 RFID 广泛部署之前，当今即使是适度地部署，也会使得企业面临规模化带来的挑战。事实上，对于仅仅部署几个读写器的企业或机构都会带来比较多的生产、管理和经营方面的问题，而且大多数的 IT 部门都还不具备能力支持基于 RFID 中间件的产品。网络联通性的要求也将变高。从射频、带宽管理到数据管理，后台操作的完整性以及对各种各样 RFID 技术的支持都使得整个 RFID 系统管理面临的挑战愈发严峻。

交换局域网、无线网局域网和存储区域网技术在初期发展阶段也面临类似的情况。这些技术刚出现时，都是独立运作并依赖于中间件，后来由于在企业网络中得到广泛应用，迅速演变成标准体系结构，开始了大规模的应用。

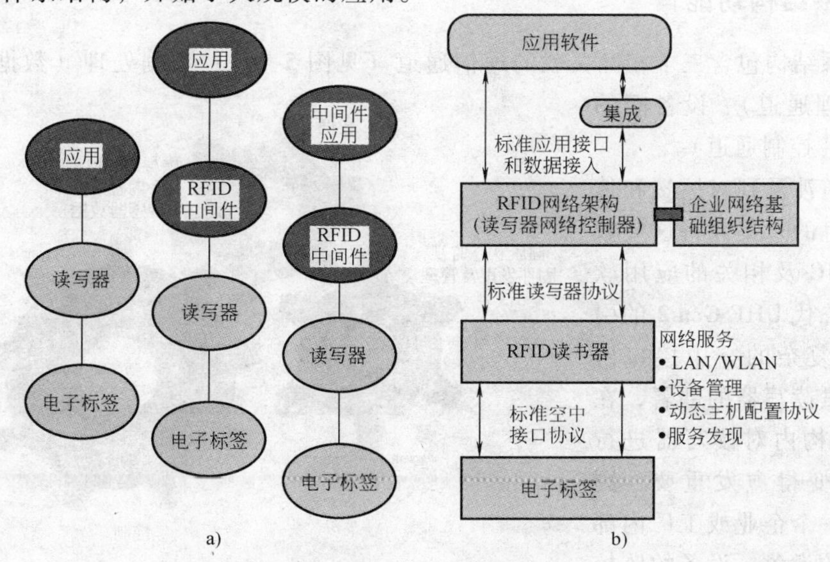

图 5-18　RFID 体系结构的演变过程

a）早期应用　b）可扩展应用

5.3.1 体系结构元素

RFID 体系结构包括特定的组件，负责管理设备和标签数据。数据的使用者通常是客户网络组件（通常是终端用户应用软件）。电子标签和客户端之间的网络组件形成传输电子标签数据到应用软件的通道。RFID 体系结构至少包含电子标签、读写器、RNC（Reader Network Controller，读写器网络控制器）以及在企业服务器上的应用软件。同时条形码阅读器、I/O 设备、条形码/智能标签打印机等其他设备也可以加入 RFID 网络。

电子标签的返回信号包含标签信息和其他数据，电子标签中也可能包括可写存储器或能够提供如温度或湿度等环境数据的集成传感器或环境传感器。读写器接收到信息之后，将标签数据传送给 RNC，RNC 在发送给应用软件之前做进一步处理和运用。

空中接口协议定义了通信链路中的信令层、电子标签与读写器之间的操作程序和命令、多标签环境下的防碰撞机制，其中防碰撞机制又称为单一化（singulation）。

一个 RFID 读写器通常会有一个射频前端来驱动一根或多根天线、一个射频信号处理器、一个空中接口协议处理引擎来处理无线信号的解码/编码以及状态机和算法，以及网络接口与上游网络元素间的通信。部分读写器还提供数字 I/O 端口，这些端口用于连接一系列的传感器、触发器和其他控制器。

读写器网络控制器（RNC）作为网络架构层，逻辑上处在整个 RFID 体系结构中间位置，将各种不同的读写器和设备构造成可靠和规模化的网络。RNC 的功能包括：读写器和设备的实时自适应控制和管理、位置感知标签和传感器的数据处理、提供给使用 RFID 数据应用软件的数据的标准化服务。这种功能可运行在独立的硬件（就像运行在企业服务器独立的软件上），或作为企业中间件集成的软件，或被具有 RFID 功能的应用软件直接运用。部署方式的选择主要取决于设备管理和操作的复杂程度、数据的负载和处理的要求以及应用软件的服务要求。

5.3.2 体系结构功能

系统体系结构包含三个相互关联的通信通道（见图 5-19）：数据处理（数据通道）、设备管理（管理通道）、设备间的控制和协调（控制通道）。

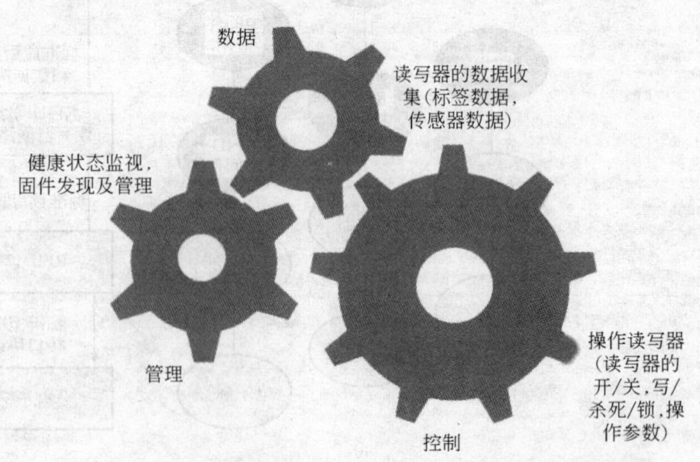

图 5-19 RFID 体系结构内网络通信通道

数据通道涉及到对标签和传感器数据信息的采集并将这些数据传送到 RNC 及相关的应用软件。随着第二代 UHF Gen 2 的引入而带来的复杂的空中接口协议，以及大量读写器的部署，在 RFID 体系结构内对读写器进行控制和协调变得愈发重要。同时，由于在一个企业或工厂内部署各种不同的设备，设备的监控和管理（管理通道）也变得非常重要。

通常，RFID 体系结构会涉及到以下几个方面：读写器操作、标签数据处理、设备的管理和监测、企业内部和企业之间的数据和事件的分发。下面分别进行介绍。

1. 读写器操作

读写器操作通常包括对标签数目的盘存（Inventory）和接入操作（Access Operation）。盘存是通过一系列空中接口协议命令来确定电子标签的数量，采用防碰撞算法，读写器能够区分不同电子标签的应答，从特定标签中读取 EPC 存储区域中的内容。准入操作用来描述对电子标签内的其他存储区域进行通信的进一步操作（读取或者写入）。与盘存操作相类似，准入操作也包含很多空中接口命令。

读写器操作通过控制和协调读写器使得 RFID 技术在整个系统级别上获得最大的性能。尽管读写器与电子标签之间的通信只在本地进行，但这种通信将会影响到整个系统，因此单个读写器在其范围内和电子标签的本地通信优化并不能转化成整个系统级别上的性能最优。

整个系统的标签盘存、接入速率和反应时间是 RFID 网络架构的关键性能参数。对于多个读写器，系统性能受到读写器对标签和读写器对读写器干扰的影响。

读写器对标签干扰通常发生于多个读写器同时激活同一个电子标签，使得标签发生混淆和无法被读取。在图 5-20a 中，当电子标签从读写器 1 和读写器 2 接收到信号的强度差值 $|S(R1) - S(R2)|$ 小于电子标签的容限(tolerance margin) 时，标签就会发生混淆。电子标签内的滤波器可以消除部分干扰，就目前而言，如果需要电子标签能够正确地响应一个读写器，那么碰撞的两个读写器的信号能量差异必须在 6 ~ 15dB 之间。滤波和阈值技术能够提高电子标签的容限，但也带来了新的问题：

1）零售商对于专有 RFID 技术的信赖和开放系统之间的矛盾；

2）减小读写器到电子标签的冲突容限，泄漏的信号会破坏读写器和电子标签之间的交互；

3）特定要求的电路会带来多余的开销。

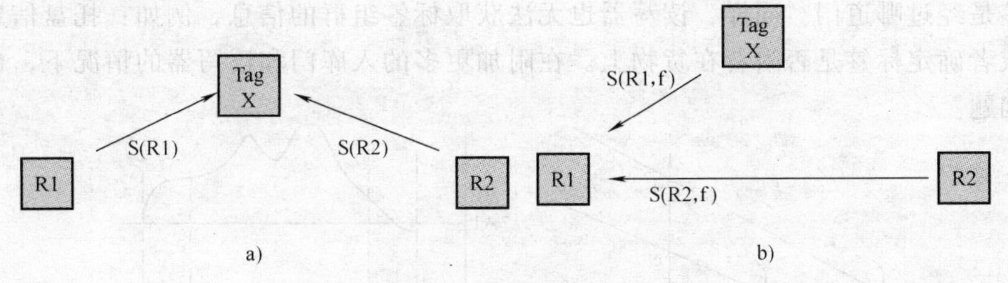

图 5-20 两类干扰

a）读写器对标签的影响 b）读写器对读写器的影响

读写器对读写器的干扰来自于某个读写器捕获到另外一个读写器发射的相同或相邻频率的信号。图 5-20b 给出了读写器在与电子标签的交互过程中，读写器 R1 收到电子标签频率为 f 的信号，同时也收到从读写器 R2 传来的另一个频率为 f 的信号。如果信号强度 S（R2, f）比 S（R1, f）更强的话，读写器 R1 便不能对电子标签的响应进行正确解码。R2（干扰者）相比较受害标签的优势在于被动标签响应按照距离倒数的四次方衰减，而读写器信号按照距离倒数的平方衰减。读写器运行的控制机制包括以下 3 个单元：

1）物理（physical）单元：读写器与电子标签之间的前向和后向链路参数；

2）标签盘存（tag inventory）单元：使用的单一化机制；

3）数据接入（data access）单元：空中协议的操作顺序。

一个成功的机制是要能够动态控制如前所述的3个单元来响应实时事件（例如：读写器读写范围内移动的电子标签）、消除外部射频干扰和自干扰以及遵循一定规范的。

2. 标签数据处理

自2005年推出Gen 2空中接口协议以来，单一的读写器性能已经有了很大的提高（读取率已接近100%）。随着读写器价格的下降，终端用户便能够负担大量读写器的部署。相应的，客户也希望能从系统中得到更加丰富的信息，包括：标签的精确位置、标签移动的方向、准确的标签组群（包装盒中的物品信息和托盘上的包装盒信息）的细粒度（fine granularity）和信息。

终端用户在规模化实施Gen 2时遇到了困难，这种现象现在还没有一个统一的名称（又称为"非期望读取"、"非故意读取"、"交叉读取"和"错误的被动读取"），根本原因在于RFID与条形码技术之间存在的区别。读写器不能精确知道被读取的电子标签是否就是所期望的读取，而这个问题在条形码扫描中并不会出现，因为在同一时刻只会扫描一个条形码。

下面通过一个简单的例子来解释这种现象。图5-21中，两道相邻的入库门都安装了RFID读写器，两个天线的朝向相同但覆盖不同的门，天线A1安装在门1，天线A2安装在门2。

当贴有标签的货物托盘靠近门2时混淆就会发生。因为在靠近门2的区域内门1有很广的一块可视区域，由于Gen 2电子标签灵敏度的提高，门1上的天线就很可能接收到通过门2的标签信号。

托盘的运输过程中有4个比较重要的时刻点：时间间隔a→b和c→d内只有天线1能够读取到标签；而时间间隔b→c内，标签可以被两个天线同时读取到。

被天线A1的读取是非期望读取，由于同一个电子标签被两道门都读取到，这样无法判断该标签是经过哪道门。同样，读写器也无法获取标签组群的信息，例如：托盘信息、包装盒信息或者确定标签是否附着在货物上。在附加更多的入库门和读写器的情况下，也会遇到同样的问题。

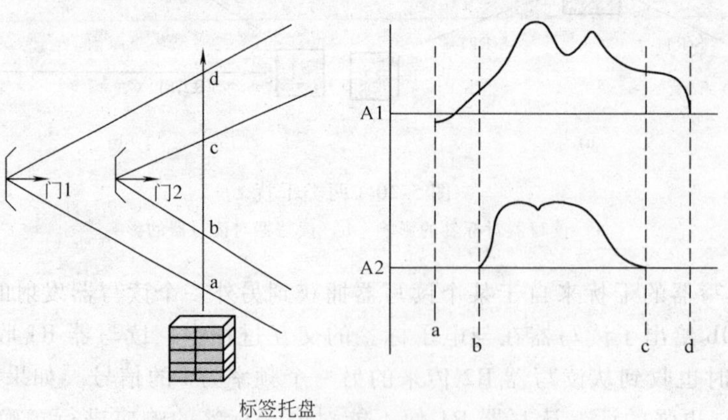

图5-21 天线A1和A2在扫描场视角的交叠示意图和标签在运动过程中的被天线的阅读数

为解决该问题有下面一些方法：

1）采用移动传感器来触发读取。这样当电子标签通过门2时，门1上的读写器就不会被启动，然而，如果当两道门的读写器都被启动时这种非期望读取就会发生。

2）采用窄波束的天线和使用屏蔽（shielding）技术。这种天线可以缩小时间窗口（a，b），（c，d），而屏蔽则可以减小A1在时间窗口（b，c）内的读取。但不幸的是，这种非期望读取不能够被完全消除，而且这也不是一个通用的解决方案。很多情况下，在入库门和过道之间附加屏蔽是不合逻辑、技术上不可行（not physically possible）、也是不经济的。

另辟蹊径去考虑才是消除非期望读取的最佳方法，这需要利用读写器系统设施中所包含的所有信息-天线与天线所处位置之间的空间关系、天线的读取率、天线能够读取到的标签。

3. 设备的管理和监测

无论是商店的地板、零售商店、医务室或仓库都没有或很少能够支持联网的RFID读写器，在这种情况下，RFID读写器和设备安装时的自动配置和发现就非常关键。

当这些设备启动之后，以下的工作对于RFID系统管理员来说就非常重要，包括：设备的管理和监测工具、工作状况和性能监测、读写器及体系结构中其他装置的固件管理。这种RFID体系结构可以跨越多个地点，并推动对远程配置和监测工具的需求。此外，对于一个稳健的架构，需要在每一层建立冗余措施，包括故障切换。

4. 标签数据和事件

电子标签收集到的数据和这个体系结构中产生的商业事件会在一个闭环、开环或跨企业间进行分发。这些数据的交换会涉及许多过程和许多公司。数据的交换可以朝两个方向移动。产品供应商可以告知零售商他们的货物正在运输途中，反过来，零售商可以提供货物通过供应链将货物送往各个销售网点的透明度给供应商。对EPC数据和事件的响应对于贴有电子标签的货物实现的跨企业间的透明度及关联的商业资料是非常有用的。例如，在零售业应用中，供应链的合作伙伴可以进行合作以来紧密控制零售商的库存并最大限度地实现销售。

5.3.3 体系结构的标准

1. 体系结构标准

图5-22从一个宏观角度展示了基于不同标准协议的RFID体系结构。当前，世界范围内的RFID标准主要由EPCglobal和ISO来推动。这两个组织提供已有和新推出的标准涵盖RFID不同的层面，都开始于空中接口和跨企业数据交换。此外，每个国家的标准化组织都负责定义RFID设备使用的无线频谱。

2. 控管领域

表5-4列出了一些控管领域（Regulatory Domain），包括：频段、操作功率和特定的频谱共享技术。美国在902～928MHz间26MHz的频谱可用，其间被分为52个500kHz频宽的不重叠的频段，最大功率为4W EIRP。由于这些频段是无需授权频段的一部分，美国联邦通信委员会要求每隔400ms伪随机改变一次频段，防止给定的无线电独占频谱（称为跳频扩频技术，FHSS）。

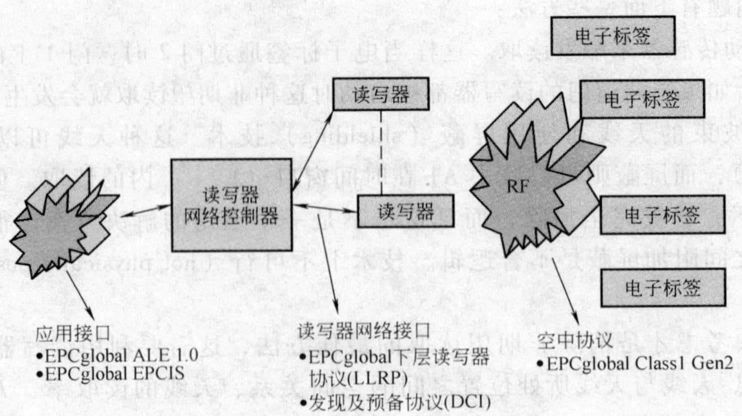

图 5-22 RFID 体系结构标准

表 5-4 部分地区和国家的控管领域

区域	频段/MHz	操作功率	频谱共享技术
美国	902 ~ 928	4W EIRP	跳频
欧洲	In transition.	2W ERP	In transition
日本	952 ~ 954	4W EIRP	LBT
中国	840.5 ~ 844.5 920.5 ~ 924.5	2W ERP	跳频

在欧洲，RFID 的可用频段仅 3MHz，位于 865 ~ 868MHz 间，被分为 200kHz 宽的 15 个频段，其中只有 10 个信道功率能达到 2W EIRP，其余频段则需要低于这个值。这些频谱的协调使用是频谱模板限制（Spectrum Mask Constraint）技术、频率捷变（Frequency Agility）和 LBT 协议（Listen Before Talk，先听后说）来实现。

在 LBT 协议中，无线设备被触发在特定信道发送信号之前必须监听确定该信道是干净的（没有信号高于 -96dBm）来避免碰撞。如果该信道已被占用，发射机就会调至另外的信道再试。对于一个读写器可以在 LBT 功率级别（-96dBm）检测到另外一个读写器的信号，发射功率为 2W EIRP 能使传播距离达到上百米甚至上千米，这就极大地限制了可以同时传输数据的读写器个数（很可能是每个公司部署几十到几百个读写器，公司之间又相互靠近）。

可采用以下方法解决这个问题：

1）约定 RFID 发射仪采用 4、7、10 及 13 信道（见图 5-23），基于非 RFID 无线设备的近距离无线通信采用 1、2、3、5、6、8、9、11、12、14 和 15 信道。

2）作为一种过渡方案，2007 年 3 月份 ETSI 技术建议同步 LBT 采用网络控制加上无线信令机制的方法，同时工作在同一信道上的一组（一个系统）RFID 读写器，采用的同步 LBT 准则必须相同。

3）当前工作致力于取消在 4、7、10 及 13 信道上工作的 RFID 读写器的 LBT 机制。原因在于如 1）所述的四信道方案，采用密集模式读写器同步机制的方法，四信道方案中不再需要 LBT 机制。

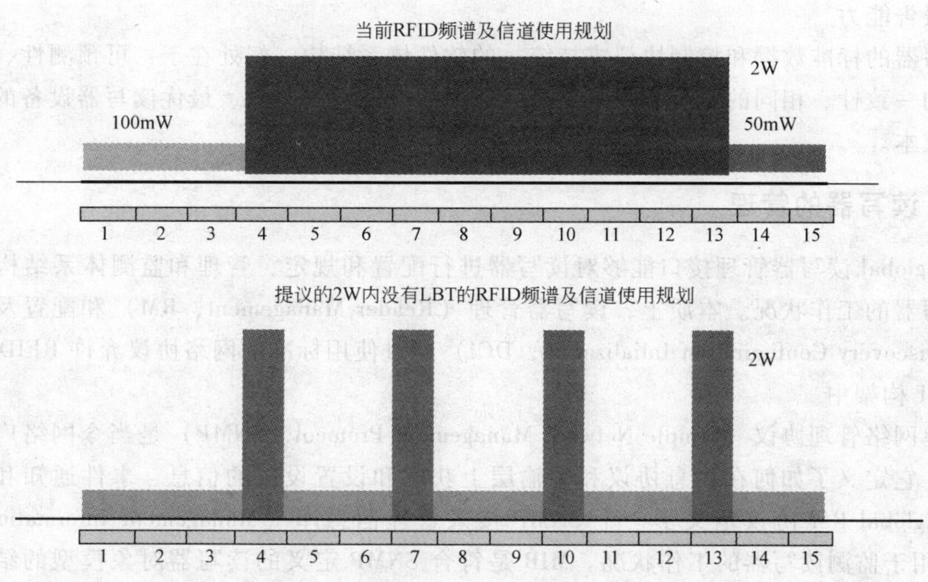

图 5-23 欧洲的信道规划

3. 空中接口协议

EPC Global Class1 Gen 2 定义给出了读写器和超高频被动标签之间的空中接口协议的所有方面。Gen 2 空中接口协议提高了性能和丰富了标签的操作：

1）相比早期的 Gen1 协议，Gen 2 协议提高了数据和单一化率；

2）具有无需授权频段上的 RFID 和非 RFID 用户之间的干扰消除能力，以及基于信号的后向散射；

3）多个读写器对同标签数量同时盘存；

4）有选择的标签的子集进行盘存；

5）安全密码保护的标签内存；

6）允许更多的操作：读/写/加锁/杀死标签。

Gen2 标签的内存被分为 4 块逻辑区域。当然如果被配置了的话，被保留的内存还可以包含杀死标签及接入密码。EPC 的内存还包含了 EPC 标识符（Tag Identifier，TID）和一些控制位。标签标识符能提供关于标签制造商的信息，读写器可以通过这些信息区分可选的和定制的特征。用户的内存区用来存储用户专用数据。

4. 读写器协议

EPCglobal 底层读写器协议（Low-Level Reader Protocol，LLRP）是一个灵活的接口协议，位于 RNC 和 RFID 读写器之间。该协议提供了 RFID 空中接口协议的操作控制、定时以及空中接口协议命令参数的入口。支持广泛的底层读写器硬件/固件，提供了完全接入底层空中接口协议的能力。如果读写器具有射频监测功能，LLRP 也能支持，并支持所有满足规范的读写器操作。

各种应用软件都要求对 RFID 数据进行处理，从 EPC ID 的读取到执行其他的标签操作功能，包括空中接口协议中规定的读、写、杀死、加锁等接入操作。LLRP 的空中接口协议提供了可扩展机制来管理读写器上的这些操作，这主要源于 LLRP 强大的标签数据集、事件和错误报告能力。

读写器的标准数据和控制协议支持统一的软件体系结构，好处在于：可预测性、系统整体性能的一致性、相同的安装和技术支持、通用的性能监测工具、最优读写器设备的选择及低运行成本。

5.3.4 读写器的管理

EPCglobal 读写器管理接口能够对读写器进行配置和规定，管理和监测体系结构中已部署的读写器的工作状况。本质上，读写器管理（Reader Management，RM）和配置及初始化协议（Discovery Configuration Intialization，DCI）通过使用标准的网络协议允许 RFID 融入到现有的 IT 构架中。

简单网络管理协议（Simple Network Management Protocol，SNMP）是当今网络广泛使用的协议，它定义了如何在信息协议和传输层上获取和设置设备的信息、事件通知和安全措施。EPCglobal RM 协议定义了一个 SNMP 接入管理信息库（Management Information Base，MIB)，用于监测读写器的工作状况。MIB 是符合 SNMP 定义的读写器对象模型的结构化表示，而 RM 使得可以通过现有企业网的监测设备对读写器监控。

EPCglobal 的 DCI 协议定义了读写器及具备 RNC 功能的网络和其他设备以及应用服务器进行互通、交换配置信息和初始化操作的方法。这个过程通常发生在数据和控制协议（如 LLRP）之前，然后控制读写器提供电子标签和其他信息到 RNC 的操作。具体而言，DCI 提供了一种标准的方法，使得读写器能够发现一个或多个 RNCs、使得 RNC 能够发现一个或多个读写器、以及读写器能够获得配置信息、下载固件和初始化。

EPCglobal 过滤和收集应用层事件（ALE）标准提供了一个用来聚合从不同来源得到的 EPC 数据的接口，以及解耦应用消费者从捕捉设备获得的 EPC 数据的。EPCglobal EPC 信息服务（EPC-IS）提供了标准事件的捕获和查询功能，用于企业内部或企业之间获取和共享 RFID 物品的数据。从最终用户的角度来看，基于统一标准的产品创造一个富有竞争性的环境，这反过来又带来技术的改进和价格的下降。

系统集成商和终端客户可获得如下好处：设备完全支持标准接口，从而提供了保证实施时的相互兼容；标准产品提供配置和数据管理的能力，可以通过调整 RFID 体系结构来对各种应用环境进行优化；对基于标准的体系结构投资可以确保投资的长期收益。

5.4 本章小结

本章首先介绍了 RFID 中的软件系统，包括前端软件、中间件和后端软件等。由于 RFID 中间件在实际应用中完成数据的处理、传递和对读写器的管理等重要功能，又详细介绍了使用 RFID 中间件的目的、功能、逻辑结构、应用层事件规范、中间件商业产品、中间件的设计和中间件的发展。最后介绍了 RFID 系统体系结构中的元素、功能和标准等。

参考文献

[1] Himanshu Bhatt, Bill Glover. RFID Essentials [M]. O'Reilly. 2006.

[2] 慈新新，王苏滨，王硕. 无线射频识别系统技术与应用 [M]. 北京：人民邮电出版社，2007.

[3] 萧荣兴，苏伟仁，许育嘉．RFID技术运作的神经中枢——RFID中间件 Neural System in RFID Applications——RFID Middleware [J]．信息与电脑 China Computer & Communication，2005 (09)：26-29.

[4] 吴正大，魏俊荣，张继新．RFID中间件设计技术初探 Initial Discussion on Designing the RFID Middleware [J]．邮电设计技术 Designing Techniques of Posts and elecommunications，2006 (08)：32-34.

[5] 郑斌峰，谢勇，王红卫．Java事件委托模型在RFID中间件中的应用与实现 Implication and Realization of JAVA Event-Delegate Model in RFID Middleware [J]．计算机与数字工程 Computer and Digital Engineering，2007 (2)：164-167.

[6] 许强，郭敏，谢勇，等．RFID中间件实时事件处理机制的设计与实现 Design and Implementation of Real Time Event Handling of RFID Middleware [J]．物流技术 Logistics Technology，2007 (1)：108-110.

[7] 许炜，程文青，刘威．一种灵活的RFID事件规则管理体系结构 Flexible Architecture of RFID Event Rule Management [J]．计算机应用研究 Application Research of Computers，2007 (01)：86-89.

[8] 孙剑，陈琪明．RFID中间件在世界及中国的发展现状 Developmental actuality of RFID middleware in the world and in China [J]．物流技术与应用 Logistics & Material Handling，2007 (02)：98-101.

[9] 秦亮，赵立军，周东．基于ISO 15693的RFID中间件反冲突算法设计与实现 Design and Implement of RFID Middleware Anti-collision Algorithm Based on ISO 15693 [J]．装备指挥技术学院学报 Journal of the Academy of Equipment Command & Technology，2006 (06)：112-117.

[10] 建华．RFID中间件市场需要客户评估 [J]．金卡工程 Cards World，2005 (11)：61-61.

[11] Christian Floerkemeier，Matthias Lampe．RFID middleware design addressing application requirements and RFID constraints [OL]．www. vs. inf. ethz. ch/publ/papers/floerkem-rfidmi-2005. pdf.

[12] Krishna，P. and Husak. D. RFID Infrastructure [J]．IEEE Communications Magazine. 2007，45 (9)：4-10.

[13] 曾隽芳，刘禹．中国RFID软件薄弱，培育中间件平台构筑体系 [OL]．[2006-7-21] http：//www. ccw. com. cn/news2/software/htm2006/20060721_198472_3. htm.

[14] 上海盛锐软件技术有限公司．Sunrise RFID中间件简介 [OL]．http：//www. dangdai-tech. com/lb03. asp.

[15] 徐展．一种功能强大的基于EPC的RFID中间件 [OL]．[2006-8-2] http：//www. eetchina. com/ART_8800427860_617687_9cff9bb2200608. htm.

第 6 章　RFID 系统中的射频技术

6.1　射频基础

RFID 系统中的读写器和电子标签通过各自的天线构建了两者之间非接触的信息传输信道，这种信息传输信道的性能完全由天线周围的场区特性决定，遵循电磁传播的基本规律。为了更好地了解和应用 RFID 系统，下面介绍 RFID 系统相关的射频基础知识。

6.1.1　电磁波频谱

在 RFID 系统中，特定频率范围内的无线电波经过编码，在读写器和电子标签之间传输信息。整个电磁波频谱包括伽马射线、X 射线、紫外线、可见光、红外线、微波和无线电波，它们的不同之处在于波长或频率。图 6-1 给出了电磁波频谱的划分，伽马射线在顶部，无线电波在底部。无线电波进一步可以划分成低频、高频、超高频和微波。RFID 技术一般采用的都是这些范围内的无线电波，通过无线电波进行能量的辐射称为电磁辐射，可以描述

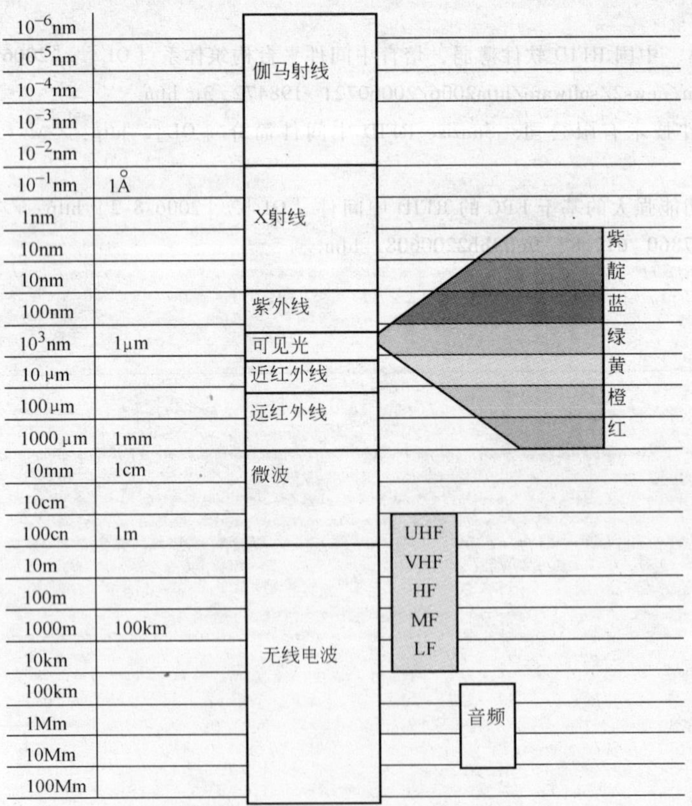

图 6-1　电磁波频谱

成光子流。每个都以波的形式光速运动，每个光子都携带一定大小的能量，不同电磁波辐射之间的区别在于光子携带的能量。无线电波的光子能量最低，微波比无线电波能量高一点，红外线能量最高。电磁波频谱可以通过能量、频率或波长来表示，但由于无线电波的能量都很低，通常采用频率和波长来描述。波的特性是频率 f、波长 λ 和速度 v，可通过公式 $v=\lambda f$ 实现相互转换。

6.1.2　电磁波传播

1. 自由空间传播规律

信息加载到天线上以后，在天线周围的空间就会产生辐射场，接收天线便可以接收到电磁波。如图 6-2 所示，波的电场矢量 $\boldsymbol{E}$ 和磁场矢量 H 在空间相互垂直且都垂直于传播方向，满足右手螺旋定则，电场与磁场相位相同，幅度之比等于波阻抗。

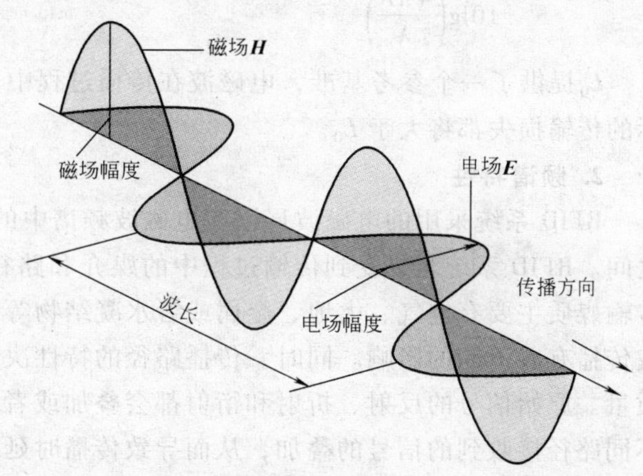

图 6-2　电磁波的传播

电磁波的速度采用光速 c，在真空中的传播速度约为 3×10^8 m/s。其计算公式如下：

$$c=\lambda f \quad \lambda=c/f=3\times10^8/f$$

$$f=c/\lambda=3\times10^8/\lambda \tag{6-1}$$

电磁波在自由空间传输时，其强度因能量的扩散而衰减，为了描述这种衰减，引入了自由空间传输损失 L。设有距离为 R 的两个天线，一个为发射天线，另一个为接收天线，天线发射的功率为 P_t，接收功率为 P_r，两天线之间的空间可看作自由空间。自由空间传输损失 L 定义为天线发射功率 P_t 和接收功率 P_r 之比，表示如下：

$$L=10\lg\left(\frac{P_t}{P_r}\right) \tag{6-2}$$

在距离 R 处，天线的辐射功率密度 S 为

$$S=\frac{P_t G_t}{4\pi R^2} \tag{6-3}$$

式中　G_t——发射天线的增益。

设接收天线有效面积为 A_r，并注意到 A_r 与接收天线增益 G_r 的关系为

$$G_r=4\pi A_r/\lambda^2 \tag{6-4}$$

式中　λ——波长。

接收天线所接收的功率 P_r 为

$$P_r=SA_r=\frac{P_t G_t A_r}{4\pi R^2}=\frac{G_t G_r \lambda^2}{16\pi^2 R^2}P_t=\frac{A_t A_r}{\lambda^2 R^2}P_t \tag{6-5}$$

由此式可得

$$\frac{P_t}{P_r}=\frac{1}{G_t G_r}\left(\frac{4\pi R}{\lambda}\right)^2 \tag{6-6}$$

用分贝形式表示 L（dB）可得

$$L=10\lg\left[\frac{1}{G_t G_r}\left(\frac{4\pi R}{\lambda}\right)^2\right]=L_0-G_t-G_r \tag{6-7}$$

式中　L——当发射天线和接收天线为理想的全向天线时的自由空间传输损失，$L_0=10\lg\left(\frac{4\pi R}{\lambda}\right)^2$。

L_0提供了一个参考基准，电磁波在传播过程中，考虑到其他因素所引起的衰减，任何实际的传输损失都将大于 L_0。

2. 频谱特性

RFID 系统采用的电磁波局限在电磁波频谱中的无线电波部分，特别是 100kHz～5.8GHz 之间。RFID 系统容易受到传输过程中的媒介和路径的影响。从发射点到接收点，所遇到的传输媒质主要有空气、大地、金属或者水凝结物等，这些媒质的电特性对不同频段的无线电波传播有着不同的影响。同时，传播路径的特性决定了无线电信号传播的电平和接收信号的质量。原始信号的反射、折射和衍射都会叠加或者抵消信号的能量，最终的信号就是由很多不同路径接收到的信号的叠加，从而导致传播时延和信号失真。

无线电信号的传播可以有不同的方式，包括自由空间传播、地面波传播、电离层传播和对流层传播。由于 RFID 技术一般是短距离应用，因此自由空间传播是最常见的一种传播方式。在自由空间传播方式中，影响信号强度最主要的因素是发射机和接收机之间的距离，而 RFID 系统应用于不同的无线电传播环境，如工厂、仓库、办公室或城市环境，因此不同的应用环境需要构建不同的传播模型。

为了分类和管理不同的频谱范围，无线电频谱划分成不同的频段，其中 RFID 系统占用了 4 个频段，见表 6-1。

表 6-1　RFID 系统所占用的频段

频段范围	低频/kHz	高频/MHz	超高频/MHz	微波/GHz
可用频段	30～300	3～30	300～1000	1～6
RFID 占用频段	125～134	13.56	433 或 860～960	2.4 和 5.8

《中华人民共和国无线电频率划分规定》和 ITU（国际电信联盟）的《无线电规则》分别指出："无线电频谱是有限的自然资源。""在使用各种无线电业务频段时，各成员国应牢记无线电频率和对地静止卫星轨道是有限的自然资源。"国际上以及各个国家都设有权威的机构来加强无线电频谱资源的管理，使有限的资源得到充分而有效的利用，这个过程称为频率或者频谱分配。无线电传播和射频技术不会局限在一个国家的内部，频谱分配都试图在不同的无线电频谱使用方面协调一致。ITU、CEPT（欧洲邮政与电信管理会议）、ETSI（欧洲电信标准协会）和 CISPR（国际无线电干扰特别委员会）等组织负责频谱的划分。

3. dB、dBm、dBi和dBd含义

无线电信号的电平变化都比较大，要求使用非常大和非常小的数字。为了使用上的方便，通常使用dB（分贝）来描述信号的电平。Bel（贝尔）和dB的关系如下所示：

$$\text{Bel} = \lg\left(\frac{P_1}{P_2}\right)\text{dB} = 10\lg\left(\frac{P_1}{P_2}\right) \tag{6-8}$$

P_1和P_2是同一个单位的功率电平。dB是对数运算，容易表示动态范围较大的信号，这样系统的增益和损耗就可以通过加减来计算。dBi和dBd是增益（功率增益）的不同表达，都是相对值，但参考的基准不一样。dBi的参考基准为全向性天线，dBd的参考基准为偶极子天线，所以两者略有不同。一般情况下，同一个增益用dBi表示比用dBd表示要大2.15倍。

由于功率的电平动态范围非常大，因此采用dBm表示将会比较容易。dBm相对于1mW，而不是W，是一个表示功率绝对值的方法，其计算公式如下：

$$\text{功率(dBm)} = 10\lg\left(\frac{\text{功率}}{1\text{mW}}\right) \tag{6-9}$$

例如，如果发射功率P为1mW，折算为dBm后为0dBm。对于40W的功率，按dBm单位进行计算后的值为：10lg(40W/1mW) = 10lg(40000) = 46dBm。表6-2给出了功率值及对应的dBm值。

表6-2 功率值及对应的dBm值

W	10.0	4.0	1.0	0.1	0.01	0.001	10^{-6}	10^{-12}
dBm	40	36	30	20	10	0	−30	−90

6.1.3 干扰和多径

干扰是两个或者更多的电磁波叠加而成的波形，可以是来自单一源的不同路径或来自不同信号源，到达天线的无线电波除了直射波之外，还有来自各种物体的反射波和散射波。这些来自不同传播路径的电磁波在接收天线处相互叠加，从而使得接收天线所接收到的场强矢量、振幅和相位等参数随着时间急剧变化，信号变得很不稳定，这种现象称为多径效应。一些信号会累加在直达径上，而另一些信号会抵消直达径，这样就在天线的辐射模式中产生了亮点和暗点。

同时，接收点的场是由两条路径传来的相位差为$\varphi = w\tau$的两个电场的矢量和，最大的传输时延与最小的传输时延的差值定义为多径时延τ。对所传输信号中的每个频率成分，相同的τ值引起不同的相位差，若信号带宽过大，就会引起较明显的失真。所以，一般情况下，信号带宽不能超过$1/\tau$，即相关带宽。

无线电波和传播中遇到的各种物体和媒质相互作用，导致了波的反射、衍射、散射、折射和衰落。这种相互作用也改变了波的方向，甚至可能阻碍波的传播。当然方向上的改变导致波的传播不是一条直线，带来的好处就是可以传到非视距（NLOS）的地方，不利之处在

于信号的反射或者其他信号，可能干扰到源信号。下面分别作介绍。

1. 反射

无线电波就像光波一样，可以被不同的平面反射。当传播中的电磁波入射到一个相比波长很大的物体时，就会发生反射。导体材料的表面比非导体材料的表面更加容易反射信号。无线信号的反射遵循光波的反射规律：入射角等于反射角。反射会引起信号的损失，当无线电波接触到反射平面时，一些能量被表面反射，一些能量有可能通过。如果材料是一个导体例如金属，几乎所有的无线电能量在金属表面就被反射，当无线电波到达绝缘体时，一些能量被反射，大部分能量直接通过绝缘体。具体多少能量穿过绝缘体依赖于材料的厚度和它的衰减系数。典型的绝缘体是纸、塑料、聚四氟乙烯、玻璃、陶瓷和干的木头。图 6-3 给出了由于反射导致的无线电波的多径效应。

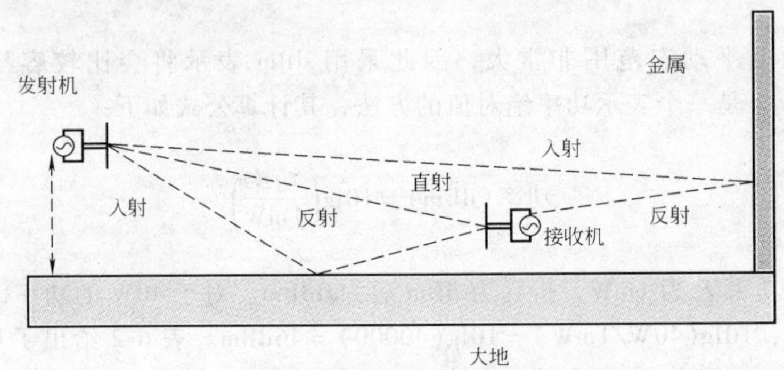

图 6-3 无线电波反射

2. 衍射

衍射是光线照射到物体边沿后继续在空间传播的现象。障碍物或孔的尺寸大小，并不是决定衍射能否发生的条件，仅是使衍射现象明显表现的条件。一般情况下，波长较大的波容易产生显著的衍射现象。波传到小孔（或障碍物）时，小孔（或障碍物）仿佛是一个新的波源，由它发出与原来同频率的波（称为子波）在孔后的传播，于是就出现了偏离直线传播方向的衍射现象。当孔的尺寸远小于波长时尽管衍射十分突出，但由于能量减弱，衍射现象不容易观察到。衍射会发生在一个难以穿透的物体的边界处，该物体比无线电波的波长要小。当无线电波遇到这样的一个边界时，波就会以此边界作为源向不同的方向传播。这样，即使并不存在直达波时，接收机也有可能接收到信号。

3. 散射

如果一个障碍物的尺寸大约等于信号的波长或者小一些，则一个入射信号被散射成几路微弱的信号。散射波由粗糙的物体表面、小物体或者信道中的其他不规则物体产生。当无线电波撞击到一个粗糙的表面时，反射的能量由于散射被分散开来。图 6-4 给出了无线电波的衍射和散射情况。

4. 折射

折射是指无线电波从一个折射系数的媒质到另一个折射系数的媒质，在方向和速度上都有变化的现象。就像把铅笔放入水中，铅笔看上去是弯曲的。对于 RFID 系统，折射的作用不是很明显。

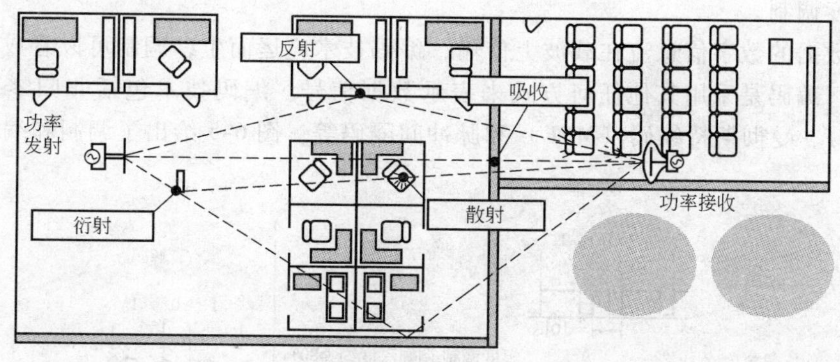

图 6-4 室内无线电波传播影响

5. 衰落

衰落是指电平随时间的随机起伏。根据引起衰落的原因分类，大致可分为吸收型衰落和干涉型衰落。吸收型衰落主要是由于传输媒质电参数的变化，使得信号在媒质中的衰减发生相应的变化而引起的。如大气中的氧、水汽以及由后者凝聚而成的云、雾、雨、雪等都对电波有吸收作用。由于气象的随机性，这种吸收的强弱也有起伏，形成信号的衰落。由这种原因引起的信号的电平变化较慢，所以成为慢衰落。干涉型衰落主要是由随机多径干涉现象引起的。在某些传输方式中，由于收发两地间存在若干条传播路径，典型的如天波传播、不均匀媒质传播等，在这些传播方式中，传输路径具有随机性，因此到达接收点的各个路径的时延会随机变化，致使合成信号幅度和相位都发生随机变化。这种起伏的周期很短，信号电平变化很快，故成为快衰落。快衰落会叠加在慢衰落之上，在较短的时间内观察时，前者表现明显，后者不易被察觉。信号的衰落现象严重影响电波传播的稳定性和系统的可靠性，因此需要采取有效的措施（如分集接收等）来加以克服。

6.1.4 通信链路

1. 调制和编码

电子标签和 RFID 读写器之间的 0/1 数据必须在可靠的方式下通信，可靠通信首先是对数据进行编码，其次是对通信信号的调制，编码和调制的方案决定了信号的带宽、完整性和电子标签的功率消耗。

载波是一个特定频率和幅度的用于传输信息的无线电波，RFID 读写器向电子标签发送数据的载波通常是正弦波。载波的 3 个参数是幅度、频率和相位，通过改变这 3 个参数来获得调制信号。执行将信息从调制波中提取出来的设备称为解调器。最常见的调制类型是幅度调制（AM）、频率调制（FM）和相位调制（PM）。AM 改变载波的幅度或者强度。当载波被调制之后，能量的一部分转化成边带，超过或者低于载波频率，数量等于最高的调制频率。调制信号可以通过滤除载波信号来恢复。由于载波本身也要占据部分能量，因此很多 AM 的变种，例如单边带（Single Side Band，SSB）调制来提高传输效率。FM 改变载波的频率，频率的改变和信息信号随着时间成比例变化。PM 改变载波的相位。FM 和 PM 这两种方法，在某种形式上可以相互转化。AM、FM 和 PM 有时又称为连续波变化，而脉冲编码调制（PCM）是把数字和模拟信息转换成二进制形式，常用的数字调制方案是幅移键控、频移键控和正交幅度调制。

为了将数据的数字信息流在载波上传输，编码技术应运而生，调制可以看成是一种特殊的编码方式，编码是采用其他任何方式来表示数据信号。编码技术包括非归零码（NRZ）、归零码（RZ）、曼彻斯特编码（MPE）和脉冲间隔码等。图 6-5 给出了调制和编码的方案。

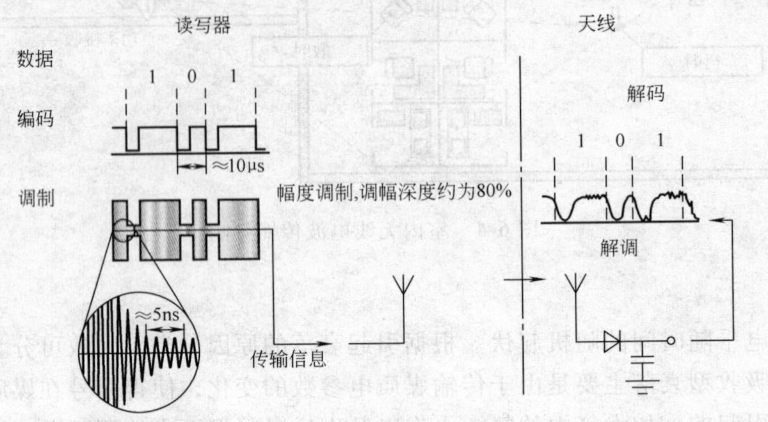

图 6-5 编码和调制方案

2. 感应耦合和后向散射耦合

被动式标签通过耦合这种方式来获得能量和传输数据。耦合的类型，取决于频率以及电子标签和读写器天线之间的距离，包括感应耦合和反向散射耦合。感应耦合利用近场效应，而反向散射耦合使用远场效应。任何天线周围的空间可以根据频率和天线的尺寸划分成两个部分：近场区和远场区。天线的近场区指引起空间中电场传输的天线附近的电磁区域，远场区指电磁场和天线分离开来，以平面波的方式在自由空间传播。在远场区，电场和磁场的比值固定为 120π 或者 377Ω。近场和远场之间的界限取决于传输的频率和天线的尺寸，边界并没有严格定义，可以通过公式估计。由于计算边界的公式非常复杂，两种简化的近似公式最为常用。当天线的电气尺寸小到可以和传输的波长相比拟时，边界的近似公式如下：

$$r = \lambda / (2\pi) \tag{6-10}$$

当天线的电气尺寸相比传输的波长较大时，边界的近似公式如下：

$$r = 2D^2 / \lambda \tag{6-11}$$

式中 D——天线的方向性系数。

在近场区工作的 RFID 系统一般频率范围是 125 ~ 135kHz 和 13.56MHz，宜使用感应耦合。工作在远场区的 RFID 系统一般频率范围是 860 ~ 890MHz、2400MHz 或 5800MHz，宜使用反向散射耦合。

1）感应耦合。感应耦合指通过共享的磁场区域，能量从电路的一个元件到另外一个元件。强电磁场由读写器的线圈产生，虽然这并不是通常意义上的天线的概念，但在 RFID 技术中也把读写器天线的线圈作为天线来看待。该高频强电磁场由读写器的天线线圈来产生，磁场穿过线圈的横截面和线圈周围空间，由于电磁波的波长比读写器和 RFID 电子标签之间的距离大很多，故可以把读写器和电子标签之间的电磁场简化为交变磁场来研究。电子标签的天线也由线圈组成，标签天线在交变磁场中产生一个感应电压，将其整流后作为电子标签的工作电源，电子标签和读写器之间的通信是通过电磁互感进行的。只要两个线圈中任何一个线圈的一个电流发生变化，都会改变线圈之间的互感量，从而引起另一个线圈中电流的变化，这样就可以完成电子标签与读写器之间的通信。目前，采用感应耦合方式的被动式电子标签的最远作用距离在1m左右。

2）反向散射耦合。反向散射耦合是采用反射电磁波能量的方式完成通信的，读写器接收电子标签天线的能量大小为

$$P_{\text{back}}=\frac{PG\sigma A_{\text{e}}}{(4\pi)^2R^4} \tag{6-12}$$

式中　P_{back}、G、A_{e}——读写器的发射功率、天线增益、等效接收面积；

R——距离；

σ——电子标签的天线散射面积，天线散射面积的大小与天线加载的电阻大小有关。

天线接收完全匹配时的负载与短路负载的散射面积有很大的不同，电子标签平时处于匹配状态，它从读写器发射来的电磁场中获取能量和信息。而当电子标签发送数据时，微控器根据数据的不同改变 RFID 电子标签天线的负载电阻值，从而改变天线的散射面积，这样就会使读写器天线接收到的电磁波能量随数据的变化而变化，最终完成电子标签与读写器之间的通信。采用远场耦合方式工作的被动式 RFID 电子标签的工作距离一般在几米到十几米之间。

3. 链路预算和读写范围

链路预算用于确定信号强度在损耗多大的情况下，仍可以保证接收机解调出准确的信号。在 RFID 系统中，需要计算从发射机到接收机的所有增益和损耗。计算链路预算性能，首先要确定接收机端所要求的信号强度，这个强度称为接收机灵敏度。由于在实际环境中，路径损耗模型变化较大，链路预算是评估 RFID 系统的一种比较容易的方式。较高的链路预算可以保证较远的传输距离，它是非常重要的一个指标。

因为对于前向链路的要求和反向链路的要求不一样，通常需要计算两个不同的链路预算：前向链路预算和反向链路预算。被动式标签没有电源，其正常工作依赖于从读写器发送来的电磁波的能量。从读写器到电子标签的前向链路需要同时传输数据和提供能量给被动式电子标签。从电子标签到读写器的反向链路，只需要传输数据。前向和反向链路预算的计算有助于确定读写器天线和电子标签的最大工作距离。

4. 无需授权操作和跳频

工业、科学和医疗（ISM）频段尽管无需授权，但也受一定的管制，以防止对其他无线电设备产生有害的干扰。这些管制包括可以使用的频段、可以辐射的最大功率和设备工作的占空比等，通常由每个国家的权威机构负责，不同国家可能有所不同。所有的设备制造商使用 ISM 频段都必须拥有管理机构颁发的认证，设备必须显示出这个认证标识。

由于本身无需授权，短距离无线设备工作在 ISM 频段是非常普遍的，这就导致了这个频段非常拥挤，干扰非常严重，从而使得无线设备的性能下降。为了减小干扰，系统通常设计成扩频的方式。在扩频系统中，设备使用一个较窄的波段载波，按照设定的模式进行改变。很短时间内在一个频率传输，然后切换到另外一个频率。对于一些特定的应用，只有固

定的很少的可用频率，这些频率称为信道，从一个信道切换到另外一个信道，就称为跳频。

在跳频系统中，可用的信道频带被划分成大量相邻的频率片。在任何一个信令间隔，传输信号占用一个可用的频率；在每一个信号间隔，选择频率片是伪随机的。由于频率片选择的随机特性，两个类似的设备在同一个频率片工作的可能性就大大降低了。由于跳频信号在任意一个给定的波段，具有比较低的平均功率密度，使得跳频信号很难被截获。即使被截获，对于非授权的接收机，伪随机的频率跳变，使得对这些信号的解调也变得比较困难。

5. 信号截获和安全

在 RFID 系统的通信链路中，读写器和电子标签之间的信息都是通过无线信道传送的，由于无线信道是一个开放性的信道，任何具有适当无线设备的人都可以通过窃听无线信道而获取信息。RFID 系统可能受到的威胁有两类：一类是物理环境如电磁干扰、断电和设备故障等威胁；另一类是人员威胁，主要集中于管理者攻击、用户攻击、前管理者的攻击、前用户攻击和外部人员的攻击等。除了安全因素之外，非读写区中的电子标签是不应该被激活的。

6.2 RFID 天线的特征

天线是一种以电磁波形式将无线电收发机的射频信号功率接收或辐射出去的导体结构，可以将电能转换为场能，也可以将场能转换为电能。天线按工作频段可分为长波、短波、超短波以及微波天线等；按方向性可分为全向天线、定向天线等；按外形可分为线状天线、面状天线等。为了满足一定的辐射特性，天线的结构必须恰当地加以设计。RFID 系统包括两类天线：读写器天线和电子标签天线。读写器天线用于发送数据和接收电子标签返回的数据，电子标签天线则用于接收读写器的数据，并将磁场能转换为电能，为芯片供电。IEEE 对天线的定义是：“发射或接收系统中，经设计用于辐射或接收电磁波的部分。”大多数天线是互易的，其发射时性能与接收时相同。

6.2.1 特性参数

天线的性能可以用很多参数来衡量，天线的设计就是要达到特定的指标：谐振频率、阻抗、增益、辐射模式、极化方向、效率和带宽。发送天线可能需要比接收天线更大的功率，而接收天线则需要具有噪声抑制特性。通常把没有放大器的天线称为无源天线，这种天线不管在接收和发送时都具有相同的特性，这种特性称为互易性。因此，任何天线都可以用来传输或接收信号或两者兼而有之，RFID 系统中的所有天线都是无源的。下面分别介绍 RFID 天线设计的特性参数。

1. 谐振频率和带宽

任何天线都谐振在一定的频率上，这个频率是这个天线的谐振频率。当需要接收哪个频率的信号，就要将天线谐振在那个频率上。天线的谐振问题涉及到的主要数据是波长，计算波长的公式是 $300/f$，其中 f 的单位是 MHz。1/4 波长天线称作基本振子，如偶极子天线是一对基本振子，垂直天线是一个基本振子。因为电波在导线中行进的速度与在真空中的不同，天线中振子的长度并不正好是 1/4 波长，一般都要短一些，所以有一个缩短因子，这个因子取决于材料，一个简单天线的谐振频率通常是电气尺寸的 95%。在 RFID 系统中，天线可以设计成工作在特定的频率，如 HF、UHF 或微波。在天线的安装过程中，不需要进行天线的调谐。

谐振频率虽然是一个频率点，但在这个频率点附近一定范围内，天线的工作性能都是良好的，这个范围就是天线的带宽。美国的 UHF RFID 系统工作在 902 ~ 928MHz，这个范围内的中心频率是 915MHz。所有天线的谐振频率都被设计成 915MHz，它们必须在 915MHz 附近 ±13MHz 的范围内工作良好，一般要求电压驻波比（VSWR）小于 2.0。

2. 阻抗和驻波比

天线的阻抗是所有的辐射阻抗和欧姆电阻的总和。辐射阻抗所吸收的功率使得功率辐射进入空间，欧姆电阻所吸收的能量将转化成热能。辐射阻抗随着天线的长度而变化，当长度增加时，阻抗也随之增加。一个天线可以等效为一个集中参数电路，包括电阻、电容和电感，这些参量都随着天线的长度而变化。对于一个远小于信号波长一半的天线，电阻和电感将变得非常小，而且电容将很大。当天线的长度增加时，电阻和电感增加，电容减小。当天线的尺寸大约等于波长的一半时，电容和电感相等，相互抵消，这时的电阻称为天线的阻抗。

由于电抗导致能量作为热能浪费，天线设计的一个目标就是减小设备的电抗，从而变成一个纯的电阻负载。天线可以通过工作在谐振频率来减小电抗，这里容抗和感抗是大小相等且相位相反，导致净零电抗性电流。一旦电抗被消除，只有纯电阻，包括两个部分：导体的欧姆阻抗和辐射电阻。辐射电阻与欧姆阻抗的比值越大，天线的性能就越有效。

天线系统的不同部分，如读写器、馈线、天线和自由空间，都可能有不同的阻抗。不同阻抗元件的接口处，电磁波的能量会反射回去一部分。这个反射波加上入射波构成了驻波。电磁波的最大功率和最小功率之比可以被测量到，又称为电压驻波比。对应于理想的阻抗匹配，驻波比的值是 1:1。最小化在每一个接口的阻抗差异（阻抗匹配）将会减小 VSWR 和最大化天线系统每一部分的输出功率。因此，VSWR 可以用于测量天线系统中两个接口之间阻抗是否匹配。几乎所有的无线设备都是基于 50Ω 阻抗构建的。VSWR 越大，不匹配的程度越大，辐射出的功率就越小。VSWR 为 2:1 时，大约相当于 90% 的能量被吸收了，对于小型化的天线是非常好的；为 3:1 也是可以接受的，相当于 75% 的能量吸收。阻抗的不匹配发生在较差的链接，不正确的天线长度或者错误的馈线电缆。

VSWR 是射频技术中最常用的参数，用来衡量部件之间的匹配是否良好。天线的 VSWR 为 1 说明天线系统和发射机满足匹配条件，发射机的能量可以最有效地输送到天线上，匹配的情况只有这一种。而如果 VSWR 不等于 1，譬如说等于 4，那么可能性会有很多：天线感性失谐，天线容性失谐，天线谐振但是馈电点不对等。在阻抗圆图上，每一个 VSWR 数值都对应一个圆，拥有无穷多个点。也就是说，VSWR 数值相同时，天线系统的状态有很多种可能性，因此两根天线之间仅用 VSWR 数值来做简单的互相比较没有太严格的意义。VSWR 为 1 只能说明发射机的能量可以有效地传输到天线系统，但是这些能量是否能有效地辐射到空间，那是另一个问题。一副按理论长度制作的偶极子天线，和一副长度只有 1/20 的缩短型天线，只要采取适当措施，它们都可能做到 VSWR 等于 1，但发射效果肯定不会相同。

3. 增益、方向性和辐射模式

偶极子天线在中心馈电，两根导线从中心展开。一根给定的天线通常需要和全向天线或者偶极子天线作比较。全向天线在所有方向上都辐射相同的功率，是一个纯理论天线，一根全向天线的辐射模式是球型的。这种天线在现实世界中是不存在的，但是可以用作其他天线的参考，当与全向天线作比较时，用 dBi 表示。

偶极子天线由两段同样粗细和等长的直导线排成一条直线构成，信号从中间的两个端点馈入，在偶极子的两臂上将产生一定的电流分布，这种电流分布就在天线周围空间激发起电磁场。利用麦克斯韦方程就可以求出其辐射场方程，同样，也可以得到天线的输入阻抗、输入回波损耗 S_{11}、阻抗带宽和天线增益等特性参数。当单个振子臂的长度 $l=\lambda/4$（半波振子）时，输入阻抗的电抗分量为零，天线输入阻抗可视为一个纯电阻。在忽略天线粗细的横向影响下，简单的偶极子天线设计可以取振子的长度为 $\lambda/4$ 的整数倍，如工作频率为 2.45GHz 的半波偶极子天线，其长度约为 6cm。当要求偶极子天线有较大的输入阻抗时，可采用折合振子。

如果一个天线在某个方向上具有正的增益，则它必须要在其他方向上有负的增益。对于长距离通信来说，在特定的方向辐射必须有合理的增益。天线的孔径指的是天线的辐射模式在最高增益的方向上具代表性的直径，这个经常表示成圆形的或者辐射锥形的。天线的波束宽度是天线方向性的度量，通常定义为衰减到峰值一半的角度值，也就是 3dB 带宽。

辐射模式给出所有方向上的三维增益图，通常考虑二维水平面和垂直面。高增益天线通常会显示出旁瓣和主瓣，旁瓣转移了天线的能量，减少了主瓣的增益。如果参考天线是全向天线，天线的增益就表示成 dBi；当选择偶极子天线作为参考，天线的增益就表示成 dBd。使用 dBi 或 dBd 将会有助于避免混淆，当天线增益表示为 dB 而不是 dBi 或 dBd 的情况下，通常理解为 dBd。一个偶极子天线比全向天线有 2.15dB 的增益，也就是说 0dBd 等于 2.15dBi。

4. 极化

在自由空间传播的电磁波，通常包括电场分量 E 和磁场分量 H，这两个分量是相互正交的，并且都和传播的方向垂直。E 场的方向用于定义电磁波的极化，如果 E 场是垂直的，称为垂直极化，如果是水平的，称为水平极化。当电场矢量随着时间旋转，电磁波就是圆极化的。电磁波的极化对于两个天线之间的耦合起着非常重要的作用。

当天线开始电磁波传播时，极化方向是以地平面为参考的。当 E 场平行于地平面，就称为水平极化，如果电场和地面垂直，就称为垂直极化。所有这些极化都称为线性极化，这里 E 场总是保持在一个平面中。当电场矢量随着时间不断旋转，这时的天线称为圆极化。如果电场按照右手或者左手方式旋转，天线就被称为右旋/左旋圆极化天线。圆极化天线在任何一个极化方向只能传输整个能量的一半。

接收天线的极化方向必须和发射天线的极化方向匹配，如果不匹配，两者之间就会存在较低的辐射耦合。一个右旋极化的天线不能够和一个左旋极化或者线极化的天线进行良好的匹配。天线的极化对于 RFID 系统有很多含义。一个水平/垂直极化的天线可以较好地接收水平/垂直极化的电子标签，一个右旋、左旋圆极化天线可以在任何方向上，但是只能提供线极化天线一半的功率。两个极化方式不同的天线在一定范围内不会相互干扰，即右旋圆极化天线不会和左旋圆极化天线相互干扰。一个天线的极化通常和增益一起给出，例如，一个天线有 8dBi 的增益，线极化可以定义成 8dBil，这里 l 表示线极化。下面给出了 4 种不同定义天线增益的方法：dBil 是相对于全向线极化天线的增益；dBic 是相对于全向圆极化天线的增益；dBdl 是相对于偶极子线极化天线的增益；dBdc 是相对于偶极子圆极化天线的增益。

5. 其他特性

天线的效率是指天线辐射功率占天线馈入功率的比值。天线辐射是辐射阻抗引起的，欧姆电阻通常产生热量，会降低效率，天线的阻抗可以通过特定的设备测量到。而测量辐射模式则需要比较复杂的要求，包括电波暗室的设计（去除辐射噪声）、测量设备位置的精确摆放和测量时旋转天线所需的特别设备。所有天线的参数都根据发送天线来给出，但是由于互易性，对于接收天线也同样适用。由于功率是被消耗的，在负载端的阻抗测量是非常重要的。对于发射天线，负载是天线本身，对于接收天线，负载是接收机。天线的阻抗必须和它连接的传输线匹配。读写器天线和电子标签天线两者的极化方向必须一致。

RFID 天线的读取范围取决于很多因素：天线的尺寸、天线的方向性、天线位置、相关的其他材料、所处频段的电气特性以及周围环境。发射天线有一定的功率限制，如果发射功率过大有可能导致损坏，这里仅关注发射天线，一般接收天线得到的功率很少有超过毫瓦的范围。

6.2.2　天线的种类

RFID 天线主要有线圈天线、微带贴片天线、偶极子天线 3 种基本形式。其中，短于 1m 的近距离 RFID 天线一般采用工艺简单、成本低的线圈天线，它主要工作在中低频段。1m 以上的远距离应用需要采用微带贴片天线或偶极子天线，它们工作在高频及微波频段。不同种类天线的工作原理是不相同的，下面分别作简要介绍。

1. 线圈天线

当电子标签的线圈天线进入读写器产生的交变磁场中，电子标签的天线与读写器天线之间的相互作用就类似于变压器，两者的线圈相当于变压器的一次绕组和二次绕组。RFID 应用系统可以通过这一交变磁场实现双向数据通信。常用的 ID21 型非接触式 IC 卡的外观为一小型的塑料卡（85.72mm × 54.03mm × 0.76mm），天线线圈谐振工作频率通常为 13.56MHz。某些应用要求电子标签的天线线圈外形很小，且需一定的工作距离，如用于动物识别，目前面积最小的线圈天线为 0.4mm × 0.4mm。若线圈面积过小的话，电子标签与读写器间的天线线圈互感量就不太能够满足实际使用，可以通过在电子标签的天线线圈内部插入具有高磁导率的铁氧体材料，以增大互感量，从而补偿线圈横截面减小的问题。

2. 偶极子天线和单极天线

在远距离耦合的 RFID 应用系统中，最常用的是偶极子天线（又称对称振子天线）。电偶极子是一种基本的辐射单元，它是一个载有时变电流的电流元，其长度远远小于波长，电流近似等值分布。上述电偶极子在实际中并不存在，但是实际的天线可看作无数电偶极子的级联。已知电偶极子的解和天线上的电流分布，即可根据叠加原理来获得天线的辐射特性。偶极子天线作为最简单的天线形式，通常用作其他天线的参考模

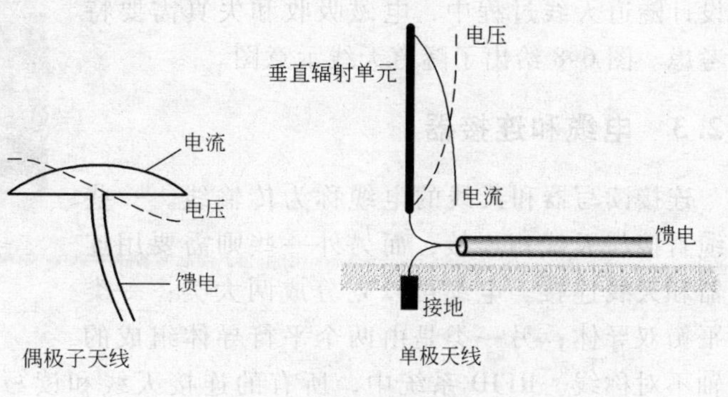

图 6-6　偶极子天线和单极天线

型。辐射导体一端接地的偶极子天线称为单极天线。图6-6显示了偶极子天线和单极天线。

3. 天线阵列

可以把若干天线排列在空间并相互连接，以产生一个定向的方向图，这种多个辐射元的结构称为天线阵列。当一些天线元素，通常是单个偶极子和反射体结合在一起，可以组成天线阵列，这就可以达到采用单一天线难以达到的电磁特性。通用天线阵列是由一个有源振子（一般用折合振子）、一个无源反射器和若干个无源引向器平行排列而成的端射式天线。

4. 微带贴片天线

微带贴片天线是由贴在带有金属地板的介质基片上的辐射贴片导体所构成的，如图6-7所示。根据天线辐射特性的需要，可以将贴片导体设计为各种形状。通常微带贴片天线的辐射导体与金属地板距离为几十分之一波长，假设辐射电场沿导体的横向与纵向两个方向没有变化，仅沿约为半波长的导体长度方向变化，则微带贴片天线的辐射基本上是由贴片导体开路边沿的边缘场引起的，辐射方向基本确定，因此一般适用于通信方向变化不大的RFID系统中。为了提高天线的性能并考虑其通信方向性问题，人们还提出了各种不同的微带缝隙天线，如参考文献［5，6］中所述，设计了一种工作在24GHz的单缝隙天线和5.9GHz的双缝隙天线，其辐射波为线极化波；参考文献［7，8］中讲述开发了一种圆极化缝隙耦合贴片天线，它可以采用左旋圆极化和右旋圆极化来对二进制数据中的“1”和“0”进行编码。对于RFID系统，贴片天线通常设计成圆极化，大概是6~8dBi。

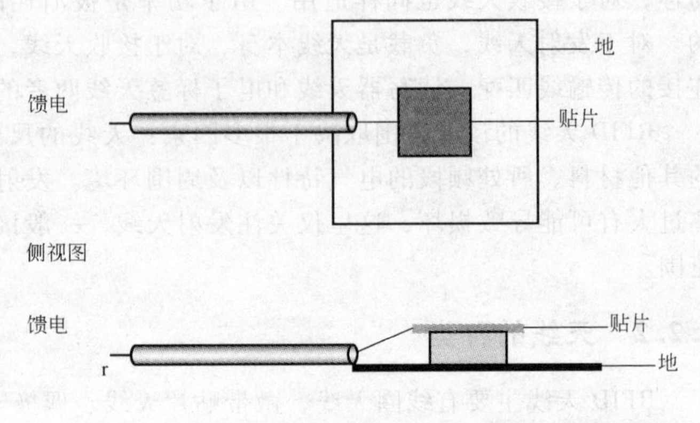

图6-7 微带贴片天线

5. 隧道天线

隧道天线用在很多传送系统中。天线围绕着输送带，使得读写器的能量区域均匀辐射在隧道中，这样允许电子标签可以在不同的方向和位置被读取到。隧道天线放置在金属滚筒里，使得读写器和电子标签之间耦合难度较大。因此，在设计隧道天线过程中，电磁吸收和失真需要特别考虑。图6-8给出了隧道天线示意图。

图6-8 隧道天线

6.2.3 电缆和连接器

连接读写器和天线的电缆称为传输线。一些电缆直接与天线相连接，而另外一些则需要用连接器和天线连接。电缆可以划分成两大类：一类是平衡双导体；另一类是由两个平行导体组成的同轴不对称线。RFID系统中，所有的连接天线和读写器的电缆都是同轴电缆。同轴电缆（Coaxial）是指有两个同心导体，而导体和屏蔽层又共用同一轴心的电缆。最常见的同轴电缆由绝缘材料隔离的铜线导体组成，在里层绝缘材料的外部是另一层环形导体及其绝缘体，然后整个电缆由聚氯乙烯或特氟纶材料的护套包住。外层导体提供屏蔽，防止射频信号外泄或进入电缆，其屏蔽效能取决于外部网罩的质量和密度。

6.3 RFID 天线的设计与制造

6.3.1 天线的设计技术

在 RFID 系统中，天线分为标签天线和读写器天线两种类型。RFID 天线的原理和设计在 LF、HF、UHF 和微波各个不同频段上有根本的区别。在 LF 和 HF 频段内，近场区并没有电磁波的传播，因此天线的设计主要集中在 UHF 和微波频段。

在国内，有近百家的天线设计制造公司或工厂，这些天线设计制造厂家主要的产品基本上是传统的卫星接收天线、电视接收天线、车载天线和蜂窝基站天线等，相对而言，从事 RFID 天线设计的单位很少，基础比较薄弱。目前，国内在 LF 和 HF 和特定环境下应用的 UHF 频段的 RFID 天线设计比较成熟。如应用于铁路运输上的电子车号自动识别系统，该系统中读写器天线为安装在地面上的微带贴片天线，并且带有很坚固的防护外壳。电子标签体积较大并且封装在塑料壳中，标签天线可靠性高、加工工艺成熟但是成本高。在读写器和电子标签位置、方向不固定或者周围电磁场影响严重的一些系统中，存在识别准确率不高、测试一致性不理想等问题。国外已经研制出一种在 RFID 芯片上嵌入天线的方法，常规 RFID 芯片需要用一个外部天线来实现它们与外部读写器的通信，而微芯片的片载天线使它能够接收来自读写器的无线信号并将识别号回传。因此这种芯片无需任何外部器件即可自行进行工作。目前国内关于片上天线的研究基本处于空白状态，在 UHF 和微波频段的标签天线的形式、体积、成本方面和国外技术也存在一定的差距。国外致力于覆盖各种频率的复合天线设计，基于研究可以用来纺织复合天线、电源和数据总线的未来服装所需要的新型材料，促进电子标签在服装上的使用。国外厂商都在研制和生产低成本的电子标签天线和标签产品，用以满足产品标志等方面的需要。

1. RFID 标签天线的设计

天线的目标是传输最大的能量进入标签芯片，这需要仔细地设计天线与标签芯片的匹配，当工作频率增加到微波频段时，天线与标签芯片之间的匹配问题变得更加重要。RFID 应用中，芯片的输入阻抗可能是任意值，并且很难在工作状态下准确测试，缺少准确的参数，天线的设计难以达到最佳。相应的小尺寸以及低成本等要求也对天线的设计带来挑战，天线的设计面临许多难题。标签天线特性受所标识物体的形状及物理特性的影响，而标签到贴标签物体的距离、贴标签物体的介电常数、金属表面的反射和辐射模式等都将影响天线的性能。

2. RFID 读写器天线的设计

对于近距离 13.56MHz RFID 应用（<10cm），比如门禁系统，天线一般与读写器集成在一起，对于远距离 13.56MHz（10cm～1m）或者 UHF 频段（<3m）的 RFID 系统，天线与读写器采取分离式结构，并通过阻抗匹配的同轴电缆连接到一起。由于结构、安装和使用环境的多样，以及小型化的要求，天线设计面临新的挑战。读写器天线的设计要求低剖面、

小型化以及多频段覆盖。对于分离式读写器，还将涉及到天线阵的设计问题，以及小型化所带来的低效率、低增益问题。国外已经开始研究读写器应用的智能波束扫描天线阵，读写器可以按照一定的处理顺序，“智能”地打开和关闭不同的天线，使系统能够感知不同天线覆盖区域的电子标签，增大系统覆盖范围。

6.3.2　天线的制造技术

目前，有3种天线的制造技术：蚀刻/冲压天线（Etched/Punched Antenna）、印刷天线（Printed Antenna）和绕线式天线。目前，国际上一般都采用蚀刻/冲压天线为主，其材料一般为铝或者铜，能提供给电子标签上的天线最大可能的信号能量，并且在标签的方向性和天线的极化等特性上都能与读写器的询问信号相匹配。该制造技术同时在天线的阻抗、应用到物品上的射频性能以及其他物品围绕贴标签物品时的射频性能方面都有很好的体现，惟一的缺点就是成本较高。

导电油墨从只用丝网印刷扩展到胶印、柔性版印刷、凹印，技术的进步，促进了电子标签的生产和使用。随着新型导电油墨的不断开发，印刷天线的优势越来越突出。导电油墨由细微导电粒子或其他特殊材料（如导电的聚合物等）组成，印刷到承印物上后，起到导线、天线和电阻的作用。这种油墨印刷在柔性或硬质承印物上可制成印制电路，用导电油墨印刷的天线可接收RFID专用的无线电信号，其优势在于导电效果出色和较低的成本。

在频率较低的电子标签中，通常采用线圈天线形式；在频率较高的电子标签中通常为印刷贴片天线形式。其印刷工艺是在纸板、聚酯、聚苯乙烯等材料上用金属、聚合物等导电墨水（主要成分为银和铝等金属）印刷出天线图形，印刷贴片天线技术在国外已经成功应用，但是国内由于设备价格昂贵很少引进。我国也具备一定的利用导电油墨（如导电银浆）进行天线的加工能力。目前国内外印刷技术的印刷分辨率、套准精度、必要的隔离层和干净的印刷环境上还有待实质性的改善和提高。

6.4　RFID 天线设计举例

6.4.1　全向收发功能的天线设计

目前线圈天线的实现技术已很成熟，已经广泛应用于身份识别、货物标签等RFID应用系统中，但是对于那些要求频率高、信息量大、工作距离和方向不确定的应用场合，采用线圈天线还难以设计实现要求的性能指标。同样，如果采用微带贴片天线的话，由于实现工艺较复杂、成本较高，一时还无法被低成本的RFID应用系统所选择。偶极子天线如图6-9a所

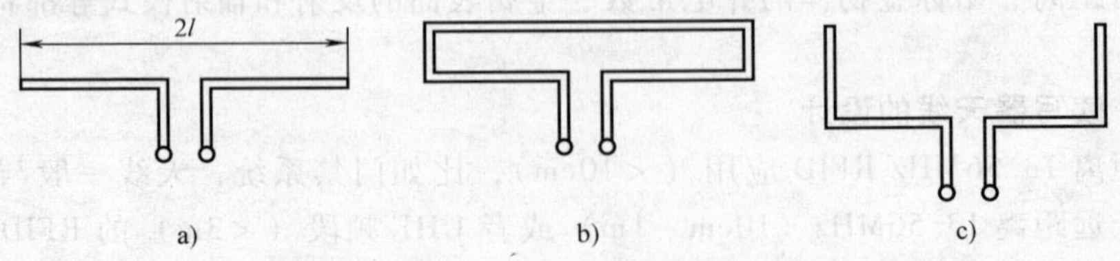

图6-9　偶极子天线

a）偶极子天线　b）折合振子天线　c）变形偶极子天线

示，具有辐射能力较强、制造简单和成本低等优点，且可以设计适用于全方向通信的 RFID 应用系统。参考文献［5］给出了一个具体的天线设计，该偶极子天线工作于 2.45GHz。

天线采用铜材料（电导率为 5.8e7S/m，磁导率为 1），位于充满空气的立方体中心，在立方体外表面设定辐射吸收边界，输入信号由天线中心处馈入，也就是 RFID 芯片的所处位置。对于 2.45GHz 的工作频率，其半波长度约为 61mm，设偶极子天线臂宽为 1mm，且无限薄，由于天线臂宽的影响，要求实际的半波偶极子天线长度为 57mm。仿真获得的输入回波损耗 S_{11} 分布图如图 6-10a 所示，辐射场 E 面（即最大辐射方向和电场矢量所在的平面）方向图如图 6-10b 所示。

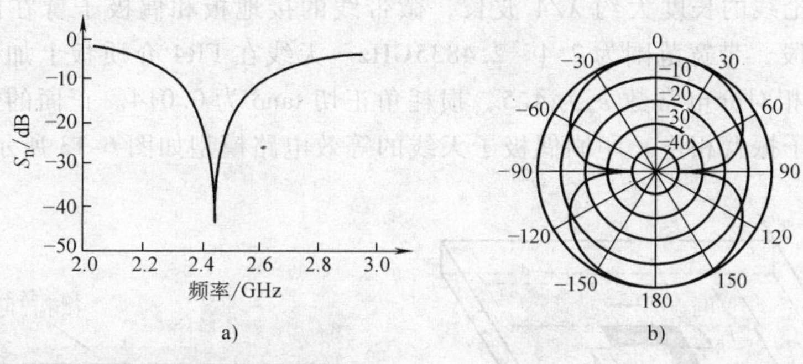

图 6-10　偶极子天线

a）回波损耗　b）辐射方向图

天线输入阻抗约为 72Ω，VSWR 小于 2.0 时的相对阻抗带宽为 14.3%，天线增益为 1.8dB。从图 6-11b 可以看到在天线轴方向上，天线几乎无辐射，如果此时读写器处于该方向上，电子标签将不会做出任何响应。为了获得全方位辐射的天线以克服该缺点，可以对天线做适当的变形，如将偶极子天线臂末端垂直方向上延长 $\lambda/4$，如图 6-9c 所示。这样天线总长度修改为 57mm + 2 × 28.5mm，天线臂宽仍然为 1mm。天线臂延长 $\lambda/4$ 后，整个天线谐振于 1 个波长，而非原来的半个波长。这就使得天线的输入阻抗大大地增加，仿真计算结果约为 2kΩ。其输入回波损耗 S_{11} 如图 6-11a 所示。图 6-11b 为 E 面（天线平面）上的辐射场方向图，其中实线为仿真结果，黑点为实际样品测量数据，两者结果较为吻合，说明了该设计是正确的。从图 6-11b 可以看到，在原来弱辐射的方向上得到了很大的改善，其辐射已经

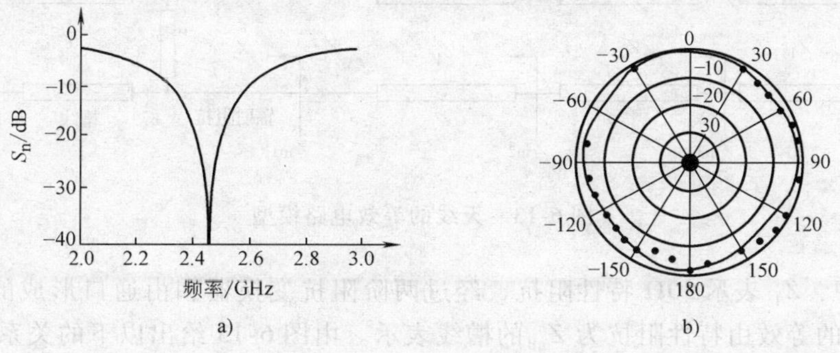

图 6-11　变形偶极子天线

a）回波损耗 S_{11}　b）辐射方向图

近似为全方向的了。VSWR 小于 2.0 时的相对阻抗带宽为 12.2%，增益为 1.4dB。对于大部分应用，该偶极子天线可以满足要求。

6.4.2 小型化印刷偶极子天线的设计

下面以 2.45GHz 工作频段为例，给出印刷偶极子标签天线及其小型化设计。

1. 印刷偶极子天线结构

印刷偶极子天线的结构如图 6-12a 所示，俯视图如图 6-12b 所示，其相应的结构尺寸见表 6-3。带有通孔的微带巴伦线是馈电点到两个印刷偶极子臂的平衡-不平衡变压器。偶极子臂以及微带巴伦线的长度大约 $\lambda/4$ 波长，微带线的接地板和偶极子臂在同一平面。该天线工作在 ISM 频段，带宽范围为 2.4 ~ 2.4835GHz。天线在 FR4 介质板上加工，介质板的厚度 h 为 0.8mm，相对介电常数 ε_r 为 4.5，损耗角正切 $\tan\delta$ 为 0.014。正面的微带线馈线通过通孔和印刷偶极子振臂相连。印刷偶极子天线的等效电路模型如图 6-13 所示。

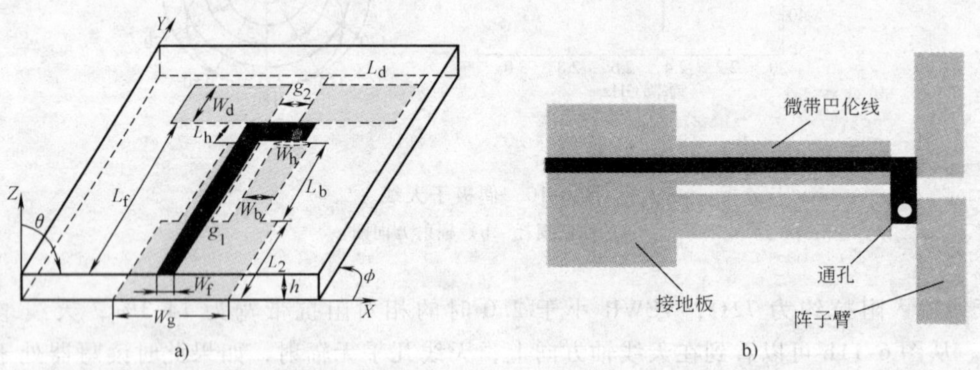

图 6-12 天线结构

a）印刷偶极子天线三维立体图 b）印刷偶极子天线俯视图

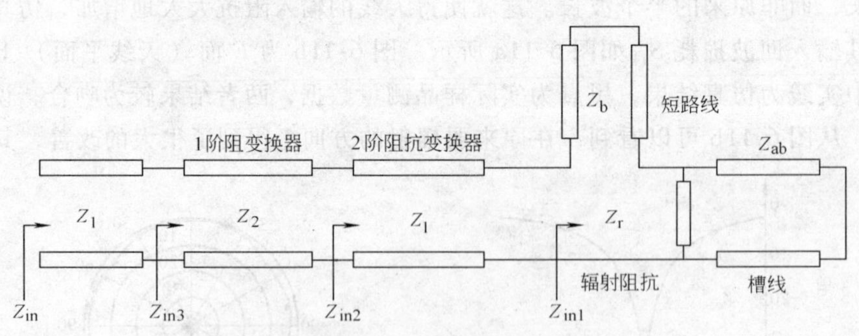

图 6-13 天线的等效电路模型

图 6-13 中，Z_1 表示 50Ω 特性阻抗，经过两阶阻抗变换器和由通口形成的短路线串联，两个偶极子臂的等效由特性阻抗为 Z_{ab} 的槽线表示。由图 6-13 给出以下的关系式：

$$Z_{in1} = jZ_b\tan(\theta_b) + \frac{jZ_r Z_{ab}\tan\theta_{ab}}{Z_r + jZ_{ab}\tan(\theta_{ab})} \tag{6-13}$$

$$Z_{in2} = Z_1 \times \frac{Z_{in1} + jZ_1 \tan(\theta_1)}{Z_1 + jZ_{in1} \tan(\theta_1)} \tag{6-14}$$

$$Z_{in3} = Z_2 \frac{Z_{in2} + jZ_2 \tan(\theta_2)}{Z_2 + jZ_{in2} \tan(\theta_2)} \tag{6-15}$$

式中　θ_1、θ_2、θ_b、θ_{ab}——两个阻抗变换器、短路线及槽线的电长度，为了满足平衡馈电和阻抗匹配的要求，令 $Z_1 = 50\Omega$、$Z_{in3} = Z_1$、$\theta_1 = \theta_2$、$\theta_{ab} = 90°$、θ_b 的值大约为 2.4°，等于电路板厚度的电长度。

2. 2.45GHz 天线设计及仿真

（1）天线设计

（2）仿真结果

通过对天线进行分析可以得到其回波损耗，仿真结果如图 6-14 所示。

由上述得出的仿真结果可以看出，天线的中心工作频率为 2.46GHz，回波损耗 $S_{11} = -30$dB，驻波比小于 1.5 时的工作带宽为 450MHz（2.2～2.65GHz）。

（3）印刷偶极子天线小型化设计

为了有效减小标签体积，下面采用对阵子臂进行曲折的方法，天线体积的缩小以带宽和增益的减小作为代价。小型化的印刷偶极子天线如图 6-15 所示，改进后的天线的尺寸缩小为 31.8mm×28.5mm，以小型化之前面积减小了约 47%。表 6-3 给出了小型化后天线尺寸。

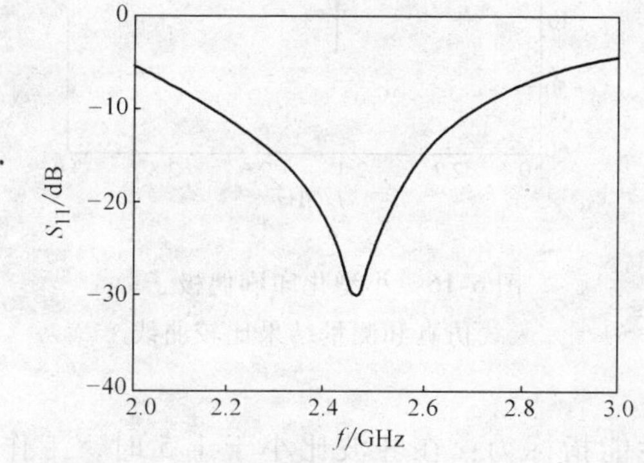

图 6-14　回波损耗

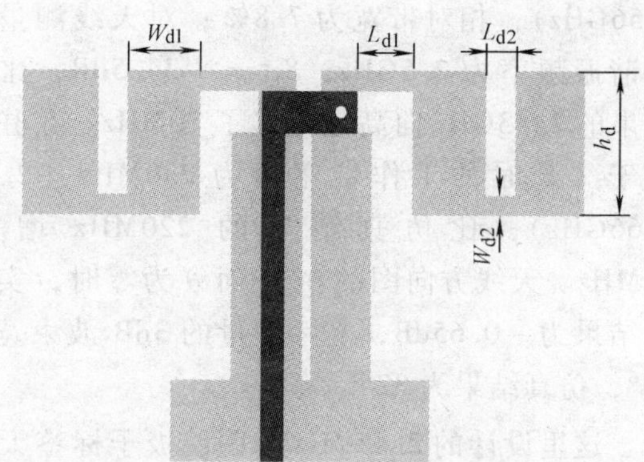

图 6-15　小型化后的结构

表 6-3　2.45GHz 天线尺寸　（单位：mm）

阵子臂	小型化前天线尺寸		小型化后天线尺寸	
L_d		21.4	L_{d1}	9.0
			L_{d2}	4.4
W_d		6	W_{d1}	4.4
			W_{d2}	1.0
g_2		3	h_d	10.5
			g_2	3.0

（续）

阵子臂	小型化前天线尺寸		小型化后天线尺寸	
微带巴伦线	L_b	23	L_b	20.0
	L_h	3	L_h	3.0
	g_1	1	g_1	1.0
	W_f	3	W_f	3.0
	W_b	5	W_b	5.0
	W_h	3	W_h	3.0
通孔	R	0.4	R	0.5
接地板	L_g	5	L_g	1.5
	W_g	14	W_g	14.0

（4）仿真结果和测量结果的比较

测量结果和仿真结果的比较如图 6-16 所示。

从图 6-16 可知，小型化印刷偶极子天线仿真结果的谐振中心频率为 2.43GHz，$S_{11}=-46$dB。在驻波比小于 1.5 时，天线带宽为 220MHz（2.34 ~ 2.56GHz），相对带宽为 7.8%；对天线测量得到的谐振频率为 2.5GHz，$S_{11}=-34.5$dB，比仿真结果的 2.43GHz 向高频偏移了 70MHz。在驻波比小于 1.5 时的工作带宽约为 230MHz（2.43 ~ 2.66GHz），比仿真结果的 220MHz 增加了 10MHz。天线方向图的在 E 面 θ 为零时，实际测量结果为 -0.65dB，实际测量的 3dB 波束宽度为 50°，仿真结果为 82°。

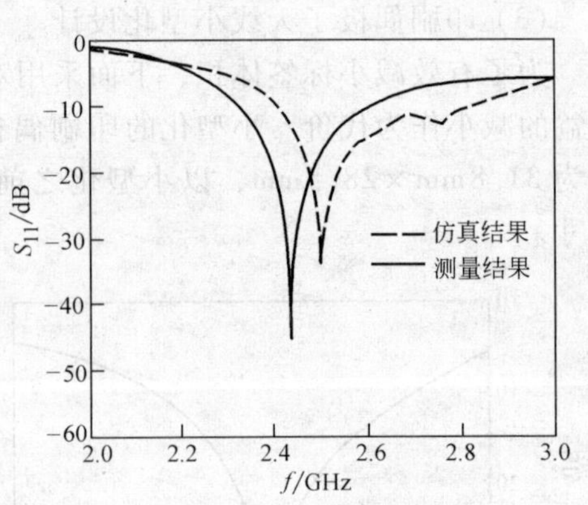

图 6-16 小型化印刷偶极子天线仿真和测量结果比较曲线

这里设计的 2.45GHz 印刷偶极子标签天线的性能指标为：在驻波比小于 1.5 时，工作带宽约 450MHz；天线增益为 114dB；天线尺寸为 37mm × 45.18mm。小型化后的天线尺寸缩小为 31.8mm × 28.5mm，面积减小了约 47%，在驻波比小于 1.5 时，天线带宽约为 220MHz，天线增益为 1.2dB。此外，给出了小型化天线的实测结果，并且与理论结果进行了比较，结果吻合良好。

6.4.3 2.45GHz 电子标签圆极化天线的设计

下面介绍一款谐振于 2.45GHz 的电子标签圆极化天线的设计，并给出了天线的结构图、仿真结果、实际加工天线图形以及最终回波损耗测试结果。天线结构决定了天线方向图、极化方向、阻抗特性、驻波比、天线增益和工作频段等特性。方向性天线具有更少的辐射模式和反射损耗的干扰，比较适合电子标签应用。由于电子标签放置方向不可控，读写器天线大多采取圆极化方式，使得系统对标签的方位敏感性降低。天线增益和阻抗特性将会对 RFID 系统的作用距离产生较大影响，天线的工作频段对天线尺寸以及辐射损耗也会有较大影响。

1. 2.45GHz 电子标签圆极化天线结构

圆环圆极化天线结构如图 6-17 所示，馈电网络腐蚀在衬底下面，两条相差 $\lambda/4$ 的馈线实现了天线的圆极化。

仿真实现的指标：圆极化天线尺寸为 48mm×53mm；中心频率为 2.45GHz，匹配达到 -40.1dB，阻抗带宽为 194MHz（VSWR < 1.5），在天线工作频率内，天线轴比小于 3dB，圆极化带宽为 200MHz（< 3dB），天线增益为 3.31dBi，如图 6-18 所示。

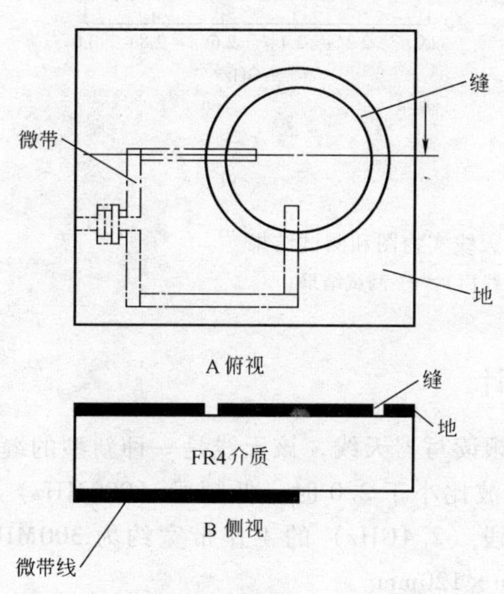

图 6-17　2.45GHz 电子标签圆极化天线结构

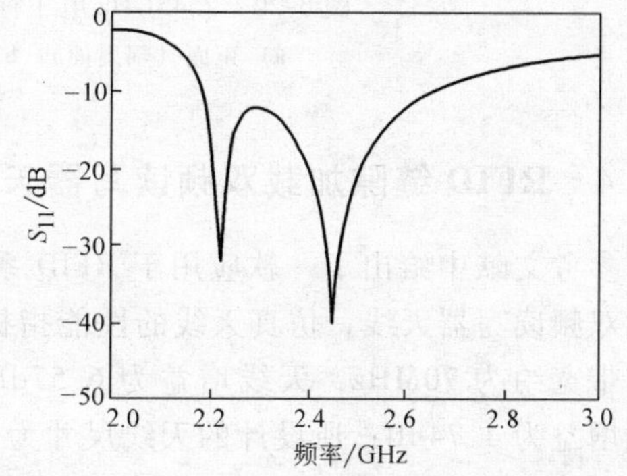

图 6-18　2.45GHz 电子标签圆极化天线回波损耗

图 6-19 为 E 面方向图和 H 面方向图。

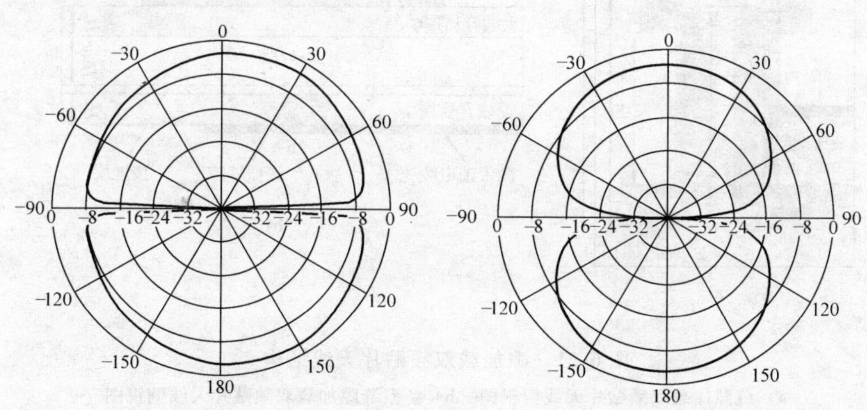

图 6-19　E 面方向图（左）和 H 面方向图（右）

2. 2.45GHzRFID 电子标签圆极化天线加工及测试

图 6-20a、b 给出了加工天线的实物，图 6-20c 给出了所加工天线的回波损耗测试结果。

由图 6-20c 可知，在驻波比小于 1.5 的情况下，天线的带宽为 300MHz（2.19 ~ 2.49GHz）满足了天线工作带宽的需求。

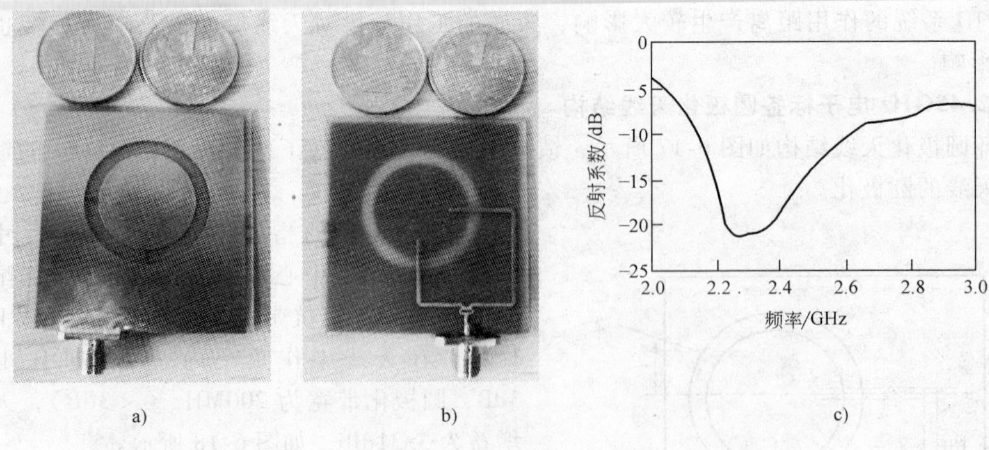

图 6-20　2.45GHz 电子标签圆极化天线实物图和测试结果

a）正面（辐射面）　b）背面（馈线面）　c）测试结果

6.4.4　RFID 缝隙加载双频读写器天线的设计

参考文献中给出了一款应用于 RFID 系统的双频读写器天线，该天线是一种新型的缝隙加载双频读写器天线，仿真天线的性能指标：在驻波比小于 2.0 时，低频段（900MHz）的工作带宽约为 70MHz，天线增益为 6.57dB，高频段（2.4GHz）的工作带宽约为 300MHz，天线增益为 4.74dB；所设计的天线尺寸为 179.3mm × 120mm。

1. 天线结构（见图 6-21）

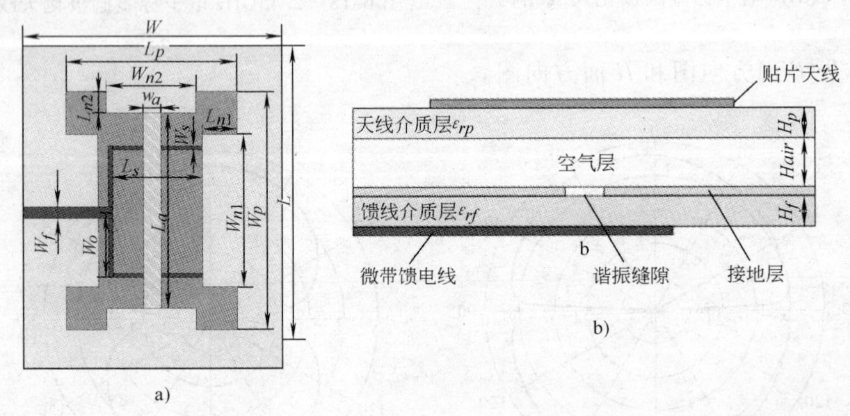

图 6-21　隙加载双频贴片天线结构

a）缝隙加载双频贴片天线俯视图　b）新型缝隙加载双频贴片天线侧视图

2. 天线结构分析

缝隙加载开槽双频贴片天线由一个加载缝隙及开槽贴片组成，其中加载缝隙由接地层的微带线构成，起耦合馈电的作用。天线印刷在一个厚度为 1.6mm、相对介电常数 $\varepsilon_r = 4.5$ 的 FR4 介质板上，介质板的损耗角正切 $\tan\delta = 0.014$。空气层位于贴片天线和接地层之间。接地层的缝隙及以下的馈电线印刷在同一层厚度为 1.6mm、相对介电常数为 $\varepsilon_r = 2.5$ 的介质板上。为了获得双频性能，在贴片边缘开一对槽，尺寸为 W_{n1} 和 L_{n1}，另外沿贴片长度方向开一对尺寸为 W_{n2} 和 L_{n2} 的槽以控制高频谐振频率。改变开槽的尺寸可以控制低频和高频谐振频率的频率比。在缝隙加载的微带天线中，控制微带馈电线耦合的常用方法是改变缝隙的尺寸。然而，在该缝隙加载天线中，缝隙是作为耦合辐射体用的，它的尺寸不能单独改变，因此必须使用其他方法来控制馈电线的耦合。一种替代的方法是使用双分支馈电，每条馈电线的阻抗都是100Ω，通过改变分支馈电线的长度即可控制馈电线的耦合。

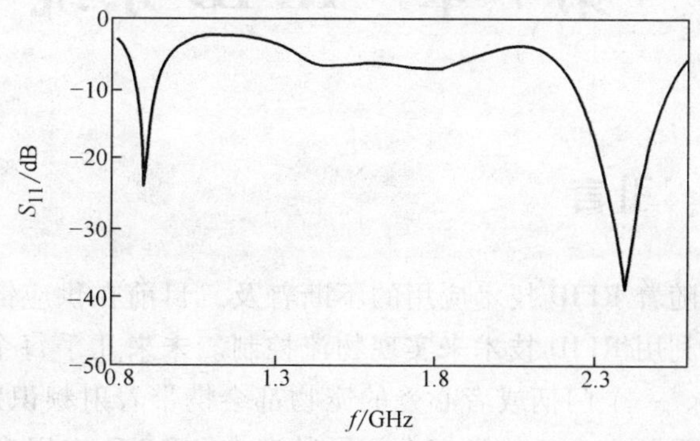

图6-22　新型缝隙加载双频贴片天线反射系数幅度曲线

3. 天线仿真性能分析

由图6-22可知，天线的低频部分的中心工作频率是900MHz，回波损耗 $S_{11}=-24.29$dB，驻波比小于2.0时天线的工作带宽约为70MHz（870～940MHz）。天线的低频部分的中心工作频率是2.4GHz，回波损耗 $S_{11}=-39.11$dB，驻波比小于2.0时天线的工作带宽约为300MHz（2.235～2.535GHz）。

6.5　本章小结

本章介绍了RFID系统所涉及到的射频技术，首先介绍了射频基础，然后介绍了天线的性能参数以及RFID天线主要应用的天线类型，并简要概述了RFID天线设计与制造技术，最后给出了基于RFID应用的标签天线和读写器天线的设计实例以及相应的参数性能。

参考文献

[1] 李宗谦，佘京兆，高葆新. 微波工程基础［M］. 北京：清华大学出版社，2004.

[2] M. M. 拉德马内斯（Matthew M. Radmanesh），Radio Frequency and Microwave Electronics Illustrated 射频与微波电子学［M］. 顾继慧，李鸣，译. 北京：科学出版社，2006.

[3] 李秀萍，刘禹. 基于RFID应用的印刷偶极子天线受环境影响测试［J］. 电子器件. 2007（12）：1289-1291.

[4] David M Pozar. Microwave Engineering［M］. 3rd ed. Wiley. 2004.

[5] 陈华君，林凡，郭东辉等. RFID技术原理及其射频天线设计［J］. 厦门大学学报：自然科学版，2005（6）：312-315.

[6] 李秀萍，刘禹，曹海鹰. 基于RFID应用的小型化印刷偶极子天线设计［J］. 北京邮电大学学报，2006，29（5）：75-78.

[7] 杜挺，李秀萍. 隙加载双频RFID读写器天线设计［J］. 中国电子科学研究院学报，中国合肥，2007，11（6）：45-48.

[8] Mark Brown，Sam Patadia，Sanjiv Dua，et al. Mike Meyers' Comptia RFID + Certification Passport［M］. McGraw-Hill Osborne Media，2007.

第 7 章　RFID 系统中的安全和隐私

7.1　引言

随着 RFID 技术应用的不断普及，目前在供应链中已经得到了一定应用，例如美国军方开始利用 RFID 技术来实现物流控制。未来几乎每个物体，无论是一个汽车轮胎、一盒谷类食品、一个门柄或者心爱的宠物都会携带着射频识别标签，而它所携带的数据也都将会引发安全问题。由于信息安全问题的存在，RFID 应用尚未普及到至为重要的关键任务中。没有可靠的信息安全机制，就无法有效保护整个 RFID 系统中的数据信息，如果该信息被窃取或者恶意更改，将可能给采用 RFID 技术的企业、个人和政府机关带来无法估量的损失。特别是对于没有可靠安全机制的电子标签，将会被邻近的读写器泄漏敏感信息，存在被干扰、被跟踪等安全隐患。同时，射频识别标签数据还可能被商业或政府组织使用，用于跟踪和追溯人们的行为和财产，消费者隐私组织认为这样侵犯了个人保护隐私的权利。

由于目前 RFID 的主要应用领域对隐私性要求不高，对于安全和隐私问题的注意力太少，很多用户对 RFID 的安全问题尚处于比较漠视的阶段。到目前为止，还没有人抱怨部署 RFID 可能带来的安全隐患，尽管企业和供应商都意识到安全是个问题，但他们并没有把这个问题放到首要议程上，仍然把重心放在了 RFID 的实施效果和采用 RFID 所带来的投资回报上。然而，像 RFID 这种应用面很广的技术，具有巨大的潜在破坏能力，如果不能很好地解决 RFID 系统的安全问题，随着应用扩展，未来遍布全球各地的 RFID 系统安全可能会像现在的网络安全难题一样考验人们的智慧。

在很多方面，与 RFID 应用相关的安全性和隐私性问题反映在随着互联网的引进而产生的相关应用中。电子标签本质上是可携带秘密的、私人的信息，并且存在于开放环境下的微型计算机中。

下面给出 RFID 系统中安全问题和隐私问题的区别，尽管安全和隐私在很多情况下是互通的，但是理解两者之间的区别（见图 7-1）也很重要，这将有助于在应用中设计一个有效的方案去解决安全和隐私问题。

安全所关注的问题是保护 RFID 系统中的保密数据不被未经授权方获取和操纵以及考虑 RFID 系统安全方面弱点和针对这些弱点的解决方法。只要是被认为与人、企业和对象有关的机密数据都应该得到保管和保护，以及有预谋的安全方面的破坏包括偷窃数据以及通过第三方谋取利益、造成危害或者蓄意犯罪的使用相关数据这些情况也应予以注意。

这里所关注的隐私问题是关于授权用户对数据潜在的不恰当使用而造成的对个人或者商业隐私的妨碍和侵犯，在后面也会涉及到由于安全方面遭破坏而引发的隐私问题。涉及到射频技术方面，关于隐私方面争论最激烈的话题在本质上跟安全并没有关系，而主要和一些经授权收集的私人数据有关。这些数据可能存在被授权人不恰当使用或者滥用的可能性。在零售业环境采用单品级电子标签可以大大改善库存管理，特别是可以降低库存积压，理顺商品

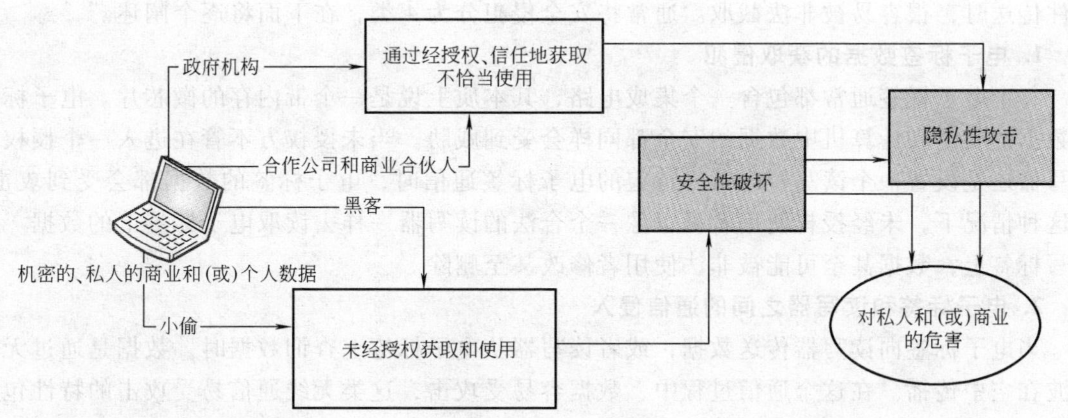

图 7-1　RFID 系统中安全问题和隐私的区别

进货流程，提高商品订购、库存、跟踪的效率。但是由于电子标签可能被很远的距离进行读取，消费者十分担心电子标签的信息会被盗读，侵犯消费者的隐私。例如：电子标签所携带的数据可以被零售商搜集和利用，消费者的采购习惯或许还有其他信息，被采集以后可以出售给需要的人或者集团，进行目标营销，从而向不知情的消费者发送特定的广告等。

个人隐私的利害关系经常被公开讨论和争论，商业公司也会关注重要的商业数据。例如，在一个应用射频识别的供应链中，电子标签可以用来追踪产品的存货。同时商业伙伴不管是否经过授权，都可以获取电子标签中的数据，如机密的存货数据或者追踪存货的物流方向，这将会危及到某些数据的安全，同时也可能妨碍公司与供应商和顾客之间商议价格的能力。

本章后续内容将着重阐述 RFID 安全所面临的问题、RFID 系统安全基础、RFID 常用安全协议分析、RFID 安全需求及研究进展，同时将会就 RFID 相关的隐私问题进行讨论，并试图给出解决相应问题的一些方法和策略。

7.2　RFID 面临的安全问题

目前，RFID 安全问题主要集中在对个人用户信息的隐私保护、对企业用户的商业秘密保护、防范对 RFID 系统的攻击以及利用 RFID 技术进行安全防范等方面。

RFID 系统中的安全问题在很多方面与计算机体系和网络中的安全问题类似。从根本上说，这两类系统的目的都是为了保护存储的数据及在系统的不同组件之间互相传送的数据。然而，由于以下两点原因，处理 RFID 系统中的安全问题更具有挑战性：首先，RFID 系统中的传输是基于无线通信方式，使得传送的数据容易被“偷听”；其次，在 RFID 系统中，特别是在电子标签上，计算能力和可编程能力都被标签本身的成本要求所约束。更准确地讲，在一个特定的应用中，标签的成本越低，它的计算能力也就越弱，可防止安全被威胁的可编程能力也越弱。下面我们将讨论 RFID 系统面临的主要入侵，提供获取安全破坏风险的手段，并且给出一些防护措施，同时探讨所存在的挑战和限制。

7.2.1　RFID 组件中的安全侵犯方面

在 RFID 系统中，当数据存储在电子标签、读写器和主机中，或者从一个组件向另一个组件传送时，很容易被非法截取。通常将安全侵犯分为4类，在下面将逐个阐述。

1. 电子标签数据的获取侵犯

每个电子标签通常都包含一个集成电路，其本质上说是一个带内存的微芯片。电子标签上数据的安全和计算机中数据的安全都同样会受到威胁。当未授权方不管在进入一个授权的读写器还是设置一个读写器与某一特定的电子标签通信时，电子标签的数据都会受到攻击。在这种情况下，未经授权使用者可以像一个合法的读写器一样去读取电子标签上的数据。在可写标签上，数据甚至可能被非法使用者修改甚至删除。

2. 电子标签和读写器之间的通信侵入

当电子标签向读写器传送数据，或者读写器从电子标签上查询数据时，数据是通过无线电波在空中传播。在这个通信过程中，数据容易受攻击，这类无线通信易受攻击的特性包括以下几个方面：

1）非法读写器截获数据：非法读写器中途截取标签传输的数据。

2）第三方堵塞数据传输：非法用户可以利用某种方式去阻塞数据和读写器之间正常的传输。最常用的方法是欺骗，通过很多假的标签回应让读写器不能区分出正确的标签回应，从而使读写器负载，制造电磁干扰，这种方法也叫做拒绝服务攻击。

3）伪造标签发送数据：伪造的标签向读写器提供无用信息或者错误数据，可以有效欺骗 RFID 系统接收、处理并且执行错误的电子标签数据。

3. 侵犯读写器内部的数据

当电子标签向读写器发送数据、清空数据或是将数据发送给主机系统之前，都会先将信息存储在内存中，并用它来执行一些功能。在这些处理过程中，读写器功能就像其他计算机一样存在传统的安全侵入问题。目前，市场上大部分读写器都是私有的，一般不提供相应的扩展接口让用户自行增强读写器安全性。因此挑选可二次开发、具备可扩展开发接口的读写器将变得非常重要。

4. 主机系统侵入

电子标签传出的数据，经过读写器到达主机系统后，将面临现存主机系统所有可能的侵入。这些侵入已超出了这本书的范围，有兴趣的读者可参考计算机或网络安全方面相关的书。

7.2.2 RFID 系统应用的安全风险分类

RFID 数据安全可能遭受的风险取决于不同的应用类型。鉴于本章的讨论目的，这里将 RFID 应用广泛地分为两类：消费者应用和企业应用，下面将详细讨论每种类型的风险。

1. 消费者应用风险

RFID 应用包括收集和管理有关消费者的数据，或者说消费者“被感知”。这类中最典型的应用包括门禁控制、电子收费和零售商店中其他任何包括对商品附加电子标签的应用。在消费者应用方面，安全性破坏风险不仅会对配置 RFID 系统的商家造成损害，也会对消费者造成损害。我们将在下一节讨论对商业可能造成的危害，而对消费者的危害大多和侵犯个人的隐私有关——这也包含直接或间接的经济损失。

即使是在那些 RFID 系统没有直接收集或维护个人消费者数据的情况下，如果消费者携带具备电子标签的物体，也存在创建一个消费者和电子标签之间联系的可能性。由于这种关系承载消费者的私人数据，就存在隐私方面的风险。例如，汽车的电子标签车钥匙并不包含车主的任何信息，但所有者仍然存在被跟踪的风险。

2. 企业应用的风险

企业 RFID 应用基于那些单个商务的内部数据或者很多商务的数据搜集。典型的企业应用包括任意数量供应链管理的处理增强应用（例如：财产清单控制或后勤事务处理），另外一个应用是工业自动化领域，RFID 系统可被用来追踪工厂场地内的生产制造过程。这些安全隐患可以使得商业交易和运行变得混乱，或危及到机密的公司信息。

举例来说，计算机黑客可以通过欺诈和实施拒绝服务攻击来中断商业合作伙伴之间基于 RFID 技术的供应链处理。此外，商业竞争对手可以窃取机密的存货数据或者获取专门的工业自动化技术。其他情况下，黑客还可以获取并公开类似的企业机密数据，这将危及到公司的竞争优势。如果几家企业共同使用一个 RFID 系统，即在供应商和生产商之间创建一个更有效的供应链，电子标签数据安全方面的破坏很可能对所有关联的商家都造成危害。

7.2.3 安全缺陷类型

实际上，尽管与计算机和网络的安全问题类似，但 RFID 所面临的安全问题要严峻得多。这不仅仅表现在由于 RFID 产品的成本极大地限制了 RFID 的处理能力和安全加密措施，而且 RFID 技术本身就包含了比计算机和网络中更多和更容易泄密的不安全因素。一般地，RFID 在安全缺陷方面除了与计算机网络有相同之处外，还包括以下 3 种不同的安全缺陷类型：

1. 标签本身的访问缺陷

由于标签本身的成本所限，标签本身很难具备能够足以保证安全的能力。这样，就面临了很大的问题。非法用户可以利用合法的读写器或者自构一个读写器，直接与标签进行通信，就可以很容易地获取标签内的所存数据，而对于读写式标签，还面临数据被改写的风险。

2. 通信链路上的安全问题

RFID 的数据通信链路是无线通信链路，与有线连接不一样，无线传输的信号本身是开放的，这就给非法用户的侦听带来了方便。实现非法侦听的常用方法包括：

1）黑客非法截取通信数据；

2）业务拒绝式攻击，即非法用户通过发射干扰信号来堵塞通信链路，使得读写器过载，无法接收正常的标签数据；

3）利用冒名顶替标签来向读写器发送数据，使得读写器处理的都是虚假的数据，而真实的数据则被隐藏。

3. 读写器内部的安全风险

在读写器中，除了中间件被用来完成数据的遴选、时间过滤和管理之外，只能提供用户业务接口，而不能提供能够让用户自行提升安全性能的接口。

由此可见，RFID 所遇到的安全问题，要比通常的计算机网络安全问题要复杂得多，如何应对 RFID 的安全问题，这一直是许多专家争论的焦点。虽然在 ISO 和 EPC Gen2 中都规定了严格的数据加密格式和用户定义位，RFID 技术也具有比较强大的安全信息处理能力，但仍然有一些专家认为 RFID 的安全性非常糟糕。美国的密码学研究专家 Adi Shamir 表示，目前 RFID 毫无安全可言，简直是畅通无阻。他声称已经破解了目前的大多数主流电子标签的密码口令，并可以对目前几乎所有的 RFID 芯片进行无障碍攻击。当前，安全仍被认为是阻碍 RFID 技术推广的一个重要原因之一。

7.3 RFID 安全基础

迄今为止，最重要的网络与通信安全的自动化工具便是加密。本节是对应用密码学的一个介绍，其目的是提供在开发 RFID 方案中应当理解的基本的密码学原理。由于篇幅原因，简化了很多概念以使得它们对非专业研究密码学人员来说更易于理解。

7.3.1 密码学概述

密码学通常被定义为在通信过程中进行解密隐写术和加密的过程和技巧。密码学发展历史要比互联网和无线技术早得多，密码学历史中一个著名的例子是 Caesar 密码，该密码由 Julius. Caesar 提出，用于与军队指挥官进行通信。

现国际上第一个专门研究密码领域的学会为国际密码研究学会（International Association for Cryptologic Research，IACR）。IACR 于 1981 年成立，每年 5 月于欧洲举办一次学术研讨会，称为 EUROCRYPT。每年 8 月于美国举办学术研讨会，称为 CRYPTO，每两年于亚洲举办 ASIACRYPT。

密码学（Cryptology）可分为以下两个领域：

1）密码编码学（Cryptography）：指如何达到信息的秘密性、鉴别性的科学。

2）密码分析学（Cryptanalysis）：指如何破解密码系统，或伪造信息使密码系统误以为真的科学。

一个密码系统主要由 3 个角色组成：发送方、接收方和破译者。图 7-2 给出了一个典型的密码系统。在发送方，首先将明文（Plaintext）M 利用加密器 E 及加密密钥 K_1，将明文加密成密文 $C=E_{K_1}$（M）。接着将 C 利用公开信道（Public Channel）送给接收方，接收方收到密文 C 后，利用解密器 D 及解密密钥 K_2，可将 C 解密成明文 $M=D_{K_2}$（C）$=D_{K_2}$（E_{K_2}（M））。在密码系统中我们也假设有一破译者在公开信道中。破译者并不知道解密密钥 K_2，但欲利用各种方法得知明文 M，或假冒发送方送一伪造信息让接收方误以为真。

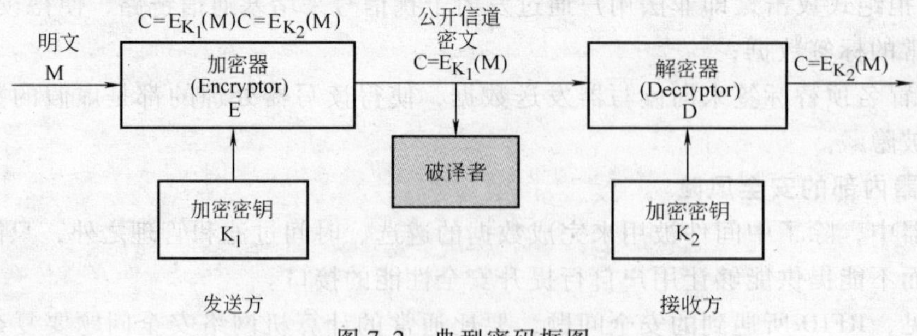

图 7-2 典型密码框图

加密算法和解密算法再加上消息和密钥的形式描述就构成了一个密码系统或者密码体制。

密码体制构成如下：

1）明文消息空间；

2）密文消息空间；

3）加密密钥空间；

4）有效的密钥生产算法；

5）有效的加密算法；

6）有效的解密算法；

1883 年，Kerchoffs 给出了一个设计密码要求必备的条件表，结合香农对密码体制的语义描述，一个好的密码体制做应具有以下性质：

1）加密算法和解密算法不包含秘密的成分或设计部分；

2）加密算法将有意义的消息相当均匀地分布在整个密文消息空间中；甚至可以由算法的某些随机的内部运算来获得随机的分布；

3）使用正确的密钥，加密算法和解密算法都是实际有效的；

4）不使用正确的密钥，要由密文恢复出相应的明文是一个由密钥参数的大小惟一决定的困难问题，通常取长为 s 的密钥，使得解这个问题所要求计算资源的量级超过 p（s），其中 p 是任意多项式。

密码技术将用于解决以下三大领域内的安全问题：

1）认证。用于可靠地确定某人或某物的身份，防止有人冒充合法用户或防止设备冒充合法资源。

2）加密。对数据进行编码以防搭线窃听的过程。加密所提供的保护也称为机密性业务，提供该业务用以保护数据安全，不被非法者偷听。加密算法分为两类：对称加密算法和非对称加密算法。当使用对称加密算法时，发送者和接受者使用同一密钥对数据进行加密和解密，这产生了在发送者和接受者之间进行安全密钥分发的问题。对称加密的安全关键在于密钥的安全。对称加密的密钥分发问题引出了非对称加密算法，该算法汇总由一个密钥加密的数据仅仅能被另外一个密钥解密，因此密钥可以在不信任的媒介上进行交换而不用担心被窃听。非对称加密算法具有代表性的应用是为对称加密算法建立会话密钥，因为非对称加密算法计算量特别大，通常不用它成立大批量数据。

3）完整性。保证数据没有经过篡改，我们需要确信所收到的消息正是所发送的消息。

从体制上看，密码学分为对称密码（单钥密码）和非对称密码（公钥密码），其中，对称密码又可以分为分组密码和序列密码。

7.3.2　对称加密系统

如图 7-2 所示的典型的密码系统中，若加密密钥 K_1 只有合法的发送方知道，则此密码系统称为秘密密钥密码系统（Private Key Cryptosystem，PKC）。一般而言，秘密密钥密码系统中加密密钥 K_1 及解密密钥 K_2 具有下列特性：知道 K_1 即知道 K_2，反之亦然。在很多情况下 K_1 等于 K_2。因此秘密密钥密码系统又称为对称密钥密码系统（Symmetric Key Cryptosystem，SKC），或单密钥密码系统（One-Key Cryptosystem，OKC）。

1. 分组密码

所谓分组密码，通俗地说就是数据在密钥的作用下，一组一组、等长地被处理，且通常情况下是明、密文等长。这样做的好处是处理速度快，节约了存储容量，避免带宽的浪费。分组密码是许多密码组件的基础，比如很容易转化为流密码（序列密码）、Hash 函数。分组密码的另一个特点是容易标准化，由于其固有的特点（高强度、高速率、便于软硬件实现）而成为标准化进程的首选体制，但该算法存在一个比较大的缺陷是安全性很难被证明。尽管“可证明安全性”的研究发展很快，目前的分组密码大多看起来也安全，可是还没有一个著名分组密码是真正被证明安全的，至多证明了局部安全性。有人为了统一安全性的概念，引入了伪随机性和超伪随机性，它是用概率图灵机来描述的，但在实际设计和分析中很难应用。关于分组密码的算法，有早期的数据加密标准（Data Encryption Standard，DES）密码，以及现在的高级加密标准（Advanced Encryption Standard，AES），AES 在目前选定为 Rijndael 算法，还有其他一些分组密码算法。

1）典型的分组密码算法——DES 算法。美国国家标准局于 1977 年公布了由 IBM 公司研制的一种 DES 算法，该算法是早期称作 Lucifer 密码的一种发展和修改。它的分组长度为 64bit，密钥长度为 56bit。由于其密钥太短，其安全性受到严重挑战。事实上，通过穷尽密钥搜索攻击和差分攻击，已经造成 DES 算法的安全性不再受到信任。因此，产生了许多 DES 的变形算法，比如二重 DES 和三重 DES，其相应的复杂性也高了许多。2000 年，AES 算法的最终确定使 DES 基本上完成了自己的历史使命。

2）高级加密标准（AES）——Rijndael 算法。1997 年，美国国家标准技术研究所（NIST）为了履行其法定职责，发起了一场推选用于保护敏感的联邦信息的对称密钥算法的活动。1998 年，NIST 宣布接受了 15 个候选算法并提请全世界密码学界协助分析这些候选算法。NIST 通过初步考察，1999 年选定 MARS、RC6、Rijndael、Serpent、Twofish 5 个算法作为决赛的算法。最终由比利时的密码专家 Joan Danmen 和 Vincent Rijmen 开发的 Rijndael 算法胜出。

当前的大多数分组密码，其轮函数有 Feistel 结构或准 Feistel 结构，即将中间状态的部分数据位不加改变地简单转置到其他位置。Rijndael 没有这种结构，其轮函数是由 3 个不同的可逆一致变换组成的，称它们为 3 个“层”。不同层的特定选择大部分是建立在宽轨迹策略的应用基础上，而该策略就是提供抗线性密码分析和差分密码分析能力的一种设计。

3）其他一些分组密码算法。国际上目前公开的分组密码不下 100 种。比如 DES 的变形（包括 New DES、多重 DES、白化了的 DES、S-盒可变的 DES、广义 DES 等）、IDEA 算法、RC 系列分组密码（包括 RC2、RC5、RC6 等）、Lucifer、Madeyga、Feal-N、LOKI 系列分组密码（包括 LOKI89、LOKI91、LOKI97 等）、CAST 系列算法、Khufu、Safe 系列、3-WAY、TEA、MacGuffin、SHARK、BEAR、LION、Blowfish、GOST、SQUARE、MISTY，以及日本电报电话公司和三菱公司联合设计的 Camellia 密码等。

2. 序列密码

序列密码虽然主要用于政府、军方等国家重要部门，而且用于这些部门的理论和技术都是保密的，但由于一些数学工具（比如代数、数论、概率等）可用于研究序列密码，其理论和技术相对而言比较成熟。序列密码的基本思想是：加密的过程是明文数据与密钥流进行叠加，同时解密过程就是密钥流与密文的叠加。该理论的核心就是对密钥流的构造与分析，因此，序列密码学在一些文献中被称做流密码。流密码与分组密码的区别就在于有无记忆性。对于流密码来说，内部存在记忆元件（存储器），根据加密器中记忆元件的存储状态是否依赖于输入的明文序列，又分为同步流密码和自同步流密码。目前大多数的研究成果都是关于同步流密码的。

同步流密码的关键是密钥流产生器，要求密钥流具有良好的随机性，如果密钥流是周期性的，要完全做到随机性是困难的。严格地说，这样的序列是不可能做到随机的，只能要求截获比密钥周期短的密钥不会泄漏更多信息，这样的序列叫伪随机序列。伪随机序列的生成通常是将 m-序列作为驱动序列进行适当的变换或组合，即保留 m-序列的良好伪随机性，又大幅提高线性复杂度。

在序列密码的设计方法方面，人们将设计序列密码的方法归纳为 4 种，即系统论方法、复杂性理论方法、信息论方法和随机化方法；将同步流密码的密钥流生成器分解成驱动部分和非线性组合部分，驱动部分负责生成器的状态转移，并为非线性组合部分提供统计性能良好的序列，而非线性部分要利用这些序列组合出满足要求的密钥流序列，这样做不仅结构简单，而且便于从理论上分析这类生成器；提出了非线性组合生成器、非线性滤波生成器和钟控生成器等多种具体设计方法。在研究方法方面，将谱技术、概率统计方法、纠错编码技术、并元理论，有限域理论等均可有效地用于序列密码的研究。

序列密码不像分组密码那样有公开的国际标准，虽然世界各国都在研究和应用序列密码，但大多数设计、分析成果还都是保密的。

7.3.3　非对称加密系统

1976 年，Whitfield Diffie 和 Martin Hellman 发表了 “New directions in cryptography”，这篇文章奠定了公钥密码系统的基础。公钥密码算法又称非对称密钥算法、双钥密码算法。在公钥密码算法中，Kp ≠ Ks，Kp 可以公开，简称公钥；Ks 必须保密，简称私钥。从 Ks 可以很容易推出 Kp，但从 Kp 很难推出 Ks。公钥密码算法的这种单向特性是基于陷门单向函数实现的。我们说一个函数 f 是单向函数，若对它的定义域中的任意 x 都易于计算 $f(x)$，而对 f 的值域中几乎所有的 y，即使当 f 为已知时，要计算 $f(y)$ 也是不可行的。若当给定某些辅助信息（陷门信息）时易于计算 $f(y)$，就称单向函数 f 是一个陷门单向函数。目前只有两种类型的公钥系统是安全实用的，即基于大整数困难分解问题的密码体制和基于离散对数困难问题的密码体制。

1. 基于大整数困难分解问题的密码体制

自 1976 年提出公钥密码体制思想后，基于大整数困难分解问题的公钥密码体制出现有 RSA 体制、Rabin 体制、LUC 体制及其推广和二次剩余体制等。

RSA 体制最初是由美国麻理工学院的 Riverst、Shamir 和 Adleman 于 1978 年提出的。它基于一个非常简单的数论思想，但能抵抗所有的密码攻击。其思想是对如下事实的应用：很容易将两个素数乘起来，但分解该乘积却非常困难。从而，该乘积可以公开而且可以作为加密公钥，但不能从该乘积恢复这两个素数，另一方面，解密需要这些素数。目前，由于分解大整数的能力增强，建议使用 1024 的模长，未来十几年里可能要选择 2048 模长。但由此带来的是系统更复杂，速度更慢。对于 RSA 密码体制，n 被分解成功，该体制便被破译。即破译 RSA 的难度不超过大整数的分解。但不能证明破译 RSA 和分解大整数是等价的。这样作为对 RSA 体制的一种修正，M. O. Rabin 于 1979 年提出了一种变形的 RSA 算法，称之为 Rabin 算法，可证明它的安全性等价于大整数因子分解问题。

目前RSA体制已经作为一种标准被广泛使用，比如现流行的PGP（Pretty Good Privacy）就是将RSA作为传送会话密钥和数字签名的标准算法。

2. 基于离散对数困难问题的密码体制

基于离散对数困难问题的密码体制主要包括基于有限域的乘法群上的离散对数问题的ElGamal体制和基于椭圆曲线离散对数的椭圆曲线密码体制（ECC），以及近来Lenstra等人提出的XTR群的离散对数问题的XTR公钥体制。

ElGamal公钥密码系统是T. ElGamal于1984年提出的，它的安全性主要基于离散对数问题的困难性，目前该公钥密码系统已使用在许多协议之中。

前文已经说过，为保证RSA算法的安全性，RSA的密钥长度需要一再增大，使得它的运算负担越来越大。相比之下，椭圆曲线密码体制（ECC）可用短得多的密钥获得同样的安全性。该体制，由Koblitz和Miller于20世纪80年代中期分别提出。ECC的安全性只与椭圆曲线本身有关系，基于椭圆的离散对数问题比一般的基于整数的离散对数问题和整数分解问题更加困难。ECC由于其自身的安全性高，密钥量小，较好的灵活性，而得以广泛应用。目前，ECC已经被IEEE公钥密码标准P1363采用。

作为椭圆曲线的一个推广，Neal Koblitz在1989年提出了超椭圆曲线密码体制（HCC），它是基于有限域上超椭圆曲线的Jacobian群上离散对数问题的计算困难性。HCC具有与ECC相似的密码特性，但HCC具有在比较小的基域上提高与ECC同级别安全性的优势。从已有的HCC实现来看，HCC实现速度要比ECC要慢，由于HCC的实现的复杂度较大，因此它还不实用。

XTR公钥体制即有效的紧致子群迹表示，由Lenstra在Crypto2000提出。它是一种传统的基于子群离散对数问题的密码体系。XTR是一种非常具有吸引力的公钥密码体制，与目前实用的RSA和ECC相比，同等安全程度的XTR体制的实现在计算、密钥存储和通信方面的要求和ECC基本相同，但XTR的密钥生成要比ECC快得多。当然，如何进一步改善XTR算法，优化参数选取，使XTR走向实用还需要进一步的工作。

3. 其他一些公钥密码体制

纠错码和密码学是两门不同的学科，但是公钥密码体制思想是建立在一个难解的数学问题之上，即NPC问题。1978年，Berlekamp等人证明了纠错码中的一些译码问题属于NPC问题，这两项成果建立起纠错码和密码学相结合的理论基础。同年，McEliece设计出第一个基于纠错码的公钥密码体制，被称作McEliece公钥密码体制。目前，关于该密码体制的破解尚未有公开证据进行证明。

有限自动机公钥密码体制是由我国学者陶仁骥发明的，它的思想与RSA体制类似。此类体制是基于分解两个有限自动机的合成也是困难的而构造的，尤其是当其中的一个或两个为非线性时，难度更大。

7.3.4 Hash函数

Hash函数（也称散列函数、杂凑函数或者杂凑算法）是把任意长的输入消息串变化成固定长的输出串的一种函数，这个输出串称为该消息的Hash值，Hash函数一般用于产生消息摘要和密钥加密等。例如，SHA-1Hash函数产生160位Hash值，而MD5Hash函数产生128位Hash值。不同于块密码和流密码，Hash函数不使用密钥，这也就是给定一个特定的输入，任何人都可以计算输出的 Hash 值。

Hash 函数抗穷举攻击的能力依赖于算法所产生的 Hash 码的长度。函数应该满足下面 3 个性质：

1）单项性。对任何给定的 Hash 码 h，找到满足 $H(x)=h$ 的 x 在计算上是不可行的。

2）抗弱碰撞性。对任何给定的块 x，找到满足 $y \neq x$ 且 $H(y)=H(x)$ 的 y 在计算上是不可行的。

3）抗强碰撞性。找到任何满足 $H(x)=H(y)$ 的偶对 (x, y) 在计算上是不可行的。

对长度为 n 的 Hash 码，找到上述性质的元素所需要的代价分别与下表中的相应量成正比。

表 7-1　长度为 n 的 Hash 码对应性质的强度

单项性	2^n	抗强碰撞性	$2^{n/2}$
抗弱碰撞性	2^n		

如果要求抗强碰撞能力，那么 $2^{n/2}$ 值决定了该 Hash 码穷举攻击的强度。为了蛮力攻击碰撞值，攻击者将必须重复地选取随机的输入串，直到这两个串数列到相同的值。这里涉及到一个称为生日悖论（Birthday paradox）的数学属性，攻击者在发现两个 Hash 到相同的值的串之前将不得不 Hash 大约 $2^{n/2}$ 个串。Oorschot 和 Wiener 为攻击 MD5 设计了一台搜寻机器，它能在 24 小时内找到一个碰撞。MD5 使用的是 128 位 Hash 码，因此一般认为 128 位 Hash 码是不够的。如果将 Hash 码看做是一串 32 位字，那么以后将要使用 160 位 Hash 码。而对 160 位 Hash 码，用相同的机器至少则需要四千年才能找到一个碰撞。SHA-1 和 RIPEMD-160 其 Hash 码都是 160 位。

在本节中，主要介绍 RFID 中使用的 3 个重要的 Hash 函数：MD5、SHA-1 和 RIPEMD-160。

1. MD5 消息摘要算法

MD5 消息摘要法是由 MIT 的 Ron Rivest 提出的，这个方法是源自于 MD4 加以改良而成。MD5 可以输入任意长度的明文，产生 128 位的摘要。任意长度的明文首先需要添加位的数目，使明文总长度与 448（512-64）在模 512 中同余（也即长度 ≡ 448mod 512）。在明文后添加位的方法是第一个添加位是“1”外，其余都是“0”。然后再将真正明文的长度（没有添加位以前，以 64 位表示）附加于前面已添加过位的明文后。此时的明文长度正好是 512 位的倍数。这个处理过程包含下列步骤：

1）步骤一：增加填充位。将文件以 512 位为单位切割后，若最后一个区块长度不足 448 位，则必须加入位将之补齐至 448 位；若最后一个区块长度刚好是 448 位，则加入一 512 位的区块。因此，加入的位范围为 1 ~ 512 位。

2）步骤二：填充长度。补齐区块后，在最后必须添加原文件长度的信息，此信息长度为 64 位（Least Significant Byte First）。若原文件长度超过 2^{64} 位元，则只添加较低阶的 64 位元。即添加的信息为：原文件长度 mod 2^{64}。

3）步骤三：初始化 MD 缓冲区。在 MD5 中有一 128 位的缓存器，用以暂存经过运算的结果。在开始制作文件摘要前，MD5 会先初设缓存器。128 位的缓存器视为 4 个 32 位的缓存器（A、B、C、D），初设如下：

A = 67452301

B = EFCDAB89

C = 98BADCFE

D = 10325476

缓存器是以小端模式（Little-Endian）的方式初设。而 MD5 运算过程中所利用到的初值 IV 为

Word A	**01**	**23**	**45**	**67**
Word B	89	AB	CD	EF
Word C	FE	DC	BA	98
Word D	76	54	32	10

4）步骤四：以 512 位的分组（16 个字）为单位处理信息。经过前三个步骤后，MD5 即可开始以 512 位块为单位进行运作。每 512 位块经过运作后，将产生 128 位的输出。

5）步骤五：输出。以初值为始，将每次输出的 128 位值相加再进行模运算，即可获得最后 128 位的文件摘要。

2. SHA-1 安全 Hash 算法

安全 Hash 算法（SHA）由美国国家标准与技术研究所（NIST）为配合数字签名标准（DSA），在 1993 年对外公布的安全 Hash 函数，在设计的方法上也是依据 MD4 方法。修订版于 1995 年发布（FIPS 180-1），通常称之为 SHA-1。

SHA 主要有 4 轮，每一轮包括 20 个步骤的运算。当第一轮的第一步骤开始处理，A、B、C、D、E 记录单元中的数值先复制到另外 5 个记录单元 AA、BB、CC、DD、EE 中。每一步骤中非常类似 MD5 中利用非线性的逻辑运算，将 B、C、D 的数值打乱。

SHA-1 算法包含下列步骤：

1）步骤一：增加填充位。将文件以 512 位为单位切割后，若最后一个区块长度不足 448 位，则必需加入位将之补齐至 448 位；若最后一个区块长度刚好是 448 位，则加入一 512 位的区块。因此，加入的位范围为 1 ~ 512 位。

2）步骤二：填充长度。补齐区块后，在最后必须添加原文件长度的信息，此信息长度为 64 位。此资料为一无正负（Unsigned）的整数（Most Significant Byte First）。

3）步骤三：初始化 MD 缓冲区。在 SHA 中有一 160 位的缓存器，用以暂存经过运算的结果。在开始制作文件摘要前，SHA 会先初设缓存器。160 位的缓存器可视为 5 个 32 位的缓存器，初设如下：

A = 67452301

B = EFCDAB89

C = 98BADCFE

D = 10325476

E = C3D2E1F0

缓存器是以 Little-Endian 的方式初设，而 SHA 运算过程中所利用到的初值 IV 即为

Word A	**67**	**45**	**23**	**01**
Word B	EF	CD	AB	89
Word C	98	BA	DC	FE
Word D	10	32	54	76
Word E	C3	D2	E1	F0

4）步骤四：以 512 位的分组（16 个字）为定位处理信息。经过前三个步骤后，SHA 即可开始以 512 位块为单位进行运作。每 512 位块经过运作后，将产生 160 位的输出。

5）步骤五：输出。以初值为始，将每次输出的 160 位值相加模 2^{32} 运算，即可获得最后 160 位的文件摘要。

我们可以将 SHA-1 的处理过程归纳如下：

$CV_0 = IV$

$CV_{q+1} = SUM_{32}[CV_q, ABCDE_q]$

$MD = CV_L$

其中，

IV = 第三步定义的缓冲区的初值

$ABCDE_q$ = 处理第 q 个消息分组时最后一轮的输出

L = 消息分组的个数（包括填充位和长度域）

MD = 消息摘要

SUM_{32} = 对输入字分别执行模 2^{32} 加法

3. RIPEMD-160 信息摘要算法

RIPEMD-160 信息摘要算法是欧洲 RIPE 计划下由一组研究人员设计的，这些研究人员曾对 MD4 和 MD5 进行了一些成功的攻击。如果利用 RIPEMD-160 将文件制作文件摘要，则文件必须先被切割为数个 512 位的区块，而 RIPEMD-160 最终将输出一 160 位的文件摘要。RIPEMD-160 信息摘要算法包含下列步骤：

1）步骤一：将文件以 512 位为单位切割后，若最后一个区块长度不足 448 位，则必须加入位将之补齐至 448 位；若最后一个区块长度刚好是 448 位，则加入一 512 位的区块。因此，加入的位范围为 1～512 位。

2）步骤二：填充长度。补齐区块后，在最后必须添加原文件长度的信息，此信息长度为 64 位元（Most Significant Byte First）。

3）步骤三：初始化 MD 缓冲区。在 SHA 中有一 160 位的缓存器，用以暂存经过运算的结果。在开始制作文件摘要前，SHA 会先初设缓存器。160 位的缓存器可视为 5 个 32 位的缓存器（A、B、C、D、E），初设如下：

A = 67452301

B = EFCDAB89

C = 98BADCFE

D = 10325476

E = C3D2E1F0

缓存器是以 Little-Endian 的方式初设，而 SHA 运算过程中所利用到的初值 IV 即为

Word A	**67**	**45**	**23**	**01**
Word B	EF	CD	AB	89
Word C	98	BA	DC	FE
Word D	10	32	54	76
Word E	C3	D2	E1	F0

4）步骤四：以 512 位的分组（16 个字）为定位处理信息。经过前三个步骤后，RIPEMD-160 即可开始以 512 位块为单位进行运作。每 512 位块经过运作后，将产生 160 位的输出。

5）步骤五：输出。以初值为始，将每次输出的 160 位值相加模 2^{32} 运算，即可获得最后 160 位的文件摘要。

4. 各 Hash 函数间的效率比较（见表 7-2）

以下为 RIPEMD-160 的 3 位作者，对目前常见的 Hash 函数所作的测试结果，其测试环境是以一部 Pentium-90 个人计算机，利用不同的信息汇记函数，处理一个 256 MB 文件所做的效率测试。

表 7-2 Hash 函数间的效率比较

算法	输出长度/位元	系统架构/位元	平行函数个数	回合数（Round）	效率（Mbit/s）（Pentium-90）	效能比例	RSA 公司推荐使用
MD2	128	8	1	1	n/a	n/a	No
MD4	128	32	1	3	165.7	146	No
MD5	128	32	1	4	113.5	100	No
SHA	160	32	1	3	n/a	n/a	No
SHA-1	160	32	1	3	46.5	41	Yes
RIPEMD	128	32	2	3	82.1	72	No
RIPEMD-128	128	32	2	4	63.8	56	No
RIPEMD-160	160	32	2	5	39.8	35	Yes

7.4 RFID 常用的安全协议分析

到现在为止，已有多种 RFID 安全协议被提出。分析这类协议时，我们关注的是读写器和电子标签之间的协议。还假定这些协议所使用的基本密码构造，如伪随机生成函数、加密体制、签名算法、MAC 机制以及 Hash 函数等，都是安全的。在本章中，用 H 和 G 来表示两个不同的抗碰撞的安全 Hash 函数，f 则表示一个安全的伪随机函数。

7.4.1 Hash-Lock 协议

Hash-Lock 协议是由 Sarma 等人提出的，为了避免信息泄漏和被追踪，它使用了 *meta*ID 来代替真实的标签 ID。其协议流程如图 7-3 所示。

Hash-Lock 协议的执行过程如下：

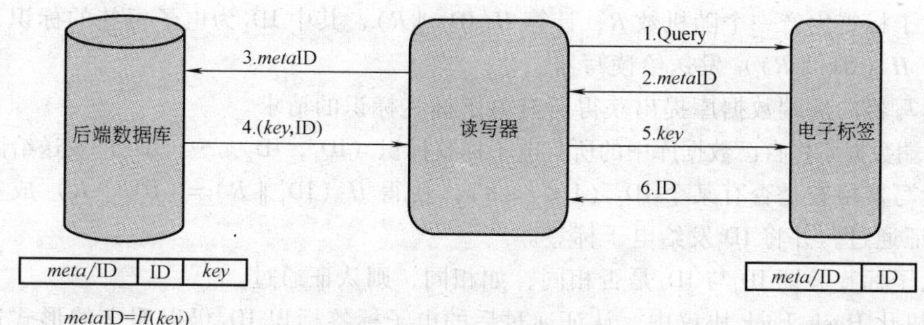

图7-3　Hash-Lock协议

1）读写器向电子标签发送Query认证请求。

2）电子标签将*meta*ID发送给读写器。

3）读写器将*meta*ID转发给后端数据库。

4）后端数据库查询自己得数据库，如果找到与*meta*ID匹配的项，则将该项的（*key*，ID）发送给读写器，其中ID为待认证电子标签的标识，*meta*ID = *H*(*key*)；否则，返回给读写器认证失败的信息。

5）读写器将接收自后端数据库的部分信息*key*发送给电子标签。

6）电子标签验证*meta*ID = *H*(*key*)是否成立，如果成立，则将其ID发送给读写器。

7）读写器比较自电子标签接收到的ID是否与后端数据库发送过来的ID一致，如一致，则认证通过；否则，认证失败。

由上述过程可以看出，Hash-Lock协议没有ID动态刷新机制，并且*meta*ID也保持不变，加之ID是以明文的形式通过不安全的信道传送，因此Hask-Lock协议非常容易受到假冒攻击和重传攻击，攻击者也可以很容易地对电子标签进行跟踪。也就是说，Hask-Lock协议完全没有达到其安全的目标。

7.4.2　随机化Hash-Lock协议

随机化Hash-Lock协议由Weis等人提出，它采用了基于随机数的询问-应答方式，其协议流程如图7-4所示。

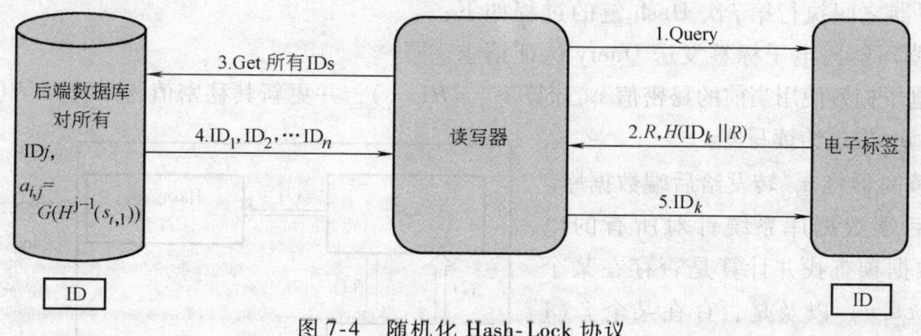

图7-4　随机化Hash-Lock协议

随机化Hash-Lock协议的执行过程如下：

1）读写器向电子标签发送Query认证请求。

2）电子标签生产一个随机数 R，计算 $H(\mathrm{ID}_k \parallel R)$，其中 ID_k为电子标签的标识，电子标签将（R，H（$\mathrm{ID}_k \parallel R$））发送给读写器。

3）读写器向后端数据库提出获得所有电子标签标识的请求。

4）后端数据库将自己数据库中的所有电子标签标识（ID_1，ID_2，…，ID_n）发送给读写器。

5）读写器检查是否有某个 ID_j（$1 \leqslant j \leqslant n$），使得 H（$\mathrm{ID}_j \parallel R$）=（$\mathrm{ID}_k \parallel R$）成立；如果有，则认证通过，并将 ID_j发给电子标签。

6）电子标签验证 ID_j与 ID_k是否相同，如相同，则认证通过。

在随机化 Hash-Lock 协议中，认证通过后的电子标签标识 ID_k仍以明文的形式通过不安全的信道传送，因此攻击者可以对电子标签进行有效的追踪。同时，一旦获得了电子标签的标识 ID_k，攻击者就可以对电子标签进行假冒。当然，该协议也无法抵抗重传攻击。因此，随机化 Hash-Lock 协议也是不安全的。

不仅如此，每一次电子标签认证时，后端数据库都需要将所有电子标签的标识器发送给读写器，两者之间的数据通信量很大。就此而言，该协议也不实用。

7.4.3 Hash 链协议

本质上，Hash 链协议也是基于共享秘密的询问应答协议。但是，在 Hash 链协议中，当使用两个不同 Hash 函数的读写器发起认证时，电子标签总是发送不同的应答，其协议流程如图 7-5 所示。值得提出的是，作者声称 Hash 链协议具有完美的前向安全性。

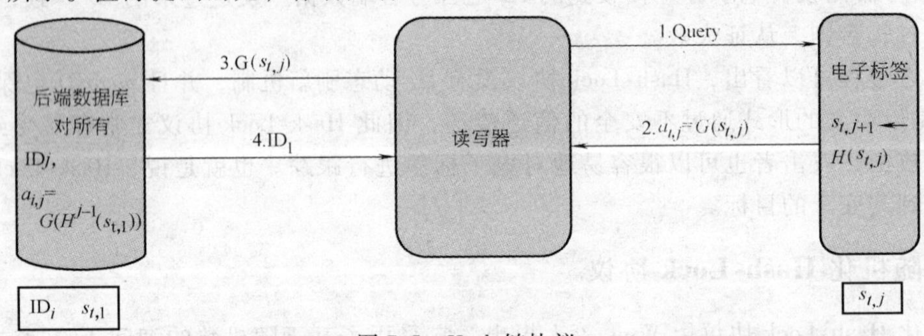

图 7-5 Hash 链协议

在系统运行之前，电子标签和后端数据库首先要预共享一个初始秘密值 $s_{t,1}$，则电子标签和读写器之间执行第 j 次 Hash 链的过程如下：

1）读写器向电子标签发送 Query 认证请求。

2）电子标签使用当前的秘密值 $s_{t,j}$计算 $a_{t,j}=H(s_{t,j})$，并更新其秘密值为 $s_{t,j+1}=H(s_{t,j})$，电子标签将 $a_{t,j}$发送给读写器。

3）读写器将 $a_{t,j}$转发给后端数据库。

4）后端数据库系统针对所有的电子标签数据项查找并计算是否存在某个 ID_t（$1 \leqslant t \leqslant n$）以及是否存在某个 j（$1 \leqslant t \leqslant m$），其中 m 为系统预设置的最大链长度，使得 $a_{t,j}=G(H^{j-1}(s_{t,1}))$ 成立。如果有，则认证通过，并将 ID_t发

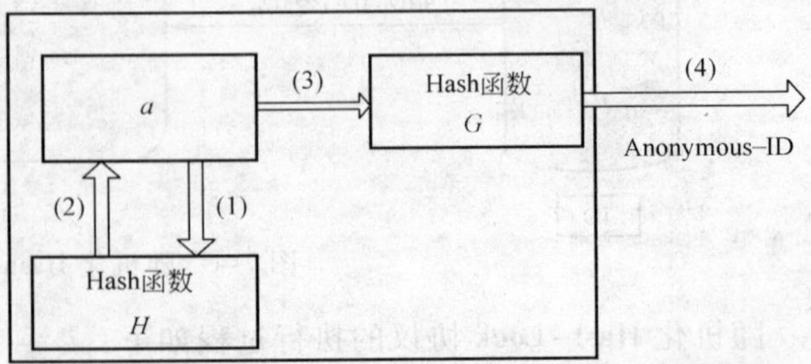

图 7-6 Hash 链协议中的主动式电子标签原理

送给电子标签；否则，认证失败。

实质上，在 Hash 链协议中，电子标签成为了一个具有自主 ID 更新能力的主动式电子标签，如图 7-6 所示。同时，由上述流程可以看出，Hash 链协议是一个单向认证协议，即它只能对电子标签身份进行认证。不难看出，Hash 链协议非常容易受到重传和假冒攻击，只要攻击者截获某个 $a_{t,j}$，它就可以进行重传攻击，伪装电子标签通过认证。此外，每一次电子标签认证发生时，后端数据库都要对每一个电子标签进行 j 次 Hash 运算，因此其计算载荷也很大。同时，该协议需要两个不同的 Hash 函数，也增加了电子标签的制造成本。

7.4.4　基于 Hash 的 ID 变化协议

基于 Hash 的 ID 变化协议与 Hash 链协议相似，每一次回话中的 ID 交换信息都不相同。该协议可以抗重传攻击，因为系统使用了一个随机数 R 对电子标签标识不断进行动态刷新，同时还对 TID（最后一次回话号）和 LST（最后一次成功的回话号）信息进行更新，其协议流程如图 7-7 所示。

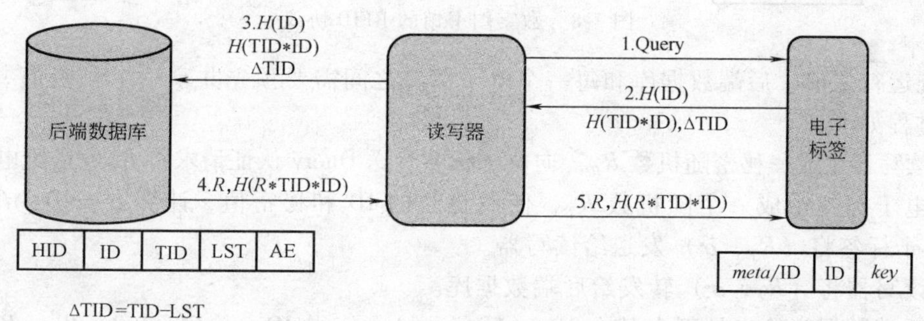

图 7-7　基于 Hash 的 ID 变化协议

基于 Hash 的 ID 变化协议的执行过程如下：

1）读写器向电子标签发送 Query 认证请求。

2）电子标签将当前回话号加 1，并将 H（ID）、H（TID＊ID）、ΔTID 发送给读写器；其中，H（ID）可以使得后端数据库恢复出电子标签的标识，ΔTID 则可以使得后端数据库恢复出 TID，进而计算出 H（TID＊ID）。

3）读写器将 H（ID）、H（TID＊ID）、ΔTID 转发给后端数据库。

4）依据所存储的电子标签信息，后端数据库检查所接收到数据的有效性，如果所有的数据全部有效，则它产生一个秘密随机数 R，并将（R，H（R＊TID＊ID））发送给读写器。然后，数据库更新该电子标签的 ID 为 ID ⊕ R，并相应地更新 TID 和 LST。

5）读写器将 R，H（R＊TID＊ID）转发给电子标签。

6）验证所接收的信息的有效性；如果有效，则认证通过。

由上述可知，电子标签是在接收到第 5 步骤中的消息且验证通过之后才更新其 ID 和 LST 信息的，而在此之前，后端数据库已经成功地完成相关信息的更新。因此，如果此时攻击者进行攻击（例如，攻击者可以伪造一个假消息，或者干脆实施干扰使电子标签无法接收到该消息），则就会在后端数据库和电子标签之间出现严重的数据不同步问题。这也就意味着合法的电子标签在以后的回话中将无法通过认证。也就是说，该协议不适合于使用分布式数据库的普适计算环境，同时存在数据库同步的潜在安全隐患。

7.4.5　David 的数字图书馆 RFID 协议

David 等提出的数字图书馆 RFID 协议使用基于预共享秘密的伪随机函数来实现认证，其协议流程如图 7-8 所示。

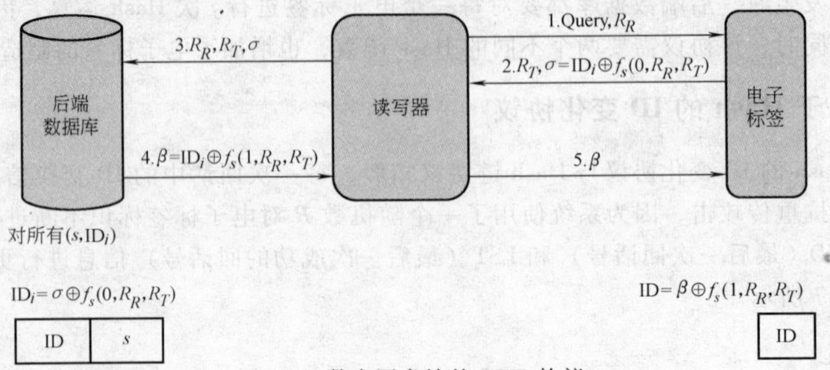

图 7-8　数字图书馆的 RFID 协议

系统运行之前，后端数据库和每一个电子标签之间需要预先共享一个秘密值 s。该协议的执行过程如下：

1）读写器生成一秘密随机数 R_R，向电子标签发送 Query 认证请求将 R_R发送给电子标签。

2）电子标签生成一个随机数 R_T，使用自己的 ID 和秘密值 s 计算 $\sigma=\mathrm{ID}\oplus f_s(0,R_R,R_T)$。电子标签将（$R_T$，$\sigma$）发送给读写器。

3）读写器将（R_T，σ）转发给后端数据库。

4）后端数据库检查是否有某个 ID_j（$1\leqslant j\leqslant n$），使得 $\mathrm{ID}_j=\sigma\oplus f_s(0,R_R,R_T)$ 成立。如果有，则认证通过，并计算 $\beta=\mathrm{ID}_i\oplus f_s(1,R_R,R_T)$，然后将 β 发送给读写器。

5）读写器将 β 转发给电子标签。

6）电子标签验证 $\mathrm{ID}=\beta\oplus f_s(1,R_R,R_T)$ 是否成立；如成立，则认证通过。

到目前为止，还没有发现该协议具有明显的安全漏洞。但是，为了支持该协议，必须在电子标签电路中包含实现随机数生成以及安全伪随机函数两大功能模块，故而该协议完全不适用于低成本的 RFID 系统。

7.4.6　分布式 RFID 询问应答认证协议

Rhee 等人提了一种适用于分布式数据库环境的 RFID 认证协议，它是典型的询问应答型双向认证协议，其协议流程如图 7-9 所示。

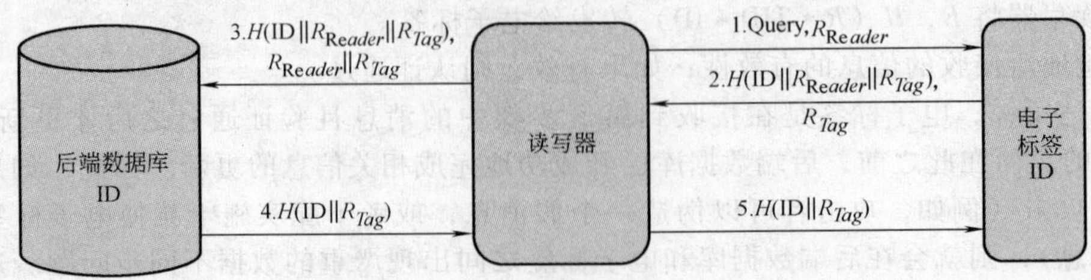

图 7-9　分布式 RFID 询问应答认证协议

该分布式 RIFD 询问应答协议的执行过程如下：

1）读写器生成一秘密随机数 R_{Reader}，向电子标签发送 Query 认证请求，将 R_{Reader} 发送给电子标签。

2）电子标签生成一随机数 R_{Tag}，计算 $H(\mathrm{ID} \parallel R_{Reader} \parallel R_{Tag})$，其中 ID 为电子标签的标识。电子标签将（$H(\mathrm{ID} \parallel R_{Reader} \parallel R_{Tag})$，$R_{Tag}$）发送给读写器。

3）读写器将（$H(\mathrm{ID} \parallel R_{Reader} \parallel R_{Tag})$，$R_{Reader}$，$R_{Tag}$）发送给后端数据库。

4）后端数据库检查是否有某个 ID_j（$1 \leqslant j \leqslant n$），使得 $H(\mathrm{ID}_j \parallel R_{Reader} \parallel R_{Tag}) = H(\mathrm{ID} \parallel R_{Reader} \parallel R_{Tag})$ 成立；如果有，则认证通过，并将 $H(\mathrm{ID}_j \parallel R_{Tag})$ 发送给读写器。

5）电子标签验证 $H(\mathrm{ID}_j \parallel R_{Tag}) = H(\mathrm{ID} \parallel R_{Tag})$ 是否相同，如相同，则认证通过。

到目前为止，还没有发现该协议有明显的安全漏洞或缺陷。但是，在本方案中，执行一次认证协议需要电子标签进行两次 Hash 运算。电子标签电路中需要集成随机数发生器和 Hash 函数模块，因此它也不适合于低成本 RFID 系统。

7.4.7　LCAP

LCAP（Low Cost Authentication Protocol，低成本鉴析协议）也是询问应答协议，但是与前面的同类其他协议不同，它每次执行之后都要动态刷新电子标签的 ID，其协议流程如图 7-10 所示。

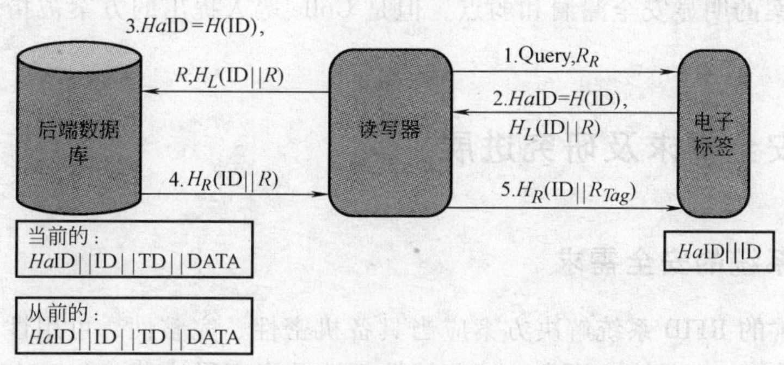

图 7-10　LCAP

LCAP 的执行过程如下：

1）读写器生成一秘密随机数 R，向电子标签发送 Query 认证请求，将 R 发送给电子标签。

2）电子标签计算 $Ha\mathrm{ID} = H(\mathrm{ID})$ 和 $H_L(\mathrm{ID} \parallel R)$，其中 ID 为电子标签之标识，$H_L$ 表示 Hash 函数输出的左半部分。电子标签将（$Ha\mathrm{ID}$，$H_L(\mathrm{ID} \parallel R)$）发送给读写器。

3）读写器将（$Ha\mathrm{ID}$，R，$H_L(\mathrm{ID} \parallel R)$）发送给后端数据库。

4）后端数据库检查以前数据条目中 $Ha\mathrm{ID}$ 的值是否与所接收到的 $Ha\mathrm{ID}$ 一致。如果一致，则使用 R 和以前数据条目中的 ID 信息来计算 $H_R(\mathrm{ID} \parallel R)$，其中 H_R 表示 Hash 函数输出的右半部分。然后，后端数据库更新当前数据条目中的信息如下：$Ha\mathrm{ID} = H(\mathrm{ID} \oplus R)$，$\mathrm{ID} = \mathrm{ID} \oplus R$。以前数据条目中的 TD 数据域设为 $Ha\mathrm{ID} = H(\mathrm{ID} \oplus R)$。最后，将 $H_R(\mathrm{ID} \parallel R)$ 发送给读写器。

5）读写器将 $H_R(\mathrm{ID} \parallel R)$ 转发给电子标签。

6）电子标签验证 H_R（ID ‖ R）的有效性。如果有效，则更新其 ID 为 ID = ID ⊕ R。

由上述可知，电子标签是在接收到消息 5 且验证通过之后才更新其 ID 的，而在此之前，后端数据库已经成功完成相关 ID 的更新。因此。与基于杂凑的 ID 变化协议的情况类似，LCAP 也不适合于使用分布式数据库的普适计算环境。同时也存在数据库同步的潜在安全隐患。

7.4.8 再次加密机制

RFID 标签的计算资源和存储资源都十分有限，因此极少有人设计使用公钥密码体制的 RFID 安全机制。到目前为止，公开发表的基于公钥密码机制的 RFID 安全方案只有两个：Juels 等人提出的用于欧元钞票上电子标签标识的建议方案；Golle 等人提出的可用于实现电子标签匿名功能的方案。

上述两种方案都采用了再次加密机制，但两者还是有显著的不同：Juels 等人提出的方案基于一般的安全的公钥/加密签名方案，同时给出了一种基于椭圆曲线体制的实现方案（包括安全参数的选择、有关性能分析等）；在这种方案中，完成再次加密的实体知道被加密消息的所有知识（本方案中特指钞票的序列号）。而 Golle 等人提出的方案则采用了基于 El Gamal 体制的“通用再加密”（Universal Re-ecryption）技术，这种方案中，完成对消息的再次加密无需知道关于初始加密该消息所使用的公钥的任何知识。到目前为止，还没有发现 Juels 等人提出方案的明显安全漏洞和弱点，但是 Golle 等人提出的方案被指出存在安全弱点和漏洞。

7.5 RFID 安全需求及研究进展

7.5.1 RFID 系统的安全需求

一种比较完善的 RFID 系统解决方案应当具备机密性、完整性、可用性、真实性和隐私性等基本特征。在 RFID 系统应用中，这些特性都涉及到密码技术。

1. 机密性

一个 RFID 电子标签不应当向未授权读写器泄漏任何敏感的信息，在许多应用中，RFID 电子标签中所包含的信息关系到消费者的隐私，这些数据一旦被攻击者获取，消费者的隐私权将无法得到保障，因而一个完备的 RFID 安全方案必须能够保证电子标签中所包含的信息仅能被授权读写器访问。

2. 完整性

在通信过程中，数据完整性能够保证接收者收到的信息在传输过程中没有被攻击者篡改或替换。在 RFID 系统中，通常使用消息认证码来进行数据完整性的检验，它使用的是一种带有共享密钥的散列算法，即将共享密钥和待检验的消息连接在一起进行散列运算，对数据的任何细微改动都会对消息认证码的值产生较大影响。

3. 可用性

RFID 系统的安全解决方案所提供的各种服务能够被授权用户使用，并能够有效防止非法攻击者企图中断 RFID 系统服务的恶意攻击。一个合理的安全方案应当具有节能的特点，各种安全协议和算法的设计不应当太复杂，并尽可能地避开公钥运算，计算开销、存储容量和通信能力也应当充分考虑 RFID 系统资源有限的特点，从而使得能量消耗最小化。同时，安全性设计方案不应当限制 RFID 系统的可用性，并能够有效防止攻击者对电子标签资源的恶意消耗。

4. 真实性

电子标签的身份认证在 RFID 系统的许多应用中是非常重要的。攻击者可以伪造电子标签，也可以通过某种方式隐藏标签，使读写器无法发现该标签，从而成功地实施物品转移，读写器只有通过身份认证才能确信消息是从正确的电子标签处发送过来的。

5. 隐私性

一个安全的 RFID 系统应当能够保护使用者的隐私信息或相关经济实体的商业利益。同个人携带物品的商标可能泄漏个人身份一样，个人携带物品的电子标签也可能会泄漏个人身份，通过读写器能够跟踪携带系列不安全电子标签的个人，并将这些信息进行综合和分析，就可以获取使用者个人喜好和行踪等隐私信息。

7.5.2　RFID 系统安全的研究进展

为实现上述安全目标，RFID 系统必须在电子标签资源有限的情况下实现具有一定安全强度的安全机制。受低成本 RFID 电子标签中资源有限的影响，一些高强度的公钥加密机制和认证算法难以在 RFID 系统中实现。目前，国内外针对低成本 RFID 安全技术进行了一系列研究，并取得了一些有意义的成果。

1. 访问控制

为防止 RFID 电子标签内容的泄露，保证仅有授权实体才可以读取和处理相关标签上的信息，必须建立相应的访问控制机制。

参考文献［31］指出设计低成本 RFID 系统安全方案必须考虑两种实际情况：电子标签计算资源有限以及 RFID 系统常与其他网络或系统互联，分析了 RFID 系统面临的安全性和隐私性挑战，提出可以采用在电子标签使用后（如在商场结算处）注销的方法来实现电子标签的访问控制，这种安全机制使得 RFID 电子标签的使用环境类似于条形码，RFID 系统的优势无法充分发挥出来。

参考文献［32］提出通过引入 RFID 阻塞标签来解决消费者隐私性保护问题，该标签使用标签隔离（防碰撞）机制来中断读写器与全部或指定标签的通信，这些标签隔离机制包括树遍历协议和 ALOHA 协议等。阻塞标签能够同时模拟多种标签，消费者可以使用阻塞标签有选择地中断读写器与某些标签（如特定厂商的产品或某个指定的标识符子集）之间的无线通信。但是，阻塞标签也有可能被攻击者滥用来实施拒绝服务攻击，参考文献［32］给出了阻塞标签滥用的检测和解决方案。同时，Juels 又提出了采用多个标签假名的方法来保护消费者隐私，这种方法使得攻击者针对某个标签的跟踪实施起来变得非常困难甚至不可行，只有授权实体才可以将不同的假名链接并识别出来。

参考文献［33］提出了采用电子标签发送匿名电子产品代码（EPC）的方法来保护消费者的隐私。在该方案中，后向安全中心将明文电子产品代码通过一个安全信道发送给授权实体，授权实体对从电子标签处读取的数据进行处理，即可获取电子标签的正确信息。同时，在该方案的扩展版本中，读写器可以发送一个重匿名请求给安全中心，安全中心将产生一个新的匿名电子产品标识并交付给标签使用，以此完成匿名电子产品标识的更新过程。

参考文献［34］提出了一种基于 Hash 函数的访问控制协议。标签的初始状态是锁定的，只能发送一种元标识符，该标识符是某个密钥的散列值。只有授权读写器才能够在后方系统中查找对应的密钥并将其发送给标签。标签通过对密钥进行散列运算来验证其合法性，并返回明文形式的标识符，短时间内解除锁定状态，从而为读写器提供一种身份认证机制和中等强度的访问控制机制。

参考文献［35］指出隐私性保护和安全方案应当与电子标签的生命周期相匹配，并设计了一种基于共享密钥并使用散列运算和异或运算的零知识认证协议来解决 RFID 系统的隐私性问题。在结算处，标签将由电子产品代码模式转换为隐私模式，并生成一个新的认证密钥，该密钥只有消费者和电子标签知道。当商品循环使用返回结算处时，隐私模式将被禁止，标签重新回到初始的电子产品代码模式。

参考文献［36］分层描述了 RFID 系统的隐私问题，指出仅仅在应用层方面来保护消费者的隐私是不够的，也应当考虑在底层保护消费者的隐私。目前的解决方案未能在各层（应用层、通信层和物理层）圆满解决消费者的隐私问题，因而无法实现真正意义上的隐私性保护。参考文献［36］的作者对各层面临的安全威胁进行了详细的分析，并给出了相应的解决方案。

2. 标签认证

为防止电子标签的伪造和标签内容的滥用，必须在通信之前对电子标签的身份进行认证。目前，学术界提出了多种标签认证方案，这些方案充分考虑了电子标签资源有限的特点。

参考文献［37］提出了一种轻量级的标签认证协议，并对该协议进行了性能分析。该协议是一种在性能和安全之间达到平衡的折中方案，拥有丰富计算资源和强大计算能力的攻击者能够攻破该协议。

参考文献［38］分析了现有协议存在的隐私性问题，提出了一种更加安全和有效的认证协议来保护消费者的隐私性，并通过与先前协议对比论证了该协议的安全性和有效性。该协议采用基于 Hash 函数和随机数的挑战—响应机制，能够有效地防止重放攻击、欺骗攻击和行为跟踪等攻击方式。此外，该协议还适用于分布式数据库环境。

参考文献［39］将标签认证作为保护消费者隐私的一种方法，提出一种认证协议 LCAP，该协议仅需要进行两次散列运算，因而协议的效率比较高。该协议可以有效地防止信息的泄露，由于标识在认证后才发送其标识符，通过每次会话更新标签的标识符，方案能够保护位置隐私，并可以从多种攻击中恢复丢失的消息。

参考文献［40］针对现有多数协议未采用密码认证机制的现状，提出了一种简单的使用 AES 加密的认证和安全层协议，并对该协议实现所需要的硬件规格进行了详细分析。考虑到电子标签有限的能力，本协议采用的是双向挑战—响应认证方法，加密算法采用的是 AES。

3. 消息加密

现有读写器和标签之间的无线通信在多数情况下是以明文方式进行的，由于未采用任何加密机制，因而攻击者能够获取并利用 RFID 电子标签上的内容。国内外学者为此提出了多种解决方案，旨在解决RFID系统的机密性问题。

参考文献［41］论述了在多种应用中在安全认证过程中使用标准对称加密算法的必要性，分析了当前RFID系统的脆弱性，给出了认证机制中消息加密算法的安全需求。同时，提出了加密和认证协议的实现方法，并证明了当前的RFID基础设施和制造技术支持该消息加密和认证协议的实现。

参考文献［42］讨论了采取通用重加密机制的RFID系统中的隐私保护问题，由于系统无法保证RFID电子标签内容的完整性，因而攻击者有可能会控制电子标签的存储器。作者针对攻击者可能采取的两种篡改标签内容的手段，提出了相应的解决方案。

7.6 RFID隐私考虑

7.6.1 隐私简介

如前所述，RFID系统中的隐私是指个人或消费者的数据在没有得到允许甚至不知情的情况下被他人在RFID系统的各个环节截获，有两个基本途径能危及到RFID的隐私。迄今为止，讨论主要集中在第一个基本途径，就是非法的第三方攻击和由于RFID系统的安全被破坏，导致私人及机密资料的泄漏从而影响企业或者个人。第二个基本途径是在正当理由下搜集和处理机密资料，商业或政府这些类似单位故意或意外的滥用数据，从而导致的隐私被侵犯。本节讨论的是后者的情况下，滥用数据，特别注重企业与消费者的关系。

虽然隐私问题并非RFID系统应用中所独有的，RFID系统的特殊性质要求企业应该对隐私问题敏感和更深入地认识。首先，RFID是一种相对较新的技术，经常被消费者误解。其次，RFID技术具有搜集和跟踪大量数据和消费者行为的能力，它可以成为滥用的一个非常强大的工具。RFID关注的隐私问题将涉及到什么是跟踪，如何进行跟踪以及跟踪的用途是什么。下面给出了RFID隐私问题讨论的简单概述，并尽量避免涉及到个人隐私权利的基本原理和哲学问题。

1. 消费者RFID的应用和隐私

消费者隐私团体主要担忧前述的基于消费者的RFID应用，声称所收集的资料将会被用来追踪和跟踪人的行为和财产，从而侵犯个人的隐私权利，这些担心经常被立法者讨论并被新闻界传播。最常见的说法是RFID技术本身通过一种全新的监控方法来侵犯个人隐私，其他的争论则认为立法不应该着重于技术本身，而应该关注政府和企业允许搜集哪一种类型的信息和如何处理被允许搜集的信息。当放置在商品上的电子标签随着商品一起出售的时候，标签当中的信息就存在被他人读取的可能性。如果标签中还包括有消费者的个人信息，则有可能被他人知道某时在某地的信息。即使没有姓名等个人信息，某时某地信息也会被搜集，而当和信用卡账号等关联时，就会更加危险，以上都是侵害消费者个人隐私的问题。

2. 对隐私问题的正确认识

“人们往往过于严重估计短期内新技术带来的破坏力，而忽略长期内新技术带来的深远影响。”所以，对于所提到的各种各样RFID所带来的隐私问题，或许是我们太大惊小怪了。毕竟，由于读写器的扫描范围及数量的有限，以及可以对标签进行加密等原因，隐私问题还不至像通常报道的那么恐怖。

1）有限的扫描范围。曾有一些场景描述罪犯或者 FBI 在户外携带射频读写器，然而电子标签大部分是被动式的，并且是在 UHF 频率下工作的，因此它不能对金属和水起作用，对于接近人体（主要由水组成）的标签也就通常变得不可读取。若想要隐蔽地扫描例如个人或者居室，则需要利用手持扫描设备小心翼翼地非常接近对象才行。

2）读写器不可能无处不在。RFID 实施项目通常不需要每隔几英尺就安置读写器来对货物或者植入单个标签的物品进行或多或少的持续扫描。相反，一般只在重要的地方放置，如仓库门、职能货架等。

3）可以对标签数据进行加密。关键的标签数据不会像公共书籍一样对任意携带标签读写器的人开放。并伴随着电子商务、加密技术的进步将创造一个使日常使用的所有数据都是安全的环境，通过与互联网的结合，消费者可以自己决定是否愿意接受可能存在的风险。

4）公司数据库不会和竞争者或不同领域的非竞争者共享。除非我们违背商业逻辑，才会得出零售商将向它的竞争者，甚至更广泛的群体开放客户数据。所有隐私倡导者所担心的大量数据的堆积事实上是不现实的。全球有很多法律包括美国的公平信用法案（Fair Credit Reporting Act）和金融服务业现代化法案（Financial Service Modernization Act of 1999），加上欧盟通用数据保护指示及电子交流指示，规范使用或者重复使用从条形码及信用卡中整合的客户数据。处于对政府监督的畏惧，所有现有的媒体及新进的媒体都是政府进行监督的渠道。严格的政策已开始规范这些可能的数据滥用，如在窃听前必须获得授权。

5）对该技术未来能力的高度预期。某些机构和个人甚至预计未来几乎所有的 RFID 读写器都可以在 30ft 外甚至更远处读取标签；这些标签将普遍存在并且价格低廉，以致政府、企业和个人都可以方便使用；RFID 的支持者将迅速整合 RFID 和他们的核心系统而不需要考虑隐私和客户的顾虑。当然，消费者并没有期望 RFID 技术现有的局限性来保护自己不受滥用该技术的侵犯。至少，在恰当的地方需要张贴一份双方都同意的标准，让消费者电子标签和其他类似技术的存在，使消费者能够选择他们是否接受使用标签。

7.6.2 消费者个人资料的透露

尽管讨论依然在继续，消费者首先愿意适当透露个人或者私人的数据，以便商业机构搜集，为了获得一定的回报，许多消费者在不同程度上乐于透露这些信息。利益和信任是上述情况的两个原因，决定了其是否愿意这么去做。

1）利益。消费者一般都愿意透露个人资料，以换取特定的好处。举例来说，许多消费者表示愿意提供相关详细的财务状况和信用评级，以便获取申请购屋贷款的资格。一家大型咨询公司 Accenture 研究表明，相比较在线销售商和超级市场，消费者更愿意提供私人数据给他们的雇主、银行和健康保险公司。同一项研究也发现，消费者关注的不一定是避免共享个人信息。尽管他们表示关切，接受调查的消费者当中有 69% 表示，他们愿意用他们的个人数据来换取经济利益、某种程度上的方便和获取积分。

2）信任。当消费者对公司能够而且会保护他们的数据，并只在承诺的用途上使用比较有信心时，他们通常会披露私人的信息。这种相互信任有利于信息的使用，而且能够保障公司的声誉以及消费者合法权利。信任公司的消费者可能很少有隐私方面的关心。有趣的是，上述研究表明消费者与公司对于建立或者损害信任的理解有着巨大的距离。公司通常觉得为消费者提供优质的服务是建立信任的最佳方式，而大多数消费者则认为是公司声誉或者成为顾客的历史长短更重要。对于造成信任损害的原因，74% 的公司认为是对消费者出于对网络安全的担忧，而 76% 消费者则认为是商家强行交易。这些调查研究结果表明开发和采纳最佳的 RFID 隐私实施策略对于公司是至关重要的。

7.6.3 RFID 隐私的最佳实施策略

如前所述，消费者并不具有相同的隐私保护取向，考虑所有消费者的所有想法是不太现实的。计算机网络方面的个人隐私情况可以用来作为一个参照。今天，一些消费者由于害怕个人隐私被侵犯，仍然拒绝通过互联网进行交易。然而，也有相当一部分消费者却对网上交易感到满意，并且数量还在增加。随着网上交易不断赢得消费者信任，这将有助于未来几年内 RFID 技术的推广和普及。下面将就这个目的，来阐述 RFID 隐私的最佳实施策略。

1. 教育

因为 RFID 对大多数消费者是比较新的技术，关于这项技术及其使用、优点和局限性的知识普及就很重要。例如，让消费者了解 RFID 读写器的阅读范围是受限的和电子标签是可以屏蔽的，从而消除对于 RFID 可能泄漏个人隐私的恐惧。同时，阐明 RFID 技术可以带来的一些好处，例如：具有方便快捷、经济、安全的特性。给出消费者足够的知情权，来权衡 RFID 技术带来的好处和隐私被可能被泄漏的弊端。例如，设想一个场景，一个在医院里的病人被告知戴上 RFID 手镯之后可以减少用药出错的可能性，从而避免危及生命的情况。这个病人就会较少考虑他的用药史被监管或暴露所带来的隐私被侵犯。

2. 立法

立法对于缓解消费者对于自己的隐私权被侵犯的担忧具有重要的作用。了解到法律限制对个人和隐私信息的使用是一个能增强消费者对隐私保护信心的有利因素。美国、日本和欧盟等国家在涉及 RFID 的隐私权保护方面都有相应法律法规的指导性文件，例如美国电子隐私中心提出了《关于消费者与私人企业使用 RFID 的纲领》、为抵制超市隐私侵犯与编码泄露消费者组织提出了《RFID 受告知权法案》、OECD 隐私纲领、美国公平信息实务等。这些法律法规和公共政策的制定是为了正确引导 RFID 的推广和应用。事实上，零售商成功应用 RFID 技术的基本条件之一就是要获取消费者对 RFID 技术的信任感、提升消费者满意度。

3. 公布

公布对消费者提供某种程度的保证是个很重要的因素。使用 RFID 顾客系统的公司可以通过公布以下事项来给顾客提供保证：

1）告知公司正在使用 RFID 技术；

2）解释采用 RFID 技术的根本原因和使用的细节；

3）声明是否收集特定个人信息；

4）声明如何收集或不收集的方式；

5）解释如何保护数据声明是否会将数据转发给其他方，如果是，将详细解释其他方将如何使用以及如何保护数据；

6）给出任何所遵循的官方，合法或其他形式的隐私策略作为参考。

4. 同意

简单的对隐私策略的公开往往是不够的，一个值得信任的公司应该同时征得顾客的同意来收集和使用他们的个人信息。有两种形式的同意：明确的和默许的。明确同意方式要求顾客明确同意其个人信息被收集和使用，默许的同意方式通过通知顾客其对 RFID 系统的使用就表明了对收集/使用个人数据的同意。

寻求明确同意可能是困难而且是不实际的。例如，在一个所有东西都被附加电子标签并被跟踪的零售商店，顾客经常流动，在进行中的基础上寻求同意或者征求顾客的意愿去除 RFID 都是不实际的。在这种情况下，进入商店就意味着默许同意，考虑到商店已经通知了顾客其策略。在不太可能获得明确同意的情况下，仍可以实行很多的加强措施。例如：在高速公路上，驾驶员在不通过收费站时将电子标签放入聚酯薄膜屏蔽封套以避免被检测。在此情形中，从封套中取出标签就意味着默认同意。

7.7 RFID 安全与隐私的解决

7.7.1 RFID 数据安全与隐私的解决方案

本节将要讨论一些保护 RFID 数据安全和个人隐私的常用解决方法，用来解决电子标签与读写器进行通信时受到攻击的问题。为了解决 RFID 的隐私与安全问题，国内外一些研究人员提出了多种技术方案。表 7-3 给出了解决这些问题方法的小结。读写器里面的数据遭受的攻击问题和计算机主机系统数据遭受的攻击可以参阅参考文献［19］。

表 7-3 RFID 数据安全与隐私的解决方案

解决方案	攻击的位置	
	电子标签	电子标签和读写器之间通信
建筑物保安系统	√	
使用只读标签	√	
限制电子标签和读写器之间的通信距离		√
执行私有通信协议	√	√
电子屏蔽	√	√
使用 Kill 指令	√	
物理破坏标签	√	
采用认证和加密的智能标签	√	√
选择性阻塞和主动干扰	√	√
可分离的电子标签	√	

分别就上述技术详细解释如下：

1. 建筑物保安系统

在贴有电子标签的物体的场所，例如在仓库中或者工厂流水线等重要场所，采用锁、钥匙和电子门禁等传统安保措施。当电子标签固定在一个特定场所内移动，这个方法非常有效。然后，很多 RFID 应用系统都需要的贴有电子标签的物体在两个或者更多的企业之间交换，直至最终到消费者手中。

2. 使用只读标签

使用只读标签可以保护标签数据免于被未经授权的读写器修改和删除。不过，电子标签的数据也有可能被非法读写器读取。

3. 限制电子标签和读写器之间的通信距离

电子标签、读写器和天线使用特定的频率工作方式或者其他物理属性，将电子标签和读写器之间的通信入侵减小到最低。这种解决方案可以有效地降低非法读写器读取电子标签的数据，但不能确保在任何时候都可以进行安全通信。

4. 采用私有通信协议

在不需要数据共享和兼容性要求不高的情况下，执行私有通信协议是一个比较好的选择。私有通信协议采用非公开的数据编码/加密的方法，这样使入侵将变得非常复杂和困难，从而可以提供良好的安全等级。但是，随着共享RFID数据带来的收益（例如，供应链中的伙伴），公共的标准将会得到广泛使用，大多场合采用私有协议是不切合实际的，因为私有协议阻碍RFID数据和应用的相互兼容，导致较高的实施成本和较少的投资回报。

5. 电子屏蔽

众所周知的法拉第网罩（Faraday cage）方式利用电磁屏蔽原理，把电子标签置于由金属网或金属薄片制成的容器中，无线电信号将被屏蔽。虽然这种方法可以有效地保护电子标签的数据，但是当电子标签被屏蔽的时候，读写器也无法正常读取数据，电子标签也无法向读写器发送信息。顾客可以将自己的私人物品放在有这种屏蔽功能的手提袋中，防止非法读写器的侵犯。举例来说，交通电子收费系统，可以为用户提供一个聚酯薄膜袋包，在不通过收费站的时候，把电子标签放在里面。另外一个例子就是将一些粘贴了电子标签的敏感文件可以放在装用的保护袋以免信息泄漏。但是，在很多应用领域中，这种安全措施是不可行的，例如，衣服上的RFID标签无法用金属网屏蔽。它的缺点是难以大规模实施，并且不适用于特定形状的商品。

6. 使用Kill命令

Kill命令是为了让一个电子标签失效或关闭。接收到Kill命令之后，电子标签停止工作，所有功能都将被永久关闭并无法被再次激活，从此不能接收或传送数据。与电磁屏蔽相比，Kill命令使得电子标签永久无法读取，而电磁屏蔽取消之后，电子标签可以恢复正常功能。在物体由于外形或包装导致无法电磁屏蔽的时候，杀死一个电子标签可以确保足够安全，保证在商品售出后用户不被非法跟踪，从而消除了消费者在隐私方面的顾虑。

Auto-ID中心提出的RFID标准设计模式中也包含有Kill命令。EPCglobal认为这是一种在零售点保护消费者隐私的有效方法。在销售点之外，购买的商品和相关的个人信息不能被跟踪。该方案主要缺点在于限制了和消费者以及企业有关的电子标签的功能。考虑这样一个场景，消费者退回一个没有损坏的商品，如一件衣服。如果电子标签在衣服销售之后被杀死，该商品将无法再次有效地更新存货，使用智能货架和进入整个供应链的管理。考虑在一个更为复杂的场景，假定一个牛奶纸盒上的电子标签包含各种各样的信息，如：价格和食品过期时间。未来电冰箱内置的读写器用于提醒消费者食品是否接近过期时间或者已经过期。如果在零售点已经将电子标签杀死，消费者将无法利用RFID技术带来的方便。它的缺点是限制了标签的进一步利用，例如产品的售后服务，废弃之后的回收等等。

7. 物理破坏标签

物理上破坏标签和使用Kill命令可以达到同样的效果，拥有相同的优势和劣势。这种解决办法的好处在于你不用担心Kill命令是否正常工作。缺点在于：一些特殊应用中，找到电子标签的位置并破坏它可能比较困难，因为它可能嵌在物体内部。

8. 采用认证和加密的智能标签

这类方法基于未来低成本的具有多次读写能力的智能标签，利用多种加密技术进行访问控制来保护用户隐私。各种认证和加密可以用来确保只有获授权的读写器能获得某些标签及其数据。一个认证方案可以很简单，如“锁定”电子标签内的数据，直至合法读写器提供了有效的密码来获取数据。更完备的方案可能包括认证和加密数据以提供更多层的保护。目前采用这些方案的电子标签成本还是比较高，原因在于RFID系统硬件需要支持复杂的认证与加密算法。如果供货方要为廉价的商品附加电子标签，将不得不减少认证和密码技术可编程能力。而对于珠宝或军事装备等贵重的货品，需要增强安全能力，值得采用这种成本高的标签。由于当前技术限制，所以这类方法还需要寻找到一种既能解决隐私与安全问题，又能保证低成本的技术方案。未来随着芯片技术的进步，比现有标签更加智能并可多次读写的电子标签将会被广泛地应用。研究人员有可能将各种加密技术应用于电子标签中，为解决RFID隐私与安全问题提供更多的选择。

9. 选择性阻塞和主动干扰

这种方案是利用一种名为“阻塞器标签”的特殊电子标签。用户通过携带阻塞器标签保护自己物品上的标签不被非法读取，同时这种方法又不影响周围其他合法射频信号的通信。当一个读写器询问某一个标签时，即使所询问的物品并不存在，阻塞器标签也将返回物品存在的信息。这样就防止RFID读写器读取顾客的隐私信息。另外，通过设置标签的区域，阻塞器标签可以有选择性地阻塞那些被设定为隐私状态的标签，从而不影响那些被设定为公共状态的标签的正常工作。例如，商品在未被购买之前，标签设定为公开状态，商家的读写器可以读取标签信息；而商品一经出售，标签就被设定为隐私状态，阻塞器标签保证顾客的物品信息不能被任何读写器再读取。这项技术的缺点在于，顾客必须随身携带阻塞器标签，才能保证隐私不被侵犯，这给顾客带来了额外的负担。为了解决这个问题，该公司又提出了另一种相近的解决方法：软阻塞器。它是在顾客购买商品后，更新隐私信息并通知读写器不要读取该信息。

RSA安全公司展示了RSA阻塞器标签，这种内置在购物袋中的专门设计的电子标签能发动DoS攻击，防止RFID读写器读取袋中所购货物上的标签。但缺点是，这种标签给扒手提供了干扰商店安全的办法。所以，该公司就采用了前述的“软阻塞器”方式，它强化了消费者隐私保护，只在物品确实被购买后执行。消费者在销售点刷一下与个人隐私数据相关的“忠诚卡”，购物后，销售点会更新隐私信息，并提示某些读写器器如供应链读写器不要读取该信息。

选择性阻塞提供了一个比较灵活的解决办法，减少了采用其他技术的一些缺陷，避免了较高的成本和使用认证和加密等比较复杂的解决方案。在单品级的零售商店保护个人隐私方面，是一个结合低成本和高安全性较好的解决方案。例如：消费者可以使用阻塞器标签，以防止邻近的读写器探测和跟踪购买后的货品。回到家中，消费者可以选择消除或禁用阻塞器标签使得合法读写器可以正常运作，包括前述未来冰箱中的读写器。

类似选择性阻塞原理的还有主动干扰（Active Jamming）。它对射频信号进行有源干扰是另一种保护电子标签被非法阅读的物理手段。能主动发出无线电干扰信号的设备可以使附近射频识别系统的读写器也无法正常工作，从而达到保护隐私的目的。这种方法的缺点是有可能干扰周围其他合法射频信号的通信，并且在大多数情况下是违法的，它会给不要求隐私保护的合法系统带来严重的破坏，也有可能影响其他无线通信。

10. 可分离的电子标签

利用电子标签物理结构上的特点，IBM公司推出了可分离的电子标签。它的基本设计理念是使无源标签上的天线和芯片可以方便地拆分。这种可分离的设计可以使消费者改变电子标签的天线长度从而极大地缩短标签的读取距离。如果用手持的读写器几乎要紧贴标签才可以读取得到信息，则没有顾客本人的许可，读写器就不可能通过远程隐蔽获取信息。缩短天线后的标签本身还是可以运行的，这样就方便了货物的售后服务和产品退货时的识别。设计者称这个设计可以为客户消除隐私顾虑，同时也保证了制造厂家与商家的利益。但是，可分离标签的制作成本还比较高，标签制造的可行性也有待进一步的讨论。表7-4给出当前各关键技术之间的比较。

表7-4　当前各关键技术之间的比较

解决方案	隐私与安全特性			成本（算法复杂度/存储空间/制造成本）	额外负担（给顾客带来的不便）	对RFID进一步应用的影响
	数据保护（Data Protection）	防止跟踪（Tracking Prevention）	前向保护（Forward Security）			
1	△	○	—	○	○	×
2	○	○	×	△	—	—
3	○	○	—	△	△	○
4	○	○	○	×	—	—
5	○	△	○	△	—	—
6	○	○	○	×	—	—
7	○	×	×	△	—	—
8	○	○	×	△	—	—
9	○	△	○	△	—	—
10	○	△	—	△	△	○
11	○	△	—	△	×	×
12	△	△	—	×	○	△

注：表中“○”表示满意；“△”表示部分满意；“×”表示不满意；“—”表示不涉及。

1. 杀死标签：Kill tag；2. 计数式一次密码加密技术：One-time pad based on XOR；3. 阻塞器标签：Blocker tag；4. 外部重加密模式：External re-encryption scheme；5. 散列可变地址：Hash-based varying identifier；6. 散列链模式：Hash chain-based scheme；7. 散列锁定模式：Hash-lock scheme；8. 扩展散列锁定模式：Extended Hash-lock scheme；9. 改进散列可变地址：Improved Hash-based varying identifier；10. 电磁屏蔽：Faraday cage；11. 有源干扰：Active-jamming；12. 省略标签：Clipped tag。

数据保护是针对信息丢失和滥用提供的保护，从信息安全角度来看，就是确保数据的保密性、完整性和可用性。主要包含：保护数据不泄漏：身份和访问管理，数据加密，安全信息和时间管理，法规遵从等；保护数据不丢失：备份、恢复和归档，灾难备份，重复数据删除，持续数据保护等。前向保护指的有效私钥如果被攻击者窃取后，并利用之前取得的签密文和相关公开信息，攻击者仍然无法通过运算解密得到先前加密给任何接收者的明文，也即当前密钥不应该威胁到将来密钥的安全。

7.7.2 与蜂窝网络电话系统中安全的比较

相比较 RFID 系统，为什么无线通信中的蜂窝电话系统容易实施加密和安全措施？主要有两个原因：

1）不同的成本。在蜂窝系统中，蜂窝电话产生数据。一部蜂窝电话是一种复杂的装置，用于加密功能的集成电路相比于电话的其他部件的成本是很低的。而在 RFID 系统中，电子标签将可能用于很多日用品，如一盒薯片，一盒牙膏。带有复杂电路的较贵的标签不可能附加在廉价的物品上。这种没有可编程能力的集成电路无法运行复杂的加密和解密算法。

2）持续时间。一部蜂窝电话通信中的数据交换都是实时的，数据（语音）一旦产生、传送、即时处理后，将不会被蜂窝电话存储或重用。在这种情况下，除传输过程中可能存在不安全性之外，其他时候就没有必要防范数据被泄漏。而对于 RFID 系统，数据一般是永久存储在一个电子标签中用于查询和存取。为了确保最大可能的安全和 RFID 应用的可靠，就需要电子标签和读写器之间存在安全协议以保证合法存取。再次，这将需要复杂的电路来设计电子标签，而对于廉价商品来说往往是不合算的。

7.7.3 关于 RFID 系统安全方面的建议

没有某个单一的技术能够满足 RFID 系统要求的所有安全等级，在很多情况下需要几种技术组合在一起的综合解决方案。对于特定的应用，ISO 或 EPCglobal 这样的标准化组织发布了一些安全标准，例如适应于近距离标签的 ISO/IEC 15693，给出了电子标签鉴权的安全标准来用于接入控制和无接触支付应用。RFID 系统的安全，是一个具有挑战性和非常复杂的课题，需要全面综合的解决办法。为了实施 RFID 系统应用中的数据安全，有以下几点建议：

1）对应用于你的 RFID 系统中所有可能的解决方案的优点和缺点进行评估；

2）考虑实施特定的安全解决方案的成本；

3）衡量你的 RFID 计划中风险防范所需的成本和安全遭侵入带来的损失；

4）咨询 RFID 安全专家或者你信赖的厂商以帮助你做出最佳的决定。

7.8 国际组织相关法规和研究报告

国际相应的标准化组织也发布了关于个人隐私相关的指导准则，日本经济产业省和总务省发布了《关于电子标签的隐私保护指导原则》。该指导原则包括：在电子标签随商品一起销售给消费者时，消费者有被告知电子标签的位置和所记录内容的知情权。消费者有选择权，在消费者不希望电子标签存活时，应该提供正确的杀死方式和存活电子标签的功能用途。

EPCgloble 也发布了类似的指南，对商家在为其商品及包装附加电子标签时关于隐私进行了规范。大致内容如下：

1）消费者告知：应该明确告知消费者在他们的物品或者包装上使用了电子标签，这些警示可以通过贴于物品或包装上的电子标签标识语或标识符来完成。

2）消费者的选择：消费者应获悉可以丢弃、移除物品上的电子标签或者禁止其功能。

因为对于大多数产品而言电子标签将是不回收包装的一部分或者是可辨识的。

3）消费者教育：消费者应具有获取电子标签的准确信息以及相关应用和技术前沿的能力。在消费者级别使用电子标签的企业应以一种适当的方式让消费者熟悉电子标签标识语来理解该项技术以及其带来的益处。EPCgloble对任何与以上方针不协调的方式在营业者和消费者充当法庭的角色。

4）登记、保持运用及隐私：电子标签不包含、收集和存储任何的个人信息。作为条形码技术的一个变体，EPCgloble成员公司须得在相关的法律允许下收集、使用、维护、存储及保护与电子标签相关的一切数据。

由15个国会会员组成的欧洲国会科技选择评估委员会（European Parliament's Scientific Technology Options Assessment）专为政府部门提供科技新应用和创新信息。该委员会最新发布了一份长达86页、名为“RFID技术和身份管理在日常生活的应用”的，围绕RFID技术的概念、效益和欧洲消费者、RFID厂家和应用商对RFID应用的种种关注进行一番研究。

荷兰一家独立机构RathenauInstitute研究和撰写这份报告。RathenauInstitute由荷兰教育、文化和科学部门赞助成立，并由荷兰国家艺术和科学部门管理，该机构专门研究科技的发展动向。

做为欧洲科技评估团体（EuropeanTechnologyAssessmentGroup）的一部分，RathenauInstitute开展了这场研究。这次报告研究包括了24个RFID应用案例，采访了一些RFID技术专家和终端用户，同时也参考了现有的报告和其他文献。

这次研究的目的是为欧洲国会提供目前为止RFID应用的深入观察和见解，构建未来几年RFID的可能应用场景和所能实现的功能，并讨论了RFID应用可能给个人隐私和其他问题造成的影响。

根据案例研究和采访，报告得出结论：RFID应用目前在欧洲不会对携带标签人员的隐私（不论是自愿、不知情情况下或是政府等规定携带）造成显著的消极影响；然而，滥用RFID技术确实可能对隐私造成消极影响。

7.9 本章小结

RFID的应用，就像打开了潘多拉的盒子，在给人们生活带来便利的同时，一定会带来一些我们无法预知的安全和隐私问题，通向RFID普及的道路不会一帆风顺，将会充满争议、争执。针对这些问题，本章给出了以下内容：RFID系统安全基础；关注RFID系统的安全弱点，对现存的、潜在的和RFID相关的安全和隐私问题的整体看法；实际的解决方法、方针和一些解决途径。

ABI Research预言到2009年RFID安全用品市场价值将达到30亿美元，这给从事安全隐私解决方案的厂商以极大的信心。目前安全隐私的解决方案层出不穷，但成本和复杂度问题仍然是导致这些方案不能迅速普及的主要因素。

人们需要知道RFID系统存在安全和隐私方面的隐患，但也不能因噎废食。在RFID安全和隐私问题的解决方面需要权衡其安全漏洞与其复杂度和花费，综合考虑。通过适当的安全和隐私保护策略的实施，采纳RFID技术的公司能与其伙伴、卖主，顾客建立相互信任关系，最终对RFID技术的普及做出贡献。

参考文献

[1] Sarma S E, Weis SA, Engels D W. RFID systems and security and privacy implications [C]. In: Kaliski B. S., Koc C. K., Paar C. eds. Proceedings of the 4th International Work-shop on Cryptographic Hardware and Embedded Systems (CHES 2002). Lectures Notes in Computer Science 2523. Berlin: Springer-Verlag, 2003, 454-469.

[2] Sarma S E, Weis S A, Engels D W. Radio-frequency identification: Secure risks and challenges [J]. RSA Laboratories Cryptobytes, 2003, 6 (1): 2-9.

[3] Weis S A, Sarma S E, Rivest R L, ex al. Security and privacy aspect s of low-cost radio frequency identification systems [C]. In: Hutter D., Müller G., Stephan W., Ullmann M. eds.. Proceedings of the 1st International Conference on Security in Pervasive Computing. Lectures Notes in Computer Science 2802. Berlin: Springer-Verlag, 2004, 201-212.

[4] Ohkubo M, Suzuki K, Kinoshita S. Hash-chain based for-ward-secure privacy protection scheme for low-cost RFID [C]. In: Proceedings of the 2004 Symposium on Cryptography and In-formation Security (SCIS 2004), Sendai, 2004, 719-724.

[5] Henrici D, Muller P. Hash-based enhancement of location privacy for radio-frequency identification devices using varying identifiers [C]. In: Proceedings of t he 2nd IEEE Annual Conference on Pervasive Computing and Communications Workshops (PERCOMW'04), Washington, DC, USA, 2004, 149-153.

[6] Molnar D, Wagner D. Privacy and security in library RFID: Issues, practices, and architectures [C]. In: Proceedings of the 11th ACM Conference on Computer and Communications Security (CCS'04), Washington, DC, USA, 2004, 210-219.

[7] Rhee K, Kwak J, Kim S, et al. Challenge-response based RFID authentication protocol for distributed database environment [C]. In: Hutter D., Ullmann M. eds. Proceedings of the 2nd International Conference on Security in Pervasive Computing (SPC 2005). Lectures Notes in Computer Science 3450. Berlin: Springer2Verlag, 2005, 70-84.

[8] Lee S M, Hwang Y J, Lee D H, et al. Efficient authentication for low-cost RFID systems [C]. In: Gervasi O., Gavrilova M. L., Kumar V., LaganÂA., Lee H. P., MunY.·, Taniar D., Tan C. J. K. eds. Proceedings of the International Conference on Computational Science and It s Applications (ICCSA 2005). Lectures Notes in Computer Science 3480. Berlin: Springer2Verlag, 2005, 619-627.

[9] Juels A, Pappu R. Squealing Euros: Privacy protection inRFID-enabled banknotes [C]. In: Wright R. N. ed. Proceedings of the 7th International Conference on Financial Cryptography (FC'03). Lectures Notes in Computer Science 2742. Berlin: Springer2Verlag, 2003, 103-121.

[10] 周永彬，冯登国，RFID 安全协议的设计与分析 [J]，计算机学报，2006，29 (4)：581-589.

[11] Menezes A, Oorschot P V, Vanstone S. Handbook of Applied Cryptography (1st Edition) [M]. New York : CRC Press, 1996.

[12] Golle P, J akobsson M, J uels A, et al. Universal re-encryption for mixnets [C]. In: Okamoto T. ed. Proceedings of the Cryptographers'Track at the RSA Conference 2004 (CT2RSA 2004). Lectures Notes in Computer Science 2964. Berlin: Springer2Verlag, 2004, 163-178.

[13] Wenbo Mao. Modern Cryptography: Theory and Practice [M]. 北京：电子工业出版社，2004 年.

[14] 胡啸，陈星，吴志刚. 无线射频识别安全初探，Primary research on the security of wireless RF identification [J]. 信息安全与通信保密，2005 (06)：29-32.

[15] Manish Bhuptani, Shahram Moradpour, RFID Field Guide: Deploying Radio Frequency Identification Systems [J] (Paperback) Prentice Hall PTR, 2005 (2): 68-71.

[16] Matt Bishop. 计算机安全学导论 [M]. 王立斌，等译. 北京：电子工业出版社，2005.

[17] 纪震，李慧慧，姜来. 电子标签原理与应用 [M]. 西安：西安电子科技大学出版社，2007.

[18] 慈新新，王苏滨，王硕. 无线射频识别系统技术与应用 [M]. 北京：人民邮电出版社，2007.

[19] RFID specification from EPC Global. 13.56MHz ISM Band Class 1 Radio Frequency (RF) Identification 电子标签 Interface Specification [OL]. http://www. epcglobalinc. com/standards technology/specifications. html.

[20] Wikipedia-The Free Encyclopedia. Entry = Faraday Cage [OL]. http://en. Wikipedia. org/wiki/Faraday_ cage.

[21] T. Hjorth. Supporting privacy in RFID systems [OL]. Master thesis, Technical University of Denmark, Lyngby, Denmark, 2004.

[22] A. Juels, R. Rivest, and M. Szydlo. The blocker tag: Selective blocking of RFID tags for consumer privacy [C]. In: Vijay Atluri, editor, Conference on Computer and Communications Security-ACM CCS, Washington, DC, USA, 2003. ACM, ACM Press, 253-111.

[23] G. Karjoth and P. Moskowitz. Disabling RFID tags with visible confirmation: Clipped tags are silenced [C]. Research Report RC 23710. IBM Research Division, Zurich, Switzerland, 2005.

[24] 日本 NTT COMWARE 株式会社. RFID 现状和发展趋势 [M]. 郑维强，译. 北京：人民邮电出版社，2007.

[25] Melody Zhao. 把握卫生安全问题给 RFID 技术带来的商机 [OL]. http://www. eetchina. com/ART_8800419826_617687_7ad703eb_ no. HTM? sources = 21ic-20060619.

[26] Accenture News Release. "Accenture Study reveals wide chasm exists between U.S." [OL]. http://accenture. tekgroup. com/article_ display. cfm? article_ id = 4075.

[27] 彭皓，李泉林. RFID 隐私与安全中的关键技术研究 [OL]. www. ie. tsinghua. edu. cn/ ~ Liql/paper/RFIDC. pdf.

[28] Sarma E, Weis S, Engels D. RFID Systems and Security and Privacy Implications. Proceedings of Hardware and Embedded Systems [J]. Workshop on Cryptographic Berlin: Springer-Verlag, May 2000, Volume 1965 of Lecture Notes in Computer Science: 302.

[29] Juels A, Rivest R L, Szydlo M. The Blocker Tag: Selective Blocking of RFID Tags for Consumer Privacy [J]. Proceedings of CCS03, Berlin: Springer-Verlag, October 2003, Volume 2514 of Lecture Notes in Computer Science: 441-453.

[30] Ishikawa T, Yumoto Y, Kurata M, et al. Applying Auto-ID to the Japanese Publication Business [J]. SIAM Journal on Computing, April 2003, 17 (2): 366-341.

[31] Weis S A, Sarma S E, Rivest R L, et al. Security and privacy aspects of low-cost radio frequency identification systems [C]. In: Hutter D., Müller G., Stephan W., Ullmann M. eds.. Proceedings of t he 1st International Conference on Security in Pervasive Computing. Lectures Notes in Computer Science 2802. Berlin: Springer2Verlag, 2004: 201-212.

[32] ENGBERG S. Device authentication: privacy & security enhanced RFID preservingbusiness value and consumer convenience [OL]. [2003-10-12]. http:// www. epcglobalinc. org/about/ about. html.

[33] Avoine G, Oechslin P. RFID traceability: A multilayer problem [C]. In: Pat rick A. S., Yung M. eds.. Proceedings of the 9th International Conference on Financial Cryptography and Data Security (FC 2005). Lectures Notes in Computer Science 3570. Berlin: Springer2Verlag, 2005. 125-140.

[34] VAJDA I, BUTTYAN L. Lightweight authentication protocols for low-cost RFIDtags [C]. Second Workshop on Security in Ubiquitous Computing (Ubicomp). USA: Seattle Washington, 2003.

[35] Keunwoo Rhee, Jin Kwak, Seungjoo Kim, et al. Challenge-Response Based RFID Authentication Protocol

for Distributed Database Environment [J]. Lecture Notes in Computer Science, 2006: 70-84.

[36] Lee S M, Hwang Y J, Lee D H, et al. Efficient authentication for low-cost RFID systems [C]. In: Gervasi O., Gavrilova M. L., Kumar V., LaganÂA., Lee H. P., MunY., Taniar D., Tan C. J. K. eds.. Proceedings of the International Conference on Computational Science and It's Applications (ICCSA 2005). Lectures Notes in Computer Science 3480. Berlin: Springer-Verlag, 2005, 619-627.

[37] Martin Feldhofer, Johannes Wolkerstorfer, Vincent Rijmen: AES Implementation on a Grain of Sand [J], IEE Proceedings on Information Security, 152, (1): 13-20.

[38] Manfred Aigner, Martin Feldhofer. Secure symmetric authentication for RFID tags [J]. In Telecommunication and Mobile Computing, TCMC 2005, Graz, Austria, March 2005: 16-19.

[39] Junichiro Saito, Jae-Cheol Ryou, and Kouichi Sakura. Enhancing Privacy of Universal Re-encryption Scheme for RFID Tags [C]. In Laurence T. Yang, Minyi Guo, and et al. Guang R. Gao, editors, Embedded and Ubiquitous Computing (EUC 2004), number 3207 in Lecture Notes in Computer Science, Springer-Verlag, Berlin Germany, 2004: 879-890.

第 8 章　RFID 系统关键技术

8.1　简介

由于 RFID 技术能够实现对物体的惟一标识，引发了人们对基于 RFID 技术的应用研究热潮，很多国家和国际跨国公司都在加速推动 RFID 技术的研发和应用进程。过去 10 年共产生数千项关于 RFID 技术的专利，主要集中在美国、欧洲、日本等国家和地区，仅美国过去三十几年间有关 RFID 技术的专利就有近 400 项。而 RFID 技术相关的信息可以在互联网上搜索到几十万条，其中中文网站也有近万条。RFID 技术不仅在工业界，在学术界也引起了广泛关注。2006 年 10 月 1 日，科技部 863 计划先进制造技术领域办公室正式发布了《国家高技术研究发展计划（863 计划）先进制造技术领域“射频识别（RFID）技术与应用”重大项目 2006 年度课题申请指南》。这是在 RFID 政策白皮书之后，我国 RFID 技术自主创新战略通过国家资金扶持迈出实质性实施的第一步。同时，IEEE Application & Practice 2007 年 1 月和 9 月就 RFID 技术研究出了两期专刊，并且美国电气及电子工程师学会（Institute of Electrical and Electronics Engineers，IEEE）在 2007 年也首次举办了针对 RFID 领域的推动 RFID 技术与政策发展的国际性专业年会。

当前经济发达国家和地区已经就 RFID 技术的各个方面进行了广泛而深入的研究，并将其应用于很多领域，积极推动相关技术与应用标准的国际化。在应用系统集成和数据管理平台等方面，ISO 和 EPCglobal 等国际组织提出了基于 RFID 的应用体系架构，各大软件厂商也在其产品中提供了支持 RFID 的服务及解决方案，相关的测试和应用推广工作正在进行中。我国现已经初步开展了 RFID 相关技术的研发及产业化工作，并在部分领域开始应用。目前已掌握了高频芯片的设计技术，并且成功地实现了产业化，同时超高频芯片也已经完成开发。推出了系列 RFID 读写器产品，小功率读写模块也已达到国外同类水平，大功率读写模块和读写器片上系统（SoC）尚处于研发阶段。但相比较国际先进水平还存在基础薄弱、缺乏核心技术、应用分散、不具备规模优势等问题。在 RFID 应用架构、公共服务体系、中间件、系统集成以及信息融合和测试工作等方面也取得了初步成果，建立国家 RFID 测试中心已经被列入科技发展规划。

就技术本身而言，RFID 技术涉及信息、制造、材料等诸多高新技术领域，并涵盖了无线通信、芯片设计与制造、天线设计与制造、标签封装、系统集成、信息安全等技术，涵盖了通信、计算机和管理等领域的各个方面。本书前面章节已经介绍过技术标准、工作频率、电子标签、读写器的设计、安全和隐私、中间件以及系统集成等相关研究内容。本章将重点关注 RFID 系统中的数据挖掘技术、防碰撞技术和定位技术的研究。

8.2　RFID 系统中数据挖掘技术的研究

有市场调研公司表示，许多准备利用电子标签跟踪供应链中商品的公司，对于如何处理跟踪设备收集到的海量数据并未做好准备，在对于 RFID 终端用户的一项调查中，分别有 58.9% 和 54.8% 的受访者表示高度关切数据质量和数据同步。由于企业的原有系统不能轻松处理前所未有的大量数据，所以导致了 RFID 试用范围方面遇到麻烦，特别是在消费产品、药品和军事供应链方面。某些示范项目中，读写设备甚至可以漏掉 30% 或者更多的电子标签，而读写器每秒钟会进行数次记录操作，不断产生可疑数据。因此，可以看出由于存在上述及其他与 RFID 数据完整性、数据收集、汇总和过滤相关的问题，得到干净的数据和数据同步已成为 RFID 技术成功应用的首要目标。

对一个完整的 RFID 系统而言，随时由分散在各处的读写器在系统中产生大量需要识别、交互的数据，这些数据将被保存在数据库或者数据仓库中，由不同的应用程序使用和管理。等到 RFID 技术普及之后，面临的主要挑战将变成公司如何处理、解释以及应用 RFID 所产生的庞大的数据。RFID 数据的使用和管理并不仅仅指单纯地建立体系结构去管理和使用批量数据，该工作涉及以下的多个方面：数据的采集和存储、数据集成、数据的所有权和隐私权、数据说明和分析等。下面以 RFID 系统中数据挖掘技术研究为例，说明 RFID 数据使用和管理的重要性。

8.2.1 数据挖掘技术简介

数据挖掘（Data Mining）是从大量的、不完全的、有噪声的、模糊的、随机的数据中提取隐含在其中的、人们事先不知道的、但又是潜在有用的信息和知识的过程。随着信息技术的高速发展，人们积累的数据量急剧增长，动辄都是以太字节（TB）计，如何从海量的数据中提取有用的知识成为当务之急。数据挖掘就是为顺应这种需要应运而生发展起来的数据处理技术，是知识发现（Knowledge Discovery in Database）的关键步骤。

数据挖掘的主要有 6 个任务：关联分析、聚类分析、分类、预测、时序模式和偏差分析等。

1）关联分析（Association Analysis）：两个或两个以上变量的取值之间存在某种规律性，就称为关联。数据关联是数据库中存在的一类重要的、可被发现的知识。关联分为简单关联、时序关联和因果关联。关联分析的目的是找出数据库中隐藏的关联网。一般用支持度和可信度两个阈值来度量关联规则的相关性，还不断引入兴趣度、相关性等参数，使得所挖掘的规则更符合需求。

2）聚类（Clustering）分析：聚类是把数据按照相似性归纳成若干类别，同一类中的数据彼此相似，不同类中的数据相异。聚类分析可以建立宏观的概念，发现数据的分布模式，以及可能的数据属性之间的相互关系。

3）分类（Classification）：分类就是找出一个类别的概念描述，它代表了这类数据的整体信息，即该类的内涵描述，并用这种描述来构造模型，一般用规则或决策树模式表示。分类是利用训练数据集通过一定的算法而求得分类规则。分类可被用于规则描述和预测。

4）预测（Predication）：预测是利用历史数据找出变化规律，建立模型，并由此模型对未来数据的种类及特征进行预测。预测关心的是精度和不确定性，通常用预测方差来度量。

5）时序模式（Time-Series Pattern）：时序模式是指通过时间序列搜索出的重复发生概

率较高的模式。与回归一样，它也是用已知的数据预测未来的值，但这些数据的区别是变量所处时间的不同。

6）偏差（Deviation）分析：在偏差中包括很多有用的知识，数据库中的数据存在很多异常情况，发现数据库中数据存在的异常情况是非常重要的。偏差检验的基本方法就是寻找观察结果与参照之间的差别。

数据挖掘流程共分为 5 步，其中第 1 步是定义问题：清晰地定义出业务问题，确定数据挖掘的目的。第 2 步是数据准备，数据准备包括：选择数据——在大型数据库和数据仓库目标中提取数据挖掘的目标数据集；数据预处理——进行数据再加工，包括检查数据的完整性及数据的一致性、去噪声，填补丢失的域，删除无效数据等。第 3 步是数据挖掘，根据数据功能的类型和数据的特点选择相应的算法，在清理和转换过的数据集上进行数据挖掘。第 4 步是结果分析，对数据挖掘的结果进行解释和评价，转换成为能够最终被用户理解的知识。最后一步是知识的运用，即将分析所得到的知识集成到业务信息系统的组织结构中去。

根据信息存储格式，用于挖掘的对象有关系数据库、面向对象数据库、数据仓库、文本数据源、多媒体数据库、空间数据库、时态数据库、异质数据库以及互联网等。

8.2.2　RFID 系统中的数据挖掘技术

1. RFID 系统数据挖掘应用步骤

预计各大零售商不久将利用 RFID 系统来追踪产品从供应商到仓库、商店后房以及最终销售点的运输，每个单项（货盘、货箱或货物单元）通过不同地点时都会产生数据，最终产生的数据量将很大。专家提出了一种新的 RFID 数据仓库模型，以一种有组织的方法来压缩和聚集 RFID 数据，使得大量查询能被有效率地响应。

首先，需要对原始数据去除 RFID 数据中的冗余信息。每个读写器在固定的时间间隔，以产品电子编码（EPC）、位置（location）、时间（time）的形式提供元组。当一个物品在一段时间内停留在相同的位置时，将产生多个元组。将这些元组以产品电子编码（EPC）、位置（location）、进仓时间（time_in）、出仓时间（time_out）的形式汇集成一个元组，将减少大量冗余的数据。举例来说，如果一家超级市场每个架上的读写器每隔 1min 扫描一次，而物品停留在架上的平均时间为 1 天，当没有数据损失的时候，将减少 1440 倍的数据量。

其次，不同位置的物品趋向于一起移动和停留。例如，一个含有 500 张唱片的货盘到达仓库，其中 50 张唱片可能移动到架上，而另外 5 张可能被搬到结账柜台上。如果以单一元组停留（产品电子编码列表：EPC list；位置：location；进仓时间：time_in；出仓时间：time_out）的形式记录同一货盘的激光唱片一起抵达和停留在仓库中，这样就能节省了 80% 的空间。同时还可以清理数据来除去 RFID 读写器扫描失败可能带来的不一致的数据，还可利用大多数 RFID 物件都是一起放置或移动（尤其在配送初期的时候）的，或者根据一些历史信息得出货物最有可能的途经路径来推断或给出物件缺失的位置。另一个可供选择的压缩机制是，将这些一起从仓库移动到架的 50 张激光唱片存储成一笔转移记录，那将聚集转变而且不停留。转移压缩的问题是，它使回答关于一个给定的位置或经过一系列位置的项目的查询变得困难。例如，如果要查询“激光唱片停留在架上的平均时间是多少？”能直接地以停留记录里 location = shelf 来找到结果，但是如果用转移记录，需要寻找所有 origin = shelf 和 destination = shelf 的记录，并与 EPC 相关联，用 departure time-arrival time 来计算出结果。

再次，由汇聚停留记录中搬到相同位置的项目来减少 EPC 目录的大小从而得到进一步的压缩。举例来说，有一笔停留记录，记录了 50 张激光唱片一起停留在仓库里，并分成两组分别被搬进了架上和卡车里。用两个依次指向具体的 EPC 的广义标识符（gids），来代替停留纪录中的 50 条 EPC 的目录。在这一个例子中，将会存储总数为 50 的 EPC，再加上两条 gids 记录，而非 100 条 EPC（50 条在仓库中，25 条在架中，25 条在卡车中）。除了压缩的好处之外，能借此为一对 gids 分配路径相关的名字来加快查询处理的速度。在激光唱片例子中，可以将仓库的 gid 命名为“1”，架的 gid 为“1.1”，而卡车的为“1.2”。如果要查询“激光唱片从仓库到架的平均时间是多少?”。能直接查询 gid 名字来决定 EPC 是否被连接，而不是以每个位置来交叉连接 EPC 目录和停留记录。

最后，大部分的查询都趋于高层次的提取，而低层次个体目录也只有当以较高层次的关联模式关联时才会被使用。例如，有关厂商制造的乳制品的查询（Q1），在看到结果之后，用户可能会并发地查询和深究到物品个体上。在大多数应用可分享的最小限度上抽象化，而不是在行的水平上来创建停留记录，同时保留指向 RFID 标签的指针以此得到重大意义的压缩。这可以在非常小的数据集上操作，并只有当完全必需的时候才提取原始数据。

2. RFID 数据

RFID 系统产生的数据被视为一条以产品电子编码（EPC）、位置（location）、时间（time）为形式的 RFID 元组数据流，其中 EPC 是 RFID 读写器读出的惟一标识码，location 是读写器扫描到物品的地方，而 time 是阅读发生的时间。元组通常被按照时间顺序存储。单个 EPC 可能在相同的位置被多次阅读，每次阅读 RFID 时，读写器都会在固定的时间间隔内或以连续的方式扫描标签。表 8-1 是 RFID 数据库的一个例子，其中 r 表示一个 RFID 标签，l 表示位置，t 表示时间。在这一个例子里总共有 188 条纪录。

表 8-1 RFID 数据

原始 RFID 数据
(r1,l1,t1) (r2,l1,t1) (r3,l1,t1) (r4,l1,t1) (r5,l1,t1) (r6,l1,t1) (r7,l1,t1)…(r1,l1,t9) (r2,l1,t9) (r3,l1,t9) (r4,l1,t9)…(r1,l1,t10)(r2,l1,t10) (r3,l1,t10) (r4,l1,t10) (r7,l4,t10)…(r7,l1,t19)…(r1,l3,t21)(r2,l3,t21) (r4,l3,t21) (r5,l3,t21)…(r6,l6,t35)…(r2,l5,t40) (r3,l5,t40)(r6,l6,t40)…(r2,l5,t60) (r3,l5,t60)

减少数据冗余的数据清理之后的输出是以（EPC，location，time_in，time_out）形式的一组干净的停留记录，其中 time_in 是物体进入该位置的时间，而 time_out 是物体离开该位置的时间。停留记录的数据清理可以在按 EPC 和时间分类，并为每个位置合并连续记录而产生 time_in 和 time_out 时完成。表 8-2 表示的 RFID 数据库经过数据清理后的结果。188 条记录已经被减少到只有 17 条。

表 8-2　已整理的 RFID 数据

EPC	Stay(EPC, location, time_in, time_out)
R1	(r1, l1, t1, t10)　(r1, l3, t20, t30)
R2	(r2, l1, t1, t10)　(r2, l3, t20, t30)　(r2, l5, t40, t60)
R3	(r3, l1, t1, t10)　(r3, l3, t20, t30)　(r3, l5, t40, t60)
R4	(r4, l1, t1, t10)
R5	(r5, l1, t1, t8)　(r5, l3, t20, t30)　(r5, l5, t40, t60)
R6	(r6, l1, t1, t8)　(r6, l3, t20, t30)　(r6, l6, t35, t50)
R7	(r7, l1, t1, t8)　(r5, l4, t10, t20)

8.2.3　构造 RFID 数据仓库

1. RFID 立方体

借由数据压缩原则的思想，为了存储在 RFID 仓库中的块状数据，专家提出了一种 RFID 立方体的数据结构。设计确保数据是磁盘常驻的，并在允许在线及时分析（On Line Analytical Processing，OLAP）和特定标记查询的同时，总结一个清理后的 RFID 数据库的内容。RFID 立方体由 3 张表组成：信息，为每个 RFID 标签存储产品信息；停留，存储停留在一个位置上的物品信息；映射，为连接多个停留记录而存储必要的路径信息。

（1）信息表格

信息表格存储了路径独立的维度，例如产品名字、制造商、产品价格、产品种类等，每一个维度都和层次的概念有关联。所有传统的 OLAP 操作都可以在这些连接着各种不同 RFID 特性分析的维度上运行。举个例子，人们可以深究到从“衣服”到“衬衫”的产品目录，并且可以检索仅仅衬衫的出货信息。在信息表中每一条目按以下格式存储：〈(EPC_list)，(d1，…，dm)：(m1，…，mi)〉，其中编码清单包括维度 d1，…，dm 值相同和度量值 m1；:：:；mi（例如价格）相等的给定的物品集合。

（2）停留表格

物品趋向于从不同的位置一起移动和停留，为了减小清理后的 RFID 数据库中庞大的数据量，压缩多个一起保持同一位置的物品记录是很重要的。在现实应用中，物品趋向以庞大的群组运输。在配送中心，数十个货盘一起停留，然后在仓库层被分成单独的货盘。即使最后在物品层，产品分别从架上移动到结账柜台，停留压缩将会为所有前期采取的步骤节省空间。在停留表中每一条目按以下格式存储：(gids；location；time_in；time_out)：(m1，…，mk)〉，其中 gids 是一组广义的记录编号，它指向 RFID 标签清单或是更低级别的 gids，location 是物品停留的位置，time_in 是物品进入该位置的时间，而 time_out 是物品离开该位置的时间。如果物品没有离开该位置，time_out 置空。m1，…，mn 是停留记录的度量（例如次数、在该位置的平均时间和最长时间）。

表 8-3 显示了表 8-2 的数据经过清理之后的停留表格。现在由 188 条原始数据记录行，经过清理后得到 17 条，然后再压缩为 7 条。

（3）映射表格

映射表格是有效率的结构，为了实现传统数据仓库能够解决的结构意识分析，允许查询

表 8-3 停留表格

Gid	Loc	T1	T2	Count	Measure
0.0	L1	T1	t10	4	9
0.1	L2	T1	t8	3	7
0.0.0	L3	T20	t30	3	9
0.1.0	L4	T20	t30	2	19
0.1.1	L5	T10	t20	1	19
0.0.0.0,0.1.0.0	L6	T40	t60	3	19
0.1.0.1	L7	T55	t50	1	14

程序连接属于同一路径的各阶段。不在每个步骤中使用完整的 ERC 清单而采用映射表的原因主要有两个：数据压缩和查询处理效率。

首先，不需要在 EPC 目录上为每个 RFID 标签参与的停留记录做记录。例如，如果假设在系统中 10000 个物品在 4 个阶段中分成 10000、1000、100 和 10 移动，只用了 1111 个平方单位（最后的阶段 1000，前面的分别为 100、10 和 1），而不是在停留记录中为 EPC 使用 40000 个存储单位。

使用映射表格的第二个更为重要的理由是查询处理时的高效率。假设每一个映射条目是给定的路径相关的标签。举个例子，为了计算牛奶从配送中心（D）到商店货仓（B）、最后到达货架（S）的平均时间，需要在每个阶段中记下牛奶的停留记录，为了得到 D、B 和 S 三个记录集，必须要用 D 中的 EPC 目录交叉连接 B、S 里的目录来获得路径。利用映射，EPC 目录的次序可以大大的缩短，并且减少了输入输出的消耗。

映射表格包含从较高的水平 gids 到较低水平 gids 或 EPC 的映射。每一条目以下格式存储：〈gid；（gid1，…，gidn）〉，gid 是由 gid1，…，gidn 指向的所有 EPC 组成的。最低水平的 gid 将会直接指向单独的物品。为了加快查询处理，给高水准的 gids 分配路径相关的标签。在 gid 中，标签将会包含物品经过每个位置的标识符。

2. RFID 立方体的层次

停留和信息表格中，每一维度都与层次概念相关联，一个层次概念就是一部分从较低到较高抽象化的映射。最底层是对应于 RFID 数据流本身的值，并且和每个物品的库存单位水平上的信息有关；最高层是 *，代表维度中的任意值。为了对各种不同程度抽象化的查询提供快速的响应，在不同层次上为信息和停留表格的维度预先计算一些 RFID 立方体是很重要的。计算所有可能的立方体显然代价太大，而局部具体化则是较好的选择。为了有效回答给定存储空间和预计算时间限制的 OLAP 查询，这个问题是就类似决定物化哪一个数据立方体，在数据立方体研究中这个问题已经得到广泛讨论，而且该原理被普遍应用于 RFID 立方体的物化选择。建议用户查询数据库时在感兴趣的最低水平上计算一组 RFID 立方体，和经常查询而能被快速计算的一小组较高水平的非物化 RFID 立方体结构。除非在一些特殊情形下，必须直接深入到清理后的数据，位于最低兴趣层的 RFID 立方体将会直接从清理后的 RFID 数据库进行计算，并且成为可被查询的最低层立方体。

3. 传统数据立方体的不足

传统的数据立方体模型在 RFID 数据上的应用是不太可行的。假设清理后的 RFID 数据为维度模式是（EPC；location；time_ in；time_ out：measure）的事物表。数据立方体将会计算这张事物表在所有可能维度的组合中产生的相同值（或任何的 *）的记录，以及所有可能的分类方式。如果以数量作为度量，用一个给定的月份里停留在给定位置的物品数量来举例说明。这种会聚方式的问题在于它不考虑记录之间的联系。例如，就无法得到从芝加哥的配送中心运到 Urbana“乳制品”的数量，每个位置的“乳制品”数量可以查询，但是不知道从一个位置到另外一个位置的物品数量。因此，需要一个既能保存相似路径结构，也能汇聚数据的模型。参考文献［1］提出了一种 RFID 仓储体系结构，它包括：一张事物表，由整理过的 RFID 数据组成的停留记录，一张存储每个物品独立路径的信息表信息——不管物品的位置类似制造商、产品批号、颜色等等变化都保持不变的 SKU 数据，以及将事物表中不同记录连接在一起形成的映射表格。提出将在给定的抽象化程度上聚集而成的停留、信息和映射表格称为 RFID 立方体。

不同于传统的仓库，为了保存最原始数据的结构，RFID 仓储用映射表格连接了事物表（停留）里的记录。因为在保存路径结构的同时还要在不同程度上聚集数据，所以 RFID 立方体的计算会比常规的立方体计算更为复杂。从存储数据和查询过程的观点上来看，RFID 仓库可以看成是一个多级数据库。RFID 仓库在最低的级别，在它的顶端是清理后的 RFID 数据库，也就是最小程度抽象化的 RFID 立方体和由经常被查询的（常规的）RFID 立方体组成的整体一个稀疏的子集。

4. RFID 仓库

为了要构造如上所述的 RFID 立方体，还需要一个紧凑的数据结构，允许有效地做到以下几点：给 gids 分配路径相关的标识；计算保存路径相似数据的聚集的同时，最小化停留记录输出数量；标识可以被折叠的路段。解决方案是使用树形结构来表示数据库中不同的路径，其中树上每一个节点代表一个路段；在数据库中所有相似的路径前缀在树中共享相同的树枝。利用树结构可以在分配路径相关标签的同时，以广度优先的方式遍历所有节点。藉由聚集所有在树中共享相同树枝的物品的度量可以很快地决定停留记录输出的最小数字，并且可以简单地利用合并对应于同一位置的父/子节点来折叠路段。另外，还可以在扫描清理后的 RFID 数据库时构造树，并且当物化信息以及停留和映射表格输出后丢弃它。

从清理后的 RFID 数据库构造 RFID 立方体的算法的伪码如图 8-1 所示，利用清理后的

```
输入:停留 记录S,信息记录I,抽象化程度L
输出:RFID立方体
方法:
1) I′=aggregate I to L;
2) 路径树=BuildPathTree(S,L);
3) 合并路径树中同一位置的连续节点;
4) 广度优先遍历路径树并为每个节点分配gid(gid=parent.gid+'.'+unique id),
   其中父/子gid与路径树定义的映射输出相关;
5) 在每个相同的叶节点和相同信息记录的物品群中取一个,计算每个节点的度
   量总和;
6) 广度优先遍历路径节点以生成S′,并每一节点生成停留记录(多个节点可以
   影响相同的停留记录);
7) 输出映射S′和I′。
```

图 8-1　构造 RFID 立方体算法

停留记录 S、描述每个物品的信息记录 I 以及每一维度的抽象水平 L 作为输入。该算法的输出则是停留、信息和映射表格在所需要的抽象水平上聚集而成的 RFID 立方体。首先将信息表格聚集到 L 指定的抽象化的程度上，然后为清理后的数据库中的路径调用构造路径树算法来构造一个前缀树。利用这棵树合并同一位置的连续节点，产生路径相关的 gids，在每个节点上创造不同的度量清单，而且最后为每个节点产生停留记录输出。一旦已经构造最小的抽象化水平 RFID 立方体，从已有的 RFID 立方体开始，而非直接从清理后的 RFID 数据，构建高阶 RFID 立方体可能得到很高的效率。由运行算法 1 得到低阶 RFID 立方体中的停留和信息表格作为输入，并且利用输入的 RFID 立方体中映射表格来将每个 gid 扩展到它所指向的 EPC。这种方法的好处是输入的停留和信息表格可以明显地比清理后的表格小，有效地获得了大量的空间和时间。

5. 查询处理

基本 OLAP 操作的实现一般包括：向下钻取、向上钻取、切片和切块。对于给定的大量高维的 RFID 仓库，只能物化 RFID 立方体总数中的一小部分。将在用户感兴趣和那些被频繁查询的 RFID 立方体的最小抽象化层上计算 RFID 立方体。初始化时，仓库设计者可以决定物化用户感兴趣的 RFID 立方体子集，以及建立查询记录，并通过运行查询频率计数器来决定应该被预计算的频繁查询的 RFID 立方体。当进行向上或向下钻取查询时，RFID 立方体还没有被物化，就必须在现有的、与要查询相近但是在较低抽象水平上的 RFID 立方体进行计算。切片和切块操作完全可以非常有效地利用查询操作和最优化技术。

路径查询即查询与物品所遍历路径的结构有关的信息，这种查询对于 RFID 仓库来说是惟一的，因为在传统的数据仓库中并不会模拟物体移动的概念。允许用户查询基于被预先定义的序列计算出来的度量总和是必要的。这种例子之一是：“牛奶从农场到在伊利诺伊州的商店经历的平均时间是多少?”。对许多 RFID 应用来说，关于物品移动路径的查询是基本的，并将成为可在更复杂的数据挖掘操作的顶端实现构造模块。美国政府现在需要处理由船运入境的、带有电子标签的容器查询就说明了这一点，该信息可以被用于决定指定容器的运输路径是否偏离它的历史路径，这一应用可能要先跨越不同的时间段执行路径选择，然后利用异常检测和汇聚分析有关的路径。

8.2.4 性能分析及总结

下面介绍参考文献［20］模型与算法的性能分析，从数据综合、RFID 立方体压缩和查询处理这 3 个方面来查看 RFID 数据挖掘技术的性能。

1. 数据综合

数据综合中的 RFID 数据库产生于物体运动的树模型，树上的每个节点代表同一位置的一组物品，而一条边则代表物品在位置间的移动。假定根节点附近的物品会以大群体的方式移动，同时叶节点附近的物品以小群体方式移动。用蓬松度定义树上的每一层大小，$B=(s_1, s_2, \cdots, s_k)$，其中 s_i代表在树的 i 层一起停留和移动的物品数量。设 $i>j$ 时 $s_i \geqslant s_j$，可以产生物品在工厂和配送中心附近的大群体移动，在商店则是小群体移动的结果。藉由随机构造指定蓬松度水平的树集来产生实验的数据库，并产生对应于树的边所表示的物品移动的清理后的 RFID 记录。为计数方便，使用下列的符号（见表 8-4）来表示定的数据集参数。

表 8-4 使用符号集

$B=(s_1,s_2,\cdots,s_k)$	路径蓬松度	$B=(s_1,s_2,\cdots,s_k)$	路径蓬松度
k	平均路径长度	N	清理后的 RFID 记录数量
P	产品数量		

2. RFID 立方体压缩

下面将给出 RFID 立方体压缩对不同的资料组的效果，比较两个不同的压缩策略。两者都使用了停留和信息表格，但是其中一个如参考文献［20］所描述的一样使用了映射表格，而另一个则在每条停留记录（没有映射）中使用 EPC 清单来记录物品。

图 8-2 显示了映射（map）和非映射（nomap）的 RFID 立方体与清理后的 RFID 数据库的大小比较，其中 $P=1000$，$B=(500, 150, 40, 8, 1)$，$k=5$，使用清理后的 RFID 数据库用 clean 表示，使用停留表格但不用映射改用每个停留记录的 EPC 清单算法用 nomap 表示，参考文献［20］所描述的使用停留和映射表格的 RFID 立方体算法用 map 表示。该数据组包含 1000 不同的产品分别以 500、150、40、8 和 1 的群组的大小通过 5 条路径阶段，以及五十万到一千万条清理后的 RFID 记录。在清理后的 RFID 数据相同程度抽象化上计算 RFID 立方体，然后进行无损压缩。由图 8-2 可见，使用了映射的 RFID 立方体大约能压缩 80%，而使用 EPC 清单的只能压缩大约 65%。

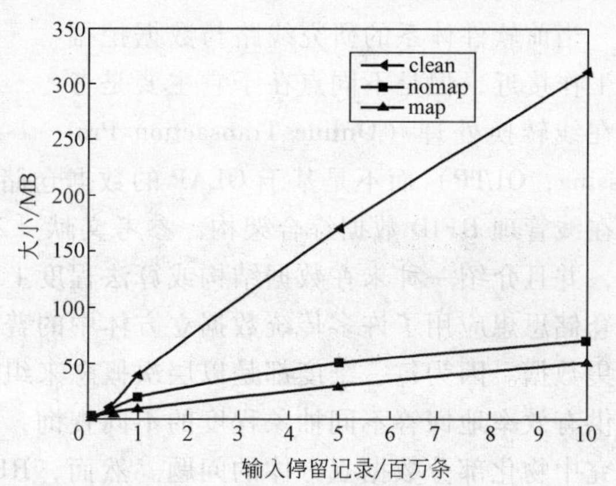

图 8-2 压缩和清理数据的大小比较

3. 查询处理

RFID 仓储模型的一个主要的贡献是它能有效地解答不同汇聚水平的许多类型查询。在这一部分展示了几种设置的效率，比较 3 种情形下查询的执行情况：首先是直接使用清理后的（clean）RFID 数据库的系统；第二是使用停留表格但不使用映射（nomap），改用每个停留记录的 EPC 清单；第三是参考文献［20］所描述的使用停留和映射（map）表格的 RFID 立方体。对于每种情况，假设在每个维度上有一棵 B+树（B+树是 B-树的变体，是一种多路搜索树）。在映射立方体的情况下，索引指向与索引条目相匹配的 gids 清单。而在非映射立方体和清理后的数据库，索引则指向（RFID tag；record id）组。每个 RFID 标签能被多个记录表示是必要的。使用映射立方体解答查询的策略就是参考文献［28］中算法所呈现的。对于另外两个情形的策略是取回与查询内容相匹配的（RFID tag；record id）对、交叉链接，最后取得有关的记录。

假设每分页含有 4096B，RFID 标签、记录 id 以及 gid 分别使用 4B。也假设除了最后一个水平外所有的索引都在内存中。对于每次实验，产生 100 个随机的路径查询。查询记载一种产品，可变数目的地点（一般为 3），以及进入最后阶段的时间范围（time_out）。事实上，这也等同于问“产品 X 通过位置 L_1，KL_k 在时间 t_1-t_2 内进入 L_k 的平均时间是多少？”。

图 8-3 显示了不同清理后的数据库大小在查询处理时的影响，其中 $P=1000$，$B=(500;$

150；40；8；1），$k=5$。在大小次序上映射立方体胜过清理后的数据库，而且大部分重要的查询回答时间都不依赖于数据库的大小。非映射立方体明显比清理后数据快速，但是它必须为每个阶段取回非常长的 RFID 目录。映射立方体的优势在于使用了非常短的 gid 清单，并且使用了路径依赖的 gid，其命名方案能加速决定两条停留记录是否来自同一条路径而不用取回所有的中间阶段。

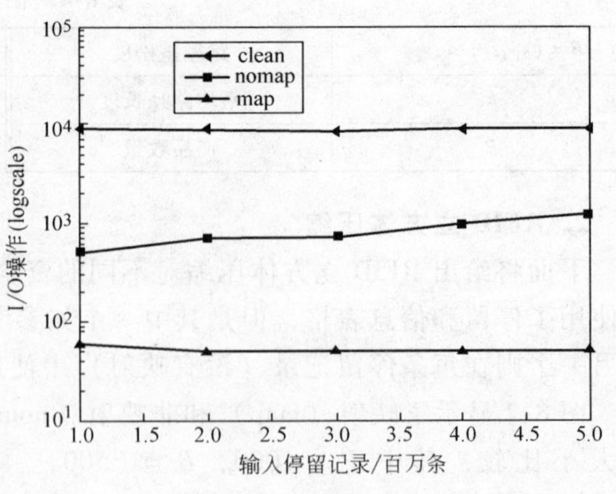

图 8-3 查询处理

当前软件体系的研究线路与数据挖掘的工作接近，但是不同点在于它主要是考虑在线转换处理（Online Transaction Processing；OLTP）而不是基于 OLAP 的数据仓储。文献［20］介绍了一种名为 EPC 全局网络的在线管理 RFID 数据综合架构。参考文献［22］介绍了从高阶的观点管理 RFID 数据的概念，并且介绍一种未在数据结构或算法程度上进行细节讨论的在线仓储思想。一个 RFID 数据仓储思想应用了许多传统数据立方体中的普遍原则，它们在多维空间内不同程度地抽象化聚集数据。因为每一维度都是以层次概念来组织的，两者都能被一个 star 配置模式化。为了提供有效率地回答不同抽象程度的不同查询，决定用哪个 RFID 立方体来构建的问题类似于研究中物化部分数据立方体的问题。然而，RFID 立方体不同于传统数据立方体之处在于它同时在多维空间内模仿物体转变。

本节介绍了一种 RFID 数据仓储模型，允许在多维空间内进行有效而灵活的高阶分析。该模型是由在不同数据分析的抽象程度上汇聚而成的 RFID 数据进行高度紧凑概括（RFID 立方体）的阶级组织组成。研究的重点集中在 RFID 数据仓储和 OLAP 设计分析的效率，其他的 RFID 数据挖掘技术（例如趋势分析、异常检测、路径聚集）还有待研究。注意这里给出的 RFID 模型及其仓储结构和查询分析方法是基于 RFID 趋向于以较大数量一起移动的假设，这个条件在很多的 RFID 应用中都是成立的，如供应链管理。然而，当假设不成立的时候，还需要做进一步的研究。

8.3 RFID 系统中防碰撞技术的研究

8.3.1 防碰撞技术

1. 防碰撞技术简介

早期的 RFID 系统和识别技术只能识别一个目标。例如：磁卡和 IC 卡技术，由于是接触式工作，一次只能识别一个目标。而当多个电子标签工作在同一频率，处于同一个读写器作用范围内时，在没有采取多址访问控制机制情况下，将几乎同时响应读写器的指令而发送信号。这样就会产生信道争用的问题，信号互相干扰，读写器不能正确接收数据，也就不能正确识别电子标签。使得读写器发生判断错误，认为这个标签不在自己的作用范围内或无法正确读取信息，即发生了碰撞（Collision），同时多个读写器之间工作范围重叠也将造成碰撞。

读写碰撞是 RFID 中最常见的问题。在有些场合，需要 RFID 系统一次完成对多个电子标签的识别。当出现碰撞时，可以采用某种技术来使读写器正确读取信息，这种算法叫防碰撞技术（Anti-Collision Technique）。根据电子标签工作频段的不同，人们提出了许多防碰撞技术。在高频（HF）频段，防碰撞技术一般采用经典 ALOHA 协议；在超高频（UHF）频段，主要采用树分叉算法来避免碰撞。这两种标签防碰撞方法均属于 TDMA 方式，应用比较广泛。除此之外，目前还有人提出了 FDMA 和 CDMA 方式的防碰撞技术，主要应用于超高频和微波等宽带应用场景。

防碰撞技术的好处就是在读写器天线的识别区域内同时有多个电子标签存在时，可以通过某种机制来实现一次对多个电子标签的识别。可以分为以下两种情况：第一种情况是如果读写器能够正确识别多个电子标签同时发回的数据，可采用并行的方式，以达到多卡识别的目的；第二种情况是使电子标签在规定的时间内依次发回数据，即一张电子标签占用一段特定的时间，在这段时间内只有一张电子标签工作。

对于第一种情况，FDMA 和 CDMA 是很好的选择，但这样会大大增加系统的复杂程度和成本，对于射频识别系统来讲不太现实。对于第二种情况，可以选择使用 TDMA 方法，既可以用软件来实现，也可以用硬件实现，或者两者的结合，实现起来不太复杂。但如果没有好的算法，全部识别电子标签耗时是比较长的。

假设同时进入读写器天线区域的电子标签共有 n 个，对实现防碰撞技术要求做到：只要 $1 \leqslant n \leqslant N$，则在碰撞发生（$n>1$）的情况下能识别 n 个电子标签并依次与它们完成通信。其中 N 为读写器一次可识别电子标签数量的上限，是由读写器硬件设计决定的。在 RFID 系统的不同应用场合，对 N 的设计要求主要由读写器中相关存储器的字长和天线设计参数来决定。

平均响应时间 τ 为某一时段内完成通信的所有电子标签在系统内平均停留时间，τ 和算法有关，可以允许的平均响应时间 $\tau \leqslant \tau_0$，其中 τ_0 为不同的应用中所允许的最大时延。吞吐量和平均响应时间是相互矛盾的，吞吐量大，平均响应时间也会增大，在设计时要根据系统要求折中处理。

对于 TDMA 方法，可以分为读写器控制防碰撞法和电子标签控制防碰撞法。

1）读写器控制法是以读写器为主动控制器，进入读取范围内的所有电子标签同时由读写器进行控制和检查。通过一种标准的算法，在读写器的作用范围内首先选择符合算法要求的电子标签进行通信，完成对该卡的操作后，解除相应的通信关系，使之不再响应读写器的指令，然后再和其他电子标签建立通信关系，直到和射频场中的所有电子标签全部通信完毕。这样在同一时间内总是建立起一个通信关系，并且可以快速地按时间顺序操作电子标签。

2）电子标签控制法以电子标签为主控制器，读写器对数据传输没有控制，读写器发出指令后，由电子标签自动排队，使电子标签在不同的时间段发回数据，读写器只是被动地接收数据，若有两张以上的电子标签同时反应，读写器认为该数据无效，会重发指令，直到识别出场中的所有电子标签。国内外已有相关研究但效果不尽人意，特别是在数据量大及标签数量增多时。本节试图将运筹学中最优化算法对传统 ALOHA 算法进行优化，提出一种新的调整传输时隙的方法，使得读写器能在错误率低的情况下短时间内读取更多的标签。

当 RFID 系统中有多个读写器同时发送数据或有多个读写器同时发送回答信号的时候，不考虑由于无线信道劣化产生的误码时，如图 8-4 所示。当标签 A 发送第一帧数据的时候，其他的标签都未发送数据，所以该帧的发送必定成功。标签 A 发送的数据包 4 和数据包 5 与标签 B 发送的数据包 4 和数据包 5 在时间上产生了重叠，即“冲突”。冲突的结果导致冲突双方（也可能是多方）所发送的数据都出现差错，因而都必须进行重发。但是发生冲突的各个标签不能马上进行重发，因为这样做就必然会继续产生冲突。所以重发是在碰撞发生滞后过一段时间才发生的。过多的碰撞发生必然导致吞吐量下降，系统性能降低。由此可知提高 RFID 系统性能可从两方面着手：第一是减少碰撞发生次数；第二是缩短重发延时。

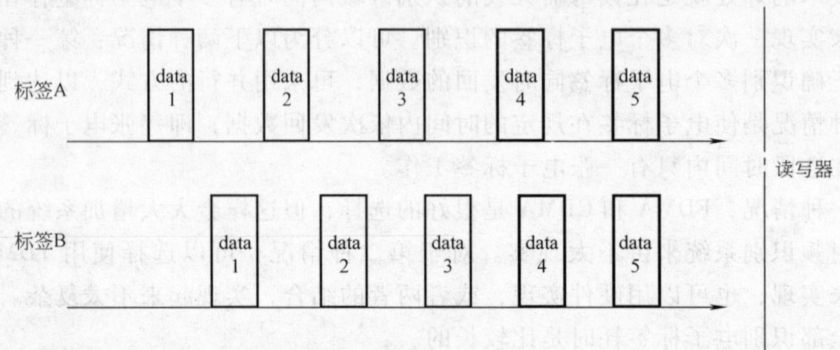

图 8-4 RFID 数据碰撞示意图

下面介绍两种 RFID 系统中最常见得防碰撞技术。

2. 二进制搜索技术

二进制搜索技术是以一个独特的序列号来识别电子标签为基础。为了从一组电子标签中选择其中之一，读写器发出一个读卡命令有意识地将电子标签序列号传输时的数据碰撞引导到读写器上，即通过读写器判断是否有碰撞发生。如果有碰撞，则进一步搜索。在二进制搜索算法的实现中起决定作用的是以读写器所使用的信号编码必须能够确定碰撞的准确位置。Manchester（曼彻斯特）编码具有这种优点，所以被作为上行基带数据编码方式（电子标签到读写器）。

二进制搜索算法是由一个读写器和多个电子标签之间规定的一组命令和应答规则构成，目的在于从多个电子标签中选出任意一个来实现数据通信。该算法有 3 个关键要素：选用适当的基带编码（易于识别碰撞）；利用电子标签卡序列号惟一的特性；设计一组有效的指令规则，高效、迅速地实现选卡。

当读写器天线辐射场中的多张电子标签同时响应读写器的指令时，如果采用 NRZ（不归零）编码，则读写器不能判别此时是否有多张电子标签响应，因为仍能译码。而曼彻斯特编码则不同，如果有多张电子标签同时响应，将译出错误码字，可以按位识别出碰撞。这样可以根据碰撞的位置，按一定法则重新搜索电子标签。图 8-5 为 NRZ 编码和曼彻斯特编码的比较图。

因为读写器必须在尽可能短的时间内完成对电子标签的搜索和操作，所以要求算法具有较高的效率。从树图可以容易得到二进制树搜索算法对每张卡的平均次数 $L(N)=\log_2 N+$

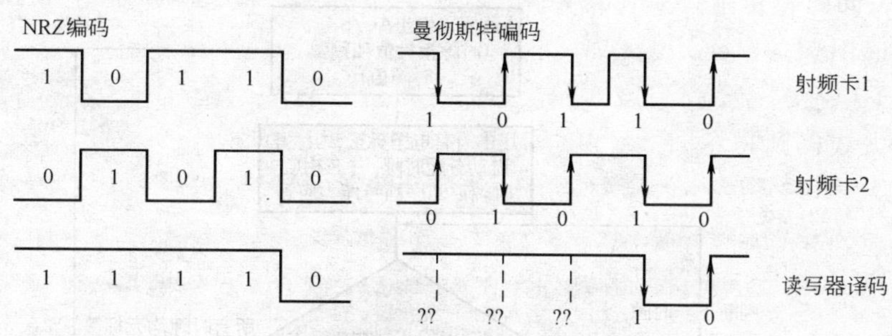

图8-5　NRZ和曼彻斯特编码比较图

1，它取决于读写器作用范围内电子标签的总数 N。

若场中有 N 张卡，可以估算识别这 N 张卡所需的全部时间。设一次搜索耗时 T_1，电子标签选定后，读写器与一张卡完成所有指令操作耗时 T_2，$T_1(N)$ 为平均每张卡的处理时间。$T(N)$ 为总耗时：$T(N)=NT_1(N)$，其中 $T_1(N)=\frac{1}{N}[(\log_2 N+1)T_1+T_2]+\frac{1}{N-1}[(\log_2 N+1)T_1+T_2]+\cdots+[T_1+T_2]$。

3. 基于时隙的防碰撞技术

与二进制搜索技术有本质的不同，基于时隙（Time Slot）的防碰撞技术是读写器通过发送一组指令将场中的电子标签固定分配在一个与其他标签不同的时隙，各个电子标签分别在自己的时隙段内完成与读写器的数据交换（读序列号、读取标签内容、内容写入标签等）。关键在于为某张电子标签迅速、有效地分配一个固定的且与其他电子标签相异的时隙。基于时隙的防碰撞算法流程如图8-6所示。

1）所有的电子标签在进入读写器天线的作用范围时，被置为激活状态。读写器发出防碰撞/选择（Anti-Collison/Select，AC/S）指令，AC/S指令带有用于确定时隙值的时序指针和最大预置时隙，目的在于把场中的电子标签分配在不同的时隙中。

2）电子标签响应AC/S指令，返回电子标签的序列号。场中的某标签在哪个时隙响应，决定于分配时隙算法的计算，该时隙电子标签的序列号和时隙指针共同决定。这里会出现两种情况，第一是场中无标签发生碰撞，即某一时隙被惟一的标签占据，这种情况说明场中只有一张电子标签，或者场中有多张标签，但标签的数量小于或等于时隙数，并且所有的标签被分配在了不同的时隙；第二是有标签碰撞，即一张以上的标签被分配在同一时隙（标签本身并不知道这种碰撞），出现这种情况的原因在于场中所有标签的总数大于AC/S指令所分配的时隙数，或者由于分配时隙算法的原因，把场中两张或两张以上的电子标签分配在了同一个时隙中所至。时隙指针的作用在于，使有碰撞的标签在以后的AC/S指令中被分配在不同的时隙。

3）读写器在预置时隙数的每个时隙段从接收端译码，并判断是否有多标签同时返回数据即碰撞。如果某时隙没有碰撞，并且有数据返回，则读写器根据接收到的经过校验后的序列号，发出QUIT指令将该标签固定在该时隙，并使其进入休眠状态或者称为去激活（在离开场之前不再响应AC/S）。如果在某时隙段内同时有多张标签返回数据，则需对这几张标签再次分配时隙，直到所有的标签都被去激活而进入休眠状态（接收到有效的QUIT）。

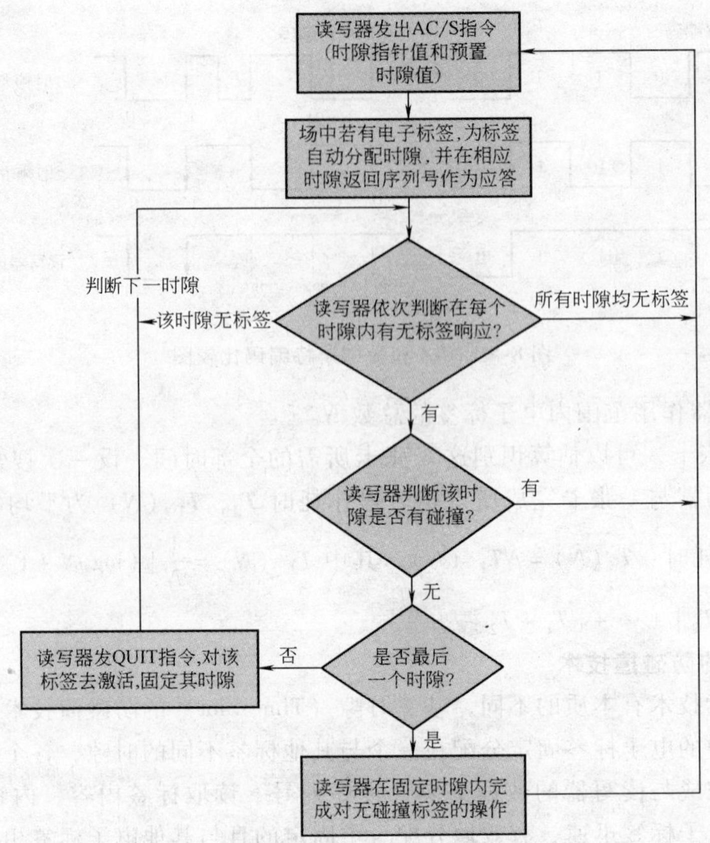

图 8-6　基于时隙的防碰撞算法流程

4）完成读写器与无碰撞的电子标签在相应时隙内的数据交换。时隙值的计算是根据电子标签序列号和时隙指针来实现的。以 I-Code 电子标签为例，标签号为 64 位，计算时隙时只用到低 32 位，电子标签进入场中后，其时隙寄存器的值被预置为 01（hex）：若读写器发送的 AC/S 指令中，时隙指针参数值（称为 hashvalue 值）为 9，则 hashvalue 值后面的连续 8 位依次送入 CRC-8 移位寄存器，进行 8 次移位后，CRC-8 寄存器中的数值就用来决定该标签所出的时隙。如果预置时隙数小于 256，则只需 CRC-8 的部分寄存器值就可以作为时隙值。例如预置时隙数为 16，则只需将 CRCO-CRC3 共 4bit 的内容作为时隙值。

这种算法是通过对电子标签分配时隙来实现防碰撞的，其效率取决于时隙值的计算方法。这里采用的方法是：序列号（低 32bit）中由时隙参数 hashvalue 值所指的 8 位，经 CRC-8 移位所得的结果即为该标签时隙。当两张或多张标签计算所得的时隙值恰好相同时，则有碰撞发生。因为这些标签将在同一个时隙向读写器发送数据，读写器接收的数据是多标签叠加的结果，这是错误的信息（这一点与二进制算法特意将碰撞引导到读写器端不同）。这种情况下，读写器通过改变时隙参数 hashvalue 的值来对发生碰撞的多标签重新分配时隙。第二次发送 AC/S 指令后出现的可能是：各标签处于不同时隙，可以在各自时隙内单独与读写器进行数据交换；仍有部分电子标签处于同一时隙，则需通过再次改变时隙参数值后发送 AC/S 指令将仍处于碰撞的电子标签分配到不同的时隙，如此循环直到所有的标签都能独自在所分配时隙内与读写器完成数据交换。

基于时隙的防碰撞技术具有较高的效率，因为每发送一次 AC/S 指令都可以至少使一张电子标签不发生碰撞而单独处于某一时隙。少量标签时，甚至只发送一次 AC/S 指令就可以把所有标签都分配到不同的时隙，其效率取决于场中的标签数和序列号的特征。

8.3.2　ALOHA 防碰撞技术

本节给出了一种基于最优化原理的改进 ALOHA 算法，并将其应用于解决 RFID 系统中的碰撞问题。该方法结合了最优化原理和传统的 ALOHA 算法，通过动态地调整传输时隙及数据包的大小进而大大地减少了碰撞的发生率，以改进 RFID 系统的性能。在同等条件下，相比较传统 ALOHA 方法可以读取更多的标签。此方法适用于标签较多且密集以及远距离的 RFID 系统，缺点在于该算法系统有一定计算时延，在标签数量少和近距离的 RFID 系统中无明显优势。

1. ALOHA 技术

ALOHA 的名称源自 20 世纪 70 年代夏威夷大学建立的一种无线电通信网络。它是所有多路存取方法中最简单的一种，只要有一个数据包提供使用，这个数据包就立即从电子标签发送到读写器去。这种处理本身与电子标签控制的、随机 TDMA 有关，仅用于只读电子标签。这类电子标签通常只有一些数据（序列号）传输给读写器，并且是在一个周期性的循环中将这些数据发送给读写器。数据传输时间只是重复时间的一小部分，以致在传输之间产生相当长的间歇。此外，各个电子标签之间的重复时间之间的差别是微不足道的，所以存在着一定的概率，两个电子标签可以在不同的时间段上设置它们的数据，使数据包不互相碰撞。在 RFID 系统中，观察时间 T 内无错误传输包的数量是服从泊松分布（Poisson Distribution）。平均交换量 G 可由在观察时间 T 一个包的传输持续时间 τ_n 求得

$$G = \sum_{1}^{n} \frac{\tau_n}{T} r_n \tag{8-1}$$

式中　n——系统中的电子标签的数量，$n=1, 2, 3, \cdots$；

r_n——在观察时间 T 内由电子标签 n 发送的数据包的数量，$r_n=1, 2, \cdots$。

吞吐量 S 等于 1，即是在传输期间无错误的（无碰撞的）传输数据包，在所有其他情况下等于 0，因为或者没有发送，或者由于碰撞不能无错误地读出传输的数据。平均吞吐量 S 等于 G 乘以数据包发送成功的概率。假定传输一个数据包用时 T_0，易知如果某个数据包要发送成功，必须在它到达前后各一个 T_0 的时间内没有其他数据包到达。又假定数据包的到达是泊松过程，则：$S=G\cdot P$［发送成功］$=G\cdot P$［在 $2T_0$ 的时间内有 0 个到达］$=G\dfrac{(2G)^0}{0!}\mathrm{e}^{-2G}=G\mathrm{e}^{-2G}$。

根据交换的数据包 G 和吞吐量 S 的关系，当 $G=0.5$ 时，S 的最大值为 18.4%。对较小的交换的数据包量来说，传输通路的大部分时间没有被利用；扩大交换的数据包量时，电子标签之间的碰撞立即明显增加，80% 以上的信道容量没有被利用。然而，由于 ALOHA 法实现的简单性，能够作为防碰撞的方法很好地适用于只读电子标签系统。

（1）时隙 ALOHA 法

使 ALOHA 法对比较小的吞吐量最佳化的途径就是时隙 ALOHA 法。电子标签只在规定的同步时隙内才传输数据包，在这种情况下，对所有电子标签所必须的同步应由读写器控制。因此，这涉及到一种随机的、读写器控制的 TDMA 防碰撞法。基于时隙 ALOHA 的典型

应用是 ISO/IEC 18000-6 type A 防碰撞协议，与简单的 ALOHA 法相比，可能出现的碰撞时间只有一半那么多。如果无错误地读出了一个序列号，则可以发送一条选择命令，选出这个被发现的电子标签，紧接着就可以在与其他电子标签没有碰撞的情况下读出或写入。如果在第一次试验中没有发现序列号，那么应当单纯地循环发出请求命令。如果已选中的电子标签的处理完成了，就可以重新发请求命令寻找读写器作用范围内的其他电子标签。

（2）动态时隙 ALOHA 法

如前指出，时隙 ALOHA 系统的吞吐量 S 在交换的数据包量 G 大约为 1 时达到其最大值。这意味着：有许多电子标签处于读写器的作用范围内，如同存在时隙那样。如果加上另外到达的电子标签，那么吞吐率会很快接近于零。在最不利的情况下，经过多次搜索也可能没有发现序列号，因为没有一个电子标签能单独处于一个时隙之中而发送成功。因此，需要准备足够大量的时隙，然而这种做法降低了防碰撞技术的性能。因为所有时隙段的数目与可能存在的电子标签数有关，也许只有惟一的一个电子标签处于读写器作用范围内。弥补的方法是创建动态的时隙 ALOHA 法，这种方法使用可变数量的时隙。

一种可能性是：用请求命令传送可供电子标签（瞬时的）使用的时隙数。读写器在等待状态中在循环的时隙段内发送请求命令，然后由 1～2 个时隙供可能存在的电子标签使用。如果有较多的电子标签在两个时隙内发生了碰撞，那么就应该用下一条请求命令增加可供使用的时隙的数量（例如：1，2，4，8…），直至能够发现一个惟一的电子标签时为止。

然而，也可以用有很大数量的时隙（例如：16，32，48，…）经常地提供使用。为了提高性能，只要读写器认出了一个序列号就立即发送一个中断命令，“封锁”接在中断命令后面的时隙中其他电子标签地址的传输。

2. 基于最优化原理的 ALOHA 防碰撞技术

在 RFID 系统中，一个包的传输持续时间 τ_n 可由信息的传输速率（传信率）R_b 和数据包的大小 m 得到

$$\tau_n = \frac{m}{R_b} \tag{8-2}$$

所以无错误传输包的概率为

$$p(k) = \frac{\left[G\dfrac{TR_b}{m}\right]^k}{k!}\mathrm{e}^{\left[-G\frac{TR_b}{m}\right]} \tag{8-3}$$

从 RFID 的系统数据传输方式可知，若传输时隙 T_{slot} 小于 τ_n 系统必定发生数据碰撞，所以 T_{slot} 一定大于或等于 τ_n，T_{slot} 可由观察时间 T 与 τ_n 求得

$$T_{slot} = \frac{T-\tau_n}{n} \tag{8-4}$$

根据式（8-1）和式（8-4）有

$$G = \sum_1^n \frac{m}{nT_{slot}R_b + m}r_n \tag{8-5}$$

在考虑了传输时隙的影响后无错误传输包的概率为

$$p(k) = \frac{\left[G(nR_bT_{slot}+m)\right]^k}{m^k k!}\mathrm{e}^{\left[-G\frac{nR_bT_{slot}+m}{m}\right]} \tag{8-6}$$

$$\min q(k) = [G(nR_bT_{slot}+m)]^k m^{-k} k!^{-1} e^{[-G\frac{nR_bT_{slot}+m}{m}]}-1 \tag{8-7}$$

式（8-7）假设 $m/R_b \leqslant T_{slot}$，其中 $m>0$，$R_b>0$，$T_{slot}>0$，$n=1, 2, 3, 4\cdots$，$k=1, 2, 3, 4\cdots$，设

$$nR_bT_{slot}=a \tag{8-8}$$

代入式（8-7）可得，其中假设 $a \geqslant mn$，$m>0$，$a>0$，$k=1, 2, 3, 4\cdots$

$$\min q(k) = [G(a+m)]^k m^{-k} k!^{-1} e^{[-G\frac{a+m}{m}]}-1 \tag{8-9}$$

下面采用了两种不同流程的系统对提出的 O-ALOHA（优化 ALOHA）进行仿真，仿真的流程分别如下：

方式 1，其流程如图 8-7 所示。

a. 对系统的标签进行估计；

b. 对预测的标签数量进行动态规划，得出一数据包及传输时隙大小的初值；

c. 进行通信得到需要通信的标签数；

d. 进行优化得出一理想的数据包及传输时隙大小；

e. 传输数据，返回步骤 c，直到通信完毕。

方式 2，其流程如图 8-8 所示。

a. 使用初始值进行通信；

b. 对测得的标签数量进行动态规划，得出一数据包及传输时隙大小的初值；

c. 根据初始值用动态规划法建立一张标签数、数据包大小、传输时隙的关系表；

d. 对进行第一轮的通信得到的标签数，进行查表找出起对应的数据包大小、传输时隙；

e. 传输数据，返回步骤 c，直到通信完毕。

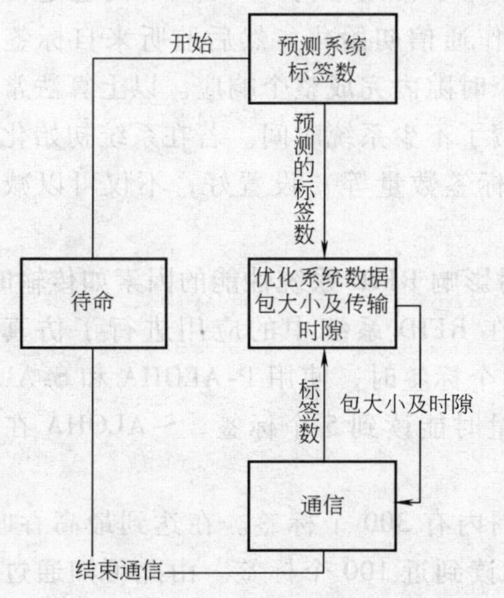

图 8-7　方式 1 系统通信流程图

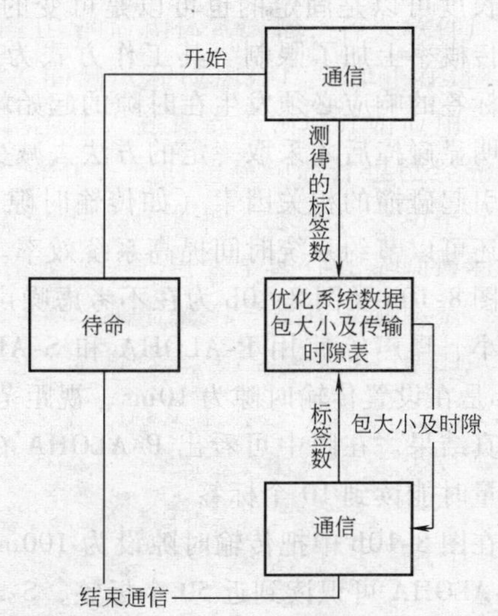

图 8-8　方式 2 系统通信流程图

图 8-9 右图为方法 1 的仿真，左图为方法 2 的仿真，仿真条件是：系统中有 20 个标签，每个标签要传输的数据包数为 20，从图中看出方法 2 的系统初始时间多了接近 400ms，但它只用了 1200ms 传完了所有数据包，但碰撞发生较多。方法 1 系统的初始时间很短，发生碰

撞较小，但时延长达3400ms。

8.3.3 性能比较及总结

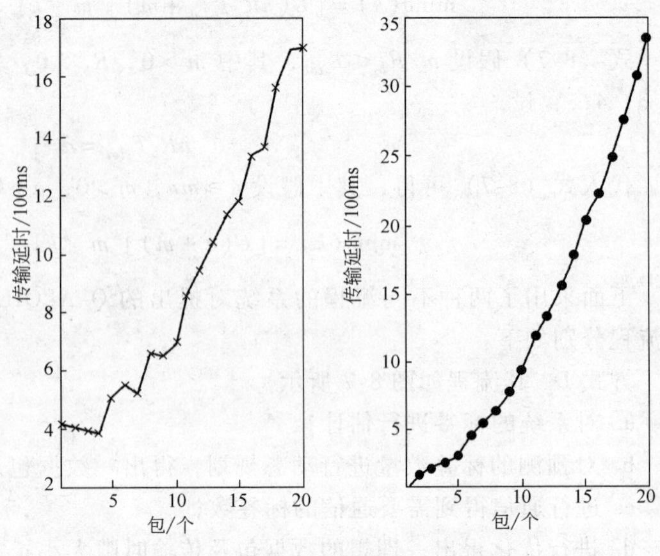

图8-9 使用两种方法的系统延时

常用的ALOHA防碰撞技术，包括P-ALOHA（纯ALOHA）、S-ALOHA（时隙ALOHA）和F-ALOHA（帧ALOHA）算法。其中P-ALOHA是一种完全随机的多址方式，全网不需要定时和同步，各站发射时间是完全随机的。当标签数目不多时，系统能够很好地工作，其信道利用率比TDMA按需分配方式还要高，并具有一定的抗干扰能力。而当标签很多，传输业务繁忙时，发生碰撞的概率增大，信道的传输效率就降低，最高只能达到18.4%，且存在潜在不稳定性。S-ALOHA是为了改善P-ALOHA而采用的。它规定，信道按时隙划分，每个时隙正好传送一个分组，数据分组到达后，必须等到下一时隙才开始传送，分组间一旦发生碰撞将是百分之百的重叠，发生碰撞后仍经随机延时后分径重传。它的信道利用率比P-ALOHA有很大改善，最大利用率可达36.8%，但全网需要定时和同步，设备比较复杂，且也存在潜在不稳定性。F-ALOHA是S-ALOHA的一个变种，在S-ALOHA，终端中每帧只允许传送1次，而其帧长度可以是固定的也可以是可变的。F-ALOHA为了帮助维持S-ALOHA的稳定性所以在重传概率上加了限制。其工作方式为：读写器先作通信初始化，然后监听来自标签的响应，标签的响应必须发生在时隙的起始端并且在一个时隙内完成整个响应。以上算法常在出现了明显碰撞后才采取一定的方法去减少碰撞，浪费了不少系统时间。若在系统初始化时就把会引起碰撞的相关因素（如传输时隙、包大小、标签数量等）设置好，不仅可以减少碰撞，还可以节约系统时间提高系统效率。

图8-10a及图8-10b为在不考虑噪声影响下，对影响RFID系统性能的因素如传输时隙、包大小、噪声等使用P-ALOHA和S-ALOHA算法在RFID系统中的应用进行了仿真。图8-10a是在设置传输时隙为10ms、视距范围内有100个标签时，使用P-ALOHA和S-ALOHA的仿真结果。在图中可看出P-ALOHA在最高吞吐量时能读到5个标签，S-ALOHA在最高吞吐量时能读到10个标签。

在图8-10b中把传输时隙设为100ms，视距范围内有300个标签。在达到最高吞吐量，用P-ALOHA可识读到近50个标签，S-ALOHA可识读到近100个标签。由此可知通过调整传输时隙可使读写器在相同的吞吐率下读到更多的标签。由图8-10a及图8-10b可知在传输时隙与数据包大小之间存在着一个最优值使得错误概率最低，下面使用最优化方法找出此最优值。使用了最优化方法优化的ALOHA算法称为O-ALOHA（Optimality ALOHA，优化ALOHA）。

图8-11为在使用不同的ALOHA算法下的标签数与错误概率的关系。在图8-9中设置参

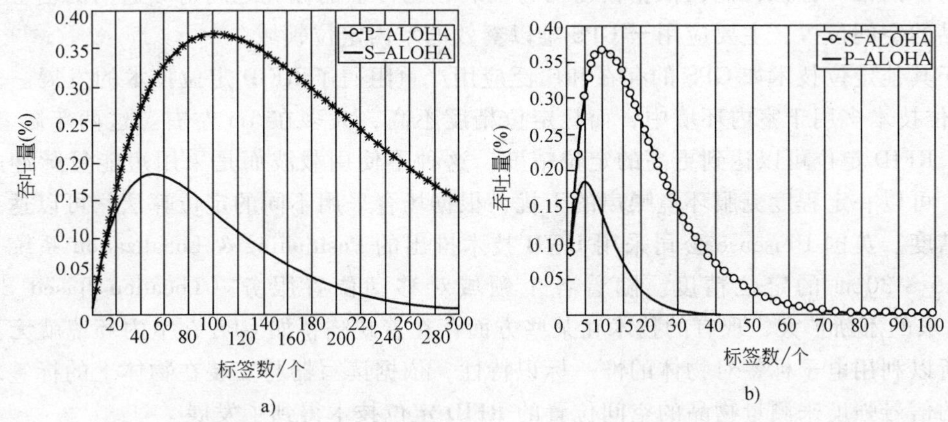

图 8-10 在不同传输时隙下两种算法可识读标签数的比较

a）传输时隙为 10ms b）传输时隙为 100ms

加仿真的标签总数为 200 个。在图中可看出使用 P-ALOHA 和 S-ALOHA 在 LOS 范围内标签数还没达到 200 时错误率已经达到 100%，而使用 F-ALOHA 当标签数达到 200 时其错误率也达到 19.8%，使用 O-ALOHA 的错误率只有 8.4%。

图 8-12 为在每个标签的传输信息量为 200bit，LOS 范围内最多有 20 个标签，仿真的系统监视时间为 1000ms。从图中可看出 P-ALOHA 在 LOS 范围内有 3 个标签时其需时已超过 1000ms，S-ALOHA 在 LOS 范围内有 5 个标签时其需时已超过 1000ms。F-ALOHA 在 LOS 范围内 17 个有标签时其需时已超过 1000ms。而 O-ALOHA 只用了 797.91ms 就完成了。

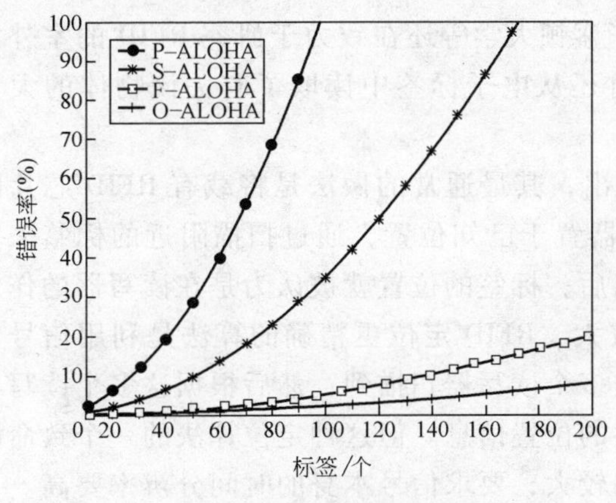

图 8-11 不同的 ALOHA 算法时可识读标签数与错误概率的关系

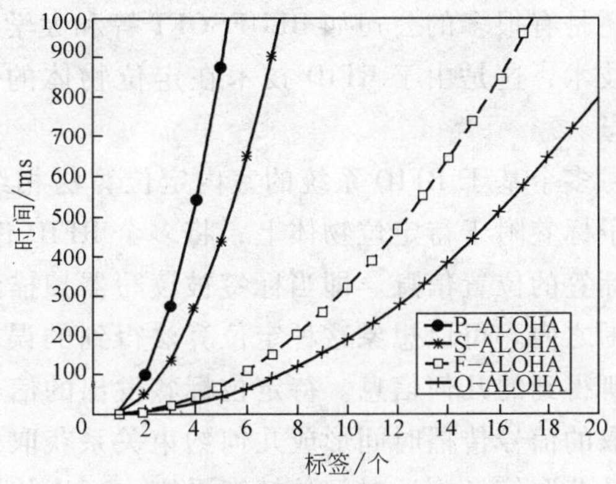

图 8-12 使用不同 ALOHA 算法时系统的传输时间的比较

8.4 RFID 系统中定位技术的研究

8.4.1 定位的意义

RFID 研究热点之一是空间定位与跟踪，在本节讨论的 RFID 定位与跟踪系统主要利用标签对物体的惟一标识特性，依据读写器与安装在物体上的标签之间射频通信的信号强度来测量物品的空间位置，主要应用于GPS难以奏效的室内定位领域。

由于其他定位技术如GPS的存在和广泛应用严重阻碍了RFID定位技术的发展。现有的RFID定位技术多用于室内环境中，而且定位精度不高，大多在5m左右。这两年随着UWB的兴起，RFID定位可以达到更高的定位精度。这种不使用载波而是采用短能量脉冲的超宽带技术，可以一定程度克服环境噪声的干扰，根据场合采用不同的定位算法，可以达到良好的定位精度。英国Ubisense公司采用UWB技术推出的Positioning & Localization系统，据称可达到15～30cm的定位精度。随着各个领域对移动位置服务（Location Based Service，LBS）需求的不断扩大，现有的技术在某些方面存在着缺陷，如GPS在室内环境就无法精确定位，所以利用电子标签对物体的惟一标识特性，依据读写器与安装在物体上的标签之间射频通信的信号强度来测量物品的空间位置的RFID定位技术得到了发展。

作为满足"无所不在的应用终端、随时随地的移动计算"目的的首要条件，多种定位系统方案相继提出。结合无线网络的移动定位技术可在任何时间和地点下提供移动用户访问个人信息、公共数据和共享资源的机会。较早得到使用的GPS和无线蜂窝网络定位服务等已经利用了若干定位技术，这些技术大多只能在室外使用并且所需要的硬件成本高昂。在市内位置服务应用中最著名和可行的定位方案主要利用无线信号传播的时间或称信号到达时间技术获得定位信息，需要网络硬件设备支持且设备造价昂贵，各设备之间需要极高的时钟同步。

但是RFID定位技术在室外的应用存在争议，原因是现存的室外定位技术如GPS等发展得很成熟了，而且应用的领域也非常广泛，定位精度也相当高，所以没有使用RFID技术定位的必要。仅从定位水平来看RFID技术与现存的室外定位技术相比没有任何优势可言，目前还是有很多的公司如BLUESOFT等和大学如华盛顿大学等还在致力于研究RFID的室外定位技术，这是由于RFID技术在定位物体的同时还从电子标签中读取了有关该物体的大量信息。

多个基于RFID系统的室内定位算法相继提出，其最通常的做法是将载有RFID芯片的电子标签附于待定位物体上，将多个RFID读写器置于已知位置，通过扫描附近的标签来获得标签的位置信息。即当标签被读写器扫描到以后，标签的位置就被认为是在读写器的作用范围之内。可以想象这种定位算法得到的误差较大。RFID定位更精确的算法是利用信号传播所得到的几何信息。待定位标签发出的信号被多个读写器扫描到，然后根据这多个读写器获取的信号传播时间形成几何约束关系获取标签的位置信息。但这种定位算法的一个致命缺点是获取信号到达时间的精度受室内环境的影响较大，要求信号本身的时间分辨率要高。下面对实时RFID定位系统进行介绍。

实时定位系统（Real Time Location System，RTLS）能够自动、连续、实时地追踪和记录贴有标签的人或物的位置。系统追踪移动的目标主要按下列工作部分完成：

1）移动标签：需要追踪的物件通常被贴有一个激活的标签，标签定时的发射信号且包含确认物件的惟一标识码。

2）固定/手持读写器：在一些特定的定位应用中，读写器被固定来定位通过的标签。当标签通过这些位置时，由于标签定时的发射信号而能够被读写器接收到，读写器便将物件信息及物件位置发送到检测系统。特殊情况下，也可以采用手持读写器。

3）监测系统：系统收到需追踪物件的位置信息。

RTLS 和通用 RFID 系统的差别在于：通用 RFID 系统中，当电子标签只有在经过读写器附近时才会被读取，而 RTLS 中，电子标签则是被自动的、定时地读取，而且定位过程中没有中断及控制操作。

另外一种被称为本地定位系统（LLS）的实时定位系统也能在特定的区域内（室内或者室外）定位需要追踪的物件。由此，在特定位置就需要安装读写器且激活的标签需要间隔地广播它们的身份信息。

目前 RTLS 正变得日益流行，尤其在保健业、制造业及后勤工作中，它能够帮助定位及管理那些贵重的物品。以下是使用 RTLS 的例子及优势：

1）能够自动有效地追踪识别那些贵重物品以保证它们都仍在工厂里面，这样就可以帮助减少盗窃。

2）在医院中可以追踪病人及医生。如果没有实时定位系统，在紧急的情况下要立刻找到特定的医生、护士或者病人都将面临巨大的困难。

3）实时定位系统还可用于保重病人的安全。例如，当佩带有标签的病人离开特定的区域和安全范围，实时定位系统就会发出警报。

4）实时定位系统还可以帮助你在找东西的过程中节省时间——因为它能告诉你物品的确切位置。

8.4.2　常用的 RFID 定位技术

目前按照定位方式的不同，RFID 定位技术算法可分为三大类：信号强度信息定位（Received Signal Strength Indication，RSSI）、信号时间信息定位（TDOA 和 TOA）和到达角度定位（AOA）。

1. 基于信号强度信息的 RFID 定位

（1）RADAR

RADAR 是一种基于射频的室内定位系统，采用标准的 IEEE 802.11 网络对于空间进行定位，工作在 2.4GHz 频段。该系统采用经验测试和信号传播模型相结合的方式，其主要优点在于易于安装、需要很少基站和采用相同的底层无线网络结构。但是到目前为止，系统总精度不尽如人意。比如，RADAR 系统中物体以 0.50 的概率分布在 3m 范围内，而相同概率条件下的信号分布精度为 4.3m。RADAR 系统利用从现有的 RF 数据网络中得到的信息提供位置服务。RADAR 系统由 3 个基站和多个移动终端组成，基站和移动终端通过各自配置的无线接口组成无线网络，其中 3 个基站的位置是固定不变的。该系统使用 RF 信号强度来代表移动终端与基站间的距离，这个距离信息通过使用三角测量来定位。

RADAR 的定位方法有两种：经验定位和信号传播模型定位。

1）经验定位：RADAR 系统采用经验定位时物体定位的全过程分为两个阶段，即数据收集阶段和数据处理阶段。

第一个阶段是离线状态阶段，即数据收集阶段。在 RADAR 系统覆盖的范围内取一些关键的位置作为参考点 P_N（N 是参考点的总数），然后把移动终端摆在这些位置确定的参考点上，RADAR 系统中的 3 个基站分别接收到移动终端发来的信号强度 S_1、S_2、S_3，3 个基站接收到的信号强度和移动终端当前的所在的参考点的位置信息一并发往后台数据库。数据库为给参考点建立这样的数据记录（S_1、S_2、S_3、P_n）n从1取到N。可以看出这个过程是个学习积累经验的过程，参考点的数目和位置的选取会直接影响到物体定位的精度。

第二阶段是数据处理阶段，即实时的物体定位过程。当移动终端处在某个位置时，系统中的3个基站将测得RF信号强度（s_1，s_2，s_3）和当前时间t作为时间戳一起送往数据库，这个时间戳用于对移动的物体进行实时追踪。数据库将送来的（s_1，s_2，s_3）依次与每条记录（S_1，S_2，S_3，P_n）做$R=\sqrt{(S_1-s_1)^2+(S_2-s_2)^2+(S_3-s_3)^2}$，找出$R$值最小的$K$条记录，这$K$个位置的均值就是估算出来的物体位置。

2）信号传播模型定位：信号传播模型定位的目的是减少定位对经验数据的依赖。结合具体的应用环境在Rayleigh衰减模型、Rician分布等模型中选取一个或者设计一个新的信号传播模型，利用合适的信号传播模型为参考位置计算出理论上的信号强度。实时的定位过程与经验定位相似，不同之处是理论上的信号强度值是由接收信号强度和按传播模型计算所得。虽然信号传播的定位精度不如经验定位，但是不需要经验定位在离线阶段做大量的测量工作。

系统最大的好处就在于定位的准确性较高，非常容易搭建，只需要很少的基站，并且在建筑物中使用相同的构架提供总体的无线网络。但无线信号受到多径的影响导致系统的稳定性较差，需要一个较长的经验积累的阶段。

（2）LANDMARC

LANDMARC系统利用电子标签发给读写器的信号强度信息来定位，但是目前RFID系统还不能直接将电子标签的信号强度提供给读写器。读写器仅能报告探测到的电子标签所发的能量级别，可以通过初步的测量就能知道功率强度级别对应的距离。然而，这种定位只能在自由空间中进行，在存在障碍的复杂空间里准确性就不能令人满意，因此LANDMARC系统通过加入位置已知、固定不动的参考节点来帮助定位贴有电子标签的物体。待定位的电子标签向周围的n个读写器发送信号，系统定位服务器将这n个读写器接收到的信号强度组成了一个n维的强度矢量。与此相同，m个参考电子标签各对应一个n维的强度矢量。然后，定位服务器将m个参考电子标签的n维强度矢量与待定位电子标签的n维强度矢量相比较，找出几个强度矢量与待定位电子标签近似的参考电子标签，最后待定位电子标签的坐标也就由这几个挑出的参考电子标签来确定。此定位技术稳定性较高，精度较高，但同时需要大量的参考电子标签和读写器，因此系统成本较高。定位服务器计算物体的位置用时较长，主要是读写器转换读取范围时花去的大量时间，而且电子标签在连续两次发送ID号的间隔时间较长。

LANDMARC系统定位的假设之一是所有电子标签发出相同射频信号强度，但是事实上试验表明同一个读写器在同一个位置测到的两个电子标签的信号强度级别也是不同的。

2. 基于信号时间信息的RFID定位

该方法是通过测出电波从发射机传播到多个接收机的传播时间（TOA）或时间差（TDOA）来确定目标的位置。因此，测量值TOA或TDOA的测量精度对目标的定位精度有很大的影响。

（1）到达时间法（TOA）

设目标与基站之间信号传播时间为t，则目标与基站的距离应该为$R=ct$，目标应该位于以基站为中心，以 R 为半径的圆上，如图 8-13 所示。得到 TOA 的方程组为：$e=\sqrt{(x-x_0)^2+(y-y_0)^2}$。其中：$(x, y)$ 为目标的坐标，(x_i, y_i) 为第 i 个基站的坐标，t_i 为接收到第 i 个基站发送的信息的时间，t 为基站发送信号的时间。

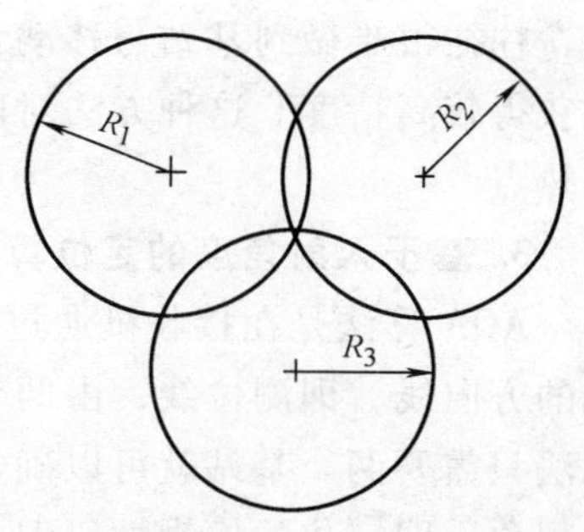

图 8-13 TOA 算法示意图

若测得信号在目标与 3 个基站的传播时间，那么 3 个圆的交点就是基站的位置，如图 8-14a 所示。TOA 算法要求参加定位的各个基站在时间上要严格同步，由于电磁波的传播速率很高，微小的误差将会在算法中放大，使定位精度大大降低。传播中的多径干扰、非视距以及噪声等干扰造成的误差都会使圆无法交汇，或者交汇处不是一点而是一个区域，如图 8-14b 所示。

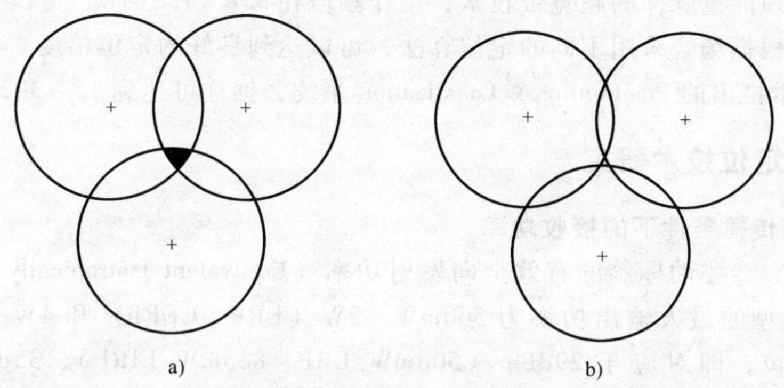

图 8-14 3 个圆相交的情况

因此 TOA 对系统同步的要求很高，并且需要在信号中加时间戳，而实际参加定位的基站一般在 3 个以上，误差是不可避免的。这时候可以利用 GPS 对基站进行校时并利用其他补偿算法来估计位置，提高算法的精确度，但同时也增加了系统的开销和算法复杂程度，因此单纯的 TOA 算法在实际中应用很少。

（2）到达时间差算法（TDOA）

TDOA 算法是对 TOA 算法的改进，它不是直接利用信号到达时间，而是用多个基站接收到信号的时间差来确定目标位置，与 TOA 算法相比它不需要加入专门的时间戳，定位精度也有所提高。TDOA 值的获取一般有两种形式：

第 1 种形式是利用目标信号到达两个基站的时间 TOA，取其差值来获得，这时仍需要基站时间的严格同步，但是当两基站间移动信道传输特性相似时，可减少由多径效应带来的误差。根据到达时间差获得的 TDOA 方程为

$$\sqrt{(x-x_1)^2+(y-y_1)^2}-\sqrt{(x-x_2)^2+(y-y_2)^2}=c(t_1-t_2) \quad (8\text{-}10\ (\text{a}))$$

$$\sqrt{(x-x_1)^2+(y-y_1)^2}-\sqrt{(x-x_3)^2+(y-y_3)^2}=c(t_1-t_3) \quad (8\text{-}10\ (\text{b}))$$

$$\sqrt{(x-x_2)^2+(y-y_2)^2}-\sqrt{(x-x_3)^2+(y-y_3)^2}=c(t_2-t_3) \quad (8\text{-}10\ (\text{c}))$$

第 2 种形式是将一个目标接收到的信号与另一个目标接收到的信号进行相关运算，从而得到 TDOA 的值，这种算法可以在基站和目标不同步时，估计出 TDOA 的值，由于实际应用

中，往往很难做到基站与移动台的同步，所以利用相关估计得到 TDOA 值，再进行定位计算能获得较高精度。这种方法对网络的要求相对较低，并且定位精度较高，目前已经成为研究的热点。

3. 基于入射角度的定位算法（AOA）

AOA 算法是在接收机通过天线阵列测出电磁波的入射角度，形成一根从接收机到发射机的方向线，即测位线，由两个基站得到的两个测位线的交点就是目标的位置。因此，AOA 算法只需要两个基站就可以确定位置，而两条直线只有一个交点，不会出现轨迹有多个交点的现象，即定位的模糊性。但为了测量电磁波的入射角度，接收机的天线需要改进，必须配备方向性强的天线阵列。

4. 其他定位算法

近两年随着超宽带技术（UWB）的兴起，RFID 定位可以达到更高定位精度。这种不使用载波而是采用短能量脉冲的超宽带技术，工作频段在 5.8 ~7.2GHz，可以一定程度克服环境噪声的干扰，根据场合采用不同的定位算法，可以达到良好的定位精度。英国 Ubisense 公司采用 UWB 技术推出的 Positioning & Localization 系统，据称可达到 15 ~30cm 的定位精度。

8.4.3 RFID 定位技术研究

1. 理想视距传播条件下的接收功率

在反向链路，令主动标签的有效全向发射功率（Equivalent Isotropically Radiated Power，EIRP）为：其典型的最大输出功率为 500mW、2W（ERP、CEPT）和 4W（EIRP、FCC）。转换成 dBm 单位，即对应于 29dBm（500mW ERP、825mW EIRP）、35dBm（2W ERP、3.3W EIRP）和 36Bm（4W EIRP）。G_{reader} 为读写器的视距天线增益，其典型值为 6dBi，所以功率放大器的最大输出功率分别为 23dBm、29dBm 和 30dBm。从标签到读写器的传输功率随传播距离的关系可由 Friss 公式表示为

$$P_{rec}=P_{EIRP}G_{reader}\left(\frac{l}{4pd}\right)^2$$

式中 l——载波波长；

d——读写器和标签之间的视距距离。

2. 室内无线信道

Friis 公式给出了信号衰落同传输距离之间的关系。Palomar 给出了由墙面反射形成的阴影效应。对于 RFID 室内的通信系统，由环境反射引起的影响需要被考虑进来。信号的传播模型可以表示为

$$P_r = P_t\left(\frac{l}{4p}\right)^2\left|G_0^{1/2}\ \frac{1}{r_0}\exp(-jkr_0) + G_i^{1/2}\sum_{i=1}^{n}G(\alpha_i)\frac{1}{r_i}\exp(-jkr_i)\right|^2 \tag{8-11}$$

式中 P_r——接收功率；

P_t——传输功率；

G_0——视距的天线增益；

G_i——第 i 路径分量的天线增益；

$G(\alpha_i)$——每条射线的反射系数。

当标签朝向读写器靠近时，接收功率的波动远小于远离读写器时的情况。当距离较远

时，反射的效果增强，接收功率的波动产生的影响更大。当标签远离读写器并靠近墙壁时，接收到的信号强度将会剧烈变化，最大衰落可达到 10dB。

3. 接收信号强度定位算法

在可侦测范围内，标签提供了辨识 ID 给读写器进行识别。由于 RFID 系统的功能简单，RFID 读写器只可识别出多个不同的接收信号功率级别。根据接收到的功率即可获得距离信息，功率级别 1 对应着信号传输距离最短。考虑到在不增加读写器数目时获得较好的定位精度，系统提出使用额外较多的参考标签来得到定位信息的思想。参考标签提供了地标的功能，在系统中提供了参考位置信息。这一算法有如下优点：

首先，通过增加额外较廉价的主动式 RFID 标签替代较多数目且昂贵的 RFID 读写器。其次，可快速适应环境的动态变化。在作用范围内，由于环境的变化而对参考标签和待定位标签的影响是相近的，由此得到的定位信息更加准确和可靠。显然地，读写器和参考标签是影响系统整体精度的要素，必须首先利用参考标签获得对应于距离信息和读写器接收功率之间的关系。但由于室内环境的复杂性，接收功率分布具有随机性，所以直接通过接收功率来获得几何距离的计算精度较低。参考文献［6］给出了根据接收信号强度等级同参考标签和待测标签之间的位置关系的算法。

假设系统中使用 n 只射频读写器，m 只作为参考的主动标签。读写器连续地扫描其可识别范围内的标签，获取其接收功率信息。定义被测量标签的信号强度矢量为 $\vec{\boldsymbol{S}}=(S_1, S_2, \cdots, S_n)$，其中 S_i 表示待测标签发出的信号被第 i 只 $i\in(1, n)$ 读写器接收到的强度等级，任意参考标签的信号强度矢量定义为 $\vec{\boldsymbol{\theta}}=(\theta_1, \theta_2, \cdots, \theta_n)$，其中 θ_i 表示读写器 i 接收到的信号强度等级。定义每次测量时得到的待测量标签和参考标签 r_j 之间的信号强度的欧几里德距离为 $E_j=\sqrt{\sum_{i=1}^{n}(\theta_i-S_i)^2}, j\in(1,m)$，则 E 定义了参考标签和被测标签之间的位置关系。例如距离被测标签最近的参考标签具有最小的 E 值。对于 m 个参考标签，被测标签具有 E 矢量 $\vec{\boldsymbol{E}}=(E_1, E_2, \cdots, E_n)$。

通过比较被测标签的 E 矢量值可获得离该标签最近的参考标签。由于 E 矢量仅仅反映出了与参考标签之间的位置远近关系，为获取待测标签的坐标信息，最简单的方法为单最近邻算法，它仅仅将最近的参考标签的坐标作为待测标签的坐标，其同现有 RFID 定位系统相仿。当使用 k 个最近的参考标签的坐标来确定待测标签的位置信息时，被称为 k 最近邻算法。令未知被测标签的坐标 (x, y) 由各近邻的坐标加权获得：$(x,y)=\sum_{i=1}^{k}w_i(x_i,y_i)$。$w_i$ 为第 i 个邻居参考标签的加权因子。加权因子的选择是一个重要的参数，如果所有 k 个邻居使用相同的加权因子（如 $w_i=1/k$）将导致过大的误差。经验上选择加权因子为：$w_j=(1/E_i^2)/(\sum_{i=1}^{k}1/E_i^2)$。

4. 仿真结果及性能分析

下面通过计算机仿真来验证系统的定位性能。首先，定位环境介绍如下：假设 RFID 信号的有效侦测范围为 10m。读写器工作于连续扫描标签状态，读写器可以分别识别 8 个和 12 个功率范围，也即可识别 8 个和 12 个距离区间，定位中使用 5 个读写器。仿真通过使用不同数目的参考标签和可分辨功率级来获取其定位精度。当使用 8 个和 12 个参考标签时的定位系统的布局图如图 8-15a 和图 8-15b 所示。不同功率级别的仿真结果如图 8-16 所示。令评估定位精度的参数为平均定位误差：$MEE = \frac{1}{M}\sum^{M}\sqrt{(x-x_0)^2+(y-y_0)^2}$，其中待测标签的实际坐标为 (x_0, y_0)，计算得到的估计坐标为 (x, y)，M 为实验仿真的次数。

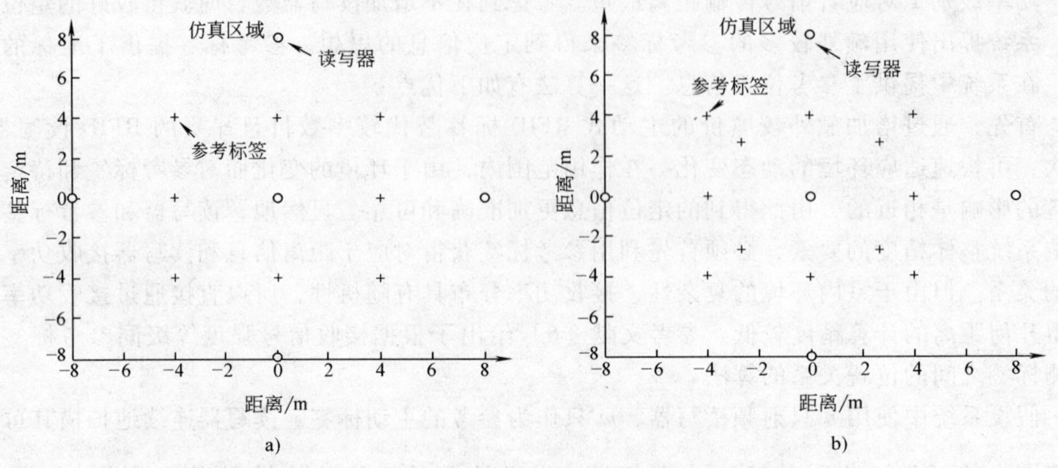

图 8-15　5 个读写器时在不同参考标签下的布局图
a) 8 个参考标签　b) 12 个参考标签

(1) 不同功率检测级别对定位精度的影响。

由于读写器可获取的距离精度与可分辨功率级别成正比，读写器可分辨的功率级别直接影响着定位精度，仿真中 RFID 读写器分别采用了 8 个和 12 个功率级别来识别标签所发出的信号功率。使用 12 个参考标签，8 个功率级别进行的 10 次随机仿真结果由图 8-16a 给出，在形成待测标签坐标时所有参考标签的坐标信息也全部进行了加权，此时得到的平均定位误差为 1.0341m。图 8-16b 给出了使用 12 个参考标签，12 个功率级的 10 次随机实验的平均结果。实心圆形代表随机产生的待定位点，空心方块代表估计到的位置，所有参考节点均考虑

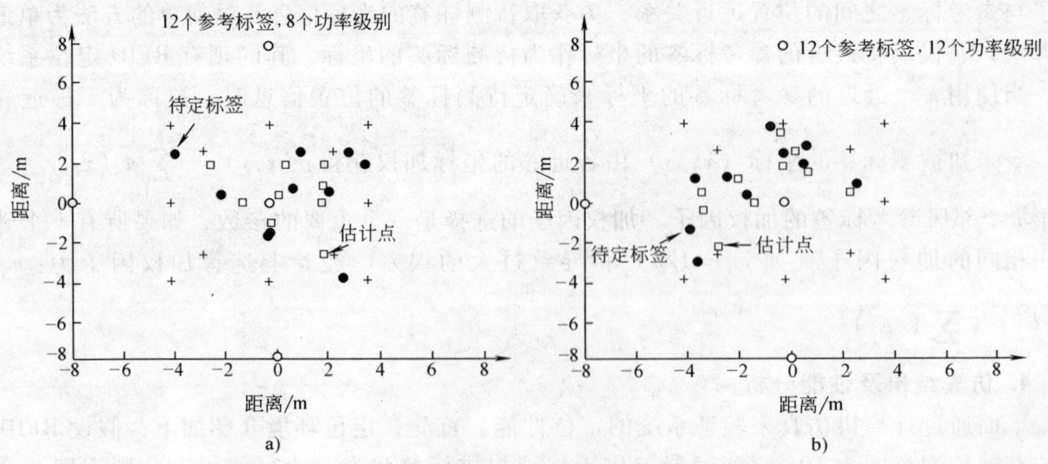

图 8-16　不同功率级别在 12 个参考标签 10 次定位结果
a) 8 个功率级别　b) 12 个功率级别

进来，即相当于 $k=12$ 邻居算法，10 次仿真得到的平均定位误差为 0.6045m。

随着可分辨功率级的增加，距离识别精度增加，使用更多只参考标签能获得更好的定位精度。但由于各分辨级之间识别距离缩小，读写器距离识别易受到噪声而产生误差。

首先研究不同参考标签数目条件下对平均定位精度的影响。所有参考标签都进行加权，表 8-5 给出了 12 个功率级别时，不同参考标签数目下所有参考标签都进行加权处理时的实验结果。可以看出，当参考标签数目从 6 个增加到 8 个时，增加参考标签的数目可以提高定位精度。参考标签数目为 8 个时具有最小的平均定位误差，同时参考标签数目为 12 个时的定位精度也是一个极小值。当参考标签数目大于 12 个时定位精度反而降低。同时可以发现在参考标签个数为 8 个和 12 个时，定位使用的参考标签的排列位置刚好全部对称。在所有参考标签都进行加权的情况下，部分误差较大的参考标签带来的误差贡献升高，导致了参考标签数目大于 8 时，定位精度的总体趋势是降低。

表 8-5 12 个功率级别时平均定位误差

参考标签个数	平均定位误差/m(100 次实验平均)	参考标签个数	平均定位误差/m(100 次实验平均)
6	0.8393	12	0.6132
7	0.8132	13	0.7315
8	0.5637	14	0.8117
9	0.7243	15	0.8429
10	0.7379	16	0.862
11	0.6569		

考虑到误差较大的参考标签在进行加权定位时带来的误差的增强，为进一步提升定位精度，接下来考虑最优最近邻数目 k 的确定，即选择最近的 k 个邻居参考标签的坐标进行加权。将待测量标签和参考标签之间的信号强度的欧几里德距离矢量 E 进行排序，选取 k 个与待测标签之间具有最小欧几里德距离的参考标签来进行加权处理。表 8-6 给出了系统使用 12 个功率级别时，16 个参考标签下，不同数目最近邻居参考标签进行加权处理时的平均定位误差。可以看出，在使用 16 个参考标签时，8 个最近邻进行加权时的平均定位误差量最小，100 次定位的平均定位误差为 0.6397m。

表 8-6 12 个功率级别时平均定位误差

最近邻数目	平均定位误差/m(100 次实验平均)	最近邻数目	平均定位误差/m(100 次实验平均)
$k=14$	0.8121	$k=9$	0.6663
$k=13$	0.8163	$k=8$	0.6397
$k=12$	0.7698	$k=7$	0.6444
$k=10$	0.7063	$k=6$	0.6902

(2) 系统对移动标签的定位

进一步的仿真中考虑了待测标签的移动定位精度，假设每一轮获取待测标签的接收功率后标签移动 0.2m。图 8-17 给出了不同参考数目的标签和功率级别的条件下定位的仿真结果，选取 9 个最近邻参考标签进行坐标加权。从这两个结果中可以看出，在采用 12 个参考标签和 12 个功率级别时对待定标签的轨迹跟踪情况最好。

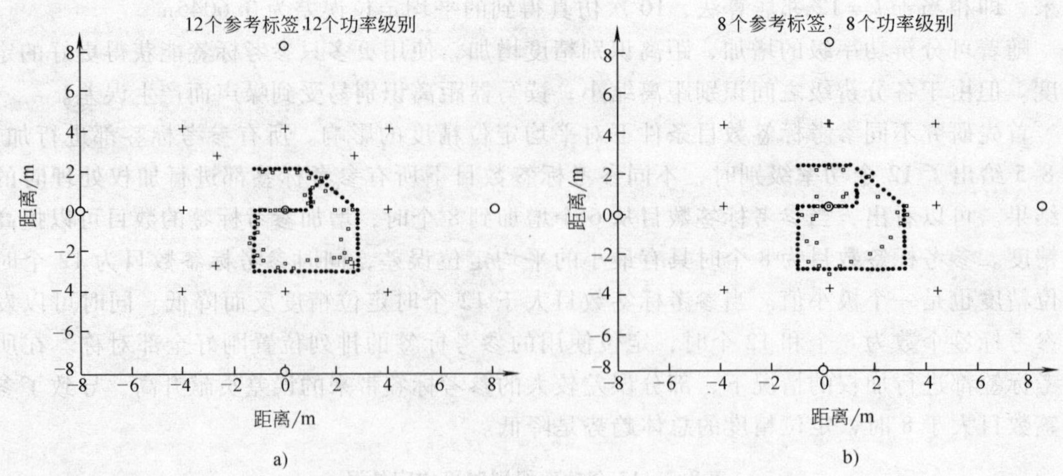

图 8-17 对移动标签的跟踪轨迹

a）12 个参考标签，12 个功率级 b）8 个参考标签，8 个功率级

8.5 本章小结

本章对 RFID 系统中的数据挖掘技术、防碰撞技术和定位技术做了系统的阐述。当然 RFID 中需要研究的关键技术远远不止本书所介绍的这些技术，相信随着 RFID 技术的推广，会有越来越多相关领域的研究人员投入到 RFID 关键技术的研究之中。

参考文献

[1] 射频识别技术及其在中国的发应用前景［OL］，http：//www. kilomega. com/tech/net3185. htm.

[2] S Chaudhuri，U Dayal. An overview of data warehousing and OLAP technology［J］. SIGMOD Record，1997（26）：65-74.

[3] S. Chawathe，V. Krishnamurthy，S. Ramachandran，and S. Sarma. Managing RFID data［A］. In Proc. Intl. Conf. on Very Large Databases（VLDB' 04）［C］.

[4] K Finkenzeller. RFID Handbook：Fundamentals and Applications in Contactless Smart Cards and Identification［M］. John Wiley and Sons，2003.

[5] C Floerkemeier，D Anarkat，T Osinski，et al. Harrison［R］. PML core specification 1.0. White paper，MIT Auto-ID Center.

[6] J Gray，S Chaudhuri，A Bosworth，et al. Data cube：A relational aggregation operator generalizing group-by，crosstab and sub-totals［J］. Data Mining and Knowledge Discovery，1997（1）：29-54.

[7] V Harinarayan，A Rajaraman，J D Ullman. Implementing data cubes efficiently［R］. In Proc. 1996 ACM-SIGMOD Int. Conf. Management of Data（SIGMOD' 96）.

[8] S Sarma. Integrating RFID［J］. ACM Queue，2004，2（7）：50-57.

[9] S Sarma，D L Brock，K Ashton. The networked physical world. White paper，MIT Auto-ID Center［EB/OL］. http：//archive. epcglobalinc. org/publishedresearch/MIT-AUTOID-WH-001. pdf，2000.

[10] S E Sarma，S A Weis，D W Engels. RFID systems，security & privacy implications［EB/OL］. White paper，MIT Auto-ID Center，http：//archive. epcglobalinc. org/publishedresearch/MIT-AUTOID-WH-

014. pdf, 2002.

[11] A. Shukla, P. Deshpande, and J. F. Naughton. Materialized view selection for multidimensional datasets [C]. In Proc. 1998 Int. Conf. Very Large Data Bases (VLDB' 98). Venture Development Corporation (VDC). http: //www. vdc-corp. com/.

[12] Arc Advisory Group. RFID Systems in the Manufacturing Supply Chain [EB/OL]. http: //www. arcweb. com/Researchtpd fs/Study_ rfid. pdf.

[13] Sanjay Sarma: Towards the 5 Tag [EB/OL]. http: //www. autoidcenter. org/pdfs/MIT-AUTOID-WH-006. pdf.

[14] P R Foste, R A Burberry. Antenna problems in RFID system [J]. IEEE Colloquium on RFID Techn ology, 1999 (3): 1-5.

[15] G Marrocco, A Fonte, F Bardatl. Evolutionary design of miniaturized meander-line antennas for RFID applications [J]. Antennas and Propagation Society International Symposium, 2002 (2): 362-365.

[16] L Ukkonen, L Sydanheirno, M K ivikosk. A novel tag design using inverted-F antenna for radio frequency identification of metallic object: Advances in WiRFID and Wireless Communication [J]. 2004 IEEE Sarnoff Symposium, 2004 (4): 91-94.

[17] S K Padhi, N C Karmakar, C L Law. Dual polarized reader antenna array for RFID application [J]. Antennas and Propagation Society International Symposium, 2003 (4): 265-268.

[18] Dirk H. Mapping and localization with RFID technology [J]. Proceedings of the 2004 IEEE Internati onal Conference on Robotics & Automation, New Orieaus, LA, 2004 (4): 1015-1020.

[19] Masashi S. Overview of RFID Technologies for Ubiquitous Services [EB/OL]. http: //www. ntt. co. jp/tr/0312/files/nLr0412012. pdf.

[20] Hector Gonzalez, Jiawei Han, Xiaolei Li, et al. Warehousing and Analyzing Massive RFID Data Sets [C]. Proceedings of the The 22nd International Conference on Data Engineering (ICDE 2006), Atlanta, GA, April 2006.

[21] S Sarma, D L Brock, K Ashton. The networked physical world. White paper, MIT Auto-ID Center [EB/OL]. http: //archive. epcglobalinc. org/publishedresearch/MIT-AUTOID-WH-001. pdf, 2000.

[22] S Chawathe, V Krishnamurthy, S Ramachandran, et al. Managing RFID data [C]. In Proc. Intl. Conf. on Very Large Databases (VLDB' 04).

第 9 章 RFID 系统中的应用技术

前面从研究技术的角度对 RFID 系统进行了讨论，读者对 RFID 系统的构造、标准以及所涉及到的理论基础有了一定的了解。在 RFID 系统的实施过程中也会涉及到一些应用方面的技术，本章将介绍 RFID 系统的应用技术，包括：实施技术、测试技术、安装技术和故障评估技术。

9.1 RFID 系统的实施

9.1.1 系统实施阶段

RFID 技术的采用将会带来巨大的收益前景，随之实施这项新技术也会带来新的挑战。实施过程中需要考虑如下问题：标准化方面的问题，如何将条形码转换成电子编码，这些转换将如何改变公司的运营活动等。一般说来，在 RFID 项目的实施中，可以分为起步、测试和验证、试点和实施 4 个阶段，来逐步实现平稳过渡。下面以供应链中 RFID 项目实施为例加以说明。

1. 起步阶段

（1） 建立开发环境

在这个阶段用户将会建立一个开发环境，以进行小范围的、受控的测试。开发环境应该考虑到以后的发展，同时需要根据实际情况不断调整和制定实施计划。这个阶段的集成和供应商有可能成为项目实施的长期供应商。

（2） 选择合适的供应商

目前 RFID 应用正处于初级阶段，需要考虑那些能够提供技术和解决方案基础的供应商，这样的公司能够逐级适时地完成整个移植和升级过程。供应商应该是业界的领导者，只有这样，RFID 系统才会跟上技术进步的脚步，而不致落伍。供应商除了可以提供完整的、价位合理的开发环境以外，还应具有以下几个特点：

1） 经验和核心能力。软硬件设备供应商应该是技术和市场驱动的公司，具备核心技术，而非产品驱动的公司；供应商应该有为供应链提供专门设计的自动识别系统解决方案的成功先例；理想的供应商应该是不仅仅能够提供某个产品或是 RFID 技术，而应该具有更加深入的经验，供应商应该是较早实施 RFID 技术的厂商，参与过许多早期的 RFID 项目，同时具备项目所需的相关经验。

2） 解决方案制造商的专注程度。在分析未来的 RFID 供应商时，需要了解其管理层是如何看待 RFID 解决方案的；需要考虑 RFID 是否是供应商公司业务中的优先或重点项目，是否有整个管理团队的支持并且有资金来支持这个业务的发展，是否提供终端到终端的解决方案，是否有专业的服务团队来帮助在不妨碍正常业务的情况下将 RFID 系统无缝集成到的企业网络中等。

3）售后服务。在完成最初的实施之后，技术支持和维护是一个长期的任务。供应商的产品和应用工程技术人员应该参与随时需要的对话沟通和解答问题，帮助达到采用 RFID 系统的目标，并听取反馈意见。供应商能够在实施使用 RFID 系统的整个过程中提供持续的技术支持，帮助解决各种技术问题，大到系统集成，小到零配件和故障排除。

4）制造和测试电子标签。电子标签中存储着包装箱进出仓库的通行密码，它是试点项目一个合理的起点。在不需要 EPC 的情况下可以进行电子标签的编码，就有办法开始测试读取范围、读取速度和数据采集这些性能指标。可以确定标签能被读取的距离，射频信号是否会受到产品本身的影响，标签在包装箱上的位置以及读取角度和距离的变化范围。当逐渐熟悉了最优的读取速度，并且弄清了怎样采集和读取数据，就掌握了如何提高并达到最优系统准确性和效率。

5）标签放置。标签的放置位置对实现 100% 的读取率非常关键，有时甚至要达到几厘米以内的精度。在测试和校验过程中，要决定把电子标签贴在包装箱的什么位置，以及当包装箱的体积增加时该怎样放置电子标签。包装内的产品以及电子标签的结构、设计、空间距离和角度，这些因素都会对读取率造成影响，甚至可以使读取率从 100% 降为 0。在决定如何在包装箱或者货盘上放置电子标签时要考虑以下几个因素：包装设计，包装箱或包装袋上加电子标签时，可能只有有限的空间可用，面对已经定型的包装和固定尺寸的标签和图片，要决定怎样放置标签是一个需要练习和尝试并不断修正错误的过程；对标签的要求，对于大宗货物，如电器或机械设备等，应该在货运集装箱上加标签，电子标签可以识别出集装箱内的每一款货物，使识别信息达到每一件物品的水平；包装的内容，液体和金属可能吸收或者反射无线电波，如金属箔包装的产品、液体产品等货物加标签时要格外小心，通常在这种情况下能够有效放置标签的区域非常有限，需要做大量的实验来找出合适的位置。

好的电子标签应当满足如下 3 个条件：能够正确地将 RFID 数据写入标签，能够正确的打印图像，经写入方确认标签上存储的数据内容无误。如果打印出来和经过编码的数据不能通过写入方的确认，这样的标签被认为是有缺陷的，对系统无效。为了确保 EPC 不被丢失，打印机控制程序应该用相同的 EPC 打印另一个新的标签，替换原有标签并使其失效。当一个已经通过写入方校验的标签在正常读取距离内不能被读出时，这个标签被叫做不被读取标签。有些情况下，不被读取标签可能是在一卷好标签中某一个标签上的缺陷造成的。在排除可能造成这一错误的原因后，打印/编码系统应该能够区分出标签是否可被读取。为了达到 100% 的读取率，需要舍弃不能被读取的电子标签。图 9-1 为库房中的标签示意。

图 9-1　库房中标签示意图

2. 测试和验证阶段

（1）引入系统集成供应商

需要通过有经验的供应商来了解目前系统的运作方法、作业程序和现有系统。负责集成的供应商不仅要具备 RFID 的专业知识，而且应该具有工业生产方面的知识，能够帮助开发出一套实施计划。在这个计划中要定义所有工作流程中的任务、职责、重要事件和相关费用，还要建立一个切实可行的性能目标。一定要了解集成商伙伴在供应链解决方案领域的背景知识，查看技术方面的相关证书，以及相关的工作经验等。

（2）集成多方面的应用软件

在这一测试和验证阶段，将 RFID 技术集成到现有企业资源计划（Enterprise Resource Planning，ERP）系统和仓库管理系统（Warehouse Management System，WMS）的各个部分中，可以预览 RFID 将会使企业和供应链的能力增强到什么程度。通过提供广泛的、实时的、准确的信息，使 RFID 技术可以支持业务中的不同领域，如：资源计划、零配件采购、订单跟踪、客户服务、库存管理、运输管理和会计等。选择制造商的时候，应该选择能够兼容主流 WMS 和 ERP 设备的商家。在软件方面，寻找能够提供成套解决方案的供应商。

（3）与存储仓库的基本设施集成

Printronix 公司的电子标签开发者工具箱最早为典型的包装箱和货盘开发了标签样品，可以模拟一个出入口和装有固定读写器的传送带。在这个初始阶段，也可能会选择在集成合伙人已经构建好的实验室里开始测试。借助设备供应商提供的读写器、天线和开发系统软件等 RFID 开发工具来加快工程进度。

（4）对 RFID 供应商的要求

优秀的 RFID 技术供应商对于启动 RFID 试点项目是非常重要的。选择系统集成伙伴和供应商时，要考虑以下要求：曾经与其他有经验的 RFID 厂商合作过；能够提供升级完善的途径；提供资产保护计划；有可升级的软硬件；提供规模可调节的解决方案；有强大有效的工业设备；曾参与过其他试点项目，能够清晰地阐述类似“实例研究”的例子；有能力在不需要用户介入的情况下进行系统验证核实；提供企业级的网络管理解决方案；是正规的专业服务机构；进行标签确认测试，为客户组织数据和文件；提供培训、集成和实施咨询服务；是国际化的组织机构，能够满足跨国客户在不同地区和发展的需要；在有需求的时候，能够批量供应；设备能与主流供应链软件和其他企业的项目集成。

（5）验证供应商

在进入项目实施阶段后，需要对设备的工作情况进行评估。无论选择和哪一家厂商合作，对 RFID 来说都有一些必须达到的预期性能。例如，选择的打印机供应商应该提供：完整的编码解决方案；RFID 功能扩展和驱动程序；有能力使系统扩充到不止一台打印机，以便支持 10000 ~ 50000 个电子标签的试点运行；通过检测的、没有数量限制的电子标签；一支快速成长的团队能够满足对标签惟一性设计的要求；打印机和标签与 RFID 设备协调性好，并能将信息传回 ERP 或 WMS。

在发展过程中，读写器供应商要有能力提供满足 RFID 国际化的要求，针对不同国家和地区所使用的不同频率提供解决方案。在实施阶段，根据需求，读写器可以被安放在不同的位置，例如码头的入货口和出货口、产品传送带、取货排序装置和升降机。厂商可以使用便携式读写器进行库存盘点、安放和调整货物，并能够同时读取条形码和 RFID。

应该寻找能够满足如下需求的读写器供应商：提供满足国际化体系在不同国家和地区机构业务需求的解决方案；提供永久的支持服务，满足不断地对产品文档编制和系统集成升级、维修、配件，以及技术支持的需求。

对所有的供应商，弄清其服务策略很重要，要了解供应商是否已经和其他主流 RFID 供应商一起就项目计划和实施策略问题建立了行业联盟。

3. 试点阶段

试点项目的目标是开发出一个可预期的、范围可调节的系统，这要求在标签放置、输出和性能方面达到一定的精度。在这个过程中精确的测量、详细的文档记录能从根本上减少错误，有助于同供应商和客户一起建立起最终的作业流程。此阶段需要标记重要事件，以便详细规划系统实施情况。需要每隔一段时间，暂停评估当前的解决方案：针对不同的产品，电子标签的放置方法是否已经公式化并且效果得到确认；由于业务流程的显着不同，是否应该在不同的业务部门并行运行多个试点项目；现在增加多台打印机的时机是否已经成熟。

试点阶段的任务是准备好必要的工具和经验以便在真正的网络环境下用实际的标准来处理更大宗的货物。虽然只是在有限范围内进行测试，但在处理日常业务需求过程中，能够积累对系统的认识和建立起使用的信心。

为了达到试点的预期目标，应该注意以下几点：在其他的设备/部门中安装设备，以便发现和修正设备在应用时的异常情况；检验在不同位置采集到的和传输数据的能力；测试从具有多样混杂的SKU编码的产品中采集到的某个特定产品的数据；对员工进行培训，让他们了解RFID系统的重要性以及RFID系统将会给他们的工作带来怎样的影响。如果标签需要手工放置，这将是学习过程中的关键部分；与一个零售商合作测试，检测系统的兼容性；将系统置于一个严格的典型生产/运输环境或设备中进行测试；测试系统面临更大货物数目（50000或者更多）时的承受能力；与供应商协同努力，减少错误；在完成第一次成功试验后，考虑把试点扩展到更多的产品或地域，可能会发现在不同的业务部门或产品线需要不同的试点。

以下结果的取得标志着的试点实施项目已胜利完成：实验测量结果，包括建立性能度量标准；集成ERP/WMS系统，能够从标签中取得数据并能够将信息传回到系统进行操作管理；针对不同SKU编码的需要定义不同标签和天线；编制程序，使系统在装置检测数据和介质时能检测出标签拣选和放置的人为错误，并且在错误发生时发出警报，这样的系统就具有了纠错能力；决定使用手工还是自动的方法放置电子标签，以及在生产工程中还是结束以后放置。

如果时间紧迫，可以考虑用一个独立的、在成品后再加电子标签的步骤来放置标签，而不是把加标签的步骤作为生产过程的一个集成部分。成品过程完成后，先把托盘包装打开，加上电子标签，然后再重新包装好也许是一个可行的短期解决方案。作出这一决定的最安全也是最好的办法就是综合考虑以下3个因素：产品体积、需要符合RFID规范的SKU编码产品数目和百分比以及目前流程的自动化程度。

即便短期内也许只有一小部分的出货需要满足RFID的要求，解决RFID的实施问题也会为今后的业务打下坚实的基础。在第三阶段结束之前，将会建立好确定的业务流程和步骤，而且在大宗货流和高处理速度的条件下测试了软硬件设备，并验证了系统的精确性。

4. 实施阶段

虽然目前的技术水平还不能达到完全的RFID技术实施，数以百计的公司都正在为此努力。技术仍在不断发展，标准化的问题还没有解决，各种相关协议还会改变，电子标签也在不断升级。这些行业上的改变对企业来说意味着设备的更换，所以要选择那些提供资产保护计划的供应商来保护投资，供应商还要提供可升级的固件（例如，符合已提出的96位标准）和可调整的解决方案，这样当技术更新时，才不必从头开始。

这里是一套需要思考的问题，找出它们的答案可以帮助在选择产品和供应商时作出理性的抉择：他们在进行着几个试点项目？他们能从所经历的项目中选出与沃尔玛需求相关的实例和经验，并清晰地阐述它们吗？他们有一群强有力的 RFID 伙伴吗？他们是一个国际化的、能管理在不同国家区域业务的公司吗？他们能在诸如标签设计和确认、实地评估、培训、集成和移植咨询等方面提供有组织的、专业化的服务吗？

在实施阶段，要寻求各种机会提高效率，并为流程建立起度量标准用以量化改进幅度，为实现高的投资收益率打下基础。在试点运行时选取的解决方案应该是可调节的、有力的、并侧重于工业方面的低成本实施。即使目前的流程中包括为运输而设置的手工粘贴标签步骤，此时也要考虑到将来系统扩充时提高自动化程度的需求，这一点在选择打印方案时尤为重要。可以通过以下措施来提高效率：

1）校验和确认。通过把校验集成到打印设备中，使 100% 的条形码读取与 100% 的 RFID 读取率相关联，并且实现交叉引用。不需要通过手工操作，系统就能够逐一地检查标签，并与数据库核实，确认从标签读取到的信息正是所期望的。而一旦发现错误，系统将立即回退到发生错误以前的状态，取消并覆盖该标签，打印新的替代标签。这种“打印而后读取”的质量控制手段是为了防止有缺陷的标签流入供应链而设计的。它还能防止打印速度减缓，减少劳动力成本，避免由于标签不可扫描而造成的退货和罚款。

2）数据采集。企业管理信息的归档会为运作带来最高程度的可视性。数据采集几乎是实时的，消费者活动可视性为做出更精确的销售预测和采购决策提供了可能。当 EPC 读取所获得的时间、位置和批处理信息被传回系统后，就可以在供应链上任意一点识别并定位特定的产品信息。

3）网络和设备管理。能够取得实时的信息和对设备的控制可以提高效率和生产率，有利于作出理性的管理决定。网络打印管理系统提供所有在线设备的瞬时可视性，使用户可以同时配置数目不限的打印机。这些解决方案也支持对附加 RFID 编码器的管理功能。提供瞬时可视性，通过电子邮件警报和传呼以及远程诊断功能实现的即时信息通告，所有这些工具都使得可以在打印网络中发送测试结果，用以读取和将信息存储在 XML（或者其他格式）文件中，以便将来和传送到打印机的数据流做比较。

4）智能介质管理。应用系统将会管辖自身，并在出故障时发出报警。如果 EPC 不能将产品和标签匹配的话，会立即得到通知。前置检测确保标签被正确地放置，正确的标签类型被使用，并且天线的设计对于所用的标签来说应是正确的。

5）工业设计。为了支持项目从测试阶段到试点阶段再到实施，打印机应该是抗干扰的、可靠的、并且能够应付发展的需要。如果考虑到基础设施的投资成本、标签的耗费，还有可能由于标签不符合规范而造成的停工的时间、损失的生产率、罚金和产品被退回造成的损失，打印机花费在整个框架中就显得微不足道，因此需要选择一款性能优越的打印机。

随着未来芯片价格的不断下降，RFID 应用将会呈几何级数增长，未来几年内会对供应链产生重大的影响。而目前仍然处于这项技术的早期应用阶段，不确定和不利的因素将会被逐步解决。如果采用 RFID 技术时，根据上述的 4 个阶段，就有机会和 RFID 技术一起成长，建立并不断改进系统，更好地实现商业目的。

9.1.2　系统技术参数

可以用来衡量 RFID 系统的技术参数比较多，比如系统使用的频率、协议标准、识别距离、识别速度、数据传输速率、存储容量、防碰撞性能以及电子标签的封装标准等，这些技术参数相互影响和制约。

1. 工作频率

工作频率是 RFID 系统最基本的技术参数之一，工作频率的选择在很大程度上决定了其应用范围、技术可行性以及成本的高低。从本质上说，RFID 系统是无线电传播系统，必须占据一定的无线通信信道，在无线通信信道中，射频信号只能以电磁耦合或者电磁波传播的形式表现出来。因此，RFID 系统的工作性能必然会受到电磁波空间的传输特性的影响。

从电磁波的物理特性、识读距离、穿透能力等特性上来看，不同射频频率的电磁波存在较大的差异，特别是在低频和高频两个频段上。低频电磁波具有很强的穿透能力，能够穿透水、金属、动物等导体材料，但是传播距离比较近。另外，由于频率比较低，可以利用的频带窄，数据传输速率较低，信噪比较低，容易受到干扰。

相比低频电磁波而言，要得到同样的传输效果，高频系统的发射功率较小，设备比较简单，成本也比较低。高频电磁波的数据传输速率较高，没有低频的信噪比限制。但是，高频电磁波的穿透能力较差，很容易被水等导体媒质所吸收，因此，高频电磁波对障碍物的敏感性较强。

2. 作用距离

RFID 系统的作用距离指的是系统的有效识别距离。影响读写器识别电子标签有效距离的因素很多，主要包括以下因素：读写器的发射功率、系统的工作频率和电子标签的封装形式等。其他条件相同时，低频系统的识别距离最近，其次是中高频系统和微波系统，其中微波系统的识别距离最远。只要读写器的频率发生变化，系统的工作频率就会随之改变。

RFID 系统的有效识别距离和读写器的射频发射功率成正比，发射功率越大，识别距离也就越远。但是电磁波产生的辐射超过一定的范围时，就会对环境和人体产生有害的影响，因此，在电磁功率方面必须遵循一定的功率标准。同时，电子标签的天线越大，标签穿过读写器的作用区域内所获取的磁通量越大，存储的能量也越大，识别距离也就越远。

应用项目所需要的作用距离取决于多种因素：电子标签的定位精度、实际应用中多个电子标签之间的最小距离、在读写器的工作区域内电子标签的移动速度。通常在 RFID 的应用中，选择恰当的天线，即可适应长距离读写的需要。例如，传送带式天线就是设计安装在滚轴之间的传送带上，电子标签则安装在托盘或产品的底部，以确保电子标签直接从天线上通过。

3. 数据传输速率

对于大多数数据采集系统来说，速度是非常重要的因素。由于当今不断缩短产品生产周期，要求读取和更新 RFID 载体的时间越来越短。RFID 只读系统的数据传输速率取决于代码的长度、载体数据发送速率、读写距离、载体与天线间的载波频率，以及数据传输的调制技术等因素。传输速率随实际应用中产品种类的不同而不同。

无源读写 RFID 系统的数据传输速率决定因素与只读系统一样，不但除了要考虑从载体上读数据外，还要考虑往载体上写数据。有源读写 RFID 系统的数据传输速率决定因素与无源系统一样，不同的是无源系统需要激活载体上的电容充电来通信。很重要的一点是，一个典型的低频读写系统的工作速率可能仅为100B/s或200B/s。这样，由于在一个站点上可能会有数百字节数据需要传送，数据的传输时间就会需要数秒钟，这可能会比整个机械操作的时间还要长。

4. 安全要求

安全要求一般指加密和身份认证。对一个计划中的RFID系统应该就其安全要求做出非常准确的评估，以便从一开始就排除在应用阶段可能会出现的各种危险攻击。为此，要分析系统中存在的各种安全漏洞和攻击出现的可能性等。

5. 存储容量

数据载体存储量的大小不同，系统的价格也不同，数据载体的价格主要是由电子标签的存储容量确定的。对于价格敏感和现场需求少的应用，应该选用固定编码的只读数据载体。如果要向电子标签内写入信息，则需要采用EEPROM或RAM存储技术的电子标签，但系统成本会有所增加。基于存储器的系统有一个基本的规律，那就是存储容量总是不够用，扩大系统存储容量自然会扩大应用领域，也就因此需要有更多的存储容量。只读载体的存储容量为20bit，有源读写载体的存储容量从64B到32KB不等，也就是说在可读写载体中可以存储数页文本，这足以装入载货清单和测试数据，并允许系统扩展。无源读写载体的存储空间从48~736B不等，具有许多有源读写系统所不具有的特性。

6. RFID系统的连通性

作为自动识别技术的发展分支，RFID技术必须能够集成现存的和发展中的自动化技术。重要的是，RFID系统应该可以直接与个人计算机、可编程逻辑控制器或工业网络接口模块（现场总线）相连，从而降低安装成本。连通性使RFID技术能够提供灵活的功能，易于集成到广泛的工业应用中去。

7. 多标签同时识读性

由于系统可能需要同时对多个电子标签进行识别，因此，对读写器提供的多标签识读性也需要考虑，这与读写器的识读性能、电子标签的移动速度等都有关系。

8. 标签的封装形式

针对不同的工作环境，电子标签的大小和封装形式也是需要考虑的参数之一。电子标签的封装形式不仅影响到系统的工作性能，决定了电子标签的安装与性能，而且也能够影响到系统的安全和美观。

9.1.3 运行环境和接口参数

1. 运行环境

一个完整的RFID应用系统应当包括读写器、电子标签、计算机网络等设备。考虑到数据读取、处理、传输等问题，还应当考虑读写器天线的安装、传输距离等问题。RFID技术的运行环境相对比较宽松，从应用软件系统的运行环境来看，可以在现有的任何系统上运行基于任何编程语言的任何软件。计算机平台系统包括Windows、Linux、UNIX以及DOS平台系统。

2. 接口方式（见图9-2）

1）RJ45。RJ45和5类线配合使用在以太网络中。8条线分成4组，分别由红白、红、

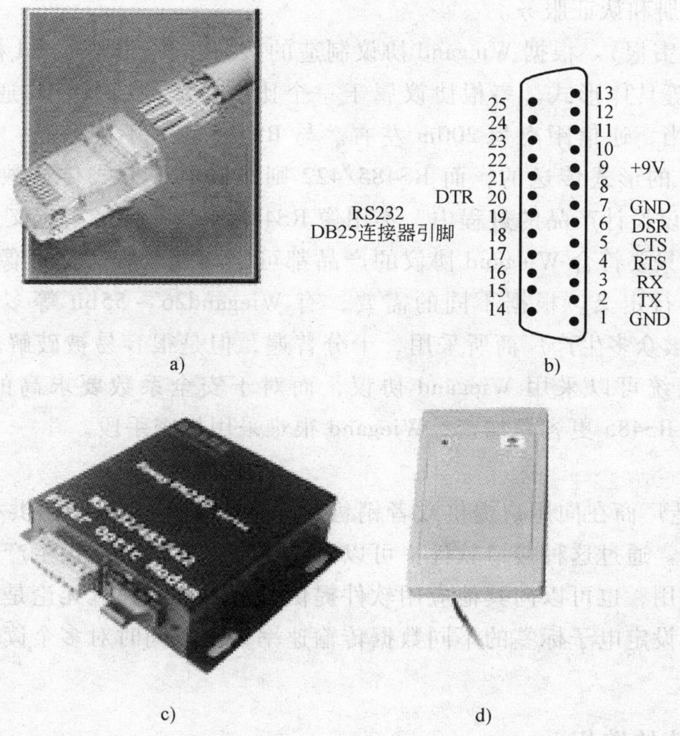

图 9-2 接口方式图

a）RJ45 接头 b）RS232 串口标准 c）典型隔离式 RS485 接口电路 d）wiegand 接口（4 芯）

绿白、绿、蓝白、蓝、棕白、棕共 8 种单一颜色或者白条色线组成。关于 RJ45 的接法有两种，分别为 T-568A 和 T-568B，两种接法惟一的区别是线的次序不同。

2）RS232。RS232 是电子工业联合会开发的实现广泛的串行传输接口，用来连接数据终端设备与数据通信设备。常用的 RS232 接口有 DB9 和 DB25 两种形式。RS232 指定线和连接器的类型、连接器的接法以及每条线的功能、电压、意义与控制过程。RS232 与 ITU 的 V. 24 和 V. 28 兼容。

3）RS485/RS422。RS422 是使用平稳线的全双工接口，比 RS232 抗干扰能力更强。RS422 数据传输速率为 230kbit/s ~ 1Mbit/s。RS422 通常有 25 线，使用 DB37 或者 DB9 插座，最大传输距离为 300m。在工业环境中，当有许多电子接口或者超过两个设备需要连接时，RS422 通常用在数据终端设备和数据通信设备之间。RS485 是使用三态驱动的多点串口通信 RS422 的拓展。

4）IEEE 802. 11 标准。IEEE 802. 11 标准是 IEEE 无线 LAN 介质访问控制（MAC）和物理层（PHY）标准，规定了局域内必须支持的网络广播协议，是无线局域网领域内国际上第一个被认可的标准。类似于其他基于 802 的 IEEE 标准一样，IEEE 802. 11 标准的主要服务是发送两个同级 LLC 之间的 MSDU（MAC 服务数据单元）。IEEE 802. 11 标准提供了 MAC 和 PHY 的功能，在局域网内为固定、便携和以步行或行车速度移动的移动站提供无线连接。IEEE 802. 11 包括下列一些特征：提供异步和限时发送服务；通过分布式系统，在扩展域内连续服务；调节适应 1Mbit/s 和 2Mbit/s 的传输速率；支持大部分市场应用；多点传送服务；

网络管理服务；注册和认证服务。

5）Wiegand（韦根）。根据Wiegand协议制造的接口被称为Wiegand接口，包括了标准韦根26、韦根34等具体形式。韦根协议属于一个比较低级的协议，其通信速率与RS485/422的通信速率相当，通信距离为200m左右。与RS485/422不同的是，Wiegand协议的数据传输是以“包”的形式传送的，而RS485/422则是以电平方式传送数据的协议。所以，在利用Wiegand协议设计产品的过程中，不用像RS485/422一样考虑定义起始位、停止位等一些问题。这样，只要符合Wiegand协议的产品都可以相互兼容。而不像RS485/422一样，各个厂商对数据自行定义。根据不同的需要，有Wiegand26～55bit等多种形式可供选择。Wiegand协议虽然被众多生产厂商所采用，十分普遍，但是很容易被破解。因此，对于安全系数要求较低的系统可以采用Wiegand协议，而对于安全系数要求高的系统，应该采用RS485协议，因为RS485更容易加密，Wiegand很难采用加密手段。

3. 接口软件

RFID设备制造厂商在向用户提供或者销售自己的产品时，都会提供相应的接口软件甚至是软件的源代码。通过这种接口软件，可以对设备进行测试，直接生产一定格式的数据文件，供用户分析使用，也可以向其他应用软件提供数据接口。并且无论是有源产品还是无源产品，应该均可以设定电子标签的不同数据传输速率，可以同时对多个读写器传输的数据进行处理。

9.1.4 硬件组件的选择

1. 电子标签的选择

电子标签的技术参数有：能量要求、容量要求、工作频率、数据传输速率、读写速度、封装形式、数据的安全性等。因此需要根据技术参数进行电子标签的选择，下面简要介绍：

1）标签的能量需求指激活标签芯片电路所需要的能量范围。在一定距离内的标签，激活能量太小就无法激活。

2）标签的传输速率指的是标签向读头反馈所携带的数据的传输速度以及接收来自读头的写入数据命令的速率。

3）标签的读写速度由标签被读头识别和写入的时间决定，一般为毫秒级。

4）标签的工作频率指的是标签工作时所采用的频率，即低频、中频、高频、超高频或微波等。

5）标签的内存指的是电子标签携带的可供写入数据的内存量，一般可以达到1KB（1024bit）的数据量。

6）标签的封装形式主要取决于标签天线的形状，不同的天线可以封装成不同的标签形式，运用在不同的场合，具有不同的识别性能。

7）电子标签数据的安全性指数据可由密码保护，使其内容不易被伪造及变造，同时不被非授权者使用。

2. 读写器的选择

读写器的技术参数包括：工作频率、输出功率、数据传输速率、输出端口形式和读写器是否可调等。购买RFID设备时需要根据以上的技术参数，结合其实际应用对读写器的要求是什么来进行选择。分析了RFID的业务需求，并确认了RFID能够带来的回报以后，下一步就应该考虑购买什么型号的读写器。每个企业要根据自己在供应链中所处的位置，以及安装 RFID 读写器的目的和位置来确定读写器的型号。选择正确的读写器对 RFID 系统成功实施非常关键，下面是选择 RFID 读写器需要考虑的问题。

（1）选用智能读写器还是傻瓜读写器

首先，用户应该在智能读写器和傻瓜读写器之间作出选择，智能读写器可以读取不同频率的标签，同时具有过滤数据和执行指令的功能，而傻瓜读写器的功能较少但价格便宜。在具体操作中，有时需要多个读写器读取单一型号的标签信息，例如读取传送装置上的标签信息，这时可以选用功能较简单的读写器。但是如果零售商的产品来自不同的供货商，这时，就需要使用智能读写器获取不同标签中的货物信息。

随着数据的增多，使用智能读写器的终端用户数量也在增加，有些智能读写器不但可以存储数据而且还可以过滤数据，将数据处理以后，保留有用的信息。例如，贴有标签的托盘通过读写器时，由于现场拥挤，必须不止一次地让读写器读取标签信息，但读写器向库存管理系统输入标签 ID 号的次数只有一次。

还有些智能读写器具有通过运行应用软件执行过滤命令的功能，例如，有些零售商在收货区安装了具有声光报警的读写器，如果读写器读到刚购进的货物上的标签信息，但是这些货物并不在销售货架上，那么读写器就会报警，店员听到报警后就会马上将货物放到销售货架上。

在购买读写器前，应考虑读写器需要采集哪些数据，考虑所在的供应链上的其他用户采用的 RFID 技术，此外，还要考虑何时购进带有 RFID 标签的货物以及所用的标签采用的协议是哪一种。例如：当前读写器可以读取 Gen1 和 Gen2 的标签上的信息，将来可能需要读取 Gen2 和 Gen3 的标签上的信息。

（2）频率

UHF 标签的工作频率是 860 ~ 960MHz，由于其读取距离较长，所以在供应链中得到了广泛的应用。但是由于 HF 标签工作频率是 13.56MHz，在短距离内工作性能较好，水和金属对它的影响也较小，所以 EPC global 不但为 UHF 制定了标准，同时还制定了 HF 标签的标准。这样，在购买读写器时还要考虑是否需要购买混合频率的读写器，如果既要读取 HF 标签的信息又要读取 UHF 标签的信息，那么就需要考虑是购买 HF 读写器和 UHF 读写器，还是只购买一种混合频率读写器。尽管很多读写器生产商只生产 UHF 读写器，但是也不难买到混合频率读写器。由于大多数的供应链应用软件都工作在 UHF 频率上，所以应以购买 UHF 读写器为主，必要时再购买 HF 读写器，这样做是因为购买单频率读写器要比购买混合频率读写器便宜。全球 RFID 的工作频率不完全相同，如欧洲 UHF 读写器的工作频率是 865 ~ 868MHz，北美的是 902 ~ 928MHz，日本的是 950 ~ 956MHz。因此，用户制定部署全球性的 RFID 计划时，要确保所选读写器在全球的不同地区都能工作。

（3）不同结构形式的读写器

当在智能读写器和傻瓜读写器之间作出了选择，也在单一频率读写器和混合频率读写器之间作出了选择以后，下一步就应该考虑是选择固定式读写器还是便携式读写器。固定式读写器一般安装在货物流通量较大的地方，许多固定式读写器都装在金属盒子里，可以安装在墙上。为防止受损，固定天线一般由塑料或金属制品封装起来，装在盒子里的读写器和天线可以免受叉车的损害和灰尘的污染，读写器制造商还生产了一种专门用在叉车上的读写器。

各种各样的读写器扩大了 RFID 的应用范围。便携式读写器主要有两种形式，一种是带条形码扫描器的 RFID 读写器，这种读写器既可以扫描条形码也可以读取 RFID 标签；还有一种是安装在 PC 卡上的 RFID 读写器，PC 卡嵌入在手提电脑或掌上电脑的 PCMCIA 中。

（4）天线

需要考虑在固定式读写器上安装什么型号的天线以及安装天线的数量，固定式读写器上要么具有内部天线，要么具有供安装外部天线的多个天线接口。采用不同天线的读写器可以通用。具有内部天线的固定式读写器的优点是容易安装，信号从读写器到天线的传输过程中衰减也较少。在相同的情况下，使用内部天线的读写器的数量要多于使用外部天线读写器的数量。

（5）输入输出装置

固定式读写器与输入输出装置相连接，这些装置的作用要么是控制读写器要么是被读写器控制。例如，电子眼就是一个输入装置，当标签进入读写器的工作区域后电子眼就开启读写器，使其进入工作状态。

（6）网络的选择

许多新装读写器一般通过以太网或 Wi-Fi 与局域网或广域网相连接。无线连接降低了安装难度同时也节省了安装费用，因为这样不用铺设大量的电缆。手持式读写器要么需要通过有线方式要么通过无线方式将数据下载到 PC 上。

（7）升级为 Gen 2

为了使第一代读写器能读取 Gen 2 标签的信息，必须对第一代标签的固件升级。为了充分利用 Gen 2 标签的优点，最好再对第一代读写器的硬件进行升级。如果想在第二代读写器投放到市场上之前购买读写器，那么就应该询问生产商的硬件能否作必要的升级，固件能否通过网络在远端升级。

（8）成本预算

必须计算需要投入的所有成本，除了设备费用外还包括天线、天线电缆和网络电缆的费用都应该计入安装费中。另外，许多用户为了向读写器供电，还要安装电源。此外，还需要能够监控读写器的软件。

3. 天线的选择与配置

在 RFID 装置中，工作频率到微波波段的时候，天线与标签芯片之间的匹配问题变得更加严峻。采用天线的目标是传输最大的能量进入标签芯片，需要仔细设计天线与自由空间以及与其相连的标签芯片的匹配。在 435MHz、2.45GHz 和 5.8GHz 频段，天线必须满足以下的条件：足够小以至于能够贴到需要的物品上；有全向或半球覆盖的方向性；提供最大可能的信号给标签的芯片；无论物品在什么方向，天线的极化都能与读写器的询问信号相匹配；具有鲁棒性；非常便宜。

天线有两种使用方式，第一种方式是贴有电子标签的物品被放在仓库中，通过便携装置，可能是手持式设备，查询所有的物品，并且需要电子标签给予反馈信息；第二种方式是在仓库的门口安装 RFID 读写设备，查询并记录进出物品。在选择天线时，主要考虑的是：天线的类型、天线的阻抗、应用到物品上的 RF 性能、在有其他的物品围绕被贴标签物品时的射频性能。具体来说，天线的选择需要考虑如下因素：

1）可选的天线。在使用 435MHz，2.45GHz 和 5.8GHz 频率的 RFID 系统中，可选的天线有好几种。天线增益是有限的，增益大小影响天线的作用距离，它取决于辐射模式的类型，全向天线具有峰值增益 0 ~ 2dBi；方向性天线的增益可以达到 6dBi。

2）阻抗问题。为了实现最大功率传输，天线之后的芯片输入阻抗必须和天线的输出阻抗匹配。几十年来，设计的天线要与 50Ω 或 75Ω 的阻抗相匹配，但是设计的天线可能具有其他的特性阻抗。例如，一个缝隙天线可以设计为具有几百欧的阻抗，一个折叠偶极子的阻抗可以是一个标准半波偶极子阻抗的 20 倍，印刷贴片天线的引出点能够提供一个很宽范围的阻抗（通常是 40 ~ 100Ω）。

需要选择天线的类型，以便天线的阻抗能够与自由空间和标签芯片的输入阻抗相匹配，另一个问题是其他的与天线接近的物体也可以改变天线的返回损耗，这个影响对于全向天线，如双偶极子天线是显著的。物体的介电常数也会改变谐振频率，可以调整天线设计，使它与接近物体的情况相匹配。但是天线周围的参数对于不同的物体和不同的距离会不同。应该避免在电子标签中使用全向天线，选用具有更少的辐射模式并且返回损耗的干扰小的方向性天线。

3）辐射模式。在一个无反射的环境中测试天线的模式，包括各种需要贴标签的物体，在使用全向天线的时候性能严重下降。圆柱金属所引起的性能下降是最严重的，在它与天线距离 50mm 的时候，返回的信号下降大于 20dB。天线与物体的中心距离达到 100 ~ 150mm 的时候，返回信号下降约 10 ~ 12dB。在与天线距离 100mm 的情况下，测量几瓶水（塑料和玻璃）产生的影响，结果是返回信号降低大于 10dB。

4）局部结构的影响。在使用手持设备的时候，大量的其他临近物体使读写器天线和标签天线的辐射模式严重失真。以 2.45GHz 的工作频率计算，假设一个代表性的几何形状，与自由空间相比，显示返回信号降低了 10dB，在双天线同时使用的时候，比预期情况下降更多。在仓库的使用环境下，一个物品盒子只装有一个标签会存在问题，几个标签贴在一个盒子上可以确保任何时候都有一个标签是可读取到的。便携系统的使用存在几个天线的问题，每个盒子两个天线足够适合门禁装置探测，这样局部结构的影响变得不再重要，因为门禁装置的读写器天线被固定在仓库的出入口，并且直接指向贴标签的物体。

5）距离。RFID 天线的增益和是否使用有源的标签芯片将影响系统的作用距离。理想情况下，在电磁场的辐射强度符合 UK 的相关标准和工作于 2.45GHz 的无源情况下，全波整流，且驱动电压不大于 3V，优化的 RFID 天线阻抗环境（阻抗为 200Ω 或 300Ω），作用距离大约是 1m。如果遵循 WHO 规范可能更适合于全球范围的使用，但是作用距离将会下降一半。这些限制了读写器到标签的电磁场功率，作用距离随着频率升高而下降，如果使用有源芯片作用距离可以达到 5 ~ 110m。

9.1.5　成功实施要素

要成功实施 RFID 项目，必须了解 RFID 系统的主要风险，包括目标、物理特性、过程、系统和相关性。目前，期待采用 RFID 技术的条件比以前更有利，因为当前的 RFID 技术、软件和生产经验都有了较大进步。以下是一种能减少 RFID 工程风险，确保 RFID 成功实施 5 个要素的介绍。

1. 确定明确的目标

首先要有一组明确的目标，要安装的 RFID 系统必须以此目标为基础。无论引进 RFID

是为了符合零售商的要求，还是用来追踪资产，都必须明确需要 RFID 做什么。只有目标非常明确，对业务问题有非常透彻的理解，详细周密的计划，才会为决策构建一个框架，设计过程、软件选择、RFID 硬件和解决方案才会有多种方案。目标明确有助于把注意力放在最重要的部分上，把必不可少的因素和可有可无的因素区分开来。

2. 用科学的方法选择电子标签和读写器

任何 RFID 系统是否成功，首先要检查电子标签和读写器之间能否正常通信，可以通过一致性测试和性能测试来保证。如果读写器不能与电子标签交流，无论软件和程序有多么先进，RFID 系统也无法正常工作。电子标签必须将数据顺利地传送到读写器上，这样 RFID 解决方案才能正常工作。但标签和读写器的通信有效性是由射频物理特性决定的，如果在安装过程中，需要反复进行试验，边摇动标签边确认能否看到读写器上的信号，如果看不到，那么以后系统的工作性能就必定很差。为了使读写器的性能充分发挥，必须用科学的方法去选择标签和最佳的读写器。应利用拥有各个标准化组织许可并拥有丰富的 RFID 测试经验及现场安装经验的实验室，确保挑选合适的设备和部署规格。

3. 制定合适的流程

实施 RFID 解决方案必须修改流程，每一个环节都必不可少。如果现在不给产品贴上电子标签，以后就必定要加上贴标签和验证标签的工序。首先，流程设计一定要以商业目标为基础，RFID 技术最终应有助于实现商业的目标和流程。其次，对可提高读取性能的新流程进行修改，使流程有助于提高读取性能，以保证 RFID 系统与目标一致。有时还需要调整流程，以解决 RFID 中间件的限制，从而减少工程量、节约时间、减少复杂性和降低成本。

4. 选择合适的系统

客户必须使用 RFID 技术应用商所提供的 RFID 软件，设备和企业系统需要与提供的 RFID 软件整合起来。在大多数 RFID 工程建设中，导致工程不能如期完成的最大原因常常是 RFID 软件配置和整合方面的问题。一旦决定了所需的 RFID 硬件和配置规格，只要选择了有经验的安装队伍，RFID 基础结构就不应是一个瓶颈了。然而，就一个系统而言，每个 RFID 系统的安装都是不太一样的，都有其独特之处，而其中 RFID 中间件是所有解决方案中最不成熟的部分。终端客户在设计 RFID 系统结构和选择 RFID 中间件时应非常谨慎，没有一个 RFID 中间件供应商能够完全满足所有客户的要求，所以要找到一个完全符合要求的，必须权衡利弊，对各种方案进行比较。值得多花时间确保所选的 RFID 中间件能满足平台、工作流程、标准、用户界面、设备、数据管理和整合的要求。

5. 正确处理系统间的关联

要使 RFID 解决方案正常工作，物理特性、流程和系统工作必须协调一致。如上所述，可以调整流程来提高读取速度，选择系统时必须对流程和设备支持方面的要求有充分的了解，这些只是关联性的一部分。另一个需要注意的是实物安装的协调，除了软件安装和培训之外，RFID 系统安装所需的材料是很复杂的，对电源和网络的要求也很高。为了确保 RFID 系统安装测试顺利，必须将材料采购工作和交货过程与施工现场准备工作协调好。因为丢失一项东西就会导致工程拖延，所以许多终端用户进行的安装和测试很艰难。最好的办法是请一个机构对整个安装工程进行监督，以确保安装测试能顺利进行。由于安装过程中所有因素，必须和有 RFID 实际安装经验，且熟悉射频原理、RFID 中间件及流程的机构合作。

RFID 系统实施一般需要经过上述步骤，考虑各种不同的 RFID 设备、复杂的无线通信环境以及对原有系统的影响。因此，RFID实施是很复杂的，必须协调好流程、应用和人员。但只要选择好有经验的供应商，充分了解RFID成功实施的5大要素，就能为顺利实施RFID系统打下坚实的基础。

9.2 测试技术

9.2.1 测试的目的和意义

当前RFID在理论和技术上已经日趋成熟，但是距离大规模应用还有很长的路要走，同时RFID技术还面临很多问题，例如：由于RFID项目的故障率非常高，可能会碰到多个物品堆积时由于相互干扰而造成识别率降低所带来的防碰撞问题；多个读写器多通道同时读取时物品群的去重问题；由于电子标签所附物品的介质不同对无线信息的干扰造成的性能下降；RFID在安全架构方面的问题（如防止标签的复制问题、标签自销毁问题）；电磁兼容问题；液体和金属造成读取失败问题等。

这些问题可以通过测试技术结合理论分析和研究来帮助我们找到正确的解决方法。RFID测试通常包括以下内容：

1）性能测试。包括RFID物理特性测试、静态特性测试、动态特性测试等，已经有部分标准对此进行了规范，有一些测试仪器商也提供了解决方案。

2）应用场景测试包括可靠性测试。目前来看，国内外还没有什么标准进行规范。应用场景测试就是模拟RFID技术应用于不同的应用领域进行测试，而可靠性测试一般都是用模拟实践测试结合统计分析。例如：对环境适应性测试，就是人为地创造极限环境，包括：高低温测试、高低电压测试、压力测试、破坏性测试和强干扰环境测试等。对于读取标签的可靠性测试，只能模拟高速运动标签测试、大批量标签测试、强干扰环境测试等，然后再统计其漏读、误读等一系列概率。

测试贯穿于整个RFID开发和应用的生命周期，是对RFID产品（包括阶段性产品）进行验证和确认的活动过程，其目的是尽快、尽早地发现在RFID产品中所存在的各种问题及与用户需求、预先定义的不一致性。RFID测试将会为RFID产业的健康发展和RFID应用的有序推进起到积极的监督保障作用，也是完善RFID产业链的重要举措。RFID测试的目的是为了准确地获得RFID系统被测参数的值，测试的意义在于通过测试可以使得RFID系统有定量的概念，从而便于RFID系统的研究、开发、生产和实施，也为标准的制定提供有力的技术保障。

9.2.2 测试现状和测试机构

1. 现状

由于看好RFID的良好发展趋势和巨大的商业前景，目前各国都在积极开展RFID技术和设备的测试工作。Sun、IBM、UPS、Microsoft等IT和物流行业巨头已经重金投入RFID的测试和解决方案的开发，试图在此领域拥有一定的发言权。美国联合包裹服务（UPS）公司目前正在进行多项RFID测试，在其中一个实验项目中，UPS公司把货运电子标签放在可重复使用的集装箱中，这些集装箱用来装运小型或形状不规则的货物，结果发现在不规则形状的包裹上使用 RFID 标签可以提高读取速率。IBM 公司也在美国马里兰州兴建了 RFID 测试中心，可作为沃尔玛等各家厂商将 RFID 导入例行操作之前的测试场地。Sun 公司则在整合了硬件、软件和服务后推出了多层的 Sun EPC 网络架构，并在全球各地部署了多个 RFID 测试中心。逆向物流对许多大机构而言是令人头痛之事，美国海军目前完成了一项逆向物流 RFID 测试实验，证实了使用 RFID 具有 99.6% 的货物运输验证率（其中包括返还伊拉克维修的破损部件）。

2006 年 6 月 9 日，《中国射频识别（RFID）技术政策白皮书》提出了要制定测试规范；研究标准之间的互联互通；建立具有自主知识产权的公共服务体系；建立标准，以及科学、公正的测试标准体系。为了更从容地参与国际竞争，我国也已经开始着手建立自己的 RFID 测试中心，在政策和资金方面都积极支持 RFID 测试技术的研究和测试框架、标准、结构的建立，建立了一批以中科院自动化所 RFID 测试实验室为代表的测试机构。下面分别介绍国内外的测试机构。

2. 国内测试机构

1）中国科学院自动化研究所 RFID 测试实验室。2004 年 10 月，中国科学院自动化研究所 RFID 研究中心与北京中交国科物流技术发展有限公司在国家 863 计划支持下建立了国内首个国家级 RFID 测试实验室，目的是通过较为完善的实验条件和环境，测试 RFID 关键技术的多项可靠性指标，最终总结出可靠性测试的评测体系，为进一步的研究工作提供基本数据并引导研发方向。目前实验室已经以 RFID 技术在物流行业为出发点，首先建立了一个面向物流应用的测试环境，包括物流领域中智能仓库、商品配送、运输管理等多个模拟环境。在技术测试中，实验室针对高频、超高频和微波频段的不同设备和产品分别进行性能和可靠性测试，通过对它们在不同介质、不同材料、不同磁场、不同速度、不同距离、不同障碍等条件下的读取率进行记录和整理，研究各种标签及读写器的性能，从而得到一份完整全面的系统评测报告。此外，实验室还将研究多个读写器和多个标签下信号的时空分布模型和防干扰处理算法。在应用测试中，主要是对实际应用中存在的问题进行研究，并试图找到解决方案，包括客户应用的设备和实际环境，不同频段所表现的不同性能，标签容量大小对业务和系统的影响，主动标签、半主动标签与被动标签的选择，系统性能和业务优势的实现，复杂环境下的电磁干扰问题，与现有条形码的共存问题，以及与企业原有系统，如 ERP 等商业应用软件进行无缝连接等。

2）复旦大学 Auto-ID 中国实验室。坐落在上海复旦大学专用集成电路与系统国家重点实验室的 Auto-ID 中国实验室建立了一个开放的 RFID 演示平台，可结合应用中出现的问题进行理论分析和基础研究，为建立 EPC 国际标准和中国 RFID 标准提供参考依据。整个演示系统包括一个完整的供应链业务场景所需的两个场所（制造商分销中心或发货仓，零售商分销中心或受货仓），每个场所都具有一个通道和至少两个侧门，不同的样品将贴上 RFID 标签通过这个通道。通过评估 RFID 标签和侧门的工作性能和样品材料之间的干扰，为标准制定和产品设计提供有效的参考。

3）中国科学院计算技术研究所先进测试技术实验室。中国科学院计算技术研究所（简称计算所）先进测试技术实验室是我国较早从事 RFID 测试技术研究的单位之一。从 2002 年开始，计算所开始着手 RFID 应用和测试研究工作，先进测试实验室承担了其中的测试工作。其中 RFID 嵌入式操作系统方面与日本东京大学坂村健（Ken·Sakamura）教授领导的泛在ID中心（Ubiquitous ID Center）合作成立了“泛在操作系统实验室”，提出了多种新型软件分层结构和中间件设计技术。其主要研究方向有：RFID芯片低成本测试技术；RFID芯片射频测试、测量技术；RFID标签和读写器仿真模拟技术，多频率、自适应RFID读写专用测试技术；RFID中间件测试技术；空间状态、自然环境等小场地模拟技术；无线测量网络技术；应用RFID流程测试技术：目前已经开展的有邮政系统、防伪系统、集装箱运输系统、门禁系统、停车场监控系统等。

4）国家金卡工程射频识别与电子标签产品检验中心。信息产业部IC卡质量监督检验中心2006年成立了国家金卡工程射频识别与电子标签产品检验中心。该RFID检验中心已经初步具备了一些条件，中心具有跟踪相关产品标准、检测方法、检测设备的技术人员；拥有固定的满足产品检验要求的实验室环境和设施；配备了满足相关产品检验、符合标准要求的部分检测仪器设备；同时实验室的管理符合《检测和校准实验室认可准则》的认可要求。RFID检验中心按照射频识别与电子标签的业务流程将产品检测分为：射频识别与电子标签产品的物理特性检测、静态性能检测、动态性能检测及射频识别与电子标签产品应用模拟试验场等。中心还将根据国家标准制定的进程和产品应用的实际需求，逐步完善射频识别与电子标签产品的检测环境、检测设备、检测方法。该中心可以检测的射频识别与电子标签产品项目有：材料特性、环境适应性、贴附强度、抗磁场、抗静电、阻燃性、抗紫外线、交变磁场、交变电场、读取距离、读取角度、动态读取率等。可以检测的项目有：外观结构、功能及性能、电源适应能力、噪声、安全、电磁兼容、环境适应性和可靠性等。

5）中国台湾亚太RFID应用检测中心。台湾地区经济部技术处和商业司计划委托工业技术研究院所建设的亚太RFID应用检测中心于2005年成立，目前已通过RFID产业国际标准制定组织EPCglobal的评选，成为EPCglobal全球四大应用标准检测实验中心之一，并成为亚洲第一个入选认证实验室。该检测中心将配合EPCglobal，主动参与RFID国际标准制定，并执行认证程序。按照业务流程主要分为：RFID静态性能测试、RFID动态性能测试及RFID产业应用实验场地三部分。可提供的服务项目包括：电子标签最低开启功率与电子标签读取角度测量、电子标签类型/电子标签贴附位置最佳化选用方案、输送带闸门容器附贴电子标签的动态读取率测量、进出货闸门大型物箱或栈板贴附电子标签之动态读取率测量、电子标签类型/电子标签贴附位置的最佳化选用建议、RFID系统架设最佳化方案、RFID应用平台技术导入及系统整合服务等。

3. 国外主要测试机构

1）新加坡建立东南亚首个RFID测试中心。新加坡RFID测试中心是东南亚首个RFID测试中心，有最先进的设施，可以模拟供应链真实环境，对RFID技术和应用进行评估。可以全方位提供包装和电子标签测试、兼容性测试和整合服务、人员培训以及提供货品级标签和解决方案。提供的服务项目有：单品/纸箱/盘装货品标签的选择；标签/天线位置和方向的测试；读写器件可靠性和兼容性测试；EPC（电子产品编码）/客户一致性测试；ERP/WMS集成性能测试；解决方案原型测试；现场测试；标签贴装服务；RFID行家参与的培训计划等。

2）Sun RFID测试中心。Sun RFID测试中心分布在美国得克萨斯州达拉斯Carrollton、苏格兰的Linlithgow、新加坡和韩国釜山。其中在美国达拉斯设立的RFID测试中心面积达17000ft^2（1581m^2），是Sun公司发现并解决诸如优化标签和后台数据整合之类的问题的地方。Sun 公司客户可通过该测试中心确保他们的产品达到 RFID 要求，同时也可在项目实施之前先对其进行测试。

3）CAPE Systems 和 Open Terra RFID 测试与整合中心。CAPE Systems 是领先的软件供应商，主要提供包装设计、货盘优化、库存与仓库管理、供应链运作以及订单实施等方面的软件。Open Terra 是领先的无线移动通信平台供应商。两家公司合作建成的 South Plainfield 的 RFID 测试与整合中心位于新泽西州，占地 $15000ft^2$（$1395m^2$）。Intel 公司作为赞助商，为 RFID 中心提供设备和基础设施的支持。这个 RFID 中心的特色在于可以为领先的 RFID 技术供应商提供展示舞台。

4）IBM RFID 测试试验中心。IBM RFID 测试试验中心包括 3 个分中心，分别位于日本神奈川县大和、法国尼斯和美国马里兰州。位于日本的 RFID 解决方案中心主要针对亚太客户，将帮助制造商和零售商通过使用 RFID 技术来实现高级的产品跟踪和存货控制功能。它将允许客户创建 RFID 系统，使用不同的技术进行仿真测试，并提供系统设计、开发和安装支持。这一中心还将展示目前在欧洲和美国使用的领先的 RFID 应用。位于法国的测试和互操作性实验室用来指导并提供 RFID 技术，将测试 RFID 芯片，数据识别器和相关的应用软件以验证它们之间的相互配合情况。在那里，用户还可以现场观摩 RFID 技术工作原理以及关于如何在终端系统配置中间件的演示。位于美国的测试中心负责为沃尔玛等厂商进行 RFID 测试。

5）Infineon Technologies（英飞凌科技）RFID 解决方案展示和测评中心。英飞凌科技公司于 2004 年在奥地利格拉兹成立了 RFID 解决方案展示和测评中心和系统实验室。该实验室提供了有关英飞凌科技公司 RFID 系统解决方案的信息，包括软件和系统集成平台、基础设施、读写器和 RFID 标签。RFID 系统实验室主要完成 4 个方面的任务：应用演示——客户可以从这儿了解并熟悉 B2B 领域中针对不同领域应用的 RFID 物流过程；专用 RFID 系统基础设施的开发和验证中心——在这儿主要开发和测试针对特定领域的 RFID 物流解决方案；技术评估——确定 RFID 技术的性能和局限，从而保证 RFID 基础设施能够在优化的物流系统中正确发挥其功能。最后，系统实验室培训中心则主要面对潜在客户、供应商和 RFID 服务人员。

9.2.3 测试设备和环境

“工欲善其事，必先利其器”，要想获得准确的 RFID 系统中各个组成部分和应用现场环境的特性和参数，必须利用相应的电子测量仪器设备。目前有多种用于调试和测试各种性能的通用测试设备，也有针对特定应用的专用测试工具。RFID 的主要测试仪器包括：万用表、实时频谱分析仪、矢量网络分析仪、信号发生源、信号发生器、示波器、场强仪等。对于不同的测试仪器，成本和性能相差较大，从数千元到数十万元不等，常用测试仪器如图 9-3 所示。

1. 万用表

万用表是一种多用途电子测量仪器，一般包含电流表、电压表、欧姆表等功能，有时也称为万用计、多用计、多用电表或三用电表。万用表有用于基本故障诊断的便携式装置，也有放置在工作台的装置。万用计的基本功能包括电流、电压和电阻的测量，一些常见的附加功能，及其测量的度量单位包括：电感（H）、电容（F）、电导（西门子）、温度（℃）、频率（Hz）、负载比等。

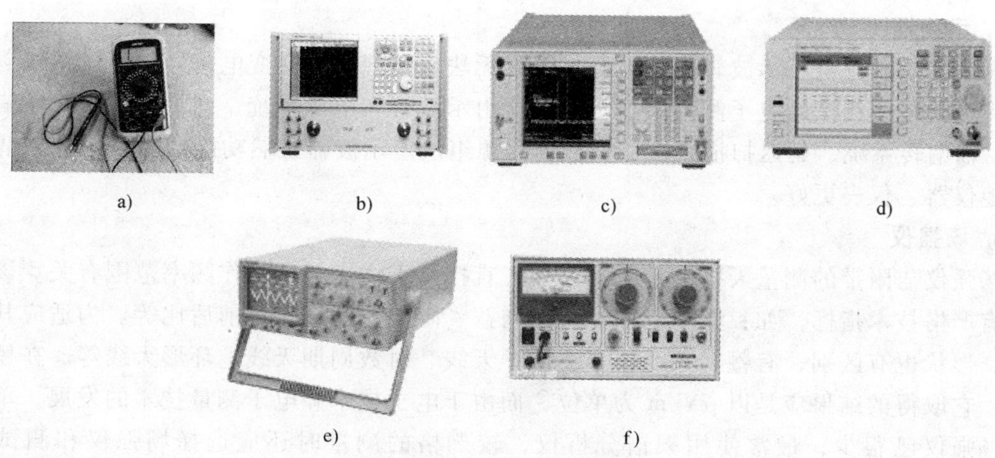

a）　　b）　　c）　　d）

e）　　f）

图 9-3　常用测试仪器图

a）万用表　b）网络分析仪　c）频谱分析仪　d）信号发生器　e）示波器　f）场强仪

2. 网络分析仪

网络分析仪用来获取有源和无源器件的各种特性，这些器件可以是单端口，也可以是双端口或多端口，网络分析仪可以测量每个端口的输入特性及一个端口到另一个端口的传输特性。它可分为矢量网络分析仪和标量网络分析仪。矢量网络分析仪可以测量的频率范围为：5Hz～110GHz，可以测量电网络完整的幅值特性和相位特性，包括：S 参数（散射参数）的幅值和相位、驻波比（SWR）、插入损耗、衰减、群延迟、回波损耗、反射系数和增益压缩。矢量网络分析仪一般由合成扫频信号源、两个测试端口（含信号分离部件）、多通道、相位相干、高接收灵敏度的调谐接收机组成。矢量网络分析仪是一种高集成度的测量仪器，所需的外部配置较少，主要是各种校准器，包括开路器、短路器、匹配负载、转接电缆以及连接被测件所需的转换装置。标量网络分析仪只能测量 S 参数的幅值，相应的参数包括：传输增益（传输损耗）、回波损耗、驻波比等。不同于矢量网络分析仪，标量网络分析仪没有集成信号分离部件，所以需要外配信号分离部件，如：功率分配器、方向耦合器、方向电桥。标量网络分析仪也没有类似矢量网络分析仪的超外差调谐接收机，而是利用外部的二极管检波方式，所以标量网络分析仪需要外配检波器。完整的测量系统还应包括校准件、连接电缆、衰减器、转接器和连接被测件的各种转换装置。

3. 频谱分析仪

频谱分析仪是频域测量仪器的代表性产品，它显示输入信号的基波和谐波幅度随频率的变化，测量功能多种多样，包括频率、功率、噪声、电场强度等参数，属于最常用的频域仪器。频谱分析仪主要的应用是广播、电视、通信和网络，随着这些应用越来越向更高频率发展，为解决频率资源不足的问题，它的测量范围已从 RF 频段扩展到微波频段。频谱分析仪是一种应用广泛的信号分析仪器。它可用来测量信号的频率、电平、波形失真、噪声电平、频谱特性等，加上标准天线还可用来测量场强。它的主要特点是：能宽频带连续扫描，并将测得的信号在 CRT 屏上直观地显示出来，在整个频段内，电平显示范围大于 70dB。

4. 信号发生源

信号发生源可以产生不同频率、不同幅度的规则和不规则波形的信号，在测试、校准以及设备维修中得到广泛应用，比如可作为激励源、信号仿真或校准源。

5. 示波器

示波器是利用电子示波管的特性，将人眼无法直接观测的交变电信号转换成图像，显示在荧光屏上以便测量的电子测量仪器。示波器由示波管和电源系统、同步系统、X 轴偏转系统、Y 轴偏转系统、延迟扫描系统、标准信号源组成。示波器虽然功能较多，但许多情况下用其他仪器、仪表更好。

6. 场强仪

场强仪与附带的测量天线关系非常密切，直接与天线增益和工作频率范围有关。该测试天线有严格技术指标，如：频率范围、天线增益、阻抗、驻波比、前后比等。为适应其频率范围，形状也有区别，有鞭状天线、半波振子天线、对数周期天线、环形天线等。在场强测量中，它取得的结果应是以 μV/m 为单位，而由于电子技术和电子测量技术的发展，单一功能的场强仪已很少，最常使用频谱分析仪，较严格的测量时还应选择场强仪和测试专用天线。

7. 电波暗室

电波暗室又称微波暗室或屏蔽室（见图 9-4），指采用无线电吸波材料铺设内壁，以减少墙壁反射，在其中某一部分形成一个接近“自由空间”的无回波区的房间。基本原理就是在室内制造出一个纯净的电磁环境。在电波暗室里，几乎可以进行所有类型的无线电测试，包括测试无线电设备向自由空间辐射电磁波的性能。电波暗室最基本的标准是 EUT（Equipment Under Test，被测设备）产生场强的归一化。如果能够确认辐射场不会影响测试结果，大于或小于标准的屏蔽体都可以使用。电波暗室在低频段是无效的，因为在这个频段的吸收效率很低。

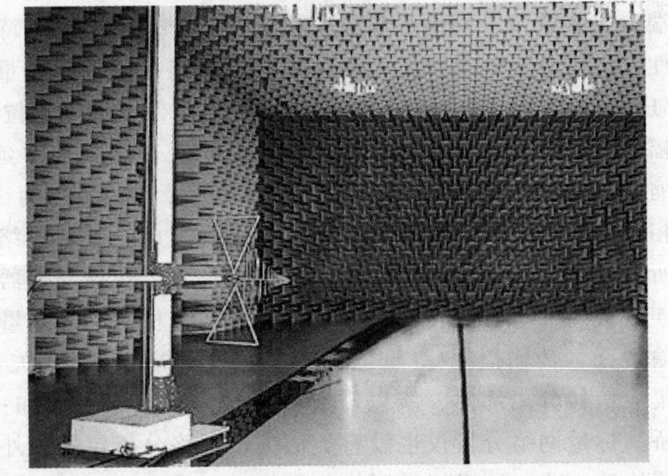

图 9-4 电波暗室

电波暗室的结构都是一个密不透风的建筑，建筑的内墙上、天花板上和地板上都沾满了由吸波材料做成的棱锥，一般是碳填充的吸收角、铁氧体瓷片或二者的结合物。电波暗室的波源要求发射设备能在有限的空间里面把由馈源产生的电磁波（多半是球面波）反射成比较纯净的平面波，这对反射面的精度要求极高，因此造价也很大。暗室里面对于接收设备的要求相对于发送设备要低一些，因为不需要高精度的反射面。

9.2.4 仪器供应商测试方案

1. 泰克公司解决方案

由于无源 RFID 标签的重要性及其独特的工程实现的挑战性，泰克公司给出了无源标签系统的测试方案。RFID 通信系统的设计师面对的测试挑战主要包括：监管测试、标准一致性和优化。RFID 技术有几个不同寻常的工程测试挑战，例如瞬时信号、带宽效率低的调制技术和反向散射数据。传统的扫频调谐频谱分析仪、矢量信号分析仪和示波器已被用于无线数据链路的开发，然而，将这些工具用于 RFID 测试时都存在一些缺点。扫频调谐频谱分析仪难以准确捕获和刻画瞬时 RF 信号，矢量信号分析仪实际上也不支持频谱效率低的 RFID 调制技术及特殊解码要求，快速示波器的测量动态范围小，不具备调制和解码功能。

实时频谱分析仪（RTSA，以下简称 RTSA）克服了这些传统测试工具的局限性，具备对瞬时信号的优化。目前，RFID 系统的频率都在 6GHz 以下，通过实时频谱分析仪可以捕获读写器和标签之间的整个交换，然后使用完整的数据记录，迅速诊断系统交互。实时频谱分析仪可以全面使用时间相关多域分析技术，用户可以在不同画面之间使用高精度时间相关标尺，显示多个测量域。通过泰克公司享有专利的频率模板触发器能够可靠触发复杂的真实频谱环境下的特定频谱事件，以优化测试为例说明如下。

一旦满足基本规范，对 RFID 产品的性能进行优化以赢得某一特定市场空间的竞争优势就显得尤为重要。性能指标包括标签的读取速度、标签在多读写器环境中的工作能力和标签与读写器之间的距离。在消费应用中，标签与读写器之间的通信速度直接影响用户的满意度。例如，使用 RFID 的公共运输业，读取时间由 5s 降低到小于半秒钟，才会得到广泛认可。由于无源标签从 RFID 读写器获得它们正常工作所需的能量，多个读写器可能导致标签试图对询问它的每一个读写器都进行响应，在多读写器情况下，为改善系统的吞吐量需要使用某种防碰撞协议。最后，为最大化标签的读取范围，载波对噪声之比要求应当最小化，但是这可能与通过最小化载波的不工作时间以防止标签耗尽能量的需要相矛盾。以上这些优化措施对工程师和测量设备都提出了挑战。

对于优化通信速度来说，也称为翻转时间（TAT，以下简称 TAT）。可用的 RF 能量、路径衰落和经过更改的符号速率能延长标签对读写器查询的响应时间，响应越慢，读取多个标签所花费的时间就越长。快速测量 TAT 对优化 RFID 系统的速度非常必要，图 9-5 为使用 RTSA 测量 TAT 界面。

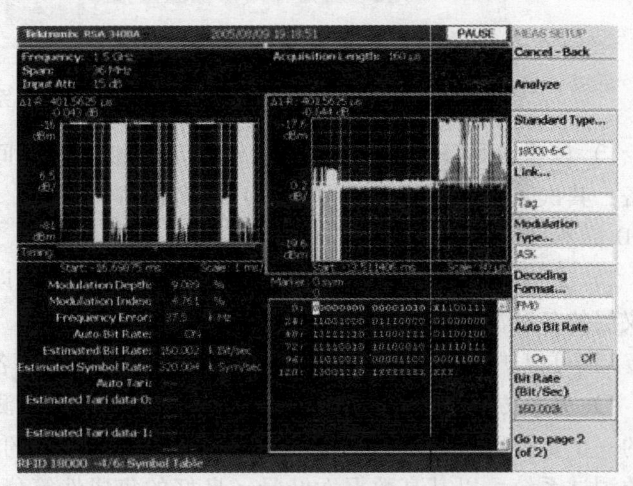

图 9-5　使用 RTSA 测量 TAT

使用 RTSA 可以很容易地测量 TAT。首先，需要安装一个频率模板触发器以获取标签与读写器之间的整个查询，RTSA 的功率与时间关系视图使用户能够观看整个发射过程。习惯认为一个下行链路传输（由读写器到标签）结束到下一个下行链路传输开始之间的时间就是半双工系统的 TAT。将一个标记放在标签询问的结束点，第二个 δ 标记置于反向散射的结束点或下一次读写器进行数据发射的开始点，就可以精确测量出 TAT。在大范围下行链路的条件下维持最短的 TAT 将有助于系统吞吐量的最大化。

RTSA 也能解调与标签查询相关的符号或信息。用户只需选择相应的 RFID 标准、调制类型和解码格式，分析仪就能自动检测并显示链路的信号传输速率。为进一步提高工程师的生产效率，对恢复出的数据符号进行了基于功能的颜色编码。RTSA 能够自动识别前导符并将那些符号染成黄色，这易于识别实际的数据负荷并与已知值进行比较。

2. NI 公司解决方案

面对 RFID 测试领域的巨大需求以及相关测试仪器的匮乏，上海聚星仪器有限公司利用 NI 在测试领域的优势技术，成功地构建了一套基于模块化仪器的 RFID 测试系统，开发了基于 HOST 的第一代 RFID 测试站和基于 FPGA 的第二代 RFID 测试站（其界面见图 9-6）。该系统特点如下：

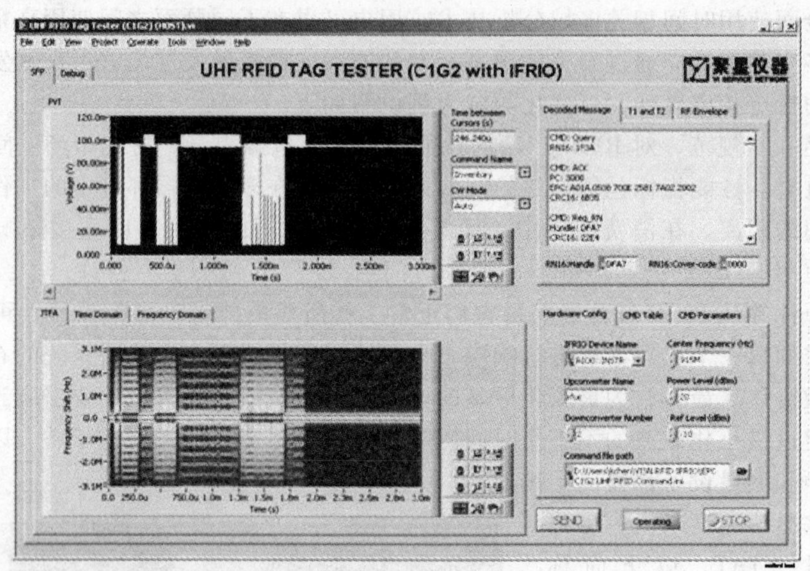

图 9-6　第二代 RFID 测试站系统界面

1）该系统具备 RFID 协议，能够主动与被测单元间建立通信，不再依赖于额外的读写设备；其次，在软件层实现了对 RFID 多标准的支持，使用同一系统就能够对不同标准的 RFID 标签进行测试。

2）支持 RFID 标准中的各种调制方式、调制参数以及编码方式，能够实现从物理层到协议层的各种测试项目。

3）可以扩展支持厂家自定义的指令集，从而支持各厂家所生产的不同 RFID 产品。

4）另一方面，随着 RFID 产品产量的不断增大，测试时间将会成为制造过程中影响成本的一个重要因素，这就要求测试系统能够在非常短的时间内完成各种测试。基于模块化仪器的测试系统，以其高数据吞吐量、良好的集成性等分离仪器无法比拟的优势很好地满足了该需求。

该系统具有非常简洁的系统构架，采用矢量信号发生器（PXI-5671）和矢量信号分析仪（PXI-5660）作为射频仪器，并采用嵌入式控制器（PXI-8196）作为指令发生器和应答分析仪。测试过程中由控制器生成指令，并进行编码，之后通过矢量信号发生器进行 D/A 转换及上变频，调制在某一频率的载波信号上经天线向外发送，被测试的电子标签接收此脉冲信号，卡内芯片对此信号进行解析之后返回应答，经编码、调制后通过卡内天线再发送给测试系统，接收到的信号通过矢量信号分析仪进行下变频及 A/D 转换，应答信号在解调、数字化之后送至控制器进行物理层测试，同时经过解码后进行协议层测试。

在软件设计中，采用了模块化的层次结构，使得软件构架也非常简洁。整个软件系统划分成 3 个层次：硬件控制层、物理测试层以及协议测试层。其中，硬件控制层实现对模块化仪器的控制，包括板载信号处理以及硬件触发采集等；物理测试层实现对应答信号的物理参数测试，包括时、频域的各种测量分析；协议测试层实现指令信号的生成、编码，以及应答信号的解码、协议分析。

灵活的模块化系统架构可以快速适应行业标准的变化，这一点在 RFID 的测试中得到了极好地体现，第二代系统与第一代系统之间实现了大部分设备的再利用，其中模块化仪器 PXI-5610 上变频器、PXI-5600 下变频器分别为 PXI-5671 矢量信号发生器、PXI-5660 矢量信号分析仪的子模块。模块化硬件的灵活性也为系统提供了良好的扩展功能，在原有系统的基础之上扩展了 IF RIO（中频、可重配置 I/O）之后，实现了新一代测试系统的构建。

3. 安捷伦公司解决方案

RFID 系统的性能评估中的最主要的就是读写距离这个参数。影响 RFID 系统读写距离的因素包括天线的工作频率、读写器的射频输出功率、读写器的接收灵敏度、电子标签的功耗、天线及谐振电路的品质因素 Q 值、天线方向、读写器和电子标签的耦合度等。

1）针对电子标签的测试。对于电子标签最主要的指标包括频率响应以及品质因素 Q。对于带引线电磁耦合式的标签可以使用安捷伦公司的 4294A 阻抗分析仪配合 16047E 测试夹具进行阻抗的测试，通过谐振频率点可以得出该标签的工作频率，如图 9-7 所示。如果标签没有引线，那么可以使用 42941A 的探针来进行接触式的阻抗测试，同样可以得到其谐振频率，如图 9-8 所示。对于已经封装好的标签测试，由于没有接触点，根据标签的工作频率选用不同的网络分析仪 4396B 或者 E5071B，以及相应的测试夹来进行 S 参数的测试，如图9-9 所示。

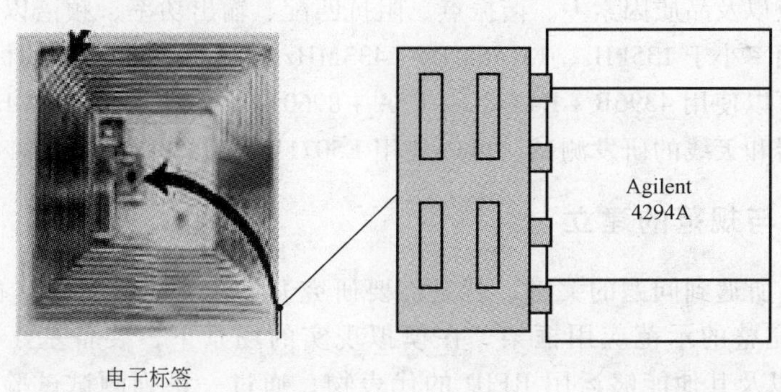

图 9-7 带有 IC 芯片的环状天线测试示意图

2）针对读写器的测试。由于读写器射频模块的主要功能为：产生信号并且发射，激活标签并为其提供能量；对发射信号进行调制，用于将数据传输给标签；接收并解调来自标签的射频信号。因此需要进行如下测试：输出功率测试，读写器的输出功率直接影响到识别距离。对于输出功率的测试可以使用功率计 E4416A + E9300A 来完成；频谱以及解调分析测试，一般 RFID 系统都采用 ASK 或者 FSK 调制，因此可以使用 Agilent ESA 系列频谱分析仪以及 89601A 矢量信号分析软件来进行解调分析。

如上所述，RFID 系统的基本测试主要由电子标签、读写器、天线 3 个部分组成。主要测

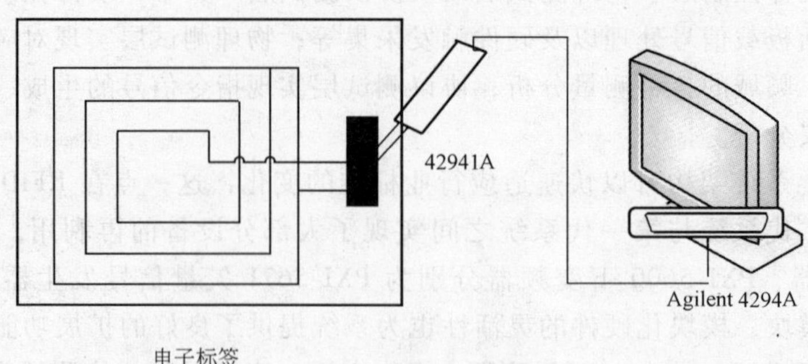

图 9-8　无 IC 芯片的环状天线测试示意图

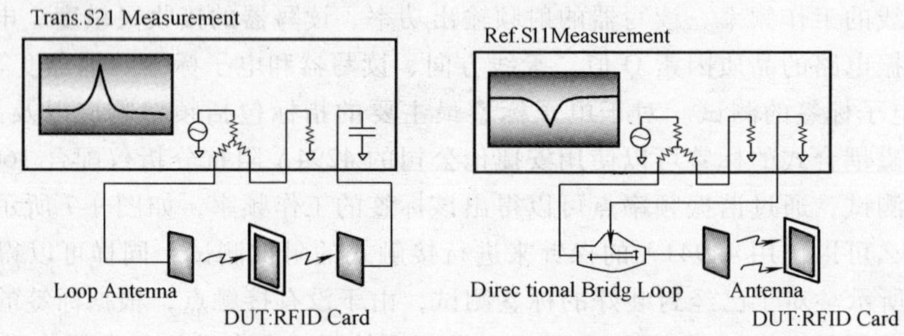

图 9-9　S 参数测试示意图

试参数为：频率响应以及品质因素 Q、谐振点、阻抗匹配、输出功率、频谱以及解调分析。解决方案如下：对于频率小于 135kHz、13.56MHz、433MHz 和 860～930MHz 的标签以及读写器、天线的研发和测试可以使用 4396B + E4438C + ESA + 89601A；对于频率 2.4GHz 左右微波频段的电子标签、读写器和天线的研发测试，可以使用 E5071B + E4438C + ESA + 89601A。

9.2.5　测试体系与规范的建立

解决 RFID 项目所遇到问题的关键，就是需要研究开发出一套先进的、能体现典型场景的技术测试软件和完整的示范应用框架。在模拟现实的场景下，装备基于 RFID 开关的大门、传送带、货架以及其他能够运用 RFID 的代表物，通过一系列测试试验来评估 RFID 技术并检测其可靠性。

要建立一个满足上述要求的 RFID 测试环境，必须从硬件和软件环境两方面入手，综合考虑位置、距离、温度、湿度、干扰等诸多影响因素，建立一个多角度的测试环境；另一方面，在测试软件上，要考虑到可针对不同厂家的 RFID 产品的通用测试程序。此外，在测试过程中还应严格遵守一个标准的测试规范进行。

1. 测试硬件环境的建立

RFID 产品测试硬件环境包含以下几个主要方面：

1）测试场地。由于 RFID 产品性能参数不同，其读取范围也从几厘米到几十米、上百米不等，需要有多种多样的测试场地。

2）基本测试设备。如用于放置标签的货箱、托盘、叉车和集装箱等。

3）数据采集设备。包括用于采集环境数据的温/湿度计、场强仪、测速仪等。

4）数据分析设备。如频谱分析仪、电子计算机及相关数据库、数据分析软件。

对于以上的 3）、4）来说，就涉及测量仪器的购买问题，测量仪器的购买和选用，需要根据客户自身的经济能力和所从事的具体工作内容，一般说来分 4 个阶段，其费用相差也比较大。

1）研发阶段。期望产品方案从概念到原型的测试，对产品的所有参数的测试和评估，要求高精度的、完善的测试系统，包括：一致性测试，电磁兼容性能测试等，费用比较大。

2）整合与兼容测试阶段。产品标准规定了仪器的兼容性，为产品认证作好准备，这个阶段费用也比较高。

3）生产制造阶段。快速测试射频 S 参数，天线参数测试，以及有源、无源器件。提供快速、准确、低成本、自动化的测试，花费相应低一些。

4）系统集成商的简单性能测试。对于 RFID 产品的作用距离、射频特性做基本的验证和测试。

除此之外，在部分测试过程中还可能需要用到特殊设备，如要研究产品在无干扰环境下的表现就需要对外界信号进行屏蔽，这就需要电波暗室或屏蔽室。

2. 测试软件的设计与开发

1）总体设计准则。在进行 RFID 测试软件的设计与开发过程中，应该遵循以下基本准则：设计方案的正确性、先进性、可行性和经济性；系统组成、系统要求及接口协调的合理性；系统与各子系统间技术接口的协调性；采用设计准则、规范和标准的合理性；系统可靠性、维修性、安全性要求是否合理；关键技术的落实解决情况；编制的质量计划是否可行。以上的规范要求 RFID 测试软件具有更高的效率以及更好的可扩展性、可移植性。如在封装读写器 API 函数的时候，应考虑到今后用到的读写器类型的复杂性，方便生成的 DLL 库文件对于其他读写器的拓展，可以采用抽象类与继承的方法来实现各读写器 API 函数的封装。

2）结构设计。RFID 测试软件从根本上说就是检测物理层，然后在操作层上搜集数据，最后将其应用于商业层面上的操作。软件总体从分布式应用系统的角度设计，应具有如下的特点：能够与用户进行交互；处理特定的业务功能；在存储介质中保存它的状态。因此，测试软件在架构上分为 3 层：表现层、事务逻辑层、数据服务层。RFID 测试软件总体由总控制台和分布的各个测试点组成，总控制台与各个测试点通过 Web 服务进行信息通信。

3）总控制台服务器端设计。总控制台服务器端完成的主要任务有：完成各个测试点客户端的注册，登记测试类型等参数；完成测试系统中采用的所有类型电子标签的注册；实时动态监控分布在各个测试点的状态；数据的分析和处理。分析 RFID 测试指标与各个影响因素的关系，找出该测试性能随各因素变化的影响规律。总控制台服务器端主要功能则包括显示、注册登记、数据分析和处理等功能模块。

4）测试点客户端设计。测试点客户端完成的主要任务有：创建客户端的测试项目和测试任务；打开读写器，建立客户端与读写器、标签之间的信息通道；RFID 前端数据采集；RFID 后台数据的传输和处理；生成读写器与标签的读写性能报表；实时动态地与总控制台传输信息。测试点客户端主要功能包括数据采集、性能分析等功能。

3. 产品测试规范

测试过程并不是自由的，对于不同产品的测试报告，其可比性是建立在相同的测试条件和测试程序基础上的。因此，应该有一套完整的测试规范来控制整个测试过程。测试出发点应该从应用出发，根据影响读取率的因素逐一进行测试，如速度、介质、环境、标签方向、干扰等。目前，针对 RFID 标签读取率的静态测试流程如下：

1）布置测试环境。选择一个合适的测试场地，首先应保证尽量减少外界干扰，如附近不能有向外发射电磁信号的设备，避免在测试场地布置与测试无关的金属制品，因为它们对天线所发出的信号影响较大，可能改变天线所发出电磁波的分布，进而影响测试结果的准确性。布置测试要用到标签、货箱及读写器，不同的测试需要用到不同材料的货箱，根据目前物流行业的应用，金属、塑料、木质和纸质货箱应用最广泛，这几种货箱对读取率的影响不同，在同一次测试中，应保证货箱材料的统一，最好使用相同的货箱才能最大限度地保证测试结果不受影响。特别是在对不同厂家生产的标签和读写器进行测试的时候，这一点更加重要。

2）记录环境数据。记录测试时间，测试时的温度、湿度及外界场强。

3）测试不同位置的读取率。改变标签与天线的相对位置，分别记录各个位置的读取率，并做记录。在每次测试过程中，最多只能改变一项测试参数，如研究标签与天线距离对读取率的影响时，则把距离矢量作为惟一的变量，将测试结果填入读取率与距离关系表格。测试范围应从读取率为100%开始直至读取率降为0，其采样点应尽可能多，这样才能如实反映读取率与距离的关系。此外，还应研究标签方向对读取率的影响，改变标签的方向，记录下标签在不同放置方向的情况下其读取率与距离的关系。由于实际应用中货箱的形状及摆放都是笔直的，因此在测试过程中也可以忽略标签倾斜的情况，而只研究标签与天线平行或垂直的情况。这一测试过程只是最简单的流程，在实际测试中可根据情况增加测试项目，如在标签与天线之间放置木板、纸板、金属板，从而得到在有障碍的情况下的读取率数据。也可以将标签与天线的位置固定，而改变周围的环境，来研究环境对读取率的影响。

4）分析测试数据。测试所得到的数据，可以输入电脑，使用相关软件对其进行分析，或转化为图表，使结果更加直观地反映出来。而多次测试的结果还可以汇总起来，对这些数据和图表进行归纳和总结，可以得到影响读取率的众多因素中，哪些是最主要的，哪些影响相对小一些，这对于进一步改善产品性能，指导产品的应用都是十分重要的。也可以通过软件实现 RFID 测试自动化，让计算机代替测试人员进行 RFID 部分功能测试的技术。设计良好的自动化测试，在某些情况下可以实现“夜间测试”和“无人测试”。在大多数情况下，测试自动化可以减少开支，增加有限时间内可执行的测试，在执行相同数量测试时节约测试时间。

下面就 RFID 测试中的电磁兼容性测试、一致性测试和供应链中的测试为例说明具体的测试技术。

9.2.6 电磁兼容性测试

电磁兼容性定义为：电气和电子系统、设备和装置使它们正常工作在预期的电磁环境中的能力，具有规定的安全裕度，并且在电磁干扰下，其设计水平或性能不会遭受或不会引起不可接受的破坏。RFID 技术作为一种射频技术，在推动了相关产业发展的同时，如果使用不当势必会带来频率干扰，因此需要考虑 RFID 技术同现有无线电业务和平共处的问题。而其中最值得考虑的是 UHF 频段的 RFID 的电磁兼容问题。原因在于：尽管 RFID 在不同频段有着不同的应用，但近年来被业内人士看好的技术是基于 UHF 频段的 RFID 技术。从应用的趋势来看，现代物流业、商品零售业会广泛应用 RFID 技术，特别是 UHF 频段的 RFID 技术。

我国的无线电管理机构正积极开展 RFID 的频率规划和分配工作，并启动了相关技术研究工作。原信息产业部 2007 年已经发布了《关于发布 800/900MHz 频段射频识别（RFID）技术应用试行规定的通知》。至此，我国已基本完成了低频（LH）、高频（HF）、特高频（UHF）及超高频（SHF）频段的 RFID 技术的频率规划，为 RFID 技术在我国的应用和发展提供了无线电频谱资源保证。其频率规划工作的指导原则是：必须确保现有业务的正常运行，在专用频段、公众移动通信、集群通信频段不能安排此项业务；需要进行 RFID 业务与现有业务的共存条件研究，需进行大量深入细致的电磁兼容分析和实验；在电磁兼容分析和实验的基础上制定出 RFID 工作频带、发射功率、带外发射、杂散发射等指标，必要时要制定配套的相关台站管理规定；制定设备的无线技术指标时，要考虑满足 RFID 业务在我国的大规模有效使用的频带、信道带宽、带外杂散、发射功率的相关要求。既要考虑保护现有无线电业务，又要考虑 RFID 设备的技术制造难度和制造成本。

显而易见，电磁兼容性实验作为频率规划重要的技术支撑手段是十分必要的，电磁兼容工作实际上就是关于无线电频谱资源的有效利用和合理分配的问题，是对新技术、新制式无线通信进行频率规划必需的技术研究工作。参考文献［18］针对 UHF 频段的相关已存在的业务进行了 RFID 设备的兼容性测试。由于标签相对读写器来说功率较小，测试主要考虑读写器对公众蜂窝通信的影响，特别是对易发生邻频干扰的 GSM 网络。对无中心对讲机系统也进行了相关的实验室环境干扰测试，所使用的测试环境为 EMC10 米法半电波暗室、5 米法全电波暗室，以及相关的真实环境。

读写设备同其他邻近频段无线电业务在近距离使用的情况下，对邻近无线电业务有一定的影响，这主要来自开关机噪声的干扰；在工作环境较近的情况下（如 1m 以内），由于读写器的带外噪声对临近业务会有轻微的邻道干扰。上述干扰，可以通过调整频率的必要带宽、发射功率和带外发射特性等措施加以消除。通过相关试验，建议如下：

1）RFID 设备实际使用时较理想的使用模式应是跳频模式。

2）考虑到将来的大容量标签所需的更高的读取速率，需要设备能够提供足够的必要带宽。

3）大功率的设备较难实现比较好的带外特性，小功率的设备比较容易实现较好的带外特性，考虑到对相邻频段业务的保护，建议 RFID 设备发射功率能够满足应用即可。带外发射以及杂散发射必须满足信息产业部无线电管理委员会的相关文件以及国家有关标准之规定。

4）为了防止 RFID 设备的电源端口、电信端口、信号端口耦合的传导骚扰通过电源线、电信电缆或内部连接电缆向空间辐射电磁波，建议 RFID 设备的电源端口、电信端口、信号端口的传导骚扰满足 GB 9254—1998《信息技术设备的无线电骚扰限值和测量方法》的相关要求。

5）考虑到 RFID 设备可能在较恶劣的环境中使用，有可能由于环境温度、湿度以及工作电压的变化而引起设备射频性能的变化，建议对 RFID 设备进行极限条件下的射频性能测试，具体要求参照相关的国家标准。

9.2.7 一致性测试

对于大部分 RFID 用户而言，都希望自己使用的产品能够具有和其他产品的兼容性，因此兼容性认证具有重要意义。多厂商兼容性（Multi-vendor interoperability）依赖于统一的标准，目前 EPCglobal 开放性标准 Gen 2 可以实现多厂商兼容。下面以 EPCglobal 开放性标准为例，说明一致性测试。

1. 基本概念

首先介绍兼容性、一致性测试和测试案例这 3 个基本概念。

1）兼容性（Interoperability）：兼容性是指两个或多个 RFID 系统（或者是 RFID 设备）使用同一个通信协议进行数据信息交换的能力。

2）一致性测试（Conformance Testing）：一致性测试是指基于一系列限额标准或规范，对 RFID 产品与其他运行中的同类产品进行的功能性测试。

3）测试案例（Test Case）：测试案例，又称判例，是指在统一的协议范围内基本的功能性案例，一般是达到一定数量要求的，成组的，将案例成组是为了更好的验证系列测试的效果。

在标准发布以前，EPCglobal 就推出了一项多阶段的认证项目，以便为高质量 Gen 2 产品项目部署和部署工作本身服务。RFID 标签测试流程如图 9-10 所示。

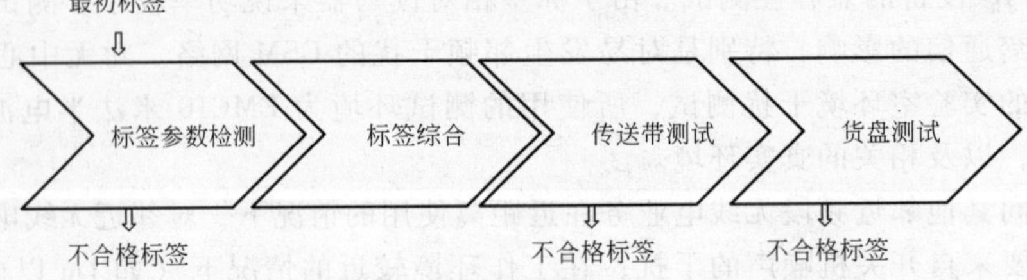

图 9-10 RFID 标签测试流程图示

最早的 Gen 2 技术标准一致性测试开始于 2005 年 9 月，而兼容性认证则经过整整一年后才开始进行，第三次性能测试在 2007 年年初开始，所有这些都是为了保证终端用户可以使用性能良好的、更加健全的 RFID 策略。

2. 支持即插即用

RFID 硬件的兼容性能力决定了不同生产厂商生产的标签和读写器可以交互工作的能力，实际上也就是即插即用能力。这对终端用户而言至关重要，这样他们就只需要知道他们安装在仓库、分销中心或者零售百货商店中的 Gen 2 RFID 读写器就可以读写任何类型的经过这类门口的 Gen 2 RFID 标签，无需考虑具体的生产厂商。

3. RFID 产品一致性测试

为了通过兼容性认证，标签必须一次通过有读写器和编码打印机的 267 个测试点的测试，由 EPCglobal 和 MET 实验室进行定义。同样的，RFID 读写器或者编码打印机则必须通过相应的标签测试场景。如果它们通过了所有的相关测试，就可以粘贴 EPCglobal 的 Gen 2 超高频兼容性认证标志。一致性测试是良好的开始，尽管所有通过兼容性认证的产品必须首先通过 Gen 2 技术标准的一致性测试，但是生产厂商误解该部分认证工作的现象也时有发生，比如他们可能会使他们的标签不能与其他 Gen 2 技术标准的设备互操作，或者某些标签和读写器可以实现交互操作，但是与另外一些 Gen 2 技术的设备不能实现交互操作。因此，兼容性测试的范围将会涉及很广泛的内容，所有 Gen 2 技术的功能性问题都会涉及到，甚至包括时间限定等，但是主要的目标还是保证多个供应商产品的兼容性。

即便 Gen 2 技术规范的制定者们努力让制定出来的标准精简、准确和易于理解，但在实际应用中，人们对标准的曲解、误解仍旧存在。由于选择 Gen 2 有效操作模式的多样性及复杂性，并且 RFID 读写器发出的命令有无数种排列组合，因此 RFID 读写器与标签之间的通信方式有无限种。一致性测试的重要意义是保证读写器和标签满足主要 Gen 2 技术标准的一种重要的限定规范，以保证产品使用正确的电磁波信号，使用合适的时间参数以及能够实现协议的主要部分等。有一些企业可以顺利地通过此项第一轮测试，而另外一些则只能重新进行产品设计。因此，通过一致性测试是产品获得兼容性验证所要清除的第一个障碍。早期通过验证的产品广泛地应用在 RFID 前期项目中，这些产品后来逐渐用来构建和测试新的使用超高频技术的设施。目前正在进行的兼容性测试可以看作是产业技术成熟的一个标志。简而言之，以目前多种可用的 Gen 2 技术产品而言，兼容性验证会对一致性测试遗留下的其他问题进行验证。

4. 内部兼容性

RFID 兼容性认证允许 EPCglobal 通过标准的读写器和标签参考系统互相校验准确的 RFID 标签与读写器信息。以 Impinj 公司的 Monza 标签芯片和高速读写器为例，两者都是该参考系统的关键组成部分，也是最早获得 EPCglobal 兼容性认证的产品。兼容性测试囊括了大部分用户在实际应用中可能会遇到的应用案例问题，这就保证了不同厂家生产的标签和读写器可以交互使用。

出于这种目的，测试点的构建方式是整合一系列可以验证 Gen 2 技术主要功能子集的应用案例。为了实现验证，选择了 4 个应用场景：筛选/库存、库存余量获取、产品补给/下架以及可选用的特殊应用场景。每个测试点都有一系列的读写器和标签，而且对外界干扰开放。一系列用于定义外界干扰设置的参数被称作模式，用于测定供用户使用的读写器特性（例如数据速率、调制模式等）和标签特性。

很显然，Gen 2 超高频技术认证是 RFID 系统发展的一个重要里程碑。虽然认证很重要，但是对 RFID 系统部署而言，整体的性能仍旧是最为重要的问题所在。RFID 硬件应该具有高性能的感知能力，即标签和读写器不能只感应彼此的信号，还应该具有拒绝周边其他射频源发出的干扰信号的能力。EPCglobal 已经意识到感知能力的重要性，相应地制定、采取了一些强调感知能力和其他能力的解决措施。在制定验证最低要求的过程中，不单单强调标签可以使用在不同应用场合的性能，包括射频信号友好性材料如纸、塑料和木质品等和问题材料如液体和金属制品等，而且还在电子标签的主要性能方面有所加强，如敏感度、抗干扰能力、方向性、释放静电和其他指标。

9.2.8　应用系统中的测试

通常，供应链中的 RFID 使用者可能会认为，只要通过适当的测试和确认工作，每家公司都能找到最适合其工作环境的最佳电子标签。在包装箱外贴上廉价的无源电子标签后，就能实现万无一失的商品统计了，而且只要贸易供应商安装了读写器，包装箱上的标签就能在任何地方被自动读取。然而，总会出现有些货盘上的周转箱在通过货门的时候，发生部分标签不能被读取的情况。对如何防止被错误的性能预测所误导，关键在于：在现实环境中进行实践测试，尽可能接近实际操作的测试方法，适用于给定应用的测试。

如果系统能够在尽可能多的读取点上读取标签，获取尽可能全面的信息，同时，系统设计得当，标签粘贴工作良好完成，就能确保全面了解产品的运转情况，以及充分实现 RFID 的真正价值。成功的关键还在于找到具备相关经验和技术的合格的解决方案供应商，从而有助于进行测试与评估工作。通过在项目中与集成商进行密切合作，可以加快工作进度，并提高工作效率。最后，因为每家公司的情况都各具特色，应当选择一套既符合各自的实际情况，又能实现最大化价值的完整系统。

下面以供应链中 UHF 频段的 RFID 技术使用为例说明如何在应用系统中进行测试以及对系统进行初步性能预测。首先，介绍性能预测和实际情况的对比；随后讨论如何选择适当的标签，并提供有效的参数及切实可行的静态和动态测试方法；最后，就如何对标签进行安全操作给出建议。

1. 性能预测和实际性能

在每个包装箱上贴上带无线电功能的无源标签，然后设置读写器在适当的位置，这个简单的工作会直接影响到电子标签的读取率。导致标签不能读取的因素有很多，但通常与电量不足有关。应用中使用的无源电子标签与所有无源标签一样，都没有自己的电源，需要从读写器获得电能，因此这些非常微弱的信号有可能会受到各种因素的干扰，如环境射频干扰、贴标产品的物理特性乃至产品装卸过程造成的轻微损害等，这些都会造成电子标签难以读取。

有些类型的产品几乎能实现 100% 的读取率。一般说来，这些产品都是属于密度较低的非金属产品，且湿度极小或根本没有湿度。如果跟踪的产品是服装或谷类的话，那么读取率就比较高，但大部分产品都不太容易读取。

读写器读取货盘上的产品会更困难一些，因为标签不是贴在货盘上，而是贴在货盘内部的商品上。从射频技术本身而言，尽管遇到障碍仍能工作，但由于信号较弱，因此货盘外部的标签读取很容易，但内部商品的标签受到阻挡后就很难读到了。

众多已经部署 RFID 系统的公司都认识到，在所有读取点都实现 100% 的标签读取率是不现实的。不过，可以进行合理的估算，标签总会在系统中某个位置被读取到，因为通常来说供应链中都会设有几处不同的读取点，例如：制造商的工厂生产线、制造商的装运码头、分销商的收货和发货码头、零售商店的收货码头、零售商店的储藏室出口和零售商的开箱设备。

某些产品特别难以通过射频技术读取到，在某个读取点上的读取率仅达到 50%，不过从概率论来看，假设一个系统只设 5 个读取点的话，那么即便这种难以读取的产品在整个系统中被读取的概率也能达 97%，也就是说每 33 件产品中会漏读 1 件产品。如果能将标签读取率从 50% 提高到 60%，那么就设有 5 个读取点的系统而言，其整体读取率就能达到 99%，100 件产品中漏读 1 件产品。如果读取率提高到 90%，那么就能实现所谓“五个九”的近似完美的读取率，即设有 5 个读取点的系统读取率高达 99.999%，每 10 万件产品仅漏读 1 件。

因此首要问题就是提高整体系统性能，可选方法很多，需要根据每个公司的具体情况与目标找到最合适的解决方案。可选方法包括：提高标签的敏感度，用更敏感的天线来升级读取区，也可增设读取区以便在其他地点进行读取等。

对于进出口商品而言，可能会涉及 RFID 设备采用不同频率的问题。例如：欧洲采用的频率约为 860MHz，而北美的频率为 915MHz，日本的频率为 960MHz。如果可能的话，应该在不同频率范围来检测标签的性能，根据最终用户的不同目标来做出最佳决定。

如果某公司准备升级到 Gen2 技术或转用其他新型标签，那么重要的是要了解当前系统运行情况，因此首先要做的就是建立性能基准。第一步，选择当前业务流程中几个重要参数，比如执行任务所需的时间、读取率、读取区效率、所需人工干预等。第二步，在一定时间内对上述参数进行测量，以全面了解有关业务流程。一旦测得上述有关参数，那么在完善业务流程时就有了可比较的基准，从而能显示改进到底有多大，还能对可能出现的问题提出修改建议。

建立性能基准之后，下一步就是检测新安装系统的性能，看看新系统与原始基准以及和预测相比有何差别？比较好的方法是围绕新系统的性能找到体现趋势化特点的可测量参数。将上述参数与原系统相比较，看看它们对系统性能有什么重大影响。如果系统是全新安装的，那么应根据上述基准所介绍的步骤测量相关参数，看看业务流程的改进情况如何。检测系统的改进是否成功，其最佳途径就是了解系统中的新组件（如新的标签、天线等）对整体系统有何影响。

2. 根据工作需要选择适当的标签

零售供应商应负责确保标签的可读性。如果仅依靠一般性的测试来比较标签在露天情况下与电波暗室中的性能差别的话，那么对那些难以被射频技术读取到的产品而言，很难解决读取率一致性的问题。事实上，应根据不同情况进行专门测试，每家供应商的产品组合和业务流程都有着独特的标签技术要求。以下给出要考虑的一些变量：产品材料与密度、一次包装材料、二次包装材料、自动化设备可能会对标签所贴位置提出要求和货盘尺寸与集装箱数量。

显然，大多数用户不希望就所有产品检测各种电子标签的所有性能，这种全面性的检测太耗费时间了，也太昂贵了，所以根本不可行。因此可以根据一些自然因素来缩小检测范围，首选和现有的标签尺寸或形状一致的标签。

3. 确认标签的性能参数

只有获得确切的数据，而且各大零售商进行了详细的业务分析之后，才能确定什么样的性能水平才满足要求。目前，应当了解检测系统性能方法，确定重要的和次要的参数，在明确了这些检测因素之后，就可以根据统计数据和概率论来确定最基本的要求。

大多数性能数据和比较测试都以标签的读取为重点。如果购买标签时标签不是预编程的，那么还要对标签进行写入工作。对自动化的高速生产线而言，写入速度也非常重要，如果标签的写入速度不够快，达不到 Gen 2 写入技术即一次 16 位（块写入）的要求，那么就需要支持可选块写入与擦写特性的标签，这样一次操作中可以写入多块信息，这种方法比标准方法效率更高。

为了满足统计学上的置信度要求，应该对相当数量的标签和产品进行测试，如果测试数量有限的话，难以提供足够的信息来确定生产过程中的性能。根据经验，可以先检测 20～30 个标签，如果时间和资源允许的话，还可以检测数百个标签，这更能准确地检测出一致性和性能。还可在制造过程中不同的时间段检测标签，以确保一致性。就比较复杂的检测而言，还应测试试验方法的设计是否得当。

测试过程中还要考虑这样一个实际问题，即要在实际环境中进行测试。第三方在电波暗室中进行的比较检测有助于初步性能估计和明确初选入围对象，但电子标签要在仓库和零售环境这样的实际环境中进行测试以便收集数据，要再使用，要受到多种射频干扰，如金属建筑和独特的建筑结构等。如果不可能在实际的生产或运输地点进行测试，那么应尽力在现实的仓库环境中模拟受干扰的情况。

4. 静态测试

静态测试是最容易复制也最具比较性的测试方法。在静态测试中，标签贴在不发生射频干扰的材料上或实际的产品上，使用读写器和自由空气中静止的单根天线进行测试。这种测试的目的是明确标签在产品上的最佳位置或某种标签和产品组合情况下的读取距离及敏感度。

有的制造商和独立实验室测试声称某种标签能在30ft以外被读取。通常，如传送带速度为每小时4mile，检测门读取区的宽度在10ft之内（距离读取点5ft），如传送带速度为每分钟600ft，那么读取门的宽度则在3ft之内（距读取点1.5ft）。如果读取点彼此相邻，或者标签读取的距离太长，都会导致系统误读。因此，必须谨慎地根据所用的读取区进行适当选择。静态测试类型如下：

1）读取距离，将标签放置在空气流动的房间内或室外，并向读写器天线移动，以测定其最大读取距离。优点是参数浅显易懂，无需特殊测试装置或设备，缺点是高度依赖环境和设备，不同的测试装置所取得的结果不能直接进行比较。

2）标签敏感度，通常在电波暗室中进行测试，以避免外部射频干扰。使来自读写器的电量逐渐降低，以确定标签可读取/写入的最低功率等级，优点是可控性强，不同的测试之间可以进行比较，与读取距离相关联。缺点是要求专用设备和专业技术。

3）最佳位置测试，产品静止不动，标签围绕产品移动，以确定标签在产品上的最佳放置位置。优点是对于难以被射频技术读取的产品非常有用，能够提供重要信息，可以手动或者自动操作。缺点是对众多的产品和电子标签进行测试将花费大量的时间。

5. 动态测试

进行动态测试时需移动粘贴标签的产品，这会给测试增加难度。不过，这也是一种有效的测试方式，因为其可为用户提供一组有效的参数，以说明有关产品在实际环境中的性能如何。同时，这也是用户针对特定应用而选定最佳标签的最准确方法。动态测试类型如下：

1）传送带测试，将粘贴标签的产品放在速度高达每分钟650ft的传送带上（通常为环形传送带）通过配备3~4根天线的货门来测试每次通过读取数的成功率。其优点是测试结果可直接应用于实际应用中并可同时测试多种产品；缺点是不同测试装置所取得的结果之间不能直接进行比较。

2）货盘货门测试：将装满贴标产品的活盘通过配备2~8根天线的货门来测试每次通过读取数的成功率。其优点是测试结果可直接应用于实际应用中；缺点是不同测试装置所取得的结果之间不能直接比较而且要求对大量产品和标签进行测试。

3）热缩塑料包塔（Shrink Wrap Tower）或转盘测试：将装满货物的货盘放在转盘上转动，同时进行热缩塑料包包装来测试每次通过读取数的成功率。其优点是测试结果可直接应用于实际应用中；其缺点是不同测试装置所取得的结果之间不能直接比较而且要求对大量产品和标签进行测试。

读取成功率是指通过次数中至少有一次记录到的读取。动态测试要求更昂贵的测试设备，通常需要较大的安放区域，可以通过第三方测试机构来提供有关设备和相关专业技术。

6. 标签安全规则

标签生产环节中操作失误会造成系统中的许多问题，在装卸过程中，如果员工对装有标签的箱子乱扔乱放，那么可能会损坏标签。标签在粘贴到产品上之前是最脆弱的，这时员工在操作中尤其要注意，保护标签完整性的最佳方法就是确保所有操作人员都经过良好的培训，知道如何小心地完成工作。

通过检查装卸设备的材料，来确保进行适当的维护。许多固定箱子的设备（如箱子夹或应用夹）都带有橡胶缓冲器，但橡胶缓冲器总会老化，导致产品因受到挤压而损坏标签。要确保固定箱子的设备提供足够的压力，但又要防止压力过大导致箱子损坏。产品受到的压力越大，产品损坏以及标签损坏的几率就越高。

尤其重要的是，要确保货物承运人遵守有关运输规则。如果他们对产品处置不当，造成挤压、刮擦，或者使货物受潮，那么就会损坏标签。如果产品在运输过程中遭受不恰当装卸等情况，那么在设计中就要考虑到标签本身的坚固性。有些实验室进行了此类测试，如果公司时间和设备允许的话，那么也可在内部进行相关测试。

9.3　系统安装技术

本节将讨论 RFID 系统安装的具体技术，和其他无线网络一样，对 RFID 的安装也须得遵循一些基本原则。RFID 系统实施技术的关键是保证读写器的读取区功能正常。

9.3.1　现场勘查

为保证安装成功，安装之前需要学习安装指南和现场图表（Site Diagrams），对基础设备进行测试并对网络进行相应的检查。

1. 现场图表

通常而言，安装人员可以在安装文档中找到一个现场图表。该图表中会包括：从一个标明各个安装地点到一个连电源出口都已经过专业修改的蓝图、暖通和空调、布线室、安全通道以及其他一些重要方面。

2. 预安装设备测试（Preinstall Equipment Testing）

安装前确保准备好所有需要安装的设备和材料，这样可以尽可能地减少在安装现场出现设备或材料短缺而造成的中断，从而缩短现场安装时间。预安装前测试需要遵循以下步骤：首先装配、配置、并将所有的外围及辅助设备配置完好，这其中包括可编程的逻辑控制、输入传感器及输出设备；其次将所有的多用途 I/O（GPIO）设置到查询状态，将外围设备与读写器连接好；再次用服务器的网络数据配置一台本地计算机；最后把读写器和计算机连接到一个本地集线器上，发送一个“ping”或者“query”到设备以保证网络通信功能正常。

当完成了将读写器与这些设备的连接后，在装配它们并连接电源前，对外围设备的设置时总是需要试验板来检测各部分（仅用短的试验电缆连接它们而不用装配）。对于必须遵循国际电气制造业协会的规定来安装的零件，按照以下操作：首先用试验板测试各零件以确保每个零件的功能满足需要；其次采用合理的顺序对设备围栏进行放置来保证设备有合适的空间来调节电缆的弯曲半径、适当的空气流通和维护接口。这也将帮助决定电缆的长度和类型是否适合安装；再次将各部件装配到背板，并将背板装到符合国际电气制造业协会标准的盒子中；然后将各部件连接；最后接通电源。

把读写器 GPIO 配置和连接到各外围设备后，用一个测试标签来读取以测试系统，这需要将合适的输出设备接通电源。如果不能正常读取标签的话，需要进行以下几步：首先检查所有的连接；其次检查所有的配置；再次独立测试每一部分；最后移除和重新装配无功能组件来解决问题。

当外围设备需要与服务器端网络连接并通信时，需要按以下操作：

1）不管是对于以太网还是无线以太网的通信，都需要配置 IP 地址、子网掩码、网关以及合适的安全设置；

2）对于串行通信，对端口进行设置，包括波特率、比特率、奇偶位、停止位以及流控控制。

在进行完了这些配置以后，重新启动设备并保证设置已被保存。当以上步骤均已完成，将所有的设备装箱一并发往安装现场（保证在运输过程中箱子使设备不受任何损害）。因为有了对设备的预测试和预装配后，便能保证在现场的安装更容易，以及更有效地利用时间。

3. 预安装检查

在到安装现场前，有必要进行如下检查来保证能够稳定地安装：是否已有合适的梯子、起重机等设备来保证能安全到达高架上；所有的天线位置或者预留位置是否提供足够的入口给读取区并能同时兼顾长期维护；天线的角度及高度是否能随不同的应用而进行调节；天线的发射是否会引起多径反射，比如金属结构或者金属表面等都会反射电磁波，这些金属结构或表面需要用电磁干扰吸收物质覆盖；读写器是否能放置到靠近天线的地方，防止电缆过长影响信号强度；读写器是否能够放置到状态指示器容易查看的地方，方便操作者发现并修理故障和长期维护；设备是否靠近交通路线，或许需要对这些设备实施额外的保护措施；电缆或者电线是否连接到正确的位置，当需要增加新的电缆线时，是否还有足够的空间；所有的布线是否符合相应的工业标准；所有的支架和装配是否在合适的位置，或者是否还有空间来安装它们；电源线有没有完全地接地。

为了避免中断或者是延迟安装工程，必须保证准备好以保障顺利完成工作的所有的工具，如螺钉旋具、剪钳、拉链带、烙铁及焊料以及一些电器设备例如钻孔机和电锯等。安装之前需要事先检查带齐所有的工具，同时也不要忘记带上多余的 RFID 读写器、连接器/适配器和卷缆柱等。

9.3.2 硬件安装

一个 RFID 系统可能需要安装天线、RFID 读写器、贴标电子标签的一种打印机和 RFID 外围设备。这些设备可以安装成一个较大的布局，例如 RFID 入口或者 RFID 通道，就像图 9-11 所示一样。系统应该建造有入口、传送系统、分类设备、编码站及叉式升降机。图 9-12为独立式货盘入口。

1. 天线的安装

天线无疑是 RFID 系统中最关键的部分，天线还必须得贴近货物以被读到，所以需要知

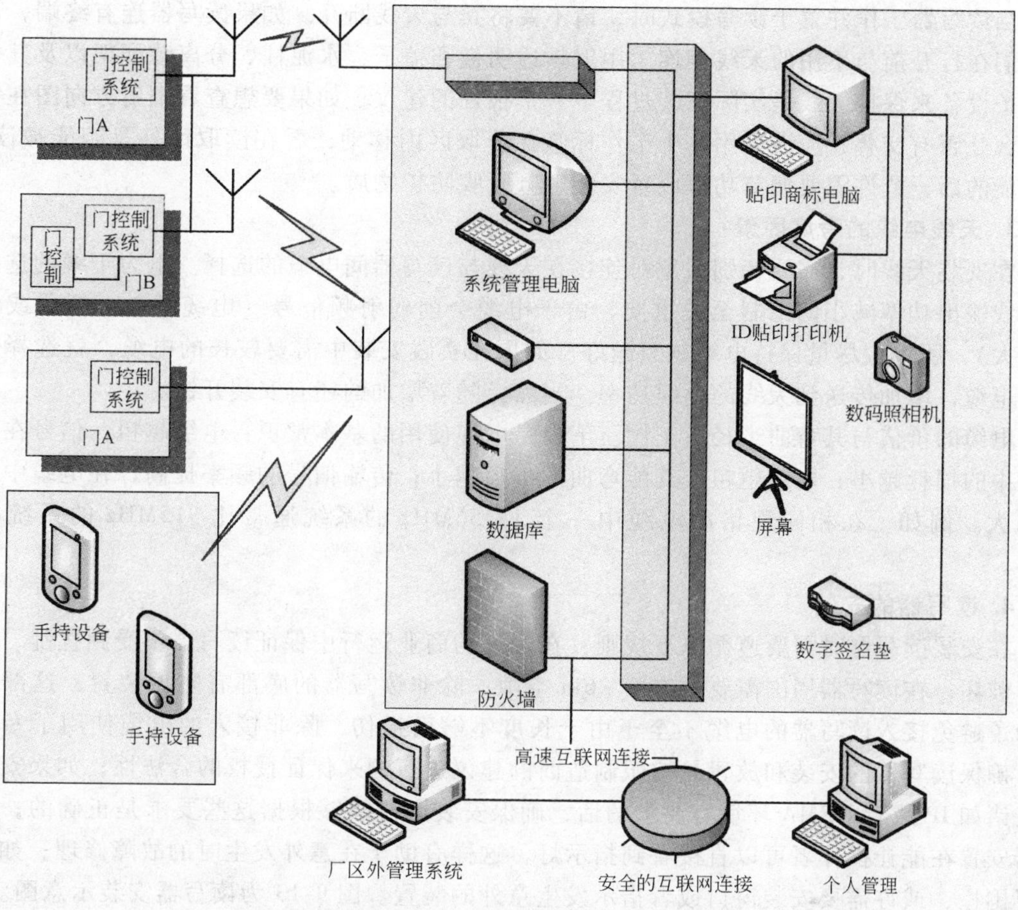

门控制系统
门A
门控制系统
门控制
门B
门控制系统
门A
手持设备
手持设备
系统管理电脑
贴印商标电脑
ID贴印打印机
数码照相机
数据库
屏幕
防火墙
数字签名垫
高速互联网连接
厂区外管理系统
安全的互联网连接
个人管理

图 9-11 RFID 施工布局

道天线的方向、大约的读取距离和地面的覆盖范围。绝大多数制造商都会给予相关的数据表或者白皮书，你可以使用这些文件来估计天线的辐射模式。如果采用的是多单元天线，需要稍稍增大其读取区来提高标签通过读取区时的被读取的可能性。

图 9-12 独立式货盘入口

2. 支撑天线

在实际安装过程中，最好多少用些柔性接头支撑。由于这些柔性接头能方便地调节天线角度以及读取区域，即使在较小作用力的作用下，也能借助这些接头而免遭损害。

在单基地读写器中，天线具有发射和接收两种功能，而在收发分置的读写器中，两个分离的天线分别完成以上两个功能。这时要注意安装时两根天线不要接反了，因为发射天线发射一个很大功率的射频信号，而标签返回的信号功率却很小，接收天线便无法区分开原始传输信号和标签的回应信号。

当读写器工作并置于读写模式时，请不要将其与天线断开。如果读写器连有终端，请确保它们在打开前与不用的天线相连。用射频透明板和盖子、水泥柱、分离装配架以及其他一些保护设备来保护天线是实际安装过程中一个很好的建议。如果要想查看辐射方向图在每个读取区是否有交叠，应该采用一个工作标签在读取区内移动，看在读取区外是否能被读到。如果能的话，或许需要调节功率或者安装射频吸收防护物质。

3. 天线电缆的考虑因素

在安装天线时，需要特别留意对连接在天线与读写器间电缆的选择。电力干线的选择对于天线输出功率减小的限制至关重要，由于电缆会削弱射频信号（电缆越长，削弱或者损害越大），所以应尽量保持电缆越短越好。如果在实践安装中需要较长的电缆，就选择低损耗的电缆，增加传送到天线的电缆功率。当然，随着增加的还有安装开销。

电缆的价值与其弯曲半径成正比。下面是电缆使用的基本常识：电缆越粗，信号在传播过程中的损耗越小；电缆越粗，其能弯曲的半径越小；传输信号的频率提高，在电缆中的损耗增大。例如，在相同规格的电缆中一个 13.56MHz 的系统通常比 915MHz 的系统损耗要小。

4. 读写器的安装

在安装读写器时需要遵循以下规则：在常见的商业运行中保证读写器不受到扰乱、撞击或者破坏；在读写器周围需要留有 5～6in 空隙，除非读写器的底部有防振装置，这部分空隙为了避免接入读写器的电缆不至于由于长度不够而损伤，除非接入的电缆使用了专门导管；确保读写器的安装和放置是按照制造商的建议进行的来保证授权的合法性；如果安装围栏在诸如 IP 或者 NEMA 环境有要求的话，确保安装围栏能够根据这些要求是正确的；将读写器安置在能让操作者可以直接看到指示灯，这样有助于在意外发生时的故障修理；如果使用了围栏，或许需要安装窗口或者指示发生意外的装置。图 9-13 为读写器安装示意图。

图 9-13 读写器安装示意图

当安装电子组件时，应该将它们与触发装置连接以保证组件只有在需要的时候才工作。实际中把不再使用的设备都关掉，这样可以提高它们的生命期限，减少设备的射频干扰，减小平均故障间隔时间。在读写器安装后，需要对其进行以下一些简单的检查以确保功能的正确：

1）接电进行测试，确保所有的灯及反馈响应机制无误。

2）保证读写器与主机系统相连，这一步可以发送一些“ping”命令检测。

3）确认读写器的配置参数。保证设置后的参数没有被更改过而且能成功地读写标签数据，这个测试通常在连接到后端数据网络前进行。

4）如果需要额外天线的电缆，将整条电缆盘绕以避免损坏。从读写器到天线之间馈线的长度应该合适来保证天线发射和接收的功率。

5）确保电缆不是安装在同一根导管里或者接近的地方工作，否则电力传输会对天线造成干扰。

5. 辅助设备的安装

在读写器和天线安装之后，便可以对辅助设备如光传感器、压力传感器、移动传感器、打印机、标签粘贴机以及其他设备进行安装。根据设备供应商提供的安装指南对天线、读写器和打印机按照一般规则进行安装。

6. 读写入口的安装

读写入口可以装设于码头入口、私人房门或者任何的门口、入口或是出口。读写器入口是为了对贴有 RFID 标签的货物通过（不论是入库还是出库）时进行读取确认，图 9-14 是一个查询通道的示例。标签通常装配在货物、箱子或者货盘上当物品运入或载出分配中心和仓库，有时当人员或者某些财产对商业非常重要时，标签也会装配在一些手持设备、工具或设施上。这时，这些对象的位置或是最终位置就可以通过读写器入口来追踪到。

图 9-14　查询通道

注意到通过入口货物的高度会不同，例如，如果要把一个双堆货盘运入分配中心时，或许就需要在入口的顶部多安装一个天线来覆盖第二个货盘占用的空间。通常，标签在通过读取区时并不会被写入数据，原因在于并不能确定货物的速度、高度及角度。当货箱通过入口时，被完全地读取通常是不可能的，因此，应该意识到同样在数据收集时，所有的货箱都必须得是能被识别的。

当设计入口时，对入口大小的考虑也是有必要的。标准卷帘门是 10ft 宽（约 3m），斜推门却在 14 ~ 17ft 间（约 4 ~ 5m）。对于更宽的通道，需要调节功率和天线型号来保证在整个通道中生成合适的读取区。

在设计和安装通道前，对货物如何在门口移动以及加载和卸载所需要设备的认识是有必要的，而货物在通过信道时的速度是另一个需要考虑的重要因素。速度用来确定天线波速宽度，以保证标签有足够的时间被读取到。需要知道能被读取每个货盘标签的最大（期望值）数量、车辆速度和及路线，并根据这几个数据相应的对入口进行装置。同时，还必须保证这些设备是不容易被物理损坏的。

由于标签在入口处进入读取区的方向是不肯定的，所以应该安装一个圆形天线。而为保证在读取区内实现标签被成功读取，在内倾面的天线间设置合适的交叠也是有必要的。就像在第 6 章讨论过的一样，由于在靠近天线地方其波束宽度会变得比较窄，因此，贴有标签的货物至少应该离天线 1.5 ~ 2ft；否则，如果离天线太近的话，由于读取区过小而导致标签完全有可能会处于其覆盖范围之外。

在货物通过读取区时，其天线扫描的角度范围应该在 25° ~ 45°间，这样由于标签在读取区的驻留时间最大而可以增大通信的可能性。在之前讨论中可知，低增益的天线有较宽的波束宽度，而高增益的天线其波束宽度却很窄。因此，安装时需要一个低增益的天线来增大波束宽度，并且在天线覆盖足够大的情况下增大货物的展宽时间，可以通过调整天线角度来增大展宽时间，正由于这个原因，应该选用能覆盖一半门宽的最低增益的天线。

在安装前对通道进行测试的一项指标是“标签读取率”——表征贴有标签的物品通过通道时被读取的可能性，例如，如果有 100 个贴有标签的盒子通过通道后仅有 80 个被读取(因为物品采用抗射频材料制成)，那这个几率就是 80%，这个数据应该作为客户的期望值以及用作日后发现并修理故障的基线。

另一项需要测试的是“伪读取标签”——标签在不应该被读取的时候被读取到。尽管标签已经通过信道或者只是在信道附近时，这样标签仍有可能被读取到，这种情况通常由于通道天线不需要的反射信号或者天线设置过大的功率造成的。这时系统需要对所有数据进行监控，而当意想不到的标签被读取到时，例如，待装船的货物上的标签数据并不是需要被加载的标签时，那么这些数据就应该被过滤掉。一个设计良好的系统能识别出这种状况，记录被伪读的标签信息，并提醒管理人员进行分析。以下措施可以排除伪读标签：

1）可以制定一项新的操作程序规范，当职工处理带标签货物时让其保持一个“安全距离”以免激活通道读写器；

2）将读取区的功率调低以阻止天线读取到较远的标签；

3）为了避免伪读标签，安装时可以采用定向天线，高增益和具有明确波束宽度的天线能限制天线覆盖到不希望到达的区域；

4）如果贴有标签货物的方向是已知的，那么就可以使用一对分离式的天线，且按照面背仓库为入站天线和面朝仓库为出站天线进行安装，并可以使用轮流门装载和接收货物来减少交叠的可能。

7. RFID 通道的安装

要构建一个运输带读取区或者通道，必须意识到穿越通道的任何一个标签都必须被读取到。为了实现这个目标，还必须知道标签的移动速度及相邻标签间的距离，典型货物的物理尺寸，以及读取环境因素中如运输带上的金属滚筒等。在运输带安装通道的一个优势在于可预测一些数据，例如：物体通过读取区时的速度，在任一给定时间内读取区内驻留标签的数量等。其另一个优势是与门口通道相比，天线与标签的读取距离较小。

无论是在通道中还是运输带入口，读取传送链上紧靠的货物最好使用定向天线来减小读取范围，并降低功率以免干扰到相邻运输带上的读写器。为了便于安装，安装 RFID 通道时通常会有一些预装配，可以将它们连接到电源，接入网络，并配置所推荐的参数。如果有的通道并没有 RFID 相关器材，还得安装天线和读写器，通道通常会配设有支架或者固定器来固定天线、读写器以及电缆。在安装 RFID 设备及通道时请遵循通道指南进行。图 9-15 为 RFID 通道的安装图。

8. 编码站的安装

编码站是为了下游交易模式训令安装的，也就是通常所指的“即拍即发”或“贴一发”模式。一个典型的编码站如图 9-16 所示，其中包括一台联网的计算机、一个条形码扫描器和 RFID 读写器。

为了能让所贴标签物品的数据能够传输，还需要安装一台与后端系统相连的计算机。通

图 9-15　RFID 通道安装

图 9-16　传送带上的一个确认通道

常，该系统由一个条形码扫描器读取包裹上的信息，这些信息将被计算机处理并生成 RFID 的电子标签并应用在同一个盒子。在邮政应用中，这个盒子还会送往被读取一遍以保证标签依然还能被读取。

9. 车载安装

迄今为止，运输工具上 RFID 设备的安装是所有的安装中最复杂的，如何选择适当的安装设备对未来的成功操作起着关键的作用。RFID 设备必须满足以下这些环境的具体要求：环境因素中的温度和湿度以及一些极端情况如完全可能暴露在雨中、风里或者是雪里、所装载和移动的货物、振动等因素。

为了能正确安装运输工具上的 RFID 设备，应该遵循以下规则：

1）采用减振器安装读写器；

2）为了减小信号损耗，将读写器与天线安装得尽量近以减少电缆长度；

3）分离的安装天线可获得合适的读写条件而可避免因为靠得太近而受到读取影响，如图 9-17 所示；

4）当在运输工具和读写器之间传输能量和数据时，需要考虑减小连接电缆被损坏的几率；

5）在天线及读写器实现正常功能的前提下将其安装在能让操作人员可以直接看到的位置以保证操作人员的安全。

在运输工具中如何将读写器和天线连接到后端数据库难度较大，通常而言，可以安装计算机或者车载终端并用这些设备与后端系统采用无线通信传输。读写器读取到标签后，将数据通过一系列连接传送到车载计算机，这些数据会被筛选和聚集，然后就可以被仓储管理系

图 9-17 在铲车叉两边安装车载天线

统处理或者商业处理系统等处理，变成实际的商业行为。为司机配有带屏幕的车载电脑或终端可以为他提供产品信息、位置以及归属。这个系统也可以保证工作人员的效率并能有效减小因为贴错标签及将产品放错位置的概率。如图 9-18 所示是车载电脑上的显示器显示了表示仓库示意图和其中产品的信息。

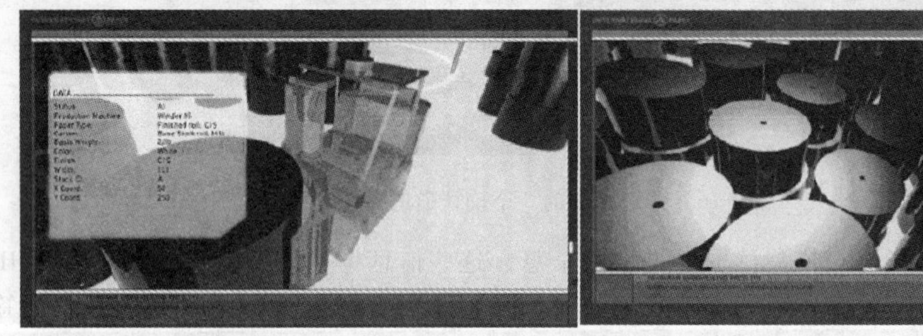

图 9-18 车载电脑显示的仓库示意图和其中的产品信息

10. 接地因素考虑

在将读写器和电子器件接通电源之前，需要当场检查接地情况。各种接地场面包括：电力线接地、区域地及 RF 地。当这些地有差异时，至少潜在的地下闭环可以使用。出于这个原因，RFID 系统中所有的器件都应该接入到常规接地场面。安装前，应该关掉电子存储并用接地检错设备来指出电力线的情况。接通仪表电源后会显示电力线的 3 种指示灯，根据电力线是否极性相反、中性和没有接地 3 种情况给出指示，很多种线利用这种设备都可以迅速得出结论，一定不要自己臆测出结论而要通过已被授权和有质量保证的电子设备来检测。安装浪涌电压保护器也是一个很好的建议，以及多安装一个不间断电源以使交流电能够在输送到电子设备前被过滤也是很需要的。绝大多数情况下都会处理从读写器和运输工具的接地。

11. 安装后检测

安装完毕后，应该检查所有的电源、以太网、射频场和读取区等，保证标签能够被读取、数据能正确传输、所有的电缆都连接正确并发挥应当发挥的功能。让带有编码标签的对象进入读取区来检测射频场、查看读写器以及向后端传送的数据，让标签在预覆盖的范围内移动以保证在该区域内都能被读取。或许还需要安装一个状况指示器表征当它是“被激活”的或标签被读取到时而显示出来，这样可以避免工作人员带有不该被读取的标签而进入读取区。对于工厂来说，这些规则也意味着需要对运作参数进行修改。当系统被完整安装结束后，应该针对该系统让贴有标签的货物经过这个工厂给客户一个正式的演示。

9.4 故障分析技术

上一节给出并讨论了安装技术，经过了长期复杂的工程建设，安装结束之后并不代表 RFID 项目的成功实施，对于大部分客户和供应商来说，如何分析运行中出现的故障将变得非常重要。故障分析技术是指 RFID 系统运行一段时间之后，对于其发生的故障进行分析的技术。故障分析技术当然也需要结合测试技术，但是两者的侧重点不同，这里使用的测试技术是提供数据供故障分析使用，本节主要关注于故障分析技术。对 RFID 系统进行故障分析的方法和传统的 IT 系统的故障分析方法类似。首先在设备上对一些最简单的数据点核实，然后在后端系统利用更复杂的关系来计算。

9.4.1 一般故障分析过程

在故障分析过程中，需要清楚地定义故障现象，这将为所处理的问题提供立足点，一旦了解到用户遇到的问题后，就可以详细而精确地给出问题的解决方案。让系统重新运行和找到故障的根源通常是两个截然不同的事情，确定故障的真实来源，可以更好地防止此类问题再次发生，否则系统运行中发生的故障，有可能被认为是已经解决的问题所引起的。故障分析应遵循以下步骤，多数故障都能够得到解决：

1）重启系统。在开始做任何故障分析前重启系统，在询问区域内重启设备。这个简单的步骤通常可以解决动力高峰所带来的问题或后端系统不完整指令发出的问题。

2）从最容易的开始着手。从最容易发现和核实的环节入手，例如：考察读写器的电源是否出现问题，包括功率转换和调节器；检查电缆自身的损坏情况或连接器是否损坏，防止过度弯曲或电缆其他地方的磨损导致的信号的衰减或信号干扰；检查所有的物理连接，包括插座是否正确地插在底座上、天线接头和输出端口连接是否正确、电源指示灯是否正常。这一步是显而易见的，很多故障只是由毁坏的电源或断电导致的。

3）检查标签是否可见并在哪里可见。当核实所有设备的上电后，检查标签放置在读取区中会有什么结果。多数读写器的指示灯不仅可以显示其状态，而且也可以显示标签是否已经被正确读取。也可以将读写器直接连接到计算机，通过厂商提供的查询软件进行测试。如果能够识别到电子标签，就知道读写器不是故障的来源；如果找不到标签，检查天线接线和电缆，读写器的配置，最后才有可能需要更换读写器。当需要更换硬件时，要确保关掉整个系统并断开还在运行装置的电源。不要在读写器还在工作时拔下天线，即使读写器工作时没有使用天线。当安装新的替换设备时，遵循相同的规则。在天线、网络、输入/输出端口等连接无误后，最后才给所有设备上电。

4）测试所有触发和反馈装置。手动触发读写器可以通过制造商的软件成功读取标签，但当贴有标签的产品通过读取区域时无法被识别，就需要检查触发和反馈装置。检查指示灯是否被正确排列、连接和配置或当标签在读取区域时，指示灯却没有亮，需要检查灯的供给电源和连接以及检查灯的功能是否正常并考虑是否需要更换。

5）检查网络通信。当核查完读取区域内的所有本地设备后，观察进出该区域的网络连接以及读写器通过计算机到网络的连接是否正常。对读写器使用“ping”指令，如果能收到网络回应，则可以排除网络配置和IP地址设定方面引起的问题；如果不知道读写器的IP地址，可以通过串行连接的终端或通过网络路由器接口找到，如果通过“ping”得到响应，说明读写器能够在网络中进行通信，如果没有响应，例如看到的是“响应超时”，就需要检查网络设置和连接故障，包括IP地址的设置、子网掩码和网关。

6）检查中间件。如果所有的本地设备都能进行正常的网络通信，但是读取的信息却没有被后台系统记录，这就需要检查其他连接。如果中间件的客户端被置于读写器之后，需要确认其是否正常工作时，可以通过重启尝试恢复工作。整个服务器重启不太可行，但是完全可以重启中间件中的服务程序来确保没有崩溃的数据使得程序中断。如果这样能够解决问题，务必检查日志文件以查看失效之前最后的事件，这样从根本上分析故障原因。

7）检查ERP、WMS和TP（事务处理）系统的连接。当测试完中间件并核实其功能是否正常，检查到后台终端系统的连接是否正确后。系统中一般会有状态监控程序显示存在的故障，有时可以运行测试脚本仿真从读写器读取数据，确保后端系统显示正确结果。如果碰到问题，尝试一下重启服务程序然后观察问题是否依然存在。如前所述，需要通过检查日志文件找到发生故障之前最后发生的事件，找到引起故障的根本原因。

9.4.2 读取区域的故障分析

RFID系统实施过程中的大多数问题归结于读取区中不合适的硬件和软件不正确的设置或者对产品不正确的标记，包括标签本身的损坏也会导致故障。下面给出了一些故障现象及其排查技术。

1. 没有读取

当产品通过读取区域时，没有显示任何读取的信息，那么需要考虑以下因素：

1）判断是否所有的组件都接上了电源，设备的各种状态指示灯应该闪烁或点亮。检查读写器的指示灯、电源供给和外设的指示灯，如果指示灯不能工作，检查相关的连接是否正确、电缆是否牢固以及弯曲有没有超出允许范围和连接器有没有损坏。

2）检查读写器的配置是否正确。在能够读取标签之前，读写器的许多设置包括其功能和类型都必须正确配置。例如：地理位置是否设置正确？有些读写器如果没有设定地理位置和工作国家就不能读取标签，这些设定考虑到了不同国家的参数限制；是否允许轮询？由于默认设置不一定是允许轮询，确定读写器是否允许轮询并且设置一定的间隔时间，连续轮询或者根据需要触发；是否定义了正确的标签协议？读写器是否按照某种协议来设置的，例如EPC的0级和1级，以及是否需要读取第二代标签或其他的需求，确认读写器是按照合适的协议安装的，除非确实有需要，否则尽量避免支持所有的协议，因为这样会降低读写效率；读写器中的天线是否定义正确？大多数读写器通常会自动地识别已经连接的天线并使之工作，当读写器驱动两个或更多的读写区域的天线时，就需要核查特定区域所对应的天线能否工作并且被设置了正确的输出功率；读写器的读/写功能是否设置？由于读写器可以被设置成只读、只写或者读/写，所以要确定相应的功能没有被禁止；网络配置是否正确设置？读写器也许能够读取标签，但是由于网络配置的不正确可能导致中间件或者后台系统无法读取。确保动态主机分配协议（Dynamic Host Configuration Protocol，DHCP）功能打开或者关闭，这点取决于网络。如果不采用 DHCP，就必须使用正确的 IP 地址和读写器通信，如果使用 DHCP，网络将会动态分配 IP 地址给设备。

3）天线的方向是否正确？如果采用线极化的天线和单极子标签，就要确保标签与天线保持平行。需要考虑以下两个问题：无线波束能否到达标签？天线功率的设定可以确保适当的射频覆盖范围；放置在产品上任何位置的标签是否都能被读取到？遇到密集或者接收射频信号困难的产品，需要调整天线的角度或者增加额外的天线覆盖读取区域以确保产品的正确读取。例如：标签可能放置于产品的底部，这样放置在读写区域上方的天线可能就读取不到产品。

2. 读取不到全部的标签

当所有标签的功能都是正常时，也有可能通过读取区的实际标签数目与读取的标签数不相等。例如：读取的标签数量小于经过读取区域的标签的数量，就需要考虑以下问题：

1）读取读取区域内的所有标签是否现实？需要根据产品的类型、标签的总数、通过的速度、读取区域中的天线数量和读取设置决定。托盘中的货物不可能总是 100% 的读取，这种情况经常发生在密集的或者接收射频信号困难的产品，例如罐头或者金属组件，在托盘的顶部方向上可以增加天线来读取信息，仿佛旋转托盘一样，可以将箱子的标签与托盘标签相比较，如果产品外包装完整或者箱子数量得到确认，可以进行 100% 的读取。

2）标签协议是否过多？过多的协议支持将降低读取速度，因为读写器不得不将所有的协议都检查一遍，直到找得到一个匹配的。这样可能导致漏读标签，所以需要使能工作的协议一直有效。

3）物品在读取范围内停留的时间是否足够长？如果许多标签快速地通过读取区域，读写器可能不会完全读取到。也有可能是支持的协议过多或其他原因，例如防碰撞或者密集读写器的模式。解决的办法可以通过改变天线在标签上的扫描路径来增加标签的驻留时间，或者在扫描路径上放置更多的天线来增加读写区域的覆盖范围。

4）在读取区域周围是否存在潜在的干扰？干扰也能导致漏读。检查区域内可能导致信号反射和多径干扰的无线通信系统和无线网络以及金属物体。

3. 读取到的标签的数量比实际的数量多

如果读取到的标签数比实际通过读取区域的标签数量多，需要考虑以下问题：

1）多余标签的数据格式是否与其他标签的数据编码相匹配？如果答案是肯定的，则有可能得到的是错误的读取，这些错误读取的发生是由于读取区和不合适的功率设置或者读取区中的反射，天线记录了不应该记录的标签。相邻的读取区过高的功率设置，与周围的区域内无线电波重叠也会产生相同的情况。要解决这个问题，应该降低功率、天线方向偏离相邻读写区、使用较小的增益，或者使相邻的感应区之间屏蔽。

2）数据格式与所需标签使用的数据格式是否一致？数据是否看起来完全没有意义？可能碰到了误读。误读是由于周围环境的射频噪声被读写器当作成一个标签数据而引起。虽然第二代协议通过格式检验技术减少了误读，但是误读现象仍然可能重复出现。

9.4.3　标签失效的故障分析

在一个已经安装好的 RFID 系统中进行标签故障分析是最困难的。标签出现故障有很多原因，例如不正确的应用速度、不正确的应用压力、静电放电、标签的滥用、不正确的标签编程和较差的标签质量。下面是关于一些检查出问题源头的方案和建议：

1. 标签不能被识别

标签可以被读取但是却没有被存货系统识别，可以考虑以下问题：

1）标签数据的格式是否与系统预先设计的一致？64 位值赋予 96 位内存空间的 EPC 值，就会导致标签的形式无效。读写器的输出参数应该确保其发出的信息格式与数据处理系统预期的格式相一致。

2）出现在标签中的哪些信息是无效的？标签可能会跳过编码的过程。制造商在出货之前为了验证标签的操作能力放置了测试数据，这有可能就是读取过程中看到的没有被编码的标签。也有可能是这个 EPC 数字中的特定部分出现了编码错误或者已经损坏。举例来说，如果 EPC 头部出现损坏，那么从这个标签中读出的数据将没有任何意义。

2. 数量不匹配

通过读取区标签的数量和读到的标签数量不匹配，需要关注以下几点：

1）标签的放置是否正确？因为标签有可能从产品上脱落，必须确认标签放置于合适的位置，将标签放在产品的不同位置进行比较来确定标签最佳的放置位置，如果标签放在了一个不理想的位置，可能会造成失效和读取遗漏。

2）这些标签是否无法识别或者已经损坏？由于测试和检验程序的不完善，可能会使产品粘贴了一个无法识别或者损坏的标签。标签有可能在贴合的时候、经过传送带的时候或者叉车运输过程中损坏。标签也经常会被静电损坏，为了防止标签因为这样而损坏，应该将它们贮藏在具有防静电的包装中，同时采取其他防静电措施。当标签位于卷状物体上的时候，随着温度的上升会使卷状物体产生对标签的张力，这种情况会破坏集成电路和标签天线之间的连接，所以应该遵循制造商规定的贮藏温度和标签工作温度。必须确定标签的损坏通常发生在什么位置，然后尽可能消除这一点或者增加一个步骤来进行异常处理。

3）标签天线和读写器天线的方向是否一致？如前所述，假如读取区域采用一个线极化天线，而标签天线是单偶极子，那么就必须确定在通过感应区的时候，它们始终保持适当的方向。有时被贴标签的物体可能被倒转或改变方向，而且那样会引起天线方向的改变。为确保标签在任何方向都能被识别，通常采用圆极化天线。有时，当标签角度对准天线的时候，水平极化或者垂直极化没有问题。当标签与天线之间的角度达到 90°的话，就很难被识别到（根据标签的不同类型和区域内的射频传播而定）。采用多天线和可能的不同倾斜方向的结合，可以解决这个问题。

4）产品选择的标签是否恰当？这种问题主要出现在不同类型的产品采用同样标签的情况下。比如说，如果产品仅仅只有谷类，那么最好的情况可能就是全部被识别。但如果采用同样的标签来分类和运送罐类食物，将会产生许多反射和失谐的情况，这将导致非常低的识别率。通常不能改变对标签的选择，但至少可以改变标签的放置位置或者通过增加一个绝缘体或空气隔层，以减少或消除失谐，从而提高被识别率。

9.4.4 软硬件的故障分析

以上讨论了在实际效果比预期差的情况下，该检查什么和如何判断设备出故障的原因以及处理方法。这些问题通常由于配置不合理所引起的。现在考虑硬件和软件方面可能导致设备效果比预期还差的问题。

1. 固件（软件硬件相结合）升级

硬件中存在的软件问题可以通过从制造商获取固件升级来矫正，然而，升级包应该只能在有特殊需要的时候才采用。每一个针对 RFID 读写器、RFID 打印机或者其他任何设备的固件升级文件都会包含一个说明它能解决哪些特殊问题的文本文件。制造商发布升级软件包，使用者采用这些升级来解决确定的相关单元中的问题。升级也可以用来增加功能，例如：许多扫描仪和打印机就可以通过固件升级来支持第二代标签。如果固件中包含了新的功能或者支持将用到的技术标准，那么升级可以免去购买新设备而花费的金钱和时间。

通常说来，比较好的办法是确保所有类似设备都在相同版本的固件下工作，这将有助于保证维护和性能的一致性。即使是相同的型号，不同版本的固件也可能导致读写器的工作模式不同。新的固件升级发布以后，可能会使读写器因为功能增强而运行更快。为了获得一致的性能，测试升级固件后的读写器是否达到预期的目标，然后对所有同样类型的读写器升级。

当构思设备的一个维护计划时，在实施或者更新固件的时候，需要文档化的过程来加载特定的固件。这样的话，配置中所有的选项都确定是可用的，而且所有需要的特征是技术员们所期望基于文档的。

注意不要简单地加载获取的固件的某一个版本，仅仅在于它是最新的，这里的规则是“越老的版本越简单”或者说“不要修补一个没有损坏的固件”。如果需要尝试一个新的固件版本，那么应该在一个单独的设备上测试以确认这个升级不会引起故障。如果没有正确升级，那么一个细微的改变就可能导致严重的破坏。例如，在不同版本中指令集可能会改变，导致安装的通信无用和大量的软件安装工作。基于以上原因，通常需要在公司的每一个应用场景中彻底测试固件的新版本。

2. 网络

网络通信问题可以显著影响一个已经安装好的 RFID 系统的性能。如果在安装的过程中确立一个基准性能，这对于检查基准来确定平均响应时间是有好处的。将最初的响应时间和目前的情形进行比较可以显示网络目前正在经历较高的业务，由于 RFID 的安装而导致了慢的响应。

3. 软件

当检验完所有的物理设备和网络，并且都可以正常工作时，就轮到检查软件的环节了。许多中间件都包含用来浏览程序功能是否出于正常工作状态的一些监视软件，有时包含允许输入已知的数据流而且输出固定的期望值作为输出的一个测试脚本，如果脚本能够产生期望值，那么问题可能在其他地方，应该检查中间件与后续的应用程序之间的联系。

所有的软件都能通过重启（就像硬件一样重启）而重新开始。如果某个服务好像被锁死或者对于不响应正常地输入，重启是第一步，如果这样还不能解决问题，就需要在错误日志中查找记录，甚至最近的管理员密码变更都可能引起服务问题并被记录在错误日志中。

某些错误可以通过复位读写器的初始设置来消除。一些读写器有安全模式，这种模式下不允许读取标签或者其他常规操作，但是可以回复默认设置并测试各种读取功能。

9.5 本章小结

本章介绍了 RFID 系统的实施技术所需的步骤、系统组件的选择和成功实施的要素。测试技术方面介绍了测试的目的和意义、测试仪器和环境、测试技术的研究现状和国内外测试结构、测试内容以及部分测试技术案例。RFID 系统的测试已经成为 RFID 研发和生产中不可或缺的一个重要组成部分，通过合理选用测试仪器和测试方法，RFID 系统可以获得最佳的性能。安装技术方面介绍了如何现场勘查和硬件安装。故障分析技术介绍了故障分析过程、传感区域的故障分析、标签失效故障分析以及软硬件故障分析。

参考文献

[1] Packaging digest china. 启用 RFID 四部曲［OL］.［2005-10-28］http://www.rfidinfo.com.cn/Tech/n206_1.html.

[2] 庄表微. 盛盈射频网. 新加坡建立东南亚首个 RFID 测试中心［OL］.［2005-08-19］http://solution.chinabyte.com/388/2078388.shtml.

[3] ISTIS. RFID 测试中心一瞥［OL］.［2005-11-8］http://www.istis.sh.cn/list/list.asp?id=2383.

[4] 陈柯，等. 采用 NI 模块化仪器构建业界领先的 RFID 测试系统［OL］.［2007-3-15］http://tech.rfidworld.com.cn/2007_3/2007315119537749.html.

[5] Raghu Das and Peter Harrop. RFID Forecasts, Players and Opportunities［OL］［2007-10-8］http://www.idtechex.com/products/en/view.asp?publicationid=105.

[6] 网络世界. RFID 市场应用现状分析：身份证当家［OL］.［2005-09-12］http://searchmobilecomputing.techtarget.com.cn/23/2112023.shtml.

[7] 安捷伦公司. RFID 技术及测试方案［OL］.［2006-6-20］http://www.tm.agilent.com.cn/atu/lab/monthlyreport/200603-2.htm.

[8] 赵健，等. RFID 测试体系与规范的建立［OL］.［2005-7-18］http://www.mc21st.com/techsubject/subjects/RFID/art/2005/0727-a12.htm.

[9] 金青松，RFID 产品与系统测试研究［OL］.［2007-07-06］http://tech.rfidchina.org/readinfo-21281-184.html.

[10] 谭民，刘禹，曾隽芳，等. RFID 技术系统工程及应用指南［M］. 北京：机械工业出版社，2007.

[11] 李秀萍，等. 微波射频测量技术基础［M］. 北京：机械工业出版社. 2007.

[12] 郑军奇. EMC 设计与测试案例分析［M］. 北京：电子工业出版社，2006.

[13] 杨继深. 电磁兼容技术之产品研发与认证［M］. 北京：电子工业出版社，2004.

[14] 刘禹. 去芜存真 RFID 系统测试［OL］.［2006-01-01］计算机世界报. http://www2.ccw.com.cn/04/0442/b/0442b05_5.asp.

[15] 王爱英. 智能卡技术 - IC 卡［M］. 北京：清华大学出版社，2000.

[16] 常若艇. 我国 RFID 技术无线电频率规划及管理划［OL］.［2007-10-17］RFID 中国网 http://www.cesi.ac.cn/datumview.aspx?sort=10&id=6153.

[17] 宋起柱. RFID 技术及电磁兼容研究［OL］.［2007-3-14］http://www.rfidinfo.com.cn/Tech/n543_1.

html.

[18]　洪卫军，等．超高频 RFID 系统与其他无线网络的电磁兼容性研究［OL］. http：//tech. c114. net/164/a215319. html.

[19]　游佰强，周建华．电磁兼容的测试方法与技术［M］．北京：机械工业出版社，2008.

[20]　Chris Cook，Mark Brown．德州仪器 RFID 白皮书-智能包装技术的实际性能预测［OL］．［2007-1-24］http：//www. chinarfid. com. cn/RFID/200701240997212. htm.

第 10 章　RFID 在供应链物流管理中的应用

10.1　RFID 在供应链物流管理中的应用概述

10.1.1　供应链与物流的概念

供应链是指由供应商、制造商、仓库、配送中心和渠道商等构成的物流网络。同一个企业可能构成这个网络的不同组成节点，但更多的情况下是由不同的企业构成这个网络中的不同节点。比如，在某个供应链中，同一个企业可能既在制造商、仓库节点，又在配送中心节点等占有位置。在分工越细、专业要求越高的供应链中，不同节点基本上由不同的企业组成。我国国家标准《物流术语》对供应链的定义是："供应链（Supply Chain）是生产及流通过程中，涉及将产品或服务提供给最终用户活动的上游与下游企业，所形成的网链结构。"供应链的范围比物流要宽，不仅将物流系统包含其中，还涵盖了生产、流通和消费，从广义上涉及了企业的生产、流通，再进入到下一个企业的生产和流通，并连接到批发、零售和最终用户，既是一个社会再生产的过程，又是一个社会再流通的过程。狭义地讲，供应链是企业从原材料采购开始，经过生产、制造，到销售至终端用户的全过程。这些过程的设计、管理、协调、调整、组合、优化是供应链的主体；通过信息和网络手段使其整体化、协调化和最优化是供应链的内涵；运用供应链管理实现生产、流通、消费的最低成本、最高效率和最大效益是供应链的目标。在供应链各成员之间流动的原材料、半成品库存和最终产品等就构成了供应链中的物流。

物流可以说是供应链中的一部分，实际上是对供应链中的产品在各供应链参与者之间进行管理，包括流通中的（运输中的）和非流通中的（库存的），通过供应链管理对整个渠道的产品和信息实行增加值流动管理，以便获取最大的运作效率和效益。现代物流在传统物流的基础上，引入高科技手段，即运用计算机进行信息联网，并对物流信息进行科学管理，从而使物流速度加快，准确率提高，库存减少，成本降低，以此延伸和放大传统物流的功能。

从传统的观点看，物流对制造企业的生产是一种支持作用，被视为辅助的功能部门。但是，由于现代企业的生产方式的转变，即从大批量生产转向精细的准时化生产，这时的物流，包括采购与供应，都需要跟着转变运作方式，实行准时供应和准时采购等。另一方面，顾客需求的瞬时化，要求企业能以最快的速度把产品送到用户的手中，以提高企业快速响应市场的能力。所有的这一切，都要求企业的物流系统具有和制造系统协调运作的能力，以提高供应链的敏捷性和适应性。因此，物流管理不再是传统的保证生产过程连续性的问题，而是要在供应链管理中发挥重要作用：创造用户价值，降低用户成本；协调制造活动，提高企业敏捷性；提供用户服务，塑造企业形象；提供信息反馈，协调供需矛盾。要实现这几个目标，物流系统应做到准时交货、提高交货可靠性、提高响应性、降低库存费用等。现代市场环境的变化，要求企业加速资金周转、快速传递与反馈市场信息、不断沟通生产与消费的联系、提供低成本的优质产品，生产出满足顾客需求的顾客化的产品，提高用户满意度。因此，只有建立敏捷而高效的供应链物流系统才能达到提高企业竞争力的要求。

综上可知，供应链是物流、信息流和资金流这三个流的统一，物流管理是供应链管理体系的一个重要组成部分，也是供应链管理的起源。两者的区别在于，物流涉及原材料、零部件在企业之间的流动，是企业之间的价值流过程，不涉及生产制造过程的活动；供应链管理包括物流活动和制造活动，涉及从原材料到产品交付最终用户的整个物流增值过程。Kearney 咨询公司指出，供应链可以耗费整个公司高达 25% 的运营成本，而对于一个利润率仅为 3% ~ 4% 的企业而言，哪怕降低 5% 的供应链耗费，也足以使企业的利润翻番。

10.1.2 应用的现状和特点

1. 应用现状

当前的供应链物流中存在信息不对称、不能得到及时信息等弊端，难以实现及时的调节和协同。随着全球经济一体化进程的推进，调度、管理和平衡供应链各环节（跨区、跨国）之间的资源变得日益迫切，以电子产品编码（EPC，不限于 EPCglobal 的 EPC 标准）和 RFID 技术为核心，在互联网之上构造“物联网”，将在全球范围内从根本上改变对产品生产、运输、仓储、销售等物流供应链中各环节的物品流动监控和动态协调的管理水平。

由于电子标签具有可读写能力，对于需要频繁改变数据内容的场合尤为适用。它发挥的作用是数据采集和系统指令的传达，广泛用于供应链上的仓库管理、运输管理、生产管理、物品跟踪、运载工具和货架识别、商店，特别是超市中商品防盗等场合。所以从采购、存储、生产制造、包装、装卸、运输、流通加工、配送、销售到服务，RFID 在供应链的诸多环节上都发挥重大的作用。IDC 预测，2011 年 RFID 在供应链管理领域中的应用所占市场份额将达 40.7%；2006 ~2011 年供应链应用的复合增长率为 90.3%；在资产管理领域所占的市场份额次之，达到 26.7%，2006 ~2011 年复合增长率为 73.8%。

国际方面，全球最大的零售企业如沃尔玛、家乐福、麦德龙和 Tesco 等公司正在启动 RFID 应用项目，选择 RFID 技术作为其进一步降低成本增加利润的手段，将在全球的连锁超市商品物流中全面推行射频技术，用智能标签来取代传统的条形码标签。2004 年底，DHL 的物流中心用 RFID 技术取代了条形码技术；UPS 也把 RFID 用于包裹的分拣和确定包裹的位置；Dell 公司在电脑装配过程中随时把新的信息写入电子标签，让顾客在购买时了解所订购产品的生产流程；联合利华和雀巢等企业也采用了类似的系统，进行物品跟踪与质量控制。另外，一些大型的全球性海运公司（例如香港和记黄埔、新加坡港务局）已经在一些来往较多的国际港口安装了 RFID 装置，并通过“物联网”获取货物的抵达和中转信息及数据，实现了物流信息的可视化，并且取得了很好的经济效益。

我国物流与制造业企业中还没有将 RFID 技术作为信息采集和跟踪的完整应用，这也严重影响和制约了行业内服务水平的提高。目前我国对于商品标识标签的应用市场还未形成，但是企业和行业内已经开始起步。海尔、白沙集团等在企业内部自动化立体仓库的托盘上安置了电子标签，明显提高了管理的精细化程度。同时，我国物流企业的基础条件和信息化手段参差不齐，因此在未来相当长的一段时间内，RFID 技术仍将与传统条形码技术共存。如何在现有信息系统的基础上，完成对企业流程管理的改造，实现条形码系统与 RFID 技术的集成应用是每一个企业所关心的问题。供应链物流系统是一个纵横交错的、庞大的社会性系统，需要深入研究并建立面向全国供应链物流体系的 RFID 应用架构。

2. 应用特点

为了将 RFID 技术应用于供应链物流管理中，首先来分析一下物流应用的特点。从不同层面上讲，物流可分为企业内部物流、第三方物流和社会物流。一般意义上提到的物流通常指第三方物流（Third Part Logistics，TPL）。第三方物流是物流服务供给方在特定的时间段内按特定的价格向需求方提供个性化系列物流服务的交易方式。第三方物流通常是跨企业的物流，由于它能够在一个更大的时间和空间范围内进行资源的配置，更有利于资源优化，降低物流总成本。

供应链物流管理具有自身专门的应用理论和技术。从基础应用层面上讲，有互联网、地理信息系统（Geographyic Information System，GIS）、GPS、条形码（Bar-Code）、RFID；环境体系层面有电子数据交换（Electronic Data Interchange，EDI）；在作业管理层面有 JIT 技术；在销售时点管理层面有 POS 系统、有效客户信息反馈（ECR）、自动连续补货技术（ACEP）、快速响应（QR）等。以上各层面技术，互联网、条形码、EDI、POS 系统这几项在我国应用较为普遍，而 RFID、GIS、ACEP 等技术，则只有在几家大型企业里才有应用。可以说，我国供应链物流管理离国际先进水平还有一大段距离，因此需要积极推广 RFID 技术在供应链物流管理中的应用。

RFID 技术应用于供应链物流管理中的信息采集和物流跟踪，可以极大地提高行业内服务水平，原因在于 RFID 技术可以实现多目标、运动目标的非接触式自动识别，基于 RFID 构成的物联网强调物质与信息的交互。具体表现在：可以实现信息采集、信息处理的自动化；实现商品实物运动等操作环节的自动化，如分拣、搬运、装卸、存储等；实现管理和决策的自动化乃至智能化，如库存管理、自动生成订单、优化配送线路等。将 RFID 技术用于供应链物流管理，需要将供应链物流过程从一个大系统的角度来看待，在更大范围内共享 RFID 信息，以最低的整体成本，达到最高的供应链物流管理效率。同时，RFID 应用需要结合其自身的特点：

1）由于供应链物流管理的各环节可以对电子标签进行再加工（修改数据、写入新的数据），电子标签不再是一个静态的货物标识，它的动态变化反映了物品的状态、货物与货主之间互动作用。物品从生产、存储、流通、消费等各个环节被检测的过程，需要利用 RFID 来对物品的运行过程进行记录、处理和可追溯管理。如 RFID 应用于制造业生产管理时，零件在流水线上每进入一个工位时，它做了哪些操作都需要进行记录。物品的跟踪与监控，就是 RFID 系统对物品的信息加工过程，自动记录商品在整个供应链上流动的信息，状态的记录往往决定了 RFID 对物品处理的下一步行动。

2）由于 RFID 的动态作用，使得 RFID 与企业、与社会能够保持联系。如：超市中采用 RFID，当顾客货车通过读写器时，营业员不但可以迅速得到商品信息与价格，还可以迅速提供顾客商品的使用信息、消费警示信息；汽车维修中采用 RFID，当汽车进入维修厂后，读写器根据电子标签中的信息，自动收集这辆汽车的所有维修信息及相关信息，并可将本次维修的记录写入电子标签中。

3）RFID 代表了现代工业社会对生产、运输、零售到消费的全方位信息处理及服务过程。RFID 对电子标签中电子产品编码信息进行获取、处理和发布，实现系统中各应用节点的协同工作。每一个 RFID 将它采集得到的物品信息通过物联网传送到任何它应该到达的地方，同时可根据物联网上得到的信息对物品上的电子标签进行信息加工（见图 10-1）。

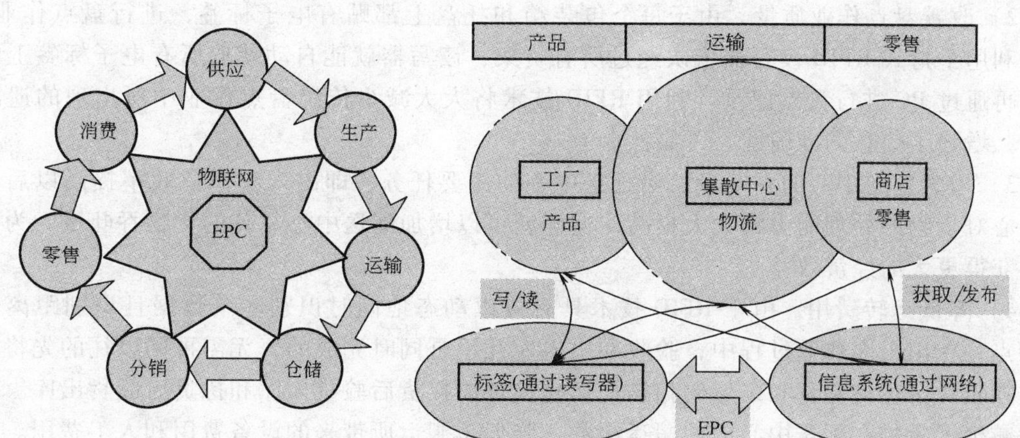

图 10-1　RFID 物流系统通过物联网进行信息加工

10.1.3　价值分析

1. 商业价值

供应链信息化建设的基础之一是基础数据采集问题，基础数据的完备和真实与否，直接关系到供应链信息化建设的成功与否。RFID 技术的出现可以很好地解决信息化建设中的底层数据采集的“瓶颈”难题，它将大大提高供应链活动各环节的自动化处理水平，提高物流效率，降低物流成本。

现代物流与供应链的高效管理成为企业竞争力的核心，RFID 技术在各种供应链服务中已经彰显优势并代表未来供应链管理方向，国际巨头也都纷纷将目光投注到最具潜力的供应链应用 RFID 上。RFID 可以应用于物流和供应链中的人员识别与物资跟踪、生产线自动化控制、仓储管理、汽车防盗系统、火车和货运集装箱的识别等。RFID 与 EPC 标准相结合，能够自动识别目标对象并获取相关数据，便于通过互联网实现物流跟踪和实时监控。由于 RFID 技术免除了跟踪过程中的人工干预，在节省大量人力的同时，可极大地提高工作效率，所以对供应链物流管理具有巨大的吸引力。

RFID 在供应链物流管理中的主要应用之一是对物流的跟踪。通过自动化增加生产力并限制人工干涉，避免人为错误；获得快速的后勤管理，取得即时的供应链动态资料，实现供应链的完全可视化，加速物流的运送并改善对运送的掌握；减少多余的资料录入并且提高资料的正确性。由于电子标签可以惟一地标识商品，通过和计算机技术、网络技术、数据库技术等的结合，可以在物流的各个环节上跟踪货物，实时掌握商品的动态信息。物流中电子标签的 ID 号是储运单元的惟一标识，是标识多个或多种类商品的集合。应用 RFID 技术，可以实现如下目标：

1）缩短作业流程。对于配送中心，出入库在平时作业中占很大的比例，将托盘和包装箱贴上电子标签，在配送中心出入库口处安放读写器。这样出入库时，利用叉车将货物送出（入）仓库，在出入口处无需停止地进行扫描，在流程中捕获数据。读写器可以远距离地动态地一次性识别多个标签，计算机根据所阅读到的信息对数据库进行访问，并进行相应的数据记录，大大节省了出入库的作业时间。

2）改善盘点作业质量。由于每个包装箱和托盘上都贴有电子标签，进行盘点作业时，只需利用手持式 RFID 读写器依次经过所有货架，读写器就能自动获取所有电子标签上的信息，再通过 PC 进行盘点记录。利用 RFID 技术将大大减少传统盘点作业中所出现的遗漏等差错，增强了信息的准确性、可靠性。

3）增大配送中心的吞吐量。当配送中心的主要任务，即出入库作业效率提高以后，配送中心对货物的处理能力将大大提高，这样就可以增加配送中心每日的货物吞吐量，为配送中心获得更大的经济效益。

4）降低运转费用。由于 RFID 技术具有可以动态地同时识别多个数据且识别距离较大的特点，在出入库作业过程中，验收和出入库几乎是同时完成的，无需再同以往的先将货物堆放在收货区等待验货和条形码扫描，而直接可以接货后验货入库和拣货后验货出库。这样大大减少了货物在配送中心内的搬运次数，降低了搬运所带来的设备费用和人工费用。

5）物流跟踪。从生产厂家生产出产品，经过包装、运输、仓储、分拣、配送，直到零售商店，RFID 中的 ID 号是这些中间环节中的惟一标识。利用这个惟一标识可以实现货物在整个供应链上的物流跟踪和供应链的自动化管理，增加供应链管理的透明化程度，使多种行业共享通用数据。

6）信息的传送更加迅速、准确。由于远距离、动态自动识别、一次识别多个电子标签等优势，RFID 技术将使信息的传递更加迅速和准确，大大减少了错误和遗漏的发生，特别是解决盘点作业中的遗漏和错误。

7）提供多种信息且易于维护。RFID 中的 ID 号可以提供货物的体积、重量、生产日期、批号等多种含义、多种信息。随着国际贸易的不断发展，贸易伙伴对各种信息需求的不断增加应运而生，其应用范围在不断扩大。

8）解决供应链物流管理中信息采集的自动化问题。贴在单个商品、包装箱或托盘上的电子标签，可以提供供应链管理中产品流和信息流的双向通信，并通过互联网传输从电子标签采集到的数据。同条形码技术相比，RFID 技术可以大大削减用来获取产品信息的人工成本，使供应链许多环节操作自动化。Forrester Research 零售业分析师认为，若采用 RFID 技术，沃尔玛公司每年可以节省 83.5 亿美元，其中大部分是扫描条形码的人力成本。

9）解决零售业物品脱销、盗窃及供应链被搅乱带来的损耗。沃尔玛公司每年因盗窃带来的损失达 20 亿美元，研究机构估计，采用 RFID 技术之后能够帮助把失窃和存货水平降低 25%。另外在集装箱运输中采用的方案是在集装箱、托盘级采用有源电子标签，在小包装货箱和单品上同时使用无源电子标签和条形码。为保证货品安全，还在集装箱上安装了 RFID 关封，一旦货柜被非法打开，将在几秒之内自动报警。

2. 经济分析

如上所述，RFID 核心技术在供应链物流管理中的应用，不仅可以突破供应链领域中底层数据采集的“瓶颈”难题，提高物流活动各环节的自动化处理水平，提高物流效率和准确性，降低物流成本，还可以解决零售业物品脱销、盗窃及供应链被搅乱带来的损耗等问题。下面进行经济分析：

1）投资成本分析。对制造商和零售商来说，支付 RFID 读写器和系统整合的一次性投入数额巨大。普通的消费生产公司将花费 130 万美元到 230 万美元不等。以下对两种类型的企业使用该技术的成本支出进行比较：一种是生产大宗低价快速消费品的企业，例如食品和杂货生产商；另一种是生产少量昂贵商品，经常出现商品脱销和数量缩减的企业，一般为药物和普通水平生产商。如果两个企业同样销售50亿美元的商品，前者要比后者多支付1.55亿美元的资金预算（假定每个电子标签成本为0.15美元，使用期限为10年，资金加权平均成本为12%）。因此，销售大量低价格、低毛利、快速消费商品的生产商采用RFID技术，将会使自己的现金流量受到巨大影响。另外，RFID的生产成本难以在短时间内降下来。从成本上考虑，RFID大规模应用于整箱商品，只有单个电子标签的价格降到10美分以下才可行，而单个包装商品，只有降到3美分以下才可行。况且现在RFID技术还不成熟，RFID被误读的几率较高，最关键的是购置RFID的硬件和软件系统是一笔庞大的投资，中小企业只能望而却步。

2）收益分析。采用RFID技术不仅可以降低劳动力成本，还可以解决商品断货和损耗这两大零售业难题。通过使用RFID技术，沃尔玛每年可以节省劳动力成本83.5亿美元，同时可挽回因盗窃而损失的20多亿美元。目前，零售商采用RFID技术的成本，约为40万美元/配送中心、10万美元/零售店，另外还需3500万~4000万美元用于整个组织的系统整合。根据著名的科尔尼管理咨询公司的分析和总结，零售商采用RFID技术的收益将来自三方面：第一、由于库存减少，一次性节省现金额约合总库存额的5%；第二、每年减少仓储和仓库劳动力成本7.5%；第三、断货脱销商品减少。由于RFID所带来的业务流程的再造，零售商的年度销售中，每10亿美元将产生连续性收益70万美元。

3）社会效益分析。从目前的现状看，RFID的应用还是限于企业内部，因为RFID在物流行业的应用，涉及到供应链的整个过程，包括物流配送企业、海关、工商、税务等各个环节，还有诸多问题需要解决。RFID的应用还是一个生态环境问题，不仅要有电子标签本身，而且必须有相应的应用环境和管理手段，才能推动电子标签的大规模普及。另外，RFID大规模应用的价格、隐私保护以及安全等问题也是不容忽视的。如何在不加大成本的同时提高电子标签的安全性，还是有待进一步研究的问题。

10.1.4　应用框架

1. RFID应用架构的要素

RFID能够实现多目标识别、运动目标识别以及结合互联网等技术来实现物品跟踪和供应链物流管理的功能。供应链物流管理中采用的RFID技术一般是感应耦合方式的系统，其工作过程通常是：RFID读写器的天线在其作用区域内发射能量形成电磁场，载有电子标签的物品在经过这个区域时被读写器发出的信号激发，将存储的数据发送给读写器，读写器接收电子标签发送的信号，解码后获得数据，而读取的电子标签数据可以与信息系统无缝集成。因此，RFID应用框架既要能够适应读写器对电子标签的信息处理（读取和写入）的要求，又要能够适应后台数据传输、信息处理及各种应用对RFID系统的要求。

EPC标准体系中，RFID系统包括EPC、电子标签、读写器、EPC中间件、ONS（Object Name System，对象命名系统）和PML（Physical Markup Language，物理标记语言）等组成要素。EPC记录着每个物品的全球惟一标识，由一个版本号加上另外三段数据，位数有64位、96位和256位；电子标签携带EPC，是厂商在生产过程中给物品打上的惟一标识；读写器采集电子标签数据，传送给EPC中间件；EPC中间件负责管理和传送产品EPC的相关数据；对象命名系统（ONS）是一个自动的网络服务系统，类似于域名服务（DNS），提供全局范围的信息共享机制。这样 EPC 中间件通过 ONS 实现 EPC 与物质流通各个环节中互联网节点的联系。通信的语言规范称为物理标记语言（PML）。RFID 系统信息获取流程如图 10-2 所示。

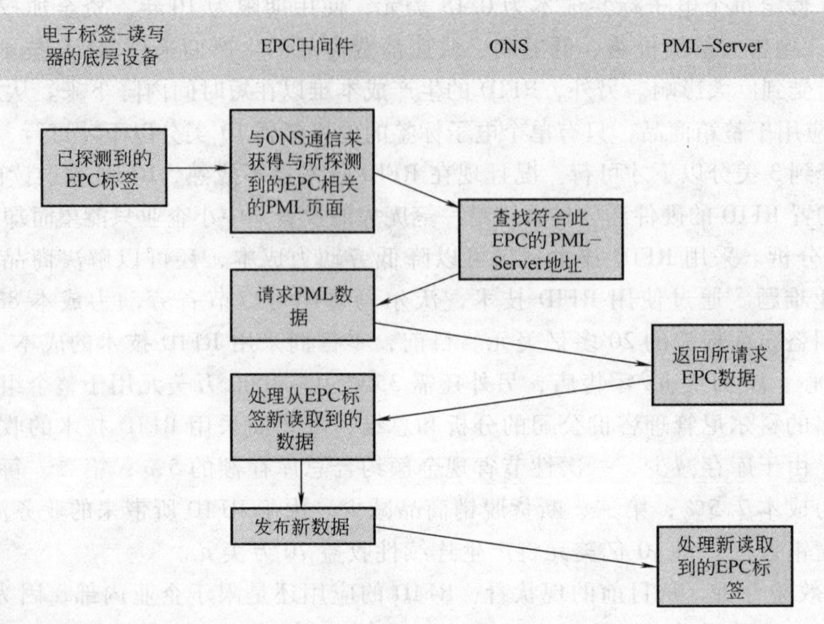

图 10-2 RFID 系统信息获取流程

2. 分层的 RFID 应用框架

一个通用的 RFID 供应链物流应用框架如图 10-3 所示，可分为 4 个层次：

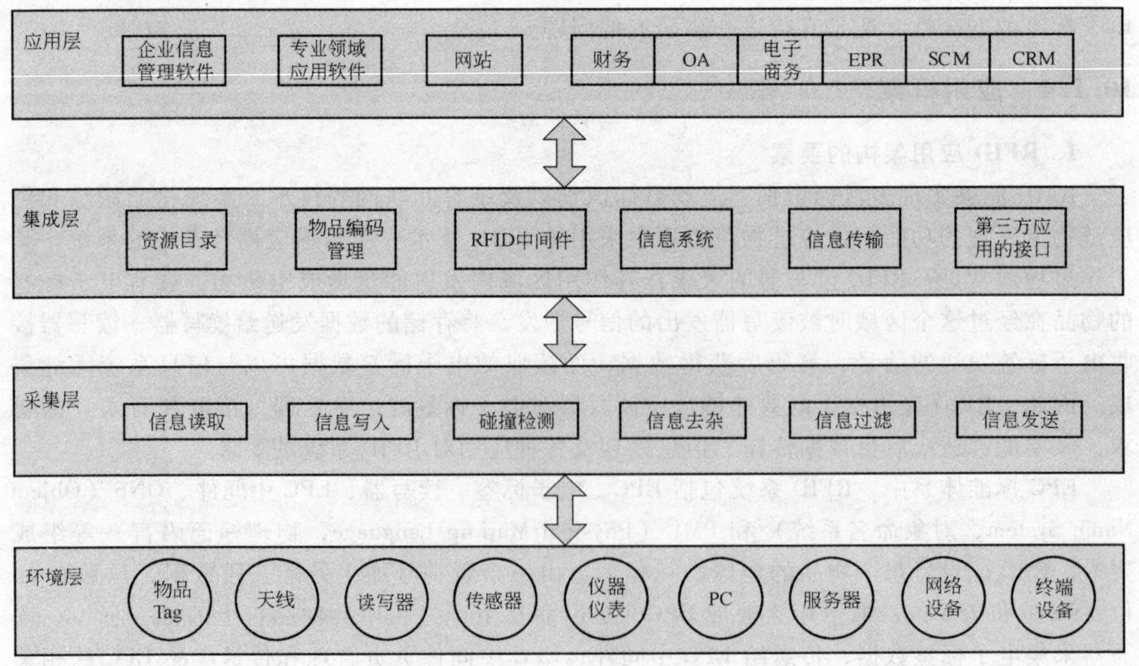

图 10-3 RFID 应用框架示意图

1）环境层：RFID 应用环境构造，包括物品（附有电子标签）、天线、读写器、传感器、仪器仪表、计算机硬件、服务器、网络设备、终端设备等；

2）采集层：基于 RFID 的物流信息采集，通过读写器采集电子标签中的信息，进行简单的信息预处理（解码、防碰撞、多通道信息去重、信息过滤、分类）后将信息传送到集成层；

3）集成层：RFID 应用支撑平台，支持 RFID 信息的输入、获得、传输、处理及协同。该层包括 ONS、RFID 中间件（Savant）、集成平台、信息系统及信息传输。资源目录服务包括物品编码管理、资源目录及 ONS 查找、发现、定位、验证机制。RFID 中间件主要解决信息语义定义、读写器信息采集、信息写入（一次写入或分段写入）、数据库接口。集成平台主要是在中间件的基础上增加与第三方应用的接口（为财务、OA、电子商务、MIS、ERP、CIMS、SCM、CRM 系统提供数据接口），使各种应用软件与 RFID 兼容。信息系统是为了高效、可靠、方便地对 RFID 信息进行管理，建立统一的物流数据库，对数据进行录入、修改、查询及统计。

4）应用层：RFID 后端软件系统及应用系统界面，形成可定制的物流应用系统。包括企业信息管理软件，分析统计及报表的生成；专用领域应用软件，满足行业应用的个性业务需求；网站平台，方便供应链节点信息的注册、查询及交互等信息服务；协同工作平台，实现应用中 RFID 与其他系统的协同工作。RFID 应用按规模可分为：企业级应用、跨企业应用、行业级应用、跨行业应用、国家级应用、跨国应用等几种应用模式。企业级应用是在企业网络平台实施数据采集、过程控制等行为；行业级应用是把 RFID 作为生产、流通、销售、使用中基本信息承载与处理单元，强调企业间、企业与管理部门间的协同工作。

对于不同的应用领域以及业务处理的不同，可以设计不同类型的电子标签和读写器，RFID 系统具有不同功率以及性能，但其应用框架大体相同。

10.1.5　一致性管理

1. 一致性管理的必要性

无论是将 RFID 技术引入到人工操作、条形码识别，或者支持语音识别的供应链物流管理中，RFID 技术都会对供应链物流的业务流程和基础设施带来巨大的变化。对大多数生产商、零售商以及批发商而言，从技术或者经济的角度来看，一次性全面引入 RFID 技术的方法是不可行的。由于缺乏足够的相关技术人员以及 RFID 标准和技术也在不断演变之中，都给全面引入带来了风险，分阶段的引入已经被证明是最有效和最有利的方法。通过这种方式，公司首先要确定未来可能由于采用 RFID 技术而使业务营运获益的各个不同的环节（业务流程），要知道所有的环节不能够同时应用 RFID 技术，每个环节都需要按照一致性或客户需求、利润率（投资回收率）以及可行性来确定优先级，基于这个优先级而被按照顺序进行实施。对于那些 RFID 客户正日益增加的公司而言，实施 RFID 技术时，必须把一致性管理放在第一位。一致性管理将会涉及到供应链的每一个环节，有利于 RFID 技术的良好实施。

一致性管理系统所设计的功能是为了有效管理 RFID 数据，并执行 RFID 为基础的一致性贴标方法和为零售客户提供成品验证方法。这些系统通常被称为“即贴即送”的解决方案。这个方案得到了普遍使用，电子标签贴在货物上之后，很快就被发送给客户。从表面上看，这个方案对于该公司几乎没有或者只有很少的投资回报，但是完成了在商品上用电子标签提供货单分类详细目录的任务。该方案解决了 RFID 规范要求下的供应商要求，实现了快速实施、最小化投资和提供了熟悉 RFID 技术的出发点。

RFID 一致性管理系统刚开始时通常规模较小，而且最初可能只包括以下基本组件：工作区的电子标签、规范化的管理软件、用于包装箱和托盘的电子标签、打印机/编码器、用于校验包装箱电子标签和托盘电子标签的 RFID 读写器。

一致性管理软件可以作为一个“独立的”单机系统或者与现有系统，如 ERP、仓储管理系统（Warehouse Management Systems：WMS）等相结合，单机系统通常是实施成本最低的，但是带来的收益会比和现有系统完全集成的一致性管理体系要少。

2. 追踪一致性的数据

通过 EPCglobal 的信息创建惟一识别物体的新的数据结构，贯穿于整个供应链，这些数据都遵循 EPC 标准的数据格式。全球贸易项目标识代码（GTIN 或 SGTIN）是最简单的 EPC 数据格式，常用来在供应链中识别相同类型的物体。更高的应用层次中，SGTIN 基本上包括 3 个主要的数据区，这 3 个区将和供应商、最小库存单位（Stock Keeping Unit，SKU）以及每个库存单元的惟一序列号相关联。迄今为止可以看出 SGTIN 的 EPC 数据格式类似于具有序列号的 UPC，这个简单而有效的机制可以惟一识别供应链中的所有库存单元。

尽管“即贴即送”业务看上去很简单，但是增加了产生和收集大量数据的可能性，这些数据将会在启动系统的第一天就开始发挥其价值。当采用了恰当的设计和实施方案，这些系统就成为了 RFID 库存跟踪以及配送性能监控的基础。

将电子标签应用于库存单元非常重要，在知道库存单元目的地的情况下，例如基于销售订单，才会使用一致性标签。按照这样的顺序使用电子标签，可以立刻为客户订单设置相应的电子标签。从销售订单来看，获取的 RFID 数据为出货提供了以下信息：已经挑选好并贴好标签的每种产品箱子的总数；将要出货的托盘的总数；每个货盘上实际箱子的总数；每个货盘上 SKU 的组成/成分；箱子放在托盘上的形式；发送给客户的每个包装箱的惟一识别号；发送给客户的每个托盘的惟一识别号；每个包装箱和托盘的贴标流程开始和结束的日期和时间；每个包装箱和托盘的 RFID 可读性的日期和时间；每个包装箱和托盘被装载到货车上的数据和时间；托盘被装载到货车上的次序；被特殊船坞或拖车载运的次序。

通过利用上述获取的 RFID 数据，完全可以通过一致性管理系统来达到更高的操作效率和运输准确度。以下是一些以前不能解决而通过 RFID 数据可以解决的问题：

1）出货物品离开工厂却没有正确的一致性标签的几率是多大？

2）操作员将托盘装错卡车的几率是多大？其中：订单正确但是货物却装错的几率是多大？物品在什么地方弄错了以及如何发生的？是什么库存管理因素导致问题的产生？

3）托盘被装载到卡车上以及随后卸下的次数是多少？

4）取错订单的几率是多大？其中：缺货、存货过剩、错误的 SKU 以及在读取过程中先进先出（FIFO）操作会导致什么结果？

5）混合 SKU 的货盘堆放的情况如何？例如：重的 SKU 被置于底层，以避免压坏轻的 SKU。

6）是否达到了最佳的托盘配置？基于标准操作流程或者最优经验，托盘的堆放是否合适？操作员固定托盘的的情况如何？

7）RFID 打印机和电子标签运行情况如何？包括：需要重新打印标签的次数是多少？某些 SKU 是否比其他的 SKU 更难贴上电子标签及校验？如果是，哪些 SKU 存在这个问题？

8）每个接收到包装箱和货盘的读取率如何？电子标签当前的位置是否能够保证其发挥作用？

上述问题代表了订单出货到达顾客之前，有哪些信息是可利用的，正确地设计并执行一致性管理系统将会提供这些信息。此外，一旦库存单元经过供应链就会使得这些大量的信息变得有价值。大多数情况下，一致性管理系统在发布用于从仓库或者配送中心提取物品的客户订单之后，就会生产或签发电子标签，并附加在物品上。

就目前来说，把贴标操作放在仓库管理的后期阶段，影响了从电子标签中获得的最初的收益，但从数据角度来看，这提供了电子标签工作的理想环境。对初步实施者来说，在这个阶段就已经确定了每个库存单元的最终目的地、客户和交货地点。如今，客户可能会有不同的贴标需求，包括人工读取、条形码和电子标签，这一点将变得非常重要。因此，采用标签的格式、尺寸大小、版本以及技术（条形码、RFID 或者同时具有）将取决于客户的选择。这个阶段带来的另外一个好处就是可以将贴过电子标签的物品与客户订单直接关联起来，生成电子标签所产生的这种关联可以确保在取货、包装以及运输的过程中去检验订单的正确性。与此同时，每个物品的最后包装流程就是附加上电子标签，出货之前，就不用对物品做一些其他的包装操作，包括重新打包、加固和第二层包装。

对于现在的大多数公司来说，一致性管理是首要条件，然后才可以逐步在供应链中应用 RFID 技术，当然将 RFID 一致性管理成功执行，并且与客户需求有机地结合起来也是非常重要的。除此之外，一致性管理所带来的经验积累将有助于指导在未来供应链中的其他环节采用和集成 RFID 技术。一致性管理是监控供应链运作的起点，也是在供应链中实施 RFID 技术最可行和最佳的机制。

最后，一致性管理能够立即给公司带来效益。例如：RFID 技术可以自动进行物品识别，能够用来改善订单交付的准确性。没有采用 RFID 技术的系统依赖货盘上的条形码和通过目测来验证托盘上的物品，但是 RFID 技术能够逐箱逐盘地检查，这就提高了识别水平，加上自动化确认，能够提高交付过程的吞吐量和准确度。如上所述，对于当前的大多数公司来说，一致性管理是 RFID 技术在供应链中实施的前提，在满足客户的需求、成功实施和集成 RFID 一致性管理到现有系统都具有非常重要的意义。

10.1.6　应用环节

当整条供应链物流管理中都实施 RFID 技术时，才能将收益最大化。所以，应用 RFID 技术不仅在收货和发货这样两个环节，更多的还要利用 RFID 技术实现对库内作业的跟踪管理，提高透明度。RFID 技术在供应链物流管理中的应用主要包括以下几个环节：

1）仓储环节：RFID 技术在仓储环节中的应用是在物流中最重要的应用之一，尤其是在进行存取货物活动过程中，它能够帮助企业简化作业流程，实现作业流程自动化管理。

2）配送环节：RFID 技术在配送环节中的应用主要是用于加快货物配送速度以及提高拣选与分发过程的效率与准确率，并能有效减少现场操作人员、降低配送成本。

3）运输环节：RFID 技术在运输环节中的应用主要是在商品运输过程中，可以在车辆与货物上贴 RFID 电子标签，同时在运输路线上设置一些安装了 RFID 读写器的检查点。当读写器接收到电子标签发出的信息后，可以将货物当前情况，以及所在的地理位置（结合GPS技术）等信息通过无线广域网传送给运输调度中心，帮助企业直观了解目前有多少托盘、货箱与集装箱处于转运途中、转运的始发地和目的地，以及预期到达时间等相关信息，实现运输过程的实时跟踪与管理。

计算机网络技术与现代通信技术的发展，为全球范围内高速正确的数据传输提供了条件，也为RFID技术在供应链物流管理中的广泛应用带来了机遇。在现代通信技术的带领下，建立一个将电子标签连入网络的体系框架，在网络上进行商品数据处理的服务器技术，与库存管理和市场营销有关的技术都是未来RFID技术在供应链物流中应用值得研究的课题。RFID技术的应用，对于以信息化为基础的供应链物流管理来说尤为重要。相信在不久的将来，RFID技术将同条形码技术一样深入到供应链物流管理的方方面面，尤其对提高物流配送中心的作业效率和经济效益起到关键性作用。不仅如此，RFID技术与互联网、移动通信网络的结合，可形成全球性行业管理网络，实现物品跨地区、跨国界的识别跟踪。图10-4为RFID在供应链物流中的应用场景。

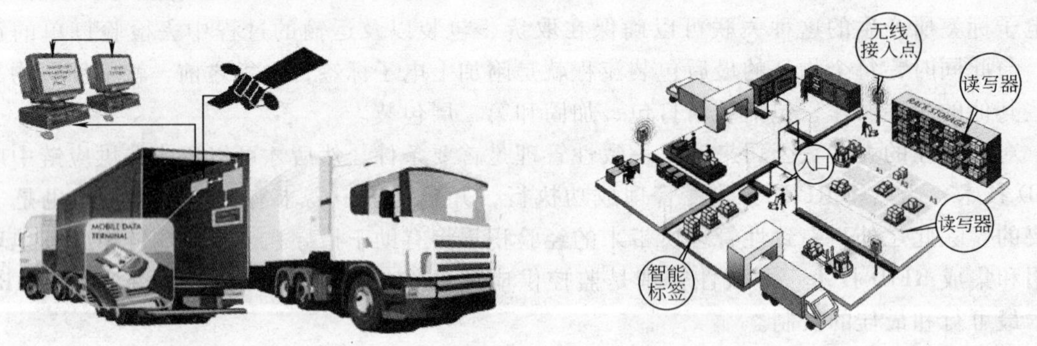

图10-4 RFID在供应链物流中的不同环节应用场景

接下来将会从供应链物流中的几个重要环节入手，分别对生产制造、仓储管理、配送中心、运输管理等进行详细的分析或给出应用举例。

10.2 RFID在生产制造环节中的应用

10.2.1 简介

RFID不仅是一种与零售业相关的技术，也是和生产制造紧密相关的技术。RFID正从零售业进入制造过程的核心，通过在工厂车间层逐步采用RFID技术，制造商可以无缝且不间断地集成从RFID捕获的信息并链接到现有的、已验证和工业加强的控制系统基础结构，与配置RFID功能的供应链相协调，不需要更新已有的制造执行系统（Manufacturing Execution System，MES）和制造信息系统（Manufacturing Information System，MIS）就可以发送准确、可靠的实时信息流，从而创造附加值，提高生产率和大幅度地节省投资。在如今货物快速流通的环境下，有效地管理生产制造是一项艰巨的任务，市场的压力要求企业具有最大限度的灵活性，财政的压力需要工艺不断地改进。采用RFID技术来实现准确的信息和制造执行系统，将有助于厂家做出最佳的决策，这样的一个系统应该具有的特性如下：

1）车间数据采集和执行。通过采用电子标签和智能车间终端技术，MES可以辅助处理以下工作：流程、废品和产品报告、工作订单、图样和规格、批号和序列号跟踪以及质量控制。

2）可视化管理和事件通知。MES可以提供报警和通知、良好的状况显示、关键性能指示、实时的生产数据，所有的可配置仪表板和报告通过在线或者移动手持机发布。

3）设备集成。通过将RFID数据集成到便携数据终端、移动电话、寻呼机、通过测量获得的监控和数据采集（Supervisory Control And Data Acquisition，SCADA）信息、PLC网络、传送带、分类器、堆积器和计量仪表中，MES可以将管理以及用于产品追踪和可追踪性的有用信息融合在一起。

MES可以提供建立在实时的、侧重执行的体系基础之上的直接执行能力，来协调ERP系统，将MES的数据反馈到用于商业计划的ERP中使用。为了实现采集数据并整合到ERP的功能，许多ERP系统允许车间数据采用规格化的形式。数据采集软件层能够提供通过普通界面来管理条形码、RFID系统、SCADA系统、测量装置以及基于网络的数据。数据采集软件能够将数据集成到如下操作中：工作量报告、库存跟踪、直接选取、批货控制、维护和维修操作、时间和出现率、运送审核、电子看板。图10-5为RFID在生产制造中的应用框图。图10-6为RFID在生产制造中的示意图。

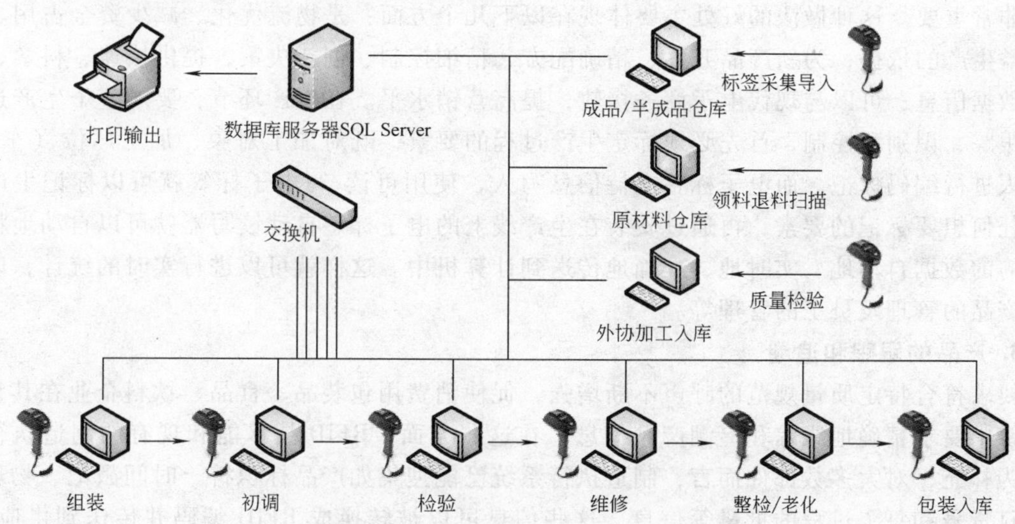

图10-5　RFID在生产制造中的应用框图

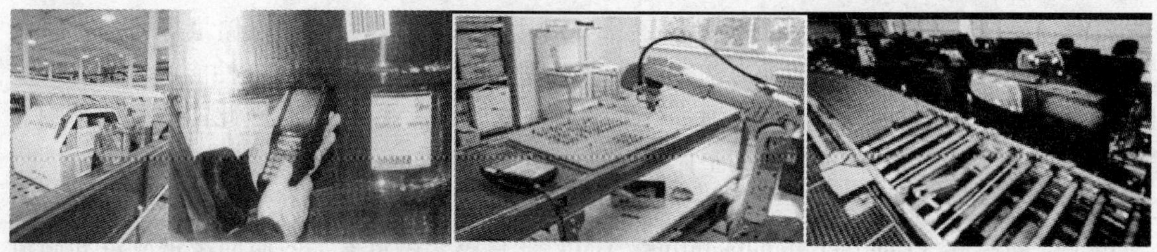

图10-6　RFID在生产制造中的示意图

10.2.2 生产制造业中的应用

RFID在生产制造业中的影响是广泛的，包括：信息管理、制造执行、质量控制、标准符合性、跟踪和追溯、资产管理、仓储量可视化以及生产率等，以下分别简要介绍。

1. 制造信息管理

将RFID和现有的制造信息系统如MES、ERP、CRM和IDM等相结合，可建立更为强大的信息链，以及在准确的时间及时传送准确的数据，从而提高生产力、提高资产利用率以及更高层次的质量控制和各种在线测量。通常从RFID获取数据后，还需要中间件将这些数据进行处理，馈送到制造信息系统。

2. 制造执行、质量控制和标准的一致性

为支持精益制造和6 Sigma质量控制，RFID技术可提供不断更新的实时数据流，与制造执行系统互补，RFID信息可用来保证正确使用劳动力、机器、工具和部件，从而实现无纸化生产和减少停机时间。更进一步，当材料、零部件和装配件通过生产线时，可以实时进行控制、修改甚至重组生产过程，以保证可靠性和高质量。制造生产需要符合国家标准和规范，RFID技术能提供附加的信息流，使制造执行系统紧密地符合和通过标准的认证。

实施RFID技术可实现对整个生产过程的跟踪、识别和控制。在实际生产过程中，实时统计在各个车位、车间和仓库中物品的数量，以及跟踪某一批号的物品目前正送往什么位置等都非常重要。这种做法的好处主要体现在以下几个方面：是物流优化、减少资金占用、实现精益生产的依据；为新产品开发、精确配方、精细控制、创新决策，提供快速、科学、准确的数据信息；可以与现代电子商务接轨，提高营销水平。在生产环节，要对整个生产过程进行跟踪、识别和控制，首先必须标定生产过程的要素，既对加工对象、加工厂位（车间）和工人进行编码标记。而电子标签支持信息写入，使用可读/写电子标签就可以标记生产过程中任何想要标记的要素，再通过安装在生产线上的电子标签自动读写器就可以自动地将上述所需的数据自动地、实时地、准确地传送到计算机中。这样就可以进行实时的统计，以便进行产品的管理及员工的管理等。

3. 产品的跟踪和追溯

要求符合特定质量规范的呼声不断增强，促使消费用包装品、食品、饮料企业在其整个供应链中要求精确地跟踪和追溯产品信息。在这些方面，RFID技术能和现有的制造执行系统互为补充，对大多数部件而言，制造执行系统已能搜集如产品标识符、时间戳记、物理属性、订货号和每个过程的批量等信息，这些信息可以被转换成RFID编码并传送到供应链，帮助制造商跟踪和追溯产品的历史信息。

4. 工厂资产管理

资产（设备）上的电子标签提供其位置、可用性状态、性能特征、存储量等信息。基于这些信息的生产过程，维护、劳动力调整等有助于提高资产价值，优化资产性能和最大化资产利用率。由于减少停机时间和更有效地进行维护（规划的和无规划的），因此能积极地影响非常重要的制造性能参数，例如装置的整体有效性（Overall Equipment Effectiveness，OEE）。

5. 库存可视化管理

由于合同制造（Contract Manufacturing，CM）变得越来越重要，因而同步供应链和制造过程的清晰可见就成为关键。RFID技术适合于各种规模的应用系统（局部的或扩展到整个工厂），RFID 技术可以对进料、WIP、包装、运输和仓储直到最后发送到供应链中的下一个目的地，全方位和全程的可视化，所有这些都和信息管理有关。如今，条形码技术已普遍使用于制造业，然而对许多条形码系统而言，往往需要在生产过程中手动修改和更新，费时费力。RFID 技术的一个直接作用是解放劳动力，消除这种人工操作，而且能准确、快速、可靠地提供实时数据，这对大批量、高速的制造企业特别重要。

应用 RFID 跟踪库存，实现库存可视化，必须做到以下两点：必须给待识别物品附加电子标签；必须在物品存储或经过的关键节点安装相应的读写器，这些关键节点包括原材料仓库、成品仓库以及生产车间的各关键工序之间。当附着有电子标签的待识别物品出现在读写器的读取范围内，读写器自动以非接触的方式将电子标签信息取出，从而实现自动识别物品或自动收集物品标识信息的功能。这样，RFID 读写器就可以对待识别物品存储或经过的多个关键地点实施跟踪。这个过程是自动的，无需人工参与，保证了数据采集的实时性及准确性。除了具备以上两个基本条件外，库存可视化管理还需要有功能强大的计算机网络系统，以实现对所收集的数据进行处理，并实现在制造企业内部甚至供应链物流内的信息共享。

10.2.3　生产制造业中的实施建议

在生产企业中，物料、零件加工时间只占企业生产过程的 5% ~10%，90% ~95% 的时间都是物料处于停滞或装卸、搬运、包装和运送等物流过程中，并且企业流动资金的 80% 左右被原材料、在制品、半成品等物品所占用。因而，如何提升企业生产物流，加强内部物流管理，已成为企业管理的一个现实课题。

RFID 技术的应用会带来巨大的收益前景，但是伴随着巨大收益的同时，也会带来实施这项新技术的巨大挑战。因此，对于大型制造企业来说，在实施 RFID 技术之前，必须做好前期规划，为以后成功实施 RFID 系统奠定坚实的基础。

1）进行成本/效益分析。一份成本/效益分析报告对成功实施 RFID 非常重要。当前实施 RFID 技术还存在诸如成本、技术、标准等方面的问题，一些企业对于实施 RFID 技术还持观望态度；但是 RFID 技术可带来巨大的效益，包括间接效益，如提高客户满意度，这些都应该列入报告中，并根据实际情况进行投资收益分析。

2）进行应用系统分析。在实施之前，要明确部署 RFID 系统在业务上的需求，并对这些需求进行分析，同时还要充分考虑在开发部署 RFID 系统时的种种因素，统筹规划。规划做完之后需要被真正贯彻实施才能体现 RFID 技术的优势。

3）制定实施计划。结合应用系统分析报告，制定 RFID 实施计划。RFID 项目的实施，可以分为 4 个可行阶段，逐步实现平稳缓慢的过渡。即：起步、测验和验证、试点实施以及真正实施 4 个阶段。对于大型制造企业来说，其关键在于如何使用 RFID 信息，实现与企业现有系统的信息整合，优化内部业务流程，提高企业的核心竞争力。尽管通往 RFID 的道路并不顺利，需要重组现有的生产流程，进行大量的员工培训，与供应链伙伴进行互动等，但是，对于那些勇于接受挑战、具有远见的组织来说，应用 RFID 技术将会带来巨大的好处。

但是，从目前的 RFID 的发展情况来看，RFID 在仓库、物流等行业应用远远没有达到人们的预期。尤其是在制造业和车间现场的应用来看，更是寥寥无几，原因有以下几点：

1）成本因素。虽然 RFID 技术的发展非常快，而且目前很多厂商声称能够达到 5 美分，但是真正一个完整的标签到最终用户手中时，一般都在一元人民币以上，和几分钱一个的条形码相比，RFID 技术成本方面的劣势仍然很明显。目前看来，对于托盘级别的物品包装，采用 RFID 技术的可能性大于用于管理单件物品。

2）技术因素。技术因素限制 RFID 技术在生产中的使用存在于几个方面：对于金属表面的敏感性，由于电子标签本身是一个微型无线信号收发装置，当标签贴在金属表面时，金属由于离标签天线太近，对天线周围的电磁环境构成比较大的影响，导致标签无法正常工作，这种现象严重影响了 RFID 在机械制造行业的应用；对于液体的敏感性，RFID 目前采用的主流波长的电磁信号大多容易被水等液体所吸收，所以也限制了 RFID 在液体产品表面的使用；标签之间的相互遮挡，虽然 RFID 强调对于读写距离的扩展和同时读写能力的提高，但是由于被动式标签重叠以后，所有读写器发射的信号基本被先遇到标签的天线所吸收，所以当一个标签和另一个标签重叠或者位于另一个标签的“阴影”中时，该标签不能获得足够的能量以支持芯片工作，造成漏读现象。

在没有突破上述成本和技术限制之前，RFID 在制造业的应用将主要在以下行业得到发展：单件产品价值较高，对标签的成本不敏感的行业；对信息追踪和防伪要求比较高的行业；非金属和液体类型的产品类型的行业。

综上所述，RFID 能明显地改进和提高制造过程的各项关键性能，经济效益突出，因此近年来发展很快，是值得注意的技术动向。

10.3 RFID 在仓储管理环节中的应用

10.3.1 简介

在传统的供应链物流管理系统中，仓储管理主要扮演的是“存储”与“保管”的角色。仓储管理的主要目的，就是希望藉由储位的规划与管理，来有效地掌控货品的来源、去向及流量，以达到“动态管理”的目标。为了满足客户需求的同时，也能够减少运作支出，WMS 提供了一种管理信息并用于智能化工作决策的技术。数十年来，WMS 都是通过优化货物流通，从而最大限度地利用资源，并提高库存的准确性来减少销售成本。为了实现高性能和智能化，需要大量的数据来支撑这些系统，这些数据来源于多种业务系统，例如 ERP、人工输入和自动化识别读取。RFID 技术所提供的数据哪些可以应用于仓储管理呢？首先，将研究仓储本身的 RFID 数据的影响。按照 EPC 标准统一的 RFID，可以保证提供在包括仓储环节的供应链各处的详细目录单位的惟一识别信息（货箱、货盘、条款等），这种概念与目前普遍的仓库操作比起来是相当超前的。现如今，许多组织管理的大部分产品都处于 SKU 水平，虽然这种方法满足了许多需要执行当前的客户交付的产品的要求，但是却存在几个固有的缺陷。

首先，每个包（箱）上缺乏惟一的标识，意味着 WMS 必须把相同产品的货箱同等对待。因此，如卸货之类有计划的行动，将在不了解货箱信息（制造日期、制造产地、工程修订、批号、入库日期等）的情况下进行。其次，产品在没有批号或序号的情况下在仓库流通，不能从销售环节到生产环节进行有效地逆向跟踪，不利于工厂召回产品、防止损坏以及查找损坏发生在哪个环节。

WMS 把 RFID 信息从制造环节发送到配送环节，就可以在实际的、离散的、粒状的库存信息基础上来计划和实施工作，让先进先出（FIFO）的库存管理变得切实可行。通过 RFID 跟踪产品进出仓储环节，可以获得更强的能力来识别数量少的产品集合的位置和运送方向，从而协助产品召回、损坏情况的实时通知、并防止库存时间过长而损坏。

综上所述，可以看到 RFID 技术能够降低成本、提供更多的价值。下面将介绍 RFID 数据对仓储管理中部分业务的影响。

10.3.2　仓储管理中 RFID 信息的应用

传统仓储管理中的许多操作都依赖于实时的手工输入操作，需要人根据 WMS 的指示做出响应，采用手工输入条形码甚至语音来验证 SKU、数量或者库存位置等数据。尽管 SKU 能够通过条形码准确获得，但大多数情况下，数量信息还是通过操作员目测得到，从订单接收到库存盘点都需要依赖人工操作。现在可以利用 RFID 技术所提供的信息，在仓储管理的以下场合减少对人的依赖：

1）收货。读取每个货箱和托盘上的电子标签，将获取的信息自动与供应商提供的信息进行比较，从而使耗损、货物替换、数量不符以及运送错误都可以检查出来。

2）位置。产品的存储位置信息在堆放过程中已经被探测并保存下来，保证在任何时候都可以知道每个货箱实际的堆放位置，特别是在实际位置和预设的堆放位置不同的时候。通过 RFID 技术，某个特定库存物品可以通过手持式读写器来快速定位，语音或其他提示功能可以向操作员指明库存物品在众多相同物品中的确切位置。

3）备料。RFID 数据可以通过在备料操作中为成套业务自动核实实际内容与计划之间的差异来提高精度，并减少备料。确认缩量、不正确的组件以及过剩或者不足的实时引导，以更好地控制库存和质量。此外，从组件产品到成品组件制造推广 RFID 数据能够提高召回管理和退货处理的能力。

4）运输。利用 RFID 信息可以确保正确的数量、产品和运输工具，有助于精细化管理运输业务。在客户收货发现错误的时候，运输过程中所获取的所有 RFID 信息就可以用来查找发生错误的环节。

5）退货。理想化的情况下，根据 RFID 技术提供的信息，跟踪检查可以追溯到生产过程中，仓储管理中的退货步骤将更加有效和快速。损坏的货物和需要退回工厂的货物，可以安全地与其他库存隔离和被记录，通过分析 RFID 信息，可以找出损坏发生位置，还可以退回到原产地。

6）货场管理。目前，集成到 WMS 中的货场管理软件可以优化出货的步骤和调度交通工具。基于 RFID 技术可以很容易地完成货场管理和跟踪、移动库存货柜（即拖车）的管理和优化。货场出入口的 RFID 读写器可以提供可视化操作，拖车使用电子标签可由手持式读写器读取。例如，货场管理系统可以指示司机在哪里有空地；安排离码头最近的拖车去装货；利用基于 RFID 技术的实时定位系统，可即时跟踪在货场中拖车的位置、设备甚至是人。采用 RFID 技术的货场管理软件可以充分利用场地空间和准确实时地将货物运送到仓库的入货处。

RFID 技术所提供的信息能够给仓储业务的配送效率、性能和精度带来巨大的影响。仓储管理最终会直接影响位于供应链物流中的上游或下游贸易伙伴，通过 RFID 信息可以改善流通、提高质量、准确地采购物品和运送货物，最终改善整个供应链物流管理。贸易伙伴通过共享 RFID 信息，可以更清晰地了解库存的变化，更好地了解产品存货的源头、分销渠道以及消费趋势，如产品的销售速度等。通过和合作伙伴改善交流，将 RFID 信息和每件库存单元联系起来，有助于减少供应链开支并提高效率。图 10-7 为 RFID 在仓储管理环节的场景图。

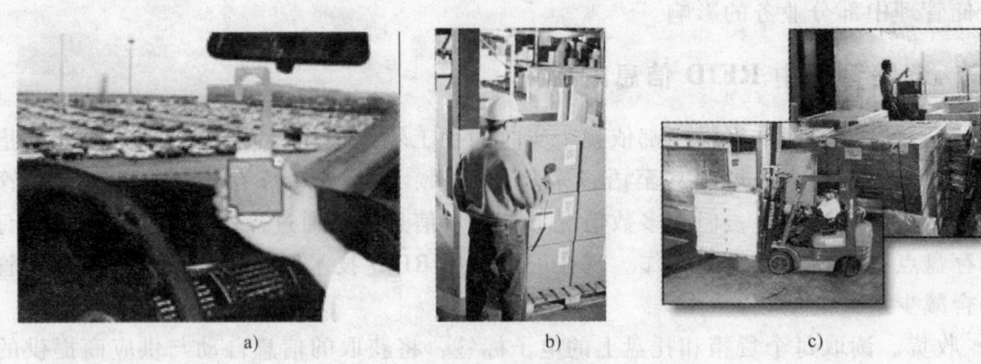

a)　　b)　　c)

图 10-7　RFID 在仓储管理环节场景图

a）货场管理　b）收货　c）运输

10.3.3　数字化仓库应用案例

下面以昆明市烟草公司的数字化仓库为例来说明 RFID 技术在仓储管理中的应用。该仓储系统中的主要活动分为物品流及信息流两部分。该项目由于是在原有土建设施中进行规划的，所以在总体规划上应尽量保证简单、流畅。数字化仓库建成以后，不仅要实现卷烟托盘货位管理，而且在其基础上要实现卷烟产品的先进先出管理，极大程度地提高仓库的存储能力，因此在具体的建设过程中应严格遵循以下原则：严格做到货物先进先出；利用巷道管理技术，实现先进先出要求：利用 RFID 技术、无线网络和叉车的有机结合，实现货物的存取控制：对平库的货位化管理，实现货物的有序堆放；利用有效的系统后台，保障信息流传递和控制。基于以上要求，从昆明市烟草公司的实际情况出发，在平库利用立库的管理理念，实现货物先进先出的托盘化管理。

1. RFID 技术的应用

通过在成品托盘上使用电子标签，实现对成品信息的不间断跟踪，为平库货位的精确管理提供了基础信息保障。该系统使用 RFID 的性能指标为 12ms 读取 8B 信息，在 ID 号校验应用下，写操作的平均速率为每字节/每标签/31ms。使用 915MHz 频段，识别距离为 4m，存储容量为 1024bit，该系统存储的内容为入库时间、入库品牌、数量、代号等。

2. 车载终端的应用

首次在国内烟草行业使用了无线车载终端作为人工叉车上的信息处理设备。此终端的使用可以实现多种存储策略，包括：并盘功能、先进先出、就近入库、均匀存放、分区存放、散盘优先，充分体现了数字化仓库的优点。

3. 电子地图的应用

在无线车载终端的应用软件上使用了基于 .NET 平台的智能客户端技术。智能客户端与应用服务器通过 Web Service 实现连结，构成了分布式的多层架构。在无线车载终端的应用软件中，专门为本系统开发了基于位置管理的电子地图，可以指引叉车司机快速、准确地到达指定位置，体现了人性化的设计。通过以上手段，在数字化仓库管理信息系统中实现了卷烟的收货管理、卷烟实托盘入库管理、仓库业务管理、卷烟实托盘出库管理、接口服务等软件功能。

4. 出入库操作

1）入库。货运卡车到达仓库后，由卡车司机将调拨单交给仓管员，由仓管员根据调拨单的品种和数量进行核对，如果正确，进入下一步流程，如不正确，则拒绝收货；由仓管员录入入库明细，由系统自动生成收货单交给卡车司机；入库操作员指挥组盘，并用叉车把组配完的实托盘叉取送到升降输送机站台上；操作人员录入品牌、数量等信息，通过 RFID 读写器读取托盘信息，并确认组盘，同时信息数据通过入库计算机录入到数据库中。此时，系统自动给托盘分配货位；托盘通过升降输送机等自动输送设备被送到指定楼层的叉车取货台；叉车工通过 RFID 读写器读出托盘所存位置；叉车工把托盘放到指定货位并报完成，此时系统认为此托盘已经完成搬运。

2）出库。系统从已有的物流仓储系统中获取出库信息；操作人员在发货计算机上根据订单确认出库信息；出库信息通过发货计算机自动产生出库任务，并且通过仓库的无线局域网把出库信息下达到叉车的车载工作站（计算机）；根据卷烟的“先进先出”、整托盘直接分配出库等原则进行取货；叉车工人根据车载终端给出的取货信息，通过车载 RFID 读写器识别托盘上的电子标签找到指定托盘，确认托盘电子标签信息与取货信息一致，叉车工把托盘取出放入提升机送到分拣车间配货区；整托盘送达分拣配货区以后，由检验人员使用手持终端进行验货；通过检验的托盘送到指定暂存区暂存，等待分拣；分拣出库后，该系统要求向现行系统提交出库完成信息。

5. 实现的主要功能

自从该项目投入运行以来，系统稳定，从一段时间系统运行的效果来看，该系统能够较为突出地实现以下几项主要功能：

1）实现了货物的先进先出管理。在数字化仓库项目建设以前，原有配送中心仓库库存管理依靠的是手工方式，只能实现楼层级的管理，根本无法区分各批次的库存货物，从仓库出货时无法做到货物的先进先出管理，导致部分货物长期存放在仓库中，影响了产品的品质和公司的形象。数字化仓库建成以后，利用 RFID、无线局域网、数据库等先进技术，可以实现卷烟托盘货位管理。对于每一批入库的货物，其入库时间、存放货位等信息均由系统自动记录，当货物出库时可在此基础上实现货物的先进先出管理。

2）仓库库存实时管理。原始卷烟配送中心仓库的库存管理依靠的是手工报表、人工统计的方式来实现，导致公司领导和电话订货中心等相关部门无法及时确切了解仓库的库存信息。此外，随着公司业务的发展，日进出货物数量、品种逐步扩大，客户需求也日趋复杂，能否实现仓库库存的实时管理已经成为影响建立快速、高效的运营体系的重要因素。数字化仓库项目建成投入运行以来，极大地改变了这一状况，管理人员和相关部门可以实时、准确地掌握卷烟配送中心仓库的库存情况。仓库库存的实时化管理为公司领导和相关部门的经营决策提供了科学的依据，同时，电话订货中心等相关部门可以实时地掌握仓库中各卷烟品牌、数量的情况，确保每天客户订货以及公司经营顺利进行。

3）物品跟踪及图形化管理。在实现卷烟托盘货位管理的基础上，该系统还能实现物品跟踪及图形化管理的功能。这一功能使得库存物品可以非常直观、迅速地以图形化的方式反映出来，极大地提高了卷烟管理的仓储效率和精细度。

4）优化业务流程，提高工作效率。数字化仓库项目建成后，结合计算机技术和托盘管理，在很大程度上优化了卷烟配送中心的业务流程。入库时，货物在传送带上经读取后，直接堆放在托盘上进行组盘，由在系统控制下的升降输送机自动将该托盘送到相应楼层，最后叉车将托盘送到系统分配的货位存放。出库时，叉车根据系统指示，按照先进先出的原则将目标托盘送到升降输送机上，再送至分拣中心进行分拣，通过对托盘的有效管理和运用，减少了卷烟货物的搬运次数和破损机率，提高了运行效率。

10.4 RFID在配送中心环节中的应用

10.4.1 简介

配送中心位于物流节点上，专门从事货物配送活动。由于消费者需要高水平的服务和有竞争力的价格，因此需要设置配送中心来进行集中配送，这样可以更有效地组织物流活动，完成物流中的配送作业。配送中心的意义在于提高服务水平和营业额、降低成本和增加效益，实现如下目标：控制物流费用；集中存储物资，保持合理的库存；提高服务质量，扩大销售；防止出现不合理运输。为实现这一目标，要研究配送中心的供货时间、有无缺货、错误率、滞畅销品信息、新品信息和样品等。

配送中心的系统网络、功能结构与其在供应链地位、经营模式、上下游客户的需求、服务项目与业务流程、设施与设备配备、部门设置与人员、内部操作流程与操作规范密切相关。配送中心信息系统与各种自动化设备和自动化技术也密切相关。配送中心内作业流程的每一步操作都要准确、及时，快速准确与否关键在于数据的采集，如果没有一个高效率的数据采集技术，就不可能将信息快速、准确地传达给管理控制者。现代化的物流配送中心需要配备自动化的物流装备与技术，还应具备现代化的物流管理信息系统和现代化的管理手段。目前，传统的配送中心存在以下几个问题：

1）存货统计缺乏准确性。由于某些条形码不可读或者存在一些人为错误，存货统计常常不是十分准确，从而影响到配送中心做出正确决定。

2）订单填写不规范。很多订单没有正确填写，因此很难保证配送中心每次都可以将正确数量的所需货物发送到正确的地点。

3）货物损耗。运输过程中的货物损耗始终是困扰配送中心的问题，损耗有由于货物存放错了位置引起的，也有货物被偷盗而损失的，还有因为包装或者发运时出错误的。根据一项美国的调查表明，零售业的货物损耗可以达销售量的1.71%。

4）清点货物。传统方法在清理货物时效率很低，而为了及时了解货物的库存状况又需要随时清点，为此需花费大量的人力、物力。

5）劳动力成本。劳动力成本已经成为一个比较严重的问题，统计表明，在整个供应链成本中，劳动力成本所占比重已经上升到30%左右。

10.4.2 在配送中心RFID技术的应用

目前，国内配送中心大多数采用的是条形码技术作为仓库管理中货物流和信息流同步的主要载体。但是随着企业对信息化要求的不断提高，条形码技术在应用中存在着许多无法克服的缺点。RFID 优于条形码技术之处在于可以动态地同时识别多个数据，识别距离大，信息可以改写。由于电子标签可以惟一标识商品，所以可以在整个供应链上跟踪货物，实时地掌握商品处于供应链上的哪个节点上并将信息及时反馈给配送中心。

配送中心信息系统是一个内部流程十分复杂，信息量十分大的系统。其基本功能包括：系统管理、出入库管理、订单管理、发货计划、采购管理、报表管理、退货管理等。其中 RFID 应用的重点在于：出入库管理、验收、订单处理等。针对传统物流配送中心存在的问题，下面从几个方面详细论证如何在配给中心应用 RFID 技术。图 10-8 也给出了 RFID 在配送中心环节的场景图。

图 10-8　RFID 在配送中心环节场景图

1）入库和检验。当贴有电子标签的货物运抵配送中心时，入口处的读写器将自动识读标签，根据得到的信息，管理系统会自动更新存货清单，同时，根据订单的需要，将相应货品发往正确的地点。这一过程将传统的货物验收入库程序大大简化，省去了繁琐的检验、记录、清点等大量需要人力的工作。

2）整理和补充货物。装有移动读写器的运送车自动对货物进行整理，根据计算机管理中心的指示自动将货物运送到正确的位置，同时将计算机管理中心的存货清单更新，记录最新的货品位置。存货补充系统将在存货不足指定数量时自动向管理中心发出申请，根据管理中心的命令，在适当的时间补充相应数量的货物。在整理货物和补充存货时，如果发现有货物堆放到了错误位置，读写器将随时向管理中心报警，根据指示，运送车将把这些货物重新堆放到指定的正确位置。

3）订单填写。通过 RFID 系统，存货和管理中心紧密联系在一起，而在管理中心的订单填写过程中，将发货、出库、验货、更新存货目录整合成一个整体，最大限度地减少了错误的发生，同时也大大节省了人力。

4）货物出库运输。应用 RFID 技术后，货物运输将实现高度自动化。当货品在配送中心出库，经过仓库出口处读写器有效范围时，读写器自动读取货品标签上的信息，不需要扫描，可以直接将出库的货物运输到零售商手中，而且由于前述的自动操作，整个运输过程速度大为提高，同时所有货物都避免了条形码不可读和存放到错误位置等情况的出现，准确率大大提高。

10.4.3　配送中心 RFID 应用方案

本节介绍一种基于 RFID 技术的配送中心系统架构，采用分层的方式进行系统硬件结构设计和软件结构设计，同时提出一种新的数据采集过滤方法，并通过建立小型配送中心实验室，模拟配送中心各流程，从而验证系统方案的正确性和可靠性，大大提高配送中心效率。

1. 配送系统硬件结构设计

配送中心的工作流程通常包括收货、入库、补货、拣选、分拣、复核、出库，如图10-9所示。

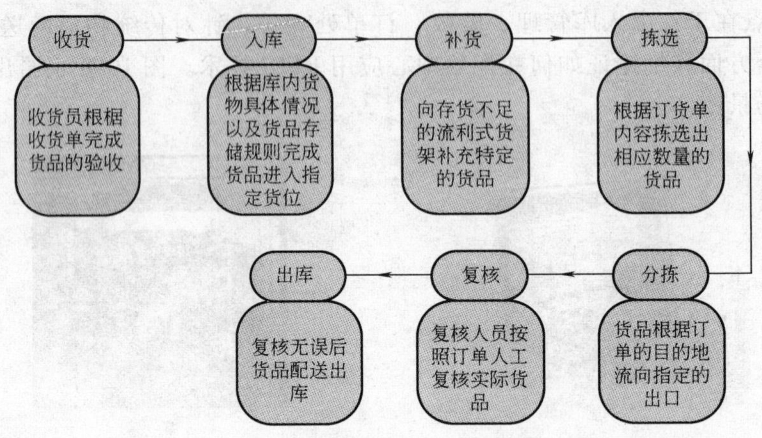

图 10-9 一般配送中心基本流程图

以上配送中心的各个工作区域，相应地安装 RFID 读写器用于数据采集并将采集到的数据传输至中心计算机系统进行分析处理，然后根据分析结果指导工作区域采取下一步动作。考虑到配送中心操作中对识别距离的要求，系统应采用超高频硬件设备。但是，由于配送中心内不同工作区域相邻较近或可能存在重叠区域，如果全部应用超高频的 RFID 系统，将不可避免地发生不同功能区域之间的“串读”现象。为了避免因串读而导致的射频屏蔽困难，把高频（13.56MHz）和超高频（915MHz）RFID 设备统一规划于系统之中，在数据库中关联高频和超高频电子标签数据信息，并通过中间件使之协调工作。

具体来讲，在出入库区域、库存区域以及分拣区域，系统采用超高频读写器，可以在大范围内一次读取多个电子标签，以提高配送中心出入库速度、自动化程度以及库存准确度。在补货时，读写器读取周转箱标签进行数据库信息更新，此时系统一次只需读取一个电子标签，故在补货区采用高频读写器避免串读。这些部分构成了整个 RFID 系统中的固定式数据采集终端，如图 10-10 所示。

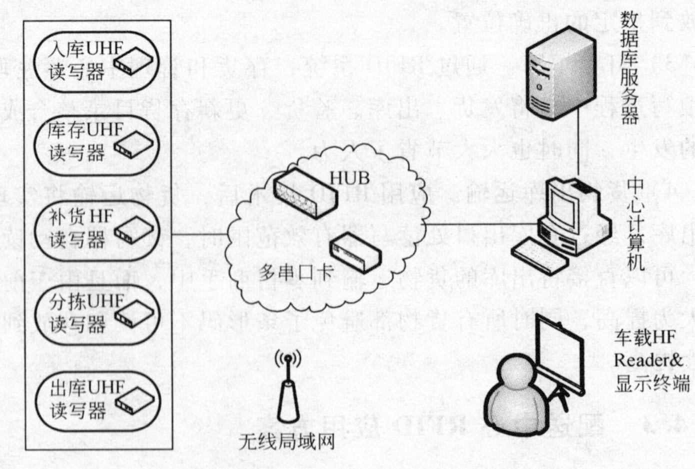

图 10-10 系统硬件结构图

以叉车为载体的移动式 RFID 数据采集终端在该配送中心系统中担负着重要的角色。其作用包括：在叉车终端承载货物入（出）库时，系统根据入（出）货单和实际入（出）货情况进行复核，并将复核结果反馈于叉车终端以提示其下一步动作；通过车载 RFID 读写器读取货架上的货位标签，以确认货物（托盘）在仓库中的具体位置，方便事后货品定位和盘点；可在地面安置一系列电子标签（地标），通过读取地标以确定和跟踪叉车在配送中心的行驶路线和位置。该移动数据采集系统由 RFID 读写器和显示终端组成，并通过无线局域网和中心计算机实现数据交换。由于移动终端在执行业务操作时只需读取一个货位标签，故移动终端也采用高频 RFID 系统，同时可避免串读。目前的 RFID 读写器硬件接口通常有串口和网口两种形式，单套 RFID 应用系统只需串口就可以满足需求，而多套复杂应用系统需要网络接口以便于设备联网。系统根据不同读写器所提供的通信接口的不同，设计集成多种通信方式，通过集线器和多串口卡和主机通信。

2. 配送系统软件结构设计

配送系统的软件结构由前端各个区域的 RFID 数据采集系统、中间件、以及后端的 WMS 构成。系统软件结构如图 10-11 所示。

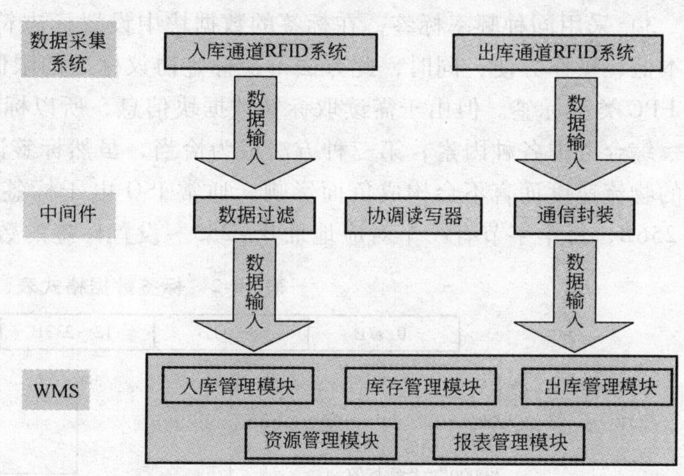

图 10-11　系统软件结构示意图

在图 10-11 中，前端的 RFID 数据采集系统完成对电子标签数据的采集；中间件把采集到的数据进行加工处理和格式匹配，并且封装不同频率设备以及不同的通信方式，提供接口给后端的 WMS；WMS 统一管理配送中心各项业务操作。其中，入库管理模块完成货位分配、进货复核和定制订货单操作；库存管理模块完成托盘货物查询、货位货物查询、流利式货架管理和货位货物盘点操作；出库管理模块完成出库方案选择、分拣显示、出库复核和定制订单操作；资源管理模块完成托盘管理、货位管理和叉车管理操作；报表管理模块对入库管理、库存管理、出库管理和叉车管理过程中使用和产生的数据表格进行定制、查询、修改和删除等管理操作。系统运行时，WMS 首先对入库区域采集的数据进行分析和统计，完成收到货品的货位分配，并通过显示终端指导叉车完成货品的正确入库，WMS 同时对其他区域的 RFID 系统上传的信息进行相关操作，实现货物单品、周转箱、托盘以及叉车的高效管理。

3. 系统数据获取方法研究

要实现配送中心高效、自动地正常运转，需要在配送中心的各个工作环节获取指定数据信息，需要采集的详细信息见表 10-1。

表 10-1　数据采集信息列表

位置	入库	库存	补货	分拣	出库	移动终端
需获取的数据信息	入库单 ID、周转箱 ID、货物 ID、以及货品详细信息	货物 ID	周转箱 ID	货物 ID、订单 ID、分拣目的地信息	货物 ID、订单 ID	货位 ID

为保证上述各项信息采集的可靠性，在硬件特性充分发挥的前提下，系统从软件上采用多次读取的方式来进一步克服电子标签的漏读现象，确保以后用于所有数据处理的数据源的完整性。从表 10-1 可知，配送中心的不同业务环节所需采集的数据信息并不相同，如何区分不同类型标签，从而过滤无用数据信息，经过研究分析解决的方案有如下几种：

1）不同类型的标签以不同频率的设备读取，这种方法数据处理速度快，但成本较高。

2）采用同种频率标签，规定标签 UID 范围作为不同类型的标签，这种方法简单易用，但系统可扩展性差。

3）采用同种频率标签，在标签的数据块中设置标志符来加以区分，这种方法硬件投入成本低，操作方便，同时，此方法不受标签协议标准的限制，既可用于 ISO 类型标签也可用于 EPC 类型标签。但由于需读取标签数据块信息，所以标签读取速度稍低。

综合考虑各种因素，第三种方法最为恰当，虽然标签读取速度稍有牺牲，但对于配送中心的物流速度而言不会构成负面影响。通常 ISO 电子标签内部的存储容量为 2048bit，被分成 256B，每个字节有一个对应地址 0～255。设置标签的数据格式见表 10-2。

表 10-2 标签数据格式表

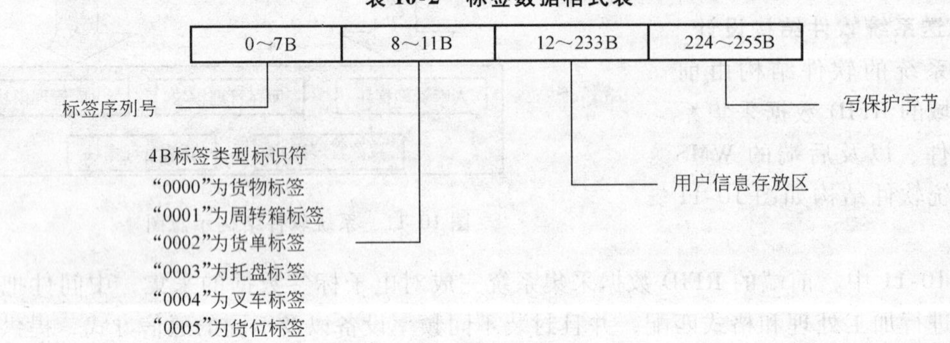

4. RFID 配送中心操作流程模拟

(1) RFID 配送中心建设

以一套小型配送中心为例。其基本物流设备包括横梁式货架、流利式货架、可变速传输线以及叉车等，并依据配送中心的典型布局设置了出入口、分拣区、补货区、仓储区等不同的功能区域。按照系统设计思想，在各个 RFID 通道配置了相应的 RFID 设备并分别与中心计算机相连进行数据通信。RFID 设备基本信息见表 10-3。其中为节省设备资源，出入库区域用同一设备的不同天线分别用作入库和出库操作。

表 10-3 RFID 设备信息表

安装位置	出/入库	库存	补货	分拣	叉车终端
读写器型号	FTRD 2022	M400	PRR 8152	BST 9201	PRR 8310
读写器频率/MHz	915	915	13.56	915	13.56
支持协议	ISO/IEC 18000-6B	ISO/EPC	ISO/IEC-15693	ISO/IEC 18000-6B	ISO/IEC-15693
通信接口	RS232	TCP/IP	TCP/IP	RS232	RS232/IEEE 802.11b/g

系统设备选型灵活、兼容性好，其中，库存区域和补货区域的 RFID 读写器采用 TCP/IP 和中心计算机通信，出入库区域和分拣区域的 RFID 读写器采用 RS232 串口方式和中心计算

机通信，车载 RFID 读写器通过 RS232 串口方式与车载计算机相连，再通过无线局域网实现与中心计算机的通信。

配送系统运行之前预先在货物单品、周转箱、托盘、货位、叉车等物流单元分别贴附电子标签，并在标签内写入相应代码以进行快速识别。当物流单元经过各个 RFID 通道时，系统进行数据采集并将采集到的数据传输到 WMS 进行过滤、对比和分析，最后相应对中心系统或移动终端做出反馈或指令，从而实现对入库、库存、盘点、补货、拣选、分拣、出库等基本业务进行统一调度管理。

配送中心的全部作业流程都在 WMS 的统一调配之下。入库时，加载了标签的货品通过收货 RFID 系统、WMS 根据当前货位情况分配货位，同时采集记录货品、周转箱、托盘上标签信息。

车载 RFID 系统确认货品进入正确的货位后，主机和叉车终端相互通信，完成入库操作。进行盘点作业时，分布在货架上的 RFID 系统实时采集数据信息，并与数据库信息进行核对，以提供准确的库存查询。当流利式货架上的货品量低于设定的最低值时，系统会提示进行补货作业。从横梁式货架上向流利式货架补充货品时，安装于传送线下方的 RFID 系统采集相关标签信息，同时流利式货架上货品数据即时进行更新，提供最新的库存信息。配送中心根据订单进行出库时，首先 WMS 自动生成出库方案，整托盘的货品直接经出库 RFID 系统采集信息后到指定区域，散件货品经流利式货架区域拣选，由分拣区域的 RFID 系统根据货品目的地信息分拣到指定的出口，经出库 RFID 系统采集货品信息，WMS 根据订单标签信息统一复核完成出库操作。

（2）配送系统模拟结果

WMS 是整个配送中心的心脏，统一控制管理着配送中心各个业务流程，实现配送中心的连续自动入库、货位分配核对、库存实时查询、补货及时报警、出库方案生成、自动分拣分流、出库自动复核以及相关报表的管理。在该系统中，各个业务流程所涉及的数据采集全部通过 RFID 技术实现。测试表明，相对于传统的条形码支持的配送系统，基于 RFID 技术的配送中心系统库存透明度和准确率大大提高，可以根据需要实时对货架上的货物进行盘点；出入库实现自动货物订单复核，提高配送精度；数据采集速度快，实现不停顿地自动出入库，解决了条形码系统中由于对单个货品逐一扫描而造成的效率瓶颈，同时也验证系统所采用的电子标签数据信息过滤方法的可靠性。

5. 采用 RFID 技术的效益

在配送中心应用 RFID 技术后，带来的效益体现在以下几个方面：

1）节省人力成本。传统的配送中心由于要对货品进行扫描和定位工作，需要花费大量的人力，相应的统计、核对也是费时费力，而应用了 RFID 技术后，几乎所有的扫描和核对都是自动进行，仅此一项即可节省人力成本达 30% ~40%。

2）提高存货目录精确性。由于可以知道每个货物的精确位置，数据的管理具有及时性和准确性，将录入存货信息时人为出错的可能性彻底消除，使得存货信息精确性大大提高，同时更加及时可靠。

3）订单填写效率提高。由于入库、整理、补充的可靠性提高，时间及时，订单填写过程中避免了很多无效或者不合理订单的出现，缩短了整个订购的周期，提高了在整个供货配给中填写订单的效率。

4）降低货物损耗。调查显示，货物的损耗主要由职员盗窃、运输过程中的丢失、因为管理和核对的错误带来的遗失等引起。其中运输过程中的丢失在货物配给中是非常普遍的现象，而由于 RFID 技术可以详细管理到每一个货物，所以运输丢失带来的货物损耗几乎可以完全避免。此外自动化的 RFID 技术也使得管理、审计错误引起的货物损耗降到最低，所以除了对内部职员盗窃行为作用不大外，采用 RFID 技术后极大地降低了配送过程中货物损耗。

10.5 RFID 在运输管理环节中的应用

10.5.1 简介

RFID 在运输环节中的主要应用包括：在运输的货物及车辆上安装电子标签；在运输途中的一些检查点上安装 RFID 设备，通过接收电子标签信息来实现货物、车辆、集装箱等的识别、防伪、定位与跟踪；侧重于路线分析和优化的运输管理系统可以有效地发挥 EPC 数据的优势，是供应链物流管理系统的一个重要组成部分，其目的是实现方便快捷准确的货物运输，并结合 EPC 增加了追踪和跟踪货物的功能。运输管理系统可以提供基于网络的招标、跟踪和供应链的可视化操作。航运专家和承运商可以掌握准确的信息从而保证交货和快速解决问题。RFID 技术能够加强供应链物流管理中运输环节的以下功能：

1）订单合并。分拆出货或者合并装货不会因为需要手工查找并记录产品的运送地点而导致延误。

2）最优化装货。系统自动化操作，在货物出入口处审核所装货物。

3）货物运输监控。自动化地对存货清单情况进行监控，为了避免由于温度、压力、潮湿等引起的损坏，可以提醒供应商和运输商。

4）货物跟踪。货物入口读取的数据将贯穿整个系统，支持跟踪货物和时间标记。

5）可视化管理。通过对叉车、卡车等运输工具的实时跟踪，可以监测这些工具的使用情况，有助于实现对企业资产的可视化管理和合理规划。

下面以 RFID 技术在集装箱运输中应用为例，对 RFID 在运输管理环节中的应用加以探讨。

10.5.2 集装箱运输管理中的 RFID 应用

目前，集装箱的识别和交接是以箱号为准，而人工的数据采集难免会出现差错，比如在集装箱装卸时常会因箱号看错发生集装箱装卸错误，延误了交货期限，带来很大的损失。总体说来，集装箱运输中存在的问题有：

1）货物失窃严重。随着集装箱运输快速发展，集装箱货物被盗问题越来越严重。据统计，全球因集装箱失窃造成的损失达 300 ~ 500 亿美元，包括间接损失在内，全球每年损失 2000 亿美元。

2）集装箱识别精度低。在运输过程中，集装箱是通过它的惟一标识来识别的。人工采集数据有 35% 是不准确或不实时的，而采用图像识别方式进行监管，则需要用 4 ~ 5 台摄像头同时拍摄，成本较高，识别率仅达 80% ~ 90%，雨雾中识别率还要低，影响到整个供应链的效率。

3）安全和效率之间的冲突。港口运输模拟实验表明，当对集装箱的随机抽检率达到5%时，港口就会陷入瘫痪，如果降低抽查率，又无法有效防止犯罪分子用集装箱走私或者运输违禁物品。大型的集装箱X光机虽能透视箱内货物，但透检一只集装箱就需要5min，每天满负荷运转也只能透检240只，而且X光机辨别违禁品仍要靠人的肉眼，这又降低了可靠性。

为了解决这些问题，集装箱的运输管理需要一种更加自动化、智能化，能够实时更新数据的技术。显然，RFID技术无疑具备了这些特点，可以提高集装箱信息传递的准确性和安全性，加快集装箱流转速度，具有很高的经济效益。RFID技术和现代信息技术的结合将是集装箱运输行业的一个发展契机。

典型的基于RFID的集装箱运输管理应用方案包括硬件系统和软件系统两个方面，硬件系统由RFID自动识别系统和通信系统组成，软件系统包括RFID信息管理系统和与之整合的港口集装箱管理系统。集装箱上的电子标签可以记录固定信息，包括序列号、箱号、集装箱所有人、箱型、尺寸等；还可以记录可改写信息，如货品信息、运单号、起运港、目的港、船名航次等。

RFID集装箱管理系统完成装箱点数据输入、集装箱信息实时采集和自动识别完成数据统计与分析，向客户提供集装箱信息查询服务；通信系统完成数据无线传输。而港口集装箱管理系统可以监测、记录经过出入口的集装箱、拖运车辆、事件发生时间、操作人员、集装箱堆放位置等信息。RFID集装箱运输管理系统常见的应用如下：

1）集装箱的自动识别。将记录有集装箱号、箱型、货物种类、数量等数据的标签安装在集装箱上，在经过安装有识别设备的公路、铁路的出入口、码头的检查门时，电子标签自动感应后将相应的数据返回读写器，从而将标签上保存的信息传输到EDI系统，实现了集装箱的动态跟踪与管理，提高了集装箱运输的效率和信息的共享。这种系统一般使用被动式RFID技术，在集装箱码头应用较多。通过这种系统不仅加快了车辆进港提箱的速度，而且对车辆提箱进行了严密的管理，并减少了人为因素造成的差错。

2）电子封条与货运追踪。一般电子封条采取的是物理封条与RFID组件的混合形式。如前所述，大多数电子封条也同样用到被动式和主动式RFID技术。被动式电子封条的主要特点是：使用距离短、成本低、一次性。由于被动式封条不能提供持续的电力来检测封条的状态，所以它们也不能检测和记录损害行为发生的时间，而仅仅只能在通过装有阅读装备的供应链节点时提供它们完整与否的信息。主动式电子封条更复杂一些，只有当其价格明显下降的时候才可能反复使用。主动式封条结合GPS技术，能在集装箱状态发生变化时实时将状态变化发生的时间、地点以及周围的环境信息传输到货主或管理人员的机器上去，更有一些封条能够在损害行为发生时提供即时求救信号。被动式封条是美国在“9.11事件”前首选的防止偷盗的安全解决方案，主动式封条因其更强的安全性能使得它在“9.11事件”后得到更多的使用需求和推广。

基于RFID技术的集装箱管理系统能够对集装箱运输的物流和信息流进行实时跟踪，消除集装箱在运输过程中可能产生的错箱、漏箱事故，加快通关速度，提高运输安全性和可靠性，从而全面提升集装箱运输的服务水平。图10-12为RFID在集装箱管理中的场景图。

图 10-12　RFID 在集装箱管理中的场景图

10.5.3　集装箱运输管理中的 RFID 应用案例

当前 RFID 技术在集装箱运输管理中存在一些问题。虽然 RFID 已经在集装箱运输上有了一些应用，但基本上仅是特定航线上的应用，全球大部分港口都还没有应用。集装箱运输中的 RFID 系统，不但涉及国内各港航企业，而且也涉及国外的港口、发货人或收货人等，因此应该是世界范围内统一的标准。只有这样，才能使贴有电子标签的集装箱无论在国内外都能够读取和写入，都能进行有效跟踪。可见，各国主管机构未能协调好利益，成为 RFID 技术在集装箱管理中应用的最大障碍，同时，由于集装箱的标签是多次重复使用的，在集装箱整个生命周期中不能失效。因此，用于集装箱运输系统中的 RFID 标签不能让非系统内读写器读取，即标签要能够辨识读写器，从而决定是否将标签内的信息发送给该读写器。此外，电子标签还面临着功能性和可靠性问题，集装箱上的电子标签工作环境恶劣复杂，要求标签在可靠性上须达到很高水平。最后就是成本的问题，现在 RFID 系统需要较高投入，这主要是由于 RFID 在集装箱上的应用没有规模化，如果得到全面推广的话，成本必将大幅度下降。目前，RFID 在集装箱上的应用实例主要有以下几个。

1. 集装箱安全协议（CSI）

自“9.11”恐怖事件后，为防止恐怖组织利用船舶携带大规模毁灭性武器或恐怖分子进入美国，美国政府不断强化其港口和航运的保安措施。集装箱安全协议（Container Security）就是美国政府基于此项考虑而出台的一项措施，它是美国为确保进港集装箱安全而采取的新举措，是为了减少美国遭受恐怖袭击的风险。所有输美集装箱都将安装电子封条，通过数据读取仪从电子封条上获取数据，然后实时传送到特设的信息平台。当集装箱受到损坏、运输线路变更或延迟等意外情况发生时，管理者可通过电脑、手机或 PDA 迅速接收系统的自动报警。

2. 上海港集装箱电子标签两港一航示范

在上海至烟台的两港一航工业性示范中，结合内贸集装箱运输特点，RFID 系统采用了双频电子标签系统集成技术，标签内存储了集装箱和所装货物的信息，还可以自动记录箱门开关等相关信息。

3. 香港和深圳港口 RFID 投入商业运行

香港和深圳的港口已经配置了无线射频识别追踪设备并正式投入商业运行。该项目的技术提供商运营着一个全球信息网络，该网络运用有效的无线射频识别设备和软件为承运商提供有关其海上货运集装箱及物品的位置和状况方面的信息。

4. 韩国政府实施的智能箱计划

这项被称为“RFID海运物流”的项目目标是通过RFID技术方案来加强韩国国际贸易的高效性和安全性。安装有智能标签和传感设备的智能集装箱，在运输安全系统（TSS）软件的监控下从釜山港运往美国西海岸和欧洲主要港口。这个项目将使用多个主动RFID产品，包括一个电子封条、一个支持RFID的传感器封条，可以贴在集装箱上，能够随时将集装箱的一些关键信息如位置、安全状况、温度和湿度的变化传送给读写器网络，人们就可以监控供应链中的集装箱。

10.6 RFID在其他环节中的应用

除了在生产制造、仓储管理、配送中心等环节应用之外，供应链物流管理中的其他方面或环节也可以通过RFID数据来提高效率和水平。

1. 客户服务

客户最关注的往往是围绕着订单情况产生的问题，包括订单到达情况、交货时间和运输信息。为了提高客户服务的水平，必须提供完整的订单信息来满足顾客的需求。通过与供应链物流管理系统相连接的客户服务软件，企业可以积极主动地提供服务。基于网络的自助服务门户网站能够向客户提供EPC有关的所有资料。据Forrester研究，有近60%的基于网络的客户或合作伙伴会监控订单在加工和运输过程中的情况。

通过在网上发布客户服务信息能够提供：库存状况的更新，订单确认、选货、包装以及运输的准确日期和时间，包装跟踪号码，运输、发货以及其他供应链数据，最常见问题的24小时响应等服务。通过客户服务系统中的RFID技术应用，可以准确了解产品的品质和客户的反馈，实现产品生命全周期的精细化管理和优质的个人服务，从而提高企业产品竞争力。例如：HP公司利用RFID技术替换其商品订单服务系统，减少客户亲自到客服中心的次数，大大节约供应链物流成本并创造了客户服务的新形式。

2. 管理仪表板

仪表板软件将EPC数据与供应链中的其他信息相结合，可以向业务经理提供关键业绩指标，以及基于客观事实的实时决策背景资料。基于网络的仪表板可以为每个经理人定制任务和责任。通过深入分析、比较衡量标准和基于操作优先权的报警提示，可以包含汇总的库存等级、订单量及订单状况。

仪表板可以充分利用实时业务信息和RFID技术的优势。经理可以从不同的角度，并利用先进的分析方法来缩小职能领域和企业目标之间的信息差距。通过提供快速和清晰的比较，仪表板有助于得到配送的动态变化。例如，对比每周或每天的订单量，可显著改进库存水平并获得包装材料之类消耗品的价格。同样地，对比不同仓库的周转周期，有助于整个企业中的资产利用优化。

3. 事件管理

供应链物流管理中的任何一个环节发生的事件都将造成联锁反应。由于事件手工操作流程的缓慢和被影响区域信息的缺乏，相隔很远的事件也可能造成直接和重大的后果。事件管理软件可以利用电子邮件、传呼、传真机和电话等实现通知机制，通过和基于规则的工作流程相结合来响应供应链事件，包括通知上级主管部分和供应链合作伙伴。静态信息查询也就通过异常事件启动的作业流程处理发展成为动态供应链作业流程管理。

事件检测能力可以帮助确认并减少缺货、延迟订单和费用退回等情况。通过构建迅速和有效的响应机制，加强了客户服务和优化了与客户的关系，从而很容易地建立起事件规则。举例来说，如果某货运工作人员比预定晚了两个多小时，系统就可以自动将货物配送给货运工作人员；当货运提前达到时，就会用发出通知，让下一个环节做好接收工作。通过把整个供应链的事件集成在一起，包括基于RFID读取验证来触发事件，事件管理软件可以有效地作出响应，并减小物流中断的可能性。

4. 供应商支持软件

由于订单完成的速度和复杂性不断提高，公司能够满足客户需求的执行能力将直接取决于它的供应商。供应商支持软件系统利用RFID数据，可以促进与供应商特别是全球供应商网络的合作。供应商管理系统的要素有：智能补给管理以降低库存水平、消耗和报废的程度；快速协调采购订单，包括对于拒绝、无响应或者延迟响应订单，提供其他物品来补货、短卸货物（指少于载货清单、提单、运单所列数量的货物）或者更换其他供应商的方式；已出货物、待出货物和短卸货物的状态指示；接收基于网络的提前发货通知，以加快整个货运流程，并减少电子数据交换交易费用；订货点触发的响应；收货确认；出货情况跟踪。

10.7 RFID在国内供应链物流管理中的应用

各类物流系统、生产制造系统，都将逐步数字化，RFID技术将在供应链物流管理中发挥越来越重要的作用，不仅会促进整个信息业的发展，同时也将极大地丰富各个行业和领域的物资交换、信息和资讯交换的形式。目前国内最大的问题是多数企业处于观望等待状态，他们不愿意作为早期的接受者，这一方面说明了企业决策者的稳重，也显示出保守的一面。对国内200个公司的调查显示：48%的公司希望尽量推迟采用RFID技术，16%的公司要等待市场完全成熟再采取行动，3%的公司因价格问题而不打算采用RFID，只有32%的公司准备采用该项技术。从全球贸易的角度看，仅沃尔玛每年就有120亿美元的采购量来自我国；从全球供应链形成的角度看，作为制造业大国的我国是世界制造中心，是全球贸易的重要组成部分，必须与国际接轨，这是形成RFID应用的推动力。历史经验证明，发展中国家如果不能紧跟世界先进技术，就必然受制于发达国家的技术壁垒。目前RFID技术在供应链管理中还存在着以下一些问题：

1. 技术标准

当前的条形码自动识别技术在许多行业中都有共同的标准，并且已有多年供应链物流管理的实践传统，而RFID技术应用涉及使用频率、发射功率、标签类型等诸多因素，目前尚没有像条形码那样形成在社会范围中应用的统一标准，主要是在一些企业内部系统中使用。因此RFID在供应链物流应用中面临的最大问题是技术标准，由于尚未形成统一的行业标准，应用企业持观望态度，在RFID项目的投入上会相对谨慎与保守。RFID是一个开放式的系统，不仅仅是在企业内部使用，更多的是在供应链的上下游与其他企业进行信息传递与交换。企业如果在行业标准未出台之前在RFID项目上大规模地投入，具有一定的项目风险，因为一旦将来的行业标准与企业目前所采用的技术有较大偏差，那么企业需要按照新的标准来重新实施RFID项目。

2. 价格因素

由于电子标签较条形码标签成本偏高，目前在物流过程很少像条形码那样用于消费品标识，多数用于物流器具，如可回收托盘、包装箱的标识。电子标签的价格与过去相比，已经有了较大幅度的降低。据最新消息，国外已实现每个 5 美分，国内的最低价格是每个 7 角人民币。尽管如此，对大规模推广来说，电子标签和识读设备的价格仍显得过高。而价格与规模又是一对矛盾，生产厂商希望通过扩大规模以降低成本，而更多的用户则在等待价格降低后再进入。虽然业界普遍对 RFID 技术看好，但真正形成规模，实际投入运营的系统却不多。有研究报告表明，一个供货商要满足沃尔玛的 RFID 基本要求，大约需 130 万～200 万美元，加上相关的软硬件设施、集成服务、系统测试及培训等，每年投入的成本将增加 913 万美元。在我国，要解决 RFID 的价格瓶颈，还必须解决标签和读取设备的本地化生产问题。目前，国内只有少数家公司掌握着核心技术和具有自主知识产权的 RFID 设备的生产能力。

由于制造技术较为复杂，生产费用相应较高，在新的制造工艺没有普及推广之前，高成本的电子标签只能用于一些本身价值较高的产品。美国目前一个电子标签的价格约为 0.3～0.6 美元，对比较贵重或高档的产品来说，0.5 美元左右的价格还比较容易被厂商接受，在这些厂商看来，电子标签是一个优秀的识别跟踪装置。当然，对一些价位较低的商品，如果采用高档电子标签显然有些不合算。不过，随着新的电子标签制造技术的推广应用，将会促使电子标签价格大幅度降低，电子标签必将得到更广泛的应用。

3. 开放和大规模应用较少

RFID 技术目前在国内尚处于封闭应用阶段，未能发挥出其在物流与供应链领域的最大功效。虽然 RFID 的封闭使用对内部物流操作效率有一定的提高，但要使其发挥最大功效，需要建立起一个开放的应用系统，通过 RFID 技术将整个产业链上各个环节的企业都关联在一起，从原料供应商、生产商、分销商到流通领域各企业，采用同样一套标准的 RFID 电子标签与读写技术，才能使整个供应链的信息传递与反馈效率达到最大化，同时也能获得最大的回报。应用 RFID 技术的企业很多还处于试点应用阶段，尚未形成规模效益。由于 RFID 技术的行业标准化、设备与标签成本等问题，很多应用 RFID 技术的企业目前还多处于试点应用阶段，如在企业的采购管理、库存管理、分销管理或生产执行管理等领域进行调研分析与实验，尚未形成规模效益，需要等待国内 RFID 市场各方面的条件逐渐成熟之后，才有大规模推广应用的可能。

4. 隐私和安全方面的担忧

消费者认为可跟踪个人购买习惯的电子标签是对其隐私的侵犯。美国加利福尼亚州参议院对此曾提出了法案，要求在本地区限制电子标签的使用，这个法案适用于任何使用 RFID 技术跟踪商品或者人的企业和政府部门。在欧洲，意大利成衣制造商 Benetton 公司曾计划在其生产的服装中嵌入 Philips 公司提供的电子标签。不过，该计划宣布后招来一片批评之声，还促成了一个抵制组织，Benetton 公司最终被迫宣布撤消该计划。

此外，RFID 在供应链物流管理中还面临着信息安全方面的障碍。首先是标签内容的安全问题，其次是标签的位置安全。从事 RFID 项目的企业必须为项目的实施配备专门的安全人员和标准安全机制，存在安全漏洞的原因如下：标签很小，在技术上很难提供保护，且由于标签的移动范围是整个的供应链物流，接触到标签的人当中大部分是未授权的用户；标签上的信息不总是敏感信息，花费太多的时间和费用成本去保证货物电子标签信息的安全性意义不大；标签的用途非常广，因此在其安全性问题上很难做到标准化和量化。随着 RFID 在供应链管理中的应用扩展，如果安全不能保证，犯罪分子就能够通过无线方式获得供应链管理中的商业信息。

为了解决以上问题，针对我国供应链物流管理中的实际情况，应选择合适的业务，寻找合适的切入点和应用模式，尽快开展应用试点，采用“小步快走”的方式取得成效和经验，并进一步推广。具体可考虑选择当前供应链管理中迫切需要的应用，例如供应链全程监控，适合发挥 RFID 特点的应用，例如食品和药品质量跟踪，并以此作为建立 RFID 软件基础架构和检验标准的依据。为了在供应链物流行业应用技术上不致落后，我国应尽快开展相关标准的研究工作，根据 EPC“一物一码”的原则，建立符合国内实际情况的电子产品编码体系结构。

10.8 本章小结

本章首先对 RFID 技术在供应链物理管理中的概念、应用现状和特点、价值分析、应用框架、一致性管理和应用环节进行了概述，然后就其在供应链物流管理中的生产制造、仓储管理、配送中心、运输管理等各个环节应用作了介绍，最后给出了 RFID 在国内供应链物流管理中面临的问题。

参考文献

[1] 北京联信永益科技有限公司. RFID 在物流与供应链中应用 [OL]. [2007-4-12] http://www. sures . com. cn/Images/32. pdf.

[2] 物流技术与运用的逻辑：提供多种 RFID 物流解决方案 [OL]. [2007-2-11] http://www. irfid. cn/html/75/n-6075. html.

[3] 物流技术与运用. RFID 技术在仓储领域的运用 [OL]. [2007-2-10] http://www. irfid. cn /html/68/n-6068. html.

[4] 王爱玲. 盛小宝. 路胜，等. 基于 RFID 技术的军械仓库物流管理系统构建研究 [OL]. http://www. irfid. cn/html/26/n-42426. html.

[5] RFID 资讯网. 无线射频识别技术（RFID）在物流配送中的应用——昆明市烟草数字化仓库建设一瞥 [OL]. [2007-2-5] http://case. rfid360. cn/200702/2066. html.

[6] 闵骐. RFID 技术在集装箱运输管理中的应用 [J]. 物流技术，2004 (20)：12-14.

[7] 李学平，魏俊荣，王志刚，等. RFID 在上海邮政速递总包处理中的应用 [J]. 中国包装工业. 2006 (9)：20-22.

[8] 王盛. 物流业——分工经济和整合经济 [J]. 商业时代，2002 (11)：20-24.

[9] 包起帆. 集装箱电子标签系统的研究和应用 [J]. 港口装卸，2005 (5)：51-57.

[10] 曾隽芳，杨一平. RFID 在物流行业中的应用框架 [OL]. [2004-11-5] http://www. wx800. com /msg/2004/11/05/d67743. php.

[11] IT168. com. 韩亚航空公司选择迅宝公司 RFID 解决方案 [OL]. [2005-10-12] http://publish. it168. com /2005/1012/20051012009801. shtml.

[12] 高增英. 无线射频识别技术（RFID）在机场之应用 [OL]. [2006-06-24]. 2005：http://www. chinarfid. com. cn/JS2L/20061821265601 htm.

[13] Annie Lindstrom. Cost-Efficient Asset Management [OL]. [2007-10-24] http://ezine. motorola. com/enterprise? c=1&a=12.

[14] 王勇. RFID系统在供应链管理中的应用 [J]. 东莞理工学院学报, 2007 (14).

[15] 李忠红, 王铁宁, 纪红任, 等. RFID技术在物流中应用的探讨 [J]. 物流科技, 2004 (9): 11-13.

[16] 虞俊俊, 赵犁, 郜笙, 等. 应用无线射频识别技术的配送中心系统设计 [J]. 工业工程和管理, 2007 (12): 95-98.

[17] 宋培建, 张谷民. RFID在配送中心管理中的应用试验 [OL]. [2007-8-13] http://www. chinawuliu. com. cn/oth/content/200708/200724493. html.

[18] 上海迪通实业. RFID物流管理配送中心设计 [OL]. [2007-10-9] http://solution. rfidworld. com. cn/200710/20071091552110 73. html.

[19] 臧玉洁. RFID技术在物流配送中心的应用模式 [J]. 物流技术, 2005 (3): 43-44.

[20] 刘铮铮. RFID技术在安全食品供应链中的应用 [J]. 物流技术, 2006 (6): 18-20.

[21] 王刚. RFID在物流领域应用的预测与分析 [OL]. [2007-10-9] http://www. rfidchina. org/ZT/class_3/ppt/4. pdf.

[22] 饶元, 陆淑敏, 杨宝刚. 面向价值链的RFID体系架构与企业应用 [M]. 北京: 科学出版社. 2007.

[23] 美国普印力公司. PFID贴标技术智能贴标在产品供应链中的概念和应用 [M]. 深圳市远谷信息技术股份有限公司, 译. 北京: 机械工业出版社. 2007.

[24] Robert Kleist, David Sakai. Brad Jarvis, et al. RFID Labeling Concepts & Applications [M]. 2nded. USA: Banta Book Group. 2005.

[25] 侯龙文. 现代物流管理 [M]. 北京: 经济管理出版社, 2006.

[26] 徐轶群, 万隆君. 基于RFID的流程工业物流管理与产品质量管理系统 [J]. CAD/CAM与制造业信息化, 2003 (1): 15-19.

[27] 赵启兰, 刘宏志. 生产计划与供应链中的库存管理 [M]. 北京: 电子工业出版社, 2003.

[28] 中华人民共和国科学技术部等十五部委. 中国射频识别 (RFID) 技术政策白皮书 [R]. 北京: 中华人民共和国科学技术部等十五部委, 2006.

[29] 外经贸培训网. 供应链管理环境下的采购管理 [OL]. [2006-4-27] http://www. 56zg. com/books/scm/9-3. htm.

第 11 章 RFID 在公共管理中的应用

上一章给出了 RFID 在供应链物流管理中的应用，本章将对 RFID 技术在公共管理行业的典型应用作介绍，包括公共医疗卫生、人员管理以及交通管理中的应用。

11.1 公共医疗卫生方面的应用

11.1.1 简介

随着人们对健康的日益重视，医疗卫生已经成为 RFID 技术较早使用的行业之一。医疗机构测试与采用 RFID 将有助于提高医院的工作效率和保证病人的安全，在医疗机构中采用 RFID 技术已是大势所趋。RFID 技术在医疗机构中有着很多用途：药品监管包括药物的识别和管理、医院信息管理系统、运用实时定位系统对医疗器械跟踪、病人流动管理以及门禁系统等。下面分别就药品监管、医院管理系统信息化和手术跟踪这 3 个方面对 RFID 在公共医疗卫生中的应用进行介绍，最后给出了一些应用案例。

11.1.2 药品监管

电子标签具有防水、防磁、可弯曲、适应能力强、可读写、数据可以长期保存的特点。其封装形式多种多样，可方便地嵌入或粘贴在商品上，写入和读出数据可实现自动化操作，使用也很方便。另外电子标签的读写器可同时读取多个标签，而且可以反复读写，这些独到之处在药品的监督管理上极具应用价值。目前，RFID 技术在药品的监管领域，主要利用了 RFID 惟一识别码的特性，结合其非接触工作原理、批量读取、可跟踪等特性。其优越性主要体现在药品的防伪、安全使用、供应链和生产管理、跟踪等方面。

1. 药品防伪

据世界卫生组织的最近报道，全球假药比例已超过药品流通量的 10%，全球假药的年销售额已超过 320 亿美元，其中 60% 的假药出现在发展中国家。因此如何规范药品市场，加强药品的监督和管理，怎样才能让患者安全放心地使用合格药品，成为急需解决的问题。以上问题可以通过建立药品编码体系对其进行统一管理，来加强对药品的监管。药品编码的统一规范涉及到编码载体，经常使用的载体有一维条形码和二维码，具有成本低的优点，另外二维码还具有信息存储量大、可以详尽记录各种信息的特点。RFID 技术使用电子标签作为编码的载体，可以使每件药品的小包装都能得到惟一编码。与通过单纯印刷而形成的载体一维条形码和二维码相比，由于不可以被随意更改，又可进行多重加密的特点，因此可以做到杜绝复制，确保安全。在制药、打假、规范市场方面，粘贴在药品上的电子标签所携带的身份标识具有惟一性，既可用来查询信息，又可用来有效地遏制假冒伪劣药品的泛滥，使假药充斥市场的状况得到改善。

2. 安全使用

虽然现在的医疗水平不断提升，但是由于用错药等导致的医疗事故仍不时发生，世界上每年的死亡病例有 1/3 源于不合理用药。美国每年约有 7000 名住院病人因用错药而死亡，为此医院每年需付出高额的赔偿费用；我国每年至少有 20 万人因用错药、用药不当而死亡，不合格用药人数占用药人数的 6% ~11%，日常急救病例的 10% 由于用药失误引起。RFID 技术应用于药品编码之后，药品的安全使用将得到进一步保障，可以有效地防止和减少用药差错以及不合理用药的情况。诊断室的医嘱、处方信息可以存储在以电子标签所代表的患者病历中，这对于防止用错药或者失效药品有很好的效果。

3. 生产管理和供应链

RFID 技术的优越性可使制药公司加强自身的药品生产监控与管理，使用电子标签，可以在制造和分销过程中的任何一个环节对药品进行识别，它还能够在供应链上的所有节点对药品进行监视，甚至可以精确地制定上货批量。借助于 RFID 的帮助，医疗配送可以实现自动化拣选，提高操作效率和准确率，货物拣选差错率几乎为零，降低了员工的劳动强度，大大提高了药品的安全性。

4. 跟踪和追溯

RFID 技术也已经应用在患者的身份识别、问题药品的召回，以及单据、试管、药品、标本、医疗器械和医疗设备的跟踪等方面。实施药品监管的重要手段之一就是跟踪和追溯已经进入流通领域的药品，然而长期以来得不到妥善解决。使用电子标签可以全程实时监控，药品从科研、生产、流通以及使用都可进行全方位的监管。特别是当药品进行自动包装时，安装在生产线的读写器可以自动为每件药品的电子标签赋码，并将每件药品的信息传输到数据库。在流通的过程中可以随时记录中间信息，实施全线监管。这样，在包装、出厂、仓储、流通、使用的全过程中，可以通过使用供全程记录的电子标签，解决药品的实时记录、跟踪和追溯的问题。

图 11-1 为医药供应链系统示意图。

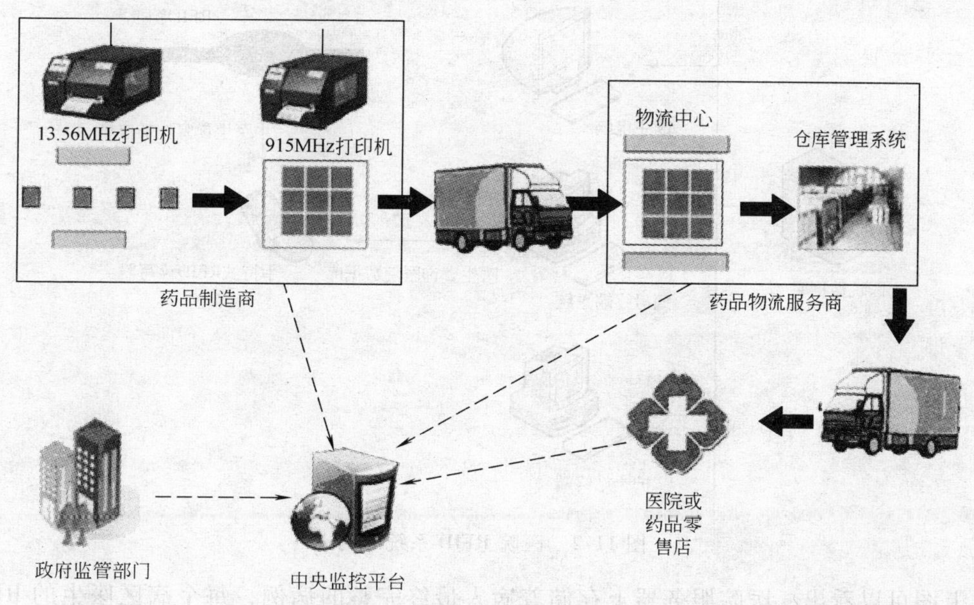

图 11-1　医药供应链系统示意图

11.1.3 医院信息管理系统

对医院来说，信息的共享流通非常重要，建立合理有效的信息管理系统是各医院都应该加强的。在医疗体制不断完善的今天，医院的信息化程度已经大大提高，现在的大型医院都已经用上了医院信息系统（Hospital Information System，HIS），应用 HIS 后，方便了就医，更重要的是可以加强手术管理，减少各种不该发生的医疗事故；提高医疗服务水平；最大程度地保护患者的安全。下面以管理病人信息、母婴识别、手术跟踪等 3 个方面分别对采用 RFID 技术的医院信息系统加以阐述。

1. 管理病人信息

目前的 HIS 还存在一些问题，例如当遇到突发事件，面对必须及时施救的病人时，医生和护士必须先寻找该病人病例，查看病人病史以及药物过敏史等重要信息，才会针对情况进行及时施救，然而这些都会耽误抢救病人的最佳时机。在日常的医疗活动中，每时每刻都在应用病人标识，包括使用记载了病人情况的床头标识卡、让病人穿上住院服等。医院工作人员经常用类似“10 号床的病人，吃药了”这样的言语引导病人接受各种治疗。然而，这些方法可能造成错误的识别结果，甚至造成医疗事故。因此需要利用正确有效的病人标识，来降低医疗事故，完善医疗管理。

RFID 技术将有助于解决这些问题。每位住院的病人都将佩戴一个采用 RFID 技术的腕带，当中存储了病人的相关信息，包括基本个人资料以及药物过敏史等重要信息，更多更详细的信息可以通过电子标签上的电子编码到对应的数据库中查询。

医院目前现有的 HIS 中，已经对每一位挂号病人进行基本信息的录入，但是这个信息并不是时刻伴随着病人，只有医护人员到办公区域的电脑终端前才能查到病人的准确信息。现在，通过一条简单的 RFID 智能腕带，医护人员就可以随时随地掌握每一位病人的准确信息。图 11-2 为医院 RFID 系统结构。

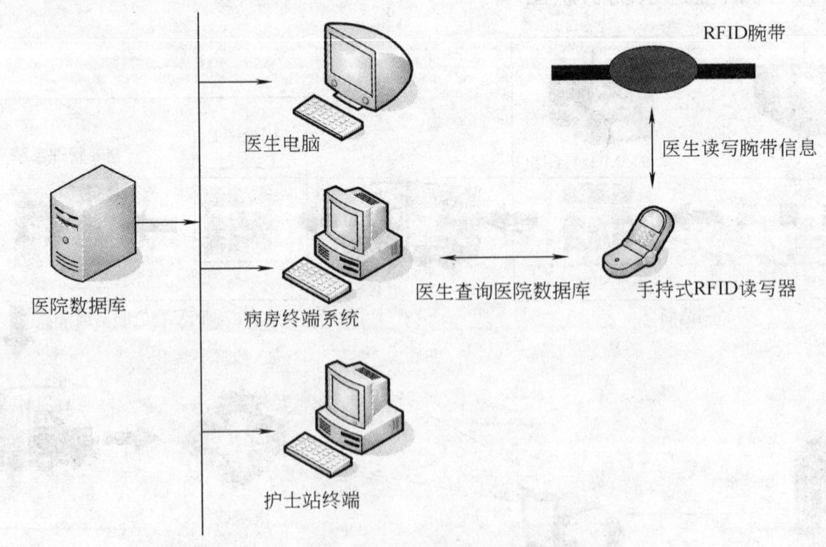

图 11-2 医院 RFID 系统结构

从上图可以看出，医院服务器上存储着病人最终完整的病例，每个病区医生的 RFID 手持机上也可以存储所负责病人的相关病例。通过手持机可以准确读出病人腕带上的相关信息，也可以写入相应信息，并且可以监控一些重要信息，例如：病人是否对某种药物过敏，今天是否已经打过针，今天是否已经吃过药等。这样就可以通过 RFID 技术提高医院管理病人的效率，RFID 腕带完全代替现有病床前的病人信息卡。这种识别病人的方法只需要几秒钟，然后医生和护士就可以进入保密数据库提取病人的详细治疗记录、病人的发病史以及使用过的药品等信息。

病人所使用的 RFID 标识，如：RFID 腕带或其他随身的电子标签，应该遵循以下 3 个基本原则：提供确切的病人身份标识，且标识准确而且统一，涵盖医院的各个相关部门；建立病人与医疗档案、各种治疗活动的明确对应关系；使用可靠的标识产品，确保病人标识不会被调换或丢失。

如果医院的工作人员也佩戴有采用了 RFID 技术的胸卡，那么医院不仅可以对病人进行管理，还可以在紧急时刻找到最需要的医生。医院信息管理系统中使用 RFID 技术的优点有：帮助医生或护士对交流困难的病人进行身份的确认；监视、追踪未经许可进入高危区域闲逛的人员；当医疗紧急情况、传染病流行、恐怖威胁和其他情况对医院的正常有效工作构成威胁时，RFID 系统能够推动限制措施的执行，防止未经许可的医护、工作人员和病人进出医院；腕带允许医院管理员对部分数据进行加密，那样的话即使腕带丢失，也不会被其他人员破解；可以加快急诊抢救病人的处理速度，例如：某医院采用了 RFID 技术之后，过去仅是入院登记就需要 15min 左右，而今采用了 RFID 医疗卡，登记需时缩短到 2min。

2. 母婴识别

除了上述提到的管理病人信息功能外，RFID 腕带还可以应用在医院的很多方面，例如应用在母婴识别方面。刚刚出生的婴儿，特征相似，理解和表达能力欠缺，如果不加以有效的标识往往会造成错误识别。因此，对新生儿的标识尤为重要。母亲与婴儿是一对匹配，单独对婴儿进行标识存在管理漏洞，无法杜绝恶意的人为调换。

目前医院存在着母亲抱错婴儿、婴儿被盗等问题，如何有效地避免这种问题的出现，可以通过在现有管理系统中增加 RFID 技术来解决，包括腕带、手持读写器、门禁系统等。母婴识别系统图如图 11-3 所示。

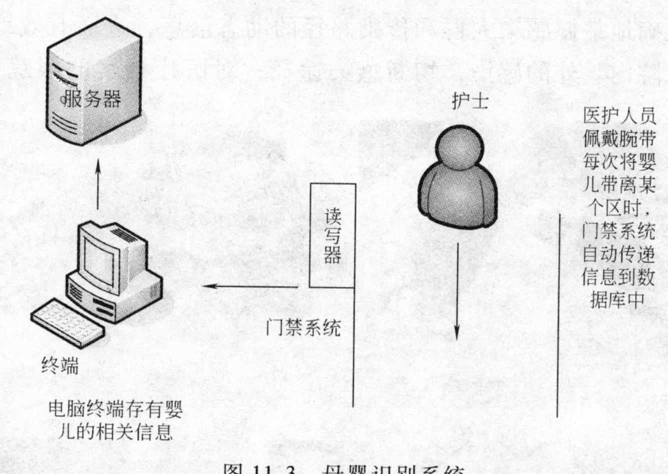

图 11-3　母婴识别系统

如上图所示，在各个监护病房的出入口布置固定式 RFID 读写器，每次有护士和婴儿需要通过时，通过读取护士身上的 RFID 身份识别卡和婴儿身上的 RFID 母婴识别带，身份确认无误后监护病房的门才能被打开。同时，护士的身份信息、婴儿的身份信息及出入时间被记录到数据库中，配合监控录像，保安能随时监视重点区域的情况。这样可以有效跟踪婴儿，防止婴儿被盗。在母亲领取婴儿时，通过护士携带的手持式 RFID 读写器，分别读取母亲与婴儿所佩戴的射频识别中的信息，确认双方的身份是否匹配，防止出生时长得都差不多的婴儿被抱错。

3. 手术跟踪

在医院的手术过程中由于医生的疏忽，往往会造成一些不必要发生的事故，严重的甚至危及病人的人身安全，因此跟踪手术过程，减少手术过程的疏忽是一个切实可行的方案。据一项调查显示，每1万次手术治疗，就有一次出现医疗异物遗留在病人体内的事件发生，因此而导致病人死亡的医疗事故也时有发生，而海绵是最常见的这类医疗异物，大约占到2/3。

医院可以使用主动式和被动式电子标签来跟踪棉球、药签等外科手术时使用的器械，同时还将追踪手术全过程。把被动式13.56MHz电子标签手工缝制在棉球等物质内来实现跟踪，纱布或海绵上需要有永久性的被动式电子标签。在手术室安装固定式RFID读写器，用来扫描棉球、纱布中的电子标签，确保棉球、药签等物质不会遗留在病人体内。同时，使用者可对不同种类或型号的海绵分别进行计数和区分。RFID技术能在无接触的情况下工作，因此不需要将每块海绵分隔开来，也不需要将这些被寻踪的海绵放在特定的位置。这样，RFID系统就能完成对手术中使用的海绵的计数工作，可以极大减轻手术室护士的清点工作。

另外，还可以通过RFID技术追踪手术中的医疗人员：在手术前，每个医疗人员都带上一个主动式电子标签，当护士和医生进入手术室时，固定式RFID读写器将记录下ID号和进入时间，手术后医疗人员交还电子标签并由读写器再次记录下各个ID号和时间。这样读写器就可以记录下手术的开始和结束时间，在手术过程中，读写器还可以记录下每个员工的位置。

RFID技术除了上述的几种应用，还有其他的用途。例如传染病疫情的追踪管制系统除了对于患者，还可以对有接触史的人员进行跟踪管理，使防疫部门和行政单位可以即时而且准确地掌握感染人群和传染路径的动态信息，进而有效地处理和防止诸如非典型肺炎疫情的医院内、外的感染，切断感染途径；对医疗档案的跟踪；血库血液信息的跟踪等。图11-4

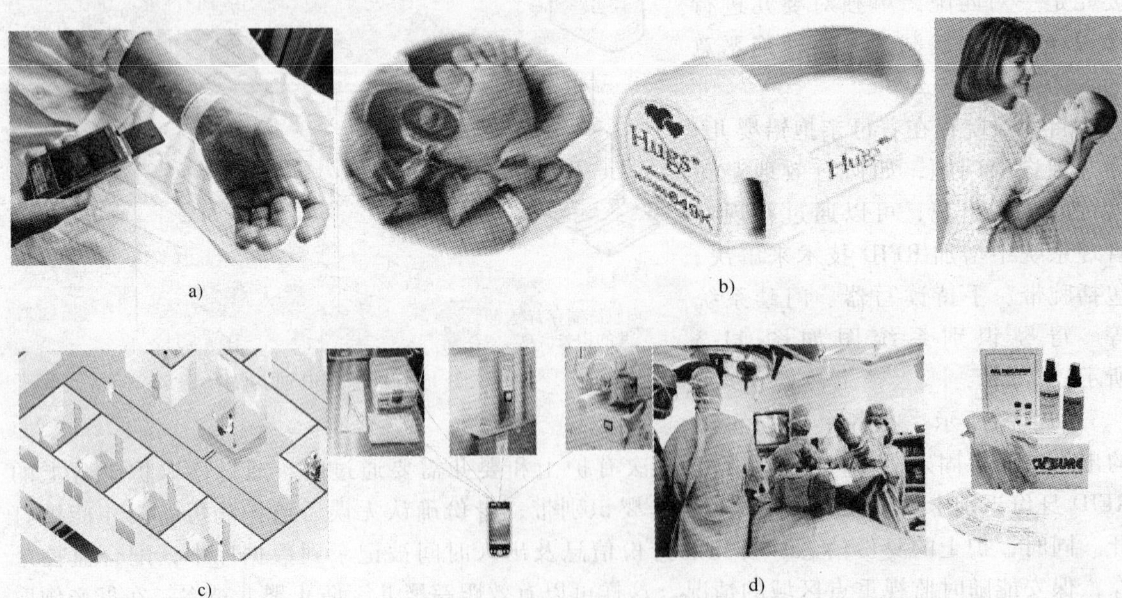

a) b) c) d)

图11-4 RFID技术用于医院信息系统场景

a）管理病人信息 b）婴儿识别 c）医生和设备跟踪管理 d）医疗材料和设备管理

为RFID技术用于医院信息系统的场景。

11.1.4 应用案例

1. 采用RFID技术管理血库

德国Saarbruecken医院血库供应的血液现在已经加贴电子标签，需要输血的病人或者需要进行血液治疗的病人今后可以确信，他们不会因为血库供血问题导致错配。这项RFID供血计划是几家公司联合完成的，如：Siemens Business Services、Intel等公司，并且已经在该医院得到正式运作。血库管理是指将所有使用血液的人员和血液系统综合管理。用于人员管理时，进入RFID试点医院的每一个病人都需要佩带一个有电子标签的表带，以便对病人进行识别。今后这个系统的功能会扩大到血库供血，可以对大约1000名需要输血的病人进行跟踪。进入血库的血袋都加贴有电子标签，每一个标签上面都存储有独特的数据，代表保密数据库的一个条目，条目的内容有血液来源信息、注明的用途、血液采集单位名称等。当一个护士为病人提取一个血袋时，可以利用手中的PDA读取血袋上面的电子标签以及病人表带上面的电子标签。仅当两者的数据完全相匹配时病人才可以使用血袋中的血液，这样就可以保证病人得到的是正确数量正确匹配的血液，同时这些数据会记录在医院的工作流程和病人的治疗记录内。

图11-5为RFID技术用于血液温度管理图。

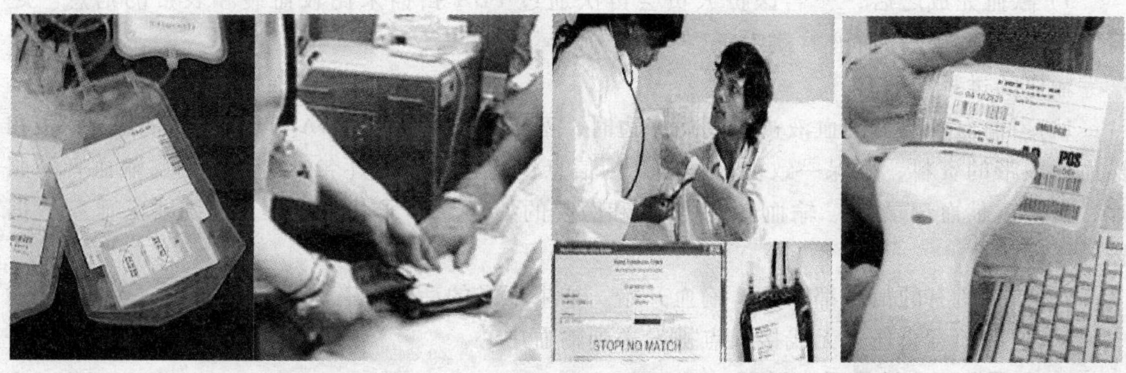

图11-5 RFID技术用于血液温度管理

下面介绍一个采用RFID减少输血错误的方案，整个过程参见图11-6。

1）当捐血者进入医疗室的时候，一些信息就会被计算机系统记录下来，比如捐血者的ID、血型等。同时，捐血者将得到一个具有RFID功能的表带，内置16KB的内存，表带里面包含了捐血者的个人资料以及捐血者的图片，采用安全协议进行加密。

2）捐血者进入血液捐献中心。该中心有一台移动的监护手推车，这台手推车上有一台1.7GHz的具有无线功能的笔记本电脑、一个具有无线功能的RFID读写器和PDA，这台手推车在输血中心的任何地方都可以使用。

3）在捐血之前，一名护士或者其他医护人员会通过RFID读写器读取捐血者表带的信息。这个信息会被复制到血袋标签上，医护人员会使用PDA来比较表带和血袋标签上的资料，确保资料一致。

4）医护人员扫描包含捐血者个人资料的RFID标记进入系统，完成最后的验证过程，献

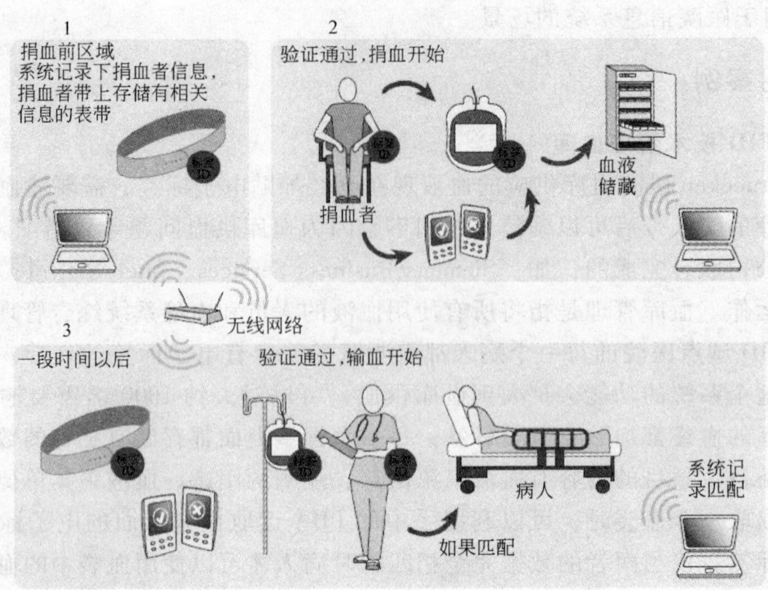

图 11-6 RFID 减少输血错误的方案示意图

血才可以开始。

5）献血完成之后，一名医护人员会再次通过 PDA 扫描来比较血袋和表带的信息。之后，血液将会被送往血液贮藏中心。

输血的过程如下：

1）当输血者所需的血液被带到病床边时，医护人员会通过 PDA 读写器扫描比较血袋和输血者表带的资料，确保一致性。扫描到的信息包括输血者的姓名、出生日期、输血者的照片、血型、献血记录 ID、输血者文档 ID 和医院的编码。为了安全起见，系统要求血型数据输入 2 次。

2）如果所有的信息都匹配，输血开始。如果不是的话将会有错误提示。

3）这些信息会通过无线接入点被发送到输血中心。

2. 利用 RFID 记录手术过程

在美国阿拉巴马州的 Huntsville 医院，目前 RFID 正协助外科的正常运作。由于安装了无源 RFID 系统，在入院期间的每一个阶段，病人都能被精确地识别，因此可以提高医院的工作效率，并且改善病人的护理质量。

Huntsville 医院采用的是 Aionex 公司具有 RFID 功能的高级病人反应平台（APRP），它是一个综合的通信和事务软件产品，可以监控护理人员并协助追踪病人。此系统使用来自 SkyeTek 公司，符合 ISO/IEC 15693、ISO/IEC 14443A 和 ISO/IEC 18000-3 空中接口协议的 13.56MHz 无源电子标签和读写器，标签被嵌入贴纸和钥匙链中。

正式开始使用之前，这家拥有 881 张床位的急诊医院，数名护士对系统经过了几个月的测试。系统先在预手术室运行，然后在手术室，最后是麻醉后加强的监护病房（PACU）。现在，医院每月推出大约 2400 只电子标签，这些标签嵌入患者身上的粘性贴纸中，而且每月发给麻醉师 25 套具有 RFID 功能的钥匙链。

由于外科已经在患者吞吐量和医务人员流程上确定了几个环节，这些环节往往给连续性的护理工作带来瓶颈。采用 RFID 系统可以提高效率，改善手术开始时间的通信水平。通过对病人情况的实时更新来改善医务人员之间的沟通，通过液晶显示器为护理人员提供可视化的预定流程和状况信息，还可以提供一种机制以准确识别将要接受手术的患者。此外，还可以为即将到来的、目前的和过期的任务给出警示信息，并且记录手术的开始和结束时间及人员的流动情况。

Aionex 的 APRP 是基于网络的系统，利用基于规则的引擎进行追踪并交流关于进程和时间的情况。医院通过电子白板、运行该软件的个人电脑或掌上电脑来查看病人的情况。多年以来，APRP 只能通过红外身份标签和读写器来追踪护理人员和病人，大约几年前，Aionex 公司才集成了 SkyeTek 公司的 RFID 功能。放弃使用红外身份标签的原因之一是成本问题；原因之二是便利问题，很多时候，病人不得不多次将它取下并接受检查。

在 Huntsville 医院，当病人到达外科时，他们会被贴上一张具有 RFID 功能的贴纸。贴纸上的标签含有惟一的身份证号码，这个号码随后同 Aionex 数据库中病人的姓名和其他信息联系起来。随着病人每一阶段外科手术的进行，护士或者其他护理人员扫描标签，标签里的身份证号码自动进入一个由嵌入式处理器、触摸屏、无线网卡和 RFID 读写器组成的病人信息服务中心。信息服务中心将病人姓名和与标签身份证号码相关的信息进行比较，如果发现电子标签和识别出的病人信息不匹配，此信息服务中心就会报告错误。

一旦进入预手术室，麻醉师再次读取病人的电子标签，同时使用一个手持读写器读取他自己携带的具有 RFID 功能的钥匙链，记录下这一次访问，所有的扫描都被打上时间戳。护理人员可以通过遍及外科的液晶显示器观看每个过程的情况。当病人进入和离开手术室和麻醉后加强的监护病房时，都要读取其电子标签来记录病人在每个阶段所花费的时间。

自从采用了这一系统，给该医院所带来的好处有：手术室的利用可以变得更有效率；医务人员现在可以实时地掌握病人的位置和状况；可以通过这个系统来协助分析如何完善流程；通过电子公告板可以方便地查看病人的情况；系统还可以协助医院记录其临床操作并保证病人可以如期进行手术。

未来，该医院希望进一步扩充该系统，例如，把其临床记录系统整合到此平台上以使 RFID 数据自动地移入那个系统；同时也把它扩大到外科医生的办公室以进行手术时间安排和处理其他事情。

3. RFID 移动护理系统

采用基于 RIFD 技术的移动护理系统，能给患者带来两大好处：第一是医疗更加安全，可以采用 RFID 技术实现对患者诊疗过程中的每个环节的跟踪和确认，协助和指导护士完成医嘱，由于有了医嘱执行项目的电子化确认过程，使护理质量监控和护理工作量的量化成为可能，实现病人诊疗过程的可视化管理；第二是隐私可以得到保护，RFID 腕带能对个人隐私进行保密，只有医护人员可以按权限查询病人的信息。该系统结构如图 11-7 所示，所具有的功能如下：

1）RFID 腕带管理：RFID 腕带发行管理主要是在后台系统建立起 RFID 腕带与患者信息的对应关系，RFID 腕带内可记录患者姓名、年龄、性别、是否对药物过敏等信息，方便医护人员对患者身份进行确认。

2）RFID 移动查房：构建具有特色的无线办公——移动查房系统，实现医嘱查询、病例查询、医嘱修改、病例修改等应用，并支持手写录入，如医嘱输入和电子签名，形成医院自

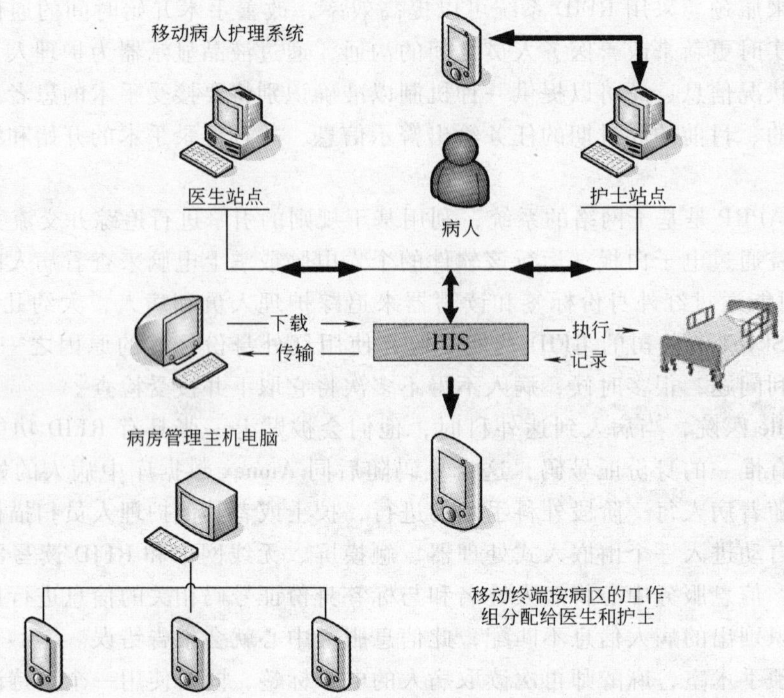

图 11-7 移动病人护理系统

己的新颖办公形式，从而在工作效率上大幅提升，吸引更多来诊。

3）RFID 移动护理：系统利用原有的 HIS 生成医嘱执行项目，护士使用 PDA 到患者的床旁，读取患者佩戴的 RFID 腕带，通过无线网络自动将需要执行的医嘱调用，护士通过 PDA 记录医嘱具体执行的信息，记录患者生命体征及相关项目，用药、治疗信息确认，实现动态实时的床边护理服务。

4）RFID 病人跟踪：通过 RFID 病人定位跟踪系统，使得通过护士站的电子显示屏或医院的监控电脑或医生的随身 PDA，即可掌握病人的物理位置。从而实现了对手术病人、精神病人和智障患者等的 24 小时实时状态监护，保障住院病人安全。这样也可以限制病人到某些非安全地带，以及避免某些智障患者或老人离开医院而走失。

移动护理系统的优点有：护理工作更便捷、高效、出错率降至最低；使护理质量得到监控和护理工作的量化成为可能；消除重复录入数据，医护人员可以节省大量时间；医嘱细节执行确认功能，帮助医院控制不断上涨的医疗成本；对病人实时进行跟踪看护，方便寻找病人，确保病人安全。

4. 婴儿安全自动防盗系统

在美国，基本上每家医院只要有妇产科，都会安装婴儿安全自动防盗系统。而且母亲与婴儿也有一个配对的电子标签，只要一方离开对方一定距离，就会自动报警。国内也有一些医院采用了这种识别系统，例如在杭州邵逸夫医院，这套安全防盗系统是这样运作的：在产房区域婴儿住院期间，每个婴儿的脚踝或手腕上都会佩戴一个电子标签。读写器一旦接收到电子标签释放的射频信号，安全自动防盗系统就会通知护士检查婴儿是否在正常的区域内。当出现异常，报警装置就会自动报警，护士一听到报警声，就会立即启动应急系统，通往楼梯的安全门会自动关闭，此时如果没有电脑程序是谁也打不开的，非常安全。同样在深圳市妇女儿童医院，为每位新生儿建立一张RFID登记卡，登记卡内容见表11-1。出院时，母亲在见证人见证下签字声明：本人在出院时对婴儿进行了检查，以确认该婴儿是否由我所生。

表11-1　深圳市妇女儿童医院的新生儿出生RFID登记卡内容

深圳市妇女儿童医院	新生儿识别信息表格	No. 2010
亲子带编号	医院	
母亲姓名	婴儿姓名	性别
出生年月时间	体重	身长
母亲右手食指指纹	婴儿左脚足印	婴儿右脚足印
医生签名	产房护士签名	护理护士签名

11.2　人员管理方面的应用

11.2.1　简介

电子标签具有优异的物理性能，可以应用在门禁、各种门票和证件上，对特殊资格证件实现电子化管理，加强人员管理。RFID人员管理系统的一般流程如图11-8所示，读写器读取附近的电子标签，并将信息传递到后台服务器中，服务器对数据进行处理并做出相应响应。

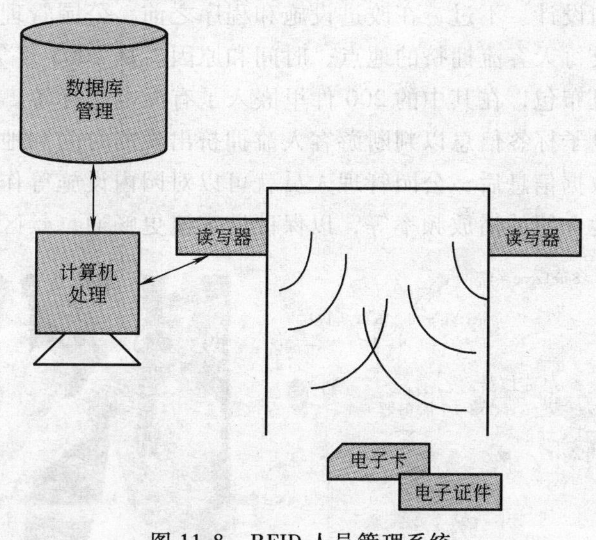

图11-8　RFID人员管理系统

人员管理系统中采用RFID技术的优点有：将电子标签复合于各种证件中，每个证件均拥有一个全球惟一序列号，防伪性能良好；采用计算机网络技术和数据处理技术，自动化程度高，识别准确；发行证件迅速，方便用户使用；识别过程由台式读写器或手持读写器完成，失误率趋于零；安装和调试简单方便，易于维护；系统性能稳定，使用可靠。下面以景区公园管理、无障碍人员管理和校园管理为例对RFID人员管理系统加以说明。

11.2.2　景区公园管理

将封装的电子标签作为景区公园的门票，利用读写器作为识别设备，结合计算机信息处理系统，可以很好地解决景区公园门票的防伪和管理，以及景点的统计管理问题。并且使用可回收的电子标签，节省了门票的成本，提高了景区公园的现代化管理水平。

此外，景区公园内的安全维护也是一项非常重要的任务，特别要注意对儿童的保护措施，而使用RFID跟踪则可以很大程度上解决这样的问题。这种解决方案具有双重防护功能：第一重防护功能是在各个不被注意的地方加强安全，这对家长来说是很重要的；第二重防护则是针对个别特定区域的人员跟踪。在 RFID 技术没有采用之前，景区公园的管理部分需要采用传统的观察方式，运用大量人力来巡逻，以确保园内的安全。即使如此，还是会经常发生儿童走失的情况，通过有限距离的无线对讲机在偌大的园区内寻找人，需要大量的人力，而使用 RFID 跟踪技术则可以很快地确定儿童的位置。

当游客进入园区，每个人就会得到一个嵌入有源电子标签的腕带，腕带会不断发出信号，其中导游或家长的腕带会有特别的标识号码。分布在景区公园内的天线能够接收到信号，管理部门据此可以知道游客所处的位置。数据管理软件通过分布于整个景区公园内的公用触摸屏，供游客获取这些信息。当游客接近接触屏时，读写器会自动认证并扫描腕带内嵌入的电子标签，并在屏幕上标识其家庭成员或团队成员在景区公园内位置。家长也可以查看自己的位置，以及每个儿童一整天去哪里玩过的信息。游客们可以更好定位在主题公园内的团队成员、寻找娱乐设施和行程推荐路线、天气和特殊服务的信息和通告，并与团队成员联络。当丢失的小孩经过公用触摸屏的时候，系统会自动显示家长的留言，同时丢失的儿童也无法独自离开景区公园。

景区公园的目标就是为旅客提供周到的服务以及安全、舒适的环境，采用 RFID 技术能够在很大程度上帮助实现这个目标。例如：荷兰 Apenheul Primate 公园随着游客流量的不断增长，公园的吸纳能力就无法充分满足要求，需要重新对场地、设施及游玩流程等进行规划和设计。不过，在改进设施和程序之前，公园管理人员需要弄清楚公园客流量最大的区域以及每天客流拥挤的地点、时间和原因。从 2005 年 7 ~ 10 月，公园一共发放了 5000 多个绿色帆布包，在其中的 200 件里嵌入了有源电子标签。通过安装在公园各处的 RFID 读写器采集电子标签信息以判断游客人流拥挤出现的时间和地点，从而获得详细客流数据。在分析相关数据信息后，公园管理人员就可以对园内设施等作适当的调整，如增加部分走道、提高互动性介绍的播放频率等，以保证游客流更畅通。景区公园管理示意图如图 11-9 所示。

图 11-9 景区公园管理示意图

11.2.3 无障碍人员管理

1. 概述

人员自由跟踪管理系统（Free Flow People Tracking System，FFPTS）又称为人员无障碍跟踪管理系统，是随着现代自动识别技术的发展而发展起来的一种针对人的管理手段。随着 RFID 技术的发展，FFPTS 更是引起了人们前所未有的重视，并投入了大量的力量去研究和实施。所谓人员自由跟踪管理，就是在不对进入某个识别区域的人员进行任何行为规范与约束的情况下，完成对该对象或者该群对象的自动识别与跟踪，从而达到管理的目的。考虑到被识别对象的隐私权等问题，这种自由跟踪与识别应当是善意的，对象应该被告知存在跟踪和识别系统。

RFID 技术被用到人员识别上已经具有较长的历史，门禁管理是 RFID 技术早期应用之一。RFID 在门禁管理上的应用可以被看作是人员管理的初级阶段，使用的是低频 RFID 系统。这种低频系统价格低廉，但是也存在许多技术上的问题。比如，在这种管理模式下，由于低频系统不具备防碰撞特性，识别距离近（运用到门禁的系统通常为 5cm 以下），因此，被管理者的行为被严重约束，必须一个一个地近距离识别。更不用说在门禁以外的场合进行跟踪与管理了。近年来，人们开始利用高频（13.56MHz）RFID 来进行人员管理系统的建设，取得了较好的应用效果。和低频系统相比较，高频系统具有较远的识别距离，良好的防碰撞功能，同时又对人体具有一定的穿透能力，因此，可以在 FFPTS 中使用高频 RFID。

在现实生活中，由于人的行为的“自由化”，具有很大的随意性，因此，人的识别与跟踪管理中，会经常遇到长距离、多目标同时识别等问题。采用高频无源 RFID 系统，实现了识别距离长和可同时识别多个目标，而且价格便宜，对人体没有有害辐射，是比较理想的人员识别系统。

基于 RFID 技术的 FFPTS 包括：电子标签、读写器、中间件、网络、应用软件等组件。不同应用系统针对 RFID 的需求是千差万别的，但也有着相同特点，对于一个大型的应用系统，应包括如下部分：前端的 RFID 数据采集系统、中间件、数据传输网络、计算机系统、自动控制及显示系统（含动态感知）、图像采集及处理系统、后台软件平台与 RFID 数据系统相关的业务系统等。

如图 11-10 所示，RFID 读写器从人员所佩戴的电子标签上获取对象的个体信息，通过网络传递至 FFPTS，系统根据传回的信息，完成对被识别对象的自由跟踪管理。FFPTS 具有如下功能：对系统涉及的人员、车辆实行统一规范化管理，实现被识别对象信息的数字化以及整体流程的规范化、系统化。具体要求如下：所有涉及的人、车信息均输入到数据库做统一管理，并使用电子标签进行身份标注；在重要的通行地点及区域设置验证通道；实现免持验证方式，读卡天线隐蔽安装或伪装，具有长距离感应能力，持证人在无察觉的情况下通过验证；对监控点的识别控制要做到准确、实时，并且有完善的监控机制和事后稽核能力；对外来人员、车辆等的控制要制定一套方便易行的操作流程，并且充分利用系统的监管功能进行完善有效的管理；系统运作的所有环节，特别是制证环节，必须具有良好的安全性和保密性；系统本身必须有冗余设计和灾难恢复功能，并有一整套的数据备份恢复机制；系统提供完备的接口可供功能扩展和系统升级，如：添加考勤功能、用餐、医疗等一卡通功能、添加人员定位功能、添加重要物品、文件跟踪功能、管理和制作用户单位的多种证件。

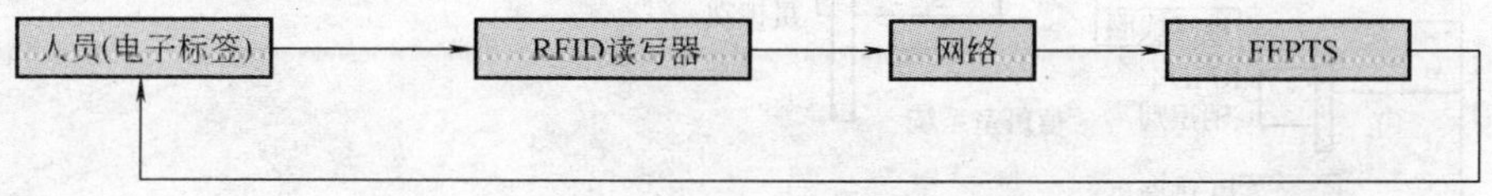

图 11-10　RFID 人员自由跟踪管理系统示意图

2. 总体设计

FFPTS 结构如图 11-11 所示，FFPTS 验证系统工作流程如图 11-12。系统中不同的部分在整个流程中承担不同的功能。对于验证系统而言：其功能定位应该是辅助值班人员对请求通行的车、人、物进行身份检查、验证，并对通行事件进行记录。对执勤人员（保安）而言：当是内部人员通行，在其进入人员识别区域以后，系统将进行对其证件的自动检测，并将其个人信息、是否具有通行区域权限等信息直接显示在显示终端上面，执勤人员经过对照判断以后断定是否为本人及是否拥有通行权限，并决定是否放行处理。对于未带证的内部人员，通过在执勤终端上输入证号查询，判断是否放行，如果没有记录则由值班室处理，携带访客证的外部人员同内部有证人员一样进行验证。对值班室而言：执勤人员的处理情况将同步显示在值班室的终端上面。值班室负责外来人员或无证的内部人员及车辆的登记。对外来人员及内部无证人员的处理基本是一致的，值班室通过值班计算机直接查询预约访客名单，如果存在记录，发给访客卡，如果未被批准，则与批准人进行联系。对批准人而言：对于预约访客，批准人可以直接登录 Web 方式的“电子身份管理系统批准模块”，直接录入访客信息，并批准通行。该操作受账户密码方式保护并使用数字签名验证，批准人将只能看到对应于本人的批准信息及记录。这样被批准人在到达验证区域后可以直接与值班室核对身份并取得访客卡。该卡作为进入受控区域身份凭证，离开时交回。对于未预约访客，值班室操作人员将直接录入待批准人员（车）的信息并提交，审核人员在登录后进行批复（或通过打电

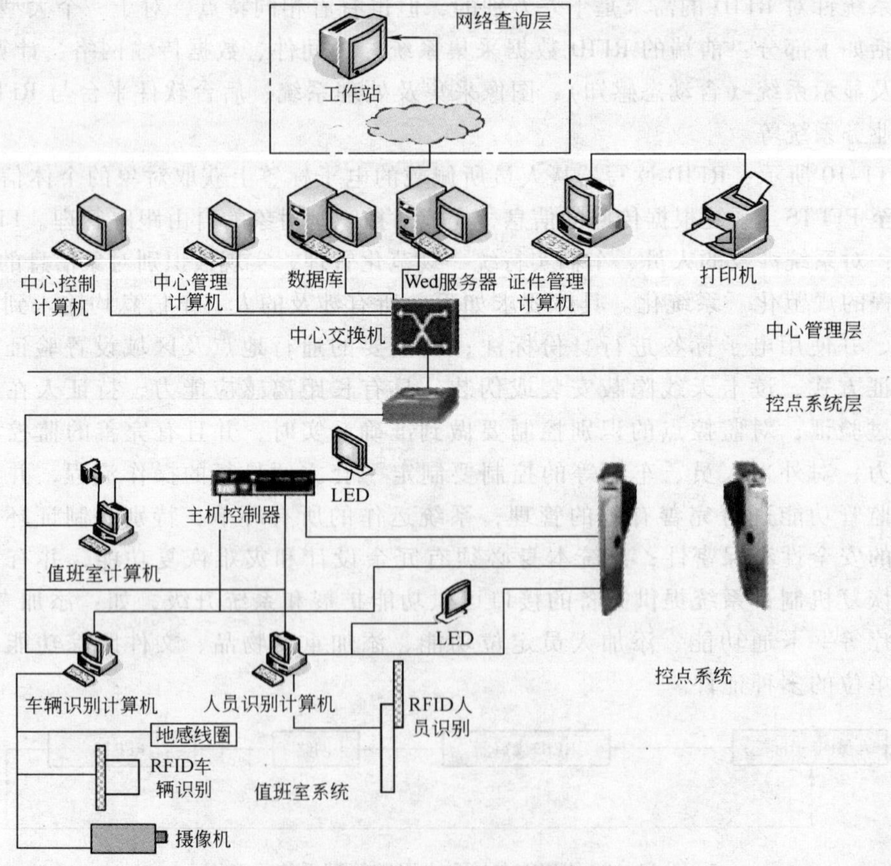

图 11-11 FFPTS 结构图

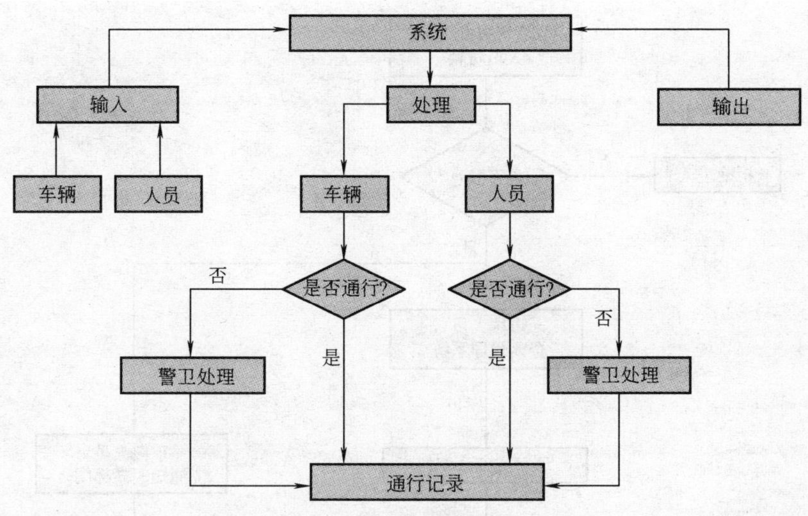

图 11-12 FFPTS 验证流程图

话的方式通知待批准人员，取得许可）。

电脑系统处理流程如下：验证点系统的 RFID 读写器（天线）循环检测以收集通过人员的电子标签信息，抓拍摄像机在受到触发时记录监控点图像。在获得人员通过标记信息或者电子标签信息时，系统触发人员处理模块，对电子标签对应的电子证件记录进行处理。查询内部人员库、外部人员库，如果有记录则显示相应的记录，否则进行相应事件提示，交由值班室处理。验证点一般应提供以下功能：执勤人员触摸显示终端；提供证件信息显示界面；提供证件手工查询界面；提供短信通知显示界面；提供简单通信联系界面；可搭载内部电话平台。

批准流程如图 11-13 所示。对批准人，其随时可以通过登录系统进行批准管理（在其权限范围内的），其所有操作将被记录。并可以查询其被批准人的进入情况及历史记录。

3. 子系统功能

（1）验证点系统

验证点系统包括了验证点子系统和值班室子系统两个部分，负责对有电子证件的被识别对象，进行身份认证和相关数据记录、处理。验证点系统的主要功能包括：监督（提示）被识别对象进行身份认证；对附有电子证件的被识别对象（人、车、物）进行信息检索查询并通过预定义规则进行分析、处理，将处理结果提交上一层处理；对过期和挂失证件告警；特殊情况下的查询功能（如用户忘带证件）；用户通知信息提示功能（如：用户到达某处，系统提示“某领导 要求您到某地办某事”）；由指定通过事件触发的通知；自动记录用户事件（证件、时间、图像等信息存档）以备查询；特殊事件自动提交给值班室及中心管理系统处理或记录（如：非法用户事件）；执勤终端可提供简单的多媒体通信平台。

（2）中心管理系统

中心管理系统是整个电子身份识别系统的管理中心，它包括中心管理子系统、中心监控子系统以及证件管理子系统，负责管理并协调整个系统的运行，其主要事务是：整个系统的各种配置和参数设定；系统操作人员账号密码以及权限管理；监控并显示所有有人职守验证系统的工作情况并提供特殊情况报警；提供全系统所有人员的资料及用户事件统计、查询；

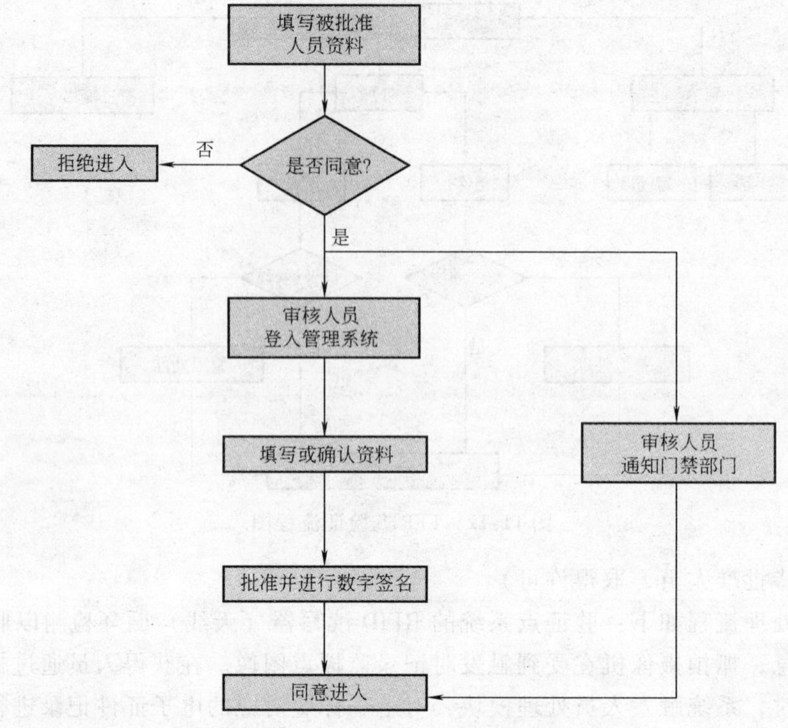

图 11-13 FFPTS 批准流程图

分类显示系统运行时的人员动态；各种报表的生成、打印；对特定人员的查询定位；外部人员、车辆进出批准管理；该系统的所有被识别对象（人、车、物）的资料收集整理；被识别对象资料的数字化及整理录入到计算机系统中；被识别对象电子证件的制作（包括打印或印刷）；被识别对象电子证件的授权；临时电子证件的制作及管理；扩展系统的管理，如一卡通系统、人员定位系统等。

4. 系统逻辑结构设计

系统的逻辑结构分为 5 层：硬件设备层、信息处理层、网络链路层、中心数据层、应用层。

1）硬件设备层：验证点信息获得设备及控制设备。包括：人员 RFID 设备，如无源射频读写器、天线等；视频及图像处理设备，如摄像机、图像抓拍卡；显示终端，主要是一个或者多个显示屏。可能使用的控制设备如自动门等。

2）信息处理层：通过硬件处理层获得的识别信息通过验证点计算机的识别软件进行处理。处理后的信息存储在本地，或者通过网络链路层传送到中心数据层处理。

3）网络链路层：负责将各个验证点的数据通过网络设备与中心数据层连通形成有机的整体。

4）中心数据层：负责整个系统的数据存储和读写要求处理，由一个数据库服务器或者数据库服务器阵列组成。

5）应用层：该层包括了所有附加于中心数据层上数据的处理及相关的功能扩展。主要包括：中心管理系统，如中心监控子系统、中心管理子系统、证件管理子系统；验证点系统，如验证点子系统、值班室管理子系统；Web 功能拓展子系统。

5. 安全性、保密性设计

安全性和保密性的设计基于如下原理：所有的电子标签均有惟一标号 UID；所有的用户数据均由用户自主生成并管理，系统维护人员只在证件制作管理软件上做指导，对数据库做备份管理等操作指导，原则上不接触任何真实用户数据；所有数据均在内部局域网传送，安全性由内部网络保护；任何外单位的同型号卡均会被识别为非法证件；所有的用户操作均可以设置账号密码进行操作限制并进行操作日志记录；证件管理系统可随时对特定证件进行挂失、停用、注销操作，并实时生效；为保证系统稳定性，在能保证验证点系统安全性的情况下，可以配置本地数据库，以保证在网络故障下系统依然可以正常运行；进入验证通道时，证件存档照片自动调出，供执勤人员进行比对，可以杜绝冒用情况的发生；证件卡片与数据登记由不同人员人负责，制证过程分多步进行，并经审核与批准，减少出错可能性并且杜绝个人制作证件的可能；可方便地进行定期不定期数据检查，打印硬拷贝审核存档。

11.2.4 校园管理

1. 家校通概述

如何更简便、有效、快捷地加强中小学学校与家长之间的信息沟通，让家长及时、准确地了解孩子在学校的各种情况，让学校、班主任及时、准确地了解学生回家以后的生活、学习情况，一直是社会、学校、家庭普遍关注和着力解决的问题。学校和家长均希望了解：孩子的安全情况，如是否安全到校、离校等；孩子的出勤情况，如有无迟到、早退等；学生在校或在家的表现，如考试成绩、学习态度、行为优劣等。

目前已经有结合 RFID 技术和移动通信技术开发出来的家校通系统，来解决以上问题。家校通系统一般具有如下功能：

1）家长放心短信通知——平安短信。学生到校通知，学生进校划卡，系统自动给家长发一个短信，通知家长孩子已经安全到校；学生离校通知，学生离校划卡，系统自动给家长发一个短信，通知家长孩子已经离开学校。

2）学生出勤记录。学生进、离校刷卡自动记录出勤状况。

3）教师与家长的短信互动。学校通知，教师将家长会、收费通知、家长来校通知等发送给家长；学生情况通知，教师将学生的考试成绩、评语、近期状况发送给家长；家长留言箱，家长可以发送短信给学生班主任、学校领导留言。

4）学校辅助短信移动办公。会议通知，短信发送学校内部会议通知；个人定时提醒，定制个人短信定时发送，方便事务提醒。

家校通的解决方案一般包括以下几个部分：通过短信猫设备或者移动运营商短信网关进行短信收发；在学校门口安装读写器设备，连接家校通服务器，用于学生到校/离校刷卡，并自动触发家校通软件发送平安短信；具备校园局域网的学校可以将家校通服务器连接到校园局域网，学校教员可以直接通过网络浏览器访问家校通软件并通过短信与家长沟通。下面分别给出两种解决方案：家校通短信猫版解决方案和短信网关版解决方案。

2. 家校通短信猫版解决方案

短信猫版解决方案网络示意图如图 11-14 所示，其系统组成包括：支持家校通所有业务功能并包含底层数据库系统家校通软件；插入中国移动或中国联通的手机 SIM 卡即可支持

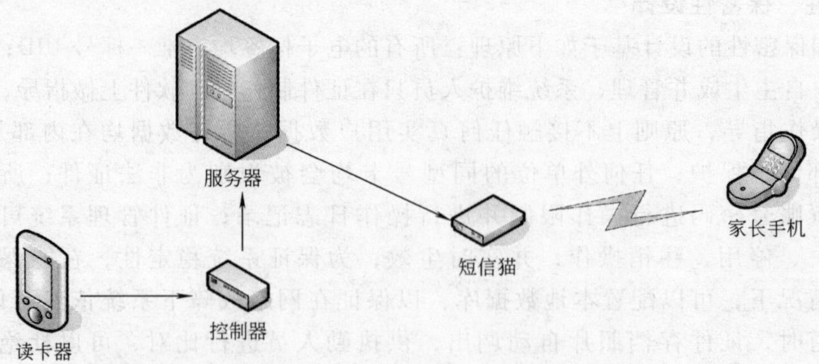

图 11-14　家校通短信猫版示意图

收发短信短信猫设备；根据情况配备近距离或远距离刷卡设备及卡片；基于台式机或工作站的家校通服务器。

3. 家校通短信网关版解决方案

短信网关版的家校通集成了电信运营商的短信通道，可以与中国移动、中国联通、中国网通、中国电信的短信中心建立一路或多路专线连接，并可通过家校通服务器及家校通软件开发包与校园网无缝集成。其网络示意图如图 11-15 所示，主要组成部分包括家校通软件，支持家校通所有业务功能，包含底层数据库系统；短信通道，与电信运营商的短信网关相连，支持短信的快速收发；近距离或远距离感应刷卡设备，刷卡设备根据学校的实际情况配置，如有需要还可以进一步扩展。

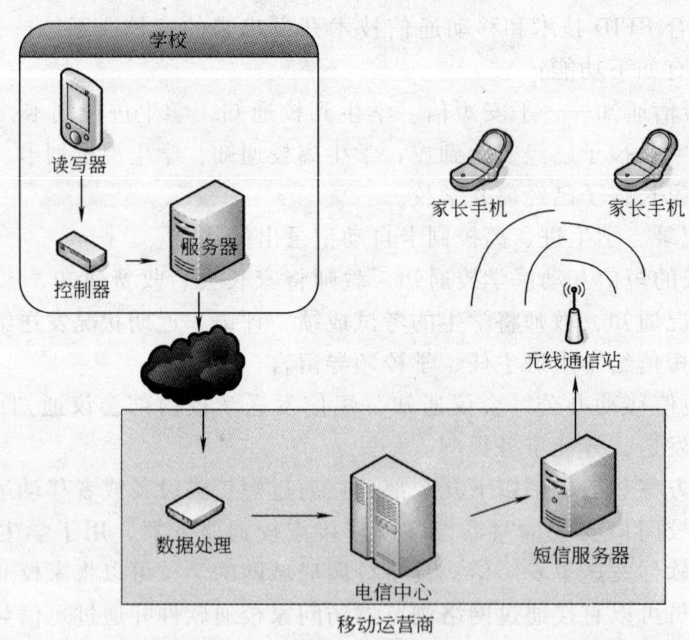

图 11-15　网关版家校通系统示意图

短信猫版家校通和网关版家校通的区别在于，前者系统需要专用短信猫，后前者支持短信的快速收发。

11.3　交通监管方面的应用

11.3.1　简介

随着经济的发展，生活节奏的加快，人们对交通的要求越来越严格，然而随着车辆数目的不断增长，交通的拥挤情况越来越严重，在各大城市，交通堵塞、找不到停车位置而乱停车等交通事件时有发生。据统计，世界上每天都有 3 万多人在交通事故中丧生、14 万人在车祸中受伤，其中 15000 人终生残疾。交通事故不仅夺走了生命，也夺走了全球安全和宝贵财富，交通安全问题也成为世界各国都很重视的问题，因此加强交通管理，合理有效地利用道路、停车场等资源已是刻不容缓的事。而传统的管理方式大都是人工方式，不仅费时，效率慢，而且容易出错，引进先进的技术，实现自动化管理将可以大大缓解情况。交通系统是一个复杂的综合性系统，单独从道路或车辆的角度来考虑，很难解决交通问题，必须把车辆和道路综合起来全盘考虑。在这样的需求背景下，将信息技术、电子通信技术、自动控制技术、计算机技术以及网络技术等有机结合的智能交通应运而生，可以实时、准确、高效地监管交通情况。

当前交通监管方面采用的技术主要有：摄像监测技术（见图 11-16b）、线圈地下埋置技术、雷达定位系统技术、微波交通检测（Microwave Traffic Detector，MTD）技术（见图 11-16a）和 RFID 技术等，各有特点，下面分别加以介绍。

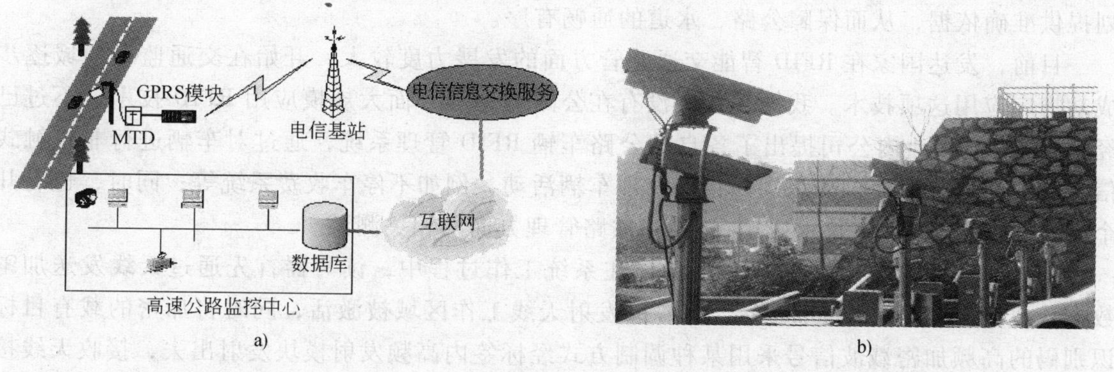

a)　　b)

图 11-16　交通监管技术

a）微波交通检测应用解决方案　b）摄像解决方案

1）摄像监测技术包括可见光和红外线两种视频监测方式。可为事故管理提供可视图像；可提供大量交通管理实时信息；单台摄像机和处理器可监测多个车道。缺点是大型车辆可能遮挡随行的小型车辆，可靠度相对较低；如果存在阴影、积水反射或昼夜转换可造成监测误差等。

2）线圈地下埋置技术的优点是该项技术已经成熟、易于掌握，计数非常精确。缺点是安装过程对可靠性和寿命影响较大，修理或安装时会中断交通并且会影响路面寿命，易被重型车辆、路面修理等损坏。

3）雷达定位系统技术的特点是数据采集非常方便而且能够提供准确的交通及车辆相关完整数据信息，可全天候工作。缺点是成本比较高，而且受功率的影响，可能会产生错误信息。

4）MTD 技术可以提供公路实时信息，还有多车道的车流量、道路使用率和车型等信息，这些信息可以通过无线传输或利用通用串行通信线路连接到其他系统。MTD 具有技术先进、成本低和可靠性高等特点。MTD 利用雷达线性调频技术，对路面发射微波，通过对回波信号进行高速实时地数字化处理分析，检测车流量、占有率、速度和车型等交通流基本信息。MTD 主要应用于高速公路、桥梁、城市快速路和普通公路交通流量调查站的技术交通参数采集，提供车流量、道路占有率、速度和车型等实时信息。

5）RFID 交通监管技术。RFID 智能交通监管具有防水、防磁、耐高温、使用寿命长、可以远距离识别、读取速度快、信息采集量与存储量大、数据准确以及可根据环境变化相应调整和成本较低等优点。缺点就是，需要将电子标签永久固定在车身、船身的适当位置（如汽车的挡风玻璃上），前期贴标工作需要投入大量的时间和精力。由于 RFID 技术本身的特点，其精准度在一定程度上会受到环境的影响（温度、湿度和金属附着物等）。

11.3.2 RFID 交通监管技术

1. 技术现状

采用 RFID 技术管理交通状况在国内外已早有应用，包括公交卡、停车场管理，不停车收费，公交车辆场站管理和车辆年检与特殊通道管理等，还应用于数量统计、速度计算、进出控制等方面。可记录车辆相关详细信息和行驶路线以及是否超出营运范围，还可以采用 RFID 技术统计交通流量，提供车辆、船只进出口站（港口）的精确交通流数据，为交通规划提供准确依据，从而保障公路、水道的通畅有序。

目前，发达国家在 RFID 智能交通监管方面的发展力度较大，开始在交通监管领域逐步成功推广应用这项技术。我国现在还没有在公路管理等方面大规模应用 RFID 技术，不过已经有几家 RFID 业内公司提出了各自的公路车辆 RFID 管理系统，通过对车辆进行非接触式信息采集处理，从而自动识别和自动管理车辆活动，例如不停车收费系统等；同时，也有几个省份开展了对 RFID 技术应用在公路/铁路管理方面的相关测试。

RFID 交通监管的工作原理很简单，在系统工作过程中，读写器首先通过天线发送加密数据载波信号到 RFID 汽车标签，标签的发射天线工作区域被激活，同时将加密的载有目标识别码的高频加密载波信号采用某种调制方式经标签内高频发射模块发射出去，接收天线接收到电子标签发来的载波信号，经读写器接收处理后，提取出目标识别码送至计算机，完成预设的系统功能和自动识别，实现目标的自动化管理。在 RFID 交通监管系统中，电子标签可安装在汽车内部的仪表盘上，在一级公路上可以在不减速、不停车的情况下使用。RFID 智能交通管理系统的数据传输速率可以达到 300kbit/s，标签移动速度（车速）可以达到 300km/h。读写器直接安装在各个站台或交通流量大的路口，并通过移动 GSM 网用 GPRS 方式或短信通信方式传输到交通信息中心。为避免多辆车同时经过站台附近或路口时可能形成的径向干扰，造成相移而影响天线对信号的接收，在部分流量大的站台和地点，可考虑将天线埋地。

RFID 交通监管应用的案例有：

1）公交一卡通。比如：香港的八达通、深圳的深圳通、广州的羊城通。其中，香港的八达通可以搭乘香港所有的公共汽车、地铁、火车、轻轨列车、轮渡、小型巴士等交通工具。

2）不停车收费系统。比如美国的 E-Zpass、香港地区的 Autotoll、广东省的粤通卡等。其中香港地区的 Autotoll 系统从 1992 年起，在香港地区的十多条主要公路干线以及隧道上进行不停车收费，每天为香港地区 20 多万带有 RFID 不停车收费卡的用户提供服务。全国各省在实施与运营中的联网高速公路不停车收费系统，广东、上海、北京、重庆、福建等省市都在运营与实施中，其中广东省在 2004 年就已经开通了 150 条高速公路不停车收费车道。

3）铁道调度系统。我国铁道部目前已经对所管辖的 55 万辆机车车辆以及车厢加上电子标签，实现对车辆或车厢的追踪，以及车辆运行过程中的路况报警提示。远望谷公司开发的国内最大的铁路机车车号识别系统，目前已遍及全国 18 个铁路局、7 万多千米铁路线。

4）交通信息系统。美国佛罗里达高速公路利用电子标签，进行车辆旅程时间计算，以及行驶速度计算收费。上海市公共汽车利用 RFID 技术进行公交车的到、离站信息管理，通过安装在站台上的显示屏幕显示公交车即将到达和即将启程的名称、位置及时刻。

5）快速公交系统（公交优先系统）。浙江杭州市对其快速公交一号线路上 31 个灯控路口安装了 RFID 设备，当公交车驶近路口 200m 的地方，RFID 设备就能读到公交车的信息。根据需要，并在信号控制设备的配合下，适当调节红绿灯的时间，以实现公交优先通行，如图 11-17 所示。

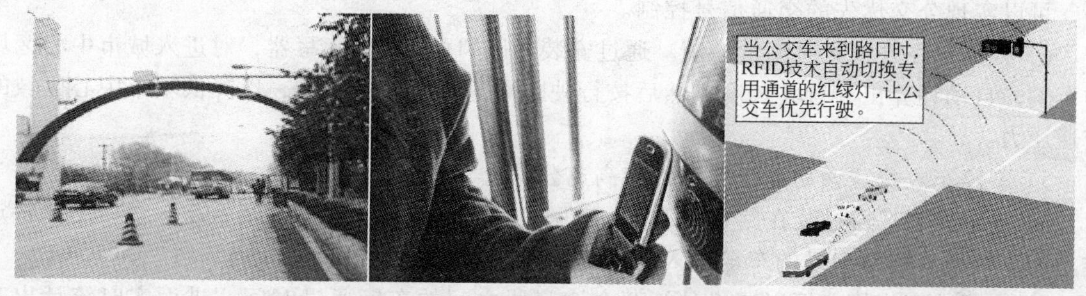

图 11-17　RFID 交通监管应用场景图

6）其他方面。如全国各地数千个 RFID 停车场收费系统、各地的工厂车辆自动称重系统、公交车站的车辆进出站管理系统、海关车辆进出检验系统以及北京市城市汽车环保检测 RFID 环保信息卡系统等。

2. 技术特征

RFID 技术具体应用到交通监管领域的特征如下：

1）RFID 技术应用的目的是标识对应的贴标车辆。通过对车辆的进出、经过时间等信息的获取来实现精细化交通监管。

2）系统对电子标签的性能要求高。为了体现 RFID 系统的优势，一般需要系统在车辆较高的速度下可以正确识别电子标签，如不停车收费系统一般是要求在 60km/h 速度下可以正确识别，像铁路车号识别系统的设计性能最高识别速度可以达到 120km/h。

3）系统包含多种频段的 RFID 技术。如不停车收费中集成了有源 2.45GHz RFID 技术与 13.56MHz 的 RFID 安全消费技术，快速公交系统也是用 2.45GHz RFID 技术，但是工厂车辆自动称重系统一般使用 915MHz 的 RFID 技术就可以实现。

4）电子标签一般要求防拆。为了实现一车一卡（电子标签），电子标签一般贴到车辆的玻璃上后不可以拆除，一旦拆除就不能再使用了。

5）电子标签的成本比较高，但是在交通系统中应用却能被容易接受。因为车辆的价值高（几万或几十万元），即使一个电子标签上百块钱成本，相比一下还是很小比例，所以车主与管理部门为了通行便利和精细管理都可以接受这个价格。

6）系统一般不需要防碰撞识别功能。RFID 技术可以采用防碰撞技术来实现同时读取几十张甚至上百张电子标签，但是读出来的结果不一定能达到 100%。而在交通应用中，一般一次只需要读取一辆车，没有防碰撞的要求，可以轻松实现 100% 识读率，这就在降低了系统设计难度的同时也保证了系统识别的稳定性和准确性。

3. RFID 交通监管技术实现的功能

结合实际情况归纳总结，RFID 交通监管技术一般可以实现如下功能：

1）相对位置的定位。可以确定车辆进入了哪个区间，其定位的精度取决于 RFID 读写器安装的密度。

2）路线导航。根据事先选定的路线，在抵达某关键路口的前一个路口，通过适当的信息发布机制，可以告诉车辆应准备在某条行车道行驶或某个出口驶出。

3）智能信号灯控制。通过安装在路口的 RFID 读写器可以探测并计算出某两个红绿灯区间的车辆数目，从而智能地计算红灯或绿灯的分配时间。同时，通过对公交车辆类别的识别，可以实现公交优先的交通信号控制。

4）城市中心区域交通流量控制。通过安装在路口的 RFID 读写器，对进入城市中心区域的车辆，自动计算出其行驶长度，然后按行驶距离的多少进行收费，以降低城市中心区域的交通压力。

5）不停车收费。该功能已经在很多高速公路上实现。

6）进出控制。通过装在路口的 RFID 读写器，并辅以其他自动控制系统，可以不让特定类型的车辆或有违章记录的车辆进入某区域或某路段。

7）实时速度指标。可以通过计算两个读写器之间的车辆通过时间，进而实时统计出车辆的平均行驶速度。并且可以给出通告，让其他车辆可以知道该路段的顺畅程度，从而选择是否行驶该路段。

8）超速警告。根据两个读写器之间的车辆通过时间，计算出该车辆行驶是否超速。如果超速，通过适当的信息发布机制，对该车辆进行通告或警告。

9）自动违章记录与惩罚。针对在某区间违章的车辆，在区间出口处，识别到该车辆后，可以自动进行违章的记录与惩罚，其费用还可以从自动缴费渠道扣除。

10）实时流量统计。根据两个读写器之间的车辆通过数量，可以实时进行某路段的车辆流量统计。如果流量超过某范围，还可以进行相应的警告信息发布以及进入限制。

11）逆行警告。根据车辆在通过两个读写器之间的时间先后次序，可以判断该车是否是在逆行。如果有逆行，则通过适当的信息发布机制，向该车辆发出警告信息。

12）故障通告。如果某路段因为意外情况或者例行道路维护，需要暂时关闭，则可以在该路段之前的路口，对经过该路口的车辆进行通告，告诉某路段已经封闭，不可进入。

以上是针对交通工具通过 RFID 技术可以实现的智能服务，针对公共交通工具的乘客可以实现的功能包括：

1）车辆位置分布。可以通过装在公交站台的显示设备，显示出某路线的所有车辆的目前位置分布。

2）下一班次到达时间通告。可以通过装在公交站台的显示设备，显示出某路线的下一班次车辆的大约到达时间。

3）拥挤程度通告。可以通过装在公交站台的显示设备，通告下班即将到达的车辆中已有乘客数量或拥挤程度指标。乘客可以结合其他车辆的位置，选择是否继续等待。

4）公交一卡通。通过装在车辆上的RFID读写器，可以实现公交费用的电子支付，减少钱币的直接支付与找零，该应用已经在很多车辆上实现。更进一步，如果在车辆下车处也装上RFID读写器，可以实现按行程距离收费、实时乘客人数统计、以及前面提到的拥挤程度通告等。

5）下一站到达地点通告。通过装在车内的显示设备，可以让车上的乘客知道下一站的到达地点，以及整个行程所经过的站名。目前该服务通过司机手动控制已经可以实现，如果采用RFID，可以更智能化、更准确地实现下一站到达站名的通告。

6）交通状况信息转告。通过装在车内的显示设备，可以转告从交通基础设施提供者所收到的交通状况信息，比如，实时速度指标、实时流量指标、故障通告等。

7）动态时间估算。结合从交通基础设施提供的交通状况信息，可以进行余下路线行驶时间的估算，并定期通知给车上的乘客。

可以看出RFID交通监管技术能满足交通工具以及乘客对交通信息的需求，促进交通的智能化。

4. 发展趋势

与传统的交通监管数据采集方式相比较，RFID交通监管技术具有一定优势，很可能取代传统交通信息采集。RFID交通监管的实现需要两个前提条件：RFID芯片制造成本的大幅度降低和民众对RFID技术的广泛接受。目前国内外已有多家在交通行业发展的比较好的RFID硬件供应商，国内交通行业占优势的RFID硬件供应商主要是深圳远望谷、深圳先施科技和江苏瑞福科技等公司，国外公司有TRANSCORE和Tagmaster等公司。相信随着RFID技术的日渐成熟和日趋完善，RFID交通监管可以给全球的生命健康与安全提供交通安全保障。

根据RFID的技术特点以及适用性，RFID在交通监管中的应用趋势如下：第一、针对RFID标准尚未统一的问题，采用RFID技术来实现局部区域内的交通智能化管理具有更高的可行性，从而形成车联网。在局部范围内，例如全省或全市采用RFID技术，可以不用考虑国际化标准的统一问题。第二、投资主题明确，无论是交通基础设施的提供者还是公共交通服务的提供者，在有需求提高服务水平的时候，他们就可以考虑进行投资。目前很多高速公路或隧道的不停车收费系统，都是投资主体（或者叫服务提供者）为了提高服务质量而进行的技术改造。第三、技术具有更高的成熟性。针对智能交通的应用中所采用的主动式、超高频标签，其读写距离远、安全性好、数据存储时间更有保障。第四、由于采用主动式标签，在安全性、保密性、隐私问题处理都有很成熟的技术。第五、为了达到有效的监控管理与信息服务，项目实施方面需要大规模地在所有道路上安装读写器，在所有车辆上安装电子标签。RFID设备可以安装在道路交叉口红绿灯的支架上，读写器可以安装在支架的立柱上，其天线可以安装在支架的横梁上面，紧靠在交通信号灯的下方。第六、一个RFID读写器可以连接多根天线，并且读写器可以从逻辑上区分某个电子标签被哪根天线接收到。因此，一个读写器连同多根天线可以满足对每条行车线上的车辆流动情况进行监控。

总之，RFID读写器或其天线可以像交通信号灯一样普遍，用来收集行驶在道路上的车辆的动态信息，到达监控以及增值服务的目的。当大规模的道路以及车辆都采用RFID技术后，结合其他数据通信技术、数据处理系统、信息发布系统等，可以实现交通工具智能化服务。

11.3.3 公交管理应用

将RFID应用于公交管理系统，可以实现公交车进出站，信息自动、准确、远距离、不停车采集，使公交调度系统准确掌握公交停车场公交车进出的实时动态信息。对采集的数据利用计算机进行研究分析，可以掌握车辆运用规律，杜绝车辆管理中存在的漏洞，实现公交车辆的智能化管理。与现有的其他公交智能交通技术实施方案相比，基于远距离RFID技术的方案具有其独到之处：

1）与地埋线圈相比：感应式地埋线圈最主要的缺点在于只能采集交通流量信息而不能对具体车辆进行识别跟踪，因此应用范围有限。而RFID技术恰恰弥补了地埋线圈的这一缺点。

2）与卫星定位相比：GPS卫星定位虽然可以识别车辆，各地也进行了一些试点运行，但存在着GPS车载设备价格较贵，信号不稳定等问题。RFID公交智能交通解决方案，不依靠卫星信号，采用RFID技术，完全不会受到上述问题的困扰，从而保障了系统运行的长期稳定可靠。GPS的应用，必须结合GIS（地理信息系统），后者的开发不但增加了应用的成本，如果更新不及时，也会大大影响系统的准确性。GPS技术并不适合诸如当车辆到达出口时自动开启门闸之类的定点触发应用，而RFID技术不需复杂的GIS配合，也可以胜任定点触发的工作。

3）成本低：与GPS需要昂贵的车载设备相比，基于RFID技术的系统可以将主要的识别及通信设备由车载移至固定的地面数据采集点。因为采集点的数量远少于需要定位服务的车辆数量，所以所需的交通信息采集网络的投资要远小于为众多车辆安装GPS设备的投资。在实现同等功能的情况下，车载电子标签安装在每辆公交车辆，成本明显低于GPS车载设备。而且车辆跟踪平台建成时，由于经过同一站点的多条线路可以复用一个站台设备，那么整体实施RFID系统（车载标签+站点信号接收器）的成本也将低于GPS（车载设备+基站）。

4）扩展性好：从横向来看，基于RFID公交智能交通系统（Intelligent Traffic System, ITS）能和其他ITS有机整合，为其他系统提供有价值的信息，并实现不停车收费、闯红灯拍照、车速监控等功能。从纵向来看，作为标准的ITS，能为架构在RFID基础上的其他软件提供完备的接口，进一步的深度信息挖掘，将给整体的ITS提供更多的信息服务。

当今社会，城市交通需求急剧增长，一味注重道路硬件的投入显然仍不足以满足市民的出行需求。而从交通管理软件入手，不仅有利于提高公交车辆服务质量，更可引导需求，吸引更多的人选择公交车作为主要出行方式，从而缓解私家车泛滥、路况拥堵的交通管理一大疑难。RFID公交智能交通系统解决方案包括：车辆调度管理、公交车辆跟踪、公交车辆优先系统、公交加油站及停车场的智能化管理和车队考勤管理等几大方面，下面分别加以介绍。

1. 车辆调度解决方案

车辆调度管理系统是智能公交系统的核心组成部分，采用先进的信息通信技术，收集道路交通的动态、静态信息，并进行实时地分析，根据分析结果安排车辆的行驶路线和出行时间，以达到充分利用有限的交通资源，提高车辆的使用效率，同时也可以了解车辆运行情况，加强车辆的管理。基于 RFID 技术及相关设备可以设计公交信息采集系统如图 11-18 所示。

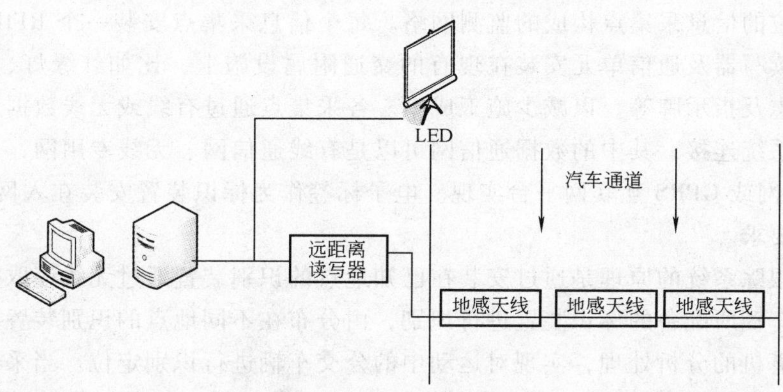

图 11-18　公交信息采集

当公交车辆进入车场时，被远距离读写器读取安置在本车上的电子标签号码，读写器自动将读取到的身份号码或车辆的相关信息传输至后台电脑进行处理，后台电脑对于此信息记录并处理，记录该车辆的入场时间与车辆相关信息，后台电脑并判断该车辆应该停放在场内的哪个停车位，并将此信息传输至 LED 显示屏，驾驶员通过 LED 显示屏可以知道应该停放在哪个车位和一些附加信息，如下次出车时间等。当公交车辆出场时，被远距离读写器读取车辆信息，后台系统记录出场时间和其他信息，并写入后台数据库。全过程的管理免除了人为干预，最大限度地降低了系统的运营成本和减少因人工操作带来的不可避免的损失。RFID 应用在公交调度系统中实现的功能和特性有以下几个方面：

1）不停车远距离自动识别，实时定点采集公交车辆进出站的时间，可以确定公交车辆所处停车场的位置。调度中心和停车场 LED 显示屏引导公交车进站后应停的车位，避免了公交车辆停泊其他停车场等夜晚不归的情况。同时车辆的调度、流量统计、车辆考勤、任务考核以及维修保养期提示、车辆维修记录、审验记录等方面也可以实现自动化管理。

2）经过一个较长时期的数据积累，线路调度管理部门可获得一组可靠的参考数据。通过数据了解不同季节、不同时间段以及工作日、双休日、节假日的客流基本情况，从而实现合理化配置发车数量与间隔等各种因素，保障市民的出行，同时减少了公交公司的运营成本及员工的劳动成本两方面的支出，带来尽可能大的整体收益。

3）可实现实时监控掌握整条线路所有在途车辆的运营情况，并及时迅速地针对不同的突发状况做出反应，从而保证了公交服务的稳定性。当公交车辆遇到堵车情况时，调度管理中心可通过联网电脑及时得知情况，并通过网络定位迅速判断出车辆所在的路段。在尽可能短的时间内，将相关路况信息提供给之后会经过该路段的其他车次，还可及时采取相应的调度措施。体现这一优势的基本点在于，通过远程跟踪保证调度方及时得知公交线路的运营情况，获得比较充足的反应时间来应对突发状况，从而更好地解决危机，实现公交车辆的跟踪监控管理，塑造良好的城市公交服务形象。

2. 公交车辆跟踪系统

过去的公交车辆跟踪技术依赖于GPS信号，现在也可以应用远距离RFID技术可以实现公交车辆的跟踪，或者两者结合使用。RFID公交车辆追踪系统不仅可以采集道路交通中公交车辆的位置信息，也可有效地获取交通流量等其他交通数据。它是由信息采集网络、电子标签（标识装置）以及指挥中心组成。信息采集网络是由策略性分布在陆地交通系统中重要交通监测部位的信息采集点构成的监测网络。每个信息采集点安装一个RFID读写器及通信单元，这些读写器及通信单元安装在现有的交通附属设施上，比如红绿灯、路灯、车站、路牌、交通标志及指示牌等，以减少施工成本。各采集点通过有线或无线数据通信网与指挥中心的计算机系统连接，其中的数据通信网可以是有线通信网、无线专用网，也可以利用移动通信的GSM网或GPRS互联网平台实现。电子标签作为标识装置安装在入网公交车辆上，以满足识别的要求。

公交车辆跟踪系统的原理是通过安装在已知地点的识别装置通过无线读取数据的方式对经过该地点的车辆所配备的标识装置进行识别，由分布在不同地点的识别装置构成数据采集网络，经过计算机的分析处理，实现对运动中的公交车辆进行识别定位。当采集点的分布达到一定的密度时，采集网络可以有效地覆盖一定区域内的交通道路。通过对持卡车辆在不同时刻通过不同采集点的数据的分析，就可以掌握车辆的运动轨迹、运动速度和最近位置。指挥中心的计算机系统接收信息采集网络采集的数据并进行分析处理，同时也管理有关的数据库并运行应用软件，担负相应的指挥、通信的任务。对采集到的数据进行进一步的分析，还可以获得车辆平均速度、交通流速等其他有关交通信息，为智能化交通管理提供支持，同时也为政府交通管理部门对道路交通的规划提供参考。

如图11-19所示，当公交车辆驶进车站时，电子标签向固定在车站的读写器发送信号。此时，读写器通过广域网将车辆信息发送至每条线路的调度室，市级行政机关的交通管理部门通过对各调度室信息的收集来监控市内公交线路的整体运营质量。公交车的特点是站点和

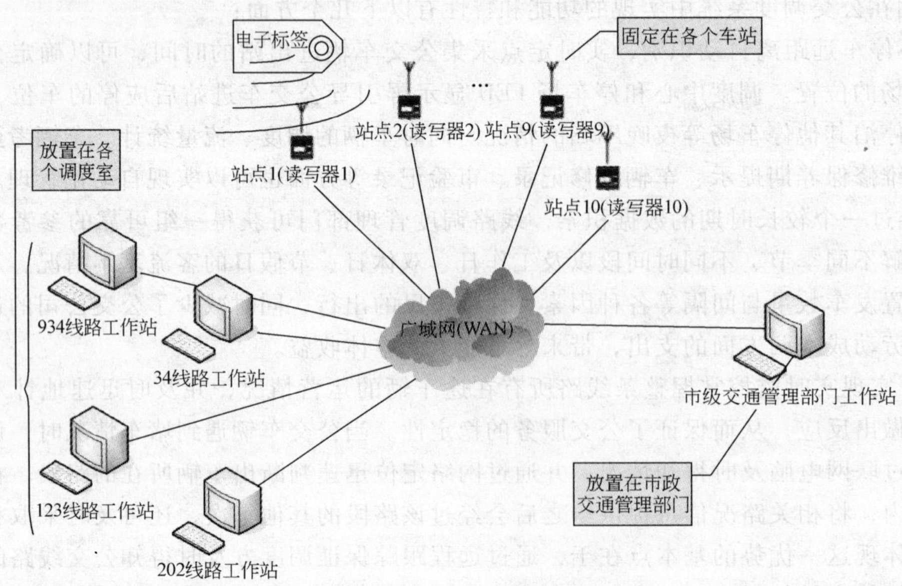

图11-19 公交车辆跟踪系统

行驶线路基本固定，远距离 RFID 识别技术恰好可以利用公交车的这一特性布设监测网络。而目前城市中一个公交站点往往同时为几条线路共用，因此，安装在一个站点的识别装置也可以为几条线路服务，这就大大降低了设备成本。RFID 公交车辆跟踪系统除了可以实现 RFID 公交调度方案所实现的所有功能之外，还可以实现如下的功能：

1）城市交通规划。通过对各个线路的数据收集，城市政府的交通管理部门工作人员便拥有了真正的可视化监督管理工具，并且直观、真实、可靠，能够比较全面而客观地反映出当前城市公共交通存在的各种问题，从而促使其加大力度进行维护和改善。无论是当天实时的交通信息，还是一个阶段积累后所获得的历史数据，都可成为城市各条线路运营质量评估的参考依据与评价标准，对于运营状况不佳的，可及时加以整改，调整线路或停止运行，对交通不方便的路段增加基础设施建设或整修道路。此外，综合各条线路的运营状况，交通管理部门可以整体评估城市公共交通的现状，为公共交通问题的进一步发展与改善提供思路。

2）站点信息显示。通过对公交车辆的识别定位和数据网络的传送，可以向乘客实时显示该条公交线路的运行情况以及下一趟车离到站的情况，使乘客有更多的“知情权”，等车做到心中有数。

3）公交车辆养护。通过对每辆车在一阶段内行驶的路程长度和平均速度的统计，管理者能够合理安排行驶路程过长的车辆进行维修保养，使交通工具资源得到最大效益的利用。

4）车辆信息采集发布。如果电子标签应用到城市公交外的其他车辆，此套系统不仅能够对某一具体路段的车流量进行信息采集和发布，还能对经过的车辆的具体类别构成进行分析，从而为市民和相关部门提供更为详尽的路况信息。而现有的信息采集系统只能检测到车辆经过的数量，无法识别车辆类型。公交车辆跟踪平台建成后，同时可以为其他社会车辆提供增值服务，具有可观的经济效益。因为入网成本低，推广容易，为其他车辆提供增值服务的潜力很大，平台的综合利用率和投资回报率都可以得到较大的提高。

3. 公交优先系统

公交优先不仅是由于公交车载客量大，代表相对多数人的利益，从道路使用率来看，公交车的使用效率要高很多，公交优先可最大限度挖掘既有道路的潜力，减少交通拥堵。今后5年内，我国将有越来越多的城市建成快速公交系统，快速公交系统具有轨道交通大容量和快速服务的特征，又具有公共交通的灵活性和经济性，是适合我国城市的新型公共交通方式；尤其是尚未建立轨道交通系统的人口密集的大中型城市，加快发展公交优先系统已成为首选之一。

RFID 公交优先系统的原理在于，不仅要使公交车辆拥有自己的专用道，更要保障公交车辆在路口享有的优先通过权，从而减少公交车通过信号灯的时间，提高公交车辆的通行效率。配有 RFID 识别设备的公交车，通过车载的远距离电子标签发射信号，能让交通信号灯控制系统在车辆驶近路口时精确识别出车辆的身份及公交车的数量，并根据规则确定合理的绿灯开放时间，从而避免产生红、绿灯频繁切换的问题。根据预先设定的规则程序，信号灯控制系统将自动调整绿灯的开放时间及长度。路口的识别设备组成的信息网络，可以提供车辆的位置信息，供调度、信息发布部门参考，为满足公交车辆定位需求提供了卫星定位系统之外的一个具有较高性价比的技术方案，为快速公交、公交优先政策的落实提供了有利的技术支持。

远距离 RFID 公交优先信号灯管理系统可以准确判断来车身份，使绿灯在公交到达路口或到达路口后等候不长的时间内开启，从而保证公交车的优先通过，又最小程度减轻对其他车辆的影响。而其他车辆，即使违章行驶在公交专用道上，也无法享受绿灯优先开放的权利，为交管部门提供了很好的自动化交通管理手段。当有国宾接待等特殊任务时，只要配发了电子标签，相关车辆也可以享受一路绿灯的便利。

4. 公交停车场、加油站的智能化管理

安装在公交车停车场出入口的读写器可在每辆公交车进出的同时自动读取相关信息，使停车场的管理人员能够即时了解停车场整体的运行情况、当前容纳的公交车数量的多少及进出车辆的相关信息等。而在停车场内部的几块停车区域内分别设置的读卡设备更可通过读到的数据判断当前该区域停车数量等，是停车场整体规划管理的有效数据来源。

同样，RFID 技术还可为加油站实现公交车加油的规划管理。当公交车驶入加油站时，加油站配置的读写设备可自动识别公交车上标识卡中的相关信息，从而将汽油费用自动从账户中扣除，并将加油的时间、数量等数据自动更新存档。这样的统一管理，不仅提高了公交车队的管理、运营效率，而且也减少了因管理不到位而造成的疏漏，提高了整体质量。

5. 车辆中途考勤管理

目前的车队考勤管理常见的实施办法是让车辆驾驶员或者票务人员在某中途站下车到中途考勤点打卡以记录车辆到达该站点的时间。因为手工采集数据汇总、分析效率低，而且因为是在途中考勤，一定程度上耽误了车辆正常行驶，也产生一些安全隐患。采用 RFID 技术的车队考勤管理原理如下：当携带电子标签的车辆经过设有 RFID 识别设备的站点时，车载电子标签发送每一辆车辆对应的惟一标识码，车站上的识别设备将自动记录下此表示车辆惟一号码的标识码和此刻的具体时间，通过数据网络发送到相应的计算机，计算机将这些保存至相应的数据库中。

系统将按照上述原理自动对每辆公交车辆进行经过相应站点的时间考勤，并且能够统计出车辆每天的运行情况。这样，当天的考勤情况可以帮助车队管理者及时了解整条线路的运营情况，调度车辆来提供高质量线路乘运服务，而一段时间的历史数据积累又可以帮助管理者方便地对驾驶员进行绩效考评。通过此套系统来进行考勤管理，避免了人为的误差，大大减轻了劳动强度，增加了准确率。需要注意的是，车队仅在需要考勤的站点上才设置 RFID 读取设备，例如起始站、终点站和途中个别特定的站点。相对前述应用提到的需要在所有站点都架设识别设备的跟踪系统，该方案的成本有较大幅度的降低，与 RFID 车辆调度系统方案原理类似，但所需投入资源不同，应用单位可根据实际需要选择合适的方案。

11.3.4 不停车收费系统

1. 高速公路收费管理现状

传统的收费管理方式主要有以下不便：车辆停车排队交费等候通关的时间较长，在车流量增加时很容易造成拥堵；因停车等候交费的时间较长，降低了大桥的通行能力和服务水准；各收费站点的现金结算工作量巨大，所需工作人员较多，增加了人力使用成本；人工收费存在人员交接班的现金复核、稽查和统计工作量，同时还存在现金移交的资金安全问题；存在漏收费、交钱不给票或给假票的情况时有发生，甚至出现假钞假币；不便于路况和车流信息及时交流；由不同投资主体修建的公路收入分配问题日益严重；经过收费站时停车缴费造成的通行速度缓慢、频繁制动引起的机械磨损、油耗、噪声和由此产生的大量有害尾气等问题严重。上述问题的存在大大降低了高速公路的通车能力和使用效率。高速公路管理手段越来越先进，但大部分已通车高速公路收费管理却仍停留在比较低效的人工收费阶段，这就给高速公路的使用带来诸多不便。例如：2005 年十一长假期间，为了缓解北京地区高速公路的收费站带来的拥堵，北京市 100% 开道敞开收费口、进出口，由此造成大量过路费流失。在 2002 年之前，汽车在收费站排队交费造成的拥堵已经占到了日本交通堵塞原因的第三位。

2. 高速公路不停车收费管理系统概述

不停车收费系统又称电子收费系统（Electronic Toll Collection System，ETC）系统。它利用车辆自动识别（Automatic Vehicle Identification，AVI）技术完成车辆与收费站之间的无线数据通信，进行车辆自动识别和有关收费数据的交换，通过计算机网络对收费数据进行处理，实现不停车自动收费的全电子收费管理系统。

通过安装在车辆挡风玻璃上或者车身其他部位的车载电子标签与在收费站 ETC 车道上微波天线之间的微波专用短程通信，利用计算机联网技术与银行进行后台结算处理，从而达到车辆通过路桥收费站不需停车而能交纳路桥费的目的。不停车收费系统主要利用车辆自动识别技术，通过路侧车道控制系统的信号发射与接收装置识别通过车辆的编号，自动从该用户的专用账户中扣除通行费。

ETC 技术利用安装在车内微波频段的电子标签（无线电收发器）存储车辆编号及相关信息，安装在车道的射频天线可与该电子标签以专用无线通信方式交换信息，并对其存储内容进行读写操作，从而识别出当前通行车辆。除了用于收费以外，电子标签的一些型号也可以用于车路通信，这一技术甚至允许车道设备向配备有显示器的电子标签发送交通管理信息，这就使得不停车收费系统拥有城市交通管理和控制的潜在能力。

ETC 技术在国外已有较长的发展历史，美国、欧洲等许多国家和地区的电子收费系统已经局部联网并逐步形成规模效益。日本在 2003 年就已经有超过 1000 条 ETC 收费车道被安装在收费站，几乎遍及日本所有的高速公路。我国很多地区也已经开始使用 ETC 系统对高速公路收费管理系统进行升级。

不停车收费技术特别适于在高速公路或交通繁忙的桥隧环境下采用。在传统采用车道隔离措施下的不停车收费系统通常称为单车道不停车收费系统，在无车道隔离情况下的自由交通流下的不停车收费系统通常称为自由流不停车收费系统。实施不停车收费，可以允许车辆在较高的速度内通过，故可大大提高公路的通行能力；公路收费走向电子化，可降低收费管理的成本，有利于提高车辆的营运效益；同时也可以大大降低收费口的噪声水平和废气排放。由于通行能力得到大幅度的提高，所以，可以缩小收费站的规模，节约基建费用和管理费用。另外，不停车收费系统对于城市来说，就不仅仅是一项先进的收费技术，它还是一种通过经济杠杆进行交通流调节的切实有效的交通管理手段。对于交通繁忙的大桥、隧道，不停车收费系统可以避免月票制度和人工收费的众多弱点，有效提高这些市政设施的资金回收能力。图 11-20 为不停车收费示意图。

3. 技术原理

ETC 系统通过远距离、非接触采集电子标签的信息，实现车辆在快速移动状态下的自动识别，从而实现目标的自动化管理。该系统集计算机软硬件、无线通信、信息采集处理、

图 11-20 不停车收费示意图

数据传输、网络通信、自动控制和智能卡制作等技术综合应用为一体，属于先进的智能交通信息采集设备和高安全性的智能身份识别系统，是一种能有效对车辆进行自动识别和联网监管的重要技术手段。

目前，RFID 高速公路不停车收费，其要求远距离读写器能识读在至少 10m 的距离。以目前的技术手段而言，只有两种方式能够实现：一种是采用半有源电子标签的远距离读写器，识读距离能达到 10m；另一种是采用有源电子标签的远距离读写器，识读距离最远可达到 100m。这两种远距离读写器的重要区别在于识读可靠性：半有源电子标签的远距离读写器识读可靠性不能达到 100%，而有源电子标签的远距离读写器可靠性能得到完全保证。当然，后者支持的电子标签成本也相应高于前者，因此，对于远距离读写器的选择取决于应用需求。

系统产品中的读写器将低频的载波信号经发射天线向外发送，电子标签进入低频的发射天线工作区域后被激活，发射出载有目标识别码的高频加密载波信号被接收天线接收，经读写器接收处理后，提取出目标识别码送至计算机，完成预设的系统管理功能。

目前，公路收费领域的 RFID 技术使用过的频率有 3 种：915MHz、2.45GHz 和 5.8GHz。从已建成的不停车收费系统看，915MHz 系统主要用于北美地区，尤其是集装箱识别系统，5.8GHz 系统主要用于欧洲和亚洲以及大洋洲地区，2.45GHz 系统没有形成主流。目前，电子收费确定在 5.8GHz 附近频段已是不争的事实。另一方面，欧洲、日本、美国、中国等大多数国家的标准定在 5.8～5.9GHz 频段。

在我国选用 5.8GHz 频段具有如下优点：首先，我国通信系统标准体系靠近欧洲标准体系，无线电频率资源的分配大致相同。其次，5.8GHz 频段背景噪声小，而且解决该频段的干扰和抗干扰问题要比解决 915MHz、2.45GHz 容易。再次，5.8GHz 频段的设备供应商较多，有利于我国 ETC 系统的设备引进，有利于降低系统成本，也有利于将来开展智能运输系统领域的其他服务。

11.4 本章小结

本章分别介绍了 RFID 技术在医疗卫生、电子证件和公共交通管理中的应用和案例，并给出了系统方案和设计。RFID 在医疗行业中的应用可以改善病人医疗和用药的安全，提高医院的服务水平。此外，如果说 RFID 技术在物流和供应链中将得到最广泛的应用，那么 RFID 技术在交通监管方面是目前应用最成功的，可提高公共交通的管理效率和社会服务水平。

参考文献

[1] 游战清，李苏剑，等. 无线射频识别技术（RFID）理论与应用［M］. 北京：电子工业出版社，2004.

[2] 胡茵. 利用现代自动识别技术加强药品监管力度［J］. RFID技术与应用，2006（1）：6-9.

[3] 蔡若华. 医院信息系统 RFID 解决方案［OL］.［2006-10-9］http：//solution. rfidworld. com. cn/2006109153056209. htm.

[4] RFID世界网. 王立，译. 西门子公司在外科手术中试验 RFID 跟踪［OL］.［2007-4-25］http：//success. rfidworld. com. cn/2007_4/2007425947406861. html.

[5] RFID中国论坛. 医疗机构部门调查显示 RFID 正在普及［R/OL］.［2005-12-2］http：//news. rfidworld. com. cn/20051221636412680. htm.

[6] 北京子天恒远科技有限公司. 北京子天恒远门禁管理系统［OL］.［2007-4-18］http：// solution. rfidworld. com. cn/2007_4/2007418171259270. html.

[7] 丰泰瑞达. 景区管理［OL］.［2007-4-19］http：//solution. rfidworld. com. cn/2007_4/2007419116394210. html.

[8] 深圳市当代通信技术有限公司. 数字化大厦、大型会所 RFID 身份识别系统［OL］.［2007-3-29］http：//solution. rfidworld. com. cn/2007_3/20073291635377356. html.

[9] 深圳世傲纵横科技有限公司. 主题公园管理系统［OL］.［2007-4-6］http：//solution. rfidworld. com. cn/2007_4/20074691712456. html.

[10] 北京联信永益科技有限公司. 无障碍人员管理系统解决方案［OL］.［2007-4-12］http：//solution. rfidworld. com. cn/2007_4/2007412153690264. html.

[11] 广州倍思得科技股份有限公司. 特殊资格证件防伪管理系统方案［OL］.［2007-3-29］http：//solution. rfidworld. com. cn/2007_3/20073292233378389. html.

[12] 网络世界. RFID 市场应用现状分析：身份证当家［OL］.［2005-09-12］http：//mobilecomputing. ctocio. com. cn/23/6112023. shtml.

[13] 安特磊博. 高速公路不停车收费系统解决方案［OL］.［2007-5-22］http：//solution. rfidworld. com. cn/2007_5/20075221521222142. html.

[14] 晓辉. 高速公路不停车收费系统解决方案［OL］.［2007-5-6］http：//tech. rfidworld. com. cn/2007_5/2007561536466675. html.

[15] RFID世界网. 美国佛罗里达利用 RFID 管理交通信息案例［OL］.［2007-3-26］http：//success. rfidworld. com. cn/2007_3/20073261614425418. html.

[16] 黄运贵，黄新熏，张芳旭，陈国岳等. RFID 技术在交通信息搜集之个案分析［OL］.［2007-1-19］http：//success. rfidworld. com. cn/2007119133546119. htm.

[17] RFID资讯网. 英国爱丁堡市公共汽车优先通行系统［OL］.［2007-2-5］http：//case. rfid360. cn/200702/2001. html.

[18] 卢菲菲. RFID 智能监管成交通管理未来发展趋势［OL］.［2006-3-27］http：//www. rfidinfo. com. cn/Info/n2062_1. html.

[19] 莱芜市杰讯电子有限公司. 杰讯电子智能停车场解决方案［OL］.［2007-07-16］http：//solution. rfidchina. org/readinfo-22424-151. html.

[20] http：//www. compprof-rtp. com/tss-tag/（Traffic Supervisions Systems 公司网站）

[21] 德仪 TIRIS 产品网站［OL］. http：//www. ti. com/tiris/.

[22] 主动式2. 45GHz RFID 产品网站［OL］. http：//www. tagmaster. com.

[23] 主、被动 RFID 产品网站［OL］. http：//www. transcore. com.

[24] 王兴文，黄础章. RFID 技术在智能交通中的大规模应用模式分析［R］. 第一届中国交通地理信息

系统（GIS-T）技术委员会成立大会暨技术研讨会会议，武汉：2007. 6.

[25] 施俊，费晔. 远距离 RFID 技术在公交领域的创新应用［OL］.［2007-2-27］http：//www. 21etraffic. com/its_wk_view. asp? id = 77.

[26] 王建生. 美国 Huntsville 医院利用 RFID 记录手术过程［OL］.［2007-8-23］http：//www. rfidinfo. com. cn/Tech/n882_1. html.

[27] RFID benefits in hospital Management［OL］. http：//www. orizin. net/ healthcare. shtml.

[28] 荷兰公园应用 RFID 技术管理游客流量［OL］.［2007-07-26］http：//www. rfidchina. org/readinfo-22899-150. html.

[29] Intel Corporation, Autentica, Cisco Systems, and San Raffaele. Hospital. Using RFID Technologies to Reduce Blood Transfusion Errors［OL］. http：//www. cisco. com/web/IT/local_offices/case_history/rfid_in_blood_transfusions_final. pdf.

附　　录

附录 A　RFID 缩略语

A

ABS（Acrylonitrile-Butadine-Styrene，丙烯腈-丁二烯-苯乙烯共聚物）
ACA（Anisotropic Conductive Adhesive，各向异性导电黏结剂）
ACF（Anisotropic Conductive Film，各向异性导电薄膜）
ADC（Automatic Data Capture，自动数据获取）
AEI（Automatic Equipment Identification，自动设备识别）
AFC（Automatic Fare Collection，自动收费系统）
AFI Committee（Application Family Identifier Committee，应用族标识符委员会）
AFR（Aggregate Forecasting and Replenishment，预测汇集与捕获）
AFIS（Automated Fingerprint Identification System，自动指纹识别鉴定系统）
AGV（Automated Guided Vehicle，自动制导搬运车）
AHS（Automatic Highway System，自动公路系统）
AI（Application Identifier，应用识别码）
AIA（Aerospace Industries Association of America，美国航空航天工业协会）
AIAG（Automotive Industry Action Group，汽车工业行动组）
AIDC（Automatic Identification and Data Collection，自动识别与数据采集）
AIM（Automatic Identification Manufacture Association，自动识别制造协会）
AIMI（Automatic Identification Manufacturer International，国际自动识别制造商协会）
AIM of China（Automatic Identification Manufacture Association of China，中国自动识别制造协会）
AIS（Automatic Identification System，自动识别系统）
AIT（Automatic Identification Technology，自动识别技术）
ALC（Automatic Lightness Control，自动亮度控制）
ALE（Application Layer Event，应用层事件）
ALS（Area Licensing Scheme，区域通行许可方案）
AM（Amplitude Modulation，幅度调制）
ANCC（Article Numbering Center of China，中国物品编码中心）
API（Application Program Interface，应用程序接口）
ARC（Architecture Review Committee，体系研究委员会）
ASCII（American Standard Code for Information Interchange，美国信息交换标准码）
ASIC（Application Specific Integrated Circuit，专用集成电路）
ASK（Amplitude Shift Keying，振幅键控）
ASO（Automated Store Ordering，商店自动订货）

ASP（Application Service Provider，应用服务提供商）

ATA（American Telecommunication Association，美国电信协会）

ATIS（Alliance for Telecommunications Industry Solutions，电信业解决方案联盟；Auto Train Identification System，铁路车号自动识别系统）

ATM（Asynchronous Transfer Mode，异步传输模式）

Auto-ID（Automatic Identification，自动识别）

AVC（Automatic Vehicle Classification，自动车辆分类）

AVI（Automatic Vehicle Identification，自动车辆识别）

AVIM（Automatic Vehicle Identification Management，自动车辆识别管理）

B

BAS（Building Automation System，楼宇自动化系统）

BCG（Boston Consulting Group，波士顿咨询集团）

BCR（Bar Code Register，条形码记录器）

BDE（Borland Database Engine，数据库引擎）

BHS（Baggage Handling System，行李自动分号系统）

BiCMOS（Bipolar Complementary Metal Oxide Semiconductor，双极互补金属氧化物半导体）

BNC（Bayonet-Neill-Concelman，同轴电缆用的卡口连接器）

BPF（Band Pass Filter，带通滤波器）

BPR（Business Process Reengineering，业务流程再造）

BPSK（Binary Phase Shift Keying，二进制相移键控）

BPSS（Business Process Specification Schema，交易过程规范模式/商业流程规格概要）

BSC（Business Steering Committee，商业指导委员会）

BSI（British Standards Institute，英国标准学会）

C

CA（Certificate Authority，认证机构）

CAB（Conformity Assessment Board，合格评定委员会）

CB（Cooperation Business，协同商务；Council Board，理事局）

CBP（Customs and Border Protection，美国海关和边境保护局）

CBS（Communication Base Station，通信基站）

CCD（Charge Coupled Device，电荷耦合器件；Contactless Coupling Device，无触点耦合器件）

CCTV（Closed Circuit Television，闭路电视）

CD（Compact Disk，光盘）

CDMA（Code Division Multiple Access，码分多址接入）

CEDEX（Containers Equipment Data Exchange，集装箱数据交互）

CEN（European Committee for Standardization，欧洲标准化委员会）

CEPT（Conference of European Postal and Telecommunication Adminis trations，欧洲邮政与电信管理会议）

CF（Compact Flash，袖珍闪存）

CGI（Common Gateway Interface，公共网关接口（网络服务器和外部程序沟通的标准）

CICC（Close-coupling IC Card，密耦合 IC 卡）

CIMS（Computer-Integrated Manufacturing System，计算机集成制造系统）
CMI（Co-Managed Inventory，共同管理存货）
CMIP（Common Management Information Protocol，公共管理信息协议）
CMIS（Common Management Information Service，公共管理信息服务）
CMOS（Complementary Metal Oxide Semiconductor，互补金属氧化物半导体）
CMS（Container Management System，集装箱管理系统）
CPFR（Collaborative Planning，Forecasting and Replenishment，协作计划、预测与货物补充）
CPS（Car Parking System，停车场管理系统）
CRC（Cyclic Redundancy Check，循环冗余校验）
CRM（Customer Relationship Management，客户关系管理）
CSC（Contact less Smart Card，非接触式智能卡）
CSI（Container Security Initiative，集装箱安全倡议）
CVSD（Continuously Variable Slope Delta，连续可变斜率增量）

D

DAMA（Demand Activated Manufacturing Architecture，需求促动制作机制计划）
DARPA（Defense Advanced Research Projects Agency，美国国防部国防高级研究计划局）
DBP（Differential Binary Phase，差分二进制相）
DC（Distribution Center，物流配送中心；Data Center，数据中心）
DDBMS（Distribution Data Base Management System，分布式数据库管理系统）
DDE（Dynamic Data Exchange，动态数据交换）
DECT（Digital Enhanced Cordless Telecommunications，增强型数字无绳通信）
DES（Data Encryption Standard，数据加密标准）
DEVCO（Committee on Developing Country Matters，发展中国家事务委员会）
DF（Dual Frequency，双频）
DFD（Data Flow Diagram，数据流图）
DHCP（Dynamic Host Configuretion Protocol，动态主机配置协议）
DIN（Deutsches Institut fur Normung <德语>，德国标准协会）
DLL（Dynamic Linking Library，动态链接库）
DM（Distribution Management，分销管理）
DNS（Domain Name System，域名系统；Domain Name Service 域名服务）
DOD（Department of Defense，美国国防部）
DOS（Disk Operating System，磁盘操作系统）
DPI（Dots Per Inch，每英寸点数）
DPM（Directness Part Marks，直接零件标记）
DPU（Data Processing Unit，数据处理单元）
DRP（Distribution Requirement Planning，配送需求规划）
DSD（Direct Store Delivery，店铺直接配送）
DSFID（Data Storage Family Indentifier，数据存储格式标识）
DSP（Digital Signal Processor，数字信号处理器）
DSRC（Dedicated Short Range Communication，专用短程通信）
DSSS（Direct Sequence Spread Spectrum，直接序列扩频）
DTE（Data Terminal Equipment，数据终端设备）

DTW（Dynamic Time Warping，动态时间规整）

E

E2E（Exchange to Exchange，资料交换）

EAI（Enterprise Application Integration，企业应用集成）

EAN（European Article Numbering Association，欧洲物品编码协会）

EAN International（European Article Numbering Association International，国际条形码协会）

EAS（Electronic Article Surveillance，电子防盗器/电子物品监视器）

EBXML（Electronic Business eXtensible Markup Language，电子商务扩展标记语言）

EC（Euros Check，欧洲支票）

ECMA（European Computer Manufacturers Association，欧洲计算机制造商协会）

ECR（Efficient Consumer Response，有效客户信息反馈）

EDA（Electronic Design Automation，电子设计自动化）

EDGE（Enhanced Data Rate for GSM Evolution，GSM 演进的增强数据速率）

EDI（Electronic Data Interchange，电子数据交换）

EEPROM（Electrically Erasable（and）Programmable Read-Only Memory，电可擦可编程只读存储器）

EFC（Electronic Fee Collection，电子收费系统）

EHF（Extra High Frequency，极高频<30 ~ 300GHz>）

EIA（Electronic Industries Association，电子工业联合会）

EIP（Enterprise Information Portal，企业信息门户）

EIRP（Equivalent Isotropically Radiated Power，各向均匀［同性］等效辐射功率）

ELF（Extra Low Frequency，极低频<300Hz ~ 3kHz>）

EM（Electromagnetic，电磁的）

EMC（Electromagnetic Compatibility，电磁兼容性）

EMI（Electromagnetic Interference，电磁干扰）

EMID Tag（Electromagnetic ID Tag，电磁识别标签）

EMS（Electronic Manufacturing Service，电子制造服务；Event Management System，事件管理系统）

EPC（Electronic Product Code，电子产品编码）

EPCIS（EPC Information Service，EPC 信息服务）

EPLM（Electronic Product Lifecycle Managment，电子产品生命周期管理）

EPROM（Electrically Programmable Read-Only Memory，电可编程只读存储器）

ERP（Enterprise Resource Planning，企业资源规划）

ETC（Electronic Toll Collection，不停车收费）

ETCS（European Train Control System，欧洲铁路控制系统）

ETRI（Electronics and Telecommunications Research Institute，电子与电信研究所<韩国>）

ETSI（European Telecommunications Sdandards Institute，欧洲电信标准学会）

F

FCC（Federal Communications Commission，联邦通信委员会/美国无线电管理委员会）

FDMA（Frequency Division Multiple Access，频分多路接入）

FDX（Full Duplex，全双工制）

FHSS（Frequency-Hopped Spread Spectrum，跳频式扩频）

FM（Frequency Modulation，调频）
FRAM（Ferroelectric Random Acces Memory，铁电随机存取存储器）
FRVT（Face Recognition Vendor Tests，人脸识别测试）
FSA（Fluidic Self-Assembly，流体自装配）
FSK（Frequency Shift Keying，频移键控）

G

GAL（Generic Array Logic，通用阵列逻辑）
GCI（Global Commercial Initiative，全球商业联盟）
GCIP（Global Commerce Internet Protocol，全球商业网际协议）
GDAS（Global Data Alignment System，全球数据联盟系统）
GDD（Global Data Dictionary，全球数据字典）
GDS（Global Data Synchronization，全球数据同步化）
GDSN（Global Data Synchronization Network，全球数据同步网络）
GEPIR（Global EAN Party Information Registry，全球 EAN 会员厂商名录系统）
GIAI（Global Individual Asset Identifer，全球个别资产识别码/全球单一资产标识）
GID（General identifier，通用标识）
GIS（Geographic Information System，地理信息系统）
GIST（Global Identifier Serialized for Trade，全球连续识别交易码）
GLN（Global Location Number，全球位置码）
GOT（Graphical Order Terminal，图表订货终端）
GPC（Global Product Classification，全球商品分类）
GPS（Global Positioning System，全球定位系统）
GRAI（Global Returnable Asset Inentifier，全球可回收资产标识）
GS1（Global Standard 1st，全球第一标准化组织）
GSM（Global System for Mobile communications，全球移动通信系统）
GSMP（Global Standards Management Process，全球标准管理程序）
GSR GS1（GSI Global Registry，GS1 全球注册中心）
GSRN（Global Service Relationship Number，全球服务关系码）
GTAG（Global Tag，全球标准标签/G 标签）
GTIN（Global Trade Identification Number，全球贸易识别代码；Global Trade Item Number，全球贸易项目代码）

H

HAG（Hardware Action Group，硬件行动组）
HF（High Frequency，高频 <3 ~ 30MHz>）
HMS（Holonic Manufacturing System，完备制造系统）
HTML（HyperText Markup Language，超文本标记语言）
HTTP（HyperText Transfer Protocol，超文本传输协议）
HWBN（House Way Bill Number，货运代理人运单号）

I

IAN（International Article Numbering Association，国际物品编码协会）

IAPR（International Association of Pattern Recognition，国际模式识别协会）

IBAN（International Bank Account Number，国际银行账户码）

IBIA（International Biometric Industry Association，国际生物特征工业协会）

IBM（International Business Machine，国际商用机器<IBM>公司）

IC（Integrated Circuit，集成电路）

ICA（Isotropically Conductive Adhesive，各向同性导电胶）

ICAO（International Civil Aviation Organization，国际民用航空组织）

ICR（Image Character Recognition，图像字符识别；Intelligent Character Recognition，智能字符识别）

IC-RTI（International Council for Reusable Transport Items，国际重复使用运输品项推广商务协会）

ID（Identification，识别）

IDC（International Data Corporation，国际数据公司）

IDSS（Intelligent Decision Support System，智能决策支持系统）

IEC（International Electrotechnical Commission，国际电工委员会）

IEEE（Institute of Electrical and Electronics Engineers，电子电气工程师学会）

IFF（Identify Friend or Foe，敌我识别）

IP（Internet Protocol，互联网协议）

ISA（International Standardization Association，国际标准化协会）

ISBN（International Standard Book Number，国际标准书编码号）

ISDN（Integrated Services Digital Network，综合业务数字网）

ISM（Industrial Scientific and Mdical，工业、科学和医疗）

ISO（International Organization for Standardization，国际标准化组织）

ISSN（International Standard Serial Number，国际标准期刊号）

IT（Information Technology，信息技术）

ITF（Interrogator Talks First，读写器先激励）

ITS（Intelligent Traffic System，智能交通系统）

ITV（Items Visibility，物资可见性/可视化）

ITU（International Telecommunications Union，国际电信联盟）

IVR（International Voice Response，交互式语音应答）

J

JAN（Joint Article Numbering，联合物品编码）

JIT（Just In Time，准时制生产/及时生产）

JTC（Joint Technical Committee，IEC/ISO 联合技术委员会）

JWG（Joint Working Group，联合工作组/包装和货运集装箱 RFID 供应链应用的联合工作组）

K

KPI（Key Performance Index，关键绩效因子）

L

LAN（Local Area Network，局域网）

LC（Logic Control，逻辑控制）

LED（Light-Emitting Diode，发光二极管）

LF（Low Frequency，低频）

LFA（Local Feature Analysis，局部特征分析）

LFSR（Linear Feedback Shift Register，线性反馈移位寄存器）

LMIS（Logistics Management Information System，物流管理信息系统）

LPD（Low Power Devices，小功率无线电装置）

LPR（License Plate Recognition，车牌识别）

LRC（Longitudinal Redundancy Check，纵向冗余校验）

LSI（Large Scale Intergration，大规模集成电路）

LSP（Logistics Service Provider，物流服务提供者）

LW（Long Wave，长波）

M

MAS（Multiple Access Schemes，多路配置）

MC（Marketing Committee，营销委员会）

MDL（Metro Group Distribution Logistic，麦德龙集团配送物流公司）

MEMS（Micro ElectroMechanical System，微机电系统）

MES（Manufactruing Execution System，制造执行系统）

MF（Middle Frequency，中频（300kHz~3MHz））

MICR（Magnetic Ink Character Recogniton，磁性墨水字符识别）

MIS（Management Information System，管理信息系统；Manufacturing Information System，制造信息系统）

MMS（Merchandise Management System，商品管理系统）

MPU（MicroProcessor Unit，微处理器单元）

MRP（Material Requirements Planning，物料需求规划；Manufacturer Resources Planning 制造资源规划）

MRTD（Machine Readable Traveling Document，机器可读旅行证件/电子护照）

MTO（Make To Order，面向订单的制造）

MW（Middle Wave，中波，Micro Wave，微波）

N

NCA（Non-Conductive Adhesive，非导电胶）

NCITS（National Committee for Information Technology Standards，国家信息技术标准化委员会）

NDC（National Distribution Center，国际物流中心）

NFC（Near Field Communication，近距离无线通信）

NIST（National Institute of Stands and Technology，国家标准与工艺技术研究所（美国））

NPC（National Product Code，全国产品与服务统一代码（中国））

NRZ（Non-Return-to-Zero，非归零制）

NSSM（Namespace Specification and Management，命名空间规范和管理）

NTC（Negative Temperature Coefficient，负温度系数）

O

OA（Office Automation，办公自动化）

OASIS（Organization for the Advancement of Structured Information Standard，结构化信息标准推动组织）

OCC（Object Class Code，物件级别代码）

OCR（Optical Character Recognition，光学字符识别）

ODM（Original Design Manufacturer，原始设计制造商）

OEM（Original Equipment Manufacturer，原始设备制造商）

ONS（Object Name Service，对象名称服务；Object Name System，对象命名系统）

OOAD（Object-Orient Analysis and Design，面向对象的分析与设计）

OP（Order Point，订货点库存量/安全库存量）

OSA（Optimal Shelf Availability，最佳货架利用率）

OTP（One-Time Programable，一次可编程）

P

PAL（Programmable Array Logic，可编程阵列逻辑）

PAN（Personal Area Network，个域网）

PBU（Product Business Unit，产品交易单位）

PC（Personal Computer，个人计算机）

PCB（Printed Circuit Board，印制电路板）

PCD（Proximity Coupling Device，疏耦合设备）

PCMCIA（Personal Computer Memory Card International Association，国际个人计算机存储卡协会）

PCS（Project Control System，项目控制系统）

PDA（Personal Digital Assistant，个人数字助理）

PIC（Power Integrated Circuit，功率集成电路；Product Identity Card，产品识别卡）

PICC（Proximity IC Card，疏耦合 IC 卡）

PKC（Public Key Cryptography，开放性钥匙加密）

PKI（Public Key Infrastructure，公开密钥基础设施/结构）

PLC（Programmable Logic Control，可编程序控制器）

PLM（Product（overall）Lifecycle Management，产品全生命周期管理）

PML（Physical Markup Language，物理标识语言）

PPM（Pulse Position Modulation，脉冲位置调制）

PPSC（Public Policy Steering Committee，公共策略指导委员会）

PRD（Portable Readout Device，便携式读出设备）

PROM（Programmable Read Only Memory，可编程只读存储器）

PSI（Public Service Infrastructure，公共服务体系）

PSK（Phase-Shift Keying，相移键控）

PWM（Pulse Width Modulation，脉冲宽度调制）

Q

QR/ECR（Quick Response/Efficient Consumer Response，快速响应/有效顾客响应）

R

RADAR（Radio Direction And Ranging，无线电定向和测距）

RAM（Random Access Memory，随机存取存储器）
RC（Reader Code，阅读器代码）
RCS（Radar Cross-Section，雷达散射截面）
RDC（Retail Distribution Centre，零售商的物流中心）
RDF（Resource Description Framework，资源描述框架）
RDS（Radio Data System，无线数据系统）
RF（Radio Frequency，无线电频率）
RFID（Radio Frequency Identification，射频识别）
RIED（Real-time In-memory Event Database，实时内存事件数据库）
RMI（Retailer-Managed Inventory，零售商管理存货）
RNC（Reader Network Controller，读写器网络控制器）
ROI（Return On Investment，投资收益率）
ROM（Read-Only Memory，只读存储器）
RP（Resolution Protocol，解析协议）
RPC（Remote Procedure Call，远程过程调用）
RSA（Rehabilitation Services Adminstration，复原服务管理）
RSOS（Retail Shelf Out of Stocks，零售商货架缺货率）
RSS（Reduced Space Symbology，缩减码型）
RTF（Reader Talk First，读写器唤醒标签）
RTLS（Real-Time Location Solution System，实时定位系统）
RTTT（Road Transport and Traffic Telematics，道路交通和交通信息通信）
RWD（Read-Write Device，读写装置）

S

S&OP（Sales & Operations Planning，销售与作业规划）
SAP（Service Access Point，业务接入点）
SAS（Safety Automation System，安防自动化系统）
SAW（Surface Acoustic Wave，表面声波）
SCC（Supply Chain Council，供应链管理协会）
SCM（Supply Chain Management，供应链管理）
SCOR（Supply Chain Operation Reference Model，供应链运作参考模型）
SDMA（Space Division Multiple Access，空分多路接入）
SET（Secure Electronic Transaction，安全电子交易）
SFC（Shop Floor Control，现场监控管理）
SFDC（Shop Floor Data Collection，车间工况数据采集）
SGML（Standard General Markup Language，标准通用标记语言）
SHF（Super High Frequency，超高频 <3～30GHz>）
SIL（Standard Interchange Language，标准交换语言）
SIM（Subscriber Identity Module，用户识别模块）
Simple-EB（Simple Electronic Business，简易电子商务）
SKU（Stock Keeping Unit，库存单位/单品）
SLF（Super Low Frequency，超低频 <30～300Hz>）
SLRRP（Simple Lightweight RFID Reader Protocol，简单轻型 RFID 阅读器协议）

SMI（Supplier Managed Inventory，供货商管理存货）

SMS（Storage Management Service，存储管理服务）

SNMP（Simple Network Management Protocol，简单网络管理协议）

SNR（Signal-to-Noise Ratio，信噪比）

SOA（Service Oriented Architecture，面向服务架构）

SOAP（Simple Object Access Protocol，简单对象访问协议）

SOC（System On a Chip，系统级芯片）

SQL（Structured Query Language，结构化查询语言）

SRAM（Static Random Access Memory，静态随机存取存储器）

SRD（Short Region Devices，短距离设备）

SSCC（Serial Shipping Container Code，货运集装箱代码）

SNS（Standard Numbering Sructures，标准编码架构）

STS（Share point Team Services，共享点团队业务）

T

TMS（Task Management System，任务管理系统）

TAV（Total Asset Visibility，资产可视性）

TC（Technical Committee，技术委员会）

TCP/IP（Transmission Control Protocol/Internet Protocol，传输控制协定/互联网协定）

TDMA（Time Division Multiple Access，时分多路接入）

TEA（Tiny Encryption Algorithm，微型加密算法）

TI（Texas Instrument，德州仪器公司）

TID（Tag Identifier，标签标识符）

TIRIS（Texas Instruments Radio Frequency Identification System，德州仪器射频识别系统）

TLS（Transportation and Logistics Services，运输与物流业务）

TMB（Technical Management Board，技术管理局）

TMIS（Transport Management Information System，运输管理信息系统）

TMS（Task Management System/Service，任务管理系统/服务）

TPL（Third Part Logistics，第三方物流）

TPM（Tire Pressure Monitoring，轮胎压力监测）

TRON（The Real-time Operating System Nucleus，实时操作系统内核）

TTF（Tag Talk First，标签首先自保家门）

U

Ubiquitous ID center（泛在 ID 中心）

UBM（Under Bump Metallization，焊台底部金属化）

UC（Ubiquitous Communicator，泛在通信设备）

UCC（Ubiquitous Code Council，美国统一代码委员会）

UCR（Unique Consignment Reference，统一托运参考号）

UDEX（Universal Descriptor Exchange，通用描述符交换）

UDP（User Datagram Protocol，用户数据报协议）

UHF（Ultra High Frequency，极高频 <300MHz ~ 3GHz>）

UIC（Ubiquitous ID Center，泛在 ID 中心）

UID（Unique Identifier，惟一标识符）

ULD（Unit Load Device，（航空）成组货载装置）

ULF（Ultra Low Frequency，极低频 <300 ~ 3000Hz>）

UML（Unified Modeling Language，统一建模语言）

UPC（Universal Product Code，通用产品代码/通用物品编码）

URI（Universal Resource Identifier，通用资源标识符）

URL（Uniform Resource Locator，统一资源定位器）

URN（Uniform Resource Name，统一资源名称）

USB（Universal Serial Bus，通用串行总线）

USN（Ubiquitous Sensor Network，泛在的传感器网络）

UTAD（Ubiquitous TRON Application Databus，泛在实时操作系统内核应用数据总线）

UWB（Ultra Wide Band，超宽带）

V

VA（Vibratory Assembly，振动装配）

VCA（Value Chain Analysis，价值链分析）

VCD（Vicinity-Coupling Device，遥耦合设备）

VES（Video Enforcement System，视频稽查系统）

VHF（Very High Frequency，甚高频 <30 ~ 300MHz>）

VICC（Vicinity Integrated Circuit Card，疏耦合 IC 卡）

VIN（Vehicle Identification Number，车辆识别号）

VLF（Very Low Frequency，甚低频 <3 ~ 30KHz>）

VMI（Vender Managed Inventory，供应商库存管理）

VMR（Vender Managed Replenishment，供应商管理补货作业）

VTS（Vehicle Tracking System，车辆跟踪系统）

W

W3C（World Wide Web Consortium，万维网联盟）

WAP（Wireless Application Protocol，无线应用协议）

WG（Working Group，工作组）

WHO（World Health Organization，世界卫生组织）

WIDL（Web Interface Definition Language，环球网接口定义语言）

WiMAX（Worldwide Interoperability for Microwave Access，微波接入全球互操作性）

WIP（Watch In Process，监视工作过程）

WLAN（Wireless Local Area Network，无线局域网）

WMS（Warehouse Management System，仓储/仓库管理系统）

WORM（Write Once Read Many Times，一次写入多次读出）

WPAN（Wireless Personal Area Network，无线个域网）

WSDL（Web Services Description Language，环球网服务描述语言）

WWW（World Wide Web，万维网）

X

XLink（XML Liking Language，XML 链接语言）

XML（eXtensible Markup Language，可扩展标识语言）

XQL（XML Query Language，XML 查询语言）

XSD（XML Scheme Define，XML 模式定义）

附录B　部分RFID机构、媒体

B.1　国内机构

（1）中科院自动化所RFID研究中心

中国科学院自动化所下设的专业研究RFID技术实验室，对射频识别领域的战略发展、关键技术、标准、测试、应用以及产业链形成等具有重要应用前景的理论和方法进行研究、开发和应用。目前的研究方向主要集中在RFID测试技术、基于互联网的RFID信息网络架构、RFID典型行业（制造业生产控制、烟草业物流管理和城市血液管理等领域）的应用技术。

http：//www.rfidlab.cn

（2）Auto-ID中国实验室

Auto-ID中国实验室成立于1999年，它与将近100个全球公司和6所学术研究处于世界领先的大学有着独特的合作关系。这6所大学分别是：美国麻省理工大学、英国剑桥大学、澳大利亚阿德莱德大学、日本庆应义塾大学、瑞士圣加仑大学和韩国信息通信大学。它们正通力合作来创建RFID标准，以及整合那些构建RFID网络的模块。Auto-ID实验室正式设计、建造、测试和培植了一个全球的基础底部结构（位于互联网的上层），它将连续用于识别任何地点的任何对象。这个网络不仅仅提供方法将可靠的、精确的、实时的信息插入到现有的业务应用中，它还将引导一个充满创新和机遇的新时代。Auto-ID实验室还在设计新网络所需的基础元素，这些元素包括：EPC、廉价标签和灵敏读写器的规范、对象名称或ONS、物理表示语言和Savant软件技术。

http：//www.autoidcenter.com.cn

（3）中国自动识别技术协会

中国自动识别技术协会是国家级协会，业务主管部门是中国国家质量监督检验检疫总局，接受中华人民共和国民政部的监督管理，具有独立法人地位。中国自动识别技术协会是国际自动识别制造商协会（AIM Global）董事会成员，协会是由从事自动识别技术研究、生产、销售和使用的企事业单位及个人自愿结成的全国性、行业性、非营利性的社会团体。业务领域涉及：条形码识别技术、智能卡识别技术、光学符识别技术、语音识别技术、射频识别技术、视觉识别技术、生物特征识别技术、图像识别技术和其他自动识别技术。

http：//www.aimchina.org.cn

（4）中国物品编码中心

中国物品编码中心经国务院同意成立于1988年12月，1991年4月参加国际物品编码协会，业务范围包括商品条形码的注册、续展、注销和条形码胶片制作；制作、修订条形码及自动识别技术国家标准和技术规范；推广EAN UCC系统的应用，负责全国范围内商品条形码技术培训，代表中国参加国际物品编码协会的各项活动，跟踪世界条形码及自动识别技术的发展等。

http：//www. ancc. org. cn

(5) 中国香港货品编码协会

中国香港货品编码协会作为国际货品编码协会驻港的代表机构，是本地惟一认可编发EPC识别号码的单位。凭借推动国际供应链标准的广泛经验，以及与世界各地电子产品码组织的密切关系，确保可将有关电子产品码的最新服务和发展，迅速通报会员及本地商界，以便业界更能掌握供应链管理的国际标准和最佳实务。

http：//www. hkana. org/mmmv208/site hkana/ch/index. html

(6) 中国 RFID 产业联盟

中国信息产业商会射频识别与电子标签应用分会简称为中国 RFID 产业联盟，是在国家原信息产业部电子信息产品管理司的指导和中国信息产业商会的组织下，由国内外300家IT企业联合发起成立的民间社团组织。它是中国信息产业商会的直属专业分会，其业务归口于信息产业部，接受中华人民共和国民政部的领导与监督管理。

http：//www. ciitarfid. org

(7) 中国标准化管理委员会（SAC）

国家标准化管理委员会是国务院授权履行行政管理职能、统一管理全国标准化工作的主管机构。国务院有关行政主管部门和有关行业协会也设有标准化管理机构，分工管理本部门本行业的标准化工作。各省、自治区、直辖市及市、县质量技术监督局统一管理本行政区域内的标准化工作，各省、自治区、直辖市和市、县政府部门也设有标准化管理机构。国家标准化管理委员会对省、自治区、直辖市质量技术监督局的标准化工作实行业务领导。

http：//www. sac. gov. cn/home. asp

(8) 电子标签国家标准工作组

为保证电子标签应用和产业规范有序发展、标准之前协调一致，国家标准化委员会成立电子标签国家标准工作组，工作组实行开放式工作模式，所有愿意参加电子标签国家标准制定的国内有关科研机构、厂商及用户单位均可提出参加工作组的申请。

http：//www. npc. org. cn/rfid

(9) 山东省物流与自动识别技术实验室

山东省物流与自动识别技术实验室成立于2003年，由山东省标准化研究院和山东大学现代物流研究中心共同投资成立，分别得到了中国物品编码中心、美国匹兹堡大学、美国俄亥俄大学、中国自动识别技术协会和Auto-ID中国实验室的赞助和支持。该实验室的研究方向涉及物品编码技术、射频识别技术、物流标准化研究和物流信息系统的设计与规划等方面，承担过多项国家级研究课题，致力于中国自动识别产业的发展。

http：//www. autoid. net. cn/

(10) EPC Global China

EPC Global 由 EAN 和 UCC 两大标准化组织联合成立，其主要职责是在全球范围内对各个行业推动和发展 EPC 网络。EPC Global 是一个中立的、非营利性的标准化组织，它继承了 EAN. UCC 与产业界近30年的成功合作传统，并且通过发展和管理 EPC 网络标准来提高供应链上贸易单元信息的透明度和可视性，以此来提高全球供应链的运作效率。为了支持EPC在国内的推广工作，我国专门成立了 EPC Global China，由中国物品编码中心负责对其进行组织和管理。中国物品编码中心是国务院授权的，负责统一组织、协调、管理全国条形码工作的专门机构，对口于国际物品编码协会（EAN international）。EPC Global China 是经 EPC Global 授权的中华人民共和国境内 EPC Global 的惟一代表，负责 EPC Global 在中国范围内的注册、管理和标准化工作，推广 EPC 系统，提供技术支持和培训 EPC 系统用户。

http：//www. epcglobal. org. cn

（11）EPC Global Hongkong

EPC Global HongKong 是 EPC Global 成员机构之一，由一个非营利的工商业机构、具有 15 年历史的中国香港货品编码协会成立。

http：//www. epcglobal. org. hk

B.2　国外机构

（1）EPC Global

EPC Global 是由 EAN 和 UCC 组织联合成立的，是一个中立的标准化组织，其主要职责是在全球范围内的各行业中推动和发展 EPC 网络。它与产业界合作，并且通过发展和管理 EPC 网络标准来提高供应链上贸易项目信息的可见性，以此来提高全球供应链上的运作效率。目前 EPC Global 已经发布了一系列技术规范，包括 EPC、电子标签规范和互操作性、读写器-电子标签通信协议、中间件软件系统接口、PML 数据库服务器接口、对象名称服务和 PML 产品元数据规范等。中国物品编码中心也成立了 EPC 中国工作小组，是 EPC Global 在我国的分支机构，为我国的 EPC Global 系统成员提供服务，并负责 EPC 物联网标准的制定、在全国推广以及 EPC 在我国的分配和管理。

http：//www. epcglobalinc. org/

（2）ISO

ISO 是全球非营利的工业标准化组织，该组织与 IEC 等组织合作，成立了 ISO/IEC 全球 RFID 标准制定组织，同时接收并批准各国国家和企业联盟提交的 RFID 技术和行业应用标准形成 RFID 全球标准体系。目前 ISO/IEC 在各个频段的 RFID 都颁布了标准，同时 ISO/IEC 组织下面有多个分技术委员会从事 RFID 标准研究，比如 ISO/IEC JTC1/SC31，正在制定或已颁布的标准有不同频率下自动识别和数据采集通信接口的参数标准，如 ISO/IEC 18000 系列标准。ISO/IEC JTC1/SC17 是识别卡与身份识别分技术委员会，其正在制定或者已经颁布的标准主要有 ISO/IEC 14443 系列，ISO TC104/SC4 识别和通信分技术委会制定了集装箱电子封装标准等。

http：//www. iso. org/iso/en/ISOOnline. frontpage

（3）AIM

自动识别与数据采集（AIDC）行业全球联合机构，会员单位包括 RFID、条形码、卡技术（磁条、智能卡、非接触卡、光识别卡）、生物识别技术、EAS 技术提供厂商，提供条形码、RFID 等自动识别方面的技术合作和研究。

http：//www. aimglobal. org/technologies/rfid　http：//www. rfid. org

（4）日本泛在中心

日本泛在中心是由日本政府牵头，融合日本电子厂商、信息企业和印刷公司形成的日本有关电子标签的技术推广和标准化组织，创始人为坂村健教授。它提出了泛在技术标准，其中有 UID 编码体系。UID Center 的泛在识别技术体系架构由泛在识别码（ucode）、信息系统服务器、泛在通信器和 ucode 解析服务器 4 部分构成。

http://www.uidcenter.org/index-en.html

（5）IP-X

IP-X 为瑞士等中性主权国的第三世界标准组织。该技术原创发明人为 Henk Froneman 和 Ipico 公司的 CEO Johannes Cornelius Luther Erasmus，目前其影响还不大，其以稳健的速度被世界各地特别是第三世界国家所接收。目前 IP-X 技术标准体系包括频段、标签设计、IP-Xtm 通信协议等。

http://www.ip-x.nl/index.cfm

（6）国际航空运输协会 IATA

它是世界航空运输业联合组织的非政府国际组织，也是 RFID 技术在航空领域应用指导和标准制定的组织。它除了协调和统一国际航空运输业务，进行技术合作之外，还为成员航空公司进行旅客、行李、货物的接收、中转、更改航线及其他相关程序提供统一标准，目前主要出台了行业数据交换的一系列标准。

http://www.iata.org/index.htm

B.3 国内媒体

（1）AIT 简讯

http://www.aimchina.org.cn/guanggao/AIT7.htm

（2）RFID 世界网

http://www.rfidworld.com.cn

（3）RFID 信息网

http://www.iRFID.cn

（4）RFID 射频快报

http://www.autoid.net.cn/rfid/11/index.htm

（5）RFID 中国论坛

http://www.rfidchina.org

（6）华夏智能卡论坛（SCFC）

http://www.scfc.org.cn

（7）中国自动识别网

http://www.autoid-china.com.cn

（8）中国标准化信息网

http://www.china-cas.org/chinese/

（9）电子工程专辑

http://www.eetchina.com

（10）中国电子标签网

http://www.chinarfid.com.cn

（11）盈盈射频

http：//www. morerfid. com. cn

B.4　国外媒体

（1）NCF Forum

http：//www. nfc-forum. org/home

（2）Euro Tag

欧洲 RFID 的主要论坛，能够提供 RFID 解决方案并推荐设备供应商

http：//www. eurotag. org

（3）Transponder News

专业报道 RFID、EAS 技术与电磁/电感耦合技术领域的新闻

http：//www. transpondernews. com

（4）RFID journal

无线射频识别技术的专业在线杂志，创刊于 2002 年 3 月 1 日

http：//www. rfidjournal. com

（5）Ident：Das Forum fuer Automatische Dateerfassung（自动数据采集论坛），德国射频识别主题有关的专业性在线杂志

http：//www. ident. de

（6）ID-systems：美国出版的英语专业杂志，提供自动编码和识别技术解决方案和咨询

http：//www. idsystems. com

（7）IDTechEx：无线射频识别技术、智能卡、智能包装专业咨询服务机构

http：//www. idtechex. com

（8）Defra：环境、食品与农业方面 RFID 应用机构

http：//www. defra. gov. uk/animalh/animindx. htm

（9）FAIR：美国国家动物识别系统实施机构

http：//www. nationalfair. com